应用型本科机电类专业"十三五"规划精品教材

液压与气压传动

YEYA YU QIYA CHUANDONG

主 编 李 硕 范 涛

副主编 孙 琴 雷勇杰 余 帆

华中科技大学出版社
http://www.hustp.com
中国·武汉

内 容 简 介

本书共 10 章:第 1 章介绍液压与气压传动技术的基本知识;第 2 章主要介绍液压流体力学基础知识,是基本理论部分;第 3 至 6 章是液压元件部分,介绍基本液压元件的结构、工作原理、性能和应用;第 7 章主要介绍常用液压基本回路的组成、原理、性能和应用场合,核心是速度控制回路;第 8 章通过机械工程中典型的液压传动系统,介绍液压传动系统的分析方法、步骤和内容;第 9 章介绍液压传动系统的设计步骤和计算方法;第 10 章讲述气压传动的特点,气源装置、辅助元件、气动执行元件、气动控制元件及气动基本回路的组成、工作原理和结构特点等。

本书可作为普通高等学校机械类专业的教材,也可作为高职高专、成人教育、自学考试等的机械类专业的教材,同时可供从事液压传动与控制工作的工程技术人员参考。

图书在版编目(CIP)数据

液压与气压传动/李硕,范涛主编.—武汉:华中科技大学出版社,2019.1(2025.7 重印)
应用型本科机电类专业"十三五"规划精品教材
ISBN 978-7-5680-4057-0

Ⅰ.①液… Ⅱ.①李… ②范… Ⅲ.①液压传动-高等学校-教材 ②气压传动-高等学校-教材
Ⅳ.①TH137 ②TH138

中国版本图书馆 CIP 数据核字(2019)第 012433 号

液压与气压传动
Yeya yu Qiya Chuandong

李 硕 范 涛 主编

策划编辑:袁　冲
责任编辑:舒　慧
封面设计:孢　子
责任监印:朱　玢
出版发行:华中科技大学出版社(中国·武汉)　　　电话:(027)81321913
　　　　　武汉市东湖新技术开发区华工科技园　　　邮编:430223
录　　排:武汉正风天下文化发展有限公司
印　　刷:武汉邮科印务有限公司
开　　本:787mm×1092mm　1/16
印　　张:22
字　　数:546 千字
版　　次:2025 年 7 月第 1 版第 5 次印刷
定　　价:49.00 元

"液压与气压传动"是一门学科基础课程。本课程的主要任务是使学生掌握液压与气压传动的基础知识，掌握各种液压与气压元件的结构、原理、性能及用途，熟悉主要液压与气动基本回路的组成、原理、特点及应用，了解液压与气压传动系统设计的基本方法，为学习后续专业课程打下基础。

本书共10章：第1章介绍液压与气压传动技术的基本知识；第2章主要介绍液压流体力学的基本理论；第3至6章主要介绍液压元件的结构、原理、性能和应用；第7章介绍常用液压基本回路；第8章介绍典型液压传动系统的分析方法和分析内容；第9章介绍液压传动系统的设计、计算方法；第10章介绍气压传动回路的组成、气源装置，以及气压回路的应用等。

本书在编写过程中吸收了同类教材的编写经验和最新的教学和科研成果，引用了企业液压传动系统和气压传动系统的设计案例，注重实例介绍，力求理论与实践相结合，侧重对工程技术应用能力的培养，加强了对学生分析问题、解决问题的能力和创新意识的培养。本书所涉及的元件、回路以及系统原理图全部按照国家最新标准绘制，并摘录于附录中。

本书适用于普通应用型工科院校机械类各专业，也适合高职高专、成人高校、自学考试等的机械类各专业的学生使用，也可供从事流体传动与控制工作的工程技术人员参考。

本书由武昌首义学院李硕、武汉理工大学范涛担任主编，武昌首义学院孙琴、湖北航天技术研究院总体设计所雷勇杰、武昌首义学院余帆担任副主编，参编人员有武昌首义学院李怡、周志鹏、赵燕、王姣等。全书由李硕负责统稿。本书由武汉理工大学容一鸣教授、武昌首义学院林昌杰教授担任主审。

本书在编写过程中得到了武昌首义学院、武汉理工大学、湖北航天技术研究院总体设计所的大力支持与帮助，特此致谢。

由于编者水平和经验有限，书中错误和疏漏之处在所难免，敬请广大读者批评指正。

编　者
于湖北武汉

第1章
绪 论

◀ **本章指南**

本章主要内容:介绍液压与气压传动的工作原理、组成、优缺点及其主要应用领域与发展。

本章重点:掌握和运用基于帕斯卡原理的力的传递过程、基于质量守恒定律的运动的传递过程、基于能量守恒定律的功率的传递过程。

本章难点:正确理解液压与气压传动的定义及优缺点。

本章教学目的与要求:通过液压千斤顶和磨床工作台的液压传动系统的实例介绍,正确理解典型液压传动系统的组成及工作原理,完成对本课程的初步认知。

一部机器主要由动力装置、传动装置、工作执行装置、操纵或控制装置四部分构成。动力装置的性能参数一般都不可能满足工作执行装置各种工况的要求,这种矛盾就由传动装置来解决。所谓传动,就是指能量(动力)由动力装置向工作执行装置传递,通过各种不同的传动方式,将动力装置的转动转变为工作执行装置的各种不同形式的运动。一般工程技术中使用的动力传递方式有机械传动、电气传动、流体传动,以及它们组合而成的复合传动等。液压与气压传动属于流体传动的范畴,是以受压流体(压力油或压缩空气)为工作介质来进行能量传递、控制与转换的传动形式。

◀ 1.1 液压与气压传动发展概况 ▶

液压传动起源于 1650 年帕斯卡提出的静压传递原理,1795 年,英国的第一台水压机问世,随后英国开始将帕斯卡原理先后应用于液压起重机、压力机等。液压传动的推广应用,得益于 19 世纪崛起并蓬勃发展的石油工业,最早成功应用液压传动装置的是舰艇上的炮塔转位器,其后出现了液压转塔车床和磨床。第二次世界大战期间,在一些兵器上使用了功率大、反应快、动作准的液压传动和控制装置,大大提高了兵器的性能,也大大促进了液压传动技术的发展。战后,液压传动技术迅速转向民用,20 世纪 60 年代后,随着原子能、空间技术和计算机技术的发展,液压传动技术在国民经济的各个方面都得到了充分的应用。目前,95% 的工程机械、90% 的数控加工中心和 95% 以上的自动线都采用了液压传动技术。

当前液压传动技术正向着高压、高速、大功率、高效率、低噪声、长寿命、高度集成化、复合化、小型化以及轻量化等方向发展。同时,新型液压元件和液压传动系统的计算机辅助测试(CAT)、计算机直接控制(CDC)、机电一体化技术、计算机仿真和优化设计技术、可靠性技术以及污染控制方面,也是当前液压传动技术发展和研究的方向。

我国的液压传动技术开始于 20 世纪 50 年代,液压元件最初应用于机床和锻压设备,后来又用于拖拉机和工程机械。自 1964 年从国外引进一些液压元件的生产技术,同时自行设计液压产品后,经过 20 多年的艰苦探索和发展,特别是在 20 世纪 80 年代初期引进美国、日本、德国的先进技术和设备后,我国的液压传动技术水平有了很大的提高。目前,我国的液压元件已从低压到高压形成系列,并生产出许多新型的元件,如插装式锥阀、电液比例阀、电液数字控制阀等。我国机械工业在认真消化、推广国外引进的先进液压传动技术的同时,大力研制、开发国产液压元件新产品,加强产品质量可靠性和新技术应用的研究,积极采用国际标准,合理调整产品结构,对一些性能差而且不符合国家标准的液压元件产品采用逐步淘汰的措施。由此可见,随着科学技术的迅猛发展,液压传动技术将获得进一步发展,在各种机械设备上的应用将更加广泛。

气压传动技术的起步比液压传动技术的要晚,第二次世界大战后,为了解决电子领域中的高温、辐射等问题,美军 Harry Diamond 实验室首次公开了其射流控制技术的内容,在世界范围内引起巨大轰动。此后,气压传动技术作为工业自动化的廉价、有效手段,受到人们的普遍重视。目前,气压传动技术已经发展成一个独立的技术领域,并向着微型化、集成化、节能化、柔性化的方向发展。

液压与气压传动技术在国民经济各领域中都得到了广泛的应用,但各领域应用液压与气压传动技术的出发点不同:工程机械、压力机械采用液压与气压传动技术的原因是结构简单,输出力大;航空工业采用液压与气压传动技术的原因是重量轻、体积小;机床中采用液压与气压传动技术的主要原因是可实现无级调速,易于实现自动化,能实现换向频繁的往复运动。液压与气压传动技术在机械行业中的应用如表 1.1 所示。

表 1.1 液压与气压传动技术在机械行业中的应用

行业名称	应用场合举例
机床工业	磨床、铣床、刨床、拉床、压力机、自动机床、组合机床、数控机床、加工中心等
工程机械	挖掘机、装载机、推土机、压路机、气动泥土穿孔器等
汽车工业	环卫车、自卸式汽车、平板车、高空作业车、汽车刹车装置等
农业机械	联合收割机的控制系统、拖拉机的悬挂装置等
轻工、化工机械	打包机、注塑机、校直机、橡胶硫化机、胶片冷却机、造纸机等
冶金机械	电炉控制系统、轧钢机控制系统、钢管试压机等
起重运输机械	起重机、叉车、装卸机械、液压千斤顶等
矿山机械	开采机、提升机、液压支架等
建筑机械	打桩机、平地机等
船舶港口机械	起货机、锚机、舵机等
铸造机械	砂型压实机、加料机、压铸机等

1.2 液压与气压传动的工作原理及组成

在密闭容积内,施加在静止液体边界上的压力,在液体内可以向所有方向等值地传递到液体各点,这就是帕斯卡原理。帕斯卡原理是液压与气压传动的基础。

1.2.1 液压与气压传动的工作原理

液压传动与气压传动的工作原理是相似的。以液压千斤顶为例,图 1.1 为其工作原理示意图。图中,大、小两个液压缸Ⅱ和Ⅰ内分别装有活塞,活塞可以在缸内滑动,且密封可靠。要举升重物 12 时,截止阀 8 应关闭。当向上提起杠杆 1 时,液压缸Ⅰ的活塞向上移动,液压缸Ⅰ下腔的密封容积增大,腔内压力下降,这时排油单向阀 3 关闭,形成一定的真空度,油箱 5 中的油液在大气压力的作用下推开吸油单向阀 4 进入液压缸Ⅰ的下腔,从而完成了一次吸油过程。接着,压下杠杆 1,液压缸Ⅰ活塞下移,液压缸Ⅰ下腔的密封容积减小,油液受到挤压,压力上升,关闭吸油单向阀 4,压力油推开排油单向阀 3 而进入液压缸Ⅱ的下腔,从而推动大活塞克服重物 12 的重力 G 上升而做功。如此反复地提、压杠杆 1,就可以将重物 12 逐渐升起,从而达到起重的目的。

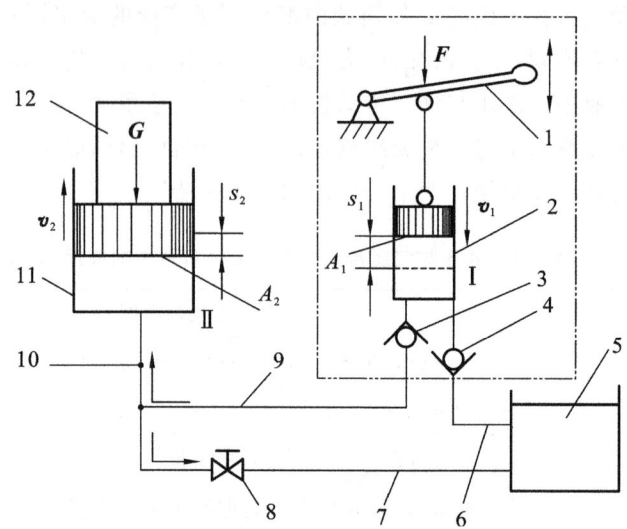

图 1.1　液压千斤顶的工作原理示意图

1—杠杆；2—液压缸Ⅰ；3—排油单向阀；4—吸油单向阀；5—油箱；6、7、9、10—油管；

8—截止阀；11—液压缸Ⅱ；12—重物

当需要液压缸Ⅱ的活塞停止运动时，可使杠杆1停止运动，液压缸Ⅱ中的液压力使排油单向阀3关闭，液压缸Ⅱ的活塞就被锁住不动；当需要液压缸Ⅱ的活塞放下时，可打开截止阀8，油液在重力作用下经截止阀8排回油箱5，液压缸Ⅱ活塞下降到原位。

由液压千斤顶的工作原理可以看出，驱动杠杆1向下移动的机械能，通过液压缸Ⅰ以及吸油单向阀4、排油单向阀3转换成油液的压力能，此压力能再通过液压缸Ⅱ转换成克服负载（举升重物）的机械能，对外做功，实现了能量的转换和传递。

在液压传动中，将机械能转化为压力能的装置称为液压泵，而将压力能转换为机械能对外做功的装置称为执行装置，有液压缸和液压马达。

综上所述，可以得出如下结论：液压传动是依靠液体在密封油腔容积变化中的压力能来实现运动和动力传递的。液压传动装置从本质上讲是一种能量转换装置，它先将机械能转换为便于输送的压力能，然后再将压力能转换为机械能对外做功。

由液压千斤顶的工作原理、动力传递过程，可以了解液压传动的基本特性。

1. 力的传递

小活塞下移时，打开排油单向阀3，使两个液压缸的油腔变成一个密闭连通器。在大活塞上有负载G，当小活塞上作用一个主动力F，使密闭连通器保持力的平衡。此时，油液受压后在内部建立了压力，有

大活塞上的压力为

$$p_2 = \frac{G}{A_2}$$

小活塞上的压力为

$$p_1 = \frac{F}{A_1}$$

式中，A_1，A_2分别为小、大活塞的有效作用面积。

因密闭连通器中的压力处处相等,即 $p_2 = p_1 = p$,所以有

$$\frac{G}{A_2} = \frac{F}{A_1} = p \qquad (1.1)$$

这样,可以用较小的力平衡大活塞上很大的负载力,即

$$G = \frac{A_2}{A_1} F \qquad (1.2)$$

当系统的结构参数 A_1、A_2 不变时,由式(1.1)可知,负载 G 越大,举升它需要的压力 p 就越大,即需要提供的压力 p 就越大。由此可以得出一个重要的结论,即液压传动系统中的工作压力取决于负载,取决于液体流动时需要克服的阻力。

由式(1.2)可以看出,大、小活塞的有效作用面积比 A_2/A_1 越大,作用力放大的效果就越明显,只要在小活塞上施加一个很小的力 F,就可以使大活塞上产生一个很大的举升力来举起重物 G。请注意,这里只是作用力被放大了,并不是能量被放大了。

2. 运动的传递

根据质量守恒定律,从液压缸 I 中压出的油液的体积必然等于液压缸 II 中大活塞上升所让出的体积,即有

$$V = A_1 s_1 = A_2 s_2$$

式中,s_1、s_2 分别为小活塞和大活塞的位移量。

设小活塞、大活塞移动 s_1、s_2 位移的时间为 t,则有

$$\frac{V}{t} = A_1 \frac{s_1}{t} = A_2 \frac{s_2}{t}$$

即

$$q = A_1 v_1 = A_2 v_2 \qquad (1.3)$$

因此有

$$v_2 = \frac{A_1}{A_2} v_1 = \frac{q}{A_2} \qquad (1.4)$$

由式(1.4)可知,如果调节进入液压缸 II 的流量 q,就可以调节大活塞的运动速度 v_2。由此可以得出另一个重要的结论,即液压传动系统中执行元件的运动速度取决于流量。

3. 功率的转换与传递

由图 1.1 可知,液压缸 I 输入的机械功率为 $F v_1$,转换为液压功率 pq,液压缸 II 将液压功率 pq 转换为机械功率,对外做功 $G v_2$。

1.2.2 液压与气压传动系统的组成

以图 1.2 所示的磨床工作台液压传动系统的工作原理图为例,这个系统可使工作台克服各种阻力作直线往复运动,并且工作台的运动速度可以调节。图中,液压泵 3 由电动机驱动旋转,从油箱 1 中吸油,油液经过滤器 2 进入液压泵 3。当油液从液压泵输出而进入油管后,通过开停阀 5、节流阀 6 流至换向阀 7。换向阀 7 有左、中、右三个工作位置。

若将换向阀 7 的阀芯推到右边,如图 1.2(a)所示,液压泵 3 输出的油液将流经开停阀 5、节流阀 6、换向阀 7 的 P 口、A 口进入液压缸 8 的左腔,推动活塞和工作台向右移动。与此

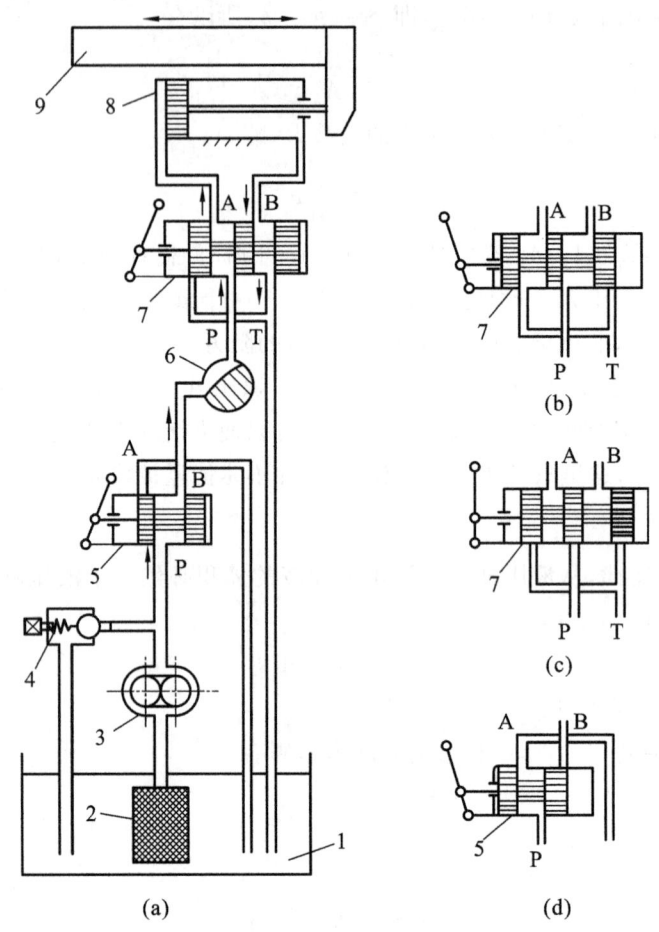

图 1.2 磨床工作台液压传动系统的工作原理图

1—油箱；2—过滤器；3—液压泵；4—溢流阀；5—开停阀；6—节流阀；7—换向阀；8—液压缸；9—工作台

同时，液压缸右腔的油液经换向阀 7 的 B 口、T 口经回油管排回油箱。

当换向阀 7 的阀芯处于左位时，如图 1.2(b)所示，则油液经 P 口、B 口进入液压缸 8 的右腔，液压缸 8 左腔的油液经换向阀 7 的 A 口、T 口排回油箱，工作台向左移动。

由此可见：由于设置了换向阀 7，所以可改变油液的流向，使液压缸 8 不断换向，实现工作台的往复运动。

工作台运动时要克服阻力，阻力主要是磨削力和工作台与导轨之间的摩擦力等，这些阻力由液压泵提供给液压缸的油液的压力能来克服。要克服的阻力越大，则液压缸中的油压越高；反之，油压就越低。根据工作情况的不同，液压泵输出油液的压力可以通过溢流阀 4 进行调整。

工作台的运动速度可通过节流阀 6 来调节。节流阀的作用是：通过改变节流阀开口量的大小来调节通过节流阀的油液的流量，从而控制工作台的运动速度，此时，液压泵输出的多余的油液只能在一定压力下通过溢流阀 4 溢流回油箱 1 中。当节流阀阀口开大时，进入液压缸的油液增多，活塞(和工作台)的移动速度增大；当节流阀阀口关小时，进入液压缸的油液减少，活塞(和工作台)的移动速度减小。

当换向阀 7 的阀芯处于中位时,如图 1.2(c) 所示,由于所有油口 P、T、A、B 均封闭,油路不通,油液不能进入液压缸 8 中,活塞停留在某个位置上,所以工作台 9 不动。此时,开停阀 5 的阀芯应处于左位,如图 1.2(d) 所示,液压泵输出的油液经开停阀 5 的 P 口、A 口流回油箱。液压泵 3 输出的油液没有压力,液压泵 3 的这种工作状态称为压力卸荷。

过滤器 2 用于滤去油液中的污染物。

由此可知,液压与气压传动系统主要由以下五部分组成:

（1）动力元件:主要指各种液压泵或空气压缩机,它们的作用是把原动机(电动机)的机械能转变成工作介质(液体或气体)的压力能,给系统提供压力油或压缩空气,是液压与气压传动系统的动力源。

（2）执行元件:指各种类型的液压缸、液压马达、气缸、气动马达,其作用是将工作介质(液体或气体)的压力能转变成机械能,输出一定的力(或力矩)和速度(或角速度),以驱动负载,对外做功。

（3）控制调节元件:主要指各种类型的液压控制阀,如上例中的溢流阀、节流阀、换向阀等,它们的作用是控制系统中流体的压力、流量和流动方向,从而保证执行元件能驱动负载,并按规定的方向运动,获得规定的运动速度。

（4）辅助元件:主要指油箱、过滤器、油管、管接头、压力表等,它们对保证系统可靠、稳定、持久地工作具有重要作用。

（5）工作介质:主要指各种类型的液压油及压缩空气。

1.2.3 液压与气压传动系统的职能符号

图 1.2 是采用半结构式图形表示的液压传动系统的工作原理图,这种原理图直观性强、容易理解,但图形较复杂、绘制不方便。为简化原理图的绘制,在工程实际中,除某些特殊情况外,系统中各元件一般采用国家标准规定的图形符号来表示,这些符号只表示元件的职能,不表示元件的结构和参数,通常称为职能符号。我国国家标准 GB/T 786.1—2009 规定了液压元件图形符号。利用液压元件图形符号绘制液压传动系统的工作原理图简单方便。图 1.3 所示为用液压元件图形符号绘制的磨床工作台液压传动系统的工作原理图。

需要说明的是,液压元件图形符号表示的是元件的常态(静止状态)或零位,未必是其工作状态。液压元件图形符号只表示元件的职能和连接系统的通路,不表示元件的具体结构和参数,也不表示系统管路的具体位置和元件的安装位置。

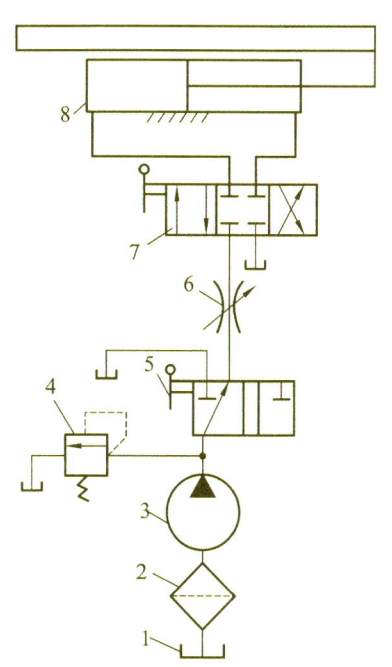

图 1.3 用液压元件图形符号绘制的磨床
工作台液压传动系统的工作原理图
1—油箱;2—过滤器;3—液压泵;4—溢流阀;
5—开停阀;6—节流阀;7—换向阀;8—液压缸

◀ 1.3 液压与气压传动技术的优缺点 ▶

与机械传动和电力传动相比,液压与气压传动主要具有下列优点:

(1) 便于实现无级调速,调速范围比较大,可达 100:1～2 000:1。

(2) 布局灵活方便,可随实际情况,借助于管路布置,灵活安排各种元件的位置。

(3) 工作平稳,反应快,冲击小,能频繁起动和换向。如液压传动装置的换向频率,回转运动每分钟可达 500 次,往复直线运动每分钟可达 400～1 000 次。

(4) 控制、调节比较简单,操纵比较方便、省力,易于实现自动化,与电气控制配合使用能实现复杂的顺序动作和远程控制。

(5) 易于实现系列化、标准化、通用化,易于设计、制造和推广使用。

除此之外,在同等功率的情况下,液压传动装置的体积小、重量轻、惯性小、结构紧凑(如液压马达的重量只有同功率电动机重量的 10%～20%),而且能传递较大的力或扭矩,而气压传动则具有介质提取和处理方便、阻力损失和泄漏较小等优点。

液压与气压传动的主要缺点有:

(1) 以液体或气体作为工作介质,易泄漏,且具有可压缩性,故难以保证严格的传动比。

(2) 传动过程中有较多的能量损失(摩擦损失、压力损失、泄漏损失),传动效率低,所以不宜作远距离传动。

(3) 液压与气压传动装置制造精度高,造价较高的同时也为故障诊断增加了难度。

(4) 液压传动对油温和负载变化敏感,不宜在很低或很高的温度下工作,对污染很敏感。

(5) 因气压传动工作压力低,且尺寸不宜过大,故气压传动的输出力有限。

总之,液压与气压传动的优点较多,其缺点正随着科学技术的发展而逐步加以克服,因此,液压与气压传动在现代工业中有着广阔的发展前景。

本 章 小 结

在机械工程中,液压与气压传动被广泛采用。本章介绍了液压与气压传动的工作原理、组成、优缺点及应用领域与发展。通过液压千斤顶和磨床工作台液压传动系统的实例,介绍了典型液压与气压传动系统的驱动及控制过程,即利用液压泵或空气压缩机,将原动机(发动机、电动机)的机械能转变为工作介质(液体或气体)的压力能,然后利用液压缸或气压缸,将工作介质的压力能转变为机械能,以驱动负载,并获得执行机构所需的运动速度。液压与气压传动的理论基础是流体力学。

思考与习题

1.1 何谓液压与气压传动? 举例说明液压传动的工作原理。

1.2 液压与气压传动系统由哪些基本部分组成? 各部分的作用是什么?

1.3 与其他传动方式比较,液压与气压传动分别有何优点和缺点?

第 2 章
液压流体力学基础

◀ **本章指南**

　　本章主要内容：主要介绍与液压相关的流体力学基础知识，包括液体的物理性质、液体静力学、运动学及动力学基础、管道内的压力损失及其计算、液压冲击及气穴现象等。

　　本章重点：掌握液体在管道中流动时产生压力损失的根本原因及其计算方法，掌握液体在各种孔口、间隙中流动时的流量-压力特性及其应用。

　　本章难点：正确理解液体在管道中流动的两种流态——层流、紊流以及它们的本质；理解液压传动系统中产生液压冲击、空穴气蚀的物理原因，以及其减小、预防的方法。

　　本章教学目的与要求：学生应充分理解流体介质的物理性质，掌握液体静力学基本方程、运动学方程（即连续性方程）、动力学方程（即伯努利能量方程）、动量方程，深入理解这些方程的物理意义，并能熟练应用这些方程解决工程实际问题。

◀ 2.1 液体的压力性质 ▶

2.1.1 压力和流量的概念

液体在单位面积上所受的内法向力称为压力,通常用 p 表示。这里定义的压力在物理学中称为压强,但在液压工程中习惯称为压力。

当液体在面积 ΔA 上作用有法向力 ΔF 时,液体内该点处的压力为

$$p=\lim_{\Delta A \to 0}\frac{\Delta F}{\Delta A} \qquad (2.1)$$

数学上一个变量趋近于零,在物理上指趋近于空间中的一个点。

液体的压力有如下特性:

(1) 液体的压力沿内法线方向作用于承压面;

(2) 静止液体内任一点的压力在各个方向都相等。

由此可知,静止液体总是处于受压状态,且液体内部的任何质点都是受平衡压力作用的。

在液压工程中,压力常用单位为 10^5 Pa、MPa。

液体体积 V 对时间 t 的变化率称为(几何)流量,通常用 q 表示,即

$$q=\frac{dV}{dt} \qquad (2.2)$$

一般地,式(2.2)只给出了流量的定义,并不能直接计算流量,因此,工程上常将流量定义为单位时间内通过某通流截面 A 的液体体积,即

$$q=Av$$

式中:A 为通流截面面积,m^2;v 为通过通流截面 A 上各点的液体的平均流速,m/s。

在国际单位制中,流量的单位为 m^3/s,流量常用单位为 L/min。

实际上,液压传动技术就是围绕压力和流量这两个参数展开的。

2.1.2 压力能和液压功率

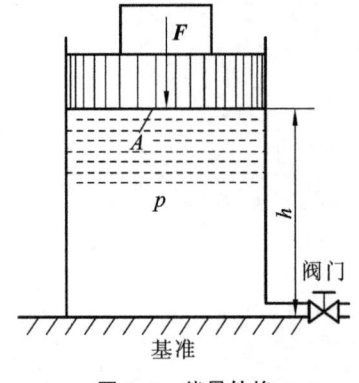

图 2.1 能量转换

如图 2.1 所示,液压缸活塞上的物体的重力为 F,活塞的截面积为 A,物体相对于基准的位置高度为 h,则物体具有机械位能 $F \times h$。物体处于平衡状态,则密封在液压缸中的液体产生的压力为

$$p=\frac{F}{A} \quad 或 \quad F=pA \qquad (2.3)$$

因此有

$$Fh=pAh=pV \qquad (2.4)$$

式中,V 为液压缸中液体的体积,$V=A \times h$。

式(2.4)中,pV 称为压力能(液压能)。也就是说,具

有压力的液体就具有能做功的能量。式(2.4)也表明了机械能与压力能之间的相互转换关系。

如果开启截止阀阀门,则活塞上的物体下移,于是有

$$F\frac{h}{t}=Fv=pAv=pq$$

式中,Fv 为机械功率,因此 pq 称为液压功率。也就是说,液压功率可用下式计算,即

$$P=pq \tag{2.5}$$

液体是液压传动的工作介质,同时它还起到润滑、冷却和防锈的作用。液压传动系统能否可靠、有效地进行工作,在很大程度上取决于系统所使用的液压油的物理性质。

◀ 2.2 液体的物理性质 ▶

2.2.1 液体的密度

液体密度的定义为

$$\rho=\lim_{\Delta V\to 0}\frac{\Delta m}{\Delta V}=\frac{\mathrm{d}m}{\mathrm{d}V} \tag{2.6}$$

式中:ρ 为液体的密度,kg/m^3;ΔV 为液体中所任取的微小体积,m^3;Δm 为体积 ΔV 中的液体质量,kg。

在数学上的 ΔV 趋近于 0 的极限,在物理上是指趋近于空间中的一个点,应理解为体积为无穷小的液体质点,该点的体积同所研究的液体体积相比完全可以忽略不计,但它实际上包含足够多的液体分子。因此,密度的物理含义是:质量在空间点上的密集程度。

对于均质液体,其密度是指单位体积内所含的液体质量,即

$$\rho=\frac{m}{V} \tag{2.7}$$

式中,m 为液体的质量,kg;V 为液体的体积,m^3。

液压油的密度随温度的升高而略有减小,随工作压力的升高而略有增加。在液压传动中,通常对这种变化忽略不计。一般计算中,石油基液压油的密度为 $\rho=900\ kg/m^3$。

2.2.2 液体的可压缩性

液体在容器中受压力作用时,其体积减小的性质称为液体的可压缩性。液体可压缩性的大小可以用体积压缩系数 β 来表示,其定义为受压液体在发生单位压力变化时的体积相对变化量,即

$$\beta=-\frac{1}{\Delta p}\frac{\Delta V}{V} \tag{2.8}$$

式中,V 为压力变化前液体的体积,Δp 为压力变化值,ΔV 为在 Δp 作用下液体体积的变化值。

由于压力增大时液体的体积减小,因此在上式右边加一负号,以使 β 成为正值。

液体体积压缩系数的倒数称为体积弹性模量 K,简称体积模量,即

$$K = -\frac{V}{\Delta V}\Delta p \qquad (2.9)$$

体积弹性模量 K 的物理意义是:液体产生单位体积相对变化量所能承受的压力。

石油基液压油的体积弹性模量是钢($K = 2.06 \times 10^{11}$ Pa)的 $\frac{1}{170} \sim \frac{1}{100}$,即它的可压缩性是钢的 $100 \sim 170$ 倍。

液压油的体积弹性模量与温度、压力有关。当温度升高时,液压油的密度减小,可压缩性变大,因此 K 值减小,在液压油的正常工作范围内,K 值会有 $5\% \sim 25\%$ 的变化;当压力增大时,液压油的密度增大,因此 K 值增大,但这种变化不呈线性关系,当 $p \geqslant 3$ MPa 时,K 值基本上不再增大。

在常温下,纯液压油的平均体积弹性模量的值为 $(1.4 \sim 2) \times 10^3$ MPa,数值很大。因此,在液压传动中,一般认为液压油是不可压缩的。

当液压油中混入未溶解的气体后,K 值将会有明显的降低。在一定压力下,液压油中混入 1% 的气体时,其体积弹性模量降低为纯油的 50% 左右;如果液压油中混有 10% 的气体,则其体积弹性模量仅为纯油的 10% 左右。由于液压油在使用过程中很难避免混入气体,因此研究液压元件和系统的动态特性时,必须考虑液压油可压缩性的影响,一般取 $K = 700$ MPa。

当考虑液体的可压缩性时,封闭在容器内的液体在外力作用时的特征极像一个弹簧:外力增大,体积减小;外力减小,体积增大。液体的这种弹性效应称为液压弹簧,其刚度 k_h 在液体承压面积 A 不变时,如图 2.2 所示,可以通过压力变化 $\Delta p = \Delta F/A$(ΔF 为作用力 F 的变化量)、体积变化 $\Delta V = A\Delta l$(Δl 为液柱长度的变化量)和式(2.9)求出,即

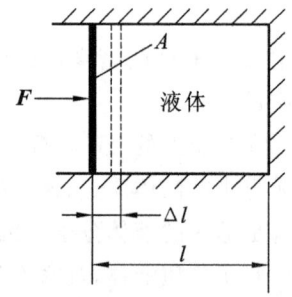

图 2.2　液压弹簧的刚度计算简图

$$k_h = -\frac{\Delta F}{\Delta l} = \frac{A^2 K}{V} \qquad (2.10)$$

2.2.3　液体的黏性

1. 液体黏性的概念

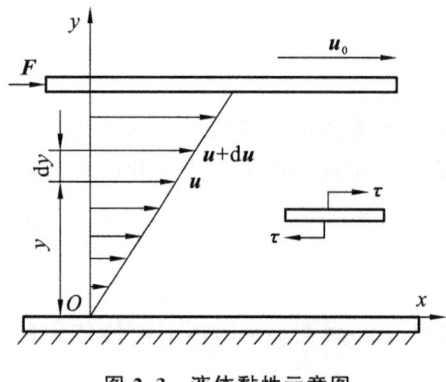

图 2.3　液体黏性示意图

液体在外力作用下流动或有流动趋势时,分子之间存在的内聚力要阻止分子之间的相对运动,从而在液体内部产生一种内摩擦力,液体的这种性质称为黏性。

如图 2.3 所示,设距离为 h 的两平行平板间充满液体,下平板固定,而上平板在外力 F 的作用下以速度 u_0 向右平移。由于液体和固体壁面间的附着力,黏附于上平板的液层速度为 u_0,黏附于下平板的液层速度为零;而由于液体的黏性,中间各层液体的速度则随着液层间距离 Δy 的变化而变

化。当上、下平板之间的距离 h 较小时,液体的速度从上到下近似呈线性递减规律分布。其中速度快的液层带动速度慢的液层,而速度慢的液层对速度快的液层起阻滞作用。不同速度的液层之间的相对滑动必然在层与层之间产生内部摩擦力。这种摩擦力作为液体内力,总是成对出现,且大小相等、方向相反地作用在相邻两液层上。

根据牛顿实验得知,流动液体相邻液层之间的内摩擦力 F_f 与液层接触面积 A、液层间的速度梯度 du/dy 成正比,即

$$F_f = \mu A \frac{du}{dy} \tag{2.11}$$

式中:μ 为比例常数,称为黏度系数或动力黏度,其值与液体种类有关;A 为上平板与液体的接触面积,即各液层间的接触面积;du/dy 为速度梯度,即在速度垂直方向上的速度变化率。

式(2.11)就是牛顿液体内摩擦定律。如果液体的动力黏度 μ 只与液体种类有关,而与速度梯度无关,则这样的液体称为牛顿液体。一般石油基液压油都是牛顿液体。

若以 τ 表示液层间的切应力,即单位面积上的内摩擦力,则式(2.11)可表示为

$$\tau = \frac{F_f}{A} = \mu \frac{du}{dy} \tag{2.12}$$

或写成

$$\mu = \frac{F_f/A}{du/dy} = \frac{\tau(切应力)}{du/dy(切应变)} \tag{2.13}$$

由此可见,液体黏性的物理意义是:液体在流动时抵抗变形的能力的一种度量。

在静止液体中,速度梯度 $du/dy=0$,故其内摩擦力为零。因此,液体在静止时不呈现黏性,在流动时才显示其黏性。

2. 液体黏性的度量——黏度

液体在流动时抵抗变形的能力,即液体黏性的大小,用黏度表示。通常,黏度大小可以用动力黏度、运动黏度和相对黏度来表示。

(1)动力黏度,又称为绝对黏度。由式(2.8)可知,动力黏度 μ 的物理含义是:液体在单位速度梯度下流动时,相接触的液体层间单位面积上所产生的内摩擦力。

在国际单位制中,动力黏度的单位是 Pa·s(1 Pa·s＝1 N·s/m²)。

(2)运动黏度。液体的动力黏度 μ 和它的密度 ρ 的比值称为运动黏度,常以符号 ν 表示,即

$$\nu = \frac{\mu}{\rho} \tag{2.14}$$

在国际单位制中,运动黏度 ν 的单位是 m²/s,常用单位是 mm²/s,即 cSt(厘斯)。

$$1 \ \text{m}^2/\text{s} = 10^4 \ \text{cm}^2/\text{s} = 10^4 \ \text{St(斯)} = 10^6 \ \text{mm}^2/\text{s} = 10^6 \ \text{cSt(厘斯)}$$

因为在液压传动系统的理论分析和计算中常常碰到动力黏度 μ 与密度 ρ 的比值,因而才采用运动黏度这个物理量来代替 μ/ρ。运动黏度 ν 没有什么特殊的物理意义,它之所以被称为运动黏度,是因为它的单位中只有运动学的量纲。液体的运动黏度可用旋转黏度计测定。

在我国,运动黏度是划分液压油牌号的依据。国家标准 GB/T 3141—1994 中规定,液压油的牌号是该液压油在 40 ℃时运动黏度的中间值。例如,32 号液压油是指这种液压油在 40 ℃时运动黏度的中间值为 32 mm²/s,其运动黏度的范围为 28.8~35.2 mm²/s。

（3）相对黏度。动力黏度和运动黏度是理论分析计算中经常使用的黏度单位，但它们难以直接进行工程测量，因此工程上常采用相对黏度来表示液体黏性的大小。

相对黏度是以液体的黏度相对于水的黏度的大小程度来表示该液体的黏度的。相对黏度又称为条件黏度。各国采用的相对黏度的单位不同，有的采用赛氏黏度 SUS（美国、英国通用），有的采用雷氏黏度 R_1S（美国、英国商用），有的采用恩氏黏度 $°E$（中国、俄国、德国）。

恩氏黏度用恩氏黏度计来测定，其方法是将 200 mL、温度为 t 的被测液体装入黏度计的容器内，由其底部孔径为 2.8 mm 的小孔流出，测出液体流完所需时间 t_1，再测出相同体积、温度为 20 ℃的蒸馏水在同一容器中流完所需的时间 t_2，这两个时间之比即为被测液体在 t 温度下的恩氏黏度，即

$$°E = \frac{t_1}{t_2} \tag{2.15}$$

温度为 t 时的恩氏黏度用符号 $°E_t$ 表示。在液压传动系统中，一般以 50 ℃作为测定恩氏黏度的标准温度，其相应的恩氏黏度用 $°E_{50}$ 表示。

恩氏黏度与运动黏度之间的换算关系为

$$\nu = \left(7.31°E_t - \frac{6.31}{°E_t} \right) \times 10^{-6} \tag{2.16}$$

国际标准化组织 ISO 规定统一采用运动黏度，但相对黏度仍被一些国家或地区采用。

3. 黏度与温度、压力的关系

液压传动系统中使用的石油基液压油对温度的变化很敏感，温度升高，液压油的密度降低，黏度显著降低，这一特性称为液体的黏-温特性。

黏-温特性常用黏-温特性曲线和黏度指数 VI 来表示。图 2.4 所示为几种常用液压介质的黏-温特性曲线。

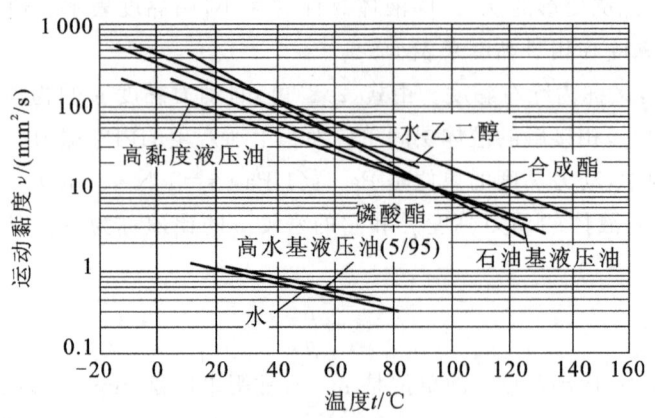

图 2.4　黏度和温度之间的关系

黏度指数 VI 表示该液体的黏度随温度变化的程度与标准液体的黏度随温度变化的程度之比。通常在各种工作介质的质量指标中都给出黏度指数。黏度指数高，表示黏-温曲线平缓，说明黏度随温度变化小，其黏-温特性好。目前精制液压油及有添加剂的液压油的黏度指数可大于 100。

在实际应用中，温度升高，液压油的黏度下降的性质直接影响液压油的使用，其重要性

不亚于黏度本身。液压油黏度的变化直接影响液压传动系统的性能和泄漏,因此希望黏度随温度的变化越小越好。一般液压传动系统要求工作介质的黏度指数应在 90 以上。当系统的工作温度范围较大时,应选用黏度指数高的介质。

当液压油所受的压力增加时,其分子间的距离缩小,液压油的密度增大,内聚力增加,黏度也有所增大。但是这种影响在一般液压传动系统使用的压力范围内并不明显,可以忽略不计。

2.2.4 对液压油的要求、选用和使用

1. 对液压油的要求

(1)黏-温特性好。在工作温度的正常变化范围内,液压油的黏度随温度的变化要小。

(2)具有良好的润滑性和足够的油膜强度,使液压元件中的各摩擦表面获得足够的润滑而不致磨损。

(3)不得含有蒸气、空气及容易汽化和产生气体的杂质,否则会产生气泡。气泡是可压缩的,而且在其突然被压缩而破裂时会释放出大量的热,造成局部过热,易使其周围的液压油迅速氧化变质。另外,气泡突然溃灭还是产生剧烈振动和噪声的主要原因之一。

(4)对金属和密封件应具有良好的相容性;不含有水溶性酸和碱等,以免腐蚀机件和管道,破坏密封装置。

(5)对热、氧化、水解和剪切都有良好的稳定性,在储存和使用过程中不变质。当温度低于 57 ℃时,液压油的氧化进程缓慢,之后温度每增加 10 ℃,氧化的速度增加 1 倍,所以控制液压油的工作温度特别重要。

(6)抗泡沫性好,抗乳化性好,腐蚀性小,防锈性好。

(7)热膨胀系数低,比热高,导热系数高。

(8)凝固点低,闪点(明火能使油面上的油蒸气闪燃,但油本身不燃烧时的温度)和燃点高。一般液压油的闪点为 130～150 ℃。

(9)质地纯净,杂质少。

2. 液压油的选用

液压传动一般采用矿物油。工作介质是液压传动系统十分重要的组成部分,它在系统中完成一系列重要的功能,例如传递能量、信号,润滑元件,减少摩擦和磨损,散热,防止锈蚀等。因此,正确而合理地选用液压油,对液压传动系统适应各种工作环境、延长液压元件的寿命、提高系统工作的可靠性等都有重要的影响。建议使用者在选择液压油时,认真参阅机械设计手册,深入了解各种液压油的物理、化学性能。

选择液压油时需要考虑的因素如表 2.1 所示。

表 2.1 选择液压油时需要考虑的因素

系统工作环境的要求	是否抗燃(闪点、燃点),抑制噪声的能力(空气溶解度、消泡性),废液再生处理及环境污染要求,毒性和气味

续表

系统工作条件的要求	压力范围(润滑性、承载能力),温度范围(黏度、黏-温特性、剪切损失、热稳定性、氧化率、挥发度、低温流动性),转速(气蚀、对支承面浸润能力)
油液质量方面的要求	物理、化学指标,对金属和密封件的相容性,过滤性能、吸斥水性能、吸气情况、抗水解能力、对金属的作用情况、去垢能力、防锈、防腐蚀能力、抗氧化稳定性,剪切稳定性,电学特性(耐电压冲击强度、介电强度、导电率、磁场中极化程度)
经济性方面的考虑	价格及使用寿命,维护、更换的难易程度

由于油温对黏度的影响极大,因此为了发挥液压传动系统的最佳工作效率,应根据具体情况来控制油温,使液压传动系统在油液的最佳黏度范围内工作。事实上,过高的油温不仅改变了油液的黏度,而且会使常温下稳定的油液变得带有腐蚀性,分解出不利于使用的成分,或因过量汽化而使液压泵吸空,无法正常工作。

3. 液压油的使用

根据一定的要求选择或配制液压油之后,不能认为液压传动系统工作介质的问题已全部解决了,若使用不当,还是会使液压油的性质发生变化的。例如,通常以为液压油在某一温度和压力下的黏度是一定值,与流动情况无关,实际上液压油被过度剪切后,黏度会显著减小。因此,使用液压油时应注意以下几点:

(1) 对于长期使用的液压油,氧化、热稳定性是决定温度界限的因素。因此,应使液压油长期处在低于它开始氧化的温度下工作。

(2) 储存、搬运及加注过程中,应防止液压油被污染。

(3) 对液压油定期抽样检验,并建立定期换油制度。

(4) 油箱中液压油的储存量应充分,以利于系统的散热。

(5) 保持系统的密封,一旦有泄漏,应立即排除。

通常只要对使用石油基液压油的液压传动系统进行彻底清洗以及更换某些密封件和油箱涂料后,便可将石油基液压油更换成高水基液压油。但是,由于高水基液压油存在黏度低、泄漏大、润滑性差、易蒸发和气蚀等一系列缺点,因此在实际使用高水基液压油的液压传动系统中还必须注意以下几点:

(1) 由于黏度低、泄漏大,系统的最高压力不要超过 7 MPa;

(2) 要防止气蚀现象,可用高置油箱,以增大液压泵吸油口处的压力,液压泵的转速不要超过 1 500 r/min;

(3) 系统浸渍不到液压油的部位,金属的气相锈蚀较为严重,因此应使系统尽量地充满液压油;

(4) 由于液压油的 pH 值高,容易发生由金属电位差引起的腐蚀,因此应避免使用镁合金、锌、镉之类的金属;

(5) 定期检查液压油的 pH 值、浓度、霉菌生长情况,并对其进行控制;

(6) 过滤器、滤网等的通流能力须是液压泵流量的 4 倍,而不是常规的 1.5 倍。

4. 液压油的类型

液压传动系统中使用的液压油的种类如表 2.2 所示。

表 2.2　液压油的种类

工业液压油	石油型		机械油 汽轮机油 普通液压油（YA）
		专用液压油	抗磨液压油（YB） 低温液压油（YC） 液压-导轨油 高黏度指数液压油（YD） 其他专用液压油
	难燃型	乳化型	水包油乳化液（YRA） 油包水乳化液（YRB）
		合成型	水-乙二醇液（YRC） 磷酸酯液（YRD） 其他

石油基液压油以机械油为基料，精炼后按需要加入适当的添加剂。这种液压油的润滑性好，但抗燃性差。

机械油是一种工业用润滑油，价格虽较低，但其物理、化学性能较差，使用时易产生黏稠胶质而堵塞元件中的小孔，影响系统的性能。压力越高，问题越严重。因此，机械油只能在压力较低和要求不高的液压传动系统中使用。

汽轮机油和机械油相比，其抗氧化性好，使用寿命长，与水混合后能迅速分离，纯净度高。

普通液压油中加有抗氧化、防锈和抗泡沫等的添加剂，它在液压传动系统中使用最广。

乳化液分为两大类：一类是少量油（5％～10％）分散在大量的水中，称为水包油（O/W）乳化液，也称高水基液；另一类是水分散在大量的油（油约占 60％）中，称为油包水（W/O）乳化液。后者的润滑性比前者的好。

水-乙二醇液适用于有防火要求的液压传动系统。这类液体如长期在高于 65 ℃的温度下工作，水分的蒸发使它的黏度增大，因此必须经常检验。水-乙二醇液的低温黏度小，其润滑性比石油基液压油的差。与大多数金属及液压传动系统中使用的橡胶密封圈材料均能相容，但会使许多油漆脱落。

磷酸酯液的燃点高，抗氧化性好，润滑性好，使用温度范围宽，对大多数金属不会产生腐蚀作用，但能溶解许多非金属材料，因此必须选择合适的橡胶密封圈材料。另外，这种液体有毒。

为了改善液压油的性能，往往在液压油中加入各种各样的添加剂。添加剂有两类：一类是改善液压油化学性能的添加剂，如抗氧化剂、防腐剂、防锈剂等；另一类是改善液压油物理性能的添加剂，如增黏剂、抗泡剂、抗磨剂等。

◀ 2.3 液体静力学基础 ▶

本节讨论静止液体的平衡规律及其应用。所谓静止液体,是指液体内部质点间没有相对运动。如果盛装液体的容器本身处在匀速运动之中,则液体处于相对静止状态。

2.3.1 液体中的压力

1. 压力的定义

液体单位面积上所受的法向力称为压力,严格来说,应称为压力强度,即物理学中的压强,但在工程中人们习惯称为压力。压力 p 的定义为

$$p = \lim_{\Delta A \to 0} \frac{\Delta F}{\Delta A} \tag{2.17}$$

式中,ΔA 为微元面积,ΔF 为法向微元作用力。

静止液体中的压力称为静压力。液体静压力有如下两个基本特性:

(1) 液体静压力沿法线方向垂直于承压面;

(2) 静止液体内任一点的压力在各个方向上都相等。

由上述性质可知:静止液体总是处于受压状态,并且其内部的任何质点都是受平衡压力作用的。

2. 压力的表示方法及单位

压力有两种表示方法:绝对压力和相对压力。以绝对真空作为基准进行度量的压力,称为绝对压力;以当地大气压力为基准进行度量的压力,称为相对压力。在绝大多数工业测压仪表中,大气压力并不能使仪表动作,所以仪表指示的压力是相对压力,又称表压力。液压传动中所提到的压力均指相对压力。

如果液体中某点处的绝对压力小于大气压力,这时该点的绝对压力比大气压力小的那部分压力值,称为真空度。

绝对压力、相对压力与真空度之间的关系如图 2.5 所示。由图 2.5 可知:以大气压力为基准计算压力时,基准以上的正值是表压力,基准以下的负值的绝对值就是真空度。例如,当液体内某点的真空度为 0.07 MPa 时,它的绝对压力便是 0.03 MPa。即

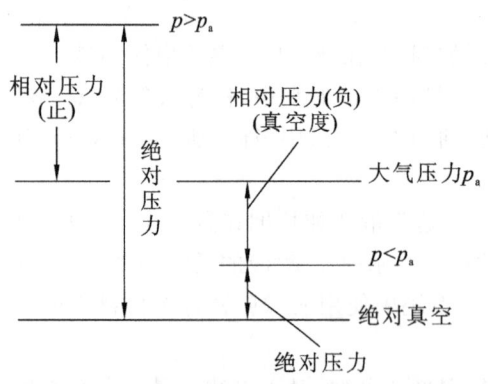

图 2.5 绝对压力、相对压力和真空度之间的关系

$$表压力 = 绝对压力 - 大气压力 \tag{2.18}$$
$$真空度 = 大气压力 - 绝对压力 \tag{2.19}$$

根据压力的定义可知,压力应具有应力的计量单位。因此,压力的法定计量单位是 Pa(帕),1 Pa = 1 N/m^2(牛顿每二次方米),1×10^6 Pa = 1 MPa(兆帕)。我国过去沿用过的和有些部门惯用的一些压力单位还有 bar(巴)、at(工程大气压,即 kgf/cm^2)、atm(标准大气压)、mmH_2O(约定毫米水柱)或 mmHg(约定毫米水银柱)等。下面将会证明液体内某一点

处的表压力与它所在位置的深度 h 成正比,因此可用液柱高度来表示表压力的大小。

2.3.2　静压力基本方程

1. 静压力基本方程的推导

在重力场中,静止液体的受力情况如图 2.6 所示。如果要求出液体内离液面深度为 h 的点 1 处的压力,可以从液体内取出一个底面通过该点的垂直小液柱,如图 2.6(b)所示。设液柱的底面积为 ΔA,高为 h。由于液柱处于平衡状态,于是在垂直方向上有力平衡关系式,即

$$p\Delta A = p_0 \Delta A + \rho g h \Delta A$$

因此得

$$p = p_0 + \rho g h \qquad (2.20)$$

式中:p_0 为液面受到的压力;p 为离液面深度为 h 的液体压力;ρ 为液体密度;g 为重力加速度;h 为淹深,即距离液面的深度。

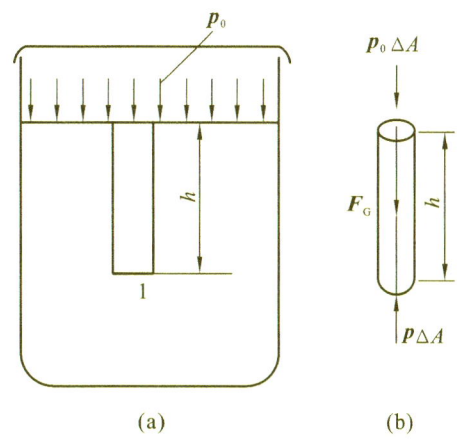

图 2.6　重力作用下的静止液体

式(2.20)即为液体静压力基本方程,它说明液体静压力分布有如下特征:

(1)静止液体内任一点的压力由两部分组成:一部分是液面上的压力 p_0,另一部分是该点以上的液体重力所形成的压力 $\rho g h$。

(2)静止液体内的压力随液体深度呈线性规律递增。式(2.20)是线性方程。

(3)同一液体中,离液面深度相等的各点的压力相等。由压力相等的点组成的面称为等压面。在重力场中,静止液体中的等压面是一个水平面。

2. 静压力基本方程的物理意义

将图 2.7 所示的盛有液体的密封容器放在基准水平面 $O-x$ 上加以考察,如图 2.7 所示,则静压力基本方程可改写成

$$p = p_0 + \rho g h = p_0 + \rho g(z_0 - z) \qquad (2.21)$$

式中,z_0 为液面与基准水平面之间的距离,z 是距液面深度为 h 的点与基准面之间的距离。

式(2.21)整理后可得

$$\frac{p}{\rho g} + z = \frac{p_0}{\rho g} + z_0 = 常数 \qquad (2.22)$$

式(2.22)是静压力基本方程的另一种表达形式。

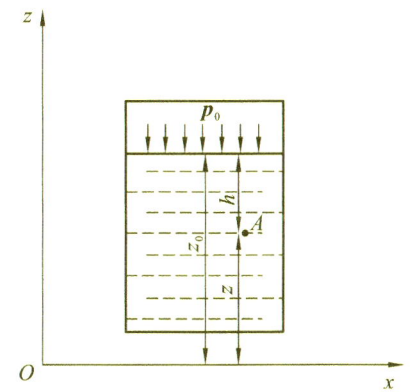

图 2.7　静压力基本方程的物理意义

式中,$\dfrac{p}{\rho g} = \dfrac{pV}{\rho V g} = \dfrac{pV}{mg}$($V$ 为液体体积)表示单位重量的液体具有的压力能,称为比压力能;$z = \dfrac{mgz}{mg}$ 表示单位重量的液体具有的位能,称为比位能。因为它们具有长度的量纲,所以也常称作压力水头、位置水头。

静压力基本方程的物理意义是:静止液体内任何一点都具有压力能和位能两种形式的

能量,且其总和保持不变,即能量守恒。但是这两种形式的能量之间可以相互转换。

2.3.3 静压力传递原理

装入密封容器内的液体,其外加压力 p_0 发生变化时,只要液体仍保持其原来的静止状态不变,液体中任一点的压力均将按式(2.21)发生同样大小的变化。也就是说,在密封容器内,施加于静止液体上的压力将等值地同时传递到液体各点,这就是静压力传递原理,或称为帕斯卡(Pascal)原理。

必须指出,当 p_0 是液压传动系统的工作压力时,由于 $\rho g h$ 远小于 p_0,所以,在液压传动中不考虑位置势能对压力能的影响,一般认为 $p=p_0$,即静止液体中的压力处处相等。例如,当 $h=10$ m,并取 $g=9.81$ m/s^2,$\rho=900$ kg/m^3 时,$\rho g h=0.088$ MPa<0.101 MPa,即此时 $\rho g h<1$ atm。液压装置的高度一般不高于 10 m,因而由液体重力所形成的压力与液压传动系统的工作压力相比可忽略不计。

图 2.8 所示是帕斯卡原理的应用实例。图中所示的垂直液压缸、水平液压缸的截面面积分别为 A_1、A_2,作用于活塞的负载分别为 $\boldsymbol{F_1}$、$\boldsymbol{F_2}$。由于两缸互相连通,构成一个密封连通容器,因此按帕斯卡原理,缸内压力处处相等,即有 $p_1=p_2$,于是有

$$F_2=\frac{A_2}{A_1}F_1 \tag{2.23}$$

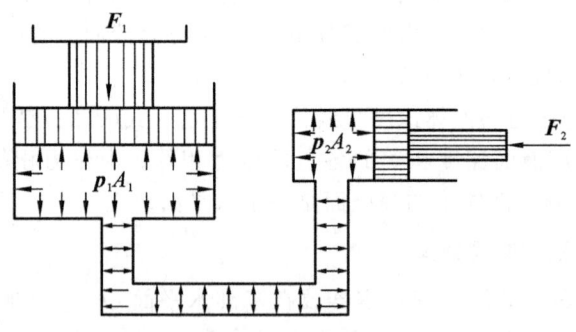

图 2.8 帕斯卡原理的应用实例

如果垂直液压缸的活塞上没有负载,则在略去活塞重量及其他阻力时,不论怎样推动水平液压缸的活塞,都不能在液体中形成压力,这说明液压传动系统中的压力是由外负载决定的。这是液压传动中的一个基本概念。

2.3.4 液体作用于容器壁面上的力

在进行液压传动装置的设计和计算时,常常需要计算液体静压力作用在平面上和曲面上产生的液压作用力,例如油缸活塞所受的液压作用力、阀的阀芯所受的液压作用力等。

当固体壁面为平面时,作用在该面上的压力方向相互平行,且垂直于承压表面,故静压力作用在固体壁面上的液压作用力 F 等于压力 p 与承压面积 A 的乘积,即

$$F=pA \tag{2.24}$$

当固体壁面为曲面时,作用在曲面上各点处的压力方向是不平行的,因此,静压力作用于曲面某一方向的液压作用力等于压力与曲面在该方向投影面积的乘积,如作用在曲面的

x 方向的液压作用力 F_x 为

$$F_x = pA_x \tag{2.25}$$

式中，A_x 为曲面在 x 方向的投影面积。

下面以液压缸缸筒为例加以证实。

设液压缸两端面封闭，缸筒内充满压力为 p 的油液。缸筒的半径为 r，长度为 l，如图 2.9 所示。这时缸筒内壁面上各点的静压力大小相等，都为 p，但并不平行。因此，为求得油液作用于缸筒右半壁内表面在 x 方向上的液压作用力 F_x，需在壁面上取一微小面积，即

$$dA = lds = lrd\theta$$

则油液作用在 dA 上的力 dF 的水平分量 dF_x 为

$$dF_x = \cos\theta dF = p\cos\theta dA = plr\cos\theta d\theta$$

对上式进行积分，可得

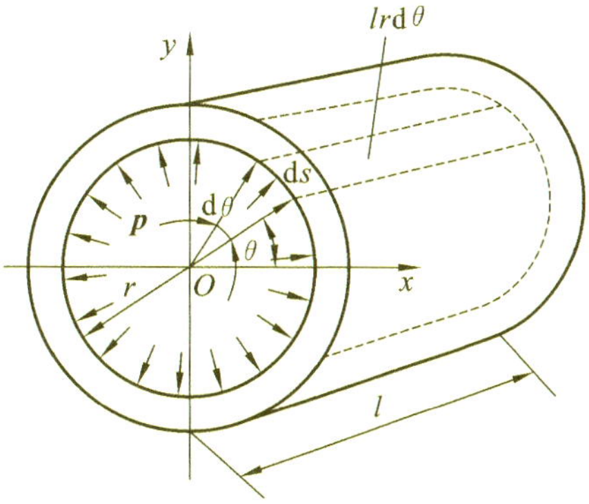

图 2.9　作用在液压缸缸筒内壁面上的力

$$F_x = \int_{-\frac{\pi}{2}}^{\frac{\pi}{2}} dF_x = \int_{-\frac{\pi}{2}}^{\frac{\pi}{2}} plr\cos\theta d\theta = 2lrp = pA_x$$

式中，A_x 为缸筒右半部分的内壁面积在 x 方向上的投影面积，$A_x = 2rl$。

上述结论对于任何曲面都是适用的。

◀ 2.4　流动液体力学基础 ▶

本节讨论液体流动时的运动规律、流动液体中的能量守恒及其能量转换、流动液体对固体壁面的作用力等问题，即三个基本方程——流量连续性方程、能量方程和动量方程。

2.4.1　基本概念

研究流动液体的力学问题时必须考虑黏性的影响。这个问题非常复杂，通常采取的方法是：分析时先假设液体没有黏性，得到理想化的结论，然后再考虑黏性的影响，并通过实验验证等办法对其进行修正。

1. 理想液体、恒定流动和一维流动

所谓理想液体，是指一种假想的既没有黏性又不可压缩的液体；而把事实上存在的具有黏性和可压缩的液体，称为实际液体。

液体流动时，如液流中任何一点处的压力、速度和密度都不随时间变化，就称液体在作恒定流动；反之，只要压力、速度或密度中有一个参数随时间变化，则称液体在作非恒定流动。

当液体整个作线形流动时，称为一维流动；当液体整个作平面或空间流动时，称为二维或三维流动。通常把密封容器和管道内的液体的流动按一维流动处理，再用实验数据来修正其结果。一维流动可以采用自然坐标。

2. 流线、流束、流管和通流截面

流线、流束、流管和通流截面是对液流的几何描述。

流线是液流中一条条标志其各点处的质点运动状态的曲线。流线上各点处的质点的瞬

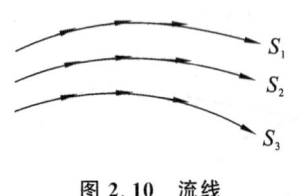

图 2.10　流线

时流动方向与该点的切线方向重合,如图 2.10 所示。由于液流中每个质点在每一瞬时只能有一个速度,因而流线之间不可能相交,也不可能突然转折,它们只能是一条条光滑的曲线。在非恒定流动中,由于通过空间点的质点速度随时间变化,因而流线形状也随时间变化。只有在恒定流动时,流线形状才不随时间变化。

流线彼此平行的流动,称为平行流动;流线间夹角很小或流线曲率半径很大的流动,称为缓变流动。平行流动和缓变流动都可以看成是一维流动。

通过某截面 A 上各点画出流线,这些流线的集合就构成流束,如图 2.11 所示。流束表面称为流管,如图 2.12 所示。流管与真实管道相似。根据流线不能相交的性质,流束(流管)内外的流线均不能穿越流束表面(流管)。当截面面积 A 很小时,这个流束(流管)称为微小流束(流管)。微小流束截面上各点处的运动速度可以认为是相等的。微小流束的极限就是流线。

在流束中,与所有流线正交的截面称为通流截面。通流截面可以是平面,也可以是曲面。例如,图 2.11 中的截面 A 是平面,而截面 B 是曲面。液体在液压管道中流动时,垂直于流动方向的截面即为通流截面。

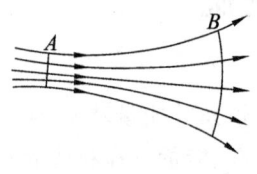

图 2.11　流束

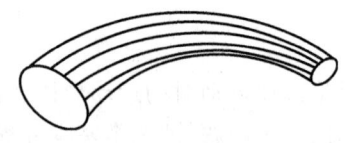

图 2.12　流管

3. 流量和平均流速

单位时间内流过某通流截面的液体体积称为流量,一般用符号 q 表示,常用单位为 $\mathrm{m^3/s}$ 和 $\mathrm{L/min}$。

液体在管道内流动时,由于实际液体具有黏性,因此通流截面上各点的流速 u 是不相等的。管壁处的流速为零,管道中心处的流速最大,流速分布如图 2.13(b)所示。如果要求得流经整个通流截面 A 的流量,可在通流截面 A 上任取一微小流束的截面 $\mathrm{d}A$(见图 2.13(a)),则通过 $\mathrm{d}A$ 的微小流量为

$$\mathrm{d}q = u\mathrm{d}A$$

对上式在整个通流截面 A 上进行积分,便可求得流经通流截面 A 的流量,即

$$q = \int_0^A u\mathrm{d}A \tag{2.26}$$

由式(2.26)可知,要求得 q 的值,必须知道流速 u 在整个通流截面 A 上的分布规律。黏性液体的流速 u 在管道中的分布规律很复杂,一般不容易知道。为方便起见,在液压传动中常采用一个假想的平均流速 v 来求流量,并认为液体以平均流速 v 流经通流截面的流量等

于以实际流速 u 流经通流截面的流量,即

$$q = \int_0^A u\,\mathrm{d}A = vA \qquad (2.27)$$

由此得出通流截面上的平均流速为

$$v = \frac{q}{A} \qquad (2.28)$$

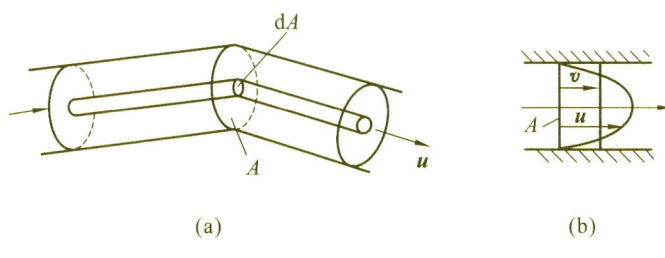

图 2.13　流量和平均流速

2.4.2　流量连续性方程

流量连续性方程是流体运动学方程,是质量守恒定律在流体力学中的表示形式。

如图 2.14 所示,在恒定流场中任取一流管,其两端的通流截面面积分别为 A_1、A_2,在流管中任取一微小流束,并设微小流束两端的截面面积分别为 $\mathrm{d}A_1$、$\mathrm{d}A_2$,液体流经这两个微小截面的流速和密度分别为 u_1、ρ_1 和 u_2、ρ_2。根据质量守恒定律,单位时间内经截面 $\mathrm{d}A_1$ 流入微小流束的液体质量应与经截面 $\mathrm{d}A_2$ 流出微小流束的液体质量相等,即

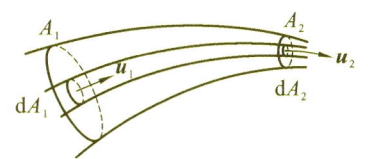

图 2.14　连续方程推导简图

$$\rho_1 u_1 \mathrm{d}A_1 = \rho_2 u_2 \mathrm{d}A_2$$

如忽略液体的可压缩性,即 $\rho_1 = \rho_2$,则

$$u_1 \mathrm{d}A_1 = u_2 \mathrm{d}A_2$$

对上式进行积分,就可得到经过截面 A_1、A_2 流入、流出整个流管的流量相等,即

$$\int_0^{A_1} u_1 \mathrm{d}A_1 = \int_0^{A_2} u_2 \mathrm{d}A_2$$

根据式(2.27)和式(2.28),采用平均流速来计算流量,则上式可写成

$$q_1 = q_2 \quad \text{或} \quad v_1 A_1 = v_2 A_2 \qquad (2.29)$$

式中:q_1、q_2 分别为流经通流截面 A_1、A_2 的流量;v_1、v_2 分别为流体在通流截面 A_1、A_2 上的平均流速。

由于两通流截面是任意取的,故

$$q = vA = 常数 \qquad (2.30)$$

这就是液体恒定流动时的流量连续性方程,它说明:不可压缩的液体在恒定流动时,通过流管各截面的流量相等。换言之,液体是以同一流量在流管中连续地流动着的,而液体的流速则与通流截面面积成反比。这样就将液体作恒定流动时的质量守恒转化为体积

守恒。

流量连续性方程在液压传动技术中经常用到，由它可以引申出速度传递和速度调节的概念。对于图 2.15(a)所示的简单系统，按流量连续性方程，有

$$v_1 A_1 = v_2 A_2 = q$$

由此可见，液压泵活塞上的速度 v_1 必然引起液压缸的活塞产生速度 v_2，且有

$$v_2 = v_1 \frac{A_1}{A_2} \tag{2.31}$$

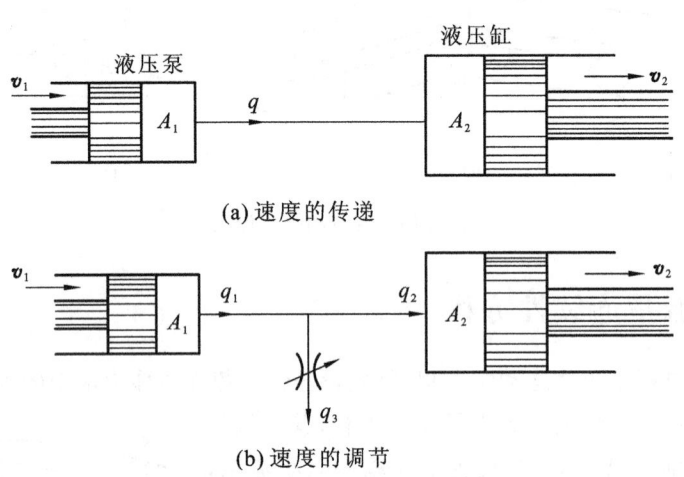

(a) 速度的传递

(b) 速度的调节

图 2.15　流量连续性方程在液压传动中的应用

也就是说，如果改变 v_1，则 v_2 就会随之做相应的改变；只要能设法调节 v_1，则 v_2 也将获得相应的调节。

如图 2.15(b)所示，在液压泵与液压缸之间的管道上分一支管，其流量可以控制，则流量连续性方程为

$$v_1 A_1 = v_2 A_2 + q_3$$

或

$$v_2 = \frac{1}{A_2}(v_1 A_1 - q_3) \tag{2.32}$$

由此可见，当 v_1 不可调节时，调节 q_3 也能使 v_2 产生相应的变化。

在液压传动技术中，v_1 或 q_3 都能够做到在一定范围内进行无级调节，因此 v_2 也能实现无级调节，这是液压传动被普遍应用的原因之一。

2.4.3　伯努利方程

伯努利方程又称为能量方程，它是能量守恒定律在流体力学中的具体表现形式。由于实际液体在管道中流动时的能量关系比较复杂，故先研究理想液体在管道中的流动情况，然后再拓展到实际液体的流动情况。

1. 理想液体恒定流动时的伯努利方程

根据能量守恒定律可知，合外力对物体所做的功等于该物体能量的增量。

如图 2.16 所示，设理想液体在任意管道中作恒定流动。在很短时间 $\mathrm{d}t$ 内，任取的 AB 段液体流动到 $A'B'$ 段。因为液体流动的距离很小，所以在 AA' 和 BB' 两小段内，液体的截面面积、压力、平均流速和位置高度都可以看成是不变的。

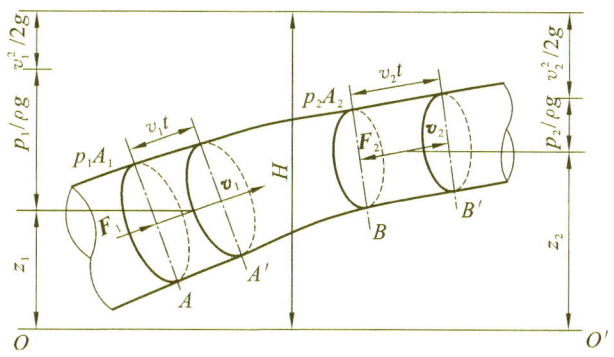

图 2.16 伯努利方程的推导

设 AA' 和 BB' 段液体的通流面积分别为 A_1、A_2，压力分别为 p_1、p_2，平均流速分别为 v_1、v_2，截面中心距离水平基准 OO' 的位置高度分别为 z_1、z_2，则作用在 AB 段液体的 A_1、A_2 截面上的液压作用力 F_1、F_2 分别为

$$F_1 = p_1 A_1, \quad F_2 = p_2 A_2$$

对于理想液体的流动，不考虑因液体黏性而产生的内摩擦力，液体在管道中作恒定流动，重合段 $A'B$ 中的液体的压力、流速及密度均不随时间变化，因此这段液体的能量就没有发生变化；而 AB 段液体流动到 $A'B'$ 就相当于 AA' 段液体移动到 BB'，这时液体的平均流速（产生动能）和位置高度（产生位能）均发生了变化。这两段液体具有的机械能由动能和位能组成，分别为

$$E_1 = \frac{1}{2} m_1 v_1^2 + m_1 g z_1$$

$$E_2 = \frac{1}{2} m_2 v_2^2 + m_2 g z_2$$

式中，m_1、m_2 分别为 AA'、BB' 段液体的质量。由质量守恒定律可得，$m_1 = m_2 = m$。

AB 段液体流动到 $A'B'$ 处，是在外力 F_1、F_2 的作用下实现的。外力 F_1、F_2 所做的总功为

$$W = F_1 v_1 t - F_2 v_2 t = p_1 A_1 v_1 t - p_2 A_2 v_2 t = p_1 V_1 - p_2 V_2$$

式中，V_1、V_2 分别为 AA'、BB' 段液体的体积，且 $V_1 = A_1 v_1 t$，$V_2 = A_2 v_2 t$。

根据能量守恒定律可知，合外力对 AB 段液体所做的功等于该段液体能量的增量，即

$$W = E_2 - E_1$$

即

$$p_1 V_1 - p_2 V_2 = \left(\frac{1}{2} m v_2^2 + m g z_2 \right) - \left(\frac{1}{2} m v_1^2 + m g z_1 \right)$$

整理后可得

$$m g z_1 + p_1 V_1 + \frac{1}{2} m v_1^2 = m g z_2 + p_2 V_2 + \frac{1}{2} m v_2^2$$

由于 A_1、A_2 两截面是任意选取的，故上式适用于管道中的任意两个截面，因此上式可写为

$$mgz + pV + \frac{1}{2}mv^2 = 常数 \tag{2.33}$$

将上式中的各项均除以 mg，即对于单位重量的液体而言，有

$$z + \frac{p}{\rho g} + \frac{v^2}{2g} = 常数 \tag{2.34}$$

或

$$z_1 + \frac{p_1}{\rho g} + \frac{v_1^2}{2g} = z_2 + \frac{p_2}{\rho g} + \frac{v_2^2}{2g} \tag{2.35}$$

式(2.34)和式(2.35)就是理想液体恒定流动时的伯努利方程。式中，z 称为比位能，$\frac{p}{\rho g}$ 称为比压力能，$\frac{v^2}{2g}$ 称为比动能，它们都具有长度量纲，三者之和为常数，是单位重量的液体具有的能量，称为比能量，用 H 表示。如图 2.16 所示，H 为一条水平线。

理想液体的伯努利方程的物理意义是：在管道中作恒定流动的理想液体具有位能、压力能和动能，它们之间可以相互转换，但在任意截面处其总和不变，即能量守恒。

对于水平流动的液体，$z_1 = z_2$，则有

$$\frac{p}{\rho g} + \frac{v^2}{2g} = 常数 \tag{2.36}$$

上式说明，在水平流动的液体中，流速越高的地方，液体的压力就越低。例如液体在粗细不等的管道中流动时，在截面细的部分，液体的流速较高，而液体的压力较低；相反，在截面粗的部分，液体的流速较低，而液体的压力较高。

如果流速为零，则伯努利方程转化为静压力基本方程。

2. 实际液体恒定流动时的伯努利方程

由于实际液体具有黏性，因此液体在流动时，液体与固体壁面之间会产生摩擦而消耗能量；当管道的形状发生变化或液体的流向突然发生变化时，液体会产生旋涡，质点间发生相互撞击，这样也会消耗能量。

由于在伯努利方程中用平均流速 v 代替实际流速 u，因此在动能计算中将产生误差，需要进行修正。为此，引入动能修正系数 α。α 的定义为实际动能与按平均流速计算的动能之比，即

$$\alpha = \frac{\int_0^A \rho \frac{u^2}{2} u \, \mathrm{d}A}{\frac{1}{2}\rho(Av)v^2} = \frac{\int_0^A u^3 \, \mathrm{d}A}{v^3 A} \tag{2.37}$$

理论分析和实验表明，动能修正系数 α 与液体流动状态有关，层流时 $\alpha = 2$，紊流时 $\alpha = 1$。

设单位重量的液体在两截面中流动时的能量损失为 h_w。考虑能量损失，并引入动能修正系数 α 后，实际液体的伯努利方程为

$$z_1 + \frac{p_1}{\rho g} + \frac{\alpha_1 v_1^2}{2g} = z_2 + \frac{p_2}{\rho g} + \frac{\alpha_2 v_2^2}{2g} + h_w \tag{2.38}$$

式(2.38)就是重力场中的实际液体在流管中作平行流动或缓变流动时的伯努利方程。式中：α_1，α_2 分别为截面 A_1，A_2 的动能修正系数；h_w 为单位重量的液体从截面 A_1 流向截面 A_2 的过程中的能量损失，$h_w = \frac{\Delta p}{\rho g}$。

式(2.38)也可以写成另外一种形式,即

$$\rho g z_1 + p_1 + \frac{1}{2}\rho \alpha_1 v_1^2 = \rho g z_2 + p_2 + \frac{1}{2}\rho \alpha_2 v_2^2 + \Delta p \qquad (2.39)$$

式中,Δp 为液体从截面 A_1 流到截面 A_2 时的压力损失。

3. 伯努利方程应用举例

伯努利方程揭示了流动液体中的能量守恒和能量转换规律,它指出:对于流动的液体来说,如果没有能量的输入和输出,液体内的总能量是不变的。伯努利方程是流体力学中的一个重要的基本方程,它常常和流量连续性方程一起,用来求解有关速度和压力方面的问题。

应用伯努利方程的关键是两个截面的选取。一个截面应选在参数已知或可求处,另一个截面应选在参数待求处。必须注意的是,压力 p 和比位能 z 应为通流截面同一点的两个参数。为了方便起见,通常把这两个参数都取在通流截面的轴心处。此外,两个截面的压力参数 p 的度量基准应相同,若采用绝对压力,则都采用绝对压力;若采用相对压力,则都采用相对压力。同时,比位能 z 的基准选择应方便计算。

例 2.1 如图 2.17 所示,已知液压泵的流量 $q_p = 32$ L/min,吸油管的通径 $d = 20$ mm,液压泵的安装高度 $h = 500$ mm,液压油的运动黏度 $\nu = 20 \times 10^{-6}$ m²/s,密度 $\rho = 900$ kg/m³,吸油管中液体流动为层流状态,压力损失 $\Delta p = 0.18$ kPa,试求液压泵吸油口的真空度。

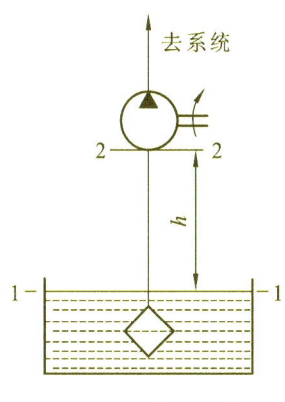

去系统

图 2.17 例 2.1 图

解 以油箱液面为计算基准,取油箱液面为 1—1 截面,液压泵吸油口处为 2—2 截面。因油箱液面与大气接触,故 p_1 为大气压力,即 $p_1 = p_a$,且 $z_1 = 0$;v_1 为油箱液面下降速度,由于 $v_1 \ll v_2$,故 v_1 可近似为零;v_2 为液压泵吸油口处液体的流速,其大小等于液体在吸油管内的流速;取动能修正系数 $\alpha = 2$。

油液在吸油管中的流动速度为

$$v_2 = \frac{4 q_p}{\pi d^2} = \frac{4 \times 32 \times 10^{-3}}{3.14 \times 2^2 \times 10^{-4} \times 60} \text{ m/s} = 1.698 \text{ m/s} \approx 1.7 \text{ m/s}$$

设液压泵吸油口处的绝对压力为 p_2,$z_2 = h = 500$ mm,采用绝对压力表示法,对 1—1 截面和 2—2 截面列伯努利方程,有

$$\frac{p_a}{\rho g} + 0 + 0 = \frac{p_2}{\rho g} + h + \frac{\alpha_2 v_2^2}{2g} + h_w$$

整理后可得

$$p_a = p_2 + \rho g h + \frac{\rho \alpha_2 v_2^2}{2} + \Delta p$$

根据真空度的定义,有

$$p_a - p_2 = \rho g h + \frac{\rho \alpha_2 v_2^2}{2} + \Delta p = \left(900 \times 9.8 \times 0.5 + \frac{900 \times 2 \times 1.7^2}{2} + 180 \right) \text{ Pa} = 7.191 \text{ kPa}$$

例 2.2 图 2.18 所示为液压泵吸油装置,设油箱液面压力为 p_1,液压泵吸油口处的绝对压力为 p_2,液压泵吸油口距离油箱液面的高度为 h,吸油管中的总能量损失为 h_w,不考虑液体流动状态的影响,取动能修正系数 $\alpha = 1$。试分析影响液压泵吸油(安装)高度的因素。

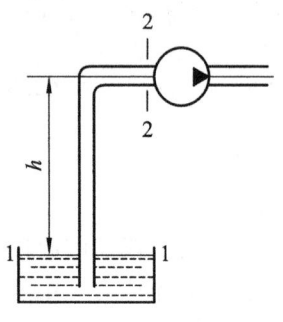

图 2.18　液压泵吸油装置

解　以油箱液面为计算基准,取油箱液面为 1—1 截面,液压泵吸油口处为 2—2 截面,显然有 $p_1 = p_a$。由于油箱截面足够大,故 $v_1 = 0, z_1 = 0$。设 v_2 为液压泵吸油口处液体的流速(它等于液体在吸油管内的流速),p_2 为液压泵吸油口处的绝对压力,$z_2 = h$,h_w 为吸油管中的总能量损失。

对 1—1 截面和 2—2 截面建立伯努利方程,则有

$$\frac{p_a}{\rho g} = \frac{p_2}{\rho g} + h + \frac{\alpha_2 v_2^2}{2g} + h_w$$

可见,液压泵吸油口处的绝对压力小于大气压力,这是液压泵能够吸油的条件之一。

根据真空度的定义,可得液压泵吸油口处的真空度为

$$p_a - p_2 = \rho g h + \frac{1}{2}\rho \alpha_2 v_2^2 + \rho g h_w = \rho g h + \frac{1}{2}\rho v_2^2 + \Delta p$$

由此可见,液压泵吸油口处的真空度提供了三部分压力:把油液提升到 h 高度所需的压力、将静止液体加速到 v_2 所需的压力和吸油管中的压力损失 Δp。

液压泵的吸油高度为

$$h = \frac{p_a}{\rho g} - \left(\frac{p_2}{\rho g} + \frac{\alpha_2 v_2^2}{2g} + h_w\right)$$

分析上式可知,液压泵的吸油高度可通过以下措施提高。

(1)减小液压泵的吸油压力 p_2,可增大液压泵的吸油高度 h。但 p_2 小于空气分离压力 p_g 时会产生空穴,引起噪声。

(2)增大吸油管直径,降低流速 v_2,可减少将油液从静止加速到 v_2 的能量损失,从而增大液压泵的吸油高度 h。

(3)减小能量损失 h_w,可增大液压泵的吸油高度 h。降低流速可以减小能量损失 h_w。

2.4.4　动量方程

流动液体的动量方程是动量守恒定律在流体力学中的具体应用。动量方程研究的是液体运动时动量的变化与所有作用在液体上的外力之间的关系。

刚体力学动量定理指出:作用在物体上的所有外力的合力等于物体在合力作用方向上动量的变化率,即

$$\sum \boldsymbol{F} = \frac{\mathrm{d}\boldsymbol{I}}{\mathrm{d}t} = \frac{\mathrm{d}(m\boldsymbol{u})}{\mathrm{d}t} \tag{2.40}$$

将刚体力学动量定理用于具有一定质量的液体质点系,由于各个质点的速度不尽相同,故液体质点系的动量定理为

$$\sum \boldsymbol{F} = \frac{\mathrm{d}\boldsymbol{I}}{\mathrm{d}t} = \frac{\mathrm{d}\left(\sum m\boldsymbol{u}\right)}{\mathrm{d}t} \tag{2.41}$$

由于液体运动的复杂性,按上式计算液体质点系的动量变化率并不简单。液体质点系占据一定的空间,如果取这个空间为控制体,可以设法将上式表示的动量变化率改成用欧拉方法表示,这样很容易求得作用在控制体内液体质点系上的外力。

在恒定流场中，可以有目的地选择一个控制体。如图 2.19 所示，在流管中任取 Ⅰ—Ⅰ 和 Ⅱ—Ⅱ 两个截面，这部分流管构成了控制体。设液体流入、流出控制体的控制面分别为 A_1、A_2，其上的微元面积分别为 $\mathrm{d}A_1$、$\mathrm{d}A_2$，流速分别为 $\boldsymbol{u}_1$、$\boldsymbol{u}_2$，密度分别为 ρ_1、ρ_2。经过 $\mathrm{d}t$ 时间后，控制体中的液体质点系运动到 Ⅰ′—Ⅱ′ 位置。由于液体作恒定流动，Ⅰ′—Ⅱ 段液体的动量没有发生变化。因此，控制体中的液体质点系从 Ⅰ—Ⅱ 位置运动到 Ⅰ′—Ⅱ′ 位置

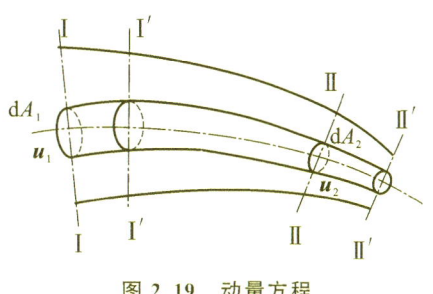

图 2.19 动量方程

时的动量的增量等于 $\mathrm{d}t$ 时间内流出的 Ⅱ—Ⅱ′ 段液体与流入的 Ⅰ—Ⅰ′ 段液体的动量之差。

经控制面 A_1、A_2 流入、流出控制体的液体质点系的动量分别为

$$\int_0^{A_1} \rho_1 \boldsymbol{u}_1 u_1 \mathrm{d}A_1 = \int_0^{A_1} \rho_1 \boldsymbol{u}_1 \mathrm{d}q_1$$

$$\int_0^{A_2} \rho_2 \boldsymbol{u}_2 u_2 \mathrm{d}A_2 = \int_0^{A_2} \rho_2 \boldsymbol{u}_2 \mathrm{d}q_2$$

于是恒定流动时，液体质点系的动量方程可写为

$$\sum \boldsymbol{F} = \rho_2 \int_0^{A_2} \boldsymbol{u}_2 \mathrm{d}q_2 - \rho_1 \int_0^{A_1} \boldsymbol{u}_1 \mathrm{d}q_1$$

由于很难确定速度在通流截面上的分布规律，因此常用通流截面上的平均流速来计算动量，产生的误差用动量修正系数 β_1、β_2 进行修正。于是上式可改写为

$$\sum \boldsymbol{F} = \beta_2 \rho_2 q_2 \boldsymbol{v}_2 - \beta_1 \rho_1 q_1 \boldsymbol{v}_1 \tag{2.42}$$

动量修正系数 β 的定义为实际动量与按平均流速计算的动量之比，即

$$\beta = \frac{\int u \mathrm{d}m}{vm} = \frac{\int_0^A u(\rho u \mathrm{d}A)}{v(\rho v A)} = \frac{\int_0^A u^2 \mathrm{d}A}{v^2 A} \tag{2.43}$$

可以证明，动量修正系数 β 也与液体的流动状态有关，层流时 $\beta = 4/3$，紊流时 $\beta = 1$。

对于不可压缩的液体，因 $\rho_1 = \rho_2 = \rho$，$\rho_1 q_1 = \rho_2 q_2 = \rho q$，故液体质点系的动量方程为

$$\sum \boldsymbol{F} = \rho q(\beta_2 \boldsymbol{v}_2 - \beta_1 \boldsymbol{v}_1) \tag{2.44}$$

应用动量方程时，需特别注意以下几点。

（1）动量方程是向量方程，实际应用时必须按坐标轴进行投影，转换成标量方程。

（2）必须明确受力对象。动量方程的受力对象是所研究的液体质点系，即控制体中的液体系统。

（3）$\sum \boldsymbol{F}$ 指外界作用于所研究的液体质点系上的所有外力的合力，包括控制体外的液体对所研究的液体质点系的作用力、固体壁面对所研究的液体质点系的作用力（包括液体质点系的重力形成的反作用力和黏性摩擦力）及控制体内所研究的液体质点系的惯性力等。

（4）力和速度的方向问题：力和速度的方向与坐标方向相同时为正，与坐标方向相反时为负。

（5）动量方程中的"−"号表示动量差，是方程固有的，与速度的正负无关。因为不论速度的方向如何，流入速度的方向与控制体流入表面外法线的方向总是相反的，这个"−"号只表示"流入"，并不表示流入速度的方向。在坐标轴及控制体确定后，不论流入控制体的速度是正还是负，这个表示"流入"控制体动量的"−"号都是不可缺少的。

应用动量方程解题的关键是控制体的确定。选取的控制体应包围受 $\sum \boldsymbol{F}$ 作用的液体质点系,而控制表面应选在压力、流速等参数已知或可求处。

例 2.3 如图 2.20 所示,液体流过有弯头的管道。已知 p_1,A_1,p_2,A_2 及 θ,不计动量修正,求密度为 ρ、流量为 q 的液体作用在弯管上的液动力。

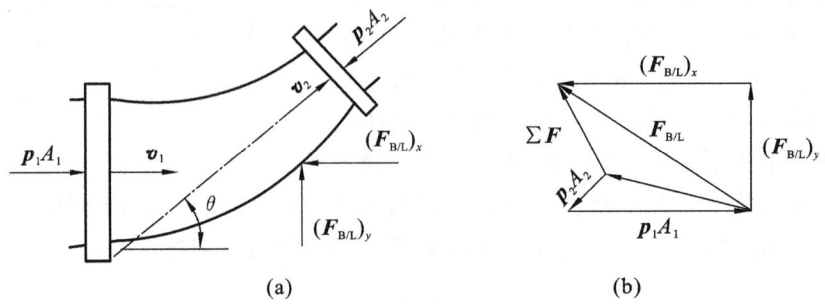

图 2.20 作用在弯管上的液动力

解 (1)由于所求为液体对弯管的作用力,故取弯管为控制体。

(2)受力分析。首先分析所有作用在弯管中的液体质点上的力。

先假设弯管对液体质点系的作用力的方向,该方向可以任意假设。现假设弯管对液体质点系在 x,y 方向的作用力分别为 $(\boldsymbol{F}_{B/L})_x$,$(\boldsymbol{F}_{B/L})_y$,方向如图 2.20(a)所示;重力和黏性摩擦力的反作用力已经包含在固体壁面对液体质点系的作用力中。

然后分析控制面处的流动液体对液体质点系的作用力。控制面处的流动液体对液体质点系的作用力大小为 p_1A_1,p_2A_2,方向如图 2.20(a)所示。

(3)列出 x,y 方向的动量方程,即

$$\sum F_x = p_1A_1 - p_2A_2\cos\theta - (\boldsymbol{F}_{B/L})_x = \rho q(v_2\cos\theta - v_1)$$

$$\sum F_y = (\boldsymbol{F}_{B/L})_y - p_2A_2\sin\theta = \rho q(v_2\sin\theta - 0)$$

(4)解出固体壁面对液体质点系的作用力,即

$$(\boldsymbol{F}_{B/L})_x = p_1A_1 - p_2A_2\cos\theta - \rho q(v_2\cos\theta - v_1)$$

$$(\boldsymbol{F}_{B/L})_y = p_2A_2\sin\theta + \rho qv_2\sin\theta$$

(5)判断固体壁面对液体质点系的真实作用力的方向。当作用力的计算值为正时,说明实际作用力的方向与原假设方向相同;当作用力的计算值为负时,说明实际作用力的方向与原假设方向相反。

(6)根据牛顿第三定律求出液体对固体壁面的液动力,即

$$(\boldsymbol{F}_{L/B})_x = -(\boldsymbol{F}_{B/L})_x, \quad (\boldsymbol{F}_{L/B})_y = -(\boldsymbol{F}_{B/L})_y$$

图 2.20(b)是用向量合成法求得的固体壁面对液体质点系的作用力的大小及方向,以及 $\sum \boldsymbol{F}$ 的大小及方向。合力 $\boldsymbol{F}_{B/L}$ 是固体壁面对液体质点系的作用力,其反作用力就是液体对固体壁面的液动力。

◀ 2.5 管道内压力损失的计算 ▶

实际液体具有黏性。为了克服黏性摩擦阻力,液体流动时要损耗一部分能量。由于管道

中的流量不变,因此这种能量损耗表现为压力损失。损耗的能量转变为热量,使液压传动系统的温度升高,影响系统的工作性能。因此,在设计液压传动系统时,应尽量减小压力损失。

压力损失分为两种:一种是液体在等径直管中流动时因黏性摩擦而产生的压力损失,称为沿程压力损失;另一种是由于管道的截面突然变化、液流的方向突然改变或其他形式的液流阻力(如控制阀阀口)而引起的压力损失,称为局部压力损失。

2.5.1 液体的流动状态

压力损失规律与液体的流动状态有关,所以首先介绍液流的两种流态。

1. 层流和紊流

1883年,英国物理学家雷诺通过大量的实验发现,液体在管道中流动时存在两种完全不同的流动状态,即层流和紊流。层流时液体质点互不干扰,液体的流动呈线性或层状,且平行于管道轴线;而紊流时液体质点的运动是杂乱无章的,除了平行于管道轴线的运动外,还存在着剧烈的横向运动。由层流过渡到紊流时,液体的流动速度称为上临界速度;而由紊流过渡到层流时,液体的流动速度称为下临界速度。在上、下临界速度之间,液体的流动状态称为过渡流或变流,它是一种不稳定的流动状态,一般按紊流处理。

层流和紊流是两种不同性质的流态。层流时,黏性力起主导作用,液体的流速较低,液体质点主要受黏性力制约,不能随意运动;紊流时,惯性力起主导作用,液体的流速较高,黏性力的制约作用减弱。

液体在层流状态下流动时,液体的能量主要损失在克服黏性摩擦上,损失的能量直接转化成热能,一部分被液体带走,一部分传递给管壁;而液体在紊流状态下流动时,液体的能量主要损失在动能上,损失的这部分能量使液体搅动混合,产生旋涡、尾流、撞击管壳,引起振动,形成液体噪声。这种噪声虽然会受到种种抑制而衰减,并最后转化为热能消散掉,但在其辐射传递过程中,还会引起其他形式的噪声。

2. 雷诺数

液体流动时的流态究竟是层流还是紊流,可用雷诺数来判断。

雷诺实验证明:液体在圆管中的流动状态不仅与管内的平均流速 v 有关,还和管径 d、液体的运动黏度 ν 有关,但是不论平均流速 v、管径 d 和液体的运动黏度 ν 如何变化,液体的流动状态仅与由这三个参数所组成的一个称为雷诺数的无量纲数有关,即

$$Re=\frac{vd}{\nu} \tag{2.45}$$

实际上,雷诺数 Re 是液体流动时所受到的惯性力与黏性力之比。后来,人们通过相似理论中的量纲分析法,得到了与雷诺实验完全相同的结论。根据量纲分析法,有

$$[Re]=\frac{[惯性力]}{[黏性力]}=\frac{[\rho]\cdot[L]^3\cdot\frac{[v]}{[t]}}{[\mu]\cdot[L]^2\cdot\frac{[v]}{[L]}}=\frac{[\rho]\cdot[L]^2}{[\mu]\cdot[t]}=\frac{[v]\cdot[L]}{[\nu]}$$

式中:$[L]$ 为长度量纲,对于管道,则为特征尺寸、水力直径,且 $L=4R_H$,其中 R_H 为水力半径;$[v]$ 为速度量纲;$[\nu]$ 为运动黏度量纲。

因此,对于非圆截面管道,雷诺数 Re 可用下式计算,即

$$Re = \frac{4 v R_H}{\nu} \tag{2.46}$$

式中，R_H 为通流截面的水力半径，它等于液流的有效截面面积 A 与它的湿周（液体接触的有效截面周界的长度）x 之比，即

$$R_H = \frac{A}{x}$$

在液压传动系统中，管道总是充满液体的，因此液流的有效截面面积就是通流截面面积，湿周就是通流截面的周长。例如，直径为 d 的圆截面管道的水力半径为 $R_H = \frac{\pi}{4} d^2 / (\pi d) = \frac{d}{4}$。把此水力半径代入式（2.46）中，即可得到与式（2.45）相同的结果。

图 2.21 所示为几种典型的通流截面，它们的通流面积相等，但形状不同，故其水力半径也是不同的：圆形的通流截面的水力半径最大，同心环状的通流截面的水力半径最小。水力半径是描述通流截面通流能力大小的一个参数。水力半径大，意味着液体和管壁的接触面积小，管壁对液流的阻力小，通流截面的通流能力大，通流截面不易堵塞。

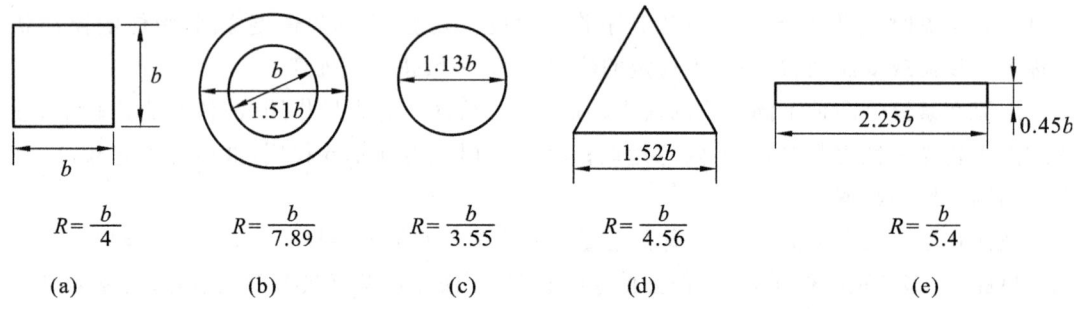

图 2.21　各种通流截面的水力半径 R_H

雷诺数是液体在管道中流动状态的判断依据。对于不同情况下的液体流动状态，如果雷诺数相同，则它们的流动状态就相同。液流由层流转变为紊流时的雷诺数和由紊流转变为层流时的雷诺数是不同的，后者的数值小，所以一般用后者作为判别液流状态的依据，称为临界雷诺数，记作 Re_{cr}。当液流的雷诺数 Re 小于临界雷诺数 Re_{cr} 时，液流为层流；反之，液流为紊流。常见的液流管道的临界雷诺数由实验测得，详见表 2.3。

表 2.3　常见的液流管道的临界雷诺数

管道的形状	Re_{cr}	管道的形状	Re_{cr}
光滑的金属圆管	2 000～2 320	带环槽的同心环状缝隙	700
橡胶软管	1 600～2 000	带环槽的偏心环状缝隙	400
光滑的同心环状缝隙	1 100	圆柱形滑阀阀口	260
光滑的偏心环状缝隙	1 000	锥阀阀口	20～100

2.5.2　沿程压力损失

1. 层流时的沿程压力损失

层流时液体质点作有规律的流动，因此可以进行理论分析。

（1）圆管通流截面上的流速分布规律。图 2.22 所示为动力黏度为 μ 的液体在等径水平圆管中作恒定流动时的情况。在管内液流中取一段半径为 r、长度为 l、中心线与管轴相重合的小圆柱体作为研究对象,作用在其两端面上的压力分别为 p_1 和 p_2,作用在其圆柱侧面上的内摩擦力为 F_f。

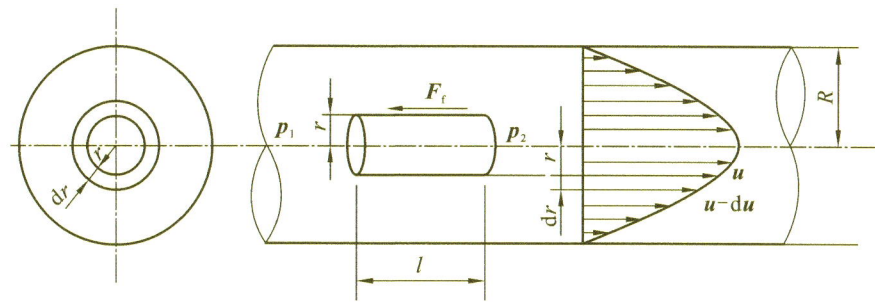

图 2.22　液体在等径水平圆管中作恒定流动时的情况

根据受力平衡关系,有

$$(p_1-p_2)\pi r^2=F_f$$

由牛顿内摩擦定律可得,内摩擦力 F_f 为

$$F_f=-\mu(2\pi rl)\frac{du}{dr}$$

式中,速度梯度 du/dr 为负值,故须加一负号,以使内摩擦力为正值。令 $\Delta p=p_1-p_2$,则有

$$du=-\frac{\Delta p}{2\mu l}r\,dr$$

对上式进行积分,并代入相应的边界条件,即当 $r=R$ 时,$u=0$,可得

$$u=\frac{\Delta p}{4\mu l}(R^2-r^2) \tag{2.47}$$

由此可知,管内液流的流速在半径方向上按抛物线的规律分布。最小流速在管壁 $r=R$ 处,为 $u_{\min}=0$;最大流速在轴线 $r=0$ 处,为

$$u_{\max}=\frac{\Delta p}{4\mu l}R^2=\frac{\Delta p}{16\mu l}d^2 \tag{2.48}$$

（2）通过管道的流量。在半径 r 处取一厚度为 dr 的微小圆环,此圆环的面积为 $dA=2\pi rdr$,通过此圆环的流量为

$$dq=udA=2\pi urdr=2\pi\frac{\Delta p}{4\mu l}(R^2-r^2)rdr$$

由于通流截面上流速的分布规律已知,因此对上式进行积分,可得圆管层流的流量为

$$q=\int_0^R 2\pi r\frac{\Delta p}{4\mu l}(R^2-r^2)dr=\frac{\pi R^4}{8\mu l}\Delta p=\frac{\pi d^4}{128\mu l}\Delta p \tag{2.49}$$

即

$$\frac{\Delta p}{l}=\frac{8\mu}{\pi R^4}q \tag{2.50}$$

式中,R、d 分别为圆管半径、内径。

式(2.49)表明,要使动力黏度为 μ 的液体在直径为 d、长度为 l 的直管中以流量 q 流过,则其管端必然要有 Δp 的压力差,且流量与管径的四次方成正比。由式(2.50)可知,压力损失即压力差与管径的四次方成反比,所以管径对流量或压力损失的影响很大。

(3)圆管层流的平均流速。根据平均流速的定义可得,圆管层流的平均流速为

$$v = \frac{q}{A} = \frac{\Delta p}{8\mu l} R^2 = \frac{\Delta p}{32\mu l} d^2 \tag{2.51}$$

与式(2.48)比较可知,平均流速为最大流速的一半。

(4)沿程压力损失。由式(2.51)可以得到采用平均流速计算沿程压力损失的公式为

$$\Delta p_\lambda = \Delta p = \frac{32\mu l}{d^2} v \tag{2.52}$$

显然,沿程压力损失的大小与管长、平均流速和动力黏度的一次方成正比,而与管径的平方成反比。

沿程压力损失也可以用圆管层流的流量来表示,即

$$\Delta p_\lambda = \Delta p = \frac{128\mu l}{\pi d^4} q \tag{2.53}$$

将 $\mu = \nu\rho$,$Re = \dfrac{vd}{\nu}$,$q = \dfrac{\pi}{4} d^2 v$ 代入上式中,整理后可得

$$\Delta p_\lambda = \frac{64}{Re} \frac{l}{d} \rho \frac{v^2}{2} = \lambda \frac{l}{d} \rho \frac{v^2}{2} \tag{2.54}$$

则比压力能为

$$h_\lambda = \frac{\Delta p_\lambda}{\rho g} = \lambda \frac{l}{d} \frac{v^2}{2g} \tag{2.55}$$

式中:ρ 为液体的密度;v 为液流的平均流速;λ 为沿程阻力系数,其理论值为 $\lambda = 64/Re$,考虑到实际流动时还存在温度变化以及管道变形等问题,因此液体在金属管道中流动时,一般取 $\lambda = 75/Re$,在橡胶软管中流动时,则取 $\lambda = 80/Re$。

2. 紊流时的沿程压力损失

液体作紊流流动时,其空间任一点处液体质点速度的大小和方向都是随时间变化的,其本质是非恒定流动。紊流时某点处的流速变化情况如图 2.23 所示。工程上在处理紊流流动时,只能用时间间隔 T 内的统计平均值(称为时均流速 $\bar{u}$)来代替真实流速 $\boldsymbol{u}$,从而把紊流当作恒定流动来看待。

如果在某一时间间隔 T(时均周期)内,以某一平均流速 $\bar{u}$ 流经任一微小截面 $\mathrm{d}A$ 的液体量等于同一时间内以真实流速 $\boldsymbol{u}$ 流经同一截面的液体量,即

$$\bar{u} T \mathrm{d}A = \int_0^T u \mathrm{d}A \mathrm{d}t$$

则紊流的时均流速为

$$\bar{u} = \frac{1}{T} \int_0^T u \mathrm{d}t \tag{2.56}$$

对于充分的紊流流动,其通流截面上的流速分布情况如图 2.24 所示。由图可知,紊流中的流速分布比较均匀,其最大流速 $\bar{u}_{max} \approx (1 \sim 1.3) v$,动能修正系数 $\alpha \approx 1.05$,动量修正系

数 $\beta \approx 1.04$，因此紊流时的动能修正系数 α 和动量修正系数 β 均可近似取为1。

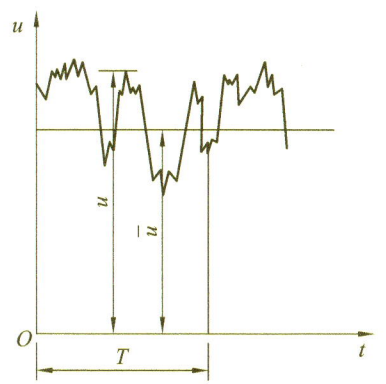

图 2.23 紊流时的流速变化情况

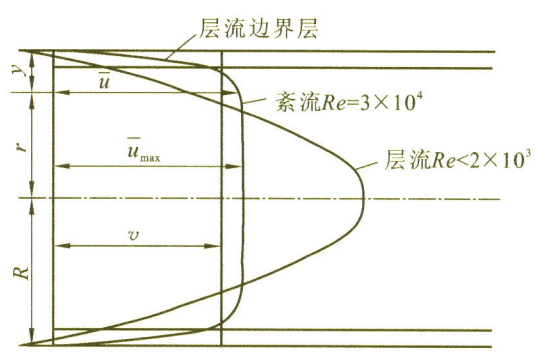

图 2.24 紊流时圆管中的流速分布情况

靠近管壁处有极薄一层惯性力小于黏性力的液体在作层流流动，该层液体称为层流边界层。层流边界层的厚度随液流雷诺数的增大而减小。

对于光滑圆管内的紊流，雷诺数在 $3 \times 10^3 \sim 1 \times 10^5$ 范围内时，其截面上的流速分布遵循 1/7 次方的规律，即

$$\bar{u} = \bar{u}_{max} \left(\frac{y}{R} \right)^{\frac{1}{7}} \tag{2.57}$$

式中符号的意义如图 2.24 所示。

液体在直管中作紊流流动时，其沿程压力损失的计算公式与液体在直管中作层流流动时的相同，即

$$\Delta p_\lambda = \lambda \frac{l}{d} \rho \frac{v^2}{2}$$

但式中的沿程阻力系数 λ 与层流时的沿程阻力系数 λ 是不同的。由于紊流时管壁附近的层流边界层在 Re 较小时的厚度较大，因此管壁的表面粗糙度被完全掩盖住，使之不影响液体的流动，如同让液体流过一根光滑管（称为水力光滑管）一样。此时 λ 仅与 Re 有关，而与表面粗糙度无关，即 $\lambda = f(Re)$。当 $3 \times 10^3 < Re < 10^5$ 时，λ 可用下面的经验公式计算，即

$$\lambda = 0.316\,4Re^{-0.25} \tag{2.58}$$

当 Re 增大时，层流边界层的厚度减小。当层流边界层的厚度小于管壁表面粗糙度时，管壁表面粗糙度就突出在层流边界层之外，这会对液体的压力损失产生影响，此时 λ 与 Re 以及管壁的相对表面粗糙度 Δ/d（Δ 为管壁的绝对表面粗糙度，d 为管内径）有关，即 $\lambda = f(Re, \Delta/d)$。当液流的 Re 进一步增大时，λ 将仅与相对表面粗糙度 Δ/d 有关，即 $\lambda = f(\Delta/d)$，此时称液流进入了它的阻力平方区。对于水力粗糙管，λ 值的计算可参阅《液压工程手册》。

对于管壁绝对表面粗糙度 Δ 的值，在粗估算时钢管取 0.04 mm，铜管取 0.001 5～0.01 mm，铝管取 0.001 5～0.06 mm，橡胶软管取 0.03 mm，铸铁管取 0.25 mm。

必须指出的是，计算沿程压力损失时，首先必须判别流态。

2.5.3 局部压力损失

局部压力损失是指液体流经阀口、弯管、通流截面等突然变化处所引起的压力损失。液体通过这些地方时,由于它的方向和流速均发生变化,因此液体在这些地方会产生扰动、搅拌,形成旋涡、尾流,或使边界层剥离,使液体的质点相互撞击,从而产生较大的能量损耗。

局部压力损失与液体的动能直接相关,一般可以表示成如下计算式,即

$$\Delta p_\zeta = \zeta \rho \frac{v^2}{2} \tag{2.59}$$

采用比能形式,可写成

$$h_\zeta = \zeta \frac{v^2}{2g} \tag{2.60}$$

式中:ρ 为液体的密度;v 为液体的平均流速,一般情况下均指局部阻力下游处的流速;ζ 为局部阻力系数。

由于液体流经局部阻力区域的流动情况非常复杂,因此局部阻力系数 ζ 的值仅在少数场合可以采用理论推导的方法求得,一般必须通过实验来确定。各种局部装置结构的 ζ 的具体数值可从有关《液压工程手册》中查到。

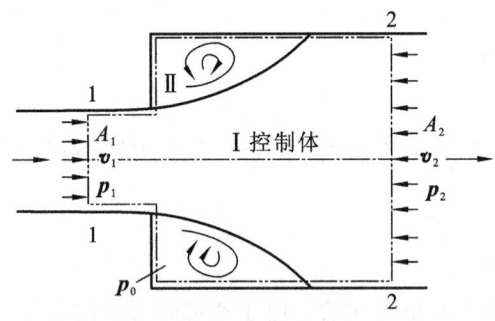

图 2.25 截面突然扩大时的局部压力损失

下面以截面突然扩大时的局部压力损失为例,介绍其理论推导方法。如图 2.25 所示,由于液体作紊流流动,故动能修正系数和动量修正系数均为 1。选取截面 1—1 和 2—2 间的核心区 I 为控制体,根据动量定理,沿轴线方向有

$$p_1 A_1 + p_0 (A_2 - A_1) - p_2 A_2 = \rho q (v_2 - v_1)$$

式中,$p_0(A_2 - A_1)$ 实际上可以看成是管道对液体的作用力。由实验可知,$p_0 \approx p_1$,则上式可简化为

$$(p_1 - p_2) A_2 = \rho q (v_2 - v_1)$$

即

$$p_1 - p_2 = \rho v_2 (v_2 - v_1)$$

对 1—1 截面和 2—2 截面列出伯努利方程,得

$$\frac{p_1}{\rho g} + \frac{v_1^2}{2g} = \frac{p_2}{\rho g} + \frac{v_2^2}{2g} + h_\zeta$$

式中,h_ζ 为单位重量的液体的局部压力损失。由于路程短,故可不考虑沿程压力损失。

由以上两式可求得

$$h_\zeta = \frac{v_2 (v_2 - v_1)}{g} + \frac{v_1^2 - v_2^2}{2g}$$

将上式进行化简,并将 $v_2 = \frac{A_1}{A_2} v_1$ 代入,得

$$h_\zeta = \frac{(v_1 - v_2)^2}{2g} = \left(1 - \frac{A_1}{A_2}\right)^2 \frac{v_1^2}{2g}$$

令截面突然扩大时的局部阻力系数为

$$\zeta = \left(1 - \frac{A_1}{A_2}\right)^2 \qquad (2.61)$$

则

$$h_\zeta = \zeta \frac{v_1^2}{2g} \qquad (2.62)$$

由式(2.61)可知,截面突然扩大时的局部阻力系数仅与通流截面面积 A_1 与 A_2 的比值有关,而与速度、雷诺数(黏性)无关。显然,当 $A_2 \gg A_1$ 时,$\zeta = 1$,因此截面突然扩大处的局部能量损失为 $v_1^2/2g$。这说明,液体进入截面突然扩大处,特别是当 $v_2 \approx 0$ 时,液体的动能会因液流扰动而全部损失,最后变为热能而散失。

必须特别指出的是,对于阀和过滤器等液压元件的局部压力损失,一般不采用式(2.59)来进行计算,因为液流情况比较复杂,难以计算。它们的局部压力损失数值可从产品样本中直接查到,但是产品样本提供的是元件在额定流量 q_n 下的局部压力损失 Δp_n。当实际通过的流量 q_v 不等于额定流量 q_n 时,可根据局部压力损失 Δp 与速度 v^2 成正比的关系,按下式计算元件的实际压力损失 Δp_v,即

$$\Delta p_v = \Delta p_n \left(\frac{q_v}{q_n}\right)^2 \qquad (2.63)$$

2.5.4 管路中总的压力损失

液压传动系统的管路一般由若干段管道和一些阀、过滤器、管接头、弯头等组成,因此管路总的压力损失就等于所有管道中的沿程压力损失和所有元件的局部压力损失之总和,即

$$\sum \Delta p_w = \sum \Delta p_\lambda + \sum \Delta p_\zeta + \sum \Delta p_v = \sum_{i=1} \lambda_i \frac{l_i}{d_i} \frac{\rho v_i^2}{2} + \sum_{j=1} \zeta_j \frac{\rho v_j^2}{2} + \sum_{k=1} \Delta p_n \left(\frac{q_{vk}}{q_n}\right)^2$$

$$(2.64)$$

必须指出的是,上式仅在两相邻局部压力损失之间的距离为管道内径的十倍以上时才是正确的。这是因为液流经过局部阻力区域后受到很大的扰动,要经过一段距离才能稳定下来。如果距离太短,液流还未稳定就要经历后一个局部阻力区域,它所受到的扰动将更为严重,此时的阻力系数可能会比正常值大好几倍,甚至十几倍。

通常情况下,液压传动系统的管路并不长,所以沿程压力损失比较小,而阀等元件的局部压力损失却较大,因此管路总的压力损失一般以局部压力损失为主。速度越大,则压力损失就越大。因此,为了减小管路中的压力损失,管道中液体的流速不宜过高,设计时应适当增大管径。另外,为了减小压力损失,应合理选用油液的黏度,尽量采用内壁光滑的管道,尽量避免管道内径的突然变化,少用弯头。

◀ 2.6 孔口和间隙的流量-压力特性 ▶

在液压元件中普遍存在着液体流经孔口或间隙的现象。液流通道上的通流截面突然收缩处的流动称为节流。节流是液压技术中控制流量和压力的一种基本方法。能使流动成为节流的装置,称为节流装置。例如,液压阀的孔口是常用的节流装置,通常利用液体流经液

压阀的孔口来控制压力或调节流量,而液体在液压元件的配合间隙中的流动会造成泄漏而影响效率。因此,在研究液体流经各种孔口和间隙的规律时,了解影响它们的因素对于理解液压元件的工作原理、结构特点和性能有着重要意义。

2.6.1 孔口的流量-压力特性

孔口是液压元件的重要组成部分,各种孔口形式是液压控制阀具有不同功能的主要原因。液压元件中的孔口按其长度 l 与直径 d 的比值分为三种类型:长径比 $l/d<0.5$ 的小孔称为薄壁小孔,长径比为 $0.5<l/d<4$ 的小孔称为厚壁孔或短孔;长径比 $l/d>4$ 的小孔称为细长小孔。这些小孔的流量-压力特性具有共性,但也不完全相同。

1. 薄壁小孔的流量-压力特性

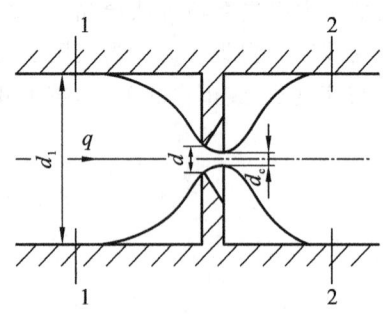

图 2.26 薄壁小孔的孔口边缘形式

薄壁小孔的孔口边缘一般做成刃口形式,如图 2.26 所示。各种结构形式的阀口就是薄壁小孔的实际例子。液流经过薄壁小孔时多为紊流,此时只有局部压力损失,而几乎不产生沿程压力损失。

设薄壁小孔的直径为 d,在小孔前约 $d/2$ 处,液体质点被加速,并从四周流向小孔。由于流线不能转折,贴近管壁的液体不会直角转弯,而是逐渐向管道轴线收缩,使通过小孔后的液体在出口以下约 $d/2$ 处形成最小收缩断面,然后再逐渐扩大,充满整个管道,这一收缩和扩大的过程便产生了局部压力损失。

设最小收缩截面面积为 A_c,而孔口截面面积为 A_T,则最小收缩截面面积与孔口截面面积之比称为截面收缩系数,即

$$C_c = \frac{A_c}{A_T} \tag{2.65}$$

截面收缩系数反映了液流通过通流截面的收缩程度,其主要影响因素有雷诺数 Re、孔口及边缘形式、孔口直径 d 与管道直径 d_1 的比值的大小等。研究表明,当 $d_1/d \geq 7$ 时,流束的收缩不受孔前管道内壁的影响,此时称液流为完全收缩;当 $d_1/d<7$ 时,由于小孔离管壁较近,孔前管道内壁对流束具有导流作用,因而影响其收缩,此时称液流为不完全收缩。

选取管道轴线为参考基准,对 1—1 截面和 2—2 截面列出伯努利方程,得

$$z_1 + \frac{p_1}{\rho g} + \frac{\alpha_1 v_1^2}{2g} = z_2 + \frac{p_2}{\rho g} + \frac{\alpha_2 v_2^2}{2g} + \sum h_\zeta$$

其中,$z_1 = z_2 = 0$,$v_1 = v_2$,$\alpha_1 = \alpha_2 = 1$,故上式可简化为

$$\frac{p_1}{\rho g} = \frac{p_2}{\rho g} + \sum h_\zeta$$

式中,$\sum h_\zeta$ 为液流经过小孔时总的局部压力损失,它包括两部分:一是通流截面突然缩小时的局部压力损失,二是通流截面突然扩大时的局部压力损失。

当最小收缩截面上的平均流速为 v_c 时,总的局部压力损失可表示为

$$\sum h_\zeta = (\zeta_1 + \zeta_2) \frac{v_c^2}{2g}$$

令 $\Delta p = p_1 - p_2$,代入上式中,整理后可得

$$v_c = \frac{1}{\sqrt{\zeta_1 + \zeta_2}} \sqrt{\frac{2}{\rho} \Delta p} = C_v \sqrt{\frac{2}{\rho} \Delta p}$$

式中:C_v 为小孔流速系数;Δp 为小孔前后的压力差;根据截面突然扩大时的局部阻力系数的理论计算式式(2.61)可知,$\zeta_2 = \left(1 - \dfrac{A_c}{A_2}\right)^2$,一般 $\dfrac{A_c}{A_2} \ll 1$,因此 $\zeta_2 \approx 1$。于是有

$$C_v = \frac{1}{\sqrt{\zeta_1 + 1}} \tag{2.66}$$

根据流量连续性方程可得,流经薄壁小孔的流量为

$$q = A_c v_c = C_c C_v A_T \sqrt{\frac{2}{\rho} \Delta p} = C_q A_T \sqrt{\frac{2}{\rho} \Delta p} \tag{2.67}$$

式中,C_q 为流量系数,且 $C_q = C_c C_v$。

式(2.67)称为薄壁小孔的流量-压力特性公式。由式(2.67)可知,流经薄壁小孔的流量 q 与小孔前后的压力差 Δp 的平方根以及薄壁小孔面积 A_T 成正比,而与液体黏度无直接关系。

截面收缩系数 C_c、流速系数 C_v 和流量系数 C_q 的值由实验确定。在液流完全收缩的情况下,当 $Re \leqslant 10^5$ 时,截面收缩系数 C_c 为 0.61～0.63,流速系数 C_v 为 0.97～0.98,此时流量系数 C_q 为 0.6～0.62;当 $Re > 10^5$ 时,流量系数 C_q 可以认为是不变的常数,计算时取平均值 $C_q = 0.61$。

当液流不完全收缩时,流量系数 C_q 可按经验公式确定。由于此时小孔离管壁较近,管壁对液流进入小孔起导向作用,流量系数 C_q 可增大到 0.7～0.8。当小孔不是薄刃式的孔,而是带棱边或小倒角的孔时,C_q 的值将更大。

小孔的壁很薄时,液流的沿程压力损失非常小,通过小孔的流量对液流温度即黏度的变化不敏感,因此在液压传动系统中,常采用一些与薄壁小孔流动特性相近的阀口作为可调节流孔口,如锥阀、滑阀、喷嘴挡板阀等。薄壁小孔加工困难,实际应用中多用厚壁小孔代替。

2. 厚壁小孔的流量-压力特性

厚壁小孔的流量-压力特性公式与薄壁小孔的流量-压力特性公式相同,但流量系数 C_q 不同,一般取 $C_q = 0.82$。厚壁小孔的能量损失中包含有沿程压力损失,所以厚壁小孔的能量损失比薄壁小孔的大,但厚壁小孔比薄壁小孔更容易加工。一般厚壁小孔适合作固定节流器用。

3. 细长小孔的流量-压力特性

由于流动液体的黏性作用,液流流过细长小孔时多呈层流,因此通过细长小孔的流量可以按前面推导出的圆管层流流量公式式(2.49)计算,即细长小孔的流量-压力特性公式为

$$q = \frac{\pi d^4}{128 \mu l} \Delta p = C A_T \Delta p \tag{2.68}$$

式中:A_T 为细长小孔通流截面面积,且 $A_T = \dfrac{1}{4} \pi d^2$;$C$ 为细长小孔流量系数,且 $C = \dfrac{d^2}{32 \mu l}$。

由式(2.68)可以看出,液流流过细长小孔的流量 q 与小孔前后的压力差 Δp 成正比,而与液体动力黏度 μ 成反比,且流量受液流黏性的影响较大。因此液流温度变化引起黏度变化时,流过细长小孔的流量将发生显著变化,这一点和薄壁小孔的特性是明显不同的。另

外,细长小孔容易堵塞。细长小孔在液压装置中常用作阻尼孔。

薄壁小孔、厚壁小孔和细长小孔的流量-压力特性可以统一写成如下形式,即

$$q = KA_T \Delta p^m \qquad (2.69)$$

式中:K 为由孔的形状、结构尺寸和液体性质决定的系数,对于薄壁小孔和厚壁小孔,$K = C_q \sqrt{2/\rho}$,对于细长小孔,$K = d^2/(32\mu l)$;A_T 为小孔通流截面面积;Δp 为小孔前后的压力差;m 为由孔的长径比决定的指数,对于薄壁小孔和厚壁小孔,$m = 0.5$,对于细长小孔,$m = 1$。

4. 滑阀阀口的流量-压力特性

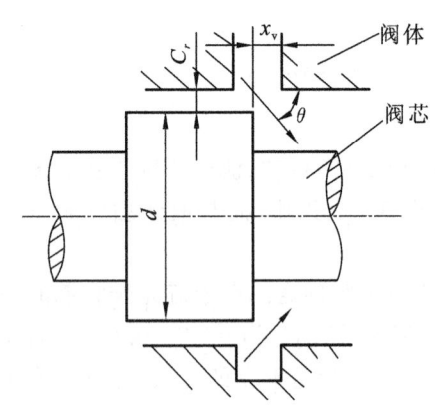

图 2.27 滑阀阀口的结构示意图

图 2.27 所示为滑阀阀口的结构示意图。当阀芯相对于阀体有移动时,阀芯台肩控制边与阀体沉割槽槽口边的距离 x_v 称为阀的开口量或开度。当 $x_v \leq 0$ 时,阀口处于关闭状态,液体不能经阀口流出或流入。

当阀口的开口量 x_v 较小时,液流流过滑阀阀口的流动特性与液流流过薄壁小孔的流动特性相近,因此可利用薄壁小孔的流量-压力特性公式式(2.67)来计算液流流经滑阀阀口的流量,但式中的通流截面面积 A_T 有所不同,应具体分析。

设阀芯的直径为 d,阀芯与阀体间的径向间隙为 C_r,则阀口的有效宽度为 $\sqrt{x_v^2 + C_r^2}$,若令 w 为阀口的周向长度(也称为面积梯度,它是阀口通流截面面积相对于阀口开度的变化率),则 $w = \pi d$,所以阀口的通流截面面积 $A_T = w\sqrt{x_v^2 + C_r^2}$。由此可得,滑阀阀口的流量-压力特性公式为

$$q = C_q w \sqrt{x_v^2 + C_r^2} \sqrt{\frac{2}{\rho} \Delta p}$$

当 C_r 的值很小,且 x_v 远大于 C_r 时,C_r 可忽略不计,于是有

$$q = C_q w x_v \sqrt{\frac{2}{\rho} \Delta p} \qquad (2.70)$$

在液压技术中,滑阀阀口的流量-压力特性公式式(2.70)是一个极其重要的公式,它是理解液压控制阀和液压伺服控制系统工作原理的理论基础。该式表明,通过滑阀阀口的流量是阀口开口量和阀口前后压力差的函数,即 $q = f(x_v, \Delta p)$。当通过滑阀阀口的流量 q 不变时,可以通过改变阀口开口量来控制液流的压力,如减压阀;当阀口开口量随通过阀口的流量变化时,则可以设法控制液流的压力,使其基本保持恒定不变,如溢流阀;当控制阀口前后压力差恒定不变时,改变阀口开口量,则可调节通过阀口的流量,使其保持恒定不变,如调速阀。

2.6.2 液体流经间隙的流量

液压元件中,一些零件之间为保证正常的相对运动,必须有一定的配合间隙。通过间隙的泄漏流量主要由间隙的大小和压力差决定。泄漏分为内泄漏和外泄漏。泄漏的增加将使

系统的效率降低，因此应尽量减少泄漏，以提高系统的性能，保证系统正常工作。此外，外泄漏将污染环境。

间隙流动分为两种情况：一是由间隙两端的压力差造成的间隙流动，称为压差流动；二是由形成间隙的两固体壁面间的相对运动造成的间隙流动，称为剪切流动。在很多情况下，实际间隙流动是压差流动与剪切流动的组合。

1. 平行平板间隙

平行平板间隙是讨论其他形式间隙的基础。如图 2.28 所示，在两块平行平板所形成的间隙中充满了液体，间隙高度为 h，间隙宽度和间隙长度分别为 b 和 l，间隙中的液流状态为层流。若间隙两端存在压力差 $\Delta p = p_1 - p_2$，则液体就会产生流动；即使没有压力差 Δp 的作用，如果两平板有相对运动，由于液体黏性的作用，液体也会被平板带着流动。

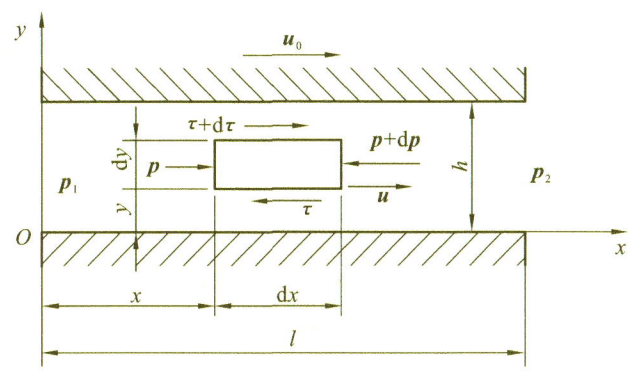

图 2.28　平行平板间隙的液流

在间隙液流中任取一个微元体 $\mathrm{d}x\mathrm{d}y$（为简单起见，宽度取单位宽度，即 $b=1$），因 $\mathrm{d}x$ 较小，故作用在其左、右两端面上的压力分别设为 p 和 $p+\mathrm{d}p$，上、下两端面所受的切应力分别设为 $\tau+\mathrm{d}\tau$ 和 τ，则微元体的受力平衡方程为

$$p\mathrm{d}y + (\tau + \mathrm{d}\tau)\mathrm{d}x = (p + \mathrm{d}p)\mathrm{d}y + \tau\mathrm{d}x$$

由牛顿内摩擦定律可得

$$\tau = \mu \frac{\mathrm{d}u}{\mathrm{d}y}$$

将 τ 的表达式代入微元体的受力平衡方程中，整理后可得

$$\frac{\mathrm{d}u^2}{\mathrm{d}y^2} = \frac{1}{\mu} \frac{\mathrm{d}p}{\mathrm{d}x}$$

对上式进行两次积分，得

$$u = \frac{1}{2\mu} \frac{\mathrm{d}p}{\mathrm{d}x} y^2 + C_1 y + C_2 \tag{2.71}$$

式中，C_1、C_2 为积分常数，可利用边界条件求得：当平行平板间的相对运动速度为 u_0 时，在 $y=0$ 处，$u=0$，在 $y=h$ 处，$u=u_0$，则有

$$C_1 = \frac{u_0}{h} - \frac{h}{2\mu} \frac{\mathrm{d}p}{\mathrm{d}x}, \quad C_2 = 0$$

此外，液流作层流流动时，p 只是 x 的线性函数，即

$$\frac{\mathrm{d}p}{\mathrm{d}x} = \frac{p_2 - p_1}{l} = -\frac{\Delta p}{l}$$

将上述关系式代入式(2.71)中,整理后可得,间隙液流的速度分布规律为

$$u=\frac{\Delta p}{2\mu l}(h-y)y\pm\frac{u_0}{h}y \tag{2.72}$$

由此可得,通过平行平板间隙的泄漏流量为

$$q=\int_0^h ub\,\mathrm{d}y=\int_0^h\left[\frac{\Delta p}{2\mu l}(h-y)y\pm\frac{u_0}{h}y\right]b\,\mathrm{d}y=\frac{bh^3}{12\mu l}\Delta p\pm\frac{bh}{2}u_0 \tag{2.73}$$

上式即为在压力差和剪切应力的作用下通过平行平板间隙的流量的计算公式。当平行平板间的相对运动速度 u_0 的方向与压力差的方向相反时,上式等号右边的第二项取负号。

由此可知,通过平行平板间隙的流量与间隙高度的三次方成正比,这说明元件间隙的大小对其泄漏量的影响很大。此外,泄漏所造成的功率损失为

$$\Delta P=\Delta pq=\Delta p\left(\frac{bh^3}{12\mu l}\Delta p\pm\frac{1}{2}bhu_0\right) \tag{2.74}$$

由此可以得出结论:间隙高度 h 越小,则泄漏所造成的功率损失就越小。但是,间隙高度 h 的减小会使液压元件的摩擦功率损失增大。因此,间隙高度 h 有一个使这两种功率损失之和最小的最佳值。间隙高度 h 并不是越小越好。

2. 环形间隙

图 2.29 所示为液体在同心环形间隙中的流动情况。如图 2.29(a)所示,圆柱体的直径为 d,间隙高度为 h,间隙长度为 l。当间隙高度 h 较小时,可将环形间隙沿圆周方向展开,把液体在同心环形间隙中的流动近似地看作是在平行平板间隙中的流动,这样只要将 $b=\pi d$ 代入式(2.73)中,就可得到通过同心环形间隙的泄漏流量为

$$q=\frac{\pi dh^3}{12\mu l}\Delta p\pm\frac{\pi dh}{2}u_0 \tag{2.75}$$

当圆柱体移动方向与压力差的方向相反时,上式等号右边的第二项应取负号。

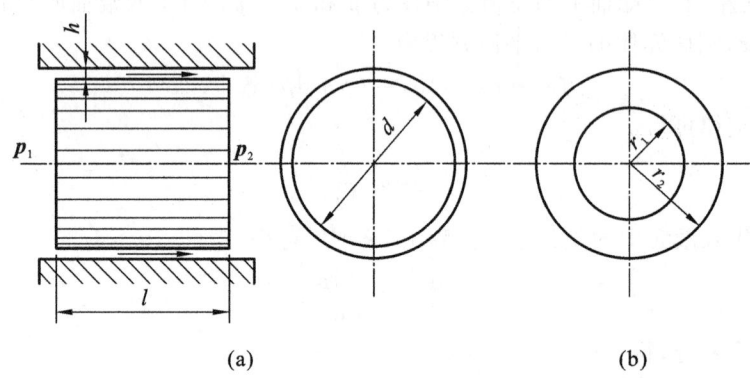

图 2.29 液体在同心环形间隙中的流动情况

当间隙高度 h 较大时(见图 2.29(b)),必须精确计算,故通过同心环形间隙的泄漏流量为

$$q=\frac{\pi}{8\mu l}\left[(r_2^4-r_1^4)-\frac{(r_2^2-r_1^2)^2}{\ln(r_2/r_1)}\right]\Delta p \tag{2.76}$$

式中各符号的意义如图 2.29(b)所示。

在液压传动系统中,各零件间的配合间隙大多为环形间隙,如滑阀与阀套之间的配合间

隙、活塞与缸筒之间的配合间隙等，它们在理想情况下为同心环形间隙，但实际上一般多为偏心环形间隙。

图 2.30 所示为液体在偏心环形间隙中的流动情况。设内外圆间的偏心量为 e，在任意角度 θ 处的间隙高度为 h。因间隙高度 h 很小，故 $r_1 \approx r_2 \approx r$，可把微元圆弧 db 所对应的环形间隙中的流动近似地看作是平行平板间隙中的流动。将 $db = rd\theta$ 代入式（2.73）中，可得

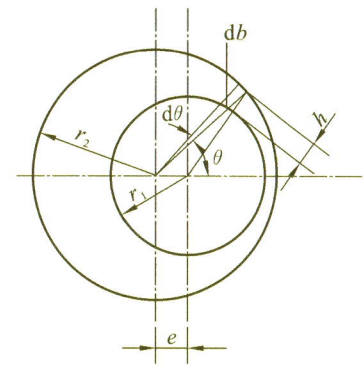

$$dq = \frac{rh^3 d\theta}{12\mu l}\Delta p \pm \frac{rd\theta}{2}hu_0$$

图 2.30 液体在偏心环形间隙中的流动情况

由图 2.30 中的几何关系可以得到

$$h \approx h_0 - e\cos\theta = h_0(1 - \varepsilon\cos\theta)$$

式中：h_0 为内、外圆同心时半径方向的间隙值；ε 为相对偏心率，且 $\varepsilon = e/h_0$。将 h 的表达式代入 dq 的表达式中并进行积分，即可得到通过偏心环形间隙的泄漏流量为

$$q = (1 + 1.5\varepsilon^2)\frac{\pi dh_0^3}{12\mu l}\Delta p \pm \frac{\pi dh_0}{2}u_0 \tag{2.77}$$

当内、外圆之间没有偏心量，即 $\varepsilon = 0$ 时，式（2.77）就是同心环形间隙的泄漏流量公式；当 $\varepsilon = 1$，即有最大偏心量时，偏心环形间隙的泄漏流量为同心环形间隙的泄漏流量的 2.5 倍。因此在液压元件中，为了减小间隙泄漏流量，应采取措施，如在阀芯上加工一些均压槽，使配合件尽量处于同心状态。

3. 圆环平面间隙

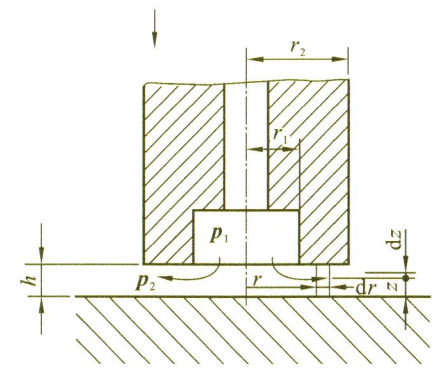

图 2.31 液体在圆环平面间隙中的流动情况

图 2.31 所示为液体在圆环平面间隙中的流动情况，此时圆环与平面之间无相对运动，液体自圆环中心向外辐射流出。设圆环的大、小半径分别为 r_2 和 r_1，圆环与平面之间的间隙高度为 h，则根据式（2.72），并令 $u_0 = 0$，可得在半径为 r、距离下平面 z 处的径向速度为

$$u_r = -\frac{1}{2\mu}(h-z)z\frac{dp}{dr}$$

通过圆环平面间隙的泄漏流量为

$$q = \int_0^h u_r 2\pi r dz = -\frac{\pi rh^3}{6\mu}\frac{dp}{dr}$$

即

$$\frac{dp}{dr} = -\frac{6\mu}{\pi rh^3}q$$

对上式进行积分，得

$$p = -\frac{6\mu q}{\pi h^3}\ln r + C$$

当 $r = r_2$ 时，$p = p_2$，求得 $C = p_2 + \frac{6\mu q}{\pi h^3}\ln r_2$，代入上式中，得

$$p = \frac{6\mu q}{\pi h^3} \ln \frac{r_2}{r} + p_2$$

而当 $r = r_1$ 时，$p = p_1$，所以通过圆环平面间隙的泄漏流量为

$$q = \frac{\pi h^3}{6\mu \ln \frac{r_2}{r_1}} \Delta p \qquad (2.78)$$

必须指出的是，间隙的泄漏流量的计算比较复杂，有时不一定准确。在实际工程中，通常用实验的方法来测定泄漏流量，并引入泄漏系数 C_t。在不考虑相对运动影响的情况下，通过各种间隙的泄漏流量可按下式计算，即

$$q = C_t \Delta p \qquad (2.79)$$

式中，C_t 为由间隙形式决定的泄漏系数，一般由实验确定。

◀ 2.7 液压冲击和气穴现象 ▶

在液压传动系统中，液压冲击和气穴现象会影响系统的工作性能和液压元件的使用寿命，因此必须了解它们的物理本质、产生原因及危害，在设计液压传动系统时，应采取措施减小它们的危害或防止它们的发生。

2.7.1 液压冲击

在液压传动系统的工作过程中，由于某种原因，系统或系统某处的局部压力瞬时急剧上升，形成压力峰值的现象称为液压冲击。液压冲击产生的原因主要是流动的液体具有惯性，当液流通道迅速关闭或液流迅速换向或突然制动时，液流速度的大小或方向突然发生变化，液体的惯性将导致液压冲击。此外，运动部件（负载）由液压驱动，当其突然制动或换向时，因运动部件具有惯性，系统也将发生液压冲击。出现液压冲击时，液体的瞬时压力峰值往往比正常工作压力高好几倍，它不仅损坏密封装置、管路和液压元件，而且还会引起振动和噪声。液压冲击有时会使某些压力控制的液压元件产生误动作，造成事故。

1. 液压冲击的物理本质

如图 2.32 所示，有一液面恒定并能保持液面压力不变的容器，则 A 点的压力保持不变。液体沿长度为 l，管径为 d 的管道经阀门以速度 v_0 流出。

若阀门突然关闭，则靠近阀门处 B 点的液体将首先停止运动，液体的动能瞬间转换成压力能，B 点的压力升高 Δp（即冲击压力），接着后面相邻的液体逐层依次停止运动，动能依次转换成压力能，压力升高，形成压力波。该压力波以速度 c 由 B 点向 A 点传递。该压力波称为压力升高波（第一波）。经过时间 $t = l/c$ 后，管道中的液体全部停止流动。

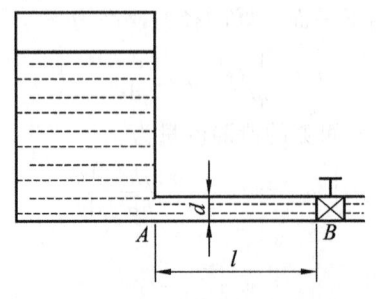

图 2.32 液体速度突变引起的液压冲击

由于管道入口处 A 点的压力保持不变，故压力波在 A 点被截住。此时，管道中受压缩

的液体在压力差的作用下自管道入口端向左流动,压力开始恢复到起始压力。该压力恢复波以速度 c 由 A 点向 B 点传递,当 $t=2l/c=T_c$ 时,压力恢复波(第二波)传递到 B 点。

此时,管道中的全部液体将具有起始压力及与起始流速大小相等、方向相反的流速。于是管道中的液体具有离开阀门的趋势,使得紧靠阀门 B 点的压力下降,其压力低于起始压力,直到压力下降消耗掉其动能,使紧靠阀门 B 点的这段液流停止流动。液体的压力下降波自 B 点向入口处 A 点传递,在 $t=3l/c$ 时,该压力下降波(第三波)传递到 A 点,管道中的液体全部停止流动,全管的压力均降低。

因为 A 点的压力仍为起始压力,所以在 A 点的液体不能在此状态下保持平衡,在压力差的作用下,液体又从 A 点向 B 点流动,并使管道中的流速及压力从 A 点开始恢复到初始状态,此压力恢复波(第四波)在 $t=2T_c=4l/c$ 时传递到紧靠阀门的 B 点,此时整个管道的液体的压力和流速都恢复到起始压力和起始流速。

由于阀门仍关闭,于是在紧靠阀门的 B 点又重复第一波产生的过程。假设在整个过程中能量并不逸散,则液压冲击波将周而复始地重复上述过程。实际上,由于液体的黏性作用,在上述过程中存在着能量损失,压力冲击波呈衰减振荡。

由上述液压冲击的物理过程的分析可知,液压冲击是一种非定常流动现象,它的瞬态过程相当复杂。液压冲击实质上是液流的动能瞬时转变为压力能,然后压力能又瞬时转变为动能而产生的液体振动现象。当考虑管道的弹性变形时,液压冲击的物理过程变得更复杂。总而言之,液压冲击是多种能量瞬时相互转化而产生的一种振动,其根本原因在于液体的可压缩性和管道的弹性变形。

2. 最高冲击压力值的计算

1) 管内液流速度突变引起的液压冲击

如图 2.33 所示,假如突然关闭管道阀门,则经过 dt 时间后,压力波应向左传递 cdt 距离。设管道的通流截面面积为 A,压力波的传递速度 $c=l/t$,t 为第一波从产生到结束的时间。显然,在极短的时间间隔 dt 内,长度为 cdt 的微段液体将停止流动。根据牛顿第二定律 $F\Delta t=m\Delta v$,若忽略摩擦,则有

$$\Delta pA dt=(\rho Acdt)\Delta v$$

即

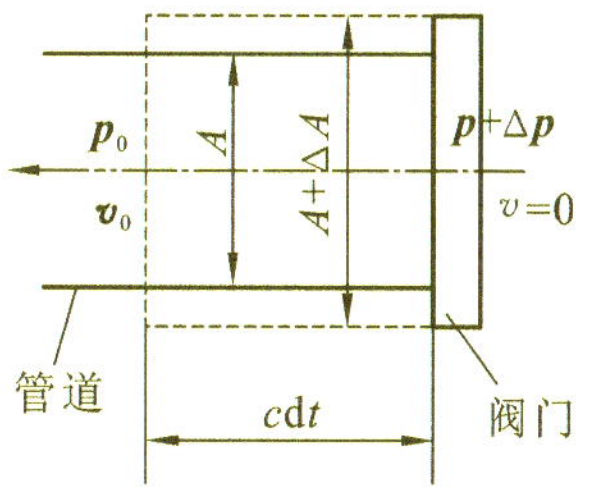

图 2.33 压力升高值

$$\Delta p=\rho c\Delta v$$

上式表明了流速瞬时变化 Δv 与由此而引起的压力变化 Δp 之间的关系。在阀门突然关闭的情况下,cdt 微段液体的流速由 v_0 减小为 0,即 $\Delta v=v_0$;Δp 表示由于阀门突然关闭而引起的冲击压力值。所以,液压冲击时的压力升高值为

$$\Delta p=\rho cv_0 \tag{2.80}$$

式中:Δp 为液压冲击时压力的升高值;c 为压力冲击波在液体中的传播速度,$c=\sqrt{\dfrac{K_m}{\rho}}$,其中 K_m 为考虑管壁弹性后的液体等效体积模量。

计算压力升高值 Δp 时,首先需要知道 c 值的大小。如图 2.33 所示,设在 dt 时间内,长度为 cdt 的管段受到 Δp 的作用,其容积增大了 $cdt\Delta A$,同时此管段内的液体体积被压缩了 $dV_0=\dfrac{V_0}{K}\Delta p$。由于管段容积增大和液体体积被压缩,因此管段会空出部分空间,于是在 dt

时间内,将有体积为 $v_0 A \mathrm{d}t$ 的液体补入这个空间。根据连续性原理,补入的液体体积与空出的空间应相等,即

$$v_0 A \mathrm{d}t = c \Delta A \mathrm{d}t + \frac{V_0}{K} \Delta p$$

由于液体被压缩前的体积为 $V_0 = cA \mathrm{d}t$,则

$$v_0 = c\left(\frac{\Delta A}{A} + \frac{\Delta p}{K}\right)$$

根据材料力学中的薄壁筒的应力公式,有

$$\frac{\Delta A}{A} = \frac{d\Delta p}{\delta E}$$

因此,根据式(2.80)可以得到压力波在液体中的传递速度为

$$c = \sqrt{\frac{K_{\mathrm{m}}}{\rho}} = \frac{\sqrt{\frac{K}{\rho}}}{\sqrt{1 + \frac{dK}{\delta E}}} \tag{2.81}$$

式中,K 为液体的体积模量,d 为管道的内径,δ 为管道的壁厚,E 为管道材料的弹性模量。

对于液压传动系统中的管道,c 值一般为 890~1 250 m/s。

如果阀门不是全部关闭而是部分关闭,液体的流速从 v_0 降到 v_1,则只需在式(2.80)中用 $v_0 - v_1$ 替代 v_0,就可求得此时的压力升高值,即

$$\Delta p_{\mathrm{r}} = \rho c(v_0 - v_1) = \rho c \Delta v \tag{2.82}$$

一般地,按阀门关闭时间常把液压冲击分为以下两种。

当阀门关闭时间 $t < T_{\mathrm{c}} = 2l/c$ 时,产生的液压冲击称为直接液压冲击(或称为完全冲击)。

当阀门关闭时间 $t > T_{\mathrm{c}} = 2l/c$ 时,产生的液压冲击称为间接液压冲击(或称为不完全冲击)。此时阀门开始关闭时产生的压力冲击波被反射回阀门的第二波,将抵消部分阀门继续关闭而产生的压力冲击波,故 Δp 的值将低于直接液压冲击时产生的压力升高值。此时,Δp 可近似按式(2.83)计算,即

$$\Delta p'_{\mathrm{rmax}} = \rho c v \frac{T_{\mathrm{c}}}{t} \tag{2.83}$$

不论是哪一种情况,只要知道了液压冲击的压力升高值 Δp,便可求得出现液压冲击时管道中的最高压力,即

$$p_{\mathrm{rmax}} = p + \Delta p \tag{2.84}$$

式中,p 为正常工作压力。

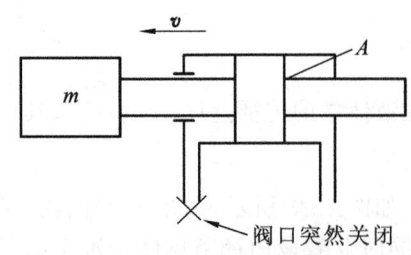

图 2.34　运动部件制动引起的液压冲击

2)运动部件制动引起的液压冲击

如图 2.34 所示,活塞以速度 v_0 驱动负载(包括活塞和负载)向左运动。当出口通道突然关闭时,液体被封闭在左腔中。运动部件的惯性使左腔中的液体受压,引起液体压力急剧上升,运动部件则因受到左腔内液体压力产生的阻力而制动。

设运动部件在制动时的减速时间为 Δt,速度的减小量为 Δv,根据动量定理可近似求得左腔内的冲击压

力 Δp。由于

$$\Delta pA\Delta t=m\Delta v$$

故有

$$\Delta p=\frac{m\Delta v}{A\Delta t} \tag{2.85}$$

式中:m 为运动部件(包括活塞和负载)的质量;A 为液压缸的有效工作面积;Δv 为运动部件速度的变化量,$\Delta v=v_0-v_1$;Δt 为运动部件的制动时间;v_0 为运动部件制动前的速度;v_1 为运动部件经过 Δt 时间后的速度。

式(2.85)的计算忽略了阻尼、泄漏等因素,其值比实际的要大一些,因此是比较安全的。

3. 减小液压冲击的措施

针对上述各式中影响冲击压力 Δp 的因素,可采用以下措施来减小液压冲击。

(1) 适当增大管径,限制管道流速 v,一般在液压传动系统中,把流速 v 控制在 4.5 m/s 以内,使 $\Delta p_{\max}$ 不超过 5 MPa,这样就可以认为是安全的。

(2) 正确设计阀口或设置制动装置,使运动部件制动时的速度变化比较均匀。

(3) 延长阀门关闭和运动部件制动换向的时间,可采用换向时间可调的换向阀。

(4) 尽可能缩短管长,以减小压力冲击波的传播时间,将直接液压冲击转变为间接液压冲击。

(5) 在容易发生液压冲击的部位采用橡胶软管或设置蓄能器,以吸收冲击压力;也可以在这些部位设置安全阀,以限制压力升高。

2.7.2　气穴现象

在液压传动系统中,当流动液体某处的压力低于空气分离压时,原先溶解在液体中的空气就会游离出来,使液体中产生大量气泡,这种现象称为气穴现象。如果液体压力继续下降而低于饱和蒸气压时,液体本身便会迅速汽化,产生大量蒸气泡,这时气穴现象将会更加严重。气穴现象使液压装置产生噪声和振动,腐蚀金属表面。

如图 2.35 所示,当液体流到节流口的喉部位置时,由于流速很高,根据能量方程可知,该处的压力会很低。当压力降低到一定值后,以混入油液中的微细气泡为核心,它们的体积膨胀并相互聚合而形成有相当体积的气泡,这种气穴现象称为轻微气穴;若该处的压力低于液体工作温度下的空气分离压 p_g,除了混入油液中的气泡膨胀聚合外,溶解于油液中的空气将突然从油液中分离而产生大量气泡,这种气穴现象称为严重气穴;若压力降低到液体工作温度下的饱和蒸气压 p_v 以下,除了溶解于油液中的空气析出而形成气泡外,油液自身将汽化、沸腾而产生大量气泡,这种气穴现象称为强烈气穴。

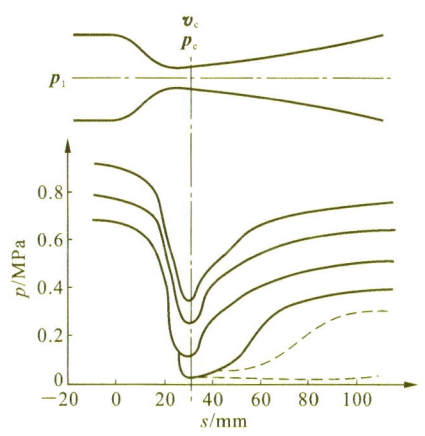

图 2.35　节流口的气穴现象

在液压泵的吸油过程中,如果泵的吸油管太细、阻力太大、滤网堵塞,或泵的安装位置过高、转速过快等,则会使其吸油腔的压力低于工作温度下的空气分离压,从而产生气穴。

当液压传动系统出现气穴现象时,大量的气泡使液流的流动特性变差,造成流量不稳、噪声骤增。特别是当带有气泡的液流进入高压区时,气泡受到周围高压的压缩而迅速破灭,这一过程发生于瞬间,从而使局部产生非常高的温度和冲击压力。例如在 38 ℃ 温度下工作的液压泵,当其输出压力分别为 6.8 MPa、13.6 MPa 和 20.4 MPa 时,气泡破灭处的局部温度可分别高达 766 ℃、993 ℃ 和 1 149 ℃,冲击压力会达到几百兆帕。这样的局部高温和冲击压力一方面会使金属表面疲劳,另一方面还会使工作介质变质,对金属产生化学腐蚀作用,从而使液压元件表面受到侵蚀、剥落,甚至出现海绵状的小洞穴。这种因气穴而对金属表面产生腐蚀的现象称为气蚀。气蚀会严重损伤元件表面,大大缩短其使用寿命,因此必须加以防范。在液压泵的吸油口、液压缸的内壁等处常可发现这种气蚀痕迹。

人们常用气穴系数 σ 来描述气穴的严重程度。气穴系数实际上是液流在该处的压力能与动能的比值,即

$$\sigma = \frac{\Delta p / \rho g}{v_c^2 / 2g} = \frac{p_c - p_v}{\rho v_c^2 / 2} \tag{2.86}$$

式中:p_c 为节流口收缩截面处的压力,实验证明,$p_c \approx p_2$(节流口的出口压力);p_v 为饱和蒸气压,它可用空气分离压 p_g 来替代,因为系统中局部区域的压力低于 p_g 时会产生严重的气穴,工程上不允许;v_c 为节流口收缩截面处的流速。

若 v_1 远小于 v_c,则 $v_1 \approx 0$,根据伯努利方程可得

$$p_1 - p_c = \frac{1}{2} \rho v_c^2$$

故气穴系数 σ 为

$$\sigma = \frac{p_c - p_v}{p_1 - p_c}$$

当压力采用绝对压力表示时,$p_v \approx 0$,则上式可简化为

$$\sigma = \frac{p_c}{p_1 - p_c}$$

由于 $p_c \approx p_2$,故节流口进、出压力比为

$$\frac{p_1}{p_2} = 1 + \frac{1}{\sigma} \tag{2.87}$$

将刚刚发生不允许的气穴现象时的气穴系数称为临界气穴系数,用 σ_c 表示。实验证明,对于孔口及锥阀来说,刚发生气穴现象时,$\sigma_c = 0.4$,因此临界压力比为 3.5。当节流前后的压力比超过 3.5 时,就会发生气穴现象。

为减小气穴和气蚀的危害,通常采取如下措施。

(1)减小阀口前后的压力差,一般希望阀口前后压力比 $p_1/p_2 < 3.5$。

(2)正确设计和使用液压泵站,如降低泵的安装高度、适当增大吸油管内径、限制管内液体的流速、尽量减少吸油管路中的压力损失等。

(3)液压传动系统各元件的连接处要密封可靠,严防空气侵入。

(4)液压元件的材料采用抗腐蚀能力强的金属材料,提高零件的机械强度,减小零件表面粗糙度。

本 章 小 结

液压传动以液体作为工作介质来传递能量和运动。因此,了解液体的主要物理性质,掌握液体平衡和运动的规律等主要力学特性,对于正确理解液压传动原理、液压元件的工作原理,以及合理设计、调整、使用和维护液压传动系统都是十分重要的。首先,液压传动系统的工作介质的物理性质包括密度、可压缩性、黏性等,根据这些性质可以帮助我们合理地选择液压油的种类及型号。其次,静压力基本方程的物理意义是:静止液体内任何一点都具有压力能和位能两种能量形式,且其总和保持不变,即能量守恒。由此可以得到帕斯卡原理,并计算液体静压力作用在平面上和曲面上而产生的液压作用力。再次,液体静力学基础主要包括流动液体特性及其传递规律,需要掌握流量连续性方程、能量方程和动量方程,以及它们所对应的结论,最终解决设计液压传动系统时流量、流速及液动力等参数的计算问题。最后,为了克服黏性摩擦阻力,液压传动系统内会产生一定的压力损失,这一压力损失分为沿程压力损失和局部压力损失。损耗的能量转变为热量,使液压传动系统的温度升高,影响系统的工作性能。因此,在设计液压传动系统时,应尽量减小压力损失。此外,在液压传动系统中,液压冲击和气穴现象也会影响系统的工作性能和液压元件的使用寿命,因此必须了解它们的物理本质、产生的原因及其危害,在设计液压传动系统时,应采取措施减小它们的危害或防止它们的发生。

思考与习题

2.1 什么是压力?压力有哪几种表示方法?液压传动系统的工作压力与外界负载有什么关系?

2.2 液压油有哪几种类型?液压油的牌号与黏度有什么关系?如何选用液压油?

2.3 在液压管道中,为什么通流截面面积大的地方流速低,而通流截面面积小的地方流速高?

2.4 伯努利方程的物理意义是什么?该方程的理论式和实际式有什么区别?

2.5 在液压管道中,为什么流速低的地方压力高,而流速高的地方压力低?

2.6 液压传动系统中产生沿程压力损失和局部压力损失的原因是什么?

2.7 流体有哪两种流态?如何判别这两种流态?

2.8 何谓液压冲击?液压冲击有什么危害?可采取哪些措施来减小液压冲击?

2.9 何谓气穴现象?气穴有哪些危害?通常采取哪些措施防止气穴及气蚀?

2.10 由流量连续性方程可知,通过某截面的流量与压力无关,而通过小孔的流量却与压力差有关,这是为什么?

2.11 在图 2.36 所示的液压缸装置中,$d_1=20$ mm,$d_2=40$ mm,$D_1=75$ mm,$D_2=125$ mm,$q_1=25$ L/min,求 v_1、v_2 和 q_2。

2.12 如图 2.37 所示,油管水平放置,截面 1—1、2—2 处的内径分别为 $d_1=5$ mm,$d_2=20$ mm,在油管内流动的油液的密度 $\rho=900$ kg/m³,运动黏度 $\nu=20$ mm²/s。若不计油液流动的能量损失,试问:

(1) 截面 1—1 和截面 2—2 哪一处的压力较高?为什么?

(2) 若油管内通过的流量 $q=30$ L/min,求两截面间的压力差 Δp。

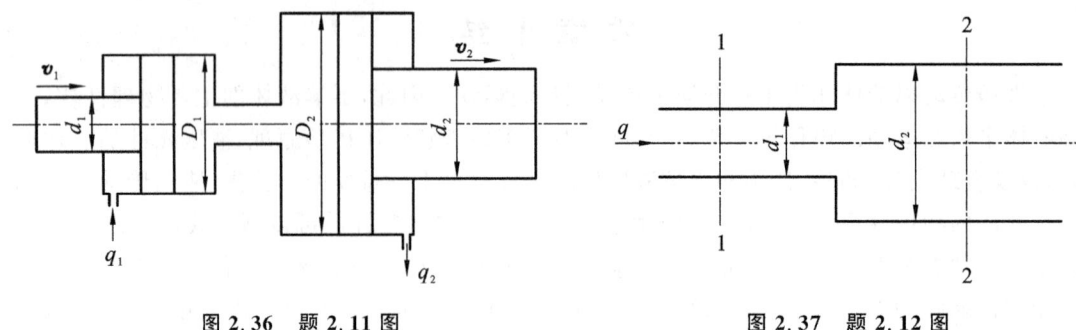

图 2.36　题 2.11 图　　　　　　　　图 2.37　题 2.12 图

2.13　液压泵的安装如图 2.38 所示。已知泵的输出流量 $q=25$ L/min，吸油管的直径 $d=25$ mm，泵的吸油口距离油箱液面的高度 $H=0.4$ m，设油液的运动黏度 $\nu=20$ mm^2/s，密度 $\rho=900$ kg/m^3。若仅考虑吸油管中的沿程压力损失，试计算液压泵吸油口处的真空度。

2.14　如图 2.39 所示，液压泵的流量 $q=60$ L/min，吸油管的直径 $d=25$ mm，管长 $l=2$ m，油液的运动黏度 $\nu=142$ mm^2/s，密度 $\rho=900$ kg/m^3，空气分离压 $p_{\mathrm{g}}=0.04$ MPa，过滤器的压力降 $\Delta p_\zeta=0.01$ MPa。不计其他局部压力损失，求液压泵的最大安装高度 $H_{\max}$。

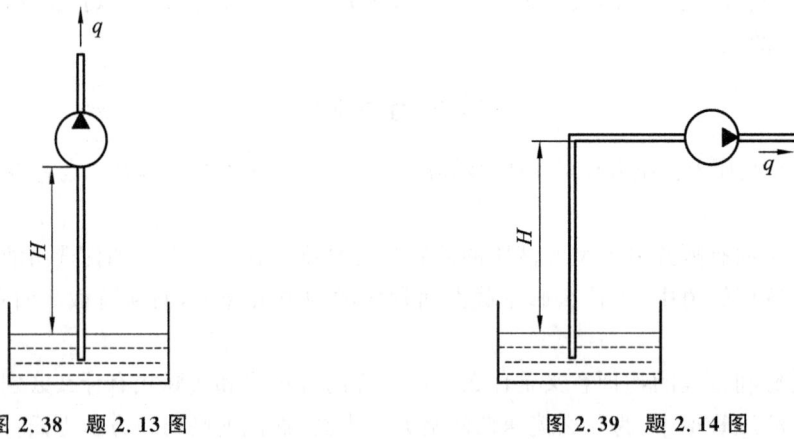

图 2.38　题 2.13 图　　　　　　　　图 2.39　题 2.14 图

2.15　如图 2.40 所示，油液在喷管中的流动速度 $v_1=6$ m/s，喷管直径 $d_1=5$ mm，油液的密度 $\rho=900$ kg/m^3，喷管前端放置一挡板，试问在下列情况下管口射流对挡板壁面的作用力 F 是多少？

（1）当挡板壁面与射流垂直时（见图 2.40(a)）；

（2）当挡板壁面与射流成 60°角时（见图 2.40(b)）。

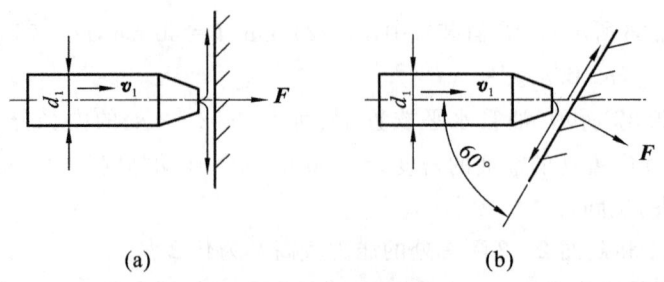

(a)　　　　　　　　　　(b)

图 2.40　题 2.15 图

2.16 如图 2.41 所示,液压泵的输出流量可手动调节。当 $q_1 = 25$ L/min 时,测得阻尼孔 R 前的压力 $p_1 = 0.05$ MPa。当液压泵的流量增加到 $q_2 = 50$ L/min 时,阻尼孔 R 前的压力 p_2 为多大?(阻尼孔 R 分别按细长小孔和薄壁小孔两种情况考虑。)

2.17 如图 2.42 所示,柱塞受 $F = 100$ N 的固定力作用而下落,缸中油液经缝隙泄出。设缝隙厚度 $\delta = 0.05$ mm,缝隙长度 $l = 70$ mm,柱塞直径 $d = 20$ mm,油液的动力黏度 $\mu = 50 \times 10^{-3}$ Pa·s,试计算:

(1) 当柱塞和缸孔同心时,下落 0.1 m 高度所需的时间是多少?

(2) 当柱塞和缸孔完全偏心时,下落 0.1 m 所需的时间又是多少?

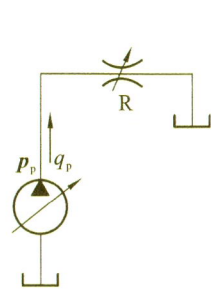

图 2.41 题 2.16 图

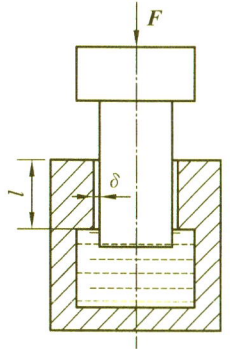

图 2.42 题 2.17 图

第3章
液压动力元件

◀ **本章指南**

本章主要内容:液压传动系统的动力元件主要是指液压泵,本章介绍常用液压泵的结构、工作原理、性能以及应用,包括各种泵的结构、工作原理、应用及选用等。通过本章的学习,学生能够掌握液压泵的工作原理和性能参数的计算,掌握齿轮泵、叶片泵、轴向柱塞泵、螺杆泵的工作原理和结构。

本章重点:掌握液压泵的工作原理,了解常见液压泵的结构与使用特点。

本章难点:正确计算液压泵的性能参数。

本章教学目的与要求:通过液压泵实例的介绍,正确理解液压泵的组成及工作原理,了解液压泵的主要性能参数。

◀ 3.1 液压泵概述 ▶

液压泵是利用密封容积的周期性变化来进行工作的。因此,抓住密封容积是如何构成的,以及密封容积是如何变化的问题,是理解液压泵的工作原理与结构特点的关键。

3.1.1 液压泵的工作原理

图 3.1 所示为单柱塞容积式液压泵的工作原理。图中,柱塞 2 装在缸体 3 中,形成密封工作腔 a,柱塞 2 在弹簧 4 的作用下始终压紧在偏心轮 1 上。当原动机驱动偏心轮 1 旋转时,柱塞 2 就在缸体 3 内作往复运动,使密封工作腔 a 的容积大小随之发生周期性的变化。当柱塞 2 外伸时,密封工作腔 a 的容积由小变大,形成真空,油箱中的油液在大气压的作用下,经吸油管顶开吸油单向阀 6 来进入密封工作腔 a 内而实现吸油,此时排油单向阀 5 在系统管道油液的压力作用下关闭;反之,当柱塞 2 被偏心轮压进缸体 3 内时,密封工作腔 a 的容积由大变小,密封工作腔 a 中的油液受挤压而推开排油单向阀 5 来实现排油,从而向系统供油,此时吸油单向阀 6 关闭。原动机驱动偏心轮不断旋转,液压泵就不断地吸油、排油。

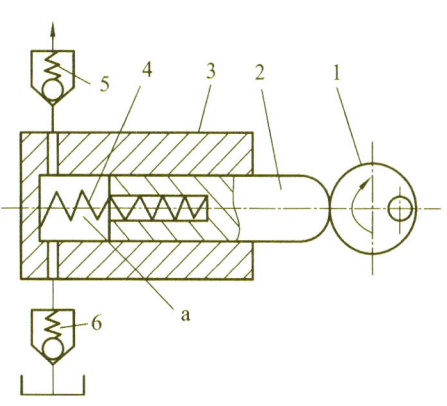

图 3.1 单柱塞容积式液压泵的工作原理
1—偏心轮;2—柱塞;3—缸体;
4—弹簧;5—排油单向阀;6—吸油单向阀

液压泵排出油液的压力取决于油液流动所需要克服的阻力,排出油液的流量取决于密封腔容积变化的大小和速率。

由此可见,单柱塞容积式液压泵靠密封工作腔容积的变化来实现吸油和排油,从而将原动机输出的机械功率 $T\omega$ 转换成液压功率 pq;排油单向阀与吸油单向阀组成配流机构(这里称为阀配流),使吸油过程和排油过程相互隔开,从而使系统能随负载建立起相应的压力。

靠密封工作腔的容积变化进行工作的液压泵,称为容积式液压泵。容积式液压泵必须具备如下三个条件。

(1)容积式液压泵必定具有一个或若干个密封工作腔。

(2)密封工作腔的容积能产生由小到大和由大到小的变化,以形成吸油、排油过程。

(3)具有相应的配流机构,以使吸油、排油过程能各自独立完成。液压泵和液压马达实现进油、排油的方式称为配流。

虽然本章所介绍的各种液压泵的密封工作腔的结构各异,配流机构形式也各不相同,但它们都满足上述三个条件,因此它们都属于容积式液压泵。

3.1.2 液压泵的主要性能参数

液压泵的性能参数主要有压力、转速、排量、流量、功率及效率。

1. 液压泵的压力

液压泵压力的常用单位为 MPa。

(1) 额定压力 p_n：在正常工作条件下，按试验标准规定的连续运转所允许的最高压力。额定压力值与液压泵的结构形式及其零部件的强度、工作寿命和容积效率有关。在液压传动系统中，安全阀的调定压力要小于液压泵的额定压力。铭牌标注的压力就是额定压力。

(2) 最高允许压力 p_{max}：液压泵短时间内所允许的超载使用的极限压力。最高允许压力受液压泵本身的密封性能和零部件强度等因素的限制。

(3) 工作压力 p_p：液压泵实际工作时的输出压力，即液压泵出口的压力。液压泵的工作压力由负载决定，负载增大，工作压力就增大；负载减小，工作压力就减小。

(4) 吸入压力：液压泵进口处的压力。自吸式液压泵的吸入压力低于大气压力。吸入压力一般用吸入高度（又称吸入能力）衡量。当液压泵的安装高度太高或吸油阻力过大时，因液压泵进口处的压力低于极限吸入压力而导致液压泵吸油不充分，从而在吸油腔产生气穴或气蚀。吸入压力的大小与液压泵的结构形式有关。

2. 液压泵的转速

液压泵转速的常用单位为 r/min。

(1) 额定转速 n：在额定压力下，根据试验结果推荐的液压泵能长时间连续运行并保持较高运行效率的转速。

(2) 最高转速 n_{max}：在额定压力下，保证液压泵的使用寿命和性能所允许的短暂运行的最高转速。最高转速主要与液压泵的结构形式及自吸能力有关。

(3) 最低转速 n_{min}：为保证液压泵可靠工作或运行效率不致过低所允许的最低转速。

3. 液压泵的排量及流量

1) 排量 V_p

液压泵排量的单位为 m^3/r，常用单位为 mL/r。

在不考虑泄漏的情况下（输出压力为零），液压泵主轴旋转一周所排出的液体体积，称为排量，又称为理论排量、几何排量。

2) 理论流量 q_{pt}

液压泵理论流量的单位为 m^3/s，常用单位为 L/min。

在不考虑泄漏的情况下，液压泵在单位时间内所排出的液体体积，称为理论流量，工程上又称为空载流量，即

$$q_{pt} = V_p n_p \qquad (3.1)$$

式中：V_p 为液压泵排量；n_p 为液压泵转速，单位为 r/min。

3) 额定流量 q_n

在额定压力、额定转速下，按试验标准规定的必须保证的输出流量，称为额定流量。

4) 实际流量 q_p

实际运行时，在不同压力下液压泵所排出的流量，称为实际流量。实际流量低于理论流量，两者的差值 $\Delta q = q_{pt} - q_p$ 为液压泵的泄漏量。

5) 瞬时理论流量 q_{tsh}

由运动学机理可知，液压泵的流量具有脉动性。液压泵在某一瞬时所排出的理论流量，

称为瞬时理论流量。

6）流量不均匀系数 δ_q

当液压泵的转速一定时，因流量脉动造成的流量不均匀程度可用流量不均匀系数 δ_q 表示，即

$$\delta_q = \frac{(q_{tsh})_{max} - (q_{tsh})_{min}}{q_{pt}} \tag{3.2}$$

4. 液压泵的功率

1）输入功率 P_{pi}

液压泵的输入功率是原动机的输出功率，即实际驱动液压泵轴旋转所需的机械功率，即

$$P_{pi} = \omega T = 2\pi n_p T_{pi} \tag{3.3}$$

式中，T_{pi} 为驱动液压泵轴旋转所需的转矩。

2）输出功率 P_{po}

液压泵的输出功率可用其实际流量 q_p 和出口压力 p_p 的乘积表示，即

$$P_{po} = p_p q_p \tag{3.4}$$

3）理论功率 P_{pt}

如果液压泵在能量转换过程中没有能量损失，则输入功率与输出功率相等，即为理论功率，用 P_{pt} 表示，即

$$P_{pt} = p q_{pt} = 2\pi n_p T_{pt} \tag{3.5}$$

式中，T_{pt} 为液压泵的理论转矩。

5. 液压泵的效率

实际上，液压泵在能量转换过程中是有能量损失的，因此其输出功率小于输入功率，两者之差即为功率损失。液压泵的功率损失有机械损失和容积损失两种。因摩擦而产生的损失称为机械损失，因泄漏而产生的损失称为容积损失。功率损失可用效率来描述。

1）机械效率 η_{pm}

液体在液压泵内流动时，液体黏性会产生转矩损失；液压泵内的零部件相对运动时，机械摩擦也会产生转矩损失。机械效率 η_{pm} 是液压泵所需要的理论功率与输入功率之比，即液压泵所需要的理论转矩 T_{pt} 与输入转矩 T_{pi} 之比，即

$$\eta_{pm} = \frac{T_{pt}\omega}{T_{pi}\omega} = \frac{T_{pt}}{T_{pi}} \tag{3.6}$$

2）容积效率 η_{pv}

在转速一定的条件下，液压泵的输出功率与理论功率之比，或者液压泵的实际流量与理论流量之比，称为液压泵的容积效率，即

$$\eta_{pv} = \frac{p_p q_p}{p_p q_{pt}} = \frac{q_p}{q_{pt}} = 1 - \frac{\Delta q_p}{V_p n_p} \tag{3.7}$$

式中，Δq_p 为液压泵的泄漏流量。

当液压泵的结构形式、几何尺寸确定后，泄漏流量 Δq_p 主要取决于液压泵的出口压力，而与液压泵的转速（对定量泵）或排量（对变量泵）无关。因此液压泵在低转速或小排量条件下工作时，其容积效率将会很低，以致其无法正常工作。

由于液压泵内相对运动的零部件之间的间隙很小，泄漏油液的流态是层流，因此泄漏流量 Δq_p 和液压泵的工作压力 p_p 成线性关系，即

$$\Delta q_p = k_1 p_p \tag{3.8}$$

式中，k_1 为液压泵的泄漏系数。于是有

$$\eta_{pv} = 1 - \frac{k_1 p_p}{V_p n_p} \tag{3.9}$$

3）总效率 η_p

液压泵的输出功率与输入功率之比，称为液压泵的总效率，即

$$\eta_p = \frac{P_{po}}{P_{pi}} = \frac{p_p q_p}{2\pi n_p T_{pi}} = \frac{p_p q_{pt} \eta_{pv}}{2\pi n_p T_{pt}/\eta_{pm}} = \frac{p_p q_{pt}}{2\pi n_p T_{pt}} \eta_{pv} \eta_{pm} = \eta_{pv} \eta_{pm} \tag{3.10}$$

液压泵的总效率 η_p 在数值上等于容积效率和机械效率的乘积。液压泵的总效率、容积效率和机械效率可以通过实验测得。

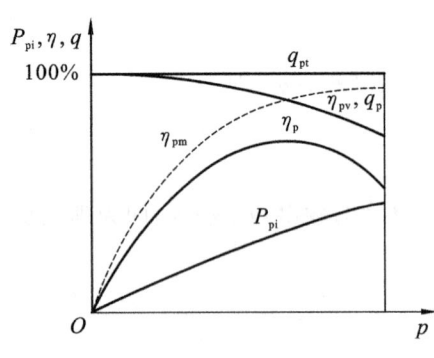

图 3.2 液压泵的性能曲线

液压泵的容积效率 η_{pv}、机械效率 η_{pm}、总效率 η_p、理论流量 q_{pt}、实际流量 q_p 及实际输入功率 P_{pi} 与工作压力 p 的关系如图 3.2 所示，它是液压泵在特定的介质、转速和油温等条件下通过实验得出的。

由图 3.2 可知，液压泵在零压时的流量为 q_{pt}。由于液压泵的泄漏流量随压力的升高而增大，所以液压泵的容积效率 η_{pv} 及实际流量 q_p 随液压泵的工作压力的升高而降低，压力为零时液压泵的容积效率 $\eta_{pv}=100\%$，此时的实际流量 q_p 可以视为理论流量 q_{pt}；总效率 η_p 开始时随压力 p 的增大而快速上升，当接近液压泵的额定压力时，总效率 η_p 达到最大值，随后又逐渐降低。从容积效率和总效率这两条曲线的变化可以看出机械效率的变化情况：液压泵在低压时，机械摩擦损失在总损失中所占的比重较大，机械效率 η_{pm} 很低；随着工作压力的增大，机械效率快速上升；在达到某一值后，机械效率大致保持不变，从而表现出总效率曲线几乎和容积效率曲线平行下降的变化规律。

6. 液压泵的噪声

液压泵的噪声通常用分贝（dB）衡量。液压泵的噪声产生的原因主要包括流量脉动、液流冲击、零部件的振动和摩擦及液压冲击等。

例 3.1 已知中高压齿轮泵 CBG2040 的排量为 40.6 mL/r，该泵在转速为 1 450 r/min、压力为 10 MPa 的工况下工作，泵的容积效率 $\eta_{pv}=0.95$，总效率 $\eta_p=0.9$，求驱动该泵所需的电动机功率 P_{pi} 和泵的输出功率 P_{po}。

解 （1）求泵的输出功率 P_{po}。

泵的实际输出流量 q_p 为

$$q_p = q_{pt} \eta_{pv} = V_p n_p \eta_{pv} = 40.6 \times 10^{-3} \times 1\,450 \times 0.95 \text{ L/min} = 55.927 \text{ L/min}$$

则泵的输出功率为

$$P_{po} = p_p q_p = \frac{10 \times 10^6 \times 55.927 \times 10^{-3}}{60 \times 10^3} \text{ kW} = 9.321 \text{ kW}$$

（2）求电动机的功率 P_{pi}。

电动机功率即泵的输入功率为

$$P_{pi} = \frac{P_{po}}{\eta_p} = \frac{9.321}{0.9} \text{ kW} = 10.357 \text{ kW}$$

查电动机手册,应选配功率为 11 kW、异步转速为 1 450 r/min 的四极电动机。

3.1.3　液压泵的分类

液压泵的类型有很多。液压泵按主要运动构件的形状和运动方式的不同分为齿轮泵、叶片泵、柱塞泵和螺杆泵,按排量能否改变分为定量泵和变量泵。

液压泵也可以按压力来分类,压力分级如表 3.1 所示。

表 3.1　压力分级

压力分级	低 压	中 压	中高压	高 压	超高压
压力/MPa	≤2.5	2.5~8	8~16	16~32	>32

液压泵的一般图形符号如图 3.3 所示。

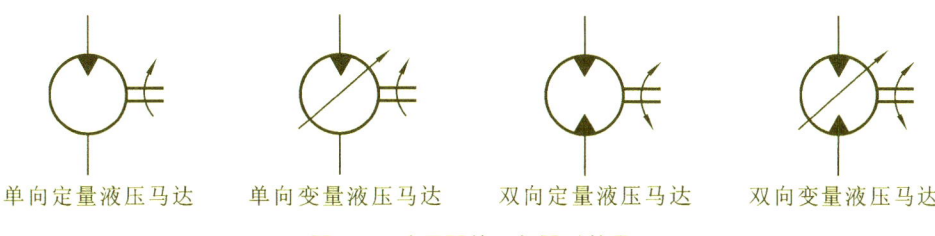

单向定量液压马达　　单向变量液压马达　　双向定量液压马达　　双向变量液压马达

图 3.3　液压泵的一般图形符号

◀ 3.2　齿　轮　泵 ▶

齿轮泵的优点是结构简单、体积小、重量轻、转速高且范围大、自吸性能好、工作可靠、对油液污染不敏感、维护方便及价格低廉等,它在一般的液压传动系统,特别是工程机械中的应用较为广泛;其主要缺点是流量脉动和压力脉动较大、泄漏损失大、容积效率较低、噪声较严重、容易发热、排量不可调节、只能作定量泵,故其适用范围受到一定限制。

齿轮泵按齿轮啮合形式的不同分为外啮合齿轮泵和内啮合齿轮泵两种,按齿形曲线的不同分为渐开线齿形齿轮泵和非渐开线齿形齿轮泵两种。

3.2.1　齿轮泵的工作原理

图 3.4 所示为渐开线齿形外啮合齿轮泵的结构简图。渐开线齿形外啮合齿轮泵主要由一对几何参数完全相同的主、从动齿轮,传动轴,泵体,前、后泵盖等零件组成。

图 3.5 所示为渐开线齿形外啮合齿轮泵的工作原理图。由于齿轮两端面与泵盖的间隙以及齿轮的齿顶与泵体内表面的间隙都很小,因此一对啮合的轮齿将泵体、前、后泵盖及齿轮包围的密封容积分隔成左、右两个密封工作腔。当原动机带动齿轮按图示方向旋转时,右侧的轮齿不断退出啮合,而左侧的轮齿不断进入啮合,因啮合点的啮合半径小于齿顶圆半径,右侧退出啮合的轮齿露出齿间,右侧的密封工作腔容积不断增大,形成局部真空,油箱中的油液在大气压力的作用下经泵的吸油口进入密封油腔——吸油腔。随着齿轮的转动,吸

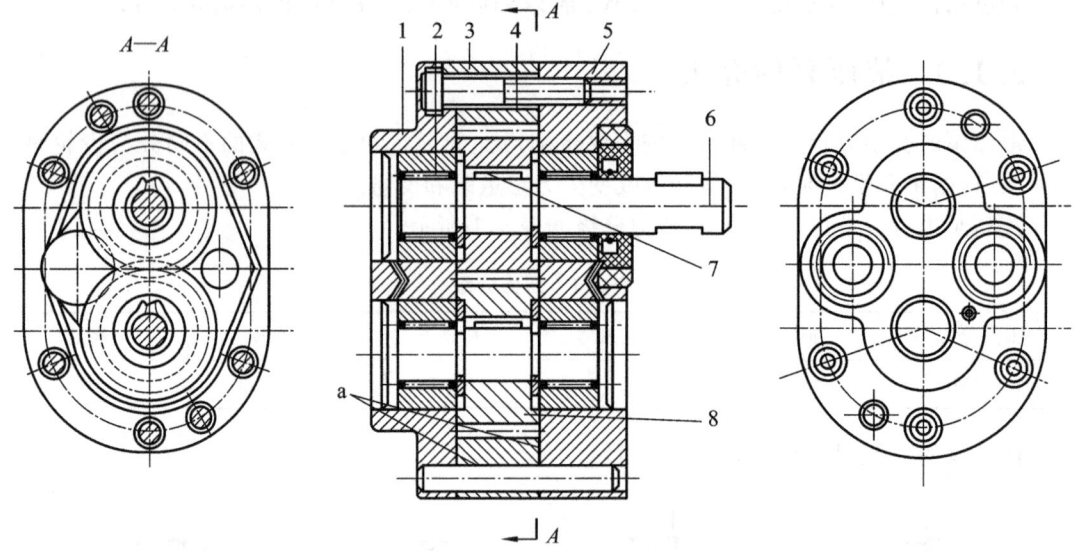

图 3.4　渐开线齿形外啮合齿轮泵的结构简图

1—后泵盖；2—滚针轴承；3—泵体；4—主动齿轮；5—前泵盖；6—传动轴；7—键；8—从动齿轮

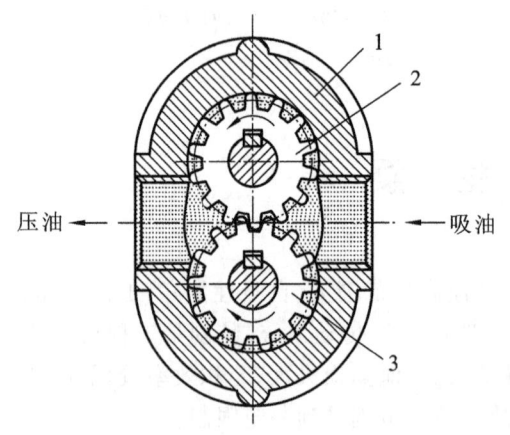

图 3.5　渐开线齿形外啮合齿轮泵的工作原理图

1—壳体；2—主动齿轮；3—从动齿轮

入的油液被齿间转移到左侧的密封工作腔。左侧进入啮合的轮齿使密封油腔——压油腔的容积不断减小，将齿间的油液挤出，使其从压油口输出，压入液压传动系统。这就是齿轮泵的吸油和压油过程。齿轮连续旋转，则泵连续不断地吸油和压油。

　　齿轮啮合点处的齿面接触线将吸油腔和压油腔分开，从而起到了配油（配流）作用，因此不需要单独设置配油装置。这种配油方式称为直接配油。

3.2.2　齿轮泵排量的计算

　　外啮合齿轮泵的排量是两个齿轮的齿槽容积的总和。如果近似地认为齿槽的容积等于轮齿的体积，则外啮合齿轮泵的排量为

$$V = \pi D h B = 2\pi z m^2 B \tag{3.11}$$

式中：D 为齿轮节圆直径；h 为轮齿除去顶隙部分的有效齿高，$h=2m$；B 为轮齿齿宽；z 为齿轮齿数；m 为齿轮模数。

　　实际上，齿槽的容积要比轮齿的体积稍大，而且齿数越少，齿槽的容积与轮齿的体积的差值越大。考虑到这一因素，实际计算时，常用经验数据 6.66 来替代 2π。

　　由排量计算公式可以看出，齿轮泵的排量与模数的平方成正比，与齿数成正比，而决定齿轮分度圆直径的是模数与齿数的乘积，它与模数、齿数成正比。由此可见，要增大齿轮泵的排量，增大模数比增大齿数有利。换句话说，要使排量不变而使体积减小，应增大模数并减少齿数。因此，齿轮泵的齿数 z 一般较小，为防止根切，一般需采用正移距变位齿轮，所移

距离为一个模数(m)，即节圆直径 $D=m(z+1)$。

根据齿轮啮合原理可知，在齿轮啮合过程中，啮合点沿啮合线的不断变化造成吸、压油腔的容积变化率不断变化，因此齿轮泵的瞬时流量是脉动的。设$(q_{max})_{sh}$和$(q_{min})_{sh}$分别表示齿轮泵的最大瞬时流量和最小瞬时流量，则其流量的脉动率δ_q为

$$\delta_q=\frac{(q_{max})_{sh}-(q_{min})_{sh}}{q}\times100\% \tag{3.12}$$

研究表明，齿轮泵的流量脉动周期为$2\pi/z$。齿数越少，则脉动率δ_q越大。

3.2.3 齿轮泵的结构特点分析

1. 泄漏问题

液压泵中构成密封工作容积的零件要作相对运动，因此存在间隙。由于液压泵吸、压油腔之间存在压力差，其间隙必然产生泄漏。外啮合齿轮泵压油腔中的压力油主要通过三条途径泄漏到吸油腔中。

1）泵体的内圆表面和齿顶径向间隙的泄漏

由于齿轮转动方向与泄漏方向相反，且压油腔到吸油腔的泄漏通道较长，所以其泄漏量相对较小，占总泄漏量的 10%～15%。

2）齿面啮合处间隙的泄漏

由于齿形误差会造成沿齿宽方向接触不好而产生间隙，使压油腔与吸油腔之间造成泄漏，这部分泄漏量很少。

3）齿轮端面间隙的泄漏

齿轮端面与前、后盖之间的端面间隙较大，此端面间隙封油长度又短，所以泄漏量最大，占总泄漏量的 70%～75%。

由此可知，由于齿轮泵泄漏量较大，因此其额定压力不高。要想提高齿轮泵的额定压力并保证较高的容积效率，首先要减少沿端面间隙的泄漏。

2. 困油现象

为了保证齿轮传动的平稳性、吸、压油腔严格的隔离及齿轮泵供油的连续性，根据齿轮啮合原理，要求齿轮的重叠系数 ε 大于1（一般取 $\varepsilon=1.05\sim1.3$），这样在齿轮啮合过程中，在前一对轮齿退出啮合之前，后一对轮齿已经进入啮合。在两对轮齿同时啮合的时段内，有一部分油液困在两对轮齿所形成的封闭油腔内，该封闭油腔既不与吸油腔相通，也不与压油腔相通，这就是困油现象。如图 3.6 所示，封闭油腔的容积开始时随齿轮的旋转逐渐减小，然

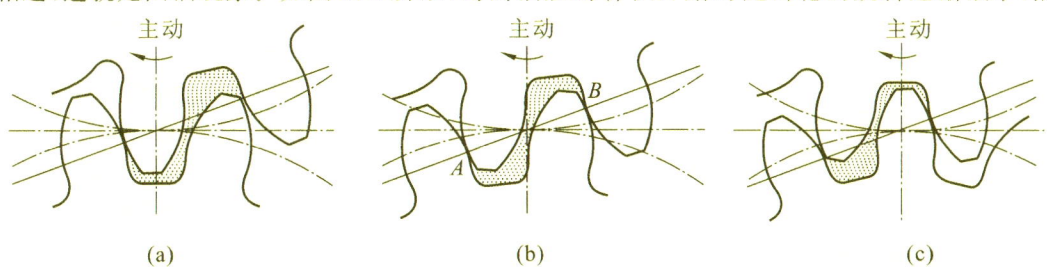

图 3.6 齿轮泵的困油现象

后又逐渐增大。封闭油腔的容积减小时，困在该油腔中的油液受到挤压，并从缝隙中挤出而产生很高的压力，使油液发热，轴承负荷增大；而封闭油腔的容积增大时，会造成局部真空，产生气穴现象。这些都将使齿轮泵产生强烈的振动和噪声，影响齿轮泵的工作性能，降低其容积效率，缩短其使用寿命。

消除困油现象的措施是在齿轮泵的两侧泵盖上开卸荷槽。当困油区油腔容积增大时，通过卸荷槽使困油区油腔与吸油腔连通；当困油区油腔容积减小时，通过卸荷槽使困油区油腔与压油腔连通。卸荷槽的形式各种各样，有对称开口卸荷槽，有不对称开口卸荷槽，有开圆形盲孔卸荷槽。

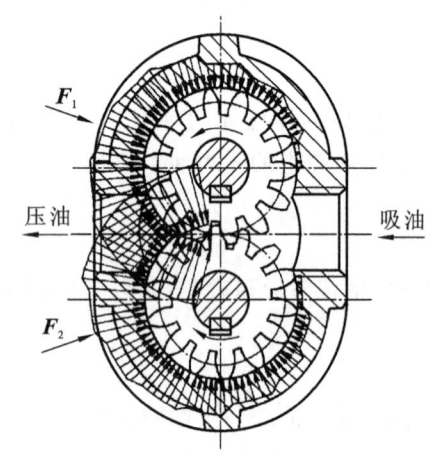

图 3.7 齿轮泵径向受力图

3. 不平衡的径向力

在齿轮泵中，由于泵体的内圆表面和齿顶径向间隙的泄漏，作用在齿轮外圆上的压力是不相等的，如图 3.7 所示。齿轮周围压力不一致，使齿轮轴受力不平衡。压油腔压力愈高，这个力就愈大。

从齿轮泵的进油口沿齿顶圆圆周到出油口齿和齿之间的油液的压力，从压油口到吸油口按递减规律分布，这些力的合力构成了一个不平衡的径向力，其带来的危害是加重了轴承的负荷，并加速了齿顶与泵体之间的磨损，影响泵的寿命。可以采用减小压油口的尺寸、提高齿轮轴和轴承的承载能力、开压力平衡槽、适当增大径向间隙等办法来解决这一问题。

3.2.4 增大齿轮泵工作压力的措施

要增大齿轮泵的工作压力，必须减少沿端面间隙的泄漏，可以采用浮动轴套或浮动侧板，使轴向间隙能自动补偿。图 3.8 所示为采用浮动轴套的中高压齿轮泵的结构图。利用特制的通道把压力油引入浮动轴套的外侧油腔中，在油压的作用下浮动轴套以一定的压紧力压向齿轮端面，压力愈高，则压得愈紧，轴向间隙就愈小，因而减少了泄漏。当齿轮泵在较低压力下工作时，压紧力随之减小，泄漏也不会增加。采用了浮动轴套结构以后，浮动轴套在压力油的作用下可以自动补偿端面间隙的增大，从而限制了泄漏，提高了压力，同时具有较高的容积效率与较长的使

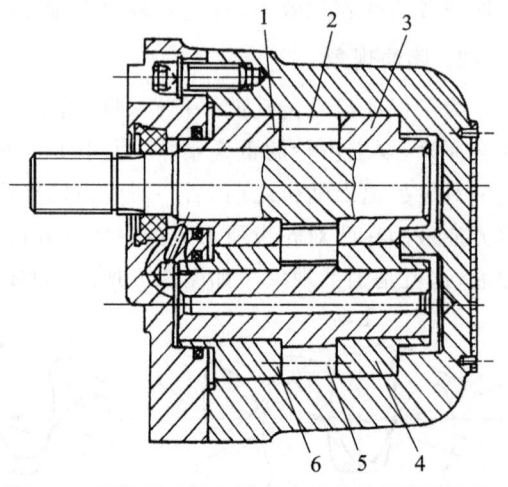

图 3.8 采用浮动轴套的中高压齿轮泵的结构图

1、3、4、6—浮动轴套；2、5—齿轮

用寿命，因此浮动轴套结构在高压齿轮泵中应用十分普遍。

3.2.5 内啮合齿轮泵

内啮合齿轮泵有渐开线齿形和摆线齿形两种结构类型。

图 3.9 所示为渐开线齿形内啮合齿轮泵的工作原理图。相互啮合的小齿轮 1 和内齿轮 2 与侧板围成的密封容积被月牙板 3 和齿轮的啮合线分隔成两部分,即吸油腔 4 和压油腔 5。当传动轴带动小齿轮 1 按图示方向旋转时,内齿轮 2 同向旋转,图中上半部分的轮齿退出啮合,密封容积逐渐增大,该密封容积是吸油腔;下半部分的轮齿进入啮合,密封容积逐渐减小,该密封容积是压油腔。

图 3.10 所示为摆线齿形内啮合齿轮泵的工作原理图。在摆线齿形内啮合齿轮泵中,外转子 1 和内转子 2 只相差一个齿,内、外转子的轴心线有一偏心量 e,内转子为主动轮,内、外转子与两侧配油板间形成密封容积,内、外转子的啮合线又将密封容积分隔成吸油腔和压油腔。当内转子按图示方向旋转时,左侧密封容积逐渐增大,该密封容积是吸油腔;右侧密封容积逐渐减小,该密封容积是压油腔。

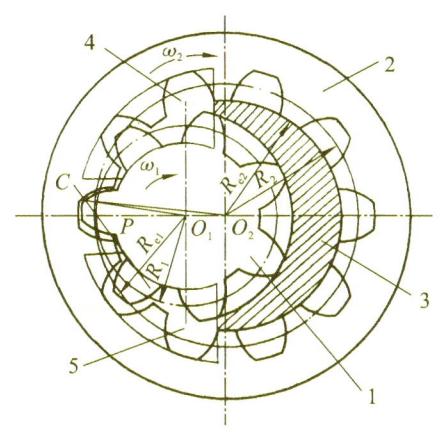

图 3.9 渐开线齿形内啮合齿轮泵的工作原理图

1—小齿轮(主动齿轮);2—内齿轮;

3—月牙板;4—吸油腔;5—压油腔

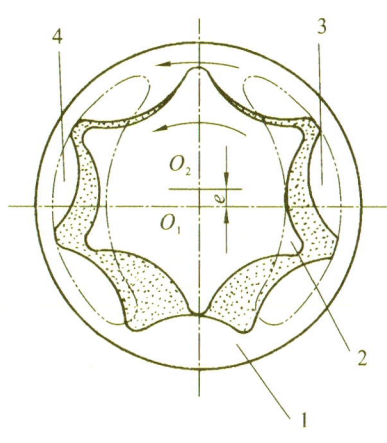

图 3.10 摆线齿形内啮合齿轮泵的工作原理图

1—外转子;2—内转子;3—压油腔;4—吸油腔

内啮合齿轮泵的最大优点是无困油现象,流量脉动较外啮合齿轮泵的小,噪声低,当采用轴向间隙和径向间隙补偿措施后,泵的额定压力可达 30 MPa,容积效率和总效率比较高;其缺点是齿形复杂、加工精度要求高、价格较贵。

3.3 叶 片 泵

叶片泵按结构的不同分为双作用叶片泵和单作用叶片泵。双作用叶片泵的转子旋转一周,其每个工作腔进行两次吸油、排油,流量不可调节,主要用作定量泵;单作用叶片泵的转子旋转一周,其每个工作腔进行一次吸油、排油,流量可调节,主要用作变量泵。按压力等级的不同,叶片泵可分为中低压(小于 7 MPa)叶片泵、中高压(7～16 MPa)叶片泵及高压(20～32 MPa)叶片泵。

3.3.1 双作用叶片泵

1. 双作用叶片泵的工作原理

图 3.11 所示为 YB1 型双作用叶片泵的结构简图。该泵的左泵体 1、右泵体 7 中装有配流盘 2 和 6,用长定位销将配流盘和定子 5 定位并固定在泵体上,以保证配流盘上吸、压油窗口位置与定子 5 内表面曲线相对应。传动轴 9 支承在滚动轴承上,通过花键带动转子 3 在配流盘之间转动。转子 3 上均匀地开有 12 条叶片槽。为了保证叶片能在叶片槽内沿径向方向自由滑动且紧贴定子 5 内表面,双作用叶片泵的叶片槽根部采用了全部通高压的通油方式:右配流盘 6 上开有与压油腔相通的环槽,将油液引入叶片底部。泵的下部油口为吸油口,上部油口(靠近伸出轴一端)为压油口。

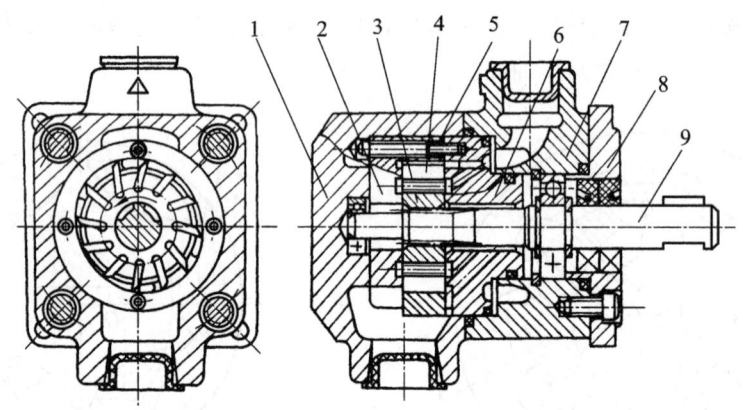

图 3.11 YB1 型双作用叶片泵的结构简图

1—左泵体;2—左配流盘;3—转子;4—叶片;5—定子;6—右配流盘;7—右泵体;8—泵盖;9—传动轴

图 3.12 所示为双作用叶片泵的工作原理图。转子 10 和定子 9 是同心的,定子 9 的内环由两段大半径圆弧(圆心角为 β_1)、两段小半径圆弧(圆心角为 β_2)及四段过渡曲线(范围角为 β)组成,其中 $\beta_1 = \beta_2 = 2\pi/Z$,$\beta = \pi/2 - 2\pi/Z$,$Z$ 为叶片数,$2\pi/Z$ 为两叶片间的夹角。过渡曲线处对应于配流盘的吸、压油窗口。如图 3.12 所示,由定子 9 的内环、转子 10 的外圆及左、右配流盘组成的密封容积被叶片 1、3、5、7 分隔成四个工作腔。

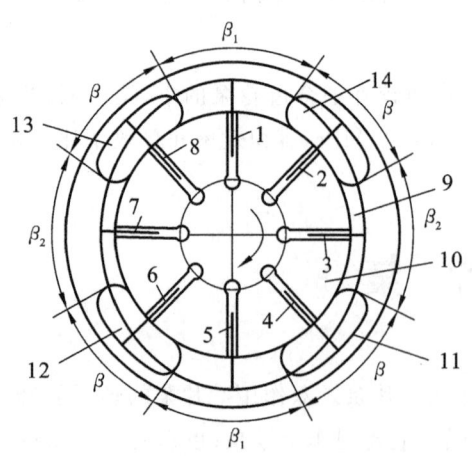

图 3.12 双作用叶片泵的工作原理图

1、2、3、4、5、6、7、8—叶片;9—定子;10—转子;
11、13—配流盘吸油窗口;12、14—配流盘压油窗口

若转子由泵轴带动沿顺时针方向旋转,当叶片在离心力和通过配流盘小孔进入叶片底部的油液的作用下,从定子的小半径圆弧面(封油区)经过渡曲面向定子的大半径圆弧面(封油区)滑动时,叶片向外伸并紧贴在定子的内表面上;当叶片从定子的大半径圆弧面经过渡曲面向定子的小半径圆弧面滑动时,叶片受定子内壁面的作用而缩回转子槽内。

因叶片 1 和叶片 5 位于大半径圆弧段,叶片顶点的矢径 $\rho = R$;叶片 3 和叶片 7 位于小半径圆弧段,叶片顶点的矢径 $\rho = r$,且 $r < R$。因此,由叶片、定子的内表面、转子的外表面和两侧的配流盘形成若干个密封空间,当转子按图示方向旋转时,处于小圆弧上的密封空间经过渡曲线运动到大圆弧的过程中,叶片外伸,密封空间的容积增大,经吸油窗口吸油;密封空间再从大圆弧经过渡曲线运动到小圆弧的过程中,叶片被定子内壁逐渐压进槽内,密封空间的容积减小,油液从压油窗口被压出。即转子每旋转一周,每个密封空间完成两次吸油和压油。因此,这种泵被称为双作用叶片泵。又因吸、压油窗口对称分布,转子和轴承所受的径向液压力基本平衡,使得泵轴及轴承的寿命增加,因此双作用叶片泵又称为卸荷式叶片泵。双作用叶片泵的流量均匀、噪声低,一般多用作定量泵。

2. 双作用叶片泵的排量

如图 3.13 所示,当不考虑叶片的厚度时,双作用叶片泵的排量 V_0 可用两叶片间的最大容积 V_1 与最小容积 V_2 之差与叶片数 Z 的乘积的 2 倍来计算,即

$$V_0 = 2\pi B(R^2 - r^2) \tag{3.13}$$

式中:B 为叶片的宽度;R、r 为定子圆弧段的大、小半径。

实际上叶片有一定的厚度,叶片所占的空间不起吸油和压油的作用,因此转子每转一周因叶片所占体积而造成的排量损失为

$$V' = \frac{2S(R-r)}{\cos\theta} BZ \tag{3.14}$$

式中:S 为叶片厚度;Z 为叶片数;θ 为叶片槽相对于径向的倾斜角,一般取 $\theta = 13°$,也可取 $\theta = 0°$,即叶片径向放置。

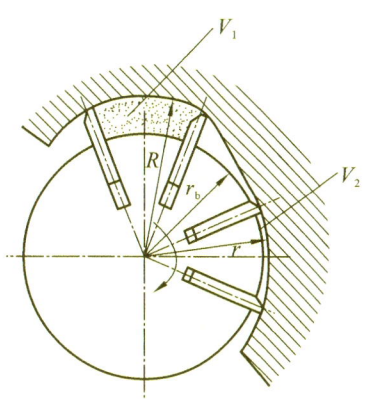

图 3.13 双作用叶片泵的排量计算原理简图

考虑叶片厚度和倾斜角的影响,双作用叶片泵的排量 V 为

$$V = V_0 - V' = 2B\left[\pi(R^2 - r^2) - \frac{R-r}{\cos\theta} SZ\right] \tag{3.15}$$

如果不考虑叶片的厚度,则理论上双作用叶片泵无流量脉动。实际上,由于制造工艺误差,双作用叶片泵仍存在流量脉动,但除了螺杆泵外,其脉动率是各类泵中最小的。理论分析已证明,叶片数为 4 的倍数的双作用叶片泵的流量脉动率最小,所以其叶片数一般取 12 或 16。此外,由双作用叶片泵的排量公式可以看出,这种泵的排量与定子的宽度和定子大、小半径之差成比例,在一定范围内改变这两个尺寸,就可以改变排量。例如,不改变定子大、小半径之差,只改变定子、转子的宽度,便能形成不同排量规格的泵,便于产品的系列化生产。

3. 双作用叶片泵的结构特点分析

1) 定子工作表面曲面

定子工作表面曲面如图 3.14 所示。如前所述,定子工作表面曲面由两段大半径为 R 的圆弧面和两段小半径为 r 的圆弧面,以及圆弧间的四段过渡曲面组成。图中,两段大半径圆弧和两段

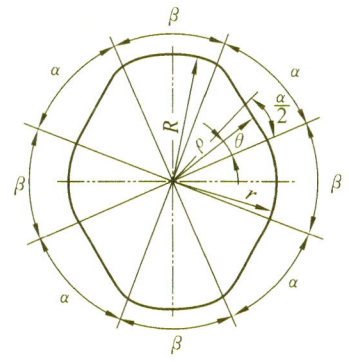

图 3.14 双作用叶片泵的定子工作表面曲面

小半径圆弧对应的中心角均为 β。为了保证吸、排油腔不相连通,中心角 β 必须大于或等于两叶片间的夹角,即 $\beta \geqslant 2\pi/Z$。大、小半径之差 $R-r$ 越大,则泵的排量越大,但差值过大,叶片从转子叶片槽中滑出的长度越长,受摩擦力作用所产生的弯矩就越大,这样容易产生叶片折断、卡死等现象。另外,差值越大,过渡曲面的斜率就越大,当泵起动时,由于叶片的离心力不足,无法将叶片甩出,使得叶片不能紧贴在定子的内表面曲面上,即产生脱空现象(叶片顶部短时间内与定子内表面不接触),导致泵不能正常工作。

叶片滑过圆弧面时,其径向运动速度为零,但在圆弧面与过渡曲面的连接处,速度突然发生变化,相当于加速度 a 趋于无穷大,叶片对定子会产生冲击。加速度 a 趋于无穷大的冲击称为硬性冲击,加速度 a 为有限值的冲击称为柔性冲击。硬性冲击使圆弧面与过渡曲面的连接处产生严重磨损,并引起强烈噪声。

因此,理想的过渡曲面应保证叶片在叶片槽中滑动时径向速度和加速度变化均匀,并且应使叶片在过渡曲面和圆弧面连接处的速度突变较小,使叶片对定子内表面的冲击尽可能小,对定子的磨损小,瞬时流量脉动小,叶片顶部与定子内表面不产生脱空。

定子的过渡曲面的线形有阿基米德螺线、正弦加速曲线、等加速-等减速曲线等,其中等加速-等减速曲线的应用最为广泛。

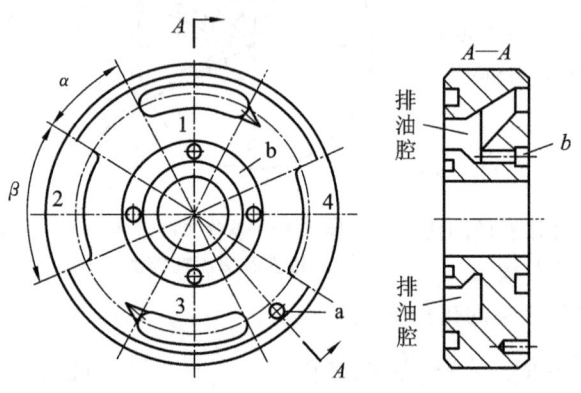

图 3.15 双作用叶片泵的配流盘的结构简图

2) 配流盘

图 3.15 所示为双作用叶片泵的配流盘的结构简图。配流盘上有两个吸油窗口 2、4 和两个压油窗口 1、3,窗口之间是中心角为 α 的封油区。图中的小孔 a 为配流盘定位孔。图中的 $A—A$ 剖视图表示压油窗口通过小孔与配流盘端面环形槽 b 连通,而配流盘端面环形槽 b 又与双作用叶片泵转子上的叶片槽底部相对,这样可使油液通至叶片槽底部,以便增大叶片对定子表面的压紧力,防止漏油,从而提高双作用叶片泵的容积效率。

配流盘的作用是为泵进行配油。为了保证配流盘的吸、压油窗口在工作中能隔开,必须使配流盘上封油区夹角 α(即吸油窗口和压油窗口之间的夹角)大于或等于两个相邻叶片间的夹角 $2\pi/Z$。此外,定子工作表面曲面中的圆弧部分的夹角应当等于或大于配流盘上封油区的夹角 α,以避免产生困油和气穴现象。

总之,为了保证配流盘的吸、压油窗口在工作中能隔开,当前一个叶片即将离开封油区时,后一个叶片应当进入封油区。当两相邻叶片之间的密闭油液处于吸油窗口与压油窗口之间的封油区时,其压力基本上是吸油压力。但是,当转子继续转过一个微小角度,使该密封工作腔突然与压油窗口相通时,其压力迅速达到泵的输出压力,油液瞬间被压缩,使得压油腔中的油液倒流进来,泵的瞬时流量减少,引起流量脉动和噪声。为了避免产生这种现象,在配流盘的压油窗口靠近叶片从封油区进入压油区的一边开有三角形截面的卸荷三角槽,如图 3.15 所示,该卸荷三角槽的通流截面面积是逐渐增大的。这样,相邻叶片间的密封容积逐渐进入压油窗口,压力逐渐上升,从而消除了困油现象和由于压力突变而引起的瞬时流量脉动和噪声。卸荷三角槽的尺寸通常由实验确定。

3）叶片倾角

叶片在转子中放置的方位应有利于叶片在叶片槽中滑动，并且叶片对定子内表面及叶片槽的磨损要小。叶片在工作过程中受到离心力和叶片底部油液的作用，使得叶片紧密地与定子接触。当叶片转至压油区时，定子内表面对叶片的反作用力 F_N 迫使叶片向转子中心移动，如图 3.16（a）所示。反作用力 F_N 与叶片的径向运动方向有一夹角 β（压力角）。反作用力 F_N 的大小和方向随接触点的位置以及排油压力的大小等因素变化。反作用力 F_N 可分解为沿叶片槽方向的径向力 F_P 和与叶片垂直的侧向力 F_T。若侧向力 F_T 过大，则会出现叶片运动不灵活、叶片折断、叶片或叶片槽磨损严重等现象。

侧向力 F_T 的大小取决于压力角，压力角 β 越大，则 F_T 越大。为了减小侧向力 F_T，将叶片顺着转子旋转方向向前倾斜 θ 角，这样可使压力角减小为 β'（$\beta' = \beta - \theta$），如图 3.16（b）所示。双作用叶片泵的叶片倾角 θ 一般取 $10° \sim 14°$。但近年来的研究表明，叶片倾角并非完全必要。某些高压叶片泵和高压叶片马达的叶片沿径向布置，其使用情况良好。

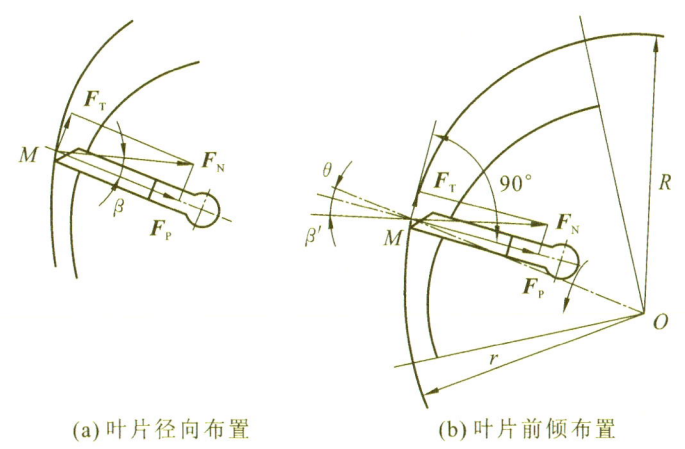

（a）叶片径向布置　　　　　（b）叶片前倾布置

图 3.16　叶片倾角

4. 高压双作用叶片泵的结构特点

为了提高双作用叶片泵的压力，可采取以下措施。

1）端面间隙自动补偿

端面间隙自动补偿与提高齿轮泵压力的方法中的齿轮端面间隙自动补偿相类似。具体方法是将配流盘的一侧与压油腔连通，使配流盘在油液的推力作用下压向定子端面。由于双作用叶片泵的工作压力较大，故配流盘会自动压紧定子，同时配流盘产生适量的弹性变形，使转子与配流盘间隙进行自动补偿，从而提高双作用叶片泵的输出压力。

2）减少叶片对定子的作用力

如前所述，为了保证叶片顶部与定子内表面紧密接触，所有叶片的底部都与压油腔相通。当叶片在吸油腔内时，压油腔的压力作用在叶片底部，而吸油腔的压力却作用在叶片顶部，这一压力差产生了一个不平衡的液压力，该力迫使叶片紧贴定子内表面，但同时会造成叶片顶端与定子内表面的磨损。泵的工作压力越高，磨损将越厉害，则泵的使用寿命将越短。为此，双作用叶片泵在提高额定压力的同时，必须在结构上采取措施使此液压力不会随额定压力的升高而增大。具体措施如下。

(1)将叶片槽根部的通油方式改为分别通油,即位于压油区的叶片根部通高压油,位于吸油区的叶片根部与压油腔之间加阻尼孔或内装式小减压阀,使压油腔的压力经减压后再与叶片根部相通。这样,当泵的出口压力提高后,作用在吸油区叶片根部上的液压力并不会随之增大,而是保持需要值。

(2)采用复合叶片结构。图3.17所示为子母叶片泵和柱销式叶片泵,它们的叶片槽根部被分为两个油室,即 x 和 y,其中 y 常与压油腔相通,x 经油道 z 始终与叶片背面的油腔相通。于是位于压油区的叶片两端的压力平衡,位于吸油区的叶片根部承受高压的面积减小。如子母叶片泵的有效承压面积 $A = B'S$,其中 $B' = (0.3 \sim 0.5)B$;柱销式叶片泵的有效承压面积 $A = \pi d^2/4$,其中 d 为柱销直径,约为 5 mm。由于有效承压面积减小,当额定压力提高时,作用在吸油区叶片上的不平衡液压力并不会增大。

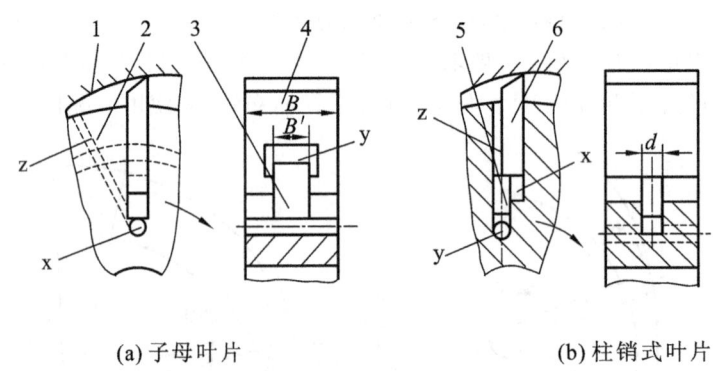

(a)子母叶片　　　　　　　　　　(b)柱销式叶片

图 3.17　子母叶片泵和柱销式叶片泵

1—定子;2—转子;3—子叶片;4—母叶片;5—柱销;6—叶片

3.3.2　单作用叶片泵

1. 单作用叶片泵的工作原理

图3.18所示为单作用叶片泵的工作原理图。单作用叶片泵由转子1、定子2、叶片3和配流盘(图中未画出)等零部件组成。与双作用叶片泵的不同之处是,单作用叶片泵定子的内表面为圆柱面,转子与定子不同心,它们之间有一偏心量 e,配流盘只开有一个吸油窗口和一个压油窗口。叶片装在转子的叶片槽内,可在槽内灵活地往复滑动。当转子转动时,由于离心力的作用,叶片顶部将始终压在定子的内圆柱表面上。定子的内表面、转子的外表面及两相邻叶片与两侧配流盘形成密封容积。位于上、下封油区的两个叶片将密封容积分成左、右两个工作腔。当转子按图示方向旋转时,由于右侧叶片外伸,密封工作腔的容积逐渐增大,产生局部真空,油箱中的油液由吸油口经配流盘上的吸油窗口(图中的虚线弧形槽)进入该密封工作腔,这是吸油

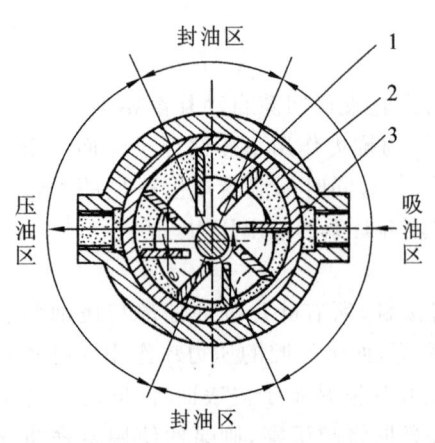

图 3.18　单作用叶片泵的工作原理图

1—转子;2—定子;3—叶片

过程;左侧叶片被定子内表面压入叶片槽内,使得密封工作腔的容积逐渐减小,油箱中的油液被配流盘压油窗口压出而进入到系统中,这是压油过程。在吸油区与压油区之间各有一段封油区将它们相互隔开,当前一个叶片离开封油区时,与之相邻的后一个叶片进入封油区,以保证吸油区与压油区始终隔离。转子每转一周,每个密封工作腔各进行一次吸油和压油,所以将这种泵称为单作用叶片泵。

2. 单作用叶片泵的排量

图 3.19 所示为单作用叶片泵的排量计算原理简图。设定子半径为 R,转子半径为 r_0,叶片宽度为 B,两叶片间的夹角为 β,叶片数为 Z,定子与转子的偏心量为 e。当单作用叶片泵的转子每旋转一周时,两相邻叶片间的密封容积变化量为 V_1-V_2。若将 V_1 和 V_2 近似看作是扇形截面的体积,则有

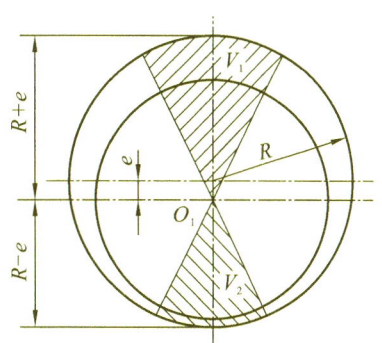

$$V_1=\pi\left[(R+e)^2-r_0^2\right]\frac{\beta}{2\pi}B$$

$$V_2=\pi\left[(R-e)^2-r_0^2\right]\frac{\beta}{2\pi}B$$

图 3.19　单作用叶片泵的
排量计算原理简图

由于叶片数为 Z,因此转子每旋转一周,应当有 Z 个密封容积变化量,即排量 $V=(V_1-V_2)Z$,将上述两式代入该式并加以整理,可得单作用叶片泵排量的近似表达式为

$$V=4\pi RBe=2\pi DBe \tag{3.16}$$

式中,D 为定子直径。

显然,改变偏心量 e 可以改变单作用叶片泵的排量 V,从而改变流量。因此,单作用叶片泵主要用作变量泵。根据理论分析可知,当叶片数为奇数时,单作用叶片泵的瞬时流量脉动小。后面介绍的限压式变量叶片泵的叶片数通常为 15 片。

3.3.3　限压式变量叶片泵

1. 限压式变量叶片泵的工作原理

图 3.20 所示为外反馈限压式变量叶片泵的工作原理图。转子 3 的中心 O_1 是固定的,

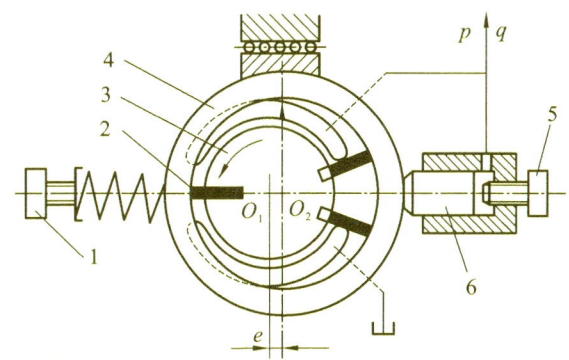

图 3.20　外反馈限压式变量叶片泵的工作原理图
1—压力调节螺钉;2—叶片;3—转子;4—定子;5—流量调节螺钉;6—反馈柱塞

定子 4 的中心 O_2 可以在水平方向左右移动。当泵的转子沿逆时针方向旋转时,转子上部为压油区,油液的合力把定子向上压在滑块滚针支承上。定子右边有一个反馈柱塞,它的油腔与泵的压油腔相通。设反馈柱塞的面积为 A,则作用在定子上的反馈力为 pA。当液压力小于弹簧的预紧力 F_S 时,弹簧把定子推向最右边,此时偏心距为最大值 e_{max},流量 $q = q_{max}$。当泵的压力增大,$pA > F_S$ 时,反馈力克服弹簧力把定子向左推移,偏心距减小,流量降低;当压力增大到泵内偏心距所产生的流量全部用于补偿泄漏流量时,泵的输出流量为零,此时不管外载荷如何增大,泵的输出压力不会再增大。这就是该泵被称为限压式变量叶片泵的原因。至于外反馈的意义,则表示反馈力是通过柱塞从外面加到定子上的。

图 3.21 所示为内反馈限压式变量叶片泵的工作原理图。限压式内反馈压力补偿变量的原理与限压式外反馈压力补偿变量的原理完全相同,不同的是,内反馈限压式变量叶片泵的配流盘上的吸油窗口和压油窗口的对称线相对于 y 轴偏转了 θ 角,于是压油区对定子的液压作用力 F 相对于 y 轴偏离了 θ 角,而力 F 的水平分量 F_2 则对定子左边的弹簧产生作用。

不论是外反馈限压式变量叶片泵还是内反馈限压式变量叶片泵,二者的流量-压力特性完全相同,调整方法也相同。

2. 限压式变量叶片泵的特性曲线

限压式变量叶片泵的流量-压力特性曲线如图 3.22 所示。

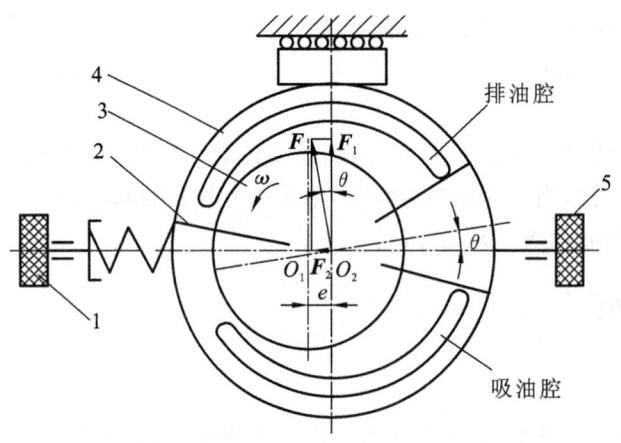

图 3.21　内反馈限压式变量叶片泵的工作原理图
1—压力调节螺钉;2—叶片;3—转子;4—定子;5—流量调节螺钉

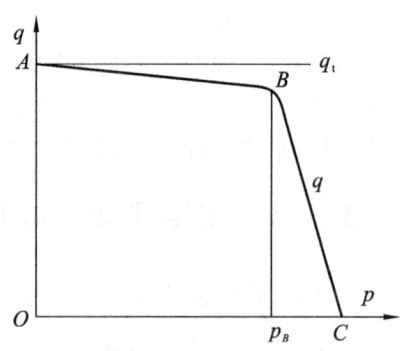

图 3.22　限压式变量叶片泵的
流量-压力特性曲线

当 $p < p_B$ 时,液压作用力还不能克服调压弹簧的预紧力,此时定子对转子的偏心距不变,泵的理论流量 q_t 不变,但由于供油压力增大时泄漏流量增大,实际流量减小,因此流量曲线为 AB 段;当 $p = p_B$ 时,B 点为特性曲线的转折点;当 $p > p_B$ 时,调压弹簧被压缩,定子对转子的偏心距减小,实际流量减小,所以流量曲线为 BC 段。随着泵的工作压力的增大,偏心距减小,理论流量减小,泄漏流量增大,当泵的理论流量全部用于补偿泄漏流量时,泵实际向外输出的流量等于零,此时定子和转子间维持一个很小的偏心量,这个偏心量不会再继续减小,泵的压力也不会继续增大。这样,泵的输出压力就被限制到最大值 p_{max}(图中 C 点)。

3. 特性曲线的调节

由上述限压式变量叶片泵的工作原理可知：改变反馈柱塞的初始位置(由流量调节螺钉 5 调定)，可以改变初始偏心距 e_{max} 的大小，从而改变泵的最大输出流量，使其流量-压力特性曲线的 AB 段上下平移；改变调压弹簧的预紧力 F_S 的大小(由压力调节螺钉 1 调节)，可以改变 p_B 的大小，使流量-压力特性曲线的 BC 段左右平移；改变调压弹簧的刚度，可以改变流量-压力特性曲线的 BC 段的斜率，调压弹簧的刚度增大，则 BC 段的斜率减小，BC 段曲线趋于平缓。

掌握了限压式变量叶片泵的上述特性，可以很好地为实际工作服务。例如，在执行元件的空行程、非工作阶段，可使限压式变量叶片泵在曲线的 AB 段工作，此时泵的输出流量最大，系统的速度最高，从而提高了系统的效率；在执行元件的工作行程，可使限压式变量叶片泵在曲线的 BC 段工作，此时泵的输出压力较高，并可根据负载大小的变化自动调节输出流量的大小，以适应负载速度的要求。又如，调节反馈柱塞或流量调节螺钉的初始位置，可以满足液压传动系统对流量大小的不同需求；调节调压弹簧的预紧力，可以满足负载大小的不同需求等。若把调压弹簧拆掉，换上刚性挡块，则限压式变量叶片泵就可以作定量泵使用。

4. 典型限压式变量叶片泵的结构分析

图 3.23 所示为 YBN 型限压式变量叶片泵的结构简图。这种泵属于内反馈限压式变量叶片泵，其额定压力为 7 MPa，固定侧板单方向配流盘配油，定子三点支承。配流盘上的叶片底部的通油槽通常做成高压腔和低压腔，高压腔与压油腔相通，低压腔与吸油腔相通。当叶片处于吸油腔内时，叶片底部和配流盘低压腔相通，从而向内吸油；当叶片处于压油腔内时，叶片底部和配流盘高压腔相通，从而向外压油。叶片底部的吸油和压油作用，正好补偿了密封工作腔中叶片所占的体积，所以叶片的体积对泵的瞬时流量无影响。为了使叶片能顺利地向外运动并始终紧贴定子，叶片所受的哥氏惯性力与叶片的离心力等的合力的方向尽量与转子的叶片槽的倾斜方向一致，以免有侧向分力使叶片与转子的叶片槽产生摩擦，影响叶片的伸出。为此，转子的叶片槽应向后倾斜一定的角度 θ_1(一般向后倾斜 $20°\sim30°$)。图 3.24 所示为单作用叶片泵的配流盘和转子的结构简图。

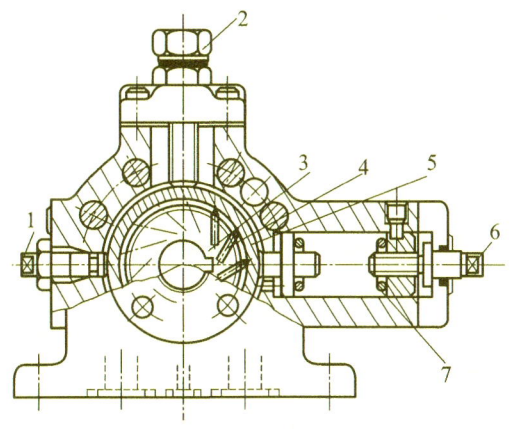

图 3.23 YBN 型限压式变量叶片泵的结构简图

1—流量调节螺钉；2—噪声调节螺钉；3—转子；4—叶片；5—定子；6—压力调节螺钉；7—调压弹簧

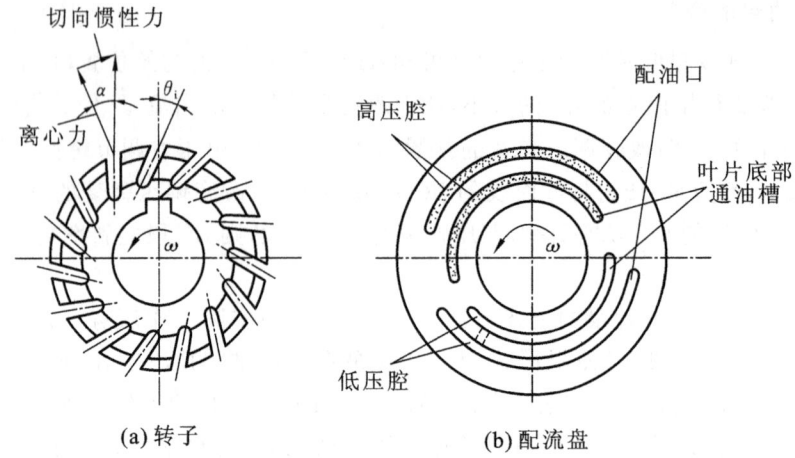

图 3.24　单作用叶片泵的配流盘和转子的结构简图

◀ 3.4　轴向柱塞泵 ▶

柱塞泵是通过圆柱形的柱塞在缸体内作往复运动来改变缸体柱塞腔的容积,从而实现液体的吸入和排出的。柱塞泵的主要工作构件是柱塞和缸体,它们均是易于加工的圆柱形,容易保证精密的间隙配合,因而能保证在高压(额定压力一般可达 32～40 MPa)下仍有较高的容积效率(一般在 95% 左右)。因此,柱塞泵与柱塞马达一般都制成高压系列。

按柱塞的排列与运动方向的不同,柱塞泵可分为轴向柱塞式和径向柱塞式。前者的柱塞与传动轴平行或相交成一锐角,后者的柱塞与传动轴垂直。这里仅介绍常用的轴向柱塞泵,径向柱塞泵属于低速大转矩泵,读者可参阅《液压工程手册》。

3.4.1　轴向柱塞泵的工作原理和排量

轴向柱塞泵可分为斜盘式和斜轴式。前者的柱塞中心线与传动轴线平行,且靠斜盘对柱塞的约束反力和弹簧力的共同作用使柱塞作轴向往复运动;后者由于缸体轴线相对于泵轴存在一个摆角(不大于 40°)而被连杆强制地实现柱塞的往复运动。

通轴斜盘式轴向柱塞泵的工作原理如图 3.25 所示,它主要由配流盘 6、缸体 5、柱塞 4、斜盘 3 及传动轴 1 等零件组成。柱塞安装在沿缸体均匀分布的柱塞孔中;弹簧的作用是始终使柱塞 4 与斜盘 3 紧密接触,并使缸体 5 紧压在配流盘 6 上;配流盘 6 上的两个腰形窗口分别与泵的吸、排油口相通;斜盘 3 具有一定的倾斜角 α。当缸体在传动轴的带动下按图示方向旋转时,柱塞在缸体内作往复运动。位于配流盘右侧的柱塞向缸体外伸出时,柱塞底部的密封容积不断增大,形成局部真空,油液通过配流盘右侧的吸油窗口从泵的吸油口吸油;位于配流盘左侧的柱塞向缸体内运动时,柱塞底部的密封容积不断减小,油液通过配流盘左侧的压油窗口从排油腔向外排油。缸体每旋转一周,每个柱塞往复运动一次,完成一次吸、排油过程。

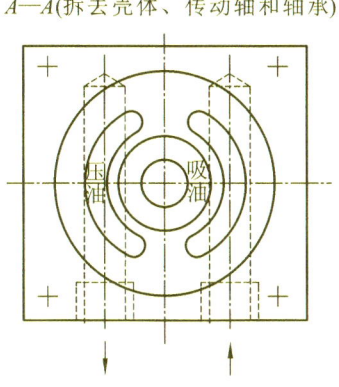
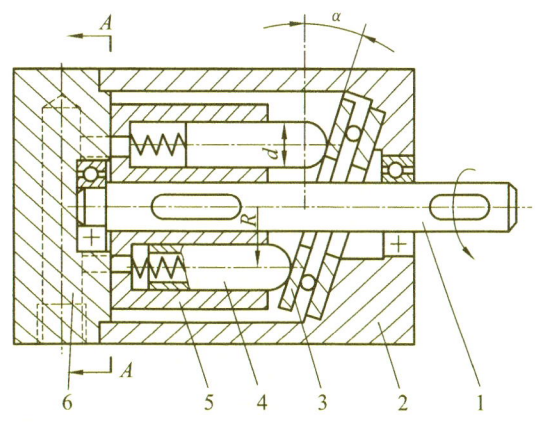

图 3.25　通轴斜盘式轴向柱塞泵的工作原理

1—传动轴；2—壳体；3—斜盘；4—柱塞；5—缸体；6—配流盘

斜轴式轴向柱塞泵的工作原理如图 3.26 所示。配流盘 5 的端面为球面，缸体轴线相对于传动轴 1 有一个摆角 α（不大于 $40°$），传动轴 1 旋转时，缸体中均匀分布的柱塞被连杆 2 强制地实现往复运动。

斜盘式轴向柱塞泵和斜轴式轴向柱塞泵的排量计算式分别为

斜盘式轴向柱塞泵

$$V = \frac{\pi d^2}{4} ZD\tan\alpha \qquad (3.17)$$

斜轴式轴向柱塞泵

$$V = \frac{\pi d^2}{4} ZD\sin\alpha \qquad (3.18)$$

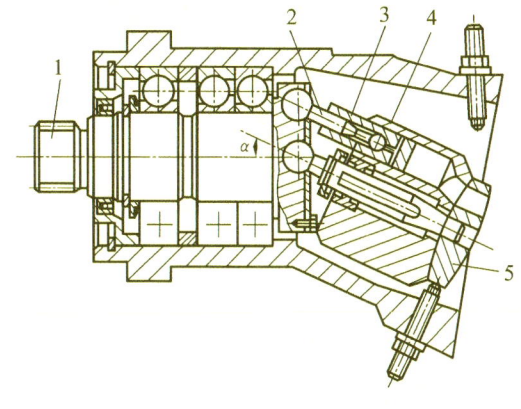

图 3.26　斜轴式轴向柱塞泵的工作原理

1—传动轴；2—连杆；3—柱塞；4—缸体；5—配流盘

式中，d 为柱塞直径，D 为柱塞在缸体上的分布圆直径，Z 为柱塞数，α 为斜盘倾斜角或缸体摆角。

显然，改变斜盘倾斜角或缸体摆角 α 的大小就可以改变排量。若改变斜盘倾斜角的方向，就可以使泵的进、出口变换，使之成为双向变量泵。

轴向柱塞泵的瞬时流量是脉动的，其流量不均匀系数 δ_q 与柱塞数及其奇偶性有关。柱塞数越多，则流量不均匀系数越小。柱塞数为奇数时的流量不均匀系数比柱塞数为偶数时的流量不均匀系数要小。因此，轴向柱塞泵的柱塞数常取 $Z=7$ 或 $Z=9$。

3.4.2　斜盘式轴向柱塞泵的结构及特点

斜盘式轴向柱塞泵有下列几种结构形式：

（1）按泵轴的支承方式分为通轴式和非通轴式。通轴式的泵轴穿过缸体，两端有轴承支承，此时斜盘位于泵轴的输入端，因此又称为前置斜盘式，如图 3.25 所示；非通轴式的泵轴的输入端由轴承支承，另一端为花键，与缸体内花键连接，其轴承位于缸体外圆，此时斜盘处于泵轴的尾端,因此又称为后置斜盘式,如图 3.27 所示。

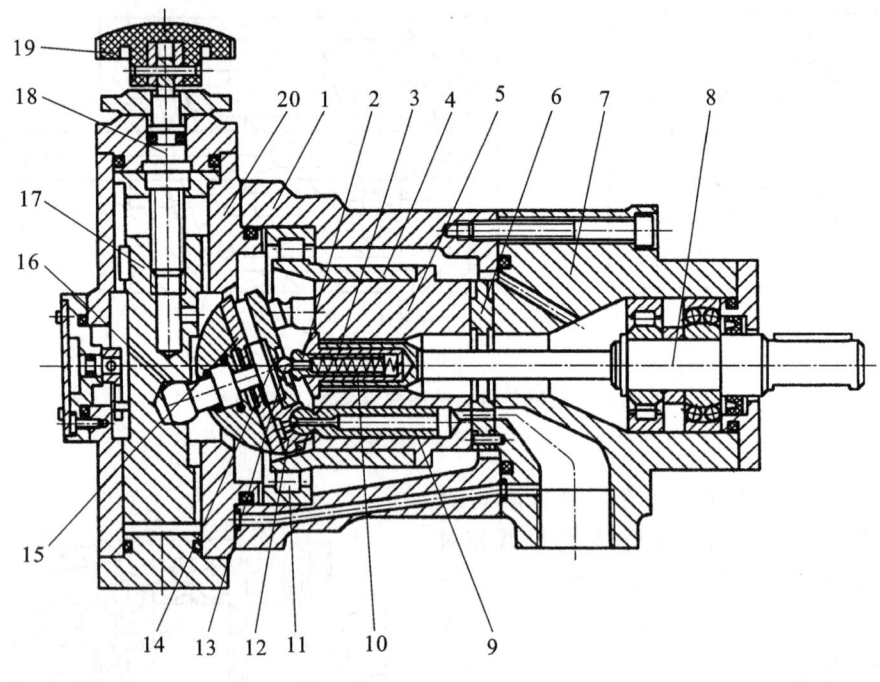

图 3.27 CY14-1B 系列斜盘式轴向柱塞泵

1—中间泵体;2—内套;3—中心弹簧;4—钢套;5—缸体;6—配流盘;7—前泵体;8—传动轴;9—柱塞;10—外套;
11—轴承;12—滑履;13—钢珠;14—回程盘;15—斜盘;16—轴销;17—变量活塞;18—丝杠;19—手轮;20—变量机构壳体

(2) 按柱塞球头与斜盘的接触方式分为点接触式和滑履式。点接触式的柱塞球头直接与斜盘接触,二者接触应力大;滑履式在柱塞球头加滑履后由滑履底面与斜盘面接触,使接触应力大大减小,其额定压力大大提高。

(3) 按配流方式分为配流盘配流和阀式配流。配流盘上开有两个腰圆形窗口,当缸体旋转时,缸体底部窗口交替与配流盘的配流窗口相通,实现配流(吸油或压油)。此外,配流端面有平面和球面。阀式配流的轴向柱塞泵的缸体不旋转,当泵轴带动斜盘旋转时,每个柱塞底部的容腔通过一个进油阀和一个排油阀来实现吸油和压油。因进、排油阀为锥阀或球阀,密封性好,因此阀式配流用于超高压,且多为定量泵。

斜盘式轴向柱塞泵不仅额定压力高,而且可以实现多种形式变量,因此应用极广,在液压泵中占有极其重要的地位。由于斜盘式轴向柱塞泵的种类繁多,下面介绍比较常用的具有典型结构的斜盘式轴向柱塞泵。

1. 结构

图 3.27 所示为 CY14-1B 系列不通轴斜盘式轴向柱塞泵,它是我国使用很广的柱塞泵。该泵由主体结构和变量机构两部分组成,其主体结构由前泵体 7、中间泵体 1、传动轴 8、配流盘 6、缸体 5、中心弹簧 3、柱塞 9、滑履 12、回程盘 14 等零件组成。每个柱塞的头部都装有滑履,滑履与柱塞球铰连接;中心弹簧 3 的作用是一方面将缸体 5 压向配流盘 6,以保证它们之间的初始密封,另一方面通过回程盘 14 将滑履 12(连同柱塞 9)压向斜盘 15。当传动轴 8 通过花键带动缸体 5 旋转时,柱塞 9 随缸体 5 高速旋转,同时在中心弹簧 3 和回程盘 14 的作

用下,滑履 12 在斜盘面上滑动,迫使柱塞 9 在缸体 5 上的柱塞孔中作往复运动,使密封容积发生周期性的变化,通过配流盘 6 完成吸油和排油的过程。

变量机构由斜盘 15、轴销 16、变量活塞 17、丝杠 18、手轮 19 及变量机构壳体 20 等零件组成。改变排量的方法是旋转手轮 19,使变量活塞 17 上下移动,通过轴销 16 使斜盘 15 绕钢珠 13 摆动而改变斜盘倾斜角 α,从而改变柱塞行程,实现变量。

2. 特点

1) 滑履和斜盘

柱塞的头部装有滑履,两者之间为球面接触,而滑履与斜盘之间为平面接触,这样可改善柱塞的工作受力状况。为了减小滑履与斜盘之间的滑动摩擦,利用流体力学中的平面间隙流动原理,建立一定厚度的油膜,形成静压支承结构。

图 3.28 所示为滑履静压支承原理图。在柱塞中心有直径为 d_0 的阻尼小孔,将柱塞压油时产生的压力为 p 的油液通过阻尼孔引入到滑履端面的油室 h 中,使油室 h 及其周围的圆环密封带上的压力增大,从而产生一个垂直于滑履端面的液压反推力 F_N,该力的方向与柱塞压油时产生的柱塞对滑履端面的压紧力 F 的方向相反,该力的大小与滑履端面尺寸 R_1、R_2 有关。通常取压紧系数 $M_0 = F_N/F = 1.05 \sim 1.10$。这样,液压反推力 F_N 不仅抵消了压紧力 F,而且使滑履与斜盘之间形成油膜,使相对滑动变为液体摩擦,这样有利于泵在高压下工作。

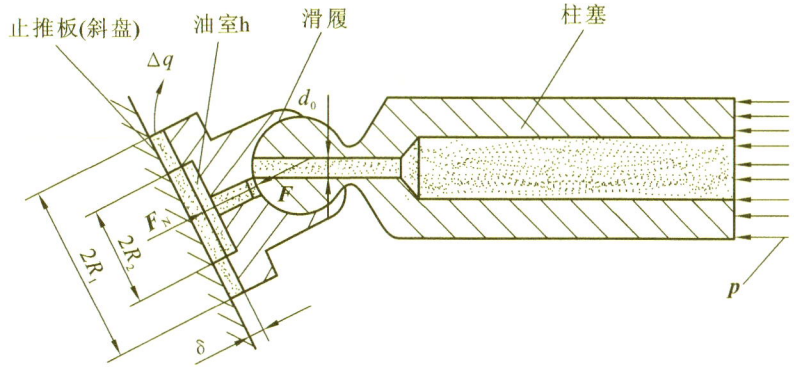

图 3.28 滑履静压支承原理图

2) 柱塞和缸体

如图 3.28 所示,止推板(斜盘)通过滑履对柱塞的液压反推力 F_N,可沿柱塞的轴向和半径方向分解成轴向力 F_{Nr}($F_{Nr} = F_N\cos\alpha$,其中 α 为斜盘的倾斜角)和径向力 F_{Ny}($F_{Ny} = F_N\sin\alpha$)。轴向力 F_{Nr} 是柱塞压油时的作用力,而径向力 F_{Ny} 则是通过柱塞传递给缸体的力,它将使缸体产生颠覆力矩,造成缸体的倾斜,使缸体和配流盘之间出现楔形间隙,密封表面局部接触,从而导致缸体与配流盘之间的表面烧伤以及柱塞和缸体之间磨损,影响泵的正常工作。所以应合理布置圆柱滚子轴承,使径向力 F_{Ny} 的合力作用线在圆柱滚子轴承滚子的长度范围之内,从而避免径向力 F_{Ny} 所产生的不良后果。另外,为了减小径向力 F_{Ny},斜盘的倾斜角一般不大于 $20°$。

由图 3.27 可知,使缸体紧压配流盘端面的作用力除了有机械装置或弹簧的推力外,还有柱塞孔底部台阶面上所受的液压力。此液压力比弹簧的推力大很多,而且随泵的工作压

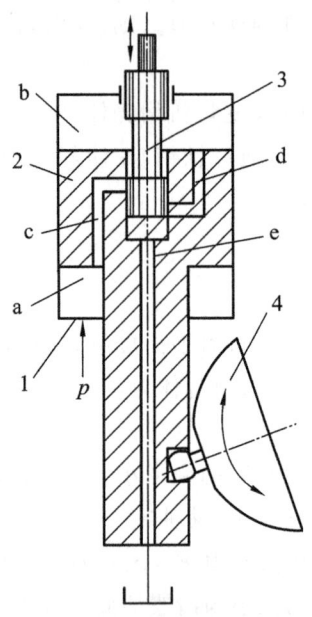

图 3.29　手动伺服变量机构简图

1—缸筒；2—活塞；3—伺服阀；4—斜盘

力的增大而增大。由于缸体始终受力而紧贴着配油盘，因此端面间隙得到了自动补偿。

3）变量机构

斜盘式轴向柱塞泵的主体结构大致相同，其变量机构有各种结构形式，如手动、手动伺服、恒功率、恒流量、恒压变量等。图 3.29 所示为手动伺服变量机构简图。该机构由缸筒 1、活塞 2 和伺服阀 3 组成。活塞 2 的内腔构成了伺服阀的阀体，并有 c、d、e 三个孔道分别与缸筒 1 的下腔 a、上腔 b 及油箱连通。主体部分的斜盘 4 通过适当的机构与活塞 2 的下端相连，利用活塞 2 的上下移动来改变斜盘的倾斜角。当用手柄操纵伺服阀阀芯向下移动时，上面的阀口打开，a 腔中的油液经孔道 c 流向 b 腔，活塞因上腔面积大于下腔面积而向下移动，活塞 2 移动时又使伺服阀上的阀口关闭，最终使活塞 2 停止运动。同理，当伺服阀阀芯向上移动时，下面的阀口打开，b 腔经孔道 d 和 e 接通油箱，活塞在 a 腔中的油液的作用下向上移动，并在该阀口关闭时自行停止运动。变量机构就是这样依照伺服阀的动作来实现其控制的。

3.4.3　斜轴式轴向柱塞泵的结构及特点

图 3.30 所示为 A7V 系列单向摆缸斜轴式轴向柱塞泵的结构图。单向摆缸斜轴式轴向柱塞泵的配流盘与变量壳体的接触面做成圆弧形，通过拔销将配流盘与变量机构连接起来。当泵的工作压力超过变量机构中的弹簧的调定压力时，变量活塞即通过拔销带动配流盘、缸体一起沿滑道摆动，以改变缸体摆角，实现变量。缸体摆角的极限位置由限位螺钉限定。

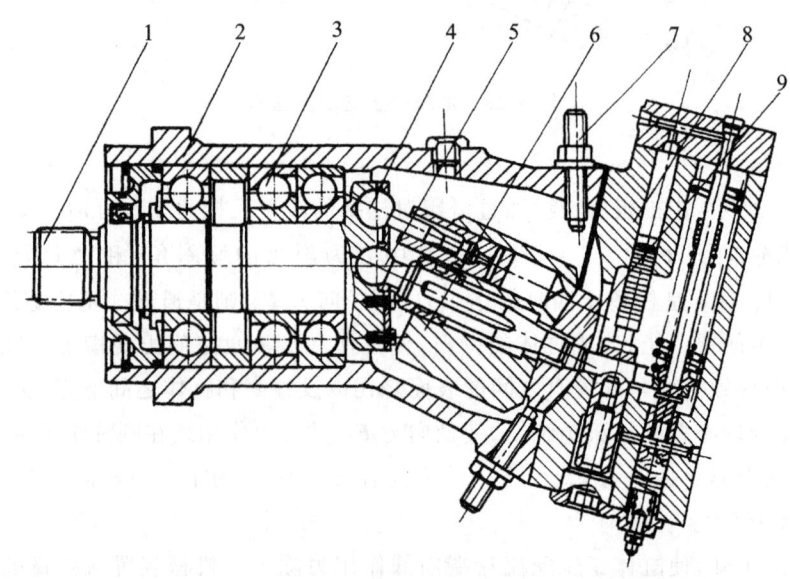

图 3.30　A7V 系列单向摆缸斜轴式轴向柱塞泵的结构图

1—传动轴；2—泵壳；3—轴承；4—带连杆柱塞；5—中心轴；6—缸体；7—限位螺钉；8—变量机构；9—配流盘

◄ 3.5　螺　杆　泵 ►

　　螺杆泵实质上是一种外啮合的摆线齿轮泵,它是利用螺杆的转动,将液体沿轴向压送的一种转子型容积泵。螺杆泵按螺杆根数可分为单螺杆泵、双螺杆泵、三螺杆泵和多螺杆泵等。螺杆泵的主要优点是结构简单、紧凑,体积小,重量轻,运转平稳,输油均匀,噪声小,容许采用高转速,容积效率较高(90%～95%),对油液污染不敏感;它的主要缺点是螺杆形状复杂,加工较困难,不易保证精度。螺杆泵主要应用于精密机床、舰船等液压传动系统,还可以用来输送黏性较大或具有悬浮颗粒的各种液体。

3.5.1　螺杆泵的工作原理

　　在液压传动系统中,一般使用的是三螺杆泵,如图 3.31 所示。图中,中间为主动螺杆(凸螺杆)3,两侧为从动螺杆(凹螺杆)4,三个螺杆的外圆与壳体的对应弧面保持着良好的配合。在横截面内,它们的齿廓由几对摆线共轭曲线组成。螺杆的啮合线把主动螺杆 3 和从动螺杆 4 的螺旋槽分隔成多个相互隔离的密封工作腔,即按导程分段密封,每个导程的三螺杆之间的凹槽组成一个完全密封的容腔,将吸入腔与排出腔隔开。随着螺杆的旋转,这些密封工作腔一个接一个地在左端形成,不断从左向右移动(主动螺杆每转一转,每个密封工作腔移动一个螺旋导程),并在右端消失。密封工作腔形成时,它的容积逐渐增大,进行吸油;密封工作腔消失时,它的容积逐渐缩小,将油压出。螺杆泵的螺杆直径愈大,螺旋槽愈深,排量就愈大;螺杆愈长,导程数愈多,螺杆泵的额定压力愈高(一个导程为一级,每级压力差为 $0.2\sim0.5$ MPa)。标准的三螺杆泵的从动螺杆齿根圆直径、从动螺杆齿顶圆直径与主动螺杆齿顶圆直径的比值为 $1:3:5$。

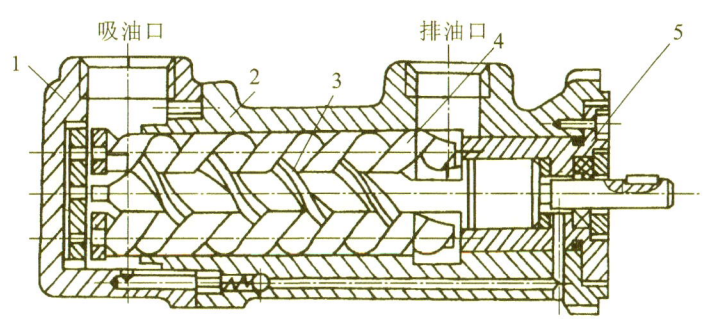

图 3.31　三螺杆泵的结构
1—后盖;2—壳体;3—主动螺杆;4—从动螺杆;5—前盖

3.5.2　螺杆泵的工作特点

　　(1) 在螺杆啮合转动时,由于形成齿轮的横截面面积保持不变,因此液体占据的部分面积保持不变,并以一定的轴向速度向排油口转移,其瞬时理论流量均匀无脉动,噪声低。
　　(2) 螺杆泵的传动件在径向和轴向均达到了液压力平衡,且主动螺杆与从动螺杆的截面为摆线啮合的纯滚动运动,啮合面之间无相对滑移,使得螺杆、壳体等相对运动零件的磨损极小,螺杆泵的寿命长。

(3) 螺杆泵因自吸能力好,因此可得到高转速、大流量。

◀ 3.6 液压泵的性能和选用 ▶

合理地选用液压泵对于降低液压传动系统的能耗、提高液压传动系统的效率、降低噪声、改善工作性能和保证液压传动系统可靠工作十分重要。

液压泵的选用原则是:根据主机工况、功率大小和液压传动系统对工作性能的要求,首先应决定选用变量泵还是定量泵,变量泵的价格高,但它能达到提高工作效率、节能及压力恒定等要求;然后根据各类泵的性能、特点及成本等确定选用何种结构类型的液压泵;最后按系统所要求的压力、流量大小确定其规格型号。表 3.2 给出了各类液压泵的性能比较与应用范围。

表 3.2 各类液压泵的性能比较与应用范围

类型 性能参数	齿轮泵	叶片泵		柱塞泵	
		单作用式(变量)	双作用式	轴向柱塞式	径向柱塞式
压力范围/MPa	2~21	2.5~6.3	6.3~21	21~40	10~20
排量范围/(mL/r)	0.3~650	1~320	0.5~480	0.2~3 600	20~720
转速范围/(r/min)	300~7 000	500~2 000	500~4 000	600~6 000	700~1 800
容积效率/(%)	70~95	85~92	80~94	88~93	80~90
总效率/(%)	63~87	71~85	62~82	81~88	81~83
流量脉动/(%)	1~27	—	—	1~5	<2
功率质量比/(kW/kg)	中	小	中	中大	小
噪声	稍高	中	中	大	大
抗污染能力	强	中	中	中	中
价格	最低	中	中低	高	高
应用	一般常用于机床液压传动系统及低压大流量的控制系统。中等高压齿轮泵常用于工程机械、航空、造船等方面	在中、低压液压传动系统中用得较多,常用于精密机床及一些功率较大的设备,如高精度平磨、塑料机械等,在组合机床液压传动系统中用得很多	在各类机床设备中得到了广泛应用,如注塑机、运输装卸机械、液压机等	在各类高压系统中应用非常广泛,如冶金、锻压、矿山、起重机械、工程机械、造船等方面	多用于 10 MPa 以上的各类液压传动系统,由于体积大、重量大、耐冲击性好,故常用于固定设备,如拉床、压力机、船舶等

由于各种类型的液压泵的结构原理、性能特点各有不同,因此应根据不同的使用情况,选择合适的液压泵。一般负载、功率小的机械设备可选用齿轮泵和双作用叶片泵,精度较高的设备(如磨床)可选用螺杆泵和双作用叶片泵,负载较大并有快速和慢速行程要求的机械设备(如组合机床)可选用限压式变量叶片泵,负载、功率大的机械设备可选用常用柱塞泵,而在筑路机械、港口机械及小型工程机械中往往选用抗污染能力强的齿轮泵。常用液压泵的应用范围及选用可参阅《液压工程手册》。

本 章 小 结

容积式液压泵是液压传动系统中实现能量转换的元件,理解其工作原理、结构特点的关键是抓住密封容积是如何形成和如何变化的这样两个问题。密封容积的形成是实现能量转换的必要条件,密封容积的变化是实现能量转换的充分条件。密封容积增大时是吸油过程,密封容积减小时是排油过程。液压泵在能量转换过程中必然存在能量损失。液压传动系统中的能量损失表现为两种:因摩擦引起的输入机械能的损失和因流量泄漏引起的液压能的损失。因此,液压泵的总效率由机械效率和容积效率组成。

一般描述的液压泵的效率指的是总效率。

思 考 与 习 题

3.1 什么是容积式液压泵?它是如何工作的?

3.2 衡量液压泵性能的主要基本参数有哪些?它们都是如何定义的?

3.3 齿轮泵的困油现象是怎样产生的?有何危害?应采用什么措施加以解决?

3.4 轴向柱塞泵的柱塞数为何是奇数?

3.5 已知某齿轮泵的额定流量 $q_n = 100$ L/min,额定压力 $p_n = 2.5$ MPa。由实验测得泵的转速为 1 450 r/min,泵的机械效率为 0.9。当泵的出口压力 $p_p = 0$ 时,其流量 $q_1 = 106$ L/min;当 $p_p = 2.5$ MPa 时,其流量 $q_2 = 100.7$ L/min。

(1)求该泵的容积效率;

(2)如泵的转速降至 600 r/min,当泵在额定压力下工作时,泵的流量为多少?该转速下泵的容积效率为多少?

3.6 一变量轴向柱塞泵共有 9 个柱塞,其柱塞分布圆直径 $D = 125$ mm,柱塞直径 $d = 16$ mm。若泵以 3 000 r/min 的转速旋转,其输出流量 $q = 50$ L/min,试问斜盘角度为多少?(忽略泄漏流量的影响)

第4章
液压执行元件

◀ **本章指南**

本章主要内容:液压马达和液压缸是液压传动系统的执行元件,其主要功能是将液体的压力能转换成工作机构的机械能,进而驱动工作机构运行。液压马达和液压缸结构简单,工作可靠,设计、制造比较容易,使用、维护方便,在液压传动系统中得到了广泛的应用。本章主要介绍各类液压马达和液压缸的性能参数、结构特点和在液压传动系统中的应用等。

本章重点:掌握液压马达和液压缸的性能参数、结构特点,了解液压马达和液压缸的设计与计算过程。

本章难点:正确计算液压马达和液压缸的性能参数。

本章教学目的与要求:通过本章的学习,正确理解液压马达和液压缸的工作原理及应用,了解液压马达和液压缸的设计与计算方法。

◀ 4.1 液压缸的类型和特点 ▶

液压缸按结构形式可分为活塞缸、柱塞缸及摆动缸三大类，不同类型的缸体输出能量的形式不同。其中，活塞缸和柱塞缸进行往复运动，用以输出推力和速度；摆动缸用以实现小于 300° 的摆动，输出转矩和角速度。工程中以活塞缸的应用最为广泛。

液压缸按作用方式可分为单作用液压缸和双作用液压缸两种。单作用液压缸只能使活塞（或柱塞）作单方向运动，即油液或气体只能通入一侧缸体，反方向运动必须靠外力（如弹簧力或自重等）实现，其结构如图 4.1 所示；双作用液压缸在正、反两个方向的运动均是通过油液或气体的推动来实现的，其结构如图 4.2 所示。

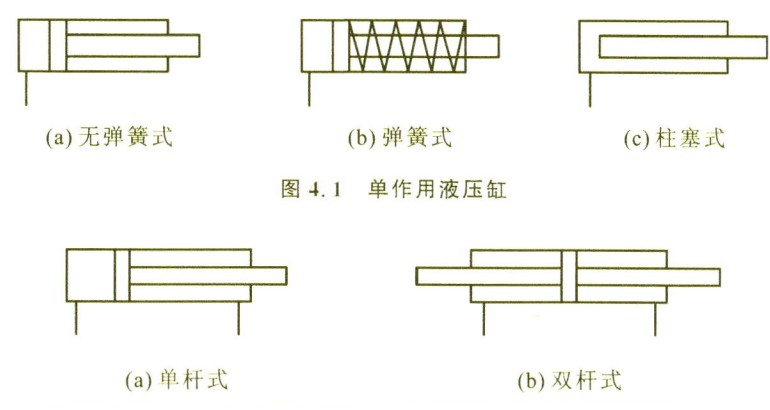

(a) 无弹簧式   (b) 弹簧式   (c) 柱塞式

图 4.1 单作用液压缸

(a) 单杆式   (b) 双杆式

图 4.2 双作用液压缸

4.1.1 活塞缸

活塞缸是液压与气压传动中最常见的执行元件。活塞缸根据结构的不同，分为双杆活塞缸和单杆活塞缸两种；按其安装方式的不同，又分为缸体固定式活塞缸和活塞杆固定式活塞缸两种。

1. 双杆活塞缸

双杆活塞缸是活塞两端都带有活塞杆的液压缸，它的进、出油口布置在缸筒两端，其工作原理如图 4.3 所示。双杆活塞缸的特点是当两活塞杆的直径相同、两腔的供油压力和流量都相等时，活塞（或缸体）两个方向的运动速度和推力也都相等，即具有等推力、等速度的特性。因此，这种液压缸常用于要求往复运动速度和负载相同的场合，如各种磨床。

缸体固定式活塞缸的结构如图 4.3(a) 所示。该活塞缸将进、出油口布置在缸体 1 的两端，并将缸体 1 固定在机床床身上，以便活塞杆 3 进行正、反方向的直线往复运动；同时，将活塞杆 3 与工作台 4 相连，在活塞杆 3 运动的同时，带动工作台 4 作往复运动。由图可见，在这种安装方式下，当活塞的有效行程为 L 时，整个工作台的运动范围为 3L。因此，该活塞缸占地面积大，一般适用于小型机床。

当工作台行程要求较长时，可采用图 4.3(b) 所示的活塞杆固定式。如图 4.3(b) 所示，该类活塞缸通常将活塞杆做成空心的，并利用支架固定在机床床身上，而缸体则与机床工作台相

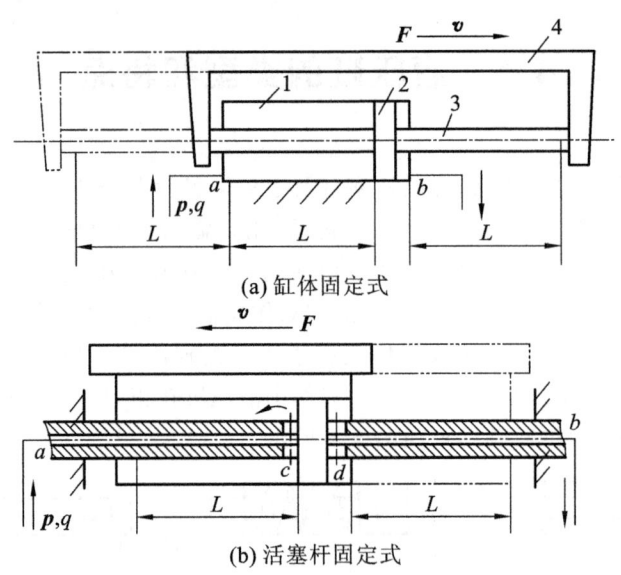

(a) 缸体固定式

(b) 活塞杆固定式

图 4.3 双杆活塞缸的工作原理

1—缸体；2—活塞；3—活塞杆；4—工作台

连，故动力由缸体传出。这种安装形式中，工作台的移动范围只等于活塞缸有效行程 L 的两倍 $(2L)$，因此该类活塞缸占地面积小，常用于大、中型设备。进、出油口可以设置在固定不动的空心的活塞杆的两端，使油液从活塞杆中进出；也可设置在缸体的两端，但必须使用软管连接。

若将回油腔与油箱直接连接，则回油腔中的压力约等于零，于是，双杆活塞缸的推力和速度的计算公式为

$$F = Ap = \frac{\pi}{4}(D^2 - d^2)p \tag{4.1}$$

$$v = \frac{q}{A} = \frac{4q}{\pi(D^2 - d^2)} \tag{4.2}$$

式中，A 为活塞缸的有效工作面积，F 为活塞缸的推力，v 为活塞（或缸体）的运动速度，p 为进油压力，q 为进入活塞缸的流量，D 为活塞缸内径，d 为活塞杆直径。

2. 单杆活塞缸

单杆活塞缸的工作原理如图 4.4 所示，其活塞只有一端带有活塞杆。单杆活塞缸的特点是：无杆腔和有杆腔的有效工作面积不相等，当向活塞缸的无杆腔和有杆腔分别通入等流量同压力的油液时，活塞（或缸体）在两个方向上的推力和运动速度不相等。单杆活塞缸也有缸体固定和活塞杆固定两种安装形式，但它们的工作台运动范围都是活塞有效行程的两倍。

如图 4.4(a) 所示，当无杆腔进油、有杆腔回油时，活塞的推力和运动速度分别为

$$F_1 = p_1 A_1 - p_2 A_2 = \frac{\pi}{4}\left[p_1 D^2 - p_2(D^2 - d^2)\right] \tag{4.3}$$

$$v_1 = \frac{q}{A_1} = \frac{4q}{\pi D^2} \tag{4.4}$$

如图 4.4(b) 所示，当有杆腔进油、无杆腔回油时，活塞的推力和运动速度分别为

$$F_2 = p_1 A_2 - p_2 A_1 = \frac{\pi}{4}\left[p_1(D^2 - d^2) - p_2 D^2\right] \tag{4.5}$$

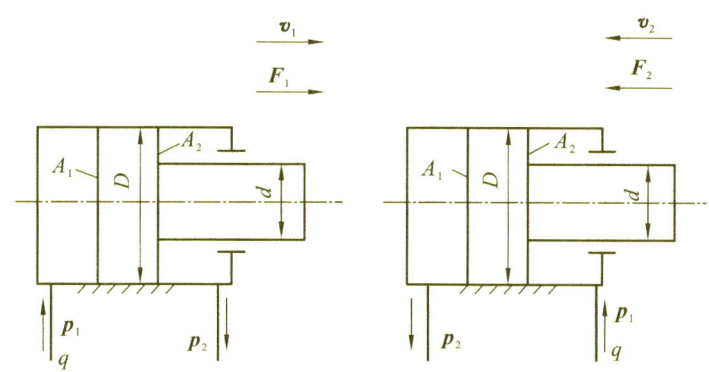

(a)无杆腔进油,有杆腔回油   (b)有杆腔进油,无杆腔回油

图 4.4   单杆活塞缸的工作原理

$$v_2 = \frac{q}{A_2} = \frac{4q}{\pi(D^2 - d^2)} \tag{4.6}$$

v_2 与 v_1 的比值称为液压缸的速度比 λ_v,即

$$\lambda_v = \frac{v_2}{v_1} = \frac{1}{1 - \left(\dfrac{d}{D}\right)^2} \tag{4.7}$$

式(4.3)至式(4.7)中,A_1 为单杆活塞缸无杆腔的有效工作面积,A_2 为单杆活塞缸有杆腔的有效工作面积,D 为活塞的直径,d 为活塞杆的直径,q 为输入单杆活塞缸的流量,p_1 为进油压力,p_2 为回油压力。

由上述公式可知:因活塞有效工作面积 $A_1 > A_2$,所以 $v_1 < v_2$,$F_1 > F_2$。即活塞移动的速度与进油腔的有效工作面积成反比,即油液进入无杆腔时有效工作面积大,活塞移动速度慢,油液进入有杆腔时有效工作面积小,活塞移动速度快;而活塞上产生的推力则与进油腔的有效工作面积成正比。工程实际中,单杆活塞缸常用于一个方向有较大负载但运行速度较低,另一个方向为空载但要求快速退回的设备中。例如,各种金属切削机床、起重机、压力机、注射机的液压传动系统常用单杆活塞缸。

3. 差动连接活塞缸

差动连接是指同时向单杆活塞缸的两腔通入压力油,利用两腔的有效工作面积差进行工作的一种连接形式。作差动连接的单杆活塞缸称为差动连接活塞缸,其工作原理如图 4.5 所示。开始工作时,差动连接活塞缸左、右两腔的油液压力相等,但是由于无杆腔的有效工作面积大于有杆腔的有效工作面积,故活塞向右运动,同时使有杆腔中排出的油液 q' 也进入无杆腔,致使无杆腔流量增大,故活塞移动的速度加快。实际上,活塞在运动时,由于差动连接活塞缸两腔间的管路中有压力损失,所以有杆腔中油液的压力稍大于无杆腔中油液的压力,而这个差值一般都较小,可以忽略不计。

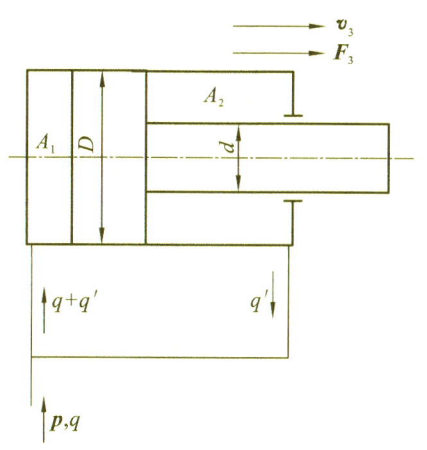

图 4.5   差动连接活塞缸的工作原理

差动连接时,活塞的推力和运动速度分别为

$$F_3 = pA_1 - pA_2 = \frac{\pi}{4}d^2 p \tag{4.8}$$

因

$$v_3 A_1 = q + v_3 A_2$$

故有

$$v_3 = \frac{q}{A_1 - A_2} = \frac{q}{A_3} = \frac{4q}{\pi d^2} \tag{4.9}$$

比较式(4.4)和式(4.9)可知,$v_3 > v_1$;比较式(4.3)和式(4.8)可知,$F_1 > F_3$。由此可知,差动连接活塞缸的推力比非差动连接活塞缸的小,速度却比非差动连接活塞缸的大。实际应用中,液压传动系统常通过控制阀来改变单杆活塞缸的油路连接,使其在不增大油液流量的情况下得到较快的运动速度,从而实现"快进—工进—快退"的工作循环。这种连接方式被广泛应用于组合机床的液压动力滑台和其他机械设备的快速运动中。

若要求"快进"和"快退"的速度相等,即 $v_3 = v_2$,由式(4.6)和式(4.9)可得

$$D = \sqrt{2}d$$

4.1.2 柱塞缸

一般来说,设备中较多地采用活塞缸,但活塞缸缸体内孔的加工精度要求很高,当行程较长时,缸体加工困难。因此,对于长行程的场合,常采用柱塞缸。柱塞缸是一种单作用缸,该液压缸主要利用柱塞来完成往复直线运动。柱塞缸根据安装形式同样有缸体固定式和柱塞杆固定式两种。图 4.6(a)所示为柱塞缸的结构简图,柱塞 2 由导向套 3 导向,与缸体内壁不接触,因而缸体内孔可不加工或只做粗加工。柱塞缸工艺性好,结构简单,成本低,常用于行程很长的龙门刨床、导轨磨床和大型拉床等设备的液压传动系统中。

柱塞缸的职能符号如图 4.6(b)所示。

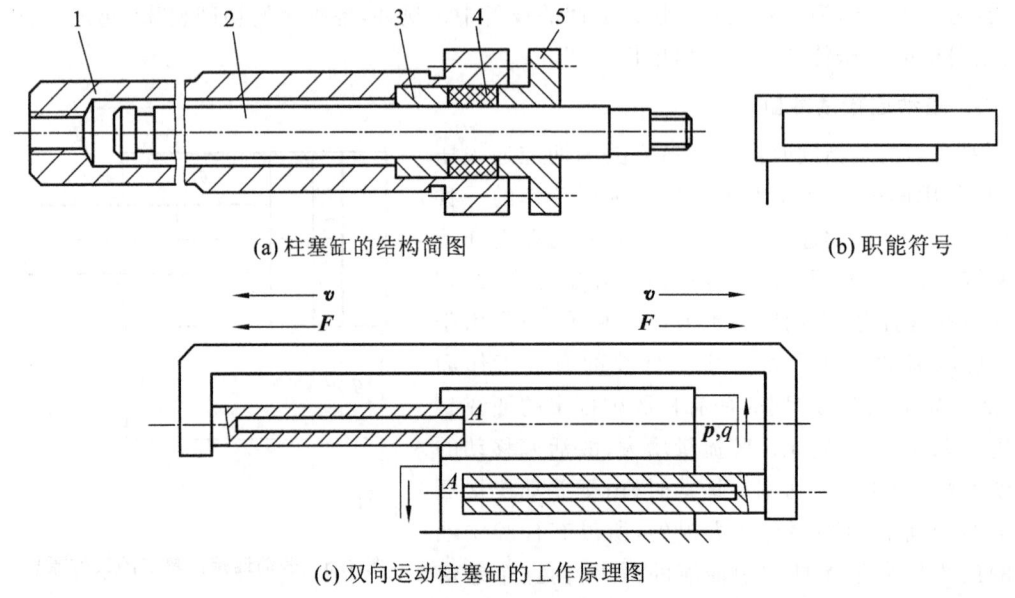

(a) 柱塞缸的结构简图　　　　　　　　　　(b) 职能符号

(c) 双向运动柱塞缸的工作原理图

图 4.6　柱塞缸

1—缸筒;2—柱塞;3—导向套;4—密封圈;5—压盖

柱塞缸中的柱塞与工作部件连接,缸筒则固定在机体上。当压力油进入缸筒左腔时,推动柱塞带动运动部件向右运动,从而带动工作台运动。但反向退回时,必须靠其他外力或自重驱动。为了获得双向运动,柱塞缸通常成对反向布置使用,如图4.6(c)所示。

柱塞缸的速度和推力计算公式为

$$F = pA = \frac{\pi}{4}d^2 p \tag{4.10}$$

$$v = \frac{q}{A} = \frac{4q}{\pi d^2} \tag{4.11}$$

柱塞工作时总是端面受压。为了能输出较大的推力,柱塞一般较粗、较重,水平安装时易产生单边磨损,故柱塞缸适宜于垂直安装使用。当其水平安装时,为防止柱塞因自重而下落,常将其制成空心的,并设置支承套和托架。

4.1.3 摆动缸

摆动缸又称摆动式液压马达,其输出的机械能主要是利用通入缸内的液压油来驱动叶片往复摆动而得来的。常用的摆动缸有单叶片式和双叶片式两种,如图4.7所示。它们由缸体1、叶片2、定子块3、摆动输出轴4、两端支承盘及端盖(图中未画出)等零件组成。当A、B两油口通入油液时,它们的主轴能输出小于360°的摆动运动,常用于工夹具夹紧装置、送料装置、转位装置以及需要周期性进给的系统中。图4.7(a)所示为单叶片式摆动缸,它的摆动角度较大,可达280°;图4.7(b)所示为双叶片式摆动缸,它的摆动角度较小,可达150°,它的输出转矩是单叶片式摆动缸的两倍,而角速度则是单叶片式摆动缸的一半。

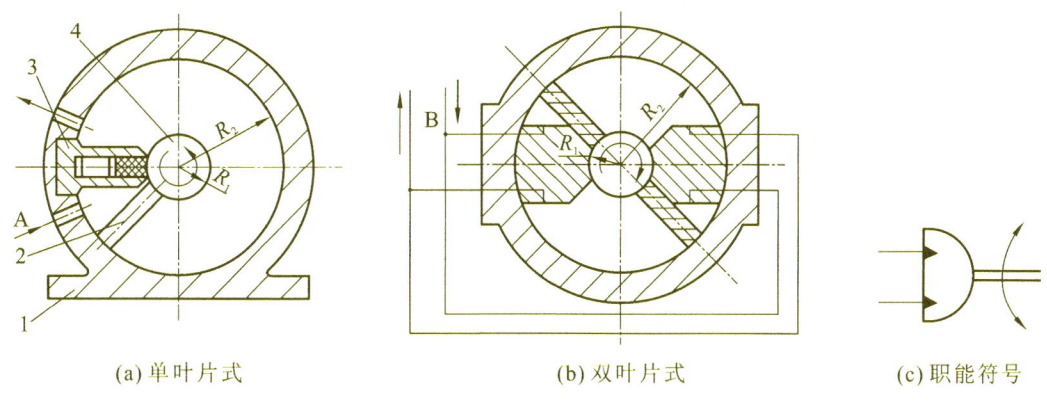

(a)单叶片式　　　　　　　(b)双叶片式　　　　　　　(c)职能符号

图4.7 摆动缸

1—缸体;2—叶片;3—定子块;4—摆动输出轴

若不计回油腔压力,则摆动缸输出的转矩 T 和回转角速度 ω 分别为

$$T = Zpb\frac{D-d}{2}\frac{D+d}{4} = \frac{Zpb(D^2-d^2)}{8} \tag{4.12}$$

$$\omega = \frac{pq}{T} = \frac{8q}{Zb(D^2-d^2)} \tag{4.13}$$

式中,b 为叶片的宽度,D 为缸体的内径,d 为输出轴直径,Z 为缸内叶片数,p 为进油压力,q 为油液流量。

摆动缸结构紧凑,输出转矩大,但密封困难,常用于机床的送料装置、间歇进给机构、回转夹具、工业机器人手臂和手腕的回转装置及工程机械回转机构等中低压液压传动系统中。

4.1.4 其他液压缸

1. 增力缸

增力缸的结构相当于串联两个单杆活塞缸。当两缸左腔通入油液时,串联活塞向右运动,两缸同时排出右腔油液,此时由于增加了活塞的有效工作面积,串联活塞杆上的推力增大。增力缸的工作原理如图 4.8 所示。设进油压力为 p,活塞直径为 D,活塞杆直径为 d,不考虑摩擦损失,增力缸的推力为

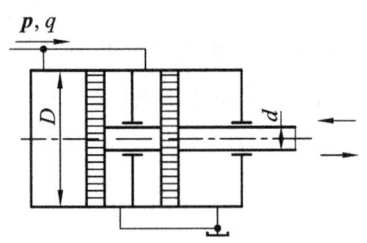

图 4.8 增力缸的工作原理

$$F = p\frac{\pi}{4}D^2 + p\frac{\pi}{4}(D^2 - d^2) = p\frac{\pi}{4}(2D^2 - d^2) \quad (4.14)$$

当单个液压缸的推力不足,缸径因空间限制不能加大,但轴向长度允许增加时,可采用这种增力缸。增力缸的另一个用途是作多缸的同步装置,这时常称它为等量分配缸或等量缸。

2. 增压缸

增压缸又称增压器,是一种能将输入压力变换,以较高压力输出的液压元件。增压缸只能将高压端输出的油液通入其他液压缸以获取大的推力,其本身不能直接作为执行元件,所以安装时应尽量使它靠近执行元件。增压缸通常将一活塞缸与柱塞缸做成一体,活塞的有效工作面积大于柱塞的有效工作面积。增压缸的工作原理如图 4.9(a)所示。设活塞的直径为 D,柱塞的直径为 d,增压缸大端输入油液的压力为 p_1,小端输出油液的压力为 p_2,且不计摩擦阻力,则根据力学平衡关系有

$$p_1 A_1 = p_2 A_2$$

故

$$p_2 = \frac{A_1}{A_2}p_1 = \frac{D^2}{d^2}p_1 = Kp_1 \quad (4.15)$$

式中,$K = D^2/d^2$ 是增压比,表示增压缸的增压能力。

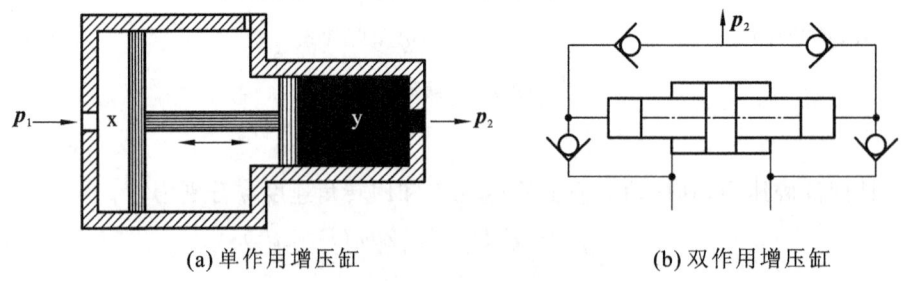

(a) 单作用增压缸   (b) 双作用增压缸

图 4.9 增压缸

由式(4.15)可知,增压缸就是利用活塞有效工作面积的比例,以低压力输入,获得超高压力输出,因此常应用于某些局部油路需要高压油的液压传动系统中,如压铸机、造型机等

设备的液压传动系统。

因单作用增压缸仅能在单行程获得高压,而在反向行程中压力无变化,故为获得连续的高压油,可采用双作用增压缸,即向缸的两端交替通入压力油,从而获得连续的高压油。双作用增压缸的工作原理如图 4.9(b) 所示。

3. 伸缩缸

伸缩缸又称多级缸,由两个或多个活塞缸套装而成,其结构如图 4.10 所示。该缸前一级的活塞就是后一级活塞缸的缸筒,因此活塞的运动是逐级进行的。活塞伸出的顺序是从大到小,因每级的有效工作面积不同,导致活塞伸出过程中推力逐渐减小而速度逐渐加快。活塞缩回的顺序则是从小到大,速度与推力的变化与活塞伸出时的相反。缸体收缩后液压缸的总长度较短,结构紧凑,因此伸缩缸适用于安装空间受到限制而行程要求很长的场合,如起重机伸缩臂缸、自动倾卸卡车举升缸等。

4. 齿轮缸

齿轮缸又称无杆式活塞缸,它由带有齿条杆的双活塞缸和齿轮齿条传动机构组成,其结构如图 4.11 所示。工作时,油液自右侧油口进入齿轮缸的右腔,推动活塞左移,从而使得与活塞杆连接在一起的齿条杆左移,齿轮与齿条啮合,引起齿轮顺时针旋转,进而带动工作台右移,缸筒中的油液随着活塞的左移从左侧油口排出,这样活塞的往复移动经齿轮齿条传动机构变成齿轮轴的往复转动。若要实现工作台的反向运动,只需改变进、出油路的方向即可。齿轮缸多用于自动线、组合机床、液压机械手等转位或分度机构中。

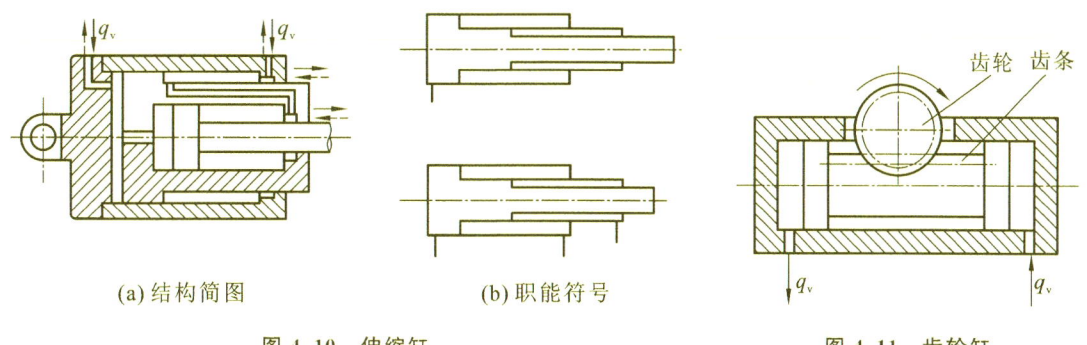

(a) 结构简图   (b) 职能符号

图 4.10 伸缩缸   图 4.11 齿轮缸

4.2 液压缸的典型结构和组成

图 4.12 所示为一外圆磨床空心双杆活塞缸的结构图。这种液压缸的空心活塞杆固定,缸筒移动。该液压缸缸筒较长,多采用无缝钢管制成。缸的托架 3 和端盖 15 与机床工作台固定在一起。两活塞杆 2 用螺母与床身支座 17 固定在一起,螺母在支座的外侧,使活塞杆只受拉力,受热时可自由伸长,不会弯曲。端盖 4 的外圆面部分与托架 3 的光孔滑动配合,使缸体受热变形时可自由伸长。导向套 7 的内孔与活塞杆 2 的外径配合,起导向作用。空心活塞杆的一端用堵头 16 堵死,并通过销钉 8 与活塞 10 连接。缸筒 11 两端的环槽内嵌装

两个半环 13，用以防止压环 12 向端部移动。端盖 4 和 15 通过螺钉（图中未画出）与压环 12 连接。为了防止油液的内、外泄漏及污染，活塞 10 与缸筒 11 之间用 O 形密封圈 9 密封；活塞杆 2 与端盖 4、15 之间用 V 形密封圈 5 密封，这种密封圈的开口朝向缸内，密封性能可随工作压力的升高而提高；缸盖与缸筒 11 之间用密封纸垫 14 密封。为了排除液压缸中的空气，两端盖上分别设置有排气孔 6。

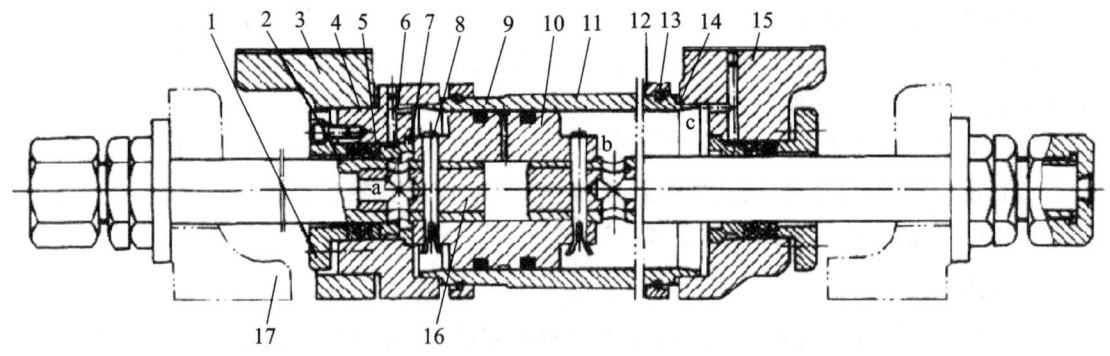

图 4.12　外圆磨床空心双杆活塞缸的结构图

1—压盖；2—活塞杆；3—托架；4、15—端盖；5—V 形密封圈；6—排气孔；7—导向套；8—销钉；
9—O 形密封圈；10—活塞；11—缸筒；12—压环；13—半环；14—密封纸垫；16—堵头；17—床身支座

外圆磨床空心双杆活塞缸的工作原理是，当压力油通过左空心活塞杆左端输入，经孔 a 进入液压缸的左腔，液压缸右腔通过孔 b 及右活塞杆中心孔回油时，液压力推动缸体带动工作台向左移动；反之，则液压力推动缸体带动工作台向右移动。由于孔 a、b 与活塞端面保持一定的距离，当缸体移动到两头时，两孔通流口逐渐减小，起到节流缓冲的作用。

综上可知，液压缸一般都是由缸体组件、活塞组件、密封装置以及缓冲装置和排气装置所组成。

4.2.1　缸体组件

缸体组件通常由缸筒、缸底、缸盖、导向环和支承环等部分组成，它要与活塞组件构成密封油腔，并承受很大的液压力。因此，缸体组件要有足够的强度和刚度、较高的表面质量和可靠的密封性。常见的缸体组件连接形式如图 4.13 所示。

图 4.13(a)所示为法兰连接。该连接方式结构简单，加工方便，连接可靠，缸筒与端部一般用铸造、墩粗等方法制成法兰盘或焊接法兰盘，但是要求缸筒端部有足够的壁厚，用以安装螺栓或旋入螺钉。法兰连接是常用的一种连接形式。

图 4.13(b)所示为半环式连接。半环式连接分为外半环连接和内半环连接两种形式。半环式连接是用套或挡圈压住装于缸筒环形槽内的两半环，以此完成连接的。半环式连接工艺性好，连接可靠，结构紧凑，但削弱了缸筒强度，需加厚缸壁。半环式连接应用十分普遍，常用于由无缝钢管制成的缸筒与缸盖之间的连接。

图 4.13(c)、图 4.13(d)所示分别为外螺纹连接和内螺纹连接，其特点是体积小、重量轻、结构紧凑，但缸筒端部结构复杂。这种连接形式一般用于要求外形尺寸小、重量轻的场合。

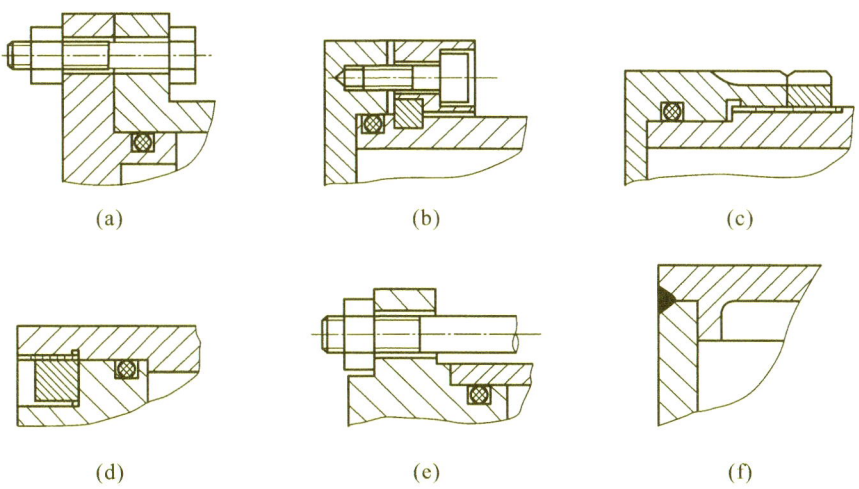

图 4.13 常见的缸体组件连接形式

图 4.13(e)所示为拉杆连接。拉杆连接结构简单，工艺性好，通用性强，但缸盖的体积和重量较大。拉杆受力后会拉伸变长，影响密封效果，只适用于长度不大的中、低压液压缸。

图 4.13(f)所示为焊接连接。焊接连接的机械强度高，制造简单，但焊接时易引起缸筒变形。这里需要注意的是，焊接连接只能用于缸筒的一端，另一端必须采用其他结构。

4.2.2 活塞组件

活塞组件由活塞、活塞杆和连接件等组成。为方便加工和选材，活塞多数制造成与杆分离的形式，但有时也会制成一体式。随着工作压力、安装方式和工作条件的不同，活塞组件有多种连接方式。活塞与活塞杆的连接方式最常用的有螺纹连接和半环连接，除此之外还有整体式结构、焊接式结构、锥销式结构等，如图 4.14 所示。

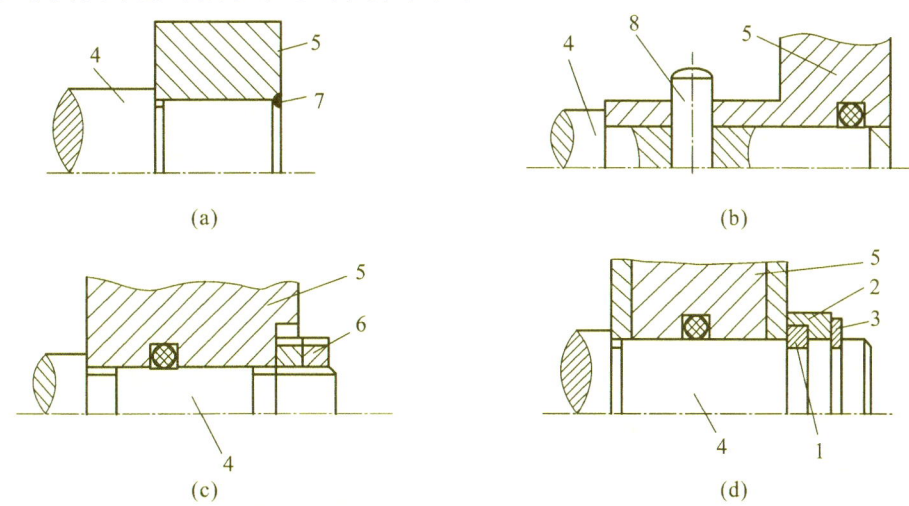

图 4.14 活塞与活塞杆的连接形式

1—半环；2—压环；3—挡环；4—活塞杆；5—活塞；6—圆螺母；7—焊接点；8—锥销

图 4.14(a)所示为焊接连接。焊接连接结构简单,轴向尺寸小,但损坏后需整体更换,常用于小直径液压缸中。

图 4.14(b)所示为锥销连接。锥销连接结构简单,装拆方便,但承载能力小,且需有防止锥销脱落的措施,多用于中、低压轻载液压缸中。

图 4.14(c)所示为螺纹连接。螺纹连接结构简单,装拆方便,连接可靠,但一般需备螺母防松装置。螺纹连接适用尺寸范围广,但因活塞杆要加工螺纹,导致强度下降,因此不适用于高压系统。

图 4.14(d)所示为半环式连接。半环式连接连接强度高,但结构复杂,装拆不便,多用于高压和振动较大的场合。

4.2.3　密封装置

密封装置主要用来防止液压油的泄漏。良好的密封是液压缸传递动力、正常动作的保证。根据两个需要密封的耦合面间有无相对运动,可把密封分为动密封和静密封两大类。常见的密封方法及密封元件有以下几种。

1. 间隙密封

间隙密封是利用相对运动零件配合面间的微小间隙 δ 产生的液体摩擦阻力来防止泄漏,从而实现密封的,这就要求配合面有很高的加工精度。间隙密封的原理如图 4.15 所示。为保证必要的工作压力和适当的摩擦阻力,δ 的值要选取合适,一般 δ 的取值范围为 0.02～0.05 mm。

间隙密封属于非接触式密封,是一种最简单的密封方法。

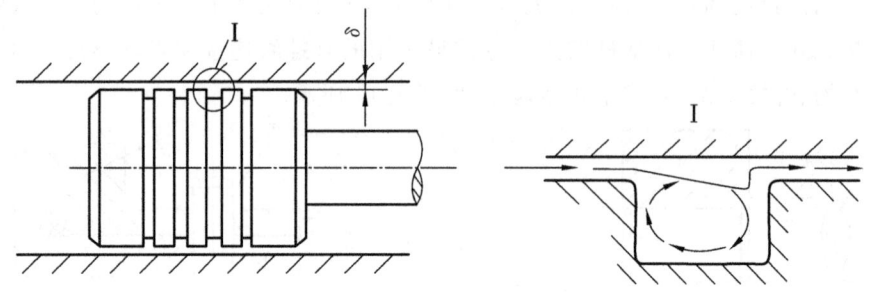

图 4.15　间隙密封的原理

在活塞外缘表面常开有几道宽 0.3～0.5 mm、深 0.5～1 mm 的环形沟槽,称为平衡槽。由于活塞的几何形状和同轴度误差,液压油在密封间隙中因不对称分布而形成一个径向不平衡力,使摩擦力增大。开平衡槽后,径向油压趋于平衡,使活塞能够自动对中,摩擦降低;同时由于同心环缝的泄漏要比偏心环缝的泄漏小得多,活塞的对中减少了油液的泄漏量,提高了密封性能;开平衡槽还可以将油液储存在平衡槽内,增加了润滑性。

间隙密封的特点是结构简单、摩擦力小、耐用,但对零件的加工精度要求较高,且难以完全消除泄漏,故此种密封方式只能应用于低压、小直径、运动速度较高的活塞与缸体内孔间的密封。

2. 密封圈密封

密封圈密封是目前使用最为广泛的一种密封形式。有关各种橡胶密封圈的结构特点、性能及安装等请参阅第 6 章 6.2 节。

O 形密封圈的截面形状为圆形,如图 4.16(a)所示。O 形密封圈一般由耐油橡胶制成,主要依靠装配后产生的压缩变形来实现密封。O 形密封圈结构简单、紧凑,安装方便,价格便宜,可在 $-40\sim120$ ℃的温度范围内工作。但与唇形密封圈相比,O 形密封圈的寿命较短,密封装置机械部分的精度要求高,起动阻力较大,主要用于静密封和速度较低的滑动密封,如图 4.16(b)所示。

在安装 O 形密封圈时,必须保证适当的预压缩量 δ_1 和 δ_2,使 O 形密封圈产生预接触压力,如图 4.16(c)所示。该预压缩量过小则不能密封,过大则会增大摩擦力,密封圈易损坏。因此,安装 O 形密封圈的沟槽尺寸和表面精度必须按有关标准选择。当密封腔充入压力油后,在液压力的作用下,O 形密封圈挤向槽一侧,密封面上的接触压力增大,从而提高了密封效果,如图 4.17(a)所示。若工作压力大于 10 MPa,O 形密封圈会被压力油挤入配合间隙中而损坏,为此需在 O 形密封圈低压侧设置挡圈(由塑料、尼龙制成,厚度为 $1.2\sim2.5$ mm),如图 4.17(b)所示;若 O 形密封圈双向受高压,则其两侧都要加挡圈,如图 4.17(c)所示。

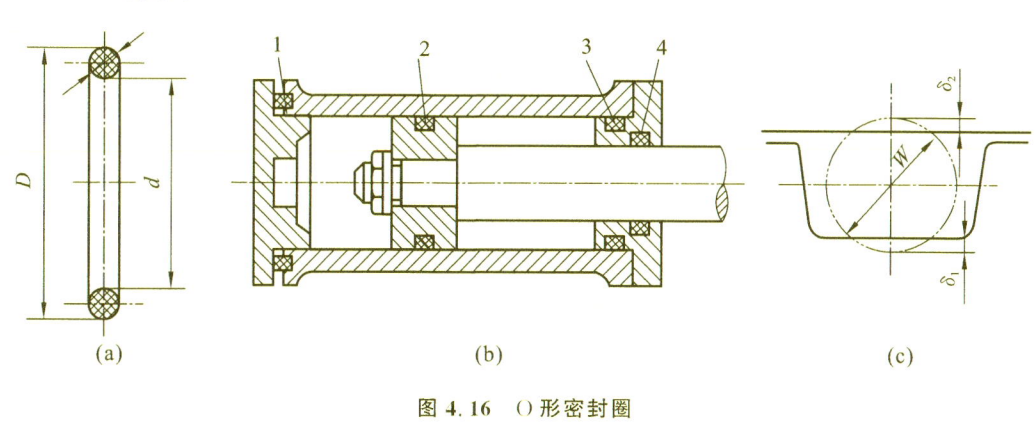

图 4.16　O 形密封圈

1、2、3、4—O 形密封圈

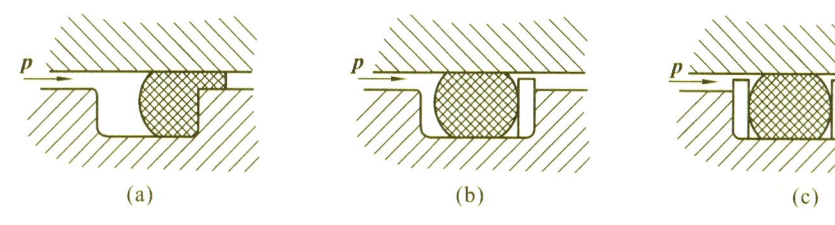

图 4.17　挡圈的正确安装

3. V 形密封圈

V 形密封圈的结构形式如图 4.18 所示,它由形状不同的压环、V 形密封环和支承环组成。工作时,用压环与支承环将密封环压紧,使其产生形变,从而完成密封。因此,必须三环联用。V形密封圈中,支承环和压环是不起密封作用的。当工作压力高于 10 MPa 时,可增加 V 形密封环的数量,以提高密封效果。安装时,V 形密封圈的开口应面向压力高的一侧。调整压环压力时,应以不漏油为限,不能压得过紧,以防密封阻力过大。

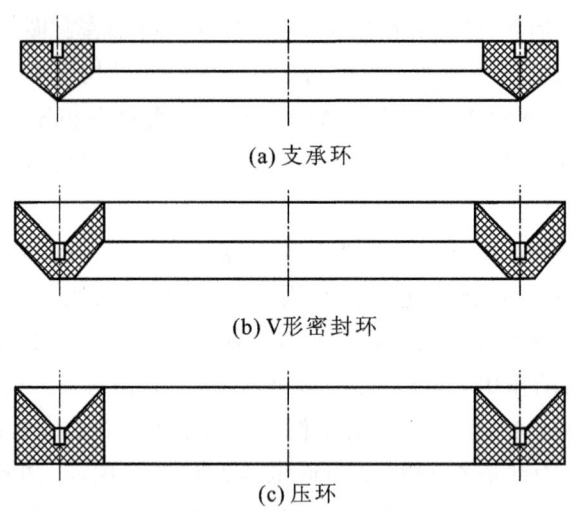

(a) 支承环

(b) V形密封环

(c) 压环

图 4.18　V 形密封圈的结构形式

V 形密封圈密封接触面大,密封性能好,耐高压,通过调节压紧力,可获得最佳的密封效果,但其摩擦阻力及结构尺寸较大,主要用于活塞杆的往复运动密封,适宜在工作压力 $p >$ 50 MPa、温度为 $-40 \sim 80$ ℃的条件下工作。

4. Y 形密封圈

Y 形密封圈也属于唇形密封,一般由耐油橡胶制成,其截面形状为 Y 形,如图 4.19(a)所示。工作时,将 Y 形密封圈的唇口对着压力高的油腔,并将其唇边与配件接合面贴合。当通入油液后,利用油液的压力使 Y 形密封圈的两唇边紧压接合面,以此实现密封,如图 4.19(b)所示。由此可知,提高油液的压力,Y 形密封圈的密封能力随之提高,并且在磨损后有一定的自动补偿能力。Y 形密封圈主要用于往复运动的密封,它是一种密封性、稳定性和耐压性较好,摩擦阻力小,寿命较长的密封圈,故应用也很普遍,一般适用于工作压力 $p \leqslant 20$ MPa、工作温度为 $-30 \sim 100$ ℃、速度 $v \leqslant 0.5$ m/s 的场合。

Y 形密封圈根据截面长宽比例的不同分为宽断面和窄断面两种类型。在液压缸中,窄断面 Y 形密封圈应用更为广泛。这是一种截面的长宽比在 2 以上的 Y 形密封圈,又称为 YX 形密封圈。它不易翻转,故稳定性好。它有等高唇 Y 形密封圈和不等高唇 Y 形密封圈两种,后者又分为孔用密封圈(见图 4.19(c)、图 4.19(d))和轴用密封圈(见图 4.19(e)、图 4.19(f))。窄断面 Y 形密封圈的短唇与密封面接触,滑动摩擦阻力小,耐磨性好,寿命长;长唇与非运动表面接触,用以增大支承力,摩擦阻力大,避免造成密封圈翻转、扭曲和窜动。窄断面 Y 形密封圈一般适用于工作压力 $p \leqslant 32$ MPa、使用温度为 $-30 \sim 100$ ℃ 的条件下工作。

当油腔压力变化较大、运动速度较高时,为防止密封圈发生翻转现象,应加用金属制成的支承环,如图 4.20 所示。

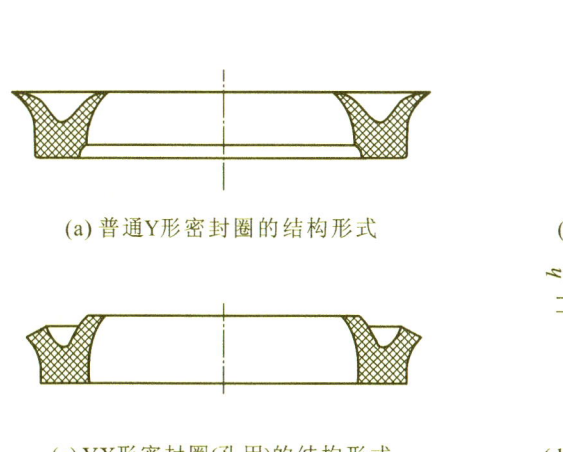
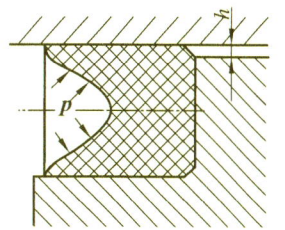

(a) 普通Y形密封圈的结构形式

(b) 普通Y形密封圈的工作原理

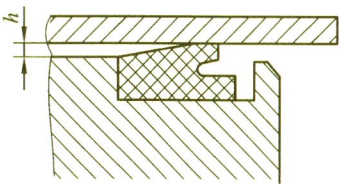

(c) YX形密封圈(孔用)的结构形式

(d) YX形密封圈(孔用)的工作原理

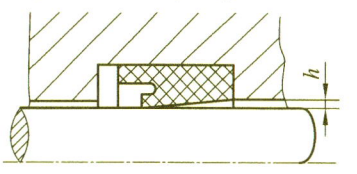

(e) YX形密封圈(轴用)的结构形式

(f) YX形密封圈(轴用)的工作原理

图 4.19 Y 形密封圈

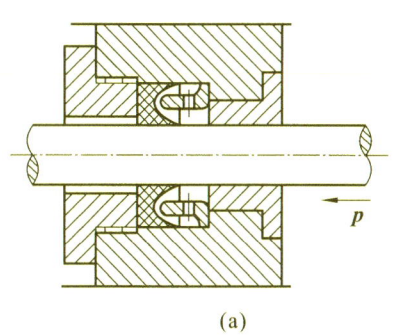
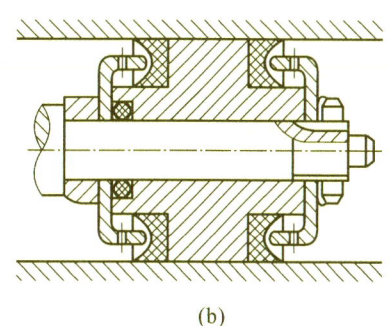

(a)

(b)

图 4.20 有支承环的 Y 形密封圈

4.2.4 缓冲装置

当液压缸拖动的负载质量较大、速度较高时,为防止活塞在行程终端因惯性力的作用而撞击缸盖,损坏液压缸,故常在液压缸中设置缓冲装置或在系统中设置缓冲回路。液压缸的缓冲原理是当活塞或缸筒接近行程终端时,在排油腔内增大回油阻力,从而降低液压缸的运动速度,避免活塞与缸盖相撞。常见的缓冲装置如图 4.21 所示。

1. 环状间隙式缓冲装置

图 4.21(a)所示为圆柱形环状间隙式缓冲装置。当活塞行至行程终端时,活塞端部的圆柱形缓冲柱塞与端盖上的圆柱孔间形成缓冲油腔,被封闭的油液只能从环形间隙 δ 中排出,从而形成背压,实现减速缓冲。这种装置结构简单、制造成本低,但在缓冲过程中,因节流面

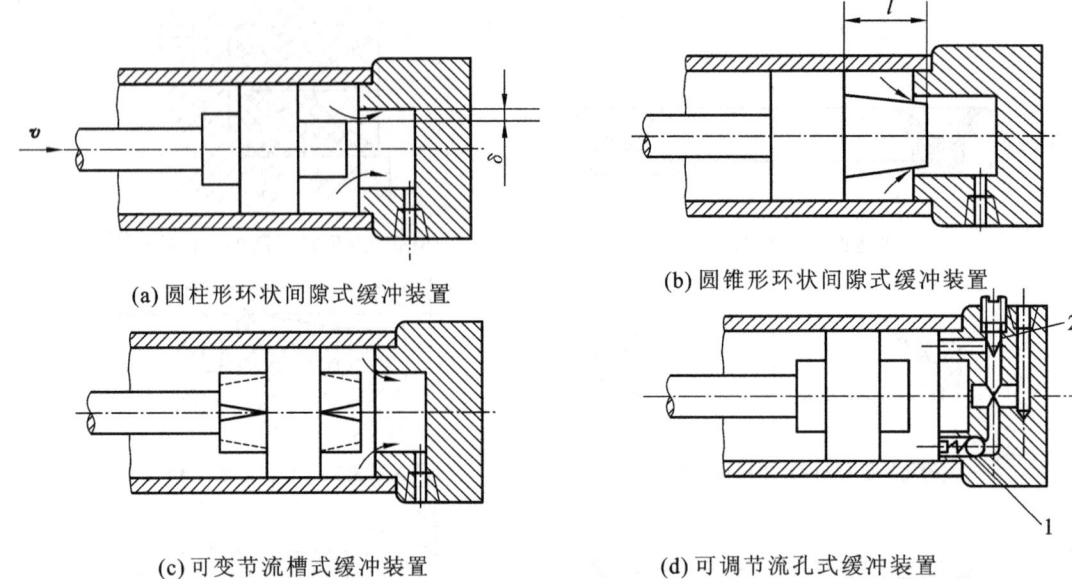

(a) 圆柱形环状间隙式缓冲装置　　　　　(b) 圆锥形环状间隙式缓冲装置

(c) 可变节流槽式缓冲装置　　　　　　(d) 可调节流孔式缓冲装置

图 4.21　常见的缓冲装置

1—单向阀；2—可调节流阀

积不变，故缓冲制动力将逐渐减小，缓冲效果较差。

若要提高缓冲效果，可将缓冲柱塞制成圆锥体，即为圆锥形环状间隙式缓冲装置，如图 4.21(b)所示。该结构可使环形间隙 δ 随活塞运动而逐渐改变，即节流面积随活塞行程的增大而减小，缓冲压力变化平缓，缓冲效果较好。

2. 可变节流槽式缓冲装置

如图 4.21(c)所示，在缓冲柱塞上开有几个均布的轴向三角形节流沟槽。随着柱塞的伸入，其节流面积逐渐减小，缓冲压力变化平缓。

3. 可调节流孔式缓冲装置

如图 4.21(d)所示，当活塞右移时，缓冲腔的油液经液压缸端盖上的可调节流阀 2 排出，调节节流孔的大小，可控制缓冲腔内缓冲压力的大小，以适应液压缸不同负载和速度对缓冲的要求；当活塞左移时，油液可经端盖上的单向阀 1 流入液压缸，活塞也不会因推力不足而产生起动缓慢或困难等现象。

4.2.5　排气装置

液压传动系统中混入空气后，会严重影响液压缸运动的平稳性，如产生爬行、冲击等现象，换向时影响换向精度，严重时会导致液压传动系统无法正常工作。为了便于排除积留在液压缸内的空气，油液最好从液压缸的最高点流入和排出，故将液压缸的进、出油口设置在缸筒两端的最高处，这样可使空气随油液排往油箱，再从油箱溢出。对于速度稳定性要求高的液压缸和大型液压缸，则需在液压缸的最高部位设置专门的排气装置。

常用的排气装置有排气孔-排气阀、排气塞两种形式，机床上大多采用排气孔-排气阀的方式进行排气。该方法是用长管道将开在液压缸最高部位处的排气孔 2 与排气阀连接起来,缸内气体经排气孔 2、管道由排气阀排出,如图 4.22、图 4.23 所示。若用排气塞排气,则应在缸盖的最高部位处直接安装排气塞,如图 4.24 所示。

为保证液压传动系统正常运行,在其投入工作前,应将缸内空气排尽,故需驱动液压缸多次全程空载运行。在此过程中,排气阀或排气塞是打开状态,待排气完毕后关闭排气阀或排气塞,液压缸便可进行正常工作。

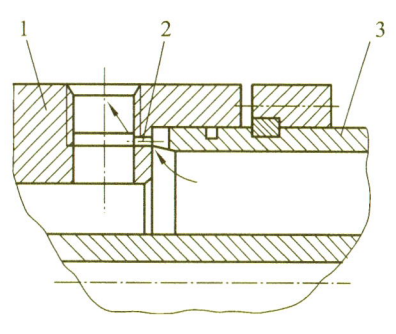

图 4.22 排气孔

1—缸盖;2—排气孔;3—缸筒

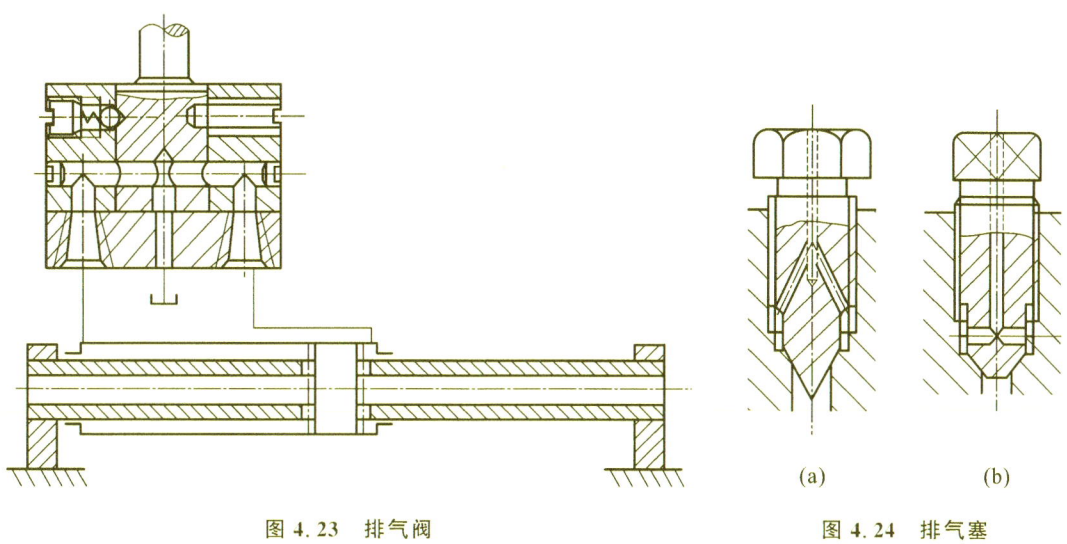

图 4.23 排气阀

图 4.24 排气塞

◀ 4.3 液压缸的设计和计算 ▶

目前,多数液压缸的品种、规格都已标准化,也可根据用户的需要自行设计一些非标准液压缸。液压缸的设计需要明确其结构参数及安装形式,如负载大小、行程长度、运动速度和结构尺寸等。因此,设计液压缸时,首先根据原始资料和设计依据分析系统工况;然后根据负载情况、运动速度、最大行程和工作压力等要求确定主要结构尺寸、空间安装形式和安装尺寸,并对主要零件进行强度、刚度验算,必要时应进行活塞杆稳定性校核和缓冲计算;最后完成液压缸的结构设计。

设计液压缸时应注意的问题:

(1)尽量使活塞杆在受拉状态下承受最大负载,或在受压状态下具有良好的纵向稳定性。

(2)考虑液压缸在行程终了处的制动问题和液压缸的排气问题。

(3)正确确定液压缸的安装、固定方式。如承受弯曲负载的活塞杆不能用螺纹连接,要用止口连接;液压缸不能在两端用键或销定位,只能在一端定位,为的是不致阻碍它在受热时膨胀;如冲击载荷使活塞杆压缩,定位件须设置在活塞杆端,如为拉伸,则设置在缸盖端。

(4) 液压缸各部分的结构需尽可能地做到简单、紧凑,加工和装配方便。

4.3.1 液压缸的主要尺寸计算

液压缸的主要尺寸是指缸筒的内径 D、活塞杆的直径 d、液压缸的长度及活塞杆的长度等。液压缸的内径和活塞杆的直径的确定方法与所使用的液压缸的类型有关,通常根据液压缸的推力和有效工作压力来确定。

液压缸的内径 D 和活塞杆的直径 d 可根据液压传动系统中的最大总负载和选取的工作压力来确定。对于单杆液压缸而言,当无杆腔进油且不考虑机械效率时,由式(4.3)可得

$$D = \sqrt{\frac{4F_1}{\pi(p_1 - p_2)} - \frac{d^2 p_2}{p_1 - p_2}}$$

当有杆腔进油且不考虑机械效率时,由式(4.5)可得

$$D = \sqrt{\frac{4F_2}{\pi(p_1 - p_2)} + \frac{d^2 p_1}{p_1 - p_2}}$$

式中,一般取回油背压 $p_2 = 0$,于是上述公式可简化为

当无杆腔进油且不考虑机械效率时

$$D = \sqrt{\frac{4F_1}{\pi p_1}}$$

当有杆腔进油且不考虑机械效率时

$$D = \sqrt{\frac{4F_2}{\pi p_1} + d^2}$$

式中,活塞杆的直径 d 可根据工作压力或液压缸的类型选取,也可查阅《机械设计手册》或参考表4.1。

表 4.1 液压缸的工作压力与活塞杆的直径

液压缸的工作压力 p/MPa	$\leqslant 5$	$5 \sim 7$	> 7
推荐活塞杆的直径 d/mm	$(0.5 \sim 0.55)D$	$(0.6 \sim 0.7)D$	$0.7D$

当液压缸往复运动的速度比有一定要求时,由式(4.7)可得活塞杆的直径 d 为

$$d = D \sqrt{\frac{\lambda_v - 1}{\lambda_v}}$$

液压缸往复运动的速度比 λ_v 的推荐值如表4.2所示。计算所得的液压缸内径 D 和活塞杆直径 d 应查阅《液压设计手册》将其圆整为标准系列值,具体如表4.3、表4.4所示。

表 4.2 液压缸往复运动的速度比 λ_v 的推荐值

工作压力 p/MPa	$\leqslant 12.5$	$12.5 \sim 20$	> 20
往复运动的速度比 λ_v	1.33	1.46,2	2

表 4.3　活塞直径系列

20	25	32	40	50	55	63	(65)	70	(75)
80	(85)	90	(95)	100	(105)	110	125	(130)	140
(150)	160	180	200	(220)	250	(280)	320	(360)	400
(450)	500	(560)	630	(710)	820	(900)	1 000		

注:括号中尺寸尽量不用。

表 4.4　活塞杆直径系列

10	12	14	16	18	20	22	25	28	(30)
32	35	40	45	50	55	(60)	63	(65)	70
(75)	80	(85)	90	(95)	100	(105)	110	(120)	125
(130)	140	(150)	160	180	200	220	250	(260)	280
320	360	(380)	400	(420)	450	500	(520)	560	(580)

注:括号中尺寸尽量不用。

液压缸缸筒长度由活塞最大行程 L、活塞长度、活塞杆导向长度 H 和特殊要求的其他长度确定,如图 4.25 所示。

活塞长度的计算公式为

$$B=(0.6\sim1.0)D$$

导向套长度的计算公式为

$$A=(0.6\sim1.5)d$$

必要时可在导向套和活塞之间安装一隔套 K,隔套长度的计算公式为

$$C=H-\frac{1}{2}(A+B)$$

为了减小加工难度,一般液压缸缸筒的长度应不大于内径的 20 倍。

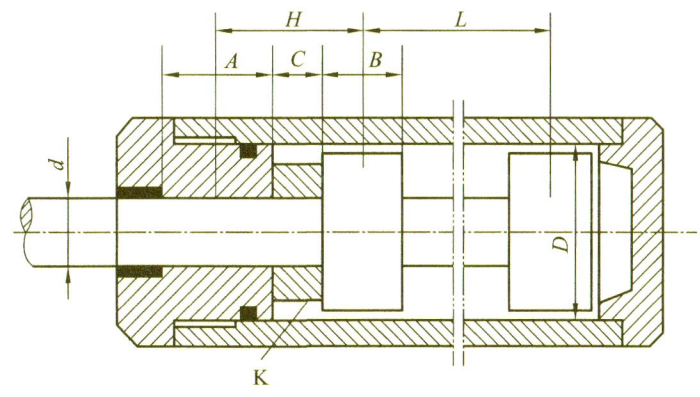

图 4.25　液压缸缸筒长度

4.3.2 液压缸的校核

1. 缸筒壁厚的校核

在液压传动系统中,中、高压液压缸一般使用由无缝钢管制作而成的缸筒。这种缸筒大多为薄壁筒,即 $\delta/D \leqslant 0.08$,此时应按材料力学中的薄壁圆筒公式验算缸筒的壁厚,即

$$\delta \geqslant \frac{p_{max} D}{2[\sigma]}$$

式中:p_{max} 为缸筒的最高工作压力(指试验压力),考虑到液压缸可能承受冲击,试验压力要远大于工作压力;D 为缸筒的内径;$[\sigma]$ 为缸筒材料的许用应力,$[\sigma]=\sigma_b/n$,其中 σ_b 为材料抗拉强度,n 为安全系数,一般取 $n=3.5\sim5$。

当液压缸采用铸造缸筒时,应按材料力学中的厚壁圆筒公式验算缸筒的壁厚。当 $\delta/D=0.08\sim0.3$ 时,可用下式验算缸筒的壁厚,即

$$\delta \geqslant \frac{p_{max} D}{2.3[\sigma]-3p_{max}}$$

当 $\delta/D \geqslant 0.3$ 时,可用下式验算缸筒的壁厚,即

$$\delta = \frac{D}{2}\left(\sqrt{\frac{[\sigma]+0.4p_{max}}{[\sigma]-1.3p_{max}}}-1\right)$$

2. 液压缸活塞杆稳定性的验算

只有当液压缸活塞杆的计算长度 $L \geqslant 10d$ 时,才需对液压缸活塞杆的纵向稳定性进行验算。验算可按材料力学中的有关公式进行,此处不再赘述。

3. 液压缸端盖固定螺栓直径的校核

液压缸端盖的固定螺栓在工作过程中同时承受拉应力和剪切应力的作用,其直径可按下式校核,即

$$d_s \geqslant \sqrt{\frac{5.2kF}{\pi Z[\sigma]}}$$

式中:d_s 为螺栓螺纹的底径;k 为螺纹拧紧系数,一般取 $k=1.2\sim1.5$;F 为液压缸的最大作用力;Z 为螺栓数;$[\sigma]$ 为螺栓材料的许用应力,$[\sigma]=\sigma_S/n$,其中 σ_S 为螺栓材料的屈服极限,n 为安全系数,一般取 $n=1.2\sim2.5$。

◀ 4.4 液压马达概述 ▶

从能量转换的观点来看,液压泵与液压马达是可逆工作的液压元件,向任何一种液压泵输入工作液体,都可使其变成液压马达工况;反之,当液压马达的主轴由外力矩驱动旋转时,液压马达也可变为液压泵工况。这是因为液压泵和液压马达具有同样的基本结构要素,即密封而又可以周期变化的容积和相应的配油机构。液压马达就是利用密封容积的周期性变化来进行工作的。因此,抓住密封容积是如何构成的,以及密封容积是如何变化的问题,是理解液压马达的工作原理与结构特点的关键。

4.4.1 液压马达的性能参数

1. 液压马达的压力

液压马达的压力参数有工作压力 p 和额定压力 p_n，它们主要是指液压马达工作时进口处的压力，而液压马达的出口压力则称为背压。工作压力是液压马达工作时进口处的实际运行压力，其值取决于负载；而额定压力是液压马达在正常工作条件下，根据试验标准规定，允许连续运行的最高压力。为保证液压马达运转的平稳性，一般取液压马达的背压为 $0.5 \sim 1$ MPa。

2. 液压马达的排量、流量

液压马达的排量 V 指在没有泄漏的情况下，液压马达的轴每旋转一周所需输入液体的体积；理论流量 q_{Mt} 为在没有泄漏的情况下，液压马达在单位时间内达到要求转速所需输入液体的体积，即 $q_{Mt} = Vn$；实际流量 q_M 指单位时间内进入液压马达的液体体积，且实际流量 q_M 大于理论流量 q_{Mt}，即 $q_M - q_{Mt} = \Delta q_M$。$\Delta q_M$ 是液压马达的泄漏量。

3. 液压马达的转速和容积效率

液压马达在其排量 V_M 一定时，其理论转速 n_{Mt} 取决于流入液压马达的流量 q_M，即

$$n_{Mt} = \frac{q_M}{V_M} \tag{4.16}$$

由于存在泄漏损失（泄漏流量为 Δq_M），为了达到液压马达要求的转速，实际流量 q_M 必须大于理论流量 q_{Mt}，实际流量 q_M 随压力的升高而增大。液压马达的容积效率 η_{Mv} 为

$$\eta_{Mv} = \frac{q_{Mt}}{q_M} = \frac{q_M - \Delta q_M}{q_M} = 1 - \frac{\Delta q_M}{q_M} \tag{4.17}$$

则液压马达实际输出转速为

$$n_M = \frac{q_M - \Delta q_M}{V_M} = \frac{q_M}{V_M} \eta_{Mv} \tag{4.18}$$

4. 液压马达的转矩和机械效率

设液压马达的进、出口压力差为 Δp，排量为 V_M，不考虑功率损失，则液压马达的输入液压功率等于输出机械功率，即

$$\Delta p q_{Mt} = T_{Mt} \omega_{Mt}$$

因为 $q_{Mt} = V_M n_{Mt}$，$\omega_{Mt} = 2\pi n_{Mt}$，所以液压马达的理论转矩为

$$T_{Mt} = \frac{\Delta p V_M}{2\pi} \tag{4.19}$$

式（4.19）称为液压转矩公式。显然，根据液压马达排量 V_M 可以计算出在给定压力下液压马达的理论转矩，也可以计算出在给定负载转矩下液压马达的工作压力。

由于液压马达实际工作时存在机械摩擦损失，因此计算液压马达的实际输出转矩 T_M 时，必须考虑液压马达的机械效率 η_{Mm}。当液压马达的转矩损失为 ΔT_M 时，液压马达的实际输出转矩为 $T_M = T_{Mt} - \Delta T_M$。液压马达的机械效率为实际输出转矩 T_M 与理论转矩 T_{Mt} 之比，即

$$\eta_{Mm} = \frac{T_M}{T_{Mt}} = \frac{T_{Mt} - \Delta T_M}{T_{Mt}} = 1 - \frac{\Delta T_M}{T_{Mt}} \tag{4.20}$$

5. 液压马达的功率与总效率

(1) 输入功率 P_{Mi}。液压马达的输入功率为液压功率,即进入液压马达的流量 q_M 与液压马达的进口压力 p_M 的乘积,即

$$P_{Mi} = p_M q_M \tag{4.21}$$

(2) 输出功率 P_{Mo}。液压马达的输出功率等于液压马达的实际输出转矩 T_M 与输出角速度 ω_M 的乘积,即

$$P_{Mo} = T_M \omega_M \tag{4.22}$$

(3) 总效率 η_M。液压马达的总效率为液压马达的输出功率与输入功率之比,即

$$\eta_M = \frac{P_{Mo}}{P_{Mi}} = \frac{2\pi n_M T_M}{p_M q_M} = \eta_{Mm} \eta_{Mv} \tag{4.23}$$

由式(4.23)可知,液压马达的总效率等于输出机械功率与输入液压功率之比,也等于机械效率与容积效率的乘积。

6. 液压马达的起动性能

液压马达的起动性能主要用起动转矩和起动机械效率来描述。起动转矩是指液压马达由静止状态起动时液压马达轴上所能输出的转矩。起动转矩通常小于在同一工作压力差下液压马达处于运行状态时所输出的转矩。起动机械效率是指液压马达由静止状态起动时实际输出转矩与它在同一工作压力差下的理论转矩之比。不同类型的液压马达,其内部受力部件的力平衡性不同,摩擦力也不同,所以起动机械效率不同,有的差别较大。如齿轮式液压马达的起动机械效率只有 0.6 左右,而高性能低速大转矩的液压马达的起动机械效率可达 0.9 左右。起动转矩和起动机械效率的大小除了与摩擦转矩有关外,还受转矩脉动性的影响。当输出轴处于不同相位时,液压马达起动转矩的大小稍有差别。

7. 液压马达的最低稳定转速

最低稳定转速 n_{min} 是指液压马达在额定负载下不出现爬行现象的最低转速。一般希望最低稳定转速越小越好,这样可以扩大液压马达的变速范围。液压马达的最低稳定转速除与自身的制造工艺和结构参数有关外,同时也受泄漏量稳定性的影响。

8. 液压马达的制动性能

当液压马达用来起吊重物或驱动车轮时,为了防止停车时重物下落或车轮在斜坡上自行下滑,对液压马达的制动性能要有一定的要求。制动性能一般用额定转矩下切断液压马达的进、出油口后,因负载转矩转变为主动转矩而使液压马达变成泵工况,出口油液变为高压油液向外泄漏,导致液压马达缓慢转动的滑转值予以评定。

9. 液压马达的工作平稳性及噪声

液压马达的工作平稳性用理论转矩的不均匀系数 $\delta_M = (T_{tmax} - T_{tmin})/T_t$ 评价。不均匀系数除了与液压马达的结构形式有关外,还与液压马达的工作条件和负载的性质有关。与液压泵相同,液压马达的噪声也分为机械噪声和液压噪声。为了降低噪声,除了设计时要注意外,使用时也要重视。

例 4.1 某液压马达的排量 $V_M = 250$ mL/r,进口压力为 9.8 MPa,出口压力为 0.49 MPa,总效率 $\eta_M = 0.9$,容积效率 $\eta_{Mv} = 0.92$。当输入流量为 22 L/min 时,求液压马达的输出转矩

和转速各为多少?

解 (1) 液压马达的理论流量为

$$q_{\text{Mt}} = q_{\text{M}} \eta_{\text{Mv}} = 22 \times 0.92 \text{ L/min} = 20.24 \text{ L/min}$$

(2) 液压马达的实际转速为

$$n_{\text{M}} = \frac{q_{\text{Mt}}}{V_{\text{M}}} = \frac{20.24 \times 10^3}{250} \text{ r/min} = 80.96 \text{ r/min}$$

(3) 液压马达的输出转矩为

$$T_{\text{M}} = \frac{\Delta p_{\text{M}} V_{\text{M}} \eta_{\text{M}}}{2\pi \eta_{\text{Mv}}} = \frac{(9.8 - 0.49) \times 10^6 \times 250 \times 10^{-6} \times 0.9}{2\pi \times 0.92} \text{ N} \cdot \text{m} = 362.56 \text{ N} \cdot \text{m}$$

或者

$$T_{\text{M}} = \frac{\Delta p_{\text{M}} q_{\text{M}} \eta_{\text{M}}}{2\pi n_{\text{M}}} = \frac{(9.8 - 0.49) \times 10^6 \times 22 \times 10^{-3}}{2\pi \times 80.96} \times 0.9 \text{ N} \cdot \text{m} = 362.56 \text{ N} \cdot \text{m}$$

4.4.2 液压马达的分类

(1) 按结构类型可以分为齿轮式、叶片式、柱塞式和其他形式。

(2) 按额定转速分为高速和低速。额定转速高于 500 r/min 的属于高速液压马达,额定转速低于 500 r/min 的属于低速液压马达。高速液压马达的基本形式有齿轮式、螺杆式、叶片式和轴向柱塞式等。它们的主要特点是转速较高、转动惯量小、便于起动和制动,调节(调速及换向)灵敏度高。通常高速液压马达的输出转矩不大(仅为几十牛米到几百牛米),所以又称其为高速小转矩液压马达。

低速液压马达的基本形式是径向柱塞式,此外在轴向柱塞式、叶片式和齿轮式中也有低速的结构形式。低速液压马达的主要特点是排量大、体积大、转速低(有时可达每分钟几转甚至零点几转),因此可直接与工作机构连接,不需要减速装置,这样使得传动机构大为简化。通常低速液压马达的输出转矩较大(可达几千牛米到几万牛米),所以又称其为低速大转矩液压马达。

(3) 按压力来分类,压力分级如表 4.5 所示。

表 4.5 压力分级

压力分级	低压	中压	中高低	高压	超高压
压力/MPa	≤2.5	2.5~8	8~16	16~32	>32

液压马达的一般图形符号如图 4.26 所示。

单向定量液压马达　单向变量液压马达　双向定量液压马达　双向变量液压马达

图 4.26 液压马达的一般图形符号

4.4.3 液压马达的工作原理

1. 齿轮马达

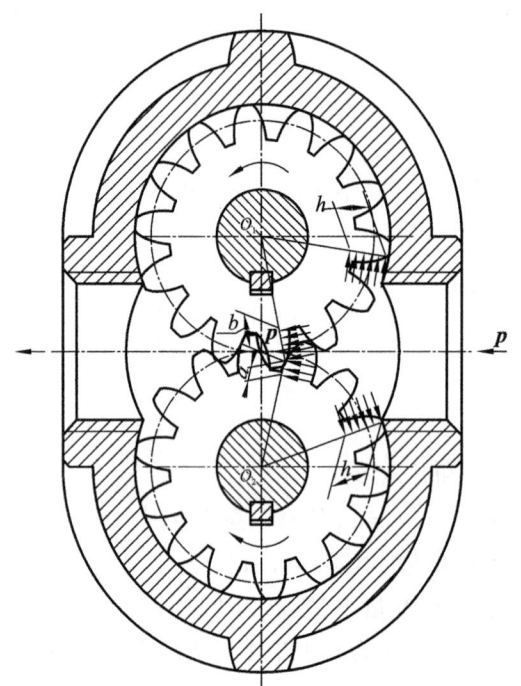

图 4.27 外啮合齿轮马达的工作原理

外啮合齿轮马达的工作原理如图 4.27 所示。当压力油进入外啮合齿轮马达的高压油腔后,由于啮合点的啮合半径 R_c 小于齿顶圆半径 R_e,因此在互相啮合的齿面上形成图 4.27 所示的不平衡液压力,该液压力相对于轴产生转矩。齿轮在此转矩的作用下使外啮合齿轮马达按图示方向旋转,拖动外负载做功。当改变进压力油的方向时,外啮合齿轮马达反向旋转。

齿轮马达的结构特点如下:

(1)为减小输出转矩的脉动,齿轮马达的齿数较多。

(2)因液压马达工作时要求正反转,因此齿轮马达的结构具有对称性,如进、出油口一样大,泄漏油采用单独的油管外泄等。

(3)为减小起动摩擦转矩,齿轮马达均采用滚动轴承。

(4)齿轮马达的间隙补偿及径向力的平衡措施与齿轮泵的相同。

与一般齿轮泵一样,齿轮马达因密封性差、容积效率低,所以输入的油压不能过高,因此不能产生较大的转矩,且它的转速和转矩都随着齿轮啮合情况而脉动。齿轮马达多用于高速低转矩的液压传动系统中,如工程机械、农业机械及对转矩均匀性要求不高的设备的液压传动系统中。

2. 叶片式液压马达

叶片式液压马达是由于压力油的作用而受力不平衡,使转子产生转矩,从而带动工作机构工作,其工作原理如图 4.28 所示。高压油从右侧油口进入高压腔,即叶片 1、2、3、5、6、7 区域,而叶片 1、8、7、3、4、5 区域连接出油口,即低压腔。此时,叶片 2 处于高压区,两侧均受液压力 p 的作用而不产生转矩,但叶片 1 和叶片 3 的两侧分别处于高、低压区,且叶片 1 伸出的面积大于叶片 3 伸出的面积,两叶片受力不平衡,故转

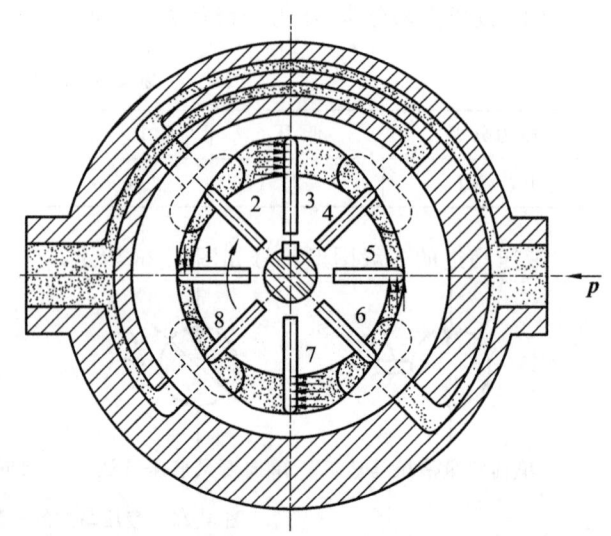

图 4.28 叶片式液压马达的工作原理

子产生顺时针方向转动的转矩。同理,油液进入叶片 5 和叶片 7 之间时,也会产生顺时针方向转动的转矩。当输油方向改变时,液压马达就反转。

如图 4.28 所示,设叶片 3 和叶片 7 形成的顺时针转矩为 T_1,叶片 1 和叶片 5 形成的顺时针转矩为 T_2,两转矩之差 $\Delta T = T_1 - T_2$,即为液压马达理论上的输出转矩。双作用叶片马达的排量计算公式与双作用叶片泵的相同,所不同的是,双作用叶片马达的叶片为径向放置($\theta = 0°$),因此 $\cos\theta = 1$。

图 4.29 所示为双作用叶片马达的典型结构。与双作用叶片泵相比,双作用叶片马达具有如下特点。

(1) 转子的两侧面开有环形槽,槽内放有燕式弹簧,使得叶片始终压向定子内表面,以保证起动时叶片与定子内表面密封,并有足够的起动力矩。

(2) 液压马达需要正、反转,因此叶片沿转子径向放置,叶片的倾斜角等于零。

(3) 为了获得较高的容积效率,工作时叶片底部始终要与压油腔连通。这样,吸、压油腔互换时,必须在油路上采取措施,使液压马达正、反转时都有油液通入叶片底部。只要叶片底部通过两个并联单向阀(梭阀)分别与吸、压油腔连通,就能达到这一要求。

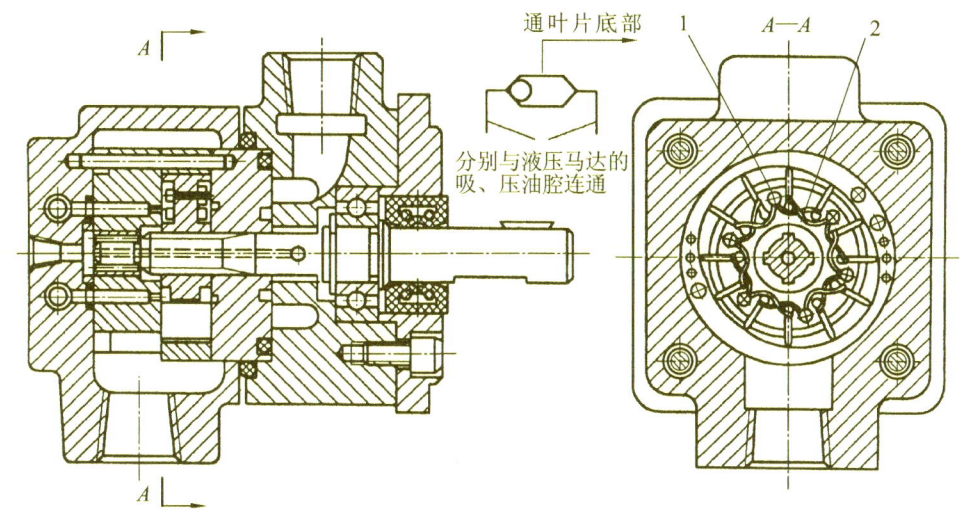

图 4.29　双作用叶片马达的典型结构
1— 销钉;2— 燕式弹簧

叶片式液压马达一般是双作用式定量马达,其最大优点是体积小、惯性小、动作灵敏,允许换向频率很高,甚至可在几毫秒内换向;其最大缺点是泄漏较大、机械特性较软,不能在低速下工作,调速范围不能很大。因此,双作用式定量马达适用于低转矩、高转速,以及对惯性要求较小、对机械特性要求不严的场合。

3. 轴向柱塞马达

向轴向柱塞泵通入高压液体就可以将其当作轴向柱塞马达使用。下面简单介绍一下斜盘式轴向柱塞马达的工作原理及结构特点。

1) 斜盘式轴向柱塞马达的工作原理

图 4.30 所示为斜盘式轴向柱塞马达的工作原理图。图中配油盘 4 和斜盘 1 固定不动,

马达轴 5 与缸体 2 相连接并一起旋转。当油液经配油盘 4 的窗口进入缸体 2 的柱塞孔内时,柱塞 3 在油液的作用下外伸,紧贴斜盘 1,并对柱塞 3 产生一个法向反力 F_N。此力可分解为轴向分力 F 和垂直分力 F_T,F 与柱塞上的液压力相平衡,而 F_T 则使柱塞对缸体中心产生一个转矩,带动马达轴沿逆时针方向旋转并输出转矩。

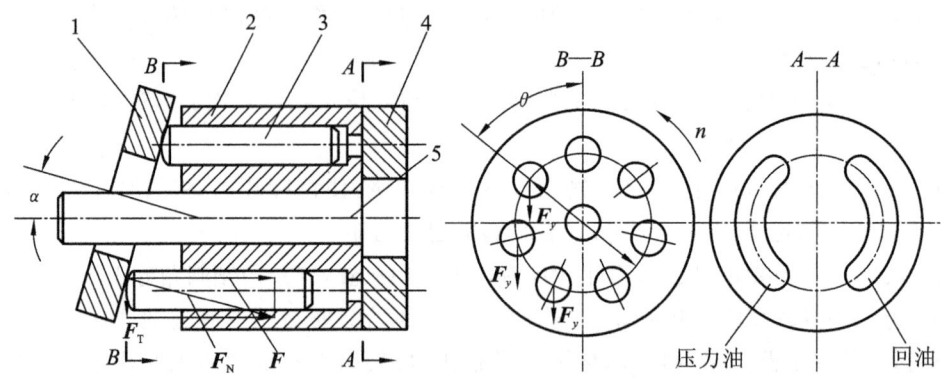

图 4.30 斜盘式轴向柱塞马达的工作原理图

1—斜盘;2—缸体;3—柱塞;4—配油盘;5—马达轴

斜盘式轴向柱塞马达的结构特点如下:

(1)斜盘式轴向柱塞泵和斜盘式轴向柱塞马达是互逆的。

(2)配流盘为对称结构。

(3)可作变量马达使用。改变斜盘倾角,不仅影响马达的转矩,而且影响它的转速和转向。斜盘倾角越大,产生的转矩越大,转速越低。

需要指出的是,液压马达是用来驱动外负载做功的,只有当外负载扭矩存在时,液压泵输入液压马达的油液才能建立起压力,液压马达才能产生相当的扭矩去克服它。所以液压马达的扭矩是随外负载扭矩而变化的。

2)ZM 型轴向点接触柱塞马达的结构特点

图 4.31 所示为 ZM 型轴向点接触柱塞马达的结构图,它由传动轴 1、斜盘 2、鼓轮 4、缸体 7、配流盘 8、柱塞 9 等主要零件组成,主要有如下特点。

(1)采用鼓轮结构。转子分成两半,左半段为鼓轮,右半段为缸体,鼓轮上有可以轴向滑动的推杆。推杆在柱塞的作用下顶在斜盘上,以获得转矩,并通过鼓轮、键带动传动轴旋转。缸体由传动销拨动,与传动轴一起旋转。由于缸体本身不传递转矩,斜盘对推杆的反作用力所产生的颠覆力矩不会作用在缸体表面上,因此缸体和柱塞只受轴向力的作用,这样有效地减轻了柱塞和缸孔的磨损。

(2)缸体和传动轴之间的配合面很窄,使得缸体具有一定的自位作用,其表面能很好地与配流盘表面贴合,这样既保证了密封,又能自动补偿磨损。

(3)斜盘由推力轴承支承,其目的是减轻推杆头部与斜盘表面的磨损,提高马达的机械效率。

(4)该马达的斜盘倾斜角固定不变,排量不可调节,因而是定量马达,其转速只能通过改变流量来调节。

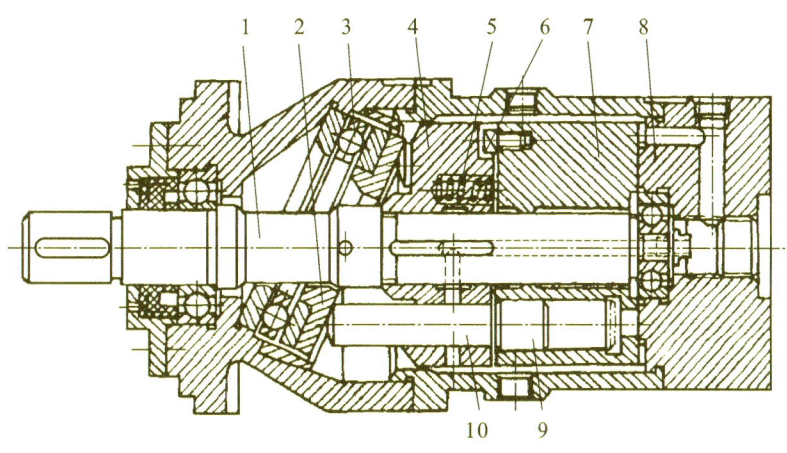

图 4.31　ZM 型轴向点接触柱塞马达的结构图

1—传动轴；2—斜盘；3—轴承；4—鼓轮；5—弹簧；6—传动销；7—缸体；8—配流盘；9—柱塞；10—推杆

4.4.4　液压马达的选择

液压马达的选用原则与液压泵的选用原则基本相同。在选择液压马达时，首先要确定其类型，然后按系统所要求的压力、负载、转速的大小确定其规格型号。一般精度差、价格低、效率低的场合可选用齿轮马达；高速、小转矩及要求动作灵敏的工作场合应采用叶片式液压马达，如磨床液压传动系统；低速大扭矩、大功率的场合应采用径向柱塞马达。常用液压马达的应用范围及选用如表 4.6 所示。

表 4.6　常用液压马达的应用范围及选用

类　型		适　用　工　况	应　用　举　例
高速小扭矩液压马达	齿轮马达 外啮合式	适用于高速小扭矩，且速度平稳性要求不高、噪声限制不大的场合	适用于钻床、风扇，以及工程机械、农业机械、林业机械的回转机构的液压传动系统
	齿轮马达 内啮合式	适用于高速小扭矩、要求噪声较小的场合	适用于机床（如磨床）等设备
	叶片式液压马达	适用于负载扭矩不大、噪声小、调速范围宽的场合	适用于起重机、绞车、铲车、内燃机车、数控机床等设备
	轴向柱塞马达	适用于负载速度大、有变速要求、负载扭矩较小、低速平稳性要求高，即中高速小扭矩的场合	
低速大扭矩液压马达	径向柱塞马达 曲轴连杆式	适用于低速大扭矩工况，起动性较差的场合	适用于塑料机械、行走机械、挖掘机、拖拉机、起重机、采煤机牵引部件等设备
	径向柱塞马达 内曲线式	适用于负载扭矩大、速度范围宽、起动性好、转速低的场合。当扭矩比较大、系统压力较高（如大于 16 MPa）且输出轴承受径向力作用时，宜选用横梁式内曲线液压马达	
	径向柱塞马达 摆缸式	适用于低速大扭矩工况	

续表

类 型		适 用 工 况	应 用 举 例
中速中扭矩液压马达	双斜盘轴向柱塞马达	低速性好,可作伺服马达	适用范围广,但不宜在快速性要求严格的控制系统中使用
	摆线马达	适用于中低负载速度、体积小的场合	适用于塑料机械、煤矿机械、挖掘机、行走机械等设备

本 章 小 结

液压传动系统中的执行元件主要有两种,分别是液压缸和液压马达,其中液压缸是液压传动系统中最常用的执行元件,它将液压能转换成机械能对负载做功。本章介绍了活塞缸、柱塞缸、增压缸、伸缩缸等一些常见的液压缸。目前液压缸产品已经规格化、系列化、标准化,可供选用,同时也可根据工况要求设计非标准液压缸。本章还介绍了常用液压马达的种类、工作参数、工作原理及结构特点,并且根据不同的工况要求选用不同的液压马达。

思考与习题

4.1 液压缸主要有哪几种类型? 各有什么特点? 各适用于什么场合?

4.2 液压缸的哪些部位需要密封?

4.3 液压缸为什么要有缓冲装置? 缓冲装置的基本工作原理是什么? 常见的缓冲装置有哪几种?

4.4 如图 4.32 所示,两结构尺寸相同的液压缸串联,$A_1 = 100$ cm^2,$A_2 = 80$ cm^2,$p_1 = 0.9$ MPa,$q_1 = 12$ L/min。若不计摩擦损失和泄漏,试问:

(1) 两液压缸的负载相同($F_1 = F_2$)时,两液压缸的负载和速度各为多少?

(2) 液压缸 1 不受负载作用时,液压缸 2 能承受多大的负载?

(3) 液压缸 2 不受负载作用时,液压缸 1 能承受多大的负载?

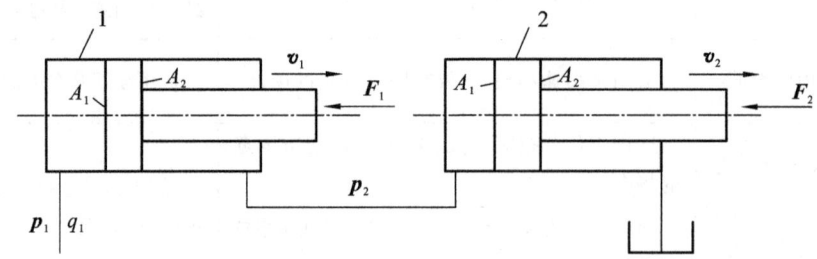

图 4.32 题 4.4 图

4.5 某单杆液压缸快进时采用差动连接,快退时高压油输入油缸的有杆腔内。如活塞快进和快退速度均为 6 m/min,工进时活塞杆受压力,推力为 25 000 N。当输入流量为 25 L/min,背压为 0.2 MPa 时,求:

(1) 活塞直径 D 和活塞杆直径 d 各为多少?

(2) 如油缸材料用 45 钢(许用应力 $[\sigma] = 1\ 200$ kg/cm^2)时,缸筒壁厚 δ 为多少?

(3) 如液压缸活塞杆为铰接,缸筒固定,其安装长度 $l = 1.5$ m,试校核活塞杆的纵向稳定性。

第5章
液压控制阀

 **本章指南**

本章主要内容:液压控制阀是液压传动系统中的控制元件,用来控制液压传动系统中液体的压力、流量及流动方向,以满足液压缸、液压马达等执行元件不同的动作要求。液压控制阀是直接影响液压传动系统工作过程和工作性能的重要元件,本章主要介绍各类液压控制元件,如压力控制阀、流量控制阀、方向控制阀等。通过本章学习,要求掌握压力控制阀、流量控制阀、方向控制阀的工作原理、性能特点及其在液压传动系统中的应用。

本章重点:掌握液压控制阀的分类、工作原理、性能参数及结构特点,掌握液压控制阀在液压传动系统中的作用。

本章难点:掌握液压控制阀的特性以及其在液压回路中的作用。

本章教学目的与要求:通过本章的学习,正确理解液压控制阀的工作原理及应用,掌握液压控制阀的作用以及液压传动系统对液压控制阀的要求。

◀ 5.1 液压控制阀概述 ▶

液压控制阀在液压传动系统中的功能是通过控制、调节液压传动系统中油液的流向、压力和流量,使执行元件获得所需的运动方向、力或力矩、运动速度或转速等。

液压控制阀的基本结构主要包括:

(1) 阀芯:主要形式有滑阀、锥阀和球阀等。

(2) 阀体:承载阀芯、弹簧并与油管相接的壳体。阀体上设置有与阀芯精密配合的阀体孔或阀座孔,同时为与外接油管相连,阀体设置有进、出油口,并根据功能需要还可设置控制油口和泄油口。

(3) 驱动阀芯动作的装置:该装置可以手动驱动,也可以利用弹簧弹力或电磁铁吸附力驱动,有些场合还采用液压作用力驱动。

在工作原理上,液压控制阀利用阀芯在阀体内的相对运动来控制阀口的通断及开口的大小,以实现对执行元件的控制。液压控制阀工作时,所有阀的开口大小,进、出油口间的压力差以及通过阀的流量之间的关系都符合孔口流量公式 $q = KA_T \Delta p^m$,只是各种液压控制阀控制的参数不尽相同。

5.1.1 液压控制阀的分类

根据液压控制阀功能表现的不同,液压控制阀的分类方法有多种。

(1) 按用途分类:方向控制阀、压力控制阀和流量控制阀。这三类阀还可根据需要组成多功能阀,如单向顺序阀、单向节流阀等,可使其结构紧凑、连接简单、提高效率。

(2) 按控制方式分类:定位或开关控制阀、电液比例阀、伺服阀和数字阀。其中,定位或开关控制阀多用于普通液压与气压传动系统,电液比例阀多用于开环程序控制系统,伺服阀多用于高精度、快速响应的闭环控制系统。

(3) 按阀芯的结构形式分类:滑阀(或转阀)类、锥阀类、球阀类。此外,还有喷嘴挡板阀类和射流管阀。

(4) 按连接和安装形式分类:管式阀、板式阀、叠加式阀、插装式阀。其中:管式阀进、出油口由螺纹或法兰与油管连接,安装方便;板式阀进、出油口通过连接板与油管连接,便于集成;叠加式阀是板式阀的一种发展形式,阀相互叠装,构成回路,结构紧凑,沿程压力损失小;插装式阀将阀芯、阀体组成的组件插入专门设计的阀块内来实现不同功能,结构紧凑。

液压控制阀的分类如表 5.1 所示。

表 5.1 液压控制阀的分类

分 类 方 法	种 类	详 细 分 类
	压力控制阀	溢流阀、减压阀、顺序阀、比例压力控制阀、压力继电器等
按用途分	流量控制阀	节流阀、调速阀、分流阀、比例流量控制阀等
	方向控制阀	单向阀、液控单向阀、换向阀、比例方向控制阀

续表

分 类 方 法	种 类	详 细 分 类
按操纵方式分	人力操纵阀	手把及手轮、踏板、杠杆
	机械操纵阀	挡块、弹簧、液压、气动
	电动操纵阀	电磁铁控制、电-液联合控制
按连接方式分	管式连接	螺纹式连接、法兰式连接
	板式及叠加式连接	单层连接板式、双层连接板式、集成块连接、叠加式
	插装式连接	螺纹式插装、法兰式插装
按控制原理分	定位或开关控制阀	压力控制阀、流量控制阀、方向控制阀
	电液比例阀	电液比例压力阀、电液比例流量阀、电液比例换向阀、电液比例复合阀、电液比例多路阀
	伺服阀	单、两极（喷嘴挡板式、动圈式）电液流量伺服阀、三级电液流量伺服阀、电液压力伺服阀、气液伺服阀、机液伺服阀
	数字阀	数字控制压力阀、数字控制流量阀、方向阀

5.1.2 液压控制阀的性能参数

不同的液压控制阀的性能参数有多种，但共同的性能参数是公称通径 D_g 和额定压力。

1. 公称通径

液压控制阀的规格用公称通径 D_g（单位为 mm）表示。它代表液压控制阀的通流能力的大小，对应于液压控制阀的额定流量。D_g 是液压控制阀连接口的名义尺寸，D_g 相同的液压控制阀，其阀口的实际尺寸不一定一致。在实际工作中，与液压控制阀进、出油口相连接的油管的规格必须与液压控制阀的规格相一致，即 D_g 相同，否则油管无法正常安装工作。同时，为保证液压传动系统工作稳定，液压控制阀的实际流量应小于或等于其额定流量，最大不得超过额定流量的 1.1 倍。

2. 额定压力

额定压力是液压控制阀长期工作所允许的最高工作压力。对于压力控制阀，实际最高工作压力有时还与阀的调压范围有关；对于换向阀，实际最高工作压力还可能受其功率极限的限制。

5.1.3 对液压控制阀的基本要求

液压传动系统中所使用的液压控制阀均应满足以下基本要求：

（1）动作灵敏，使用可靠，工作时冲击、振动和噪声小，使用寿命长；

（2）阀口全开时，压力损失小；阀口关闭时，密封性能好；

（3）所控制的参量（压力或流量）稳定，受外部干扰时变化量小；

（4）结构紧凑，安装、调整、使用、维护方便，通用性好。

◀ 5.2 方向控制阀 ▶

方向控制阀是用来使液压传动系统中的油路通断或改变油液的流动方向,从而控制液压执行元件的起动或停止,改变其运动方向的阀类,如单向阀、换向阀、压力表开关等。换向阀按结构类型的不同,可分为滑阀式、转阀式、锥阀式和球阀式。

5.2.1 单向阀及其应用

液压传动系统中常用的单向阀有普通单向阀和液控单向阀两种。

1. 普通单向阀

普通单向阀简称单向阀,它是一种只允许油液单方向流动而反向截止的方向阀,因此又称作逆止阀或止回阀。

1)单向阀的结构

普通单向阀有管式连接的直通式单向阀(见图5.1)和板式连接的直角式单向阀(见图5.2)两大类,均由阀体、弹簧、阀芯(球型、锥型)组成。

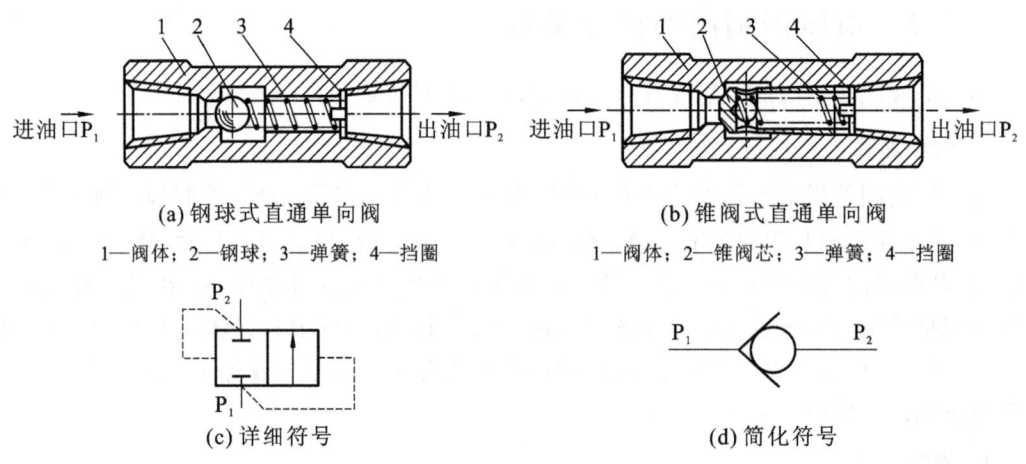

(a) 钢球式直通单向阀
1—阀体;2—钢球;3—弹簧;4—挡圈

(b) 锥阀式直通单向阀
1—阀体;2—锥阀芯;3—弹簧;4—挡圈

(c) 详细符号

(d) 简化符号

图 5.1　直通式单向阀

2)单向阀的工作原理

直通式单向阀因进油口和出油口流道在同一轴线上,故液流流动方向不发生改变。液流由 P_1 口流入,克服弹簧弹力推动阀芯,接通流道,并从 P_2 口流出,实现正向导通。当液流反向流入时,因液流压力与弹簧弹力使阀芯被压紧在阀座密封面上,流道关闭,实现反向截止。

图5.1(a)所示为管式连接的钢球式直通单向阀,图5.1(b)所示为锥阀式直通单向阀。

钢球式直通单向阀的结构简单,制造方便,但密封性较差,并且钢球与弹簧的连接没有设置导向装置,工作时易产生振动,常用在小流量的场合;锥阀式直通单向阀结构相对复杂一些,其导向性好,密封可靠,因此应用更为广泛。

图 5.2 所示为板式连接的直角式单向阀。如图所示，液流从 P_1 口流入，克服弹簧弹力顶开阀芯后，直接经直角铸造流道从 P_2 口流出，正向导通；反之，当液流从 P_2 口流入时，由于液流压力方向与阀芯垂直，无法推动阀芯，流道关闭，实现反向截止。直角式单向阀在液流流通过程中，液流流动方向发生改变，但压力损失小，且维修方便，只需打开端部螺塞即可。

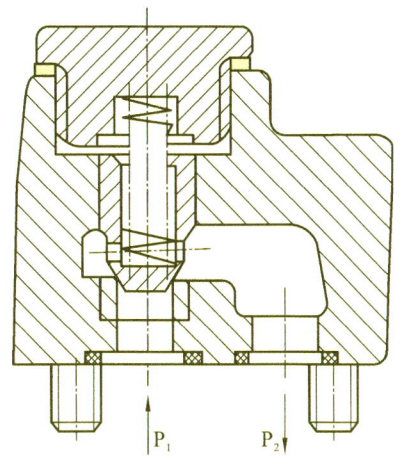

图 5.2 直角式单向阀

3）单向阀的性能要求

液压传动系统对单向阀的主要要求是：液流正向流通时阻力应尽可能小，故要求压力损失小；反向截止时应具有良好的密封性。此外，单向阀动作应灵敏，工作时不应有撞击和噪声。

由工作原理可知，单向阀的弹簧在保证克服阀芯和阀体的摩擦力及阀芯的惯性力而复位的情况下，弹簧的刚度应该尽可能小，以免在液流流动时产生较大的能量损失。通常情况下，单向阀的开启压力为 0.03～0.05 MPa，并可根据需要更换弹簧。当单向阀作用于液压回路的回油侧或压力作用面的相反方向，即用作背压阀时，一般会更换成刚度较大的弹簧，此时单向阀的开启压力可达 0.2～0.6 MPa。

4）单向阀的使用及注意事项

单向阀常装在液压泵的出口处，用以防止系统中油液的反向冲击而影响液压泵的正常工作，同时防止系统停止工作时油液经液压泵倒流回油箱。单向阀还被用来分隔油路，以防止干扰，并与其他阀并联组成复合阀，如单向顺序阀、单向节流阀等。

2．液控单向阀

与普通单向阀相比，液控单向阀允许液流逆向流动。

1）液控单向阀的结构

液控单向阀分为简式液控单向阀和卸荷式液控单向阀两大类，区别在于是否安装有卸荷阀芯，其结构如图 5.3 所示。

2）液控单向阀的工作原理

图 5.3（a）所示为简式液控单向阀，其结构与普通单向阀相比，增加了控制油腔 a、控制活塞 1 及控制油口 K。由图可知，当控制油口 K 不通油液时，其工作机能等同于普通单向阀，油液只能从 P_1 口流向 P_2 口，反向无法流通。当控制油口 K 通入油液时，压力推动控制活塞 1 右移，使得控制油腔 a 中的油液经外泄油口 L 泄油，带动顶杆右移，并推开锥阀芯 3，此时 P_1、P_2 两油口接通，油液实现双向流动。同时，为保证 P_1、P_2 两油口接通，控制油口 K 流入的油液压力不得低于主油路压力的 50%。

液控单向阀反向开启前，P_2 口处的油腔压力高于 P_1 口，因此为能顶开锥阀连通油路，控制油口 K 处的油液压力必须很高。为了减小开启压力，在锥阀内部增设一个卸荷阀芯 2，这样该阀就成为卸荷式液控单向阀，如图 5.3（b）所示。控制活塞 3 的顶杆在顶起锥阀芯 1 之前，首先顶起卸荷阀芯 2，使进、出油口连通，压力降低。此后控制活塞 3 继续上移，将锥阀芯

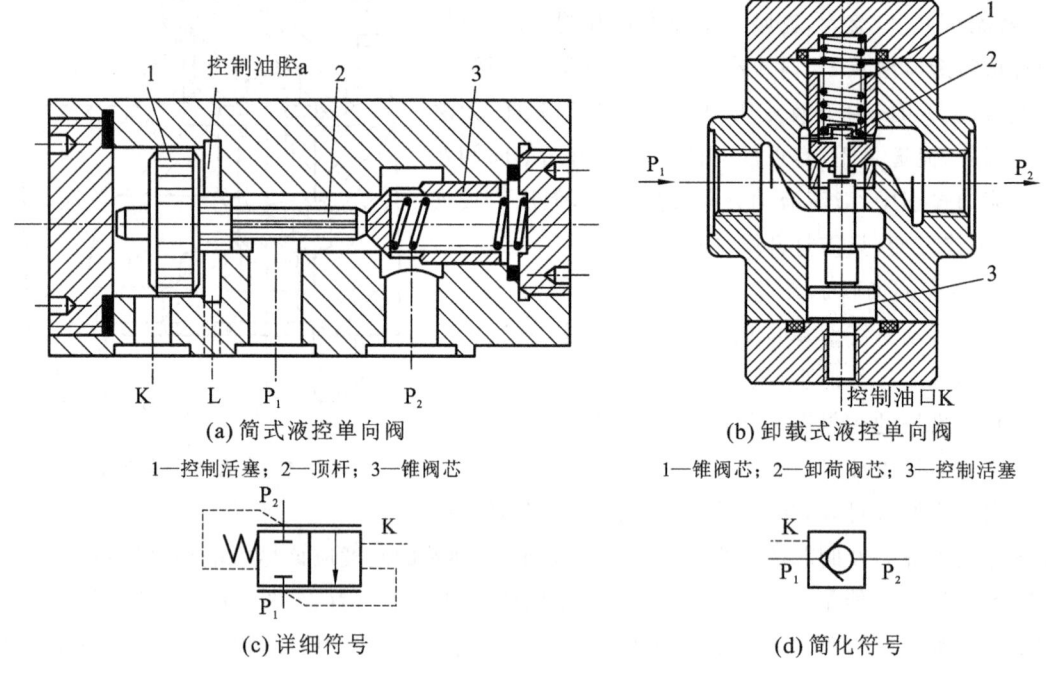

控制油腔a

(a) 简式液控单向阀

1—控制活塞；2—顶杆；3—锥阀芯

(c) 详细符号

(b) 卸载式液控单向阀

1—锥阀芯；2—卸荷阀芯；3—控制活塞

(d) 简化符号

图 5.3　液控单向阀

顶起,使 P_2 和 P_1 两腔完全连通。卸荷式液控单向阀可用于用较低油压控制较高油压的油路,其控制油压约为主油路工作压力的 5%,同时可避免简式液控单向阀因高压回路油液的压力突然下降而产生的冲击,故卸荷式液控单向阀可用于压力较高的场合。

　　液控单向阀按其控制活塞背压腔的泄油方式的不同,分为内泄式和外泄式。内泄式液控单向阀,控制活塞的背压腔通过内泄油孔连通单向阀的 P_1 口;外泄式液控单向阀,控制活塞的背压腔通过外泄油孔直接连通油箱。一般情况下,在反向出油口的压力较低时采用内泄式液控单向阀,在反向出油口的压力较高时采用外泄式液控单向阀,以减小所需控制压力。

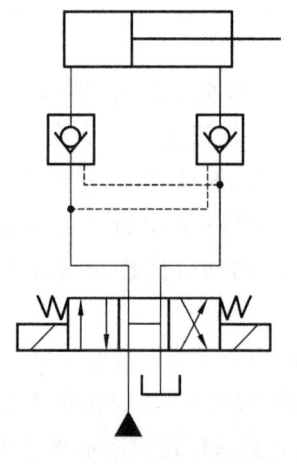

图 5.4　采用双向液压锁的锁紧回路

3）液控单向阀的性能要求及锁紧回路

　　液控单向阀常用于保压、锁紧和平衡等回路,同时也可用作液压缸等执行元件的保压、锁紧等,具有良好的单向密封性能。

　　图 5.4 所示是采用两个液控单向阀(又称双向液压锁)的锁紧回路。锁紧回路是通过切断液压缸的进、回油通道来使它在任意位置上停止,且停止后不会在外力作用下移动位置的油路。图中,当换向阀处于左位时,油液经左边的液控单向阀进入油缸左腔,同时将右边的液控单向阀打开,使油缸右腔油液能经右边的液控单向阀及换向阀流回油箱,活塞向右运动;反之,当换向阀处于右位时,油液进入油缸右腔并将左边的液控单向阀打开,使

油缸左腔回油,活塞向左运动;而当换向阀处于中位或液压泵停止供油时,两个液控单向阀立即关闭,活塞停止运动。由于液控单向阀的密封性能很好,泄漏少,可使活塞较长时间被锁紧在停止时的位置。该回路采用 H 型或 Y 型机能的三位换向阀时,液控单向阀的进油口和控制油口均与油箱连通,锁紧效果好,锁紧精度只受液压缸的泄漏和油液压缩性的影响。这种锁紧回路主要用于汽车起重机的支腿油路、矿山机械中液压支架的油路和飞机起落架的收放油路中。

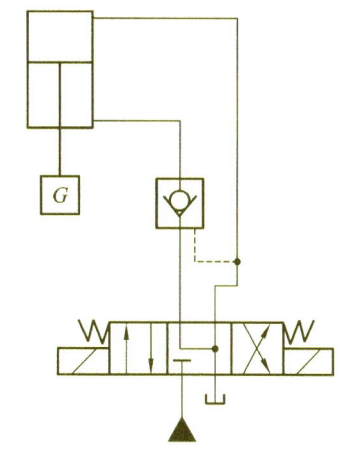

图 5.5 所示是采用液控单向阀的锁紧回路。将液压缸垂直放置并在其下腔回路安装液控单向阀,当油液推动活塞至规定位置时,操作换向阀使进油路断开,活塞(即负载)的位置即被锁定。同时,该液控单向阀也可防止由于换向阀的内部泄漏而引起的活塞杆下降。

图 5.5　采用液控单向阀的锁紧回路

5.2.2　滑阀式换向阀及换向回路

换向阀的作用是改变阀芯在阀体内的相对工作位置,使阀体各油口连通或断开,从而控制执行元件的换向或起停。滑阀式换向阀的分类如下。

按阀芯操纵方式的不同,滑阀式换向阀可分为手动换向阀、机动换向阀、电磁动换向阀、液动换向阀、电液动换向阀和气动换向阀等,其操纵方式符号如图 5.6 所示。

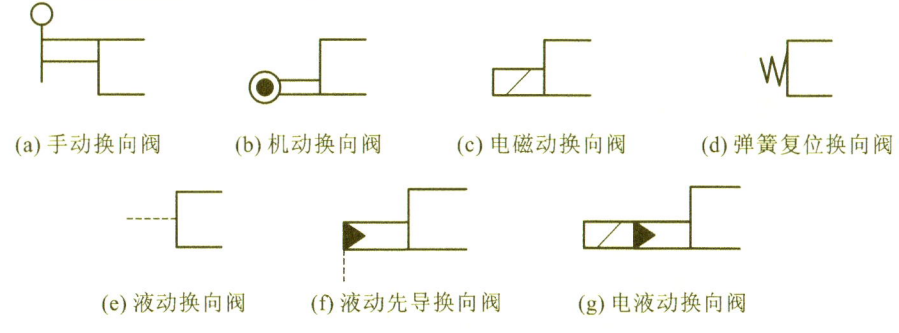

(a) 手动换向阀　　(b) 机动换向阀　　(c) 电磁动换向阀　　(d) 弹簧复位换向阀

(e) 液动换向阀　　(f) 液动先导换向阀　　(g) 电液动换向阀

图 5.6　滑阀式换向阀的操纵方式符号

按阀芯在阀体中定位方式的不同,滑阀式换向阀可分为钢球定位滑阀式换向阀、弹簧复位滑阀式换向阀、弹簧对中滑阀式换向阀等。

按阀芯工作位置数的不同,滑阀式换向阀可分为二位滑阀式换向阀、三位滑阀式换向阀、多位换向阀。

按阀体上主油路进、出油口数目的不同,滑阀式换向阀可分为二通滑阀式换向阀、三通滑阀式换向阀、四通滑阀式换向阀、五通滑阀式换向阀等。

1. 滑阀式换向阀的结构主体及工作原理

滑阀式换向阀是借助阀芯与阀体之间的相对运动来控制与阀体相连的各油路的通、断或改变液流方向的元件。

　　滑阀式换向阀主要由阀体和滑阀阀芯组成,阀体是有多个沉割槽的圆柱内孔,阀芯是有多段环形槽的圆柱体。阀体的每个槽与外部连接的主油口称为"通"。根据主油口数目的不同,滑阀式换向阀分为"二通阀"、"三通阀"、"四通阀"和"五通阀"。

　　滑阀阀芯在不同工作状态下相对于阀体的稳定工作位置称为"位"。按照稳定工作位置数目的不同,滑阀式换向阀分为"二位阀"和"三位阀"。当滑阀阀芯在阀体中进行"位"的变化时,阀体上各主油口的连通形式即发生了变化。

　　滑阀式换向阀根据主油口和稳定工作位置数目的不同称为"几位几通换向阀",其结构形式和图形符号如表 5.2 所示。

表 5.2　滑阀式换向阀主体部分的结构形式和职能符号

名　称	结构原理图	职能符号	使用场合	
二位二通阀	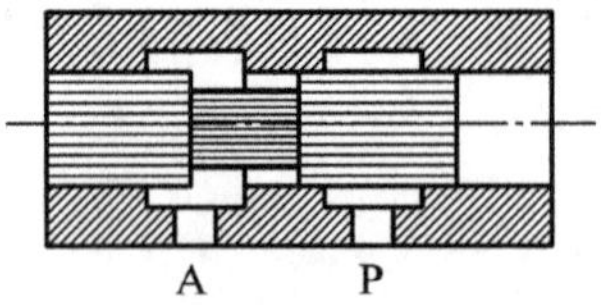	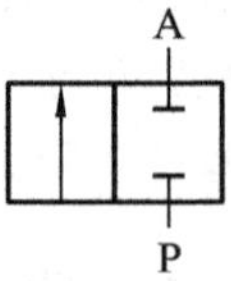	控制油路的接通与切断(相当于一个开关)	
二位三通阀	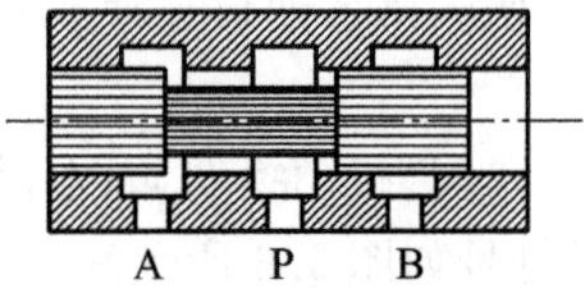	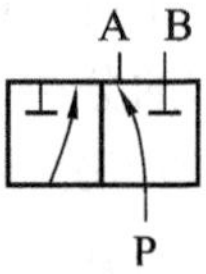	控制液流方向(从一个方向变换为另一个方向)	
二位四通阀	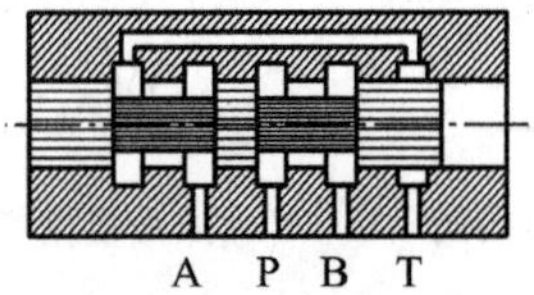	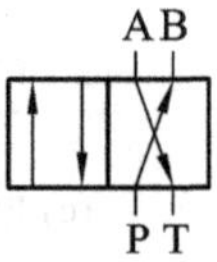	不能使执行元件在任意位置处停止运动	执行元件正、反向运动时,回油方式相同
三位四通阀	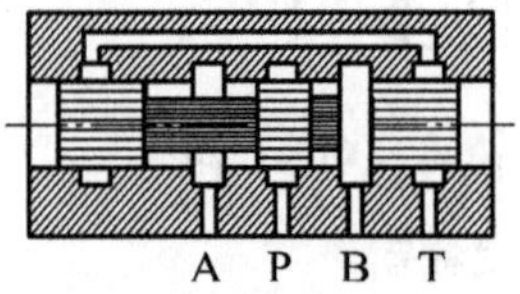	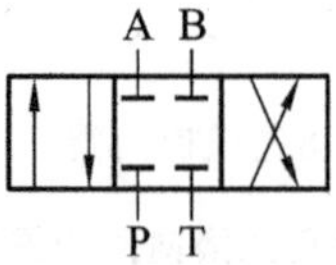	能使执行元件在任意位置处停止运动	
二位五通阀	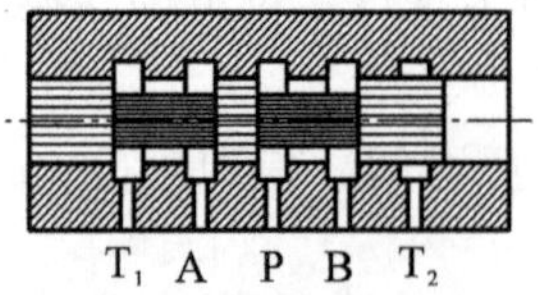	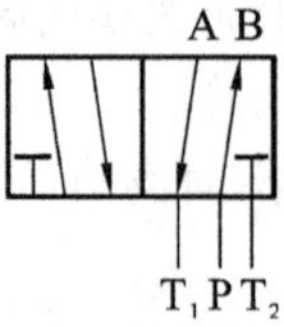	不能使执行元件在任意位置处停止运动	执行元件正、反向运动时,可以得到不同的回油方式
三位五通阀	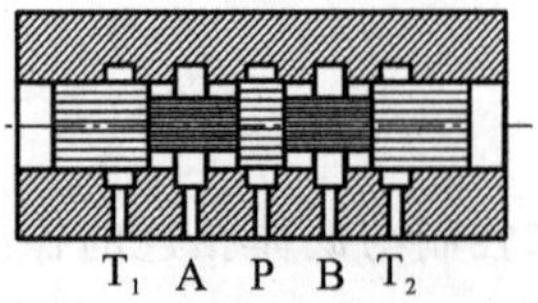	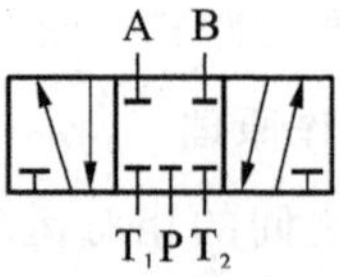	能使执行元件在任意位置处停止运动	

（注：表中"控制执行元件换向"纵向跨越四通、五通各行）

表 5.2 中的图形符号所表达的含义如下：

（1）方格数即"位"数，三格即三位。位数是指阀芯可能实现的工作位置数目。

（2）箭头表示两油口连通，但不表示流向。

（3）"⊥"或"⊤"表示油口不通。在一个方格内，箭头、"⊥"、"⊤"与方格的交点数为油口的通路数，即"通"数。

（4）控制方式和复位弹簧的符号应画在方格的两端。

（5）P 表示进油口，T 表示与油箱连通的回油口，A 和 B 表示连接其他工作油路的工作油口。

（6）三位阀的中格及二位阀侧面画有弹簧的那一方格为常态位。所谓常态位，即阀芯未受到操纵力作用时所处的位置。在液压原理图中，换向阀的职能符号与油路的连接一般应画在常态位上。二位二通阀有常开型（处于常态位置时两油口连通）和常闭型（处于常态位置时两油口不连通），应注意区别。必须指出，目前已经不再生产二位二通阀和二位三通阀，而是将二位四通阀堵塞两个油口或一个油口来实现二位二通或二位三通功能。

二位四通换向阀的工作原理如图 5.7 所示。该阀共有 A、B、P、T 四个油口，以及左、右两个工作位置。当阀芯左移时，油液自 P—A 口流入液压缸无杆腔，由 B—T 口回流至油箱，实现活塞右移；同理，当阀芯右移时，P—B 口与 A—T 口连通，液压缸有杆腔进油，活塞左移。

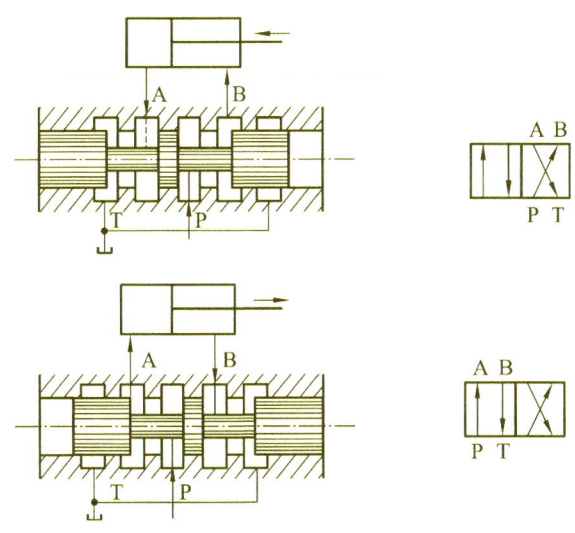

图 5.7　二位四通换向阀的工作原理

以表 5.2 中的三位五通阀为例来说明三位换向阀的工作原理。阀体上有 P、A、B、T_1、T_2 五个油口，以及左、中、右三个工作位置。当阀芯处在图示的中间位置（中位）时，五个油口各不相通，液压缸活塞不发生移动；当阀芯左移时，油口 T_2 关闭，P—A 口与 B—T_1 口连通，液压缸中的油液通过两个通道进行循环，使活塞移动；同理，当阀芯右移时，T_1 口关闭，P—B 口与 A—T_2 口连通，液压缸内油液反向循环，使活塞反向移动。这种结构形式可使五个油口存在同时断路的工作状态，故可在实际应用中使执行元件实现任意位置的固定。

2. 三位换向阀的中位机能

三位换向阀的阀芯在中间位置(即中位)时,各油口间有不同的连通方式,可满足不同的控制要求,这种连通方式称为中位机能。中位机能不同的同规格阀,其阀体通用,但阀芯台肩的结构尺寸不同,内部通油情况不同。

表5.3列出了六种常用的三位换向阀中位机能的结构原理图和中位符号。表中的四通阀,阀体两端的沉割槽相连,共同接油箱。若将两端的沉割槽由 T_1 和 T_2 两个回油口分别回油,四通阀即成为五通阀。

表5.3 六种常用的三位换向阀中位机能的结构原理图和中位符号

机能代号	结构原理图	中位符号		机能特点和作用
		三位四通	三位五通	
O	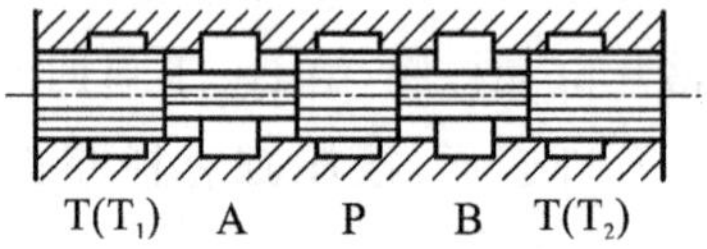	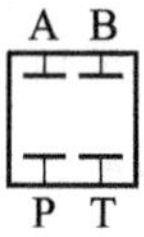	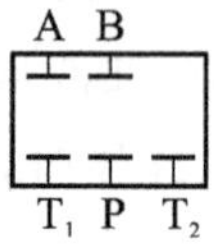	各油口全部封闭,液压缸两腔闭锁,液压泵不卸荷,液压缸充满油,从静止到起动平稳;在换向过程中,由运动惯性引起的冲击较大;换向位置精度高,可用于多个换向阀并联工作
H	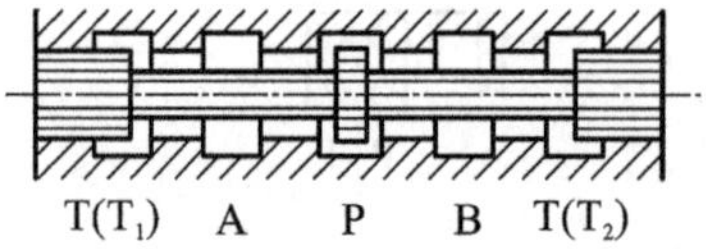	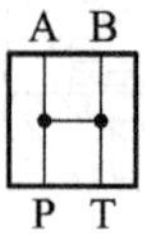	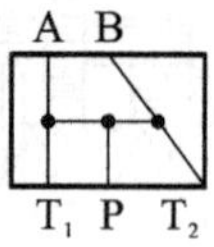	各油口互通,液压泵卸荷,液压缸呈浮动状态,液压缸两腔接油箱,从静止到起动有冲击;在换向过程中,由于油口互通,故换向较O型的平稳,但换向位置变动大
Y	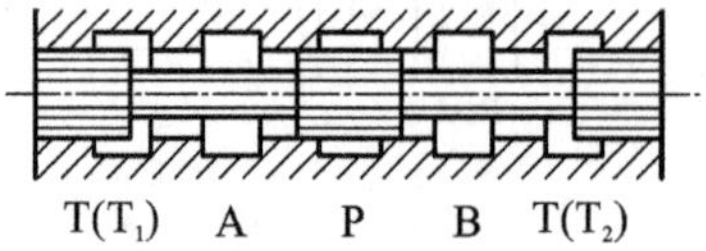	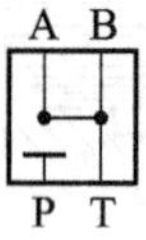	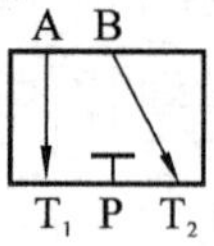	液压泵不卸荷,液压缸两腔通回油,液压缸呈浮动状态,从静止到起动有冲击,制动性能介于O型与H型之间
P	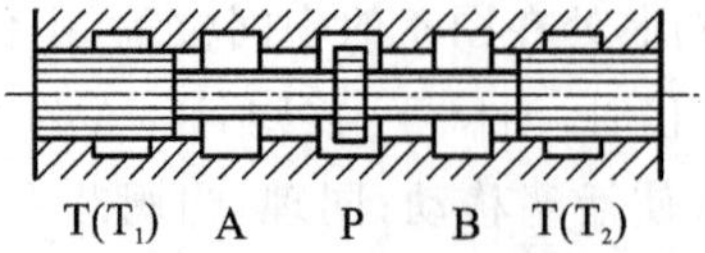	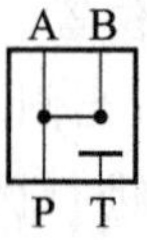	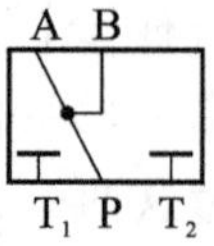	回油口关闭,油液与液压缸两腔连通,可实现液压缸差动连接,从静止到起动较平稳;制动时液压缸两腔均通油液,故制动平稳;换向位置变动比H型的小

续表

机能代号	结构原理图	中位符号		机能特点和作用
		三位四通	三位五通	
K	T(T₁) A P B T(T₂)	A B P T	A B T₁ P T₂	液压泵卸荷,液压缸一腔封闭,一腔接回油,两个方向换向时性能不同,不能用于多个换向阀并联工作
M	T(T₁) A P B T(T₂)	A B P T	A B T₁ P T₂	液压泵卸荷,液压缸两腔封闭,从静止到起动较平稳;换向时与O型的相同,可用于液压泵卸荷、液压缸锁紧的液压回路中

在分析和选择阀的中位机能时,通常要考虑系统是否有保压或卸荷要求、执行元件的换向精度和平稳性要求、重新起动时是否允许有冲击的要求、执行元件"浮动"或可在任意位置停止的要求等。

3. 常用的滑阀式换向阀

1) 手动换向阀

手动换向阀是用手动杠杆操纵阀芯换位的换向阀。按换向定位方式的不同,手动换向阀可分为弹簧复位式手动换向阀和钢球定位式手动换向阀两种。

弹簧复位式手动换向阀如图5.8(a)所示。当用手向右推动手柄,使阀芯左移至左位时,P口与A口相通,B口经阀芯轴向孔与T口相通;反之,当向左拉动手柄时,阀芯向右移至右位,则P口与B口相通,A口与T口相通,液流实现换向。松开手柄时,阀芯便在两端弹簧力的作用下自动恢复至中位,此时P、A、B、T口全部封闭,弹簧复位式手动换向阀停止工作。

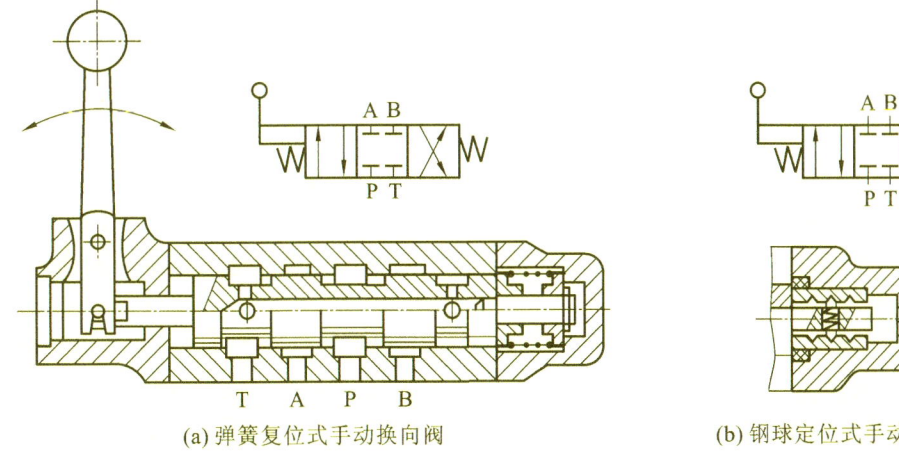

(a) 弹簧复位式手动换向阀　　　　(b) 钢球定位式手动换向阀

图 5.8　手动换向阀

因此,弹簧复位式手动换向阀适用于动作频繁、工作持续时间短、必须由人操作的场合,例如工程机械的液压传动系统。

钢球定位式手动换向阀如图5.8(b)所示,其阀芯端部的钢球定位装置可使阀芯分别停止在左、中、右三个不同的位置上,使执行机构工作或停止工作,因而可用于工作持续时间较长的场合。

2)机动换向阀

机动换向阀又称行程阀,它是利用安装在运动部件上的液压行程挡块或凸轮压阀芯端部的滚轮来使阀芯移动,从而使油路换向的。这种阀通常为二位阀,分为常闭式和常开式两种,并且用弹簧复位。图5.9所示为二位二通机动换向阀。在图示位置,阀芯2在弹簧3的作用下处于左位,P口与A口不连通;当运动部件上的液压挡块压住滚轮1,使阀芯2移至右位时,油口P与A连通。

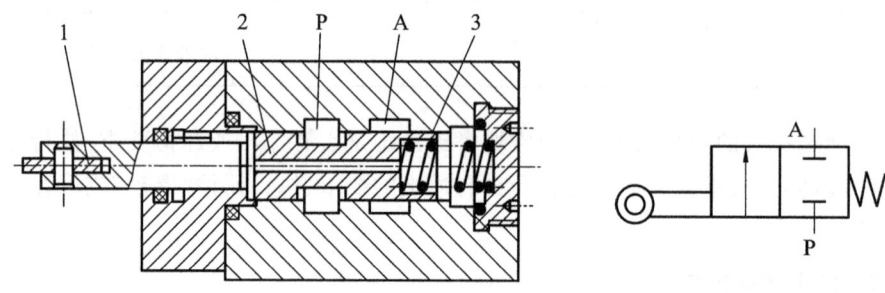

图5.9 二位二通机动换向阀
1—滚轮;2—阀芯;3—弹簧

机动换向阀结构简单,换向时阀口逐渐关闭或打开,故换向平稳,动作可靠,换向位置精度高,常用于控制运动部件的行程,或快、慢速度的转换。其缺点是它必须安装在运动部件附近,而与其他液压元件安装距离较远,不易集成化。

3)电磁换向阀

电磁换向阀是利用电磁铁的推力控制阀芯改变工作位置来实现换向的。

电磁换向阀按电磁铁所用电源的不同分为交流电磁换向阀和直流电磁换向阀。交流电磁换向阀不需要特殊电源,电磁推力大,换向时间短,但换向冲击大,噪声大,换向频率不能太高(每分钟30次左右)。若阀芯被卡住或电压降低,电磁吸引力太小,衔铁未动作,其线圈很容易烧坏。因此,交流电磁换向阀常用于换向平稳性要求不高、换向频率不高的液压传动系统。直流电磁换向阀的优点是换向平稳,工作可靠,噪声小,允许使用的换向频率高;其缺点是起动力小,换向时间较长,且需要专门的直流电源。因此,直流电磁换向阀常用于换向性能要求较高的液压传动系统。现代液压传动系统一般都采用直流电磁铁驱动的换向阀,以提高系统的可靠性。

按电磁铁的铁芯是否浸在油里,电磁换向阀又可分为干式和湿式两种。干式电磁换向阀结构简单,成本低,应用广泛。干式电磁换向阀不允许油液进入电磁铁内部,因此在推动阀芯的推杆处要有可靠的密封,此密封圈所产生的摩擦力要消耗一部分电磁推力,会影响电磁铁的使用寿命。湿式电磁换向阀可以浸在油液里工作,取消了推杆处的密封,减小了推杆运动阻力,提高了换向可靠性,同时电磁铁的使用寿命也大大提高了。湿式电磁换向阀性能好,但价格较高。

图 5.10(a)所示为二位三通干式交流电磁换向阀的结构图及职能符号。该阀左边为一交流电磁铁,右边为滑阀。电磁铁不通电时(图示位置),油口 P 通 A 口;当电磁铁通电时,衔铁 1 右移,通过推杆 2 使阀芯 3 推压弹簧 4 并向右移至端部,油口 P 通 B 口,同时 P 口与A 口断开。

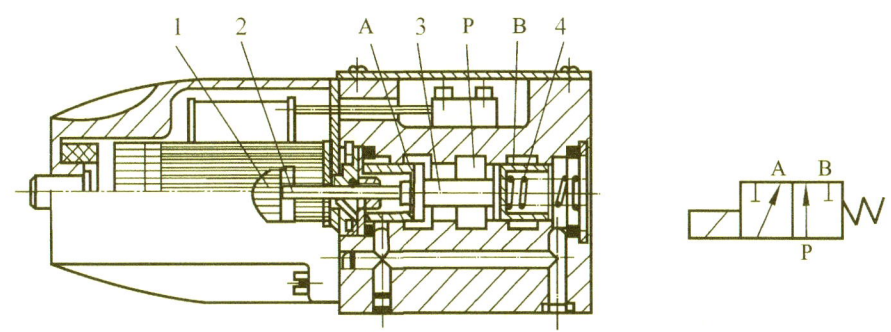

(a) 二位三通干式交流电磁换向阀的结构图及职能符号

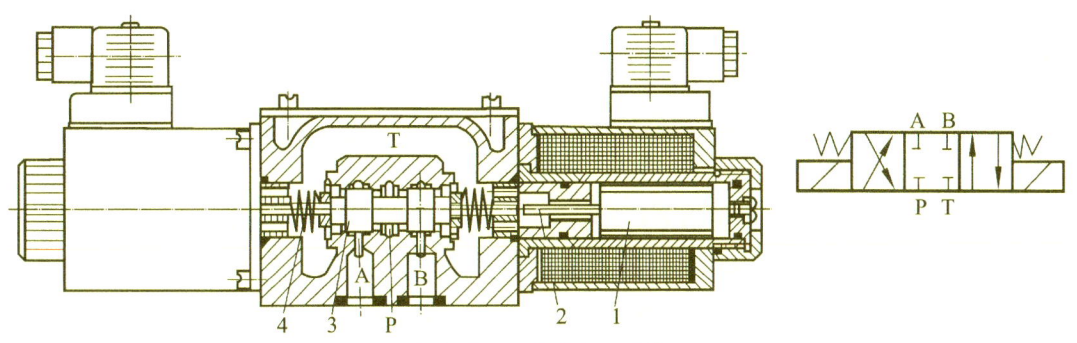

(b) 三位四通湿式直流电磁换向阀的结构图及职能符号

图 5.10　电磁换向阀

1—衔铁;2—推杆;3—阀芯;4—弹簧

图 5.10(b)所示为三位四通湿式直流电磁换向阀的结构图及职能符号。该阀左、右各有一个电磁铁和一个对中弹簧。不通电时,阀芯 3 在对中弹簧的作用下处于中位;当右端电磁铁通电时,右衔铁 1 通过推杆 2 将阀芯 3 推至左端,阀的右位工作,使油口 P 通 A 口,B 口通 T 口;当左端电磁铁通电时,阀芯 3 移至右端,阀的左位工作,油口 P 通 B 口,A 口通 T 口。

电磁换向阀控制方便,布局灵活,有利于提高设备的自动化程度,因而应用最广泛;但受电磁铁尺寸限制,难以用于切换大流量油路。当阀的通径大于 10 mm 时,常用压力油操纵阀芯换位。

4) 液动换向阀

液动换向阀是利用油液的作用力控制阀芯改变工作位置来实现换向的。它的特点是适用于大流量回路。

图 5.11 所示为三位四通液动换向阀的结构原理图。当该阀两端控制油口 K_1 和 K_2 均

不通入油液时,阀芯在复位弹簧的作用下处于中位;当 K₁ 通入油液,K₂ 接油箱时,阀芯右移,使 P 口通 A 口,B 口通 T 口;反之,K₂ 通入油液,K₁ 接油箱时,阀芯左移,使 P 口通 B 口,A 口通 T 口。

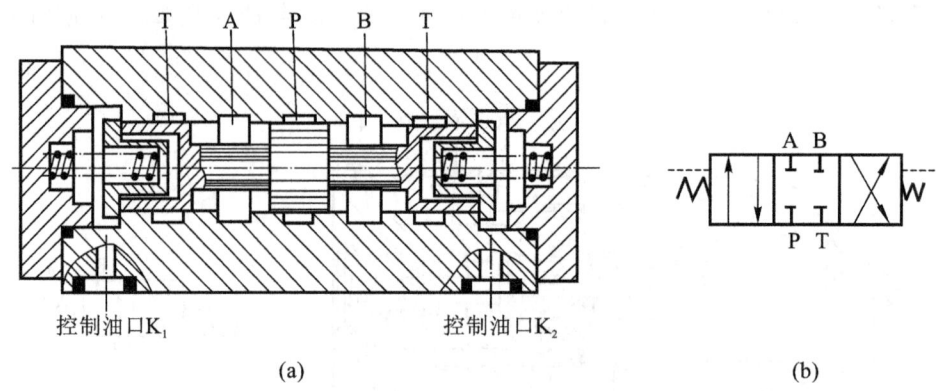

(a)   (b)

图 5.11　三位四通液动换向阀的结构原理图

5）电液换向阀

驱动液动换向阀的液压油可以采用机动阀、手动阀或电磁换向阀来进行控制。采用电磁换向阀控制液动换向阀的组合称为电液动换向阀,简称电液换向阀。电液换向阀集中了电磁换向阀和液动换向阀的优点,其中:电磁换向阀起先导控制作用,称为先导阀,其通径可以很小;液动换向阀为主阀,控制主油路换向。

图 5.12 所示为三位四通电液换向阀的结构原理图。当先导阀的两电磁铁均不通电(图示位置)时,先导阀阀芯在两端弹簧的作用下处于中位。控制油液被切断,这时主阀阀芯两端的油液经两个节流阀及先导阀的通路与油箱连通,因而主阀也在两端弹簧的作用下处于中位,油口 A、B、P、T 均不相通。当左端电磁铁 3 通电时,先导阀阀芯 4 移至右端,从主阀 P 口或外接油口 P′进入的油液经先导阀油路及左端单向阀 1 进入主阀的左端油腔,而主阀右

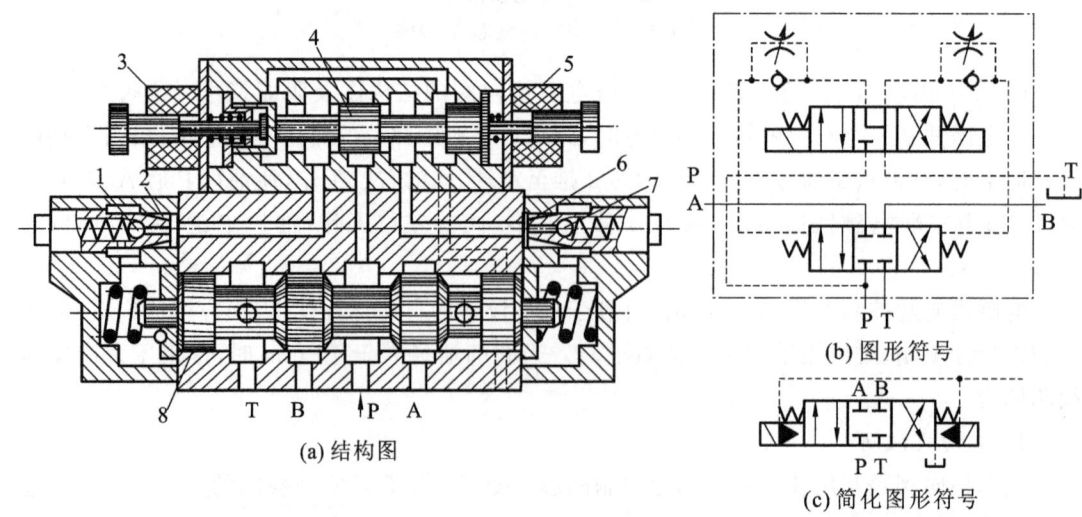

(a) 结构图

(b) 图形符号

(c) 简化图形符号

图 5.12　三位四通电液换向阀的结构原理图

1,7—单向阀;2、6—节流阀;3、5—电磁铁;4—先导阀阀芯;8—主阀阀芯

端油腔的油液则经节流阀 6 及先导阀上的通道与油箱连通,主阀阀芯 8 即在左端液压推力的作用下移至右端,即主阀左位工作,其主油路的通油状态为 P 口通 A 口,B 口通 T 口;反之,当右端电磁铁 5 通电时,先导阀阀芯 4 移至左端,主阀右端进油液,左端经节流阀 2 通油箱,主阀阀芯 8 移至左端,即主阀右位工作,其主油路的通油状态为 P 口通 B 口,A 口通 T 口。调节节流阀阀口开度的大小,可以改变主阀阀芯的移动速度,从而调整主阀换向时间,可使换向平稳、无冲击。

4. 液压滑阀的卡紧现象

液压滑阀的卡紧现象是指阀芯被活塞周围空隙中的不平衡压力卡住,该压力侧向推动活塞,引起足以阻止轴向运动的摩擦现象。在液压滑阀中,由于阀芯和阀体的中心不可能完全重合,再加上加工条件的限制,必然存在一定的几何形状误差。因此,进入液压滑阀间隙中的压力油将对阀芯产生不平衡的径向力,在一定条件下使阀芯紧贴在孔壁上,产生较大的摩擦力,严重时则使阀芯被卡住而难以操纵。同时,油液中混入杂质并进入阀芯配合间隙、阀芯变形、配合间隙不当等都会加剧卡紧现象。

为减小径向不平衡力,除了在加工工艺上要严格要求以外,一般均在阀芯上开环形均压槽。环形均压槽的尺寸是:槽宽为 0.3~0.5 mm,槽深为 0.05~0.1 mm,槽间距离为 3~5 mm。

5.2.3 转阀式换向阀

转阀式换向阀是用手动或机动操纵方式,使阀芯转位而改变油液流动方向的换向阀。图 5.13 所示为三位四通转阀式换向阀。进油口 P 与阀芯 1 上的左环形槽 c 及向左开口的轴向槽 b 相通,回油口 T 与阀芯 1 上的右环形槽 a 及向右开口的轴向槽 e、d 相通。在图示位置时,P 口经 c、b 与 A 口相通,B 口经 e、a 与 T 口相通,转阀式换向阀左位工作;当手柄 2 带动阀芯 1 沿逆时针方向转 45°时,各油口均被封堵,A、B、P、T 均不相通,转阀式换向阀处在中位;当阀芯 1 再沿逆时针方向转 45°时,油路变为 P 口经 c、b 与 B 口相通,A 口经 d、a 与 T 口相通,转阀式换向阀右位工作。手柄座上有叉形拨杆 3、4,当挡块拨动拨杆时,可使

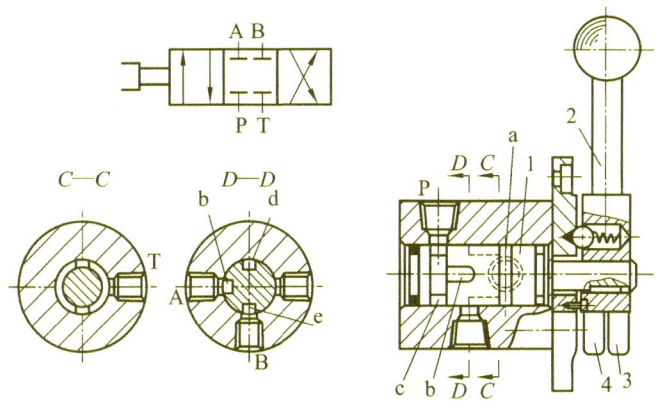

图 5.13 三位四通转阀式换向阀
1—阀芯;2—手柄;3、4—叉形拨杆

阀芯转动,从而实现机动换向。

因转阀式换向阀阀芯上所受的径向液压力不平衡,致使转动比较费力,而且密封性较差,所以转阀式换向阀一般只用于低压小流量系统,或用作先导阀。

5.2.4 球式换向阀

球式换向阀也称电磁球阀,是一种以电磁铁的推力为动力,推动钢球运动来实现油路通断和切换的阀类。球式换向阀与滑阀式换向阀相比,具有以下优点:不会产生液压卡紧现象,工作可靠性高;密封性好;对油液污染不敏感;切换时间短;使用介质黏度范围大,介质可以是水、乳化液和矿物油;工作压力可高达 63 MPa;球阀芯可直接从轴承厂获得,精度很高,价格便宜。

球式换向阀有手动、机动、电磁、液动和电液动等多种形式。目前球式换向阀只有二位阀,而且以二位三通阀为基本结构,有常开式和常闭式两种形式。

1. 电磁球式换向阀

图 5.14 所示为常开式二位三通电磁球式换向阀。该阀主要由左阀座 5、右阀座 8、球阀芯 6、弹簧 9、阀芯推杆 4、电磁铁 7、操纵推杆 1、杠杆 2 等组成。图示为其常态位,通道 a 使阀芯两端所受的液压力平衡,弹簧作用力使钢球压向左阀座,P、A 口导通,A、T 口封闭;当电磁铁通电时,杠杆推动阀芯压缩弹簧,使钢球压向右阀座,P、A 口封闭,A、T 口导通,实现换向。

图 5.15 所示为常闭式二位三通电磁球式换向阀。该阀与常开式二位三通电磁球式换向阀的区别在于,它有两个球阀,在电磁铁未通电时,A、T 口连通,P 口封闭。

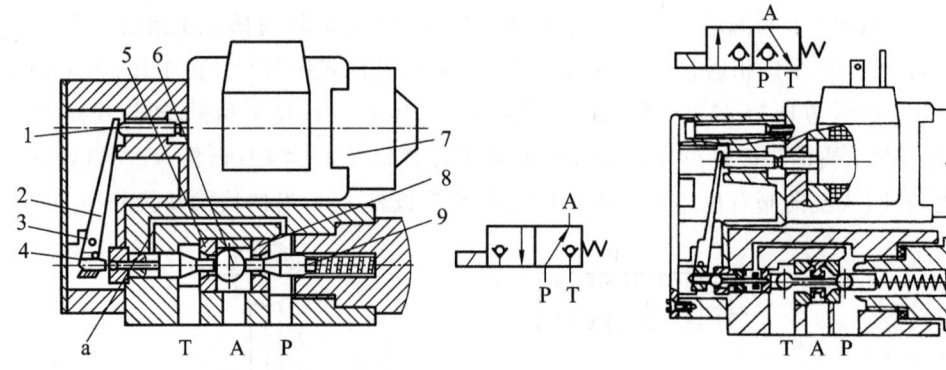

图 5.14 常开式二位三通电磁球式换向阀　　图 5.15 常闭式二位三通电磁球式换向阀

1—操纵推杆;2—杠杆;3—转动支点;

4—阀芯推杆;5—左阀座;6—球阀芯;

7—电磁铁;8—右阀座;9—弹簧

电磁球式换向阀的密封性能好,反应速度快,换向频率高,没有滑阀所需承受的液压卡紧力,换向和复位所需的力较小,主要应用在高压小流量系统中,或在大流量系统中作先导控制元件使用。

2. 液控球式换向阀

液控球式换向阀是以两种基本单元为基础,通过插装而集成的一种换向阀。图 5.16 所示的常开式二位二通液控球式换向阀单元和图 5.17 所示的常闭式二位二通液控球式换向阀单元是液控球式换向阀的基本单元,它们是利用控制油路中控制压力 p_k 的变化来改变球阀芯的位置,从而实现对油路通断关系的控制的。

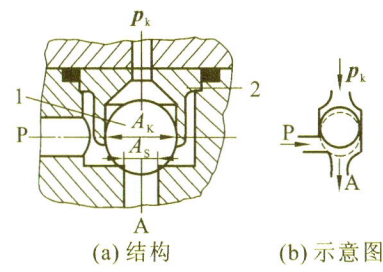 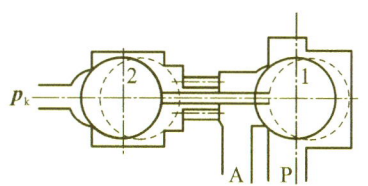

(a) 结构　　(b) 示意图

图 5.16　常开式二位二通液控球式换向阀单元　　　　图 5.17　常闭式二位二通液控球式换向阀单元

1—球阀芯;2—导向套　　　　　　　　　　　　　　　　1,2—球阀芯

在图 5.16 所示的常开式二位二通液控球式换向阀单元中,当控制油口通入控制压力为 p_k 的油液时,球阀芯 1 下降并关闭负载油口 A,P 口与 A 口封闭;当控制油口无控制压力时,P 口与 A 口连通。

在图 5.17 所示的常闭式二位二通液控球式换向阀单元中,当控制油口通入控制压力为 p_k 的油液时,球阀芯 1 被推向阀腔的右端,P 口与 A 口连通;当控制压力消失时,球阀芯 1、2 在油液的作用下被推向阀腔的左端,P 口与 A 口封闭。

以上述两种基本单元为基础,通过插装、集成,可以组成各种功能的多工位多通路的液控球式换向阀和复杂的方向控制回路,也可组成实现逻辑动作的各种逻辑门。

图 5.18 所示为应用四位四通液控球式换向阀控制液压缸运动的原理图。

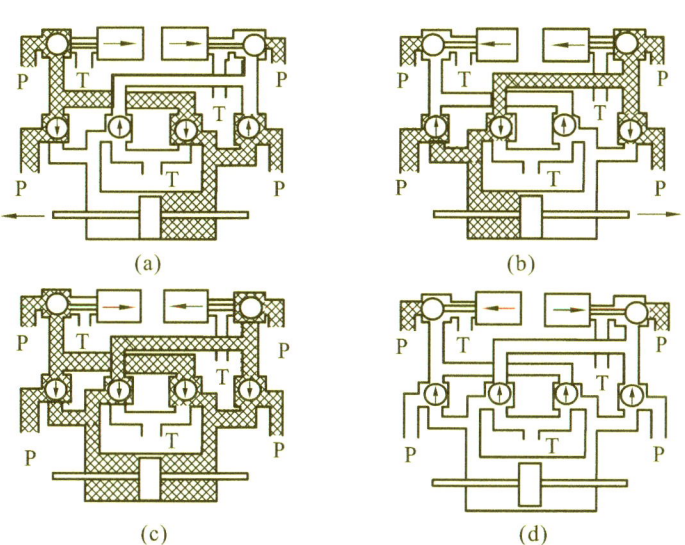

(a)　　　　　　　　(b)

(c)　　　　　　　　(d)

图 5.18　应用四位四通液控球式换向阀控制液压缸运动的原理图

表 5.4 所示为由二位二通液控球式换向阀单元组成的各种液控球式换向阀。

表 5.4　由二位二通液控球式换向阀单元组成的各种液控球式换向阀

功　能	符　号	结　构
二位二通	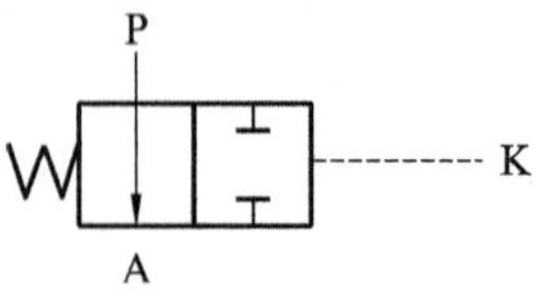 P A K	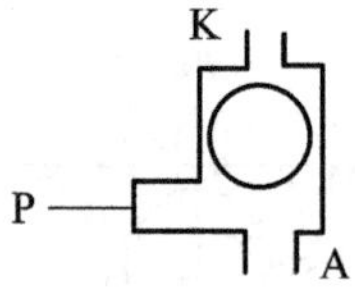 K P A
二位二通	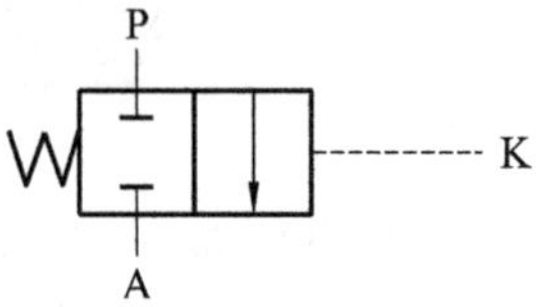 P A K	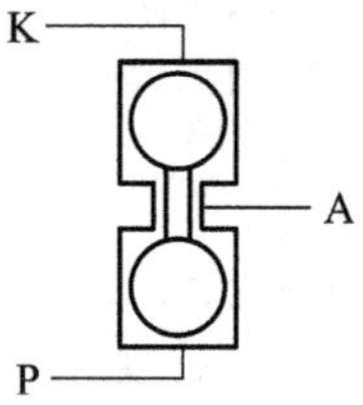 K A P
四位三通	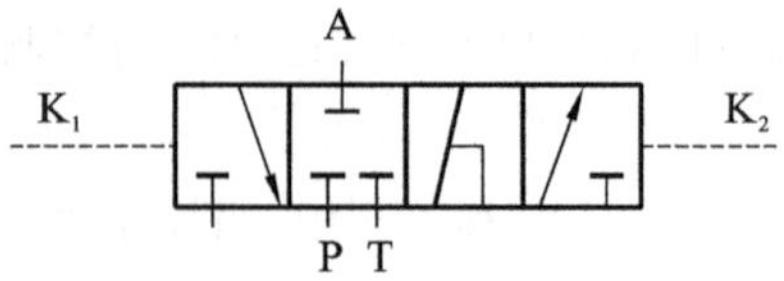 K_1　A　K_2 P　T	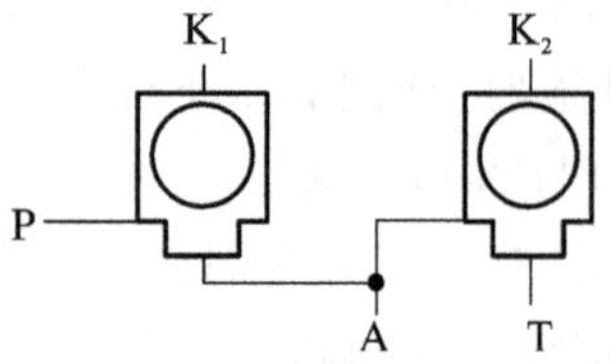 K_1　K_2 P A　T
二位三通	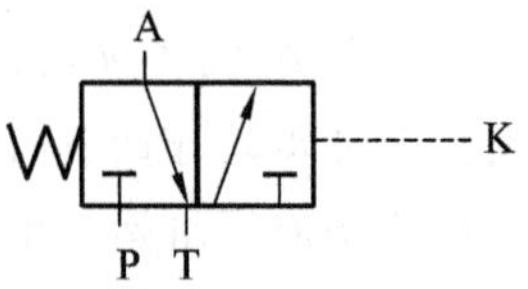 A P　T K	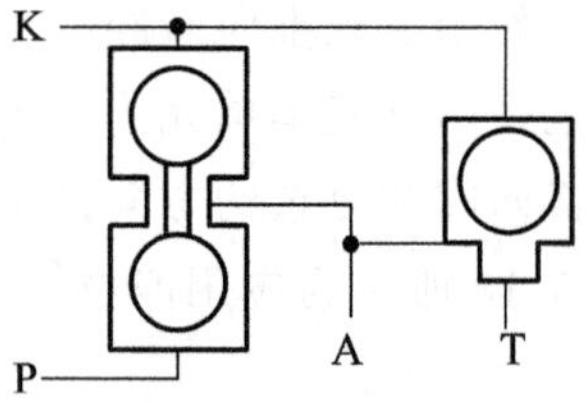 K P　A　T
二位三通	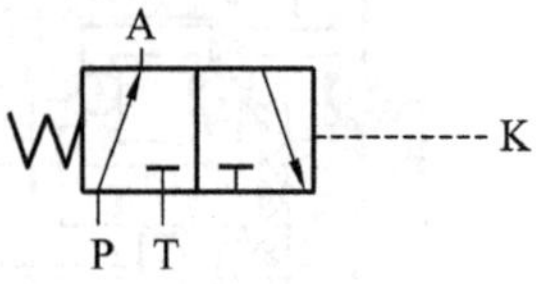 A P　T K	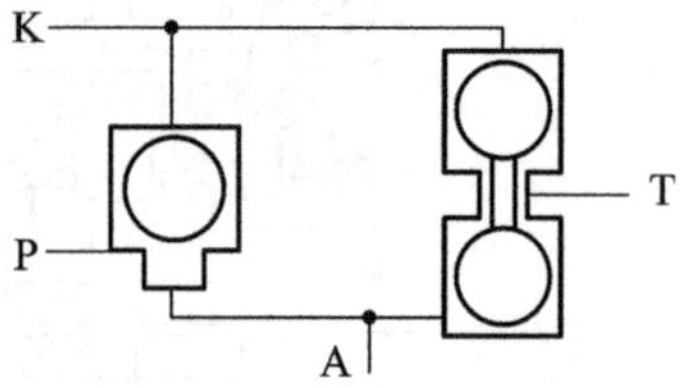 K P　T A
四位四通	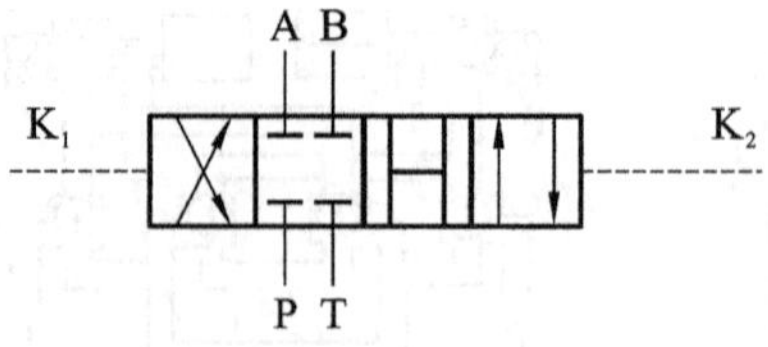 K_1　A B　K_2 P　T	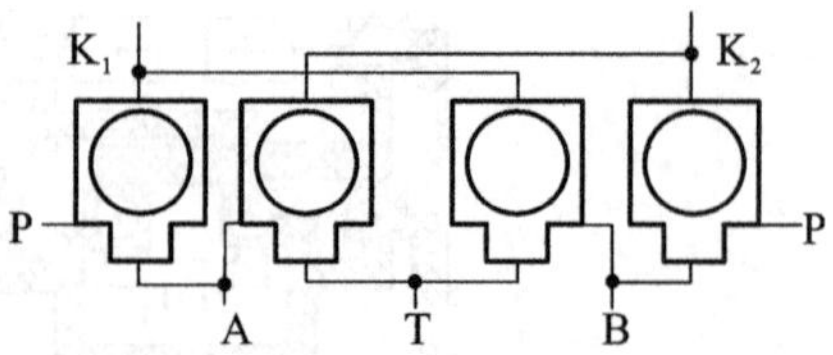 K_1　K_2 P　P A　T　B
二位四通	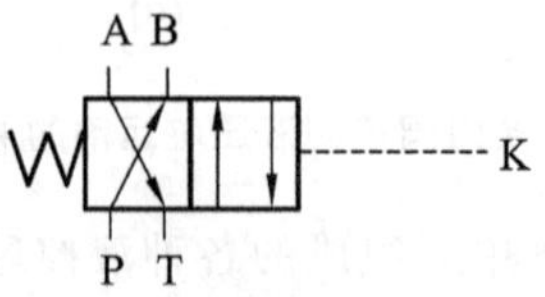 A B P　T K	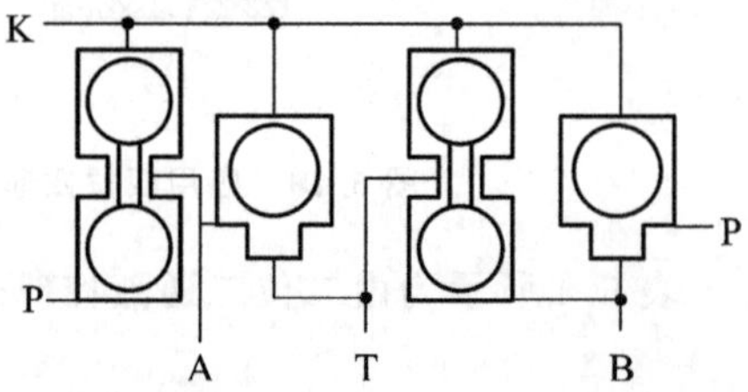 K P　P A　T　B

液控球式换向阀已应用于珩磨机、超精加工机床、液压打夯机及打桩机等的要求快速而准确的小流量换向回路中。公称通径为 10 mm 的液控球式换向阀所控制的执行元件的往复运动频率可达 45 Hz，换向精度为 0.1 mm。这种液控球式换向阀还可应用于可靠性要求特别高的液压机安全阀和电厂的液压传动开关上。

◀ 5.3 压力控制阀 ▶

在液压传动系统中，控制油液压力高低或利用压力变化来实现某种动作的阀统称为压力控制阀。常见的压力控制阀按功用分为溢流阀、减压阀、顺序阀、压力继电器等。

5.3.1 溢流阀及其应用

溢流阀通过其阀口的溢流，使被控系统或回路的压力维持恒定，从而实现稳压、调压或限压作用。溢流阀按其结构和工作原理分为直动式溢流阀和先导式溢流阀。对溢流阀的主要要求是：调压范围大，调压偏差小，压力振摆小，动作灵敏，过流能力大。

1. 溢流阀的结构和工作原理

1）直动式溢流阀

图 5.19 所示为直动式溢流阀的结构原理图，该阀主要由阀体 1、8，锥阀芯 2，调压弹簧 3、6，调节手轮（或称调节螺母）4、5，阀芯 7 组成。对于锥阀式直动式溢流阀（见图 5.19(a)），当进油口 P 的油液压力不高时，锥阀芯 2 被调压弹簧 3 压紧在阀座上，阀口关闭。当进油口油液压力升高到能克服弹簧阻力时，便推开锥阀芯 2，使阀口打开，油液就从回油口 T 流回油箱（溢流），进油口油液压力就不会继续升高。

对于低压直动式溢流阀（见图 5.19(b)），其工作原理与锥阀式直动式溢流阀的类似，油液通过进油口 P 进入阀体内，再经通道 a 引入阀芯 7 下端，直接与上端的弹簧 6 相互作用，弹簧腔的泄漏油与出油口 T 相连。当进油口 P 中的油压升高到能克服弹簧阻力时，便推动阀芯 7 运动，油液就从进油口 P 流入，从回油口 T 流回油箱。

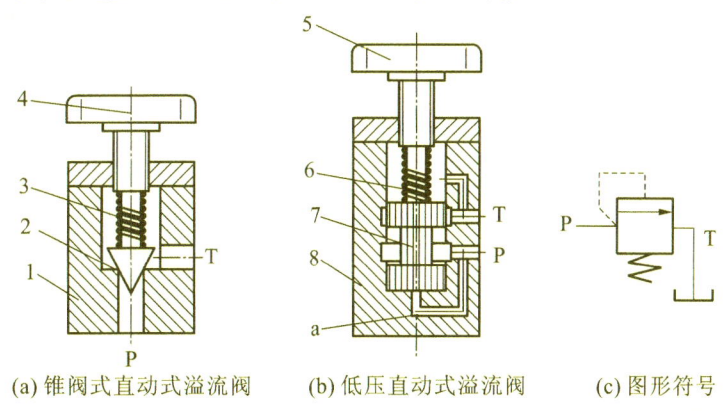

(a) 锥阀式直动式溢流阀　(b) 低压直动式溢流阀　(c) 图形符号

图 5.19　直动式溢流阀

1、8—阀体；2—锥阀芯；3、6—调压弹簧；4、5—调节手轮；7—阀芯

直动式溢流阀具有恒压性。当通过溢流阀的流量发生变化时,阀口开度也发生变化,进而引起弹簧压缩量的改变。在弹簧压缩量变化甚小的情况下,可以认为阀芯在液压力和弹簧弹力的作用下保持平衡,溢流阀进油口处的压力基本保持在弹簧调定值。拧动调节手轮,改变弹簧的预压缩量,便可调直动式溢流阀的溢流压力。

这种溢流阀因为其作用在阀芯上的液压力直接和调压弹簧力抗衡,所以称为直动式溢流阀。由于液压力直接作用于弹簧上,因此弹簧刚度应很大。当溢流量较大时,阀口开度增大,弹簧的压缩量增大,油液压力的波动大,调节手轮所需的力也较大。所以普通直动式溢流阀适用于低压小流量系统。

2) 先导式溢流阀

先导式溢流阀由先导阀和主阀两部分组成。图 5.20 所示为三节同心中压先导式溢流阀的结构简图。该阀的先导阀是一个小规格的锥阀芯直动式溢流阀,其内的弹簧为调压弹簧,用来调定主阀上腔的压力;其主阀为同心结构,用于控制主油路的溢流,主阀内的弹簧为平衡弹簧,其刚度较小,仅是为了克服摩擦力,使主阀芯及时复位而设置的。

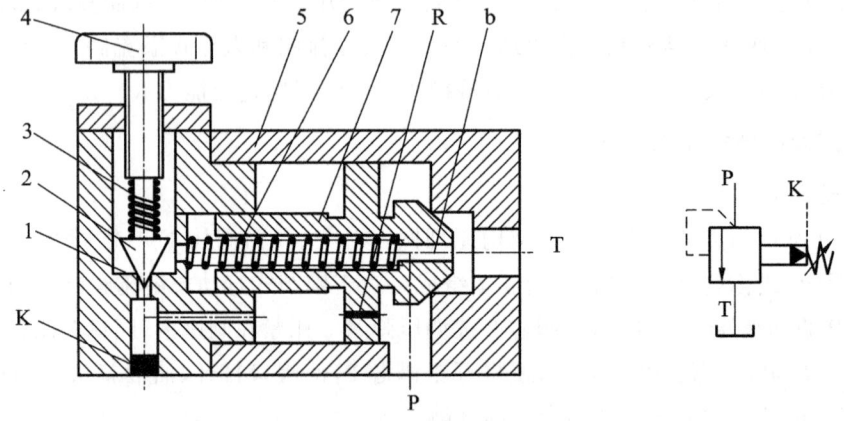

图 5.20 三节同心中压先导式溢流阀的结构简图

1—先导阀阀座;2—先导阀阀芯;3—调压弹簧;4—调节手轮;5—主阀体;6—主阀芯弹簧;7—主阀芯

当先导式溢流阀的进油口 P 通入油液时,油液可通过主阀芯 7 上的阻尼孔 R 进入左侧油腔,并通过先导阀阀体上的孔道进入先导阀的下腔。当先导式溢流阀进油口 P 处的压力较小,不足以顶开先导阀阀芯 2 时,主阀芯 7 上的阻尼孔 R 只能通油,这时主阀芯 7 左、右两腔的液压力相等,而左腔又有一个调压弹簧 3 的弹力作用,这样必使主阀芯 7 处在右端极限位置,封闭 P 口到 T 口的溢流通道。当左侧油腔压力增大到使先导阀阀芯 2 开启时,油液可以经过主阀芯 7 上的泄油孔道 b 流回主阀体 5 的回油腔 T,实现内泄。

由于阻尼孔 R 的液阻很大,靠流动阻力的作用产生压力降,使主阀芯 7 所受的液压力不平衡,当入口处的液压力达到先导式溢流阀的调定压力时,主阀芯 7 右侧作用的液压力大于左侧作用的液压力与调压弹簧 3 的作用力之和,主阀芯 7 开始向左运动,打开 P 口到 T 口的通道而产生溢流,实现溢流稳压的目的。

调节先导式溢流阀的调节手轮,便能调节溢流压力;更换不同刚度的调压弹簧,便能得到不同的调压范围。

先导式溢流阀上开有一个远程控制口 K,它和主阀芯的左腔相连,图 5.20 所示为远程控制口封闭状态。当要实行远程控制时,在 K 口处连接一个调压阀,相当于给先导式溢流阀的调压部分并联一个先导调压阀,先导式溢流阀的工作压力就由先导式溢流阀本身的先导调压阀和远程控制口上连接的调压阀中较小的调压值决定。调节远程控制口上连接的调压阀(调节压力小于先导式溢流阀本身的先导阀的调定值),可以实现对先导式溢流阀的远程控制或使溢流阀卸荷。如不使用该功能,堵上远程控制口即可。

在先导式溢流阀中,先导阀的作用是控制和调节溢流压力。该阀阀口直径较小,即使在较高压力的情况下,作用在锥阀芯上的液压力也不大,因此调压弹簧的刚度不必很大,压力调整也比较轻便;主阀芯的两端均受油压作用,主阀弹簧也只需很小的刚度。这样,当溢流量变化引起弹簧压缩量变化时,进油口处的压力变化不大。故先导式溢流阀的稳压性能优于普通直动式溢流阀。但先导式溢流阀是二级阀,其灵敏度低于直动式溢流阀。

图 5.21 所示为二节同心高压先导式溢流阀。该阀共有三个阻尼孔,分别为先导阀阀芯两个、主阀芯一个。与三节同心中压先导式溢流阀相比,二节同心高压先导式溢流阀阀芯工艺要求主阀芯的圆柱导向面、圆锥面与阀套配合良好,两处的同心度应高,可确保主阀关闭时有良好的密封性。二节同心高压先导式溢流阀阀芯的工作原理与三节同心中压先导式溢流阀的类似。阻尼孔 1 主要对先导阀阀芯开启起阻尼作用,以减少振动等;阻尼孔 2 对主阀芯的启闭产生阻尼,以提高溢流阀工作的稳定性。

由图 5.21 所示的二节同心高压先导式溢流阀的结构图可绘出图 5.22 所示的先导式溢流阀的工作原理图。

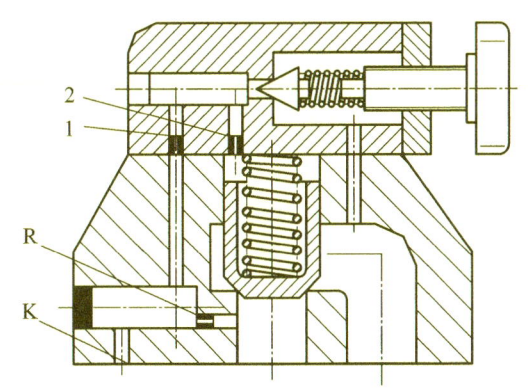

图 5.21　二节同心高压先导式溢流阀

1、2—阻尼孔;R—阻尼孔;K—远程控制口

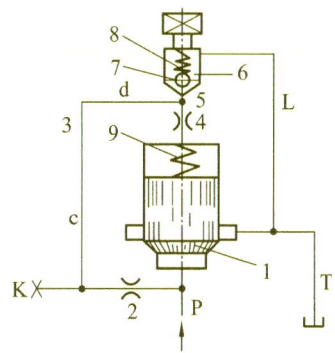

图 5.22　先导式溢流阀的工作原理图

必须指出的是,先导式溢流阀按照进油的来源和泄油去向的不同,有内控内泄、内控外泄、外控内泄、外控外泄四种组合方式。控泄方式的四种组合方便了使用,并增加了灵活性。例如,由于泄油和主阀回油汇流,在某些情况下系统压力冲击、背压等因素直接影响先导阀的启闭,导致溢流阀稳压性能下降,并引起振动和噪声。若改用外泄,就能减轻这种现象。

2. 溢流阀的应用

1) 调压溢流

利用溢流阀的溢流定压功能来保持系统或某部分压力恒定。如图 5.23 所示,溢流阀与液压泵并联,液压泵输出的油液有一部分进入液压缸,多余的油液经溢流阀流入油箱。溢流阀在此过程中常开,将系统压力稳定在调定值附近,以保持系统压力恒定。因此在这种情况下,溢流阀的作用即为调压、溢流恒压,这是溢流阀最基本的作用。

2) 安全保护

系统采用变量泵供油时,执行元件的运动速度由变量泵自身调节,系统内没有多余的油液需溢流;变量泵的供油压力由负载决定,也不需要进行稳压。这时在变量泵出油口处常接一溢流阀,其调定压力约为系统最大工作压力的1.1倍。在系统正常工作时溢流阀常闭,但该液压传动系统一旦过载,溢流阀立即打开,从而保障了系统的安全。因此,这种系统中的溢流阀又称作安全阀,如图5.24所示。

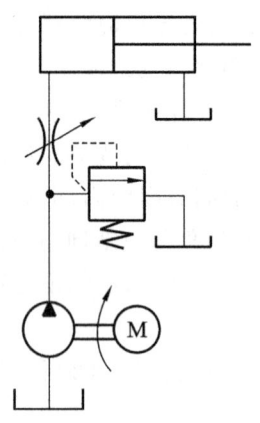 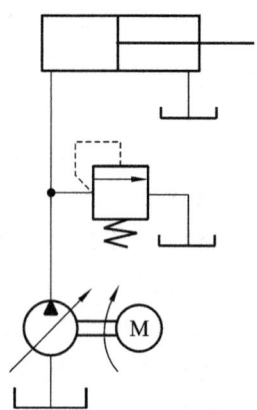

图 5.23　采用溢流阀的溢流恒压回路　　图 5.24　采用溢流阀的安全保护回路

3) 使泵卸荷

液压传动系统工作时,由于各种原因,常需要执行元件在短时间内停止工作,此时不需要液压泵供油,但也不宜关闭电动机,因为频繁起停将大大缩短电动机和液压泵的寿命。此时宜采用使液压泵卸荷的方法,即在液压泵不停止转动的情况下,使液压泵在零压或在很低压力下运转,以减少功率损耗和噪声,降低系统发热,延长液压泵和电动机的寿命。此时所构成的回路称为卸荷回路。

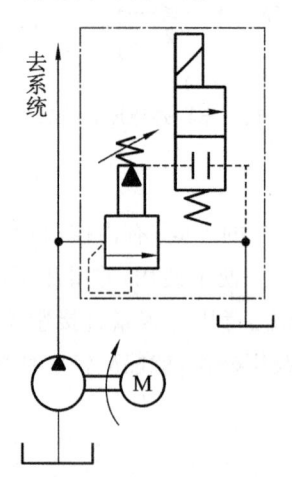

图 5.25　采用先导式溢流阀的卸荷回路

图5.25所示为采用先导式溢流阀的卸荷回路。用二位二通电磁换向阀与先导式溢流阀的远程控制口K相连,当电磁铁通电时,电磁换向阀左位工作,先导式溢流阀远程控制口K与油箱连通,此时主阀芯上腔压力接近于零。由于主阀弹簧很软,于是主阀芯在进油口压力很低时即可迅速抬起,先导式溢流阀阀口全开,液压泵输出的油液便在此低压下经先导式溢流阀全部流回油箱。液压泵接近于空载运转,功耗很小,即处于卸荷状态。这种卸荷方法所用的二位二通电磁换向阀可以是通径很小的阀。由于在实际应用中经常采用这种卸荷方法,为此,将先导式溢流阀和微型电磁换向阀组合在一起,称为电磁溢流阀。

4）远程调压

当系统需要随时调整压力时，可采用远程调压回路，如图 5.26 所示。将先导式溢流阀的远程控制口 K 与另外一个设在别处并且调压较低的溢流阀（或远程调压阀）连通，当电磁换向阀不通电即右位工作时，其主阀芯上腔中的油压只要达到低压阀的调定压力，主阀芯即可抬起溢流（其先导阀不再起调压作用），即实现远程调压。实际使用时，先导式溢流阀安装在最靠近液压泵的出口处，起安全保护作用；而远程调压阀（其调定压力低于先导式溢流阀先导阀的调定压力）则安装在操作台上，起调压作用。先导式溢流阀无论是先导阀和主阀两者中的哪个阀起作用，溢流量始终经主阀阀口流回油箱。

5）形成背压

如图 5.27 所示，将溢流阀设置在系统的回油路上，可对回油腔产生阻力，即形成液压缸的背压，用以消除负载突然减小或变为零时液压缸产生的前冲现象，提高运动部件运动的平稳性。因此，这种用途的阀也称为背压阀。

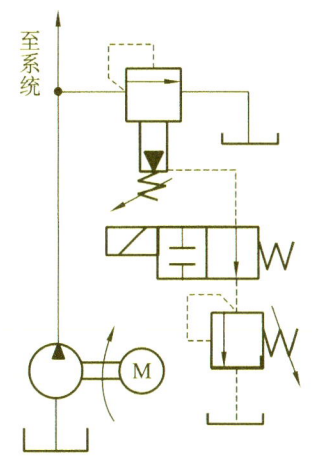

图 5.26　采用溢流阀的远程调压回路

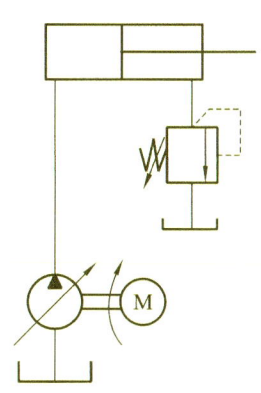

图 5.27　形成背压

3. 溢流阀的特性

溢流阀是液压传动系统中极为重要的控制元件，其工作性能对液压传动系统的工作性能的影响很大。溢流阀的特性包括静态特性和动态特性。

1）静态性能

静态特性是指溢流阀在稳定工作状态（即系统压力没有突变时）下的特性，包括压力-流量特性、启闭特性、压力稳定性及卸荷压力等。

（1）压力-流量特性。

压力-流量特性又称溢流特性，它表示溢流阀在某一调定压力下工作时，其溢流量的变化与阀进油口实际压力之间的关系。图 5.28(a) 所示为直动式溢流阀和先导式溢流阀的压力-流量特性曲线。图中，横坐标为溢流量 q，纵坐标为阀进油口压力 p。溢流量的额定值用 q_n 表示，此时溢流阀的开启压力为 p_n（或 p_s），该开启压力为溢流阀的调定值，而 p_c 和 p_c' 分别为直动式溢流阀和先导式溢流阀的开启压力。

溢流阀理想的压力-流量特性曲线是一条在 p_n 处平行于流量坐标轴的直线。其含义是：只有在系统压力达到 p_n 时才溢流，且不管溢流量 q 为多少，压力始终保持为 p_n 值不变，没有稳态控制误差（或称为调压偏差）。但实际工作中只能要求溢流阀的压力-流量特性曲线尽可能接近这条理想曲线，即调压偏差 $p_n - p$ 尽可能小，表明其恒压性能越好。由图5.28(a)可知，先导式溢流阀的压力-流量特性曲线比较平缓，调压偏差较小，故其恒压性能要优于直动式溢流阀。因此，先导式溢流阀宜用于系统溢流稳压，直动式溢流阀因其灵敏性高，宜用作安全阀。

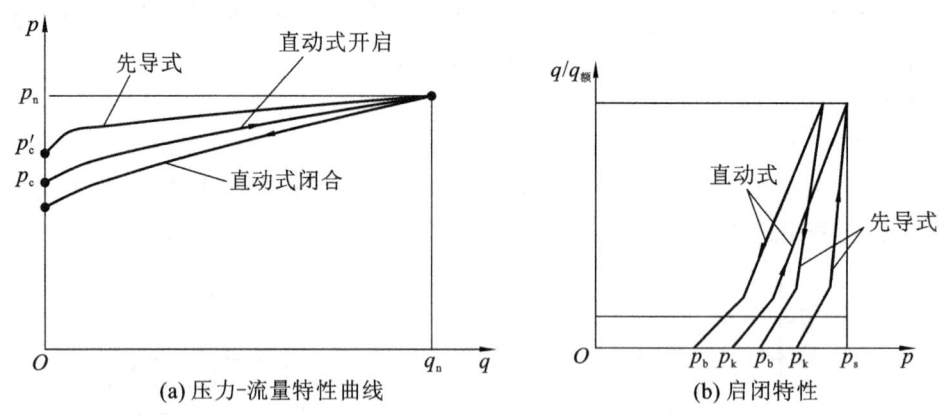

图 5.28　溢流阀的静态特性

（2）启闭特性。

溢流阀的启闭特性是指溢流阀从刚开启到通过额定流量（也叫全流量），再由额定流量到闭合（溢流量减小为额定值的 1% 以下）整个过程中的压力-流量特性。

启闭特性是衡量溢流阀定压精度的一个重要指标，一般用溢流阀处于额定流量、调定压力 p_n 时，溢流阀开启压力 p_k 及停止溢流的闭合压力 p_b 分别与 p_n 的比值来衡量，前者称为开启比，后者称为闭合比。显然，上述两个比值越大，则二者越接近，溢流阀的启闭特性就越好。为保证溢流阀有良好的稳压性能，一般规定其开启比应不小于 90%，闭合比应不小于 85%。直动式溢流阀和先导式溢流阀的启闭特性曲线如图 5.28(b) 所示。

（3）压力调节范围。

压力调节范围是指调压弹簧在规定的范围内调节，系统压力能平稳地上升或下降时的最大和最小调定压力，在调节范围内，压力无突跳及迟滞现象。溢流阀的最大允许流量为其额定流量，在额定流量下工作时溢流阀应无噪声；溢流阀的最小稳定流量取决于它的压力平稳性要求，一般规定为额定流量的 15%。

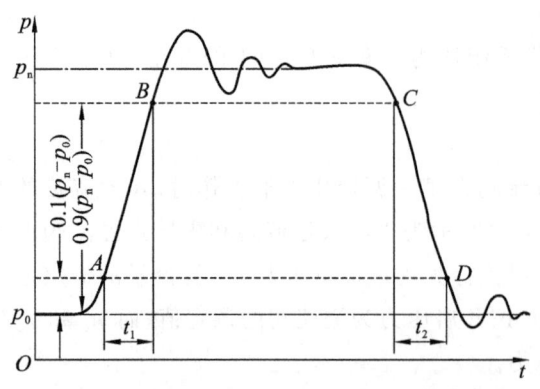

图 5.29　溢流阀升压与卸荷时的动态特性曲线

2）动态性能

溢流阀的动态性能通常是指当溢流阀在溢流量发生由零至额定流量的阶跃变化时，它的进油口压力，也就是它所控制的系统压力，将按图 5.29 所示的那样迅速升高并超过额定压力的调定值，然后逐步衰减到最终稳定压力,从而完成其动态过渡过程。

图 5.29 所示为溢流阀升压与卸荷时的动态特性曲线。其动态性能的衡量指标主要有升压过渡过程时间 t_2 和压力超调量 Δp。

(1) 压力超调量 Δp:溢流阀开始工作时,在阀口将要打开瞬间,出现系统油液压力高于调定压力的现象,称为压力超调现象。最高瞬时压力峰值与额定压力调定值 p_n 之间的差值为压力超调量 Δp,并将 $(\Delta p/p_n) \times 100\%$ 称为压力超调率。压力超调量是衡量溢流阀动态定压误差及稳定性的重要指标,一般要求压力超调率小于 10%,否则可能导致系统中的元件损坏、管道破裂或其他故障。

(2) 响应时间 t_1:从起始稳态压力 p_0 与最终稳态压力 p_n 之差的 10% 上升到 90% 的时间,即图 5.29 中 A、B 两点间的时间间隔。t_1 越小,溢流阀的响应速度越快。

(3) 升压过渡过程时间 t_2:从 $0.9(p_n - p_0)$ 的 B 点到瞬时升压过渡过程的最终时刻 C 点之间的时间。t_2 越小,溢流阀的动态升压过渡过程越短。

5.3.2 减压阀及减压回路

在液压传动系统中,有时需要某一支油路获得比系统压力低而且压力恒定的压力油,此时可采用减压阀控制。减压阀是利用油液流过缝隙时产生压降的原理,使出油口压力低于进油口压力的压力控制阀。

按调节要求的不同,减压阀有三种:用于保持出油口压力为定值的定值减压阀,用于保持进、出油口压力差不变的定差减压阀,用于保持进、出油口压力成比例的定比减压阀。其中定值减压阀应用最广,如不指明,通常所称的减压阀即指定值减压阀。定值减压阀也有直动式和先导式两种。直动式很少单独使用,先导式则应用较多。

1. 先导式减压阀

1) 先导式减压阀的结构与工作原理

图 5.30 所示为先导式减压阀的结构简图和职能符号。先导式减压阀由先导阀与主阀组成。油压为 p_1 的油液,由主阀的进油口流入,经先导式减压阀阀口 h 后由出油口流出,其压力为 p_2。出油口流出的油液经主阀体 7 和阀盖 8 上的孔道 a、b 及主阀芯 6 上的阻尼孔 c 流入主阀芯上腔 d 及先导阀右腔 e。当出油口压力 p_2 低于先导阀弹簧的调定压力时,先导阀呈关闭状态,主阀芯 6 上、下腔油压相等,它在主阀弹簧力的作用下处于最下端位置(图示位置)。这时先导式减压阀阀口 h 开度最大,先导式减压阀不起减压作用,其进、出油口油压基本相等。当 p_2 达到先导阀弹簧的调定压力时,先导阀开启,主阀芯 6 上腔油液经先导阀流回油箱 T,下腔油液经阻尼孔 c 向上流动,阻尼孔 c 上产生压力损失,使主阀芯 6 两端产生压力差。主阀芯 6 在此压力差的作用下克服上端弹簧的阻力向上抬起,关小先导式减压阀阀口 h,阀口压力降 Δp 增大,阀起到了减压作用。这时若由于负载增大或进油口压力向上波动而使 p_2 增大,在 p_2 大于弹簧调定压力的瞬时,主阀芯 6 立即上移,使先导式减压阀阀口 h 迅速关小,Δp 进一步增大,出油口压力 p_2 便自动下降,仍恢复为原来的调定值。由此可见,先导式减压阀能利用出油口压力的反馈作用,自动控制阀口开度,保证出油口压力基本上为定值。

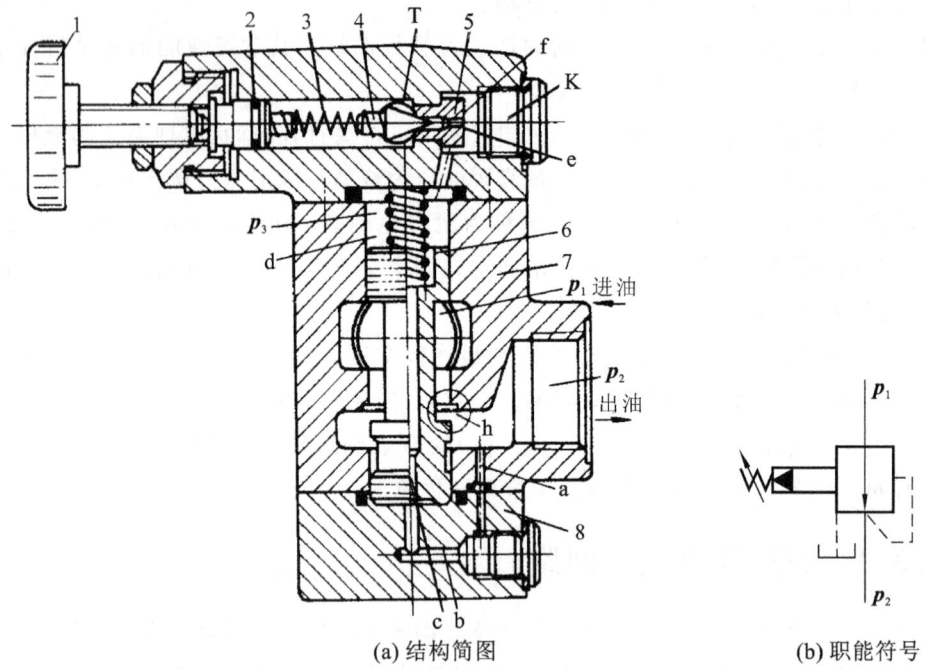

(a) 结构简图 (b) 职能符号

图 5.30 先导式减压阀的结构简图和职能符号

1—调压手轮；2—密封圈；3—弹簧；4—先导阀阀芯；5—阀座；6—主阀芯；7—主阀体；8—阀盖

先导式减压阀的阀口为常开型，其泄油口必须由单独设置的油管通往油箱，且泄油管不能插入油箱液面以下，以免造成背压，使泄油不畅，影响阀的正常工作。

当先导式减压阀的外控口 K 接一远程调压阀，且远程调压阀的调定压力低于减压阀的调定压力时，可以实现二级减压。

2）先导式减压阀与先导式溢流阀的主要区别

（1）主阀芯结构不同：先导式溢流阀主阀芯有两个台肩，而先导式减压阀主阀芯有三个台肩。

（2）先导式溢流阀保持进油口处的压力基本不变，而先导式减压阀保持出油口处的压力基本不变。

（3）在不工作的情况下，先导式溢流阀进、出油口不通，为常闭型；而先导式减压阀进、出油口互通，为常开型。

（4）为保证先导式减压阀出油口压力不变，其先导阀弹簧腔需单独与油箱连通（外泄式）；而先导式溢流阀的出油口直接连通油箱，因此其先导阀弹簧腔的油液可以在阀体内引至回油口（内泄式）。

（5）先导式溢流阀通常并联于系统，而先导式减压阀则串联于系统。

3）减压回路

减压回路的作用是使系统中某一支路获得低于系统压力调定值的稳定工作压力。如工件夹紧油路、控制油路、润滑油路中的工作压力常需低于主油路的压力，所以常采用减压回路。

图 5.31 所示为一级减压回路。根据负载的要求调整溢流阀 8,确保液压泵 3 可以提供合适的油压。将减压阀 10 串联在回路中,使支路获得一个稳定的低压,进而令液压缸 11 能获得较低而又稳定的夹紧力。回路中的单向阀 6 的作用是当主系统的压力低于减压阀 10 的调定压力时,防止油液倒流,进行短时保压。

设计减压回路时应注意:

(1) 为确保安全,减压回路中的换向阀可选用定位式的电磁换向阀,如将普通电磁换向阀设计成断电夹紧式的。

(2) 减压阀的调定压力应保证液压回路的工作可靠性,其最大值比主回路溢流阀的调定压力值低 1 MPa,最小值不得低于 0.5 MPa。

(3) 若需要使减压回路的执行元件调速,为避免减压阀泄漏口流回油箱的油液对执行元件的速度产生影响,调速元件应放在减压阀出油口的油路上。

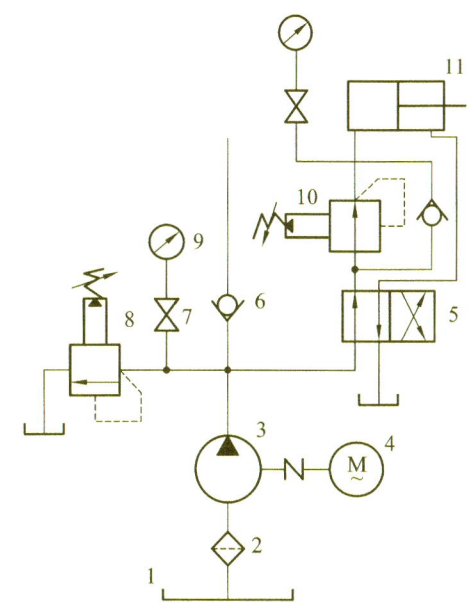

图 5.31 一级减压回路

1—油箱;2—过滤器;3—液压泵;4—电动机;

5—换向阀;6—单向阀;7—压力表开关;

8—溢流阀;9—压力表;10—减压阀;11—液压缸

2. 定差减压阀

定差减压阀的作用是使进、出油口的压力差保持为定值。如图 5.32 所示,油液自阀体右侧油口流入,产生高压力 p_1,经节流口(减压口)减压为 p_2 后,从阀体下侧油口流出。在此过程中,压力 p_2 被低压油自阀芯中心孔引至阀芯上腔,进、出油口油压在阀芯上、下两端的有效作用面积上产生的液压力之差与弹簧力相平衡。阀芯的受力平衡方程为

$$p_1 \frac{\pi}{4}(D^2-d^2)=p_2 \frac{\pi}{4}(D^2-d^2)+k(x_0+x) \tag{5.1}$$

式中,D、d 为阀芯大端外径和小端外径,k 为弹簧刚度,x_0、x 分别为弹簧预压缩量和阀芯开口量。

由式(5.1)可求出定差减压阀进、出油口的压力差 Δp 为

$$\Delta p=p_1-p_2=\frac{k(x_0+x)}{\pi(D^2-d^2)/4} \tag{5.2}$$

由式(5.2)可知,在定差减压阀规格确定时,其压力差 Δp 的大小取决于弹簧的刚度和阀芯的开口量。因此,在工作中只需尽量减小弹簧刚度 k,并使弹簧的压缩量变化较小,即 $x \ll x_0$,则此定差减压阀的进、出油口压力差就基本保持恒定。

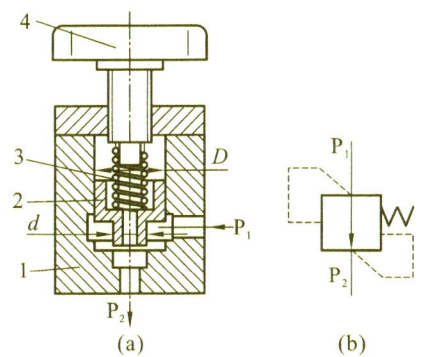

图 5.32 定差减压阀的结构图及职能符号

1—阀体;2—阀芯;3—弹簧;4—调节手轮

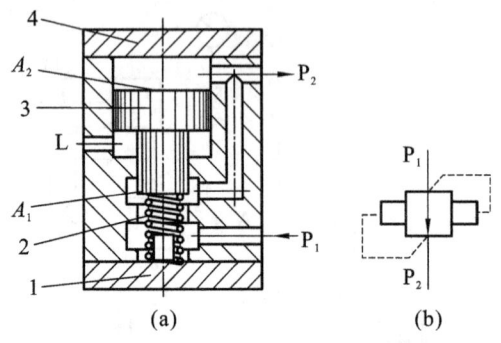

图 5.33　定比减压阀的结构图及职能符号

1—下阀盖；2—弹簧；3—阀芯；4—上阀盖

3. 定比减压阀

定比减压阀的作用是使进、出油口的压力保持恒定的比例关系。如图 5.33 所示，在稳定状态时，忽略阀芯所受到的稳态液动力、阀芯自重和摩擦力，可得到阀芯的受力平衡方程为

$$p_1 A_1 + k(x_0 + x) = p_2 A_2 \qquad (5.3)$$

式中，k 为弹簧刚度，x_0、x 为弹簧预压缩量和阀口开度。

由于弹簧的刚度较小，因此弹簧力可忽略不计，则进、出油口压力之间的关系为

$$\frac{p_2}{p_1} = \frac{A_1}{A_2} \qquad (5.4)$$

由式(5.4)可知，只要忽略弹簧的作用，就可以认为这个减压阀的进、出油口压力比为阀芯有效作用面积 A_1 和 A_2 之比，且比值近似恒定。

5.3.3　顺序阀及顺序动作回路

在液压传动系统中，除了需要进行压力的调控外，还常常需要根据油路压力的变化来控制执行元件之间的动作顺序，这时可以使用顺序阀。顺序阀是利用油路中压力的变化来控制阀口启闭，以实现执行元件顺序动作的液压控制元件，它类似于一个压力开关。

顺序阀按控制方式可分为内控式顺序阀（简称顺序阀）和外控式顺序阀（又称液控顺序阀）；按结构形式分为直动式和先导式两种，其中直动式用于低压系统，先导式用于中、高压系统。

1. 顺序阀的结构与工作原理

1）直动式顺序阀

图 5.34(a)所示为直动式顺序阀的结构简图。当该阀进油口的油压低于弹簧 6 的调定压力时，控制活塞 3 下端油液向上的推力小，阀芯 5 处于最下端位置，阀口关闭，油液不能通过顺序阀流出；当进油口油压达到弹簧的调定压力时，阀芯 5 抬起，阀口打开，油液即可从顺序阀的出油口流出，使阀后的油路工作。这种顺序阀利用其进油口压力控制阀口启闭，称为普通顺序阀（也称为内控外泄式顺序阀），其职能符号如图 5.34(b)所示。由于该阀出油口接压力油路，因此其上端弹簧腔的泄油口必须另接一油管与油箱连通，这种连接方式称为外泄式。若将下阀盖 2 相对于阀体转过 90°或 180°，将螺堵 1 拆下，在该处接控制油管并通入油液，则阀口的启闭便可由外供油液控制。这时该阀即成为液控顺序阀（也称为外控外泄式顺序阀），其职能符号如图 5.34(c)所示。若再将上阀盖 3 转过 180°，使泄油口处的小孔 a 与阀体上的小孔 b 连通，将泄油口用螺堵封住，并使顺序阀的出油口与油箱连通，则顺序阀就成为卸荷阀（也称为外控内泄式顺序阀），其泄漏油可由阀的出油口流回油箱，这种连接方式称为内泄式，其职能符号如图 5.34(d)所示。内控内泄式顺序阀在系统中可用作背压阀或平衡阀，外控内泄式顺序阀在系统中可用作卸荷阀。

在直动式顺序阀中设置控制活塞的目的是缩小阀芯受油压作用的面积，以便采用较软的弹簧来提高阀的压力-流量特性。但直动式顺序阀即使采用较小的控制活塞，弹簧的刚度

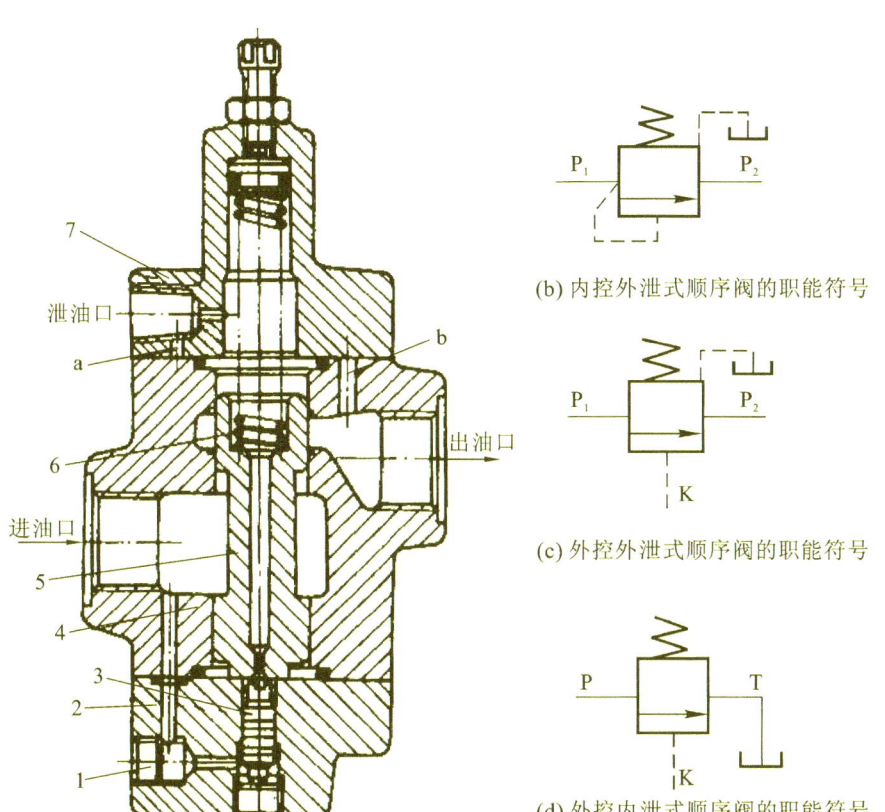

(b) 内控外泄式顺序阀的职能符号

(c) 外控外泄式顺序阀的职能符号

(d) 外控内泄式顺序阀的职能符号

(a) 直动式顺序阀的结构简图

图 5.34 直动式顺序阀

1—螺堵；2—下阀盖；3—控制活塞；4—阀体；5—阀芯；6—弹簧；7—上阀盖

仍然较大。这种顺序阀工作时的阀口开度大，阀芯的行程较大，它的启闭特性不够好。因此，直动式顺序阀只用在压力较低(8 MPa 以下)的场合。

2) 先导式顺序阀

先导式顺序阀如图 5.35 所示。P_1 为进油口，P_2 为出油口。其主阀弹簧的刚度可以很小，故可省去阀芯下面的控制柱塞，这样不仅启闭特性好，而且工作压力可大大提高。先导式顺序阀的工作原理与先导式溢流阀的相似，所不同的是先导式顺序阀的出油口不接回油箱，而是通向某一压力油路，因而其泄油口 L 必须单独接回油箱。

在装配时，分别将先导阀和端盖相对于主阀体转过一定角度，可得到内控内泄、外控外泄、外控内泄三种控制形式。外控式顺序阀阀口开启与否，与阀进油口压力的大小无关，仅取决于外控口处控制压力的大小。

图 5.35 所示的先导式顺序阀的最大缺点是外泄漏量过大。因先导阀是按顺序动作需要的压力来调整的，当执行元件完成顺序动作后，压力将继续升高，使先导阀阀口开得很大，导致油液从先导阀处大量外泄，因此在小流量液压传动系统中不宜使用这种结构的顺序阀。

图 5.36 所示的 DZ 型先导式顺序阀可使先导阀处的泄漏量大大减小。由图可知，当进油口 A 通入油液时，油液可流经两条油路：一条经主阀芯 5 流至先导阀阀芯 3 的中部环形

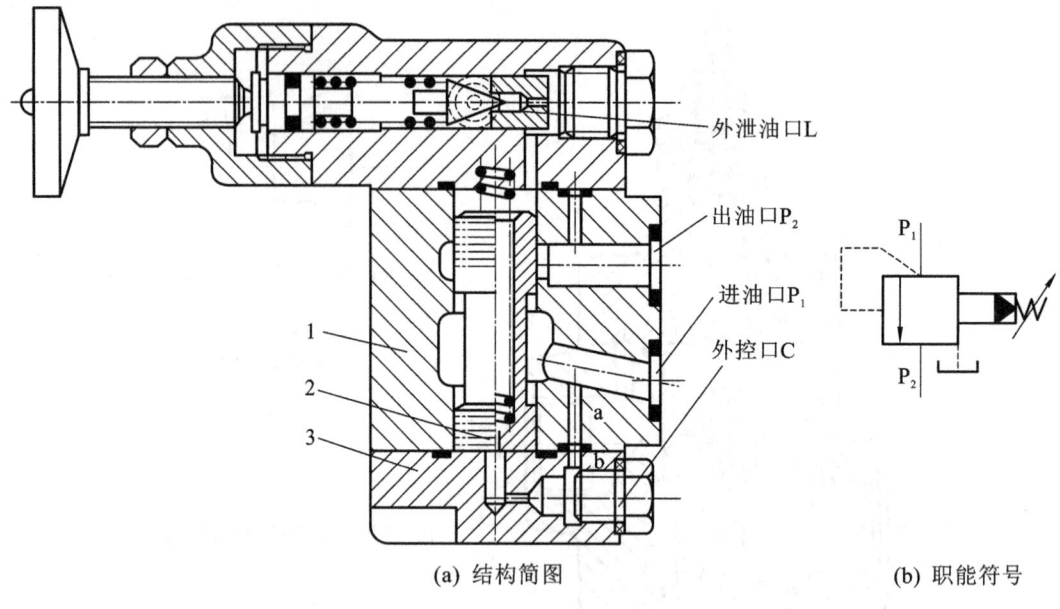

(a) 结构简图　　　　　　　　　　(b) 职能符号

图 5.35　先导式顺序阀

1—阀体；2—阻尼孔；3—下阀盖

腔,一条自先导级测压孔 2 的通道进入先导阀阀芯 3 的左腔。图示为进油口 A 的压力小于调压弹簧 7 的调定压力时各部件的位置。

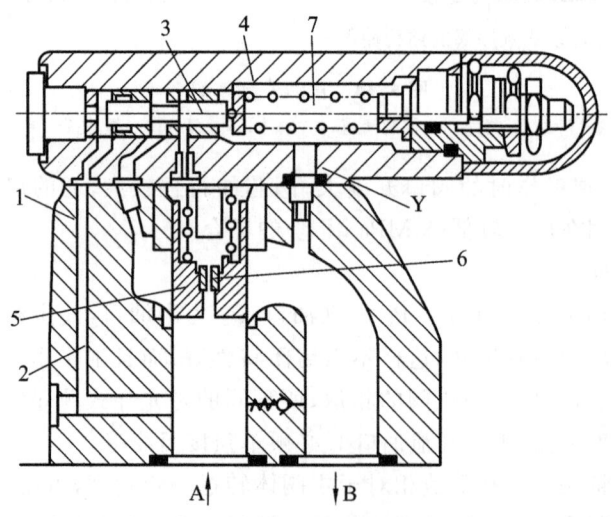

图 5.36　DZ 型先导式顺序阀

1—主阀体；2—先导级测压孔；3—先导阀阀芯；4—先导阀阀体；5—主阀芯；6—阻尼孔；7—调压弹簧

当进油口 A 的压力大于调压弹簧 7 的调定压力时,先导阀阀体 4 左端的油液推动先导阀阀芯 3 右移,使先导阀中部环形腔与顺序阀出油口 B 的通道接通,完成循环。因主阀芯存在阻尼孔 6,导致主阀上腔的压力低于下端(即进油口 A)压力,油液推动主阀芯向上运动,连通进、出油口,此时进油口 A 的压力与出油口 B 的压力近似相等。

由于流经主阀芯上的阻尼孔 6 的油液不流向泄油口 Y(该泄油口 Y 要单独接回油

箱),而是流向出油口,又因主阀上腔油压与先导式滑阀所调压力无关,仅仅通过刚度很小的主阀弹簧与主阀芯下端液压力保持主阀芯的受力平衡,故出油口压力 p_2 近似等于进油口压力 p_1,压力损失小,其泄漏量和功率损失与图 5.35 所示的先导式顺序阀相比大大减小。

顺序阀常与单向阀组合成单向顺序阀、液控单向顺序阀等使用。单向顺序阀也有内、外控之分。若将顺序阀的出油口接通油箱,且将外泄改为内泄,即可将其作平衡阀用。各种顺序阀的图形符号如表 5.5 所示。

表 5.5　顺序阀的图形符号

控制与泄油方式	内控外泄	外控外泄	内控内泄	外控内泄	内控外泄加单向阀	外控外泄加单向阀	内控内泄加单向阀	外控内泄加单向阀
名称	顺序阀	外控顺序阀	背压阀	卸荷阀	内控单向顺序阀	外控单向顺序阀	内控平衡阀	外控平衡阀
图形符号								

由上述分析可知,顺序阀的结构及工作原理与溢流阀的结构及工作原理相似,它们的区别主要有:

(1) 溢流阀的出油口直接接回油箱,而顺序阀的出油口与负载油路相通。

(2) 溢流阀弹簧腔的泄漏油液通过阀体内部孔道与出油口连通而流回油箱;而顺序阀的泄油口应单独接回油箱,以免使弹簧腔有油压。

(3) 溢流阀由调压弹簧来限定进油口的最高压力,且由于油液溢流回油箱,所以损失了油液的全部能量;顺序阀则由液压传动系统的工况来限定进油口的压力,进油口的压力升高时,阀口将不断增大,直至全开,出油口的油液对负载做功。

2. 顺序阀的应用

由于直动式顺序阀的启闭特性不如先导式顺序阀的好,所以直动式顺序阀多应用于低压系统,先导式顺序阀多应用于中、高压系统。顺序阀的作用如下。

1) 控制多个执行元件顺序动作

图 5.37 所示为采用顺序阀的压力控制式顺序动作回路,该回路使两液压缸实现①②③④顺序动作。当换向阀 5 处于左位且顺序阀 4 的调定压力大于液压缸 1 的最大前进工作压力时,油液先进入液压缸 1 的左腔,实

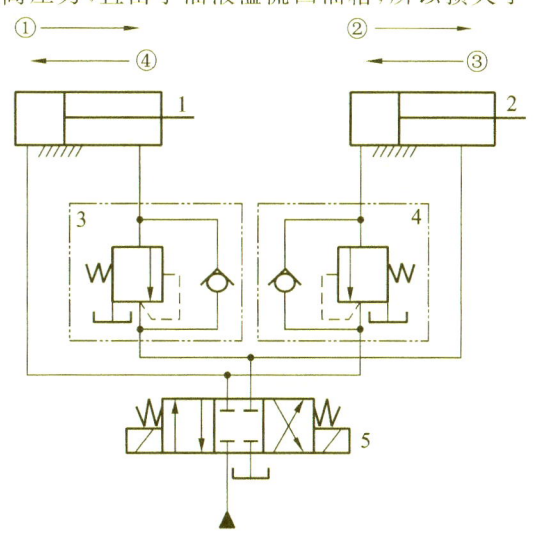

图 5.37　采用顺序阀的压力控制式顺序动作回路
1、2—液压缸;3、4—顺序阀;5—换向阀

现动作①;当液压缸 1 行至终点后,压力上升,油液打开顺序阀 4 进入液压缸 2 的左腔,实现动作②;同样地,当换向阀 5 处于右位且顺序阀 3 的调定压力大于液压缸 2 的最大返回工作压力时,两液压缸按③和④的顺序返回。

这种顺序动作回路的可靠性主要取决于顺序阀的性能及其压力调定值。为保证动作顺序可靠,顺序阀的调定压力应比先动作的液压缸的最高工作压力高出 0.8～1.0 MPa,以免系统中压力波动时顺序阀产生误动作。

2)作背压阀用

图 5.38 中回油路上的溢流阀更换为顺序阀,同样能形成恒定的背压。

3)作平衡阀用

立式液压缸的工作部件在运行停止时常会发生因自重而下滑的现象,或在下行时因自重而造成失控超速,运动不平稳。因此,为防止上述现象的发生,常采用平衡回路。图 5.38 所示为采用顺序阀的平衡回路。顺序阀 1 将液压缸 2 的下腔油路封闭,使腔内油液自然形成一个正好与活塞及重物重量相平衡的背压力,防止活塞及重物因自重而下落。平衡回路要求结构简单、闭锁性能好、工作可靠。

4)作卸荷阀用

顺序阀作卸荷阀用的系统如图 5.39 所示。液压泵 1 为高压小流量泵,其流量应略大于最大工进速度所需要的流量,液压泵 2 为低压大流量泵。液压泵 1 的流量与液压泵 2 的流量之和应等于液压传动系统快速运动所需要的流量。当执行元件快速运动时,两液压泵同时供油;当执行元件慢速运动或受外力作用而停止运动时,系统压力升高,顺序阀 3 打开,单向阀 4 关闭,使液压泵 2 卸荷。

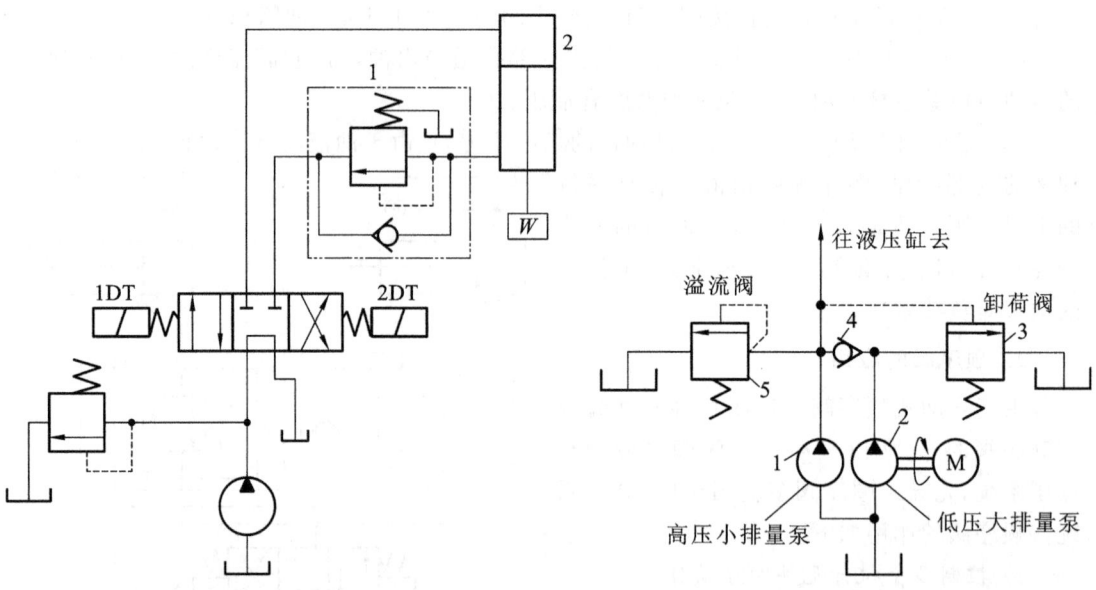

图 5.38 采用顺序阀的平衡回路
1—顺序阀;2—液压缸

图 5.39 采用液控顺序阀的卸荷回路
1、2—液压泵;3—液控顺序阀;
4—单向阀;5—溢流阀

这种回路因功率损失小,常用在速度变化较大的组合机床、注射机等设备的液压传动系统中。

5.3.4　压力继电器及其应用

压力继电器是将液压信号转变为电信号的一种信号转换元件,它根据液压传动系统的压力变化自动接通和断开有关电路,借以实现程序控制和安全保护作用。当控制油压达到压力继电器的调定压力值时,便触动电气开关发出信号,控制电磁铁、压力继电器、电动机等电气元件动作,以实现对液压传动系统各动力元件和执行元件的顺序动作、安全保护或元件动作的联锁等。

任何压力继电器都是由压力 - 位移转换装置和微动开关两部分组成的。常用的压力继电器有柱塞式、弹簧管式、膜片式和波纹管式四类,其中以柱塞式最常用。

1. 压力继电器的结构和工作原理

图 5.40 所示为柱塞式压力继电器。该压力继电器的主要结构有柱塞 1、弹簧 2、顶杆 3 和微动开关 4。油液从压力继电器下端油口通入后作用在柱塞 1 的底部,当 P 口连接的油液压力达到压力继电器动作的调定压力时,通过柱塞 1 推动顶杆 3,进而压动微动开关 4 发出电信号。

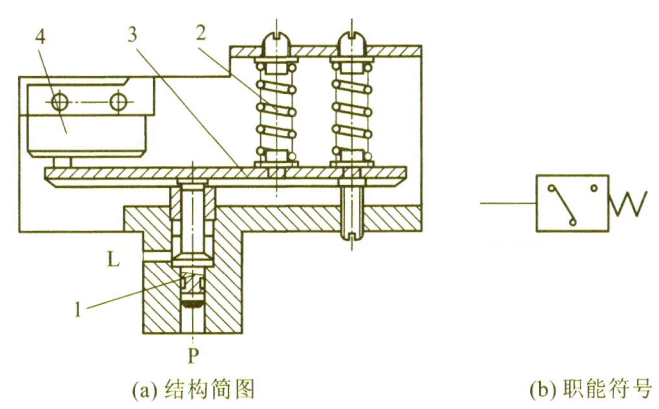

(a) 结构简图　　　　　　　　　　(b) 职能符号

图 5.40　柱塞式压力继电器

1—柱塞；2—弹簧；3—顶杆；4—微动开关

膜片式压力继电器如图 5.41 所示。该压力继电器的控制油口 K 和系统相连。当系统压力达到压力继电器的调定压力时,承压的膜片 1 变形,推动柱塞 2 上升。柱塞 2 在上升过程中利用锥面,一方面通过钢球 5 压缩弹簧 3,另一方面通过钢球 6 推动杠杆 9,使其绕销轴 10 沿逆时针方向转动。杠杆 9 压下微动开关 11 的触头,发出电信号。

当油口压力下降到一定数值时,弹簧 3 和 7 将柱塞 2 压下,此时钢球 5 和 6 进入柱塞 2 的锥面槽内,使微动开关 11 复位,电路断开。弹簧 3 的弹簧力推动钢球 5 作用在柱塞 2 向上的锥面上,其径向分力使柱塞 2 在运动时产生摩擦力。该力在柱塞 2 向上运动时与液压力方向相反,在柱塞 2 向下运动时与液压力方向相同。由于摩擦力的影响,开启微动开关 11 的压力小于闭合微动开关 11 的压力。拧动调节螺钉 4,可以改变弹簧 3 的预压缩量,从而改变微动开关 11 的闭合压力和开启压力的差值。

膜片式压力继电器因膜片的位移量小,故反应较快,重复精度高,一般误差为原调定压力的 0.5%～1.5%；其缺点是易受压力的影响,不宜在高压系统中使用。

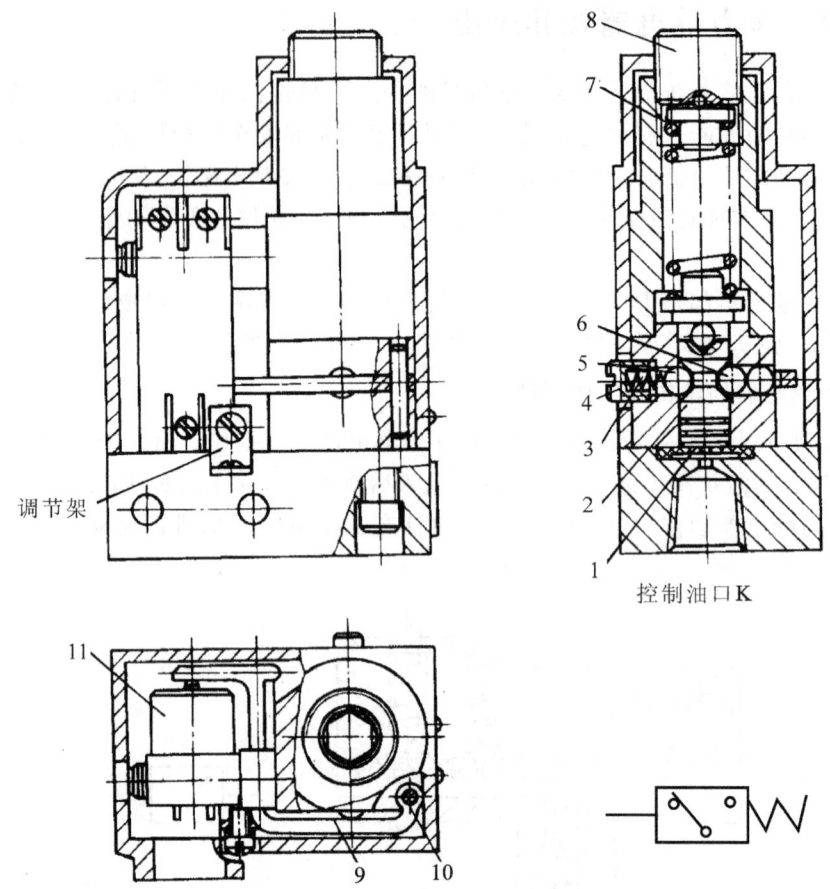

控制油口 K

图 5.41 膜片式压力继电器

1—膜片；2—柱塞；3、7—弹簧；4—调节螺钉；5、6—钢球；8—调压螺钉；9—杠杆；10—销轴；11—微动开关

压力继电器的性能指标主要有：

（1）调压范围。调压范围指发出电信号的最低压力和最高压力之间的范围。拧动调节螺钉，即可调整工作压力。

（2）通断调节区间。压力升高时压力继电器接通电信号的压力（开启压力）与压力下降时压力继电器复位切断电信号的压力（闭合压力）之差称为通断调节区间。因开启时，柱塞、顶杆移动时所受摩擦力的方向与压力的方向相反，闭合时则相同，故开启压力比闭合压力大。为避免压力变化时压力继电器的信号时通时断，不能顺序工作，要求通断调节区间应较大。中压系统中使用的压力继电器，其通断调节区间一般为 0.35～0.8 MPa。

2. 压力继电器的应用

压力继电器在液压传动系统中可用于系统的顺序控制、安全控制及卸荷控制等。如图 5.42 所示，利用压力继电器控制电磁换向阀的换向顺序，从而实现两个液压缸的顺序动作。

图 5.42 所示是采用压力继电器控制的顺序动作回路。用压力继电器 1KP 和 2KP 与两电磁换向阀配合动作，使 A、B 两液压缸实现①②③④顺序动作。在图示状态下，两电磁换

向阀均处于中位，A、B 两液压缸的活塞处
于左端位置。按下起动按钮，使电磁铁
1YA 通电，液压缸 A 的活塞向右运动，实
现动作①；当液压缸 A 的活塞行至终点后，
系统压力升高，当油压超过压力继电器
1KP 的调定压力值时，压力继电器 1KP 动
作，发出电信号，使电磁铁 3YA 通电，液压
缸 B 的活塞向右运动，实现动作②；按返回
按钮，电磁铁 1YA、3YA 断电，4YA 通电，
液压缸 B 的活塞向左退回，实现动作③；液
压缸 B 的活塞退到原位后，回路压力升高，
当油压超过压力继电器 2KP 的调定压力值
时，压力继电器 2KP 发出电信号，使电磁铁
2YA 通电，液压缸 A 的活塞后退，完成动
作④。

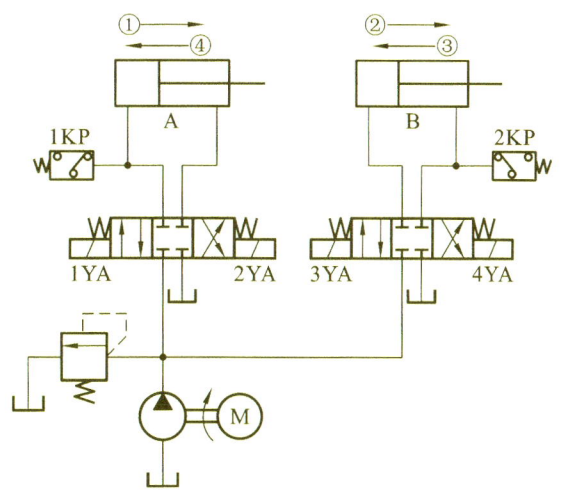

图 5.42　采用压力继电器控制的顺序动作回路

　　显然，采用顺序阀的压力控制式顺序动作回路和采用压力继电器控制的顺序动作回路
这两种回路动作的可靠性，在很大程度上取决于顺序阀和压力继电器的性能及其调定压力
值。顺序阀和压力继电器的调定压力应比先动作的液压缸的最高工作压力高 10%～15%，
以免管路中的压力冲击或波动造成误动作。这两种回路只适用于系统中执行元件数目不
多、负载变化不大和可靠性要求不太高的场合。当运动部件卡住或压力脉动变化较大时，误
动作不可避免。

5.4　流量控制阀

　　流量控制阀是液压传动系统中靠改变阀口的通流面积大小或通流通道长短来控制流量
的液压元件，它主要分为节流阀、调速阀、溢流节流阀和分流集流阀等。

　　对流量控制阀的要求主要是：①足够大的流量调节范围；②能保证的最小稳定流量小；
③温度与压力对流量的影响小及调节方便等。

5.4.1　节流阀

1. 节流阀的结构与工作原理

　　图 5.43 所示为一种普通节流阀的结构图。它的节流口为轴向三角槽式。油液从进油
口 P_1 流入，经阀芯 1 左端的节流口后从出油口 P_2 流出。利用弹簧 4 的推力使阀芯 1 始终
与推杆 2 靠紧，且节流阀的阀芯 1 上开有中心小孔，使阀芯 1 的两端所受的液压力相平
衡。调节手轮 3，使阀芯 1 在推杆 2 的作用下进行轴向移动，进而改变节流口的通流面积，即可调
节通过节流阀的流量。

2. 节流阀的流量特性

　　节流阀输出流量的平稳性与节流口的结构形式有关。节流口除轴向三角槽式之外，还

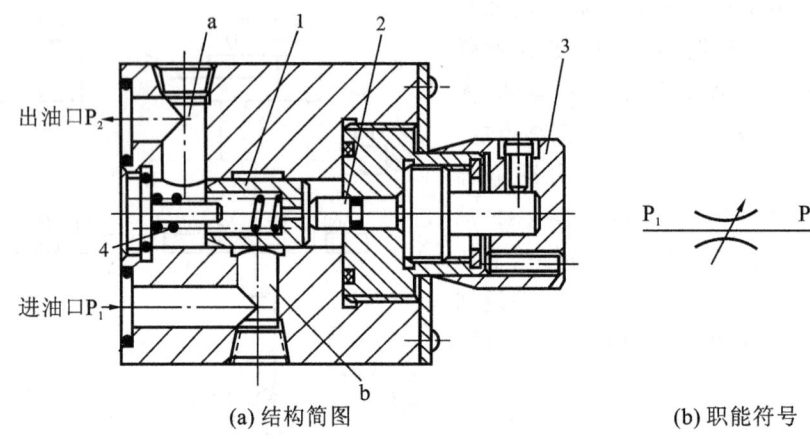

(a) 结构简图   (b) 职能符号

图 5.43 轴向三角槽式节流阀

1—阀芯；2—推杆；3—手轮；4—弹簧

有偏心式、针阀式、周向缝隙式、轴向缝隙式等，如图 5.44 所示。

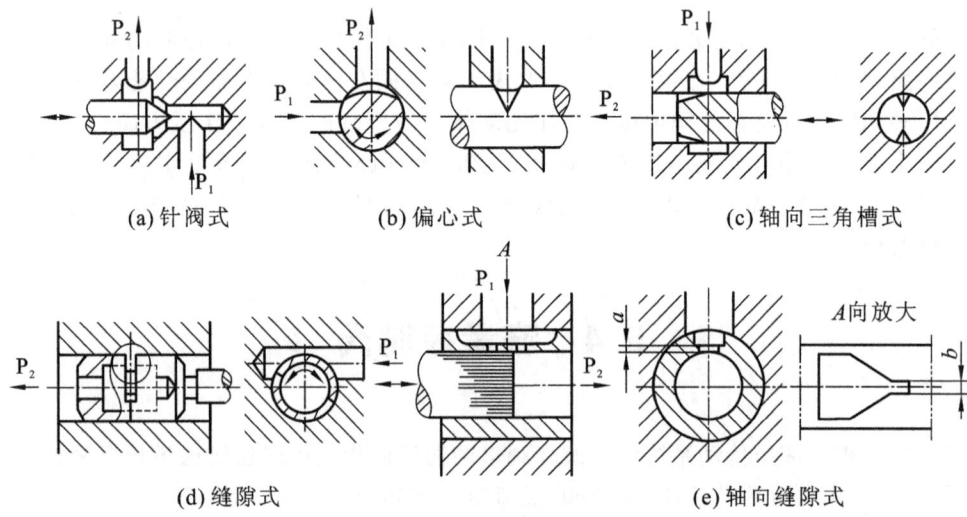

(a) 针阀式   (b) 偏心式   (c) 轴向三角槽式

(d) 缝隙式   (e) 轴向缝隙式

图 5.44 常见的节流口形式

节流阀的流量特性可用小孔流量通用公式来描述，该公式为节流阀的流量特性方程，即

$$q = KA_T \Delta p^m \tag{5.5}$$

式中：Δp 为孔口或缝隙的前后压力差；K 为节流系数，由节流口形式、液体流态、油液性质等因素决定，对于薄壁孔，$K = C_d \sqrt{2/\rho}$，对于细长孔，$K = d^2/(32 \mu L)$，其中，C_d 为流量系数，ρ 为液体密度，μ 为动力黏度，d 为孔径，L 为孔长，一般 K 值由实验得出；m 为与节流口形状有关的指数，$m = 0.5 \sim 1$，当节流口为薄壁孔时，$m = 0.5$，当节流口为细长孔时，$m = 1$；A_T 为节流阀的通流面积，随阀口形式而定。

由式（5.5）可知，通过节流阀的流量与节流阀的通流面积 A_T 及节流口两端的压力差 Δp 的 m 次方成正比。它的特殊情况是 $m = 0.5$。在节流口两端的压力差 Δp 基本恒定的条件下，调节节流阀的通流面积 A_T 的大小，就可以调节流量 q 的大小；同理，当节流阀的通流面积 A_T 基本恒定时，负载将直接影响节流阀流量的稳定性。节流口的流量-压力差特性曲线

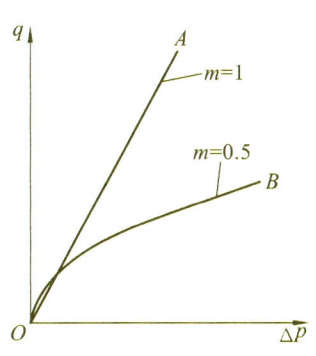

图 5.45 节流口的流量-压力差特性曲线

如图 5.45 所示。

3. 影响流量稳定性的因素

液压传动系统工作时,希望节流口的大小调节好后,流量 q 稳定不变。但实际上流量总会有变化,特别是小流量时,流量稳定性与节流口形状、节流压力差以及油液温度等因素有关。

1）压力差变化对流量稳定性的影响

当节流阀的通流面积 A_T 基本恒定时,若负载发生变化,则节流口前后压力差也会发生变化。此时,通过节流口的流量将随之改变。由式(5.5)和图 5.45 可知,与节流口形状有关的指数 m 越大,Δp 变化后对流量的影响就越大。薄壁孔($m=0.5$)比细长孔($m=1$)的流量稳定性受 Δp 变化的影响要小。

2）油温变化对流量稳定性的影响

当阀口开度不变时,若油温升高,油液黏度会降低。对于细长孔,当油温升高,使油液的黏度降低时,流量 q 就会增加。所以,节流通道长时温度对流量稳定性的影响大。而对于薄壁孔,油液的温度对流量稳定性的影响是较小的。这是由于油液流过薄刃式节流口时为紊流状态,其流量与雷诺数无关,即不受油液黏度变化的影响。节流口越接近于薄壁孔,流量稳定性就越好。

3）阻塞对流量稳定性的影响

流量小时,流量稳定性与油液的性质和节流口的形状都有关。表面上看,只要把节流口关得足够小,便能得到任意小的流量。但是油液中不可避免会有杂质,节流口开得太小就容易被堵塞,使通过节流口的流量不稳定。产生堵塞的主要原因是:①油液中的机械杂质或因氧化析出的胶质、沥青、炭渣等污物堆积在节流缝隙处。②由于油液老化或受到挤压后产生带电的极化分子,而节流缝隙的金属表面存在电位差,故极化分子被吸附到缝隙表面,形成牢固的边界吸附层,因而影响了节流缝隙的大小。以上吸附物堆积到一定厚度时,会被液流冲刷掉,随后又重新吸附在阀口上。这样周而复始,就形成流量的脉动。③阀口压力差较大时,容易产生堵塞现象。

减少堵塞现象的措施有:

（1）采用大水力半径的薄刃式节流口。一般通流面积越大、节流通道越短以及水力半径越大时,节流口越不易堵塞。

（2）选择合适的节流口前后的压力差。一般取 $\Delta p=0.2\sim0.3$ MPa。因为压力差太大,能量损失大,将会引起流体通过节流口时的温度升高,从而加剧油液氧化变质而析出各种杂质,造成阻塞。此外,当流量相同时,压力差大的节流口所对应的开口量小,也易引起阻塞。若压力差太小,又会使节流口的刚度降低,造成流量不稳定。

（3）精密过滤并定期更换油液。在节流阀前设置单独的精滤装置。为了除去铁屑和磨料,可采用磁性过滤器。

（4）构成节流口的各零件的材料应尽量选用电位差较小的金属,以减小吸附层的厚度。选用抗氧化稳定性好的油液,并控制油液温度的升高,以防止油液过快地氧化和极化,这些都有助于减少堵塞的产生。

4. 节流阀的最小稳定流量

节流阀的最小稳定流量是指能满足节流阀正常工作,无断流且流量变化相对稳定的最小流量。节流口的形状对最小稳定流量有很大影响。针形及偏心槽式节流口因节流通道长,水力半径较小,故其最小稳定流量在 80 mL/min 以上;薄刃式节流口的最小稳定流量为 20~30 mL/min。特殊设计的微量节流阀能在压力差为 0.3 MPa 的条件下达到 5 mL/min 的最小稳定流量。最小稳定流量越小,节流口的通流性越好。

5.4.2 调速阀

调速阀是定差减压阀和节流阀串联而成的组合阀,适用于执行元件负载变化大而运动速度要求稳定的系统中,也可用于容积节流调速回路中。

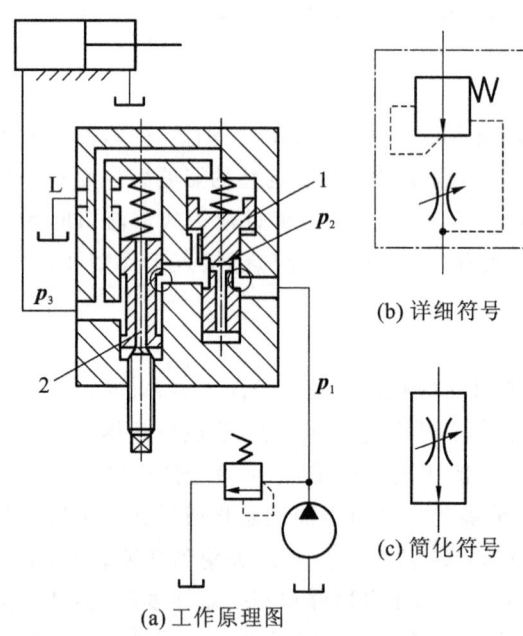

图 5.46 调速阀的工作原理图及图形符号
1—定差减压阀;2—节流阀

(b) 详细符号

(c) 简化符号

(a) 工作原理图

1. 调速阀的结构和工作原理

图 5.46 所示为调速阀的工作原理图及图形符号。图中,定差减压阀 1 与节流阀 2 串联。若定差减压阀 1 的进油口压力为 p_1,出油口压力为 p_2,负载串接在节流阀 2 的出油口处,产生的压力 p_3 由负载决定。调速阀正常工作时,$\Delta p = p_2 - p_3$ 基本恒定。当外负载增大时,p_3 增大,定差减压阀 1 弹簧腔的压力增大,阀芯原先的平衡被打破,阀芯向下移动,定差减压阀 1 阀口增大,使 p_2 增大,维持 $\Delta p = p_2 - p_3$ 基本恒定;当外负载减小时,阀芯运动情况正好相反,同样维持压力差基本恒定。

分析调速阀中的定差减压阀阀芯的受力情况,可得

$$p_2(A_1 + A_2) = p_3 A + F_s \qquad (5.6)$$

即

$$\Delta p = p_2 - p_3 = \frac{F_s}{A} \qquad (5.7)$$

式(5.6)和式(5.7)中,A_1 为阀芯下腔面积,A_2 为阀芯环形腔面积,A 为阀芯弹簧腔面积。由于定差减压阀弹簧的刚度较小,且工作过程中定差减压阀阀芯位移很小,故弹簧压缩量的变化所引起的弹簧作用力的变化也很小,即 F_s 近似为常数,从而保证了节流阀进、出油口的压力差 $\Delta p = p_2 - p_3$ 基本恒定,使得通过的流量恒定。

上述调速阀是先减压后节流的结构,也可以将调速阀设计成先节流后减压的结构,两者的工作原理基本相同。

2. 调速阀的静态特性及应用

图 5.47 所示为节流阀和调速阀的流量-压力差特性

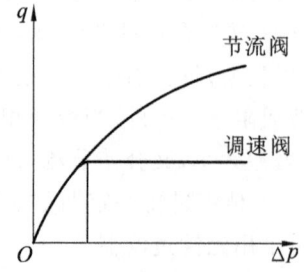

图 5.47 节流阀和调速阀的流量-压力差特性曲线

曲线。从图中可以看出,当调速阀的进、出油口的压力差达到一定值时,流量维持恒定。在调速阀进、出油口的压力差 Δp 较小时,调速阀和节流阀的流量-压力差特性曲线重合,即二者性能相同。这是因为在进、出油口的压力差较小时,调速阀内的定差减压阀不起作用,实际工作的只是节流阀。调速阀正常工作所需的压力差因调速阀的压力系列的不同而异,一般低压调速阀约为 0.5 MPa,高压调速阀为 1 MPa。调速阀的应用与前述节流阀的相似之处是:可与定量泵、溢流阀配合,组成节流调速回路;与变量泵配合,组成容积节流调速回路等。与节流阀所不同的是,调速阀应用于有较高速度稳定性要求的液压传动系统中。

3. 温度补偿调速阀

虽然普通调速阀的流量已能基本上不受外部载荷变化的影响,但是当流量较小时,节流口的通流面积较小,这时节流孔的长度与通流断面的水力半径的比值相对增大,因而油液黏度的变化对流量变化的影响也增大,所以当油温升高后油液的黏度变小时,流量仍会增大。

为了减小温度对流量的影响,常采用带温度补偿的调速阀。温度补偿调速阀由减压阀和节流阀两部分组成。减压阀部分的原理和普通调速阀的相同。节流阀部分在结构上采取了温度补偿措施,如图 5.48 所示,其特点是节流阀的芯杆(即温度补偿杆 2)由热膨胀系数较大的材料(如聚氯乙烯塑料)制成。当油温升高时,温度补偿杆 2 热膨胀,推动节流阀阀芯 4,节流阀阀口随之关小,正好能抵消由于油液黏性减小使流量增加的影响;反之,若温度降低,油液黏度增大,流量将减少,此时温度补偿杆 2 缩短,使节流口 3 增大,流量仍然维持原来的调定值。

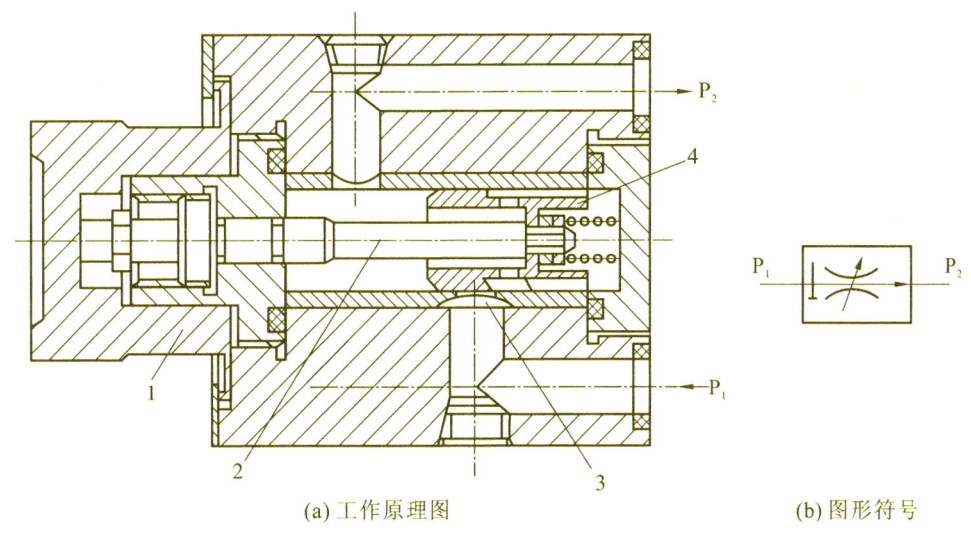

(a) 工作原理图　　　　　　　　　　(b) 图形符号

图 5.48　温度补偿调速阀的工作原理图及图形符号

1—手柄;2—温度补偿杆;3—节流口;4—节流阀阀芯

5.4.3　溢流节流阀

溢流节流阀是由定差溢流阀与节流阀并联而成的,它也是一种压力补偿型流量阀,其结构如图 5.49 所示。

进油口 P_1 处的高压油一部分经过节流阀 4 供给系统,一部分经溢流阀 2 的溢流口 T 流回油箱。溢流阀 2 的作用是保证节流阀 4 进、出油口的压力差基本恒定。溢流阀 2 的阀芯

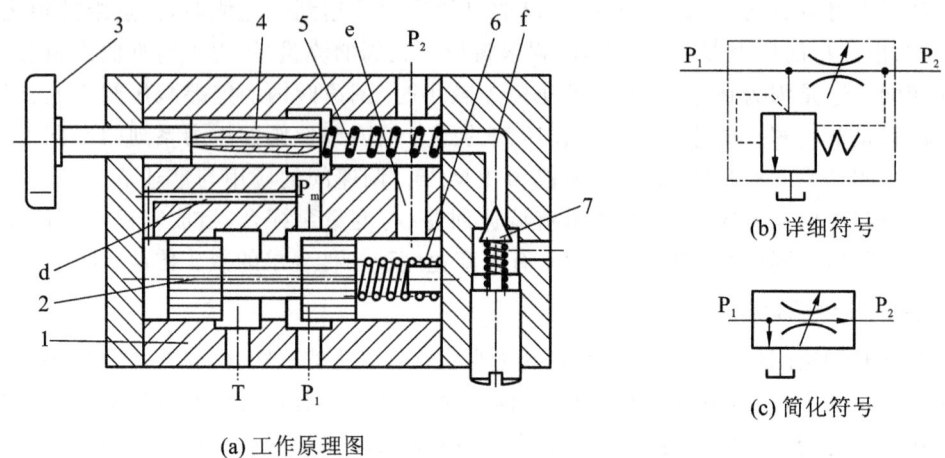

图 5.49 溢流节流阀

1—阀体;2—溢流阀;3—调节手轮;4—节流阀;5—弹簧;6—溢流弹簧;7—安全阀

左、右两端分别与节流阀 4 的进、出油口的油液相通。当负载力变化,出油口压力 p_2 增大时,溢流阀 2 弹簧腔的油压增大,溢流阀 2 的阀芯左移,阀口关小,溢流阻力增大,节流阀 4 进油口的压力 p_1 随之增加,以保证节流口压力差基本不变化;当外负载减小时,溢流阀 2 的阀芯的运动情况正好相反,同样保证节流口的压力差基本不变化。溢流阀 2 的阀芯的力平衡关系为

$$p_1A = p_2A + F_s \qquad (5.8)$$

式中:p_1 为节流阀进油口的压力,即液压泵供油压力;p_2 为节流阀出油口的压力,即由外载荷决定的压力;A 为溢流阀阀芯大端面积,即阀芯肩部面积 A_2 与下端的有效作用面积 A_1 之和;F_s 为节流阀阀芯大端的弹簧作用力。

于是有

$$p_1 - p_2 = \frac{F_s}{A} \qquad (5.9)$$

式中,A 为阀芯有效断面面积,其他符号同前。由式(5.9)可以看出,节流阀前后的压力差 $\Delta p = p_1 - p_2$ 基本不变化。这种阀上一般还附有安全阀 7(见图 5.49),用以防止系统过载。

溢流节流阀与调速阀的不同之处是,溢流节流阀必须安装在执行元件的进油口油路上。这样,溢流节流阀进油口的压力就随负载的变化而变化,其功率利用比较合理,系统的损失小,但流量稳定性不如调速阀。

5.4.4 分流集流阀

分流集流阀是分流阀、集流阀和分流集流阀的总称。分流阀的作用是使液压传动系统中由同一个能源向两个执行元件供应相同流量的油液(即等量分流)或按一定比例向两个执行元件供应油液(即比例分流),以实现两个执行元件的速度同步或成定比关系;集流阀的作用则是从两个执行元件中收集等流量或成一定比例的回流量,以实现两个执行元件的速度同步或成定比关系;分流集流阀则兼有分流阀和集流阀的功能。分流集流阀的图形符号如图 5.50 所示。

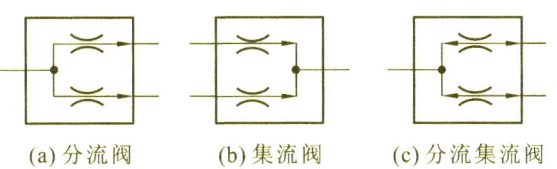

(a) 分流阀　　　(b) 集流阀　　　(c) 分流集流阀

图 5.50　分流集流阀的图形符号

1. 分流阀

图 5.51(a) 所示为等量分流阀的结构原理图,它可以看作是由两个串联减压式流量控制阀结合为一体而构成的。该阀采用"流量—压力差—力"负反馈,用两个面积相等的固定节流孔 1、2 作为流量一次传感器,其作用是将两路负载流量 q_1、q_2 分别转化为对应的压力差 Δp_1 和 Δp_2。代表两路负载流量 q_1 和 q_2 大小的压力差 Δp_1 和 Δp_2 同时反馈到公共的减压阀阀芯 6 上,相互比较后驱动减压阀阀芯来调节 q_1 和 q_2 的大小,使之趋于相等。

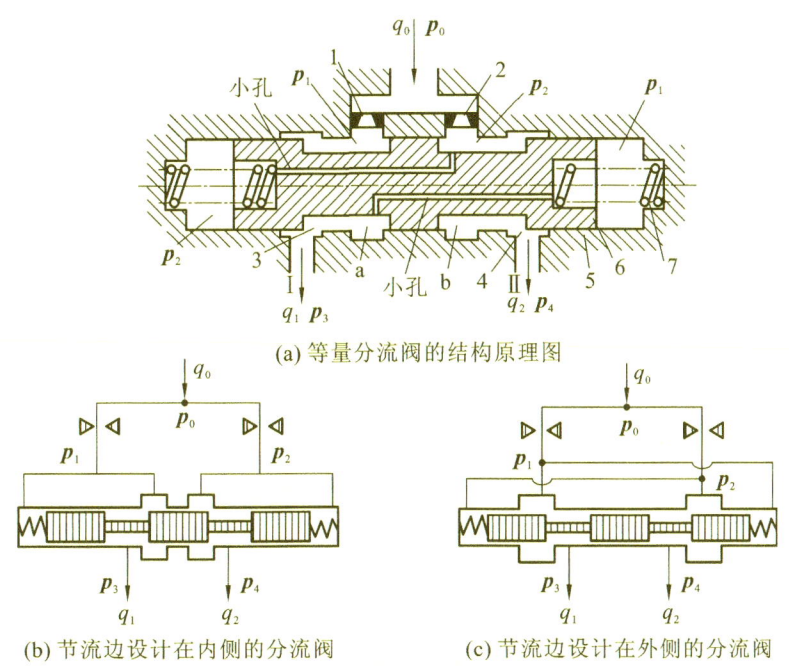

(a) 等量分流阀的结构原理图

(b) 节流边设计在内侧的分流阀　　　　(c) 节流边设计在外侧的分流阀

图 5.51　分流阀的结构原理图

1、2—固定节流孔;3、4—可变节流口;5—阀体;6—阀芯;7—对中弹簧;Ⅰ、Ⅱ—出油口

工作时,设该阀进油口油液的压力为 p_0,流量为 q_0。油液进入阀后分两路分别通过两个面积相等的固定节流孔 1、2,分别进入减压阀阀芯环形槽 a 和 b,然后由两减压阀阀口(可变节流口)3、4 经出油口Ⅰ和Ⅱ通往两个执行元件,两个执行元件的负载流量分别为 q_1、q_2,负载压力分别为 p_3、p_4。如果两个执行元件的负载相等,则分流阀出油口的压力 $p_3 = p_4$。因为阀中两个流道的尺寸完全对称,所以输出的流量亦对称,$q_1 = q_2 = q_0/2$,且 $p_1 = p_2$。当由于负载不对称而出现 $p_3 \neq p_4$,且设 $p_3 > p_4$ 时,q_1 必定小于 q_2,导致固定节流孔 1、2 的压力差 $\Delta p_1 < \Delta p_2$,$p_1 > p_2$。此压力差反馈至减压阀阀芯 6 的两端后使阀芯 6 在不对称液压力的作用下左移,使可变节流口 3 增大,可变节流口 4 减小,从而使 q_1 增大,q_2 减小,直到 $q_1 \approx q_2$ 为止,阀芯 6 才在一个新的平衡位置稳定下来,即输往两个执行元件的流量相等。当两个执行元件

的尺寸完全相同时,其运动速度将同步。

根据节流边及反馈测压面布置位置的不同,分流阀有图 5.51(b)、图 5.51(c)所示的两种不同的结构。

2. 集流阀

图 5.52 所示为等量集流阀的结构原理图。集流阀与分流阀的反馈方式基本相同,不同之处为:

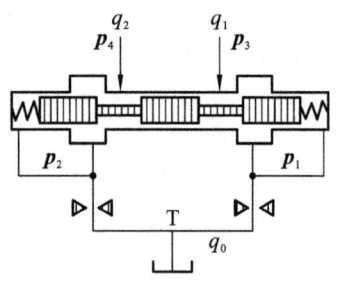

图 5.52 等量集流阀的结构原理图

(1) 分流阀安装在两个执行元件的回油路上,将两路负载的回油流量汇集在一起回油。

(2) 分流阀的两流量传感器共享进油口压力 p_0,通过流量传感器的流量 q_1(或 q_2)越大,其出油口压力 p_1(或 p_2)反而越低;集流阀的两流量传感器共享出油口压力 p_0,通过流量传感器的流量 q_1(或 q_2)越大,其进油口压力 p_1(或 p_2)则越高。因此,集流阀的压力反馈方向正好与分流阀的相反。

(3) 集流阀只能保证在执行元件回油时同步。

3. 分流集流阀

图 5.53 所示为挂钩式分流集流阀的结构原理图。分流时,因 $p_0 > p_1$(或 $p_0 > p_2$),此压力差将两挂钩阀芯 1、2 推开,该阀处于分流工况,此时的分流可变节流口由挂钩阀芯 1、2 的内棱边和阀套 5、6 的外棱边组成;集流时,因 $p_0 < p_1$(或 $p_0 < p_2$),此压力差将挂钩阀芯 1、2 合拢,该阀处于集流工况,此时的集流可变节流口由挂钩阀芯 1、2 的外棱边和阀套 5、6 的内棱边组成。

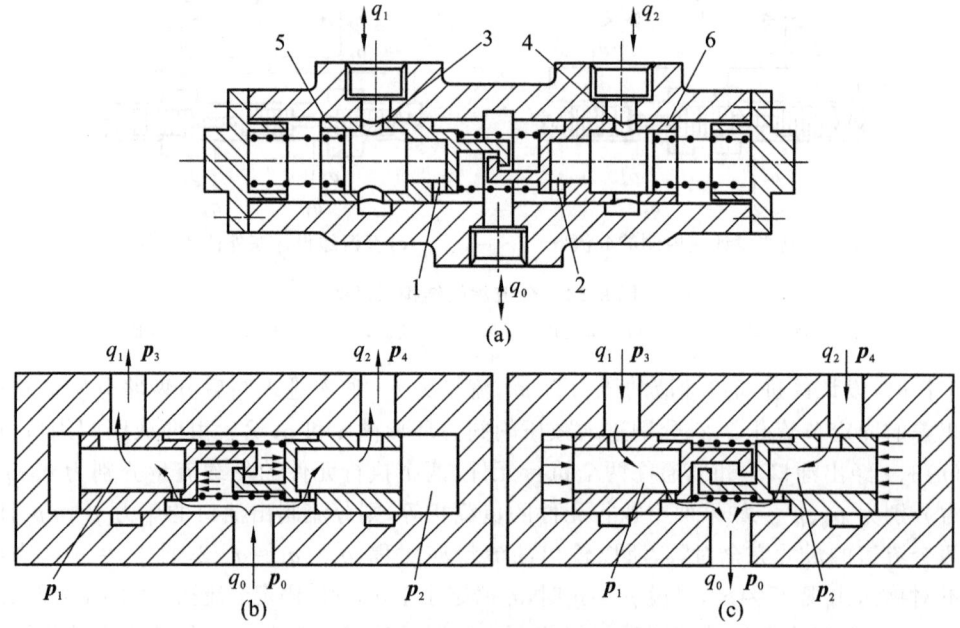

图 5.53 挂钩式分流集流阀的结构原理图

1、2—挂钩阀芯;3、4—可变节流口;5、6—阀套

4. 分流精度及影响分流精度的因素

分流阀的分流精度可用相对分流误差 ξ 表示,即

$$\xi = \frac{q_1 - q_2}{q/2} \times 100\% = \frac{2(q_1 - q_2)}{q_1 + q_2} \times 100\% \qquad (5.10)$$

由式(5.10)可知,相对分流误差的大小与进油口流量的大小和两出油口油液压力差的大小有关,其值一般为 2%~5%。另外,分流(集流)阀的分流精度还与其使用情况有关。如果使用方法适当,可以提高其分流精度;如果使用方法不当,会降低分流精度。

影响分流精度的因素可以归纳为以下几点:

(1)固定节流孔前后压力差对分流精度的影响。压力差大时,分流效果好,也比较稳定;但压力差太大会导致分流阀的压力损失大。因此,希望在保证一定的分流精度下,压力损失尽量小一些。推荐固定节流孔的压力差不低于 1 MPa。

(2)两个可变节流孔处的液压力和阀芯与阀套间的摩擦力不完全相等而产生分流误差。

(3)阀芯两端的弹簧力不相等而引起分流误差。减小分流误差的方法是:在能克服摩擦力,保证阀芯能够恢复中位的前提下,尽量减小弹簧刚度及阀芯的位移量。

(4)两个固定节流孔的几何尺寸误差引起分流误差。

值得注意的是:在采用分流(集流)阀构成的同步系统中,由液压缸的加工误差、分流之后的管路设置以及油路引起的泄漏,对执行元件的同步精度有直接影响,但对分流(集流)阀本身的分流精度没有影响。

5.5 其他控制阀

前面所介绍的方向控制阀、压力控制阀、流量控制阀都是普通液压阀,除此之外还有一些特殊的液压阀,如逻辑阀(插装阀)、比例阀和伺服阀等。本节对这些特殊用途的液压阀只做简要介绍。

5.5.1 逻辑阀

逻辑阀是 20 世纪 70 年代初研制开发出的一种较新型的液压元件。这种液压控制阀通用化程度高,通流能力强,密封性能好,能组成多种逻辑机能,在高压、大流量系统中得到广泛应用。因其结构是将基本组件插入特定的阀体内,配以盖板、先导阀等而组成的一种插装式结构,因此也称为插装阀。

1. 逻辑阀的结构及工作原理

逻辑阀的结构及图形符号如图 5.54 所示。它由控制盖板、逻辑单元(由阀套、弹簧、阀芯及密封件组成)、插装块体和先导阀组成。由于这种阀的逻辑单元在回路中主要起通、断作用,故又称为二通逻辑阀。二通逻辑阀的工作原理相当于一个液控单向阀。图中 A 和 B 为主油路仅有的两个工作油口,K 为控制油口(与先导阀相接)。当 K 口无液压力作用时,阀芯受到的向上的液压力大于弹簧力,阀芯开启,A 口与 B 口相通,至于液流的方向,视 A、B 口的压力大小而定;反之,当 K 口有液压力作用时,K 口的油液压力大于 A 口和 B 口的油液

压力,才能保证 A 口与 B 口之间关闭。

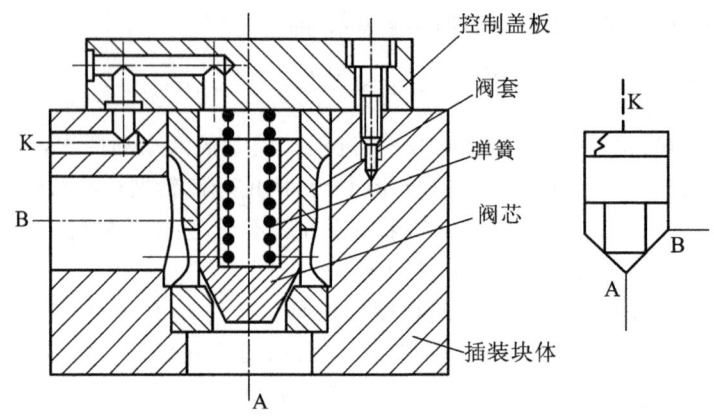

图 5.54　逻辑阀的结构及图形符号

逻辑阀与各种先导阀组合,可组成方向控制阀、压力控制阀和流量控制阀。

2. 逻辑阀的应用

逻辑阀具有结构简单、制造容易、一阀多能等特点,在制造业、工程机械等领域的大流量液压传动系统中得到了广泛的应用。

1) 逻辑换向阀

由逻辑阀组成的各种方向控制阀如图 5.55 所示。图 5.55(a)所示为单向阀,当 $p_A > p_B$ 时,阀芯关闭,A 口与 B 口不通;而当 $p_B > p_A$ 时,阀芯开启,油液从 B 口流向 A 口。图 5.55(b)所示为二位二通阀,当二位三通电磁阀断电时,阀芯开启,A 口与 B 口接通;当二位三通电磁阀通电时,阀芯关闭,A 口与 B 口不通。图 5.55(c)所示为二位三通阀,当二位四通电磁阀断电时,A 口与 T 口接通;当二位四通电磁阀通电时,A 口与 P 口接通。图 5.55(d)所示为二位四通阀,当二位五通电磁阀断电时,P 口与 B 口接通,A 口与 T 口接通;当二位五通电磁阀通电时,P 口与 A 口接通,B 口与 T 口接通。

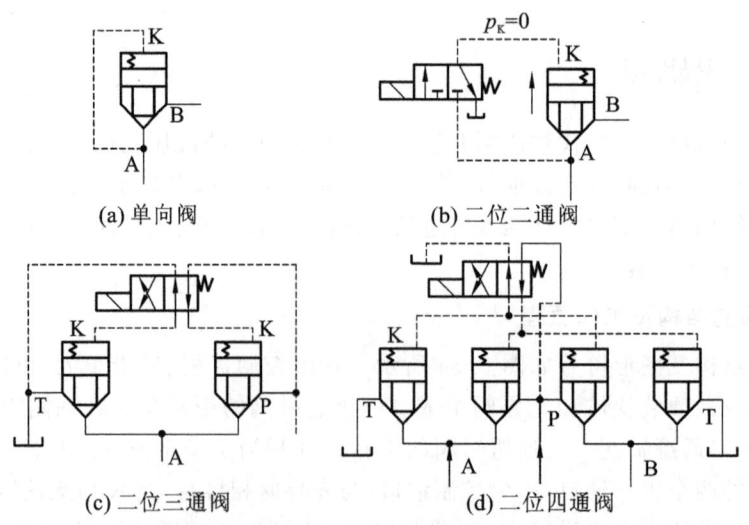

(a) 单向阀　　　　　　　　(b) 二位二通阀

(c) 二位三通阀　　　　　　(d) 二位四通阀

图 5.55　由逻辑阀组成的各种方向控制阀

2）逻辑压力阀

（1）作溢流阀或顺序阀用。

如图 5.56（a）所示，在压力型逻辑阀阀芯的控制盖板上连接先导调压阀（溢流阀），当出油口接油箱时，该阀起溢流阀作用；当出油口接另一工作油路时，该阀则为顺序阀。

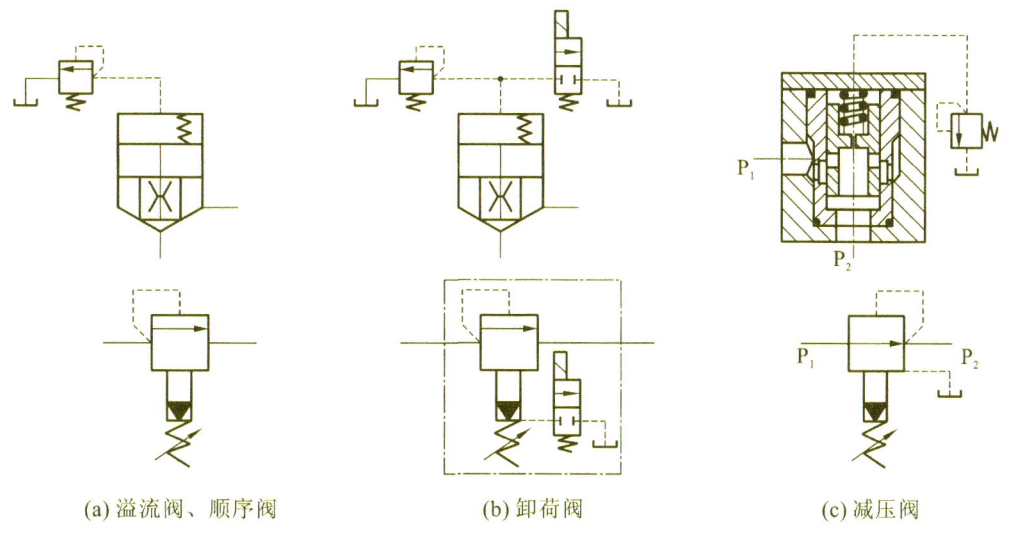

(a) 溢流阀、顺序阀　　　　(b) 卸荷阀　　　　(c) 减压阀

图 5.56　逻辑压力阀

（2）作卸荷阀用。

按图 5.56（b）所示连接二位二通换向阀，当电磁铁通电时，出油口接油箱，则构成卸荷阀。

（3）作减压阀用。

将逻辑阀和溢流阀按图 5.56（c）所示连接，则构成减压阀。油液从 P_1 流入，从 P_2 流出，出油口油液通过阀芯上的中心阻尼孔、盖板和先导阀接通。当减压阀出油口的压力较小，不足以顶开先导阀阀芯时，主阀芯上的阻尼孔只起通油作用，使主阀芯上、下两腔的液压力相等，而上腔又有一个小弹簧作用，必使主阀芯处在下端极限位置，减压阀阀芯大开，不起减压作用；当压力增大到先导阀的开启压力时，先导阀打开，泄漏油液单独流回油箱，实行外泄。减压阀在调定压力下正常工作时，由于出油口压力与先导阀溢流压力和主阀芯弹簧力的平衡作用，节流降压口维持不变。当出油口压力增大时，由于阻尼孔液流阻力的作用而产生压力降，主阀芯所受的力不平衡，使得阀芯上移，节流降压口减小，节流降压作用增强；反之，当出油口压力减小时，阀芯下移，节流降压口增大，节流降压作用减弱，控制出油口的压力维持在调定值。

3）逻辑流量阀

（1）作节流阀用。

图 5.57 所示为逻辑节流阀。在方向控制逻辑阀的盖板上安装阀芯行程调节器，通过调节阀芯和阀体间节流口的开度，便可控制阀口的通流面积，起到节流阀的作用。实际应用时，起节流阀作用的逻辑阀阀芯一般采用滑阀结构，并在阀芯上开节流沟槽。

（2）作调速阀用。

图 5.58 所示为逻辑调速阀原理图。定差减压阀阀芯两端分别与节流阀进、出油口相

通,从而保证节流阀进、出油口的压力差不随负载变化,使该阀成为调速阀。该阀一般装在进油路上使用。

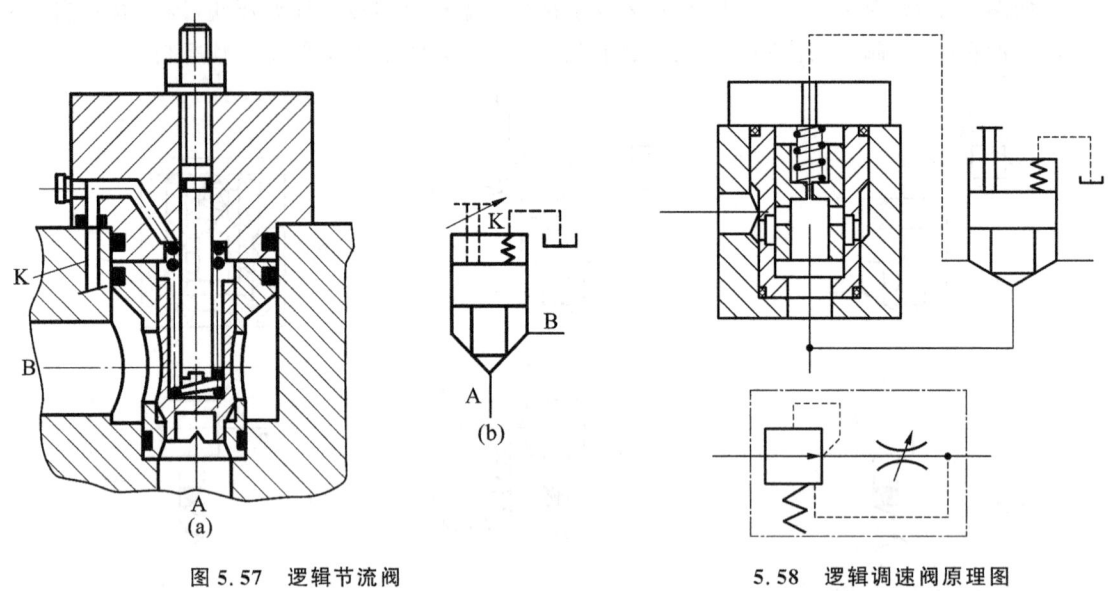

图 5.57 逻辑节流阀　　　　　5.58 逻辑调速阀原理图

5.5.2 电液比例控制阀

普通液压阀只能对液流的压力、流量进行定值控制,对液流的方向进行开关控制,而当工作机构的动作要求对液压传动系统的压力、流量进行连续控制,或控制精度要求较高时,则不能满足要求。这时就需要用电液比例控制阀(简称比例阀)进行控制。电液比例控制阀是一种输出量与输入信号成比例的液压阀。它可以按给定的输入电信号连续地、按比例地控制液流的压力、流量和方向。

比例阀是从两个方面发展起来的:一方面是在高性能的伺服阀的基础上适当简化伺服阀的结构,降低制造精度,增大电-机转换器的输出功率水平和改善阀的抗污染能力;另一方面是在普通液压阀的基础上采用比例电磁铁作为电-机转换元件,取代原来阀的手动调节器或普通的开关电磁铁。后一种是目前流行的比例元件,它以其可靠、节能和廉价的特点而获得广泛的工业应用,这里主要介绍这类比例阀。

一个典型的电液比例元件或系统的控制信号流如图 5.59 所示。电液比例元件控制功能的实现过程为:输入一个给定的参考电压信号,通过比例放大器进行整形、处理,转换成与输入电压成正比的工作电流;将此电流输入比例电磁铁中,使比例电磁铁输出一个与输入电流成比例的力或位移,这个力或位移又作为液压阀的输入变量,使液压阀输出成比例的压力或流量,对液压执行元件的速度、作用力进行无级调节和控制。

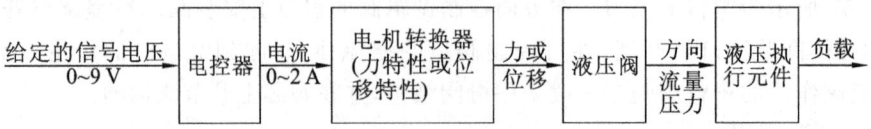

图 5.59 典型的电液比例元件或系统的控制信号流

由图 5.59 可知,电液比例控制阀的结构主要包括电-机转换器(比例电磁铁)和阀本体两部分。比例阀与液压泵(或液压马达、液压缸)组成一个整体,就构成了比例容积式元件。

由上述分析可知,通过对输入信号进行无级调节,不但能对执行元件运动部件的速度、力等进行无级调节,而且还能对其运动方向进行控制。此外,通过调节一段时间内电压或电流的变化量来对执行元件的加、减速度进行无级调节,来实现各种工况的平稳、快速转换。

根据用途和工作特点的不同,比例阀可分为比例压力阀、比例流量阀、比例方向流量阀。

1. 比例电磁铁

比例电磁铁是电液比例控制阀的重要组成部分,其作用是将比例控制放大器输出的电信号转换成与之成比例的力或位移。

比例电磁铁是一种直流电磁铁,它与普通电磁换向阀所用的电磁铁不同。普通电磁换向阀所使用的电磁铁只要求有吸合和断开两个位置,并且为了增大吸力,在吸合时磁路中几乎没有气隙;而比例电磁铁则要求吸力(或位移)与输入电流成比例,并在衔铁的全部工作位置上,磁路中保持一定的气隙。目前所使用的大多数比例电磁铁具有图 5.60(a)所示的结构。比例电磁铁主要由极靴 2、线圈 6、隔磁环 4、外壳 3 和衔铁 8 等组成。线圈 6 中通电后产生磁场,因隔磁环 4 的存在,大部分磁力线通过衔铁 8、气隙和极靴 2 形成回路。极靴 2 对衔铁 8 产生吸力。在线圈 6 中的电流一定时,吸力的大小因极靴 2 与衔铁 8 间距离的不同而变化。但衔铁 8 在气隙适中的一段行程(如图 5.60(a)所示的Ⅱ)中,吸力随位置的改变而发生的变化很小,如图 5.60(b)所示。因此,改变线圈 6 中的电流,即可在衔铁 8 上得到与其成正比的吸力。用比例电磁铁代替螺旋手柄来调节液压阀,就能使输出压力或流量与输入电流对应成比例地发生变化。

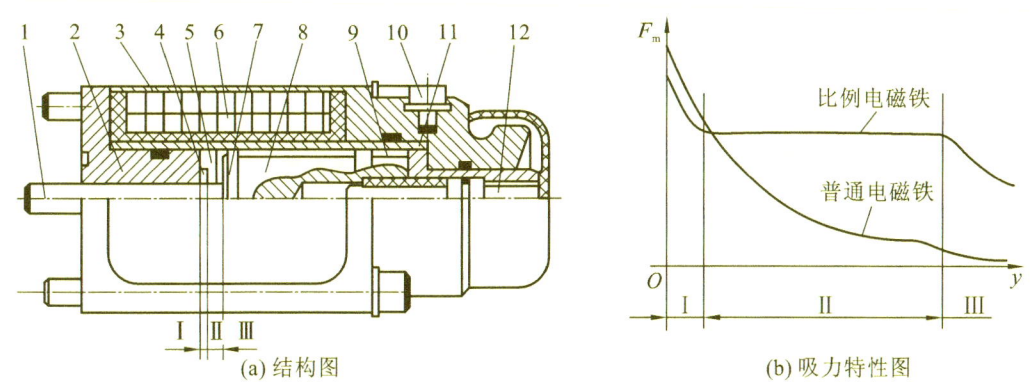

(a) 结构图　　　　　　　　　　　(b) 吸力特性图

图 5.60　耐高压单向移动式比例电磁铁

Ⅰ—吸合区;Ⅱ—工作行程区;Ⅲ—空行程区;

1—推杆;2—极靴;3—外壳;4—隔磁环;5—工作气隙;6—线圈;7—支承环;

8—衔铁;9—非工作气隙;10—放气螺钉;11—导套;12—调零螺钉

图 5.60 所示的比例电磁铁输出的是电磁力,故称为力输出型比例电磁铁。还有一种带位移反馈的位置输出型比例电磁铁,它具有更为优良的稳态控制精度和抗干扰特性,在此不再赘述。

2. 比例压力阀

比例压力阀按用途的不同,有比例溢流阀、比例减压阀和比例顺序阀之分;按控制功率大小的不同,分为直动式与先导式。

1)直动锥阀式比例溢流阀

图 5.61 所示为直动锥阀式比例溢流阀的结构原理图。用比例电磁铁取代直动式溢流阀的手动调压装置,该阀便成为直动锥阀式比例溢流阀。比例电磁铁 1 通电后产生吸力,经推杆 2 和传力弹簧 3 作用在锥阀芯 4 上,当锥阀芯 4 左端的液压力大于电磁吸力时,锥阀芯 4 被顶开溢流。连续地改变控制电流的大小,即可连续按比例地控制锥阀的开启压力,即可调节直动锥阀式比例溢流阀压力的大小,其关系式如下

电磁力 $\qquad F_D = K_1 I$

弹簧压缩力 $\qquad F_s = pA$

由于 $F_D = F_s$,所以 $pA = K_1 I$,有

$$p = \frac{K_1}{A} I = K_p I \qquad (5.11)$$

式中,p 为直动锥阀式比例溢流阀的调定压力,K_p 为比例常数,A 为锥阀在阀座上的受力面积,I 为通入比例电磁铁中的电流。

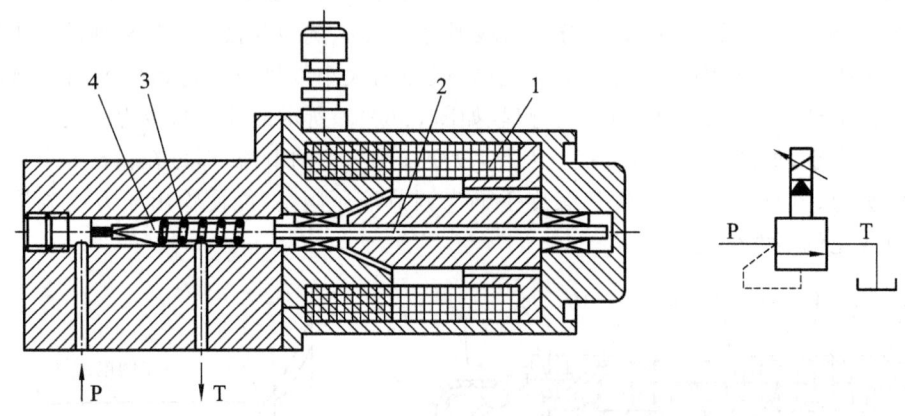

图 5.61 直动锥阀式比例溢流阀的结构原理图
1—比例电磁铁;2—推杆;3—传力弹簧;4—锥阀芯

从式(5.11)中可以看出,若输入的电流是连续的或按一定程序变化,则直动锥阀式比例溢流阀所控制的压力是与输入信号成比例的或按一定程序变化的。

直动锥阀式比例溢流阀的控制功率较小,通常控制流量为 1~3 L/min,低压力等级的直动锥阀式比例溢流阀的控制流量最大可达 10 L/min。该阀可用于小流量系统作为溢流阀或安全阀,更主要的是作为先导阀,控制功率放大级主阀,构成先导式溢流阀。

2)先导锥阀式比例溢流阀

将直动锥阀式比例溢流阀作为先导阀与普通压力阀的主阀相结合,便可组成先导锥阀式比例溢流阀、比例顺序阀和比例减压阀。这些阀能随电流的变化而连续地或按比例地控制输出油液的压力。图 5.62 所示为先导锥阀式比例溢流阀的结构示意图,其下部为与普通先导式溢流阀相同的主阀,上部则为先导式比例压力阀。先导锥阀式比例溢流阀的工作原理与普通先导式溢流阀的相同,不同点是:普通先导式溢流阀的压力多是手调的,而先导锥阀式比例溢流阀的压力是由电流(电信号)输入电磁铁后,产生与电流成比例的电磁力来推动推杆,压缩弹簧作用在锥阀上。顶开锥阀的压力 **p**,即是调定压力。该阀还附有一个手动

调整的先导阀 9，用以限制先导锥阀式比例溢流阀的最高压力，以避免因电子仪器发生故障而使控制电流过大，系统过载。

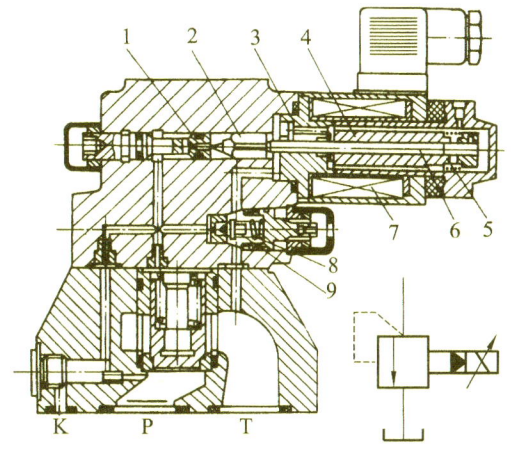

图 5.62　先导锥阀式比例溢流阀的结构原理图

1—导阀阀座；2—先导锥阀；3—轭铁；4—衔铁；5、8—弹簧；6—推杆；7—线圈；9—先导阀

采用比例溢流阀，可以显著地提高控制性能，使压力调整由原来溢流阀控制的阶跃式变为比例溢流阀控制的缓变式，因而避免了压力调整引起的液压冲击和振动。

图 5.63 所示为采用比例溢流阀调压的多级调压回路，图中 1 是比例溢流阀，2 是电子放大器。改变输入电流 I，即可控制系统的工作压力。该回路比利用普通溢流阀的多级调压回路所用液压元件数量少，回路简单，且能对系统压力进行连续控制。比例溢流阀目前多用于液压压力机、注射机、轧板机等液压传动系统中。

图 5.64 所示为采用比例减压阀的减压回路。该回路可通过改变输入电流的大小来改变减压阀出油口的压力，即改变夹紧缸的工作压力，从而得到最佳夹紧效果。

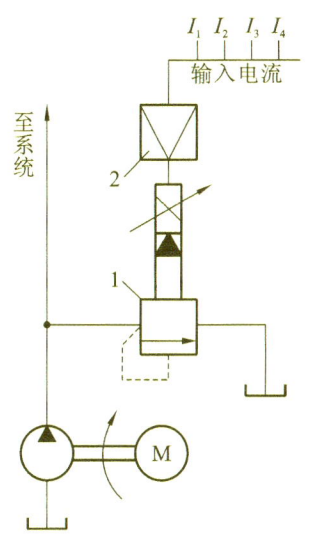

图 5.63　采用比例溢流阀调压的多级调压回路

1—比例溢流阀；2—电子放大器

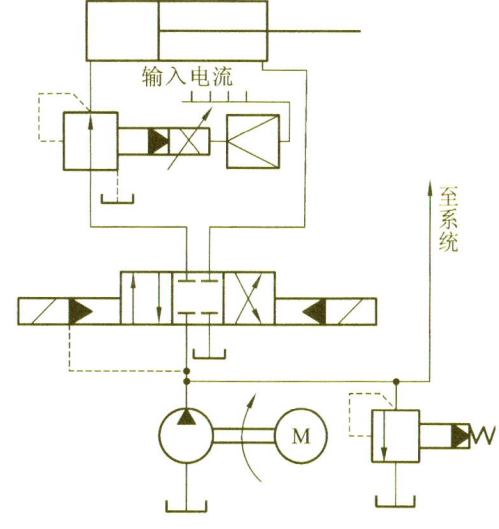

图 5.64　采用比例减压阀的减压回路

3. 比例流量阀

在普通流量阀的基础上,用比例电磁铁取代节流阀或调速阀的手动调速装置,该阀便成为比例节流阀或比例调速阀。比例流量阀能用电信号控制阀口开度,从而控制油液流量,使其与压力和温度的变化无关。若输入的电流是连续地或按一定程序变化,则比例流量阀所控制的流量按比例或按一定程序变化。比例流量阀也分为直动式和先导式两种。受比例电磁铁推力的限制,直动式比例流量阀适合作通径不大于 10 mm 的小规格阀。当通径大于 10 mm 时,常采用先导式比例流量阀。

比例调速阀主要用于各类液压传动系统连续变速与多速控制。图 5.65(a)所示为采用比例调速阀的调速回路。改变比例调速阀的输入电流,即可使液压缸获得所需的运动速度。与使用手动控制的普通调速阀的调速回路(见图 5.65(b))相比,采用比例调速阀的调速回路不但减少了元件的数量,还可大大改善其性能,使液压缸的工作速度更符合加工工艺或设备工况要求。

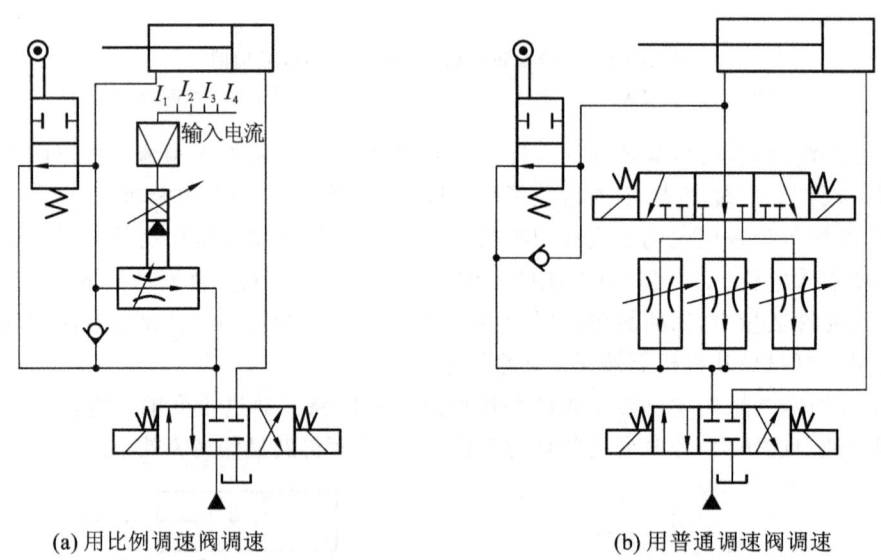

(a) 用比例调速阀调速 (b) 用普通调速阀调速

图 5.65 采用调速阀的调速回路

4. 比例方向流量阀

用比例电磁铁取代电磁换向阀中的普通电磁铁,并在制造时严格控制阀芯和阀体上轴肩与凸肩的轴向尺寸,便构成直动式比例方向流量阀,如图 5.66 所示。该阀阀芯的行程可以与输入电流对应连续地或按比例地改变,且阀芯上的凸肩制作出三角形阀口(不是全周长阀口),因而利用比例方向流量阀不仅能改变执行元件的运动方向,还能通过控制阀芯的位置来调节阀口的开度,从而控制流量。因此,比例方向流量阀同时兼有方向控制和流量控制两种功能,它是一种复合控制阀。当流量较大(阀的通径大于 10 mm)时,需采用先导式比例方向流量阀,例如压力控制型先导式比例方向流量阀、电反馈型先导式比例方向流量阀等。此外,多个比例方向流量阀也能组成比例多路阀。

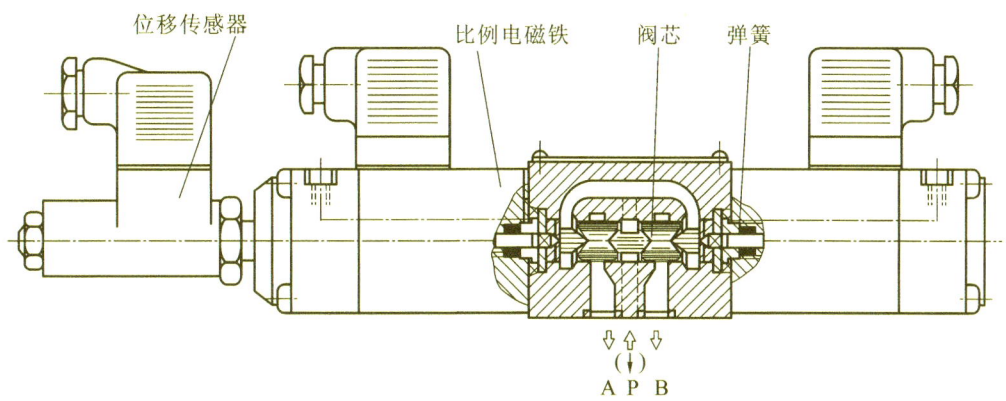

图 5.66 电反馈型直动式比例方向流量阀

5.5.3 电液数字阀

用数字信号直接控制的液压阀称为电液数字阀。电液数字阀不需要 D/A 转换器,它可以直接与计算机相连。与伺服阀、比例阀相比,电液数字阀结构简单,抗污染能力强,重复性好,工作稳定可靠,功耗小,在微机实时控制的电液系统中,已经部分取代了电液伺服阀和电液比例阀,开辟了一个液压传动系统控制的新领域。

用数字量进行控制的方法很多,目前常用的是增量控制法和脉宽调制(PWM)控制法两种。相应地,按控制方式可将电液数字阀分为增量式数字阀和脉宽调制式数字阀两类。下面只介绍增量式数字阀。

原理上,将普通液压阀的调节机构改用计算机发出的脉冲序列经驱动电源放大后驱动的步进电机直接驱动,即可构成增量式数字阀。增量式数字阀由步进电机(作为电-机转换器)来驱动液压阀阀芯工作。图 5.67 所示为直控式(由步进电机直接控制)数字节流阀。步进电机 5 按照计算机的指令转动,通过滚珠丝杠 3 转换为轴向位移,控制节流阀阀芯 2 的开启,从而控制流量。这个阀有两个节流口,面积梯度不等,阀芯首先打开右边的节流口。由于非全周通流,所以流量较小。步进电机 5 继续转动,打开左边全周节流口,流量增大,流量可达 3 600 L/min。

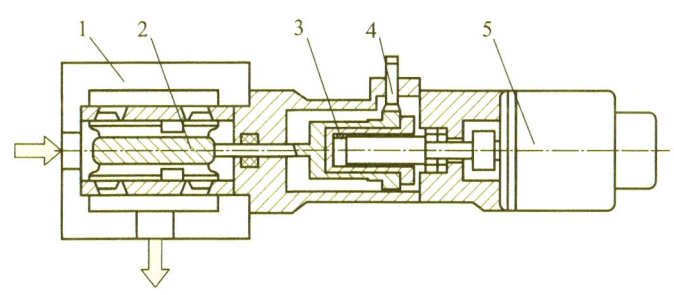

图 5.67 直控式数字节流阀

1—阀套;2—节流阀阀芯;3—滚珠丝杠;4—零位移传感器;5—步进电机

直控式数字节流阀无反馈功能,但装有零位移传感器 4,在每个工作周期终了时,阀芯可在它的控制下回到零位,保证每个周期都从相同的位置开始,使阀具有较高的重复精度。

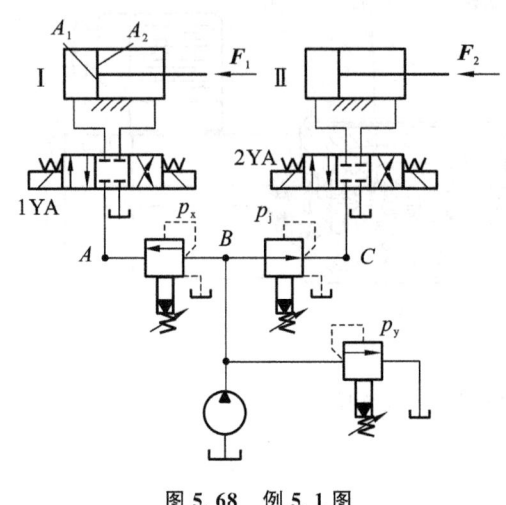

图 5.68 例 5.1 图

例 5.1 在图 5.68 所示的液压回路中,两液压缸的结构完全相同,$A_1=20\ cm^2$,$A_2=10\ cm^2$,液压缸 Ⅰ、Ⅱ 的负载分别为 $F_1=8\times10^3\ N$,$F_2=3\times10^3\ N$,顺序阀、减压阀及溢流阀的调定压力分别为 3.5 MPa、1.5 MPa 和 5 MPa,不考虑压力损失,求:

(1)电磁铁 1YA、2YA 通电,两液压缸向前运动时,A、B、C 三点的压力各为多少?

(2)两液压缸向前运动到达终点后,A、B、C 三点的压力又为多少?

解 (1)液压缸 Ⅰ 右移所需的压力为

$$p_A=\frac{F_1}{A_1}=\frac{8\times10^3}{20\times10^{-4}}\ Pa=4\times10^6\ Pa=4\ MPa$$

由于溢流阀的调定压力大于顺序阀的调定压力,顺序阀开启时进、出油口两侧的压力相等,其值由负载决定,故 A、B 两点的压力均为 4 MPa,此时溢流阀关闭。

液压缸 Ⅱ 右移所需的压力为

$$p_C=\frac{F_2}{A_1}=\frac{3\times10^3}{20\times10^{-4}}\ Pa=1.5\times10^6\ Pa=1.5\ MPa$$

由于 $p_C=p_j$,减压阀始终处于减压、减压后稳压的工作状态,因此 C 点的压力为 1.5 MPa。

(2)两液压缸运动到终点后,负载相当于无穷大,两液压缸不能进油,使得液压缸的压力增大。当压力增大到溢流阀的调定压力时,溢流阀开启,液压泵输出的流量通过溢流阀溢流回油箱,因此 A、B 两点的压力均为 5 MPa;而减压阀由出油口控制,当液压缸 Ⅱ 的压力上升到减压阀的调定压力时,减压阀开启,其出油口的压力保持不变,故 C 点的压力仍为 1.5 MPa。

例 5.2 在图 5.69 所示的液压回路中,给出了阀 A、C、E、F 的调定压力值,液压缸 G 的有效工作面积 $A=50\ cm^2$,液压缸 G 向右运动时,其负载 $F_L=5\times10^3\ N$,试分析:

(1)液压缸 G 向右运动时,夹紧液压缸 D 的工作压力是多少?为什么?

(2)液压缸 G 向右运动到顶上死挡铁时,夹紧液压缸 D 的工作压力是多少?为什么?

(3)液压缸 G 无负载地返回时,夹紧液压缸 D 的工作压力又是多少?为什么?

解 (1)液压缸 G 向右运动时,其工作压力由负载决定,为

$$p=\frac{5\times10^3}{50\times10^{-4}}\ Pa=1\times10^6\ Pa=1\ MPa$$

该工作压力 p 小于液控顺序阀 E 的调定压

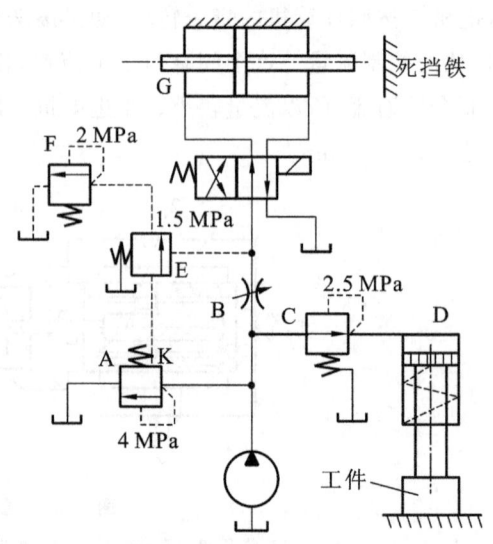

图 5.69 例 5.2 图

力 1.5 MPa,因此液控顺序阀 E 不工作,先导型溢流阀 A 的遥控口处于关闭状态。由于节流阀 B 的作用,定量泵多余的油液经先导型溢流阀 A 溢流回油箱。定量泵出油口的压力由先导型溢流阀 A 调定为 4 MPa,该压力大于减压阀 C 的调定压力 2.5 MPa,故减压阀 C 工作,使夹紧液压缸 D 的工作压力是减压阀 C 的调定压力 2.5 MPa。

(2) 液压缸 G 向右运动到顶上死挡铁时,相当于负载无穷大,此时无油液流过节流阀 B,因而液压缸 G 的工作压力与定量泵出油口的压力相同,该压力大于液控顺序阀 E 的调定压力 1.5 MPa,液控顺序阀 E 开启,先导型溢流阀 A 的远程控制口起作用,其进油口的压力受调压阀 F 的控制,为 2 MPa,即定量泵出油口的压力为 2 MPa,低于减压阀 C 的调定压力 2.5 MPa,故减压阀 C 不工作,因此夹紧液压缸 D 的工作压力为 2 MPa。

(3) 液压缸 G 无负载地返回时,其工作压力为 0,因此液控顺序阀 E 不工作,定量泵出油口的压力由先导型溢流阀 A 调定为 4 MPa,大于减压阀 C 的调定压力 2.5 MPa,故减压阀 C 工作,液压缸 D 的工作压力是减压阀 C 的调定压力,即 2.5 MPa。

例 5.3　在图 5.70 所示的夹紧回路中,已知液压缸的有效工作面积分别为 $A_1 = 100 \text{ cm}^2$、$A_2 = 50 \text{ cm}^2$,负载 $F_1 = 14 \times 10^3$ N,负载 $F_2 = 4\ 250$ N,背压 $p = 0.15$ MPa,节流阀的压力差 $\Delta p = 0.2$ MPa,不计管路损失,试求:

(1) A、B、C 三点的压力各为多少?

(2) 各阀应选用多大的额定压力?

(3) 当进给速度 $v_1 = 3.5$ cm/s,快速进给速度 $v_2 = 4$ cm/s 时,各阀应选用多大的额定流量?

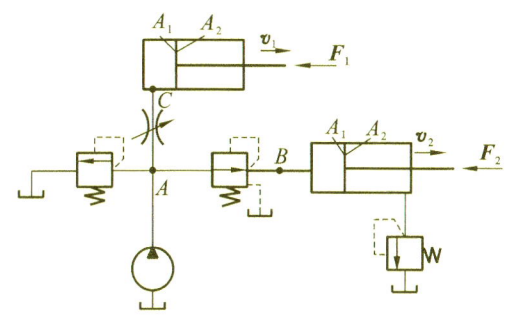

图 5.70　例 5.3 图

解　(1) 求 A、B、C 三点的压力。

$$p_C = \frac{F_1}{A_1} = \frac{14 \times 10^3}{100 \times 10^{-4}} \text{ Pa} = 14 \times 10^5 \text{ Pa} = 1.4 \text{ MPa}$$

$$p_A = p_C + \Delta p = (14 \times 10^5 + 2 \times 10^5) \text{ Pa} = 16 \times 10^5 \text{ Pa} = 1.6 \text{ MPa}$$

$$p_B = \frac{F_2 + A_2 p}{A_1} = \frac{4\ 250 + 50 \times 10^{-4} \times 1.5 \times 10^5}{100 \times 10^{-4}} \text{ Pa} = 5 \times 10^5 \text{ Pa} = 0.5 \text{ MPa}$$

夹紧缸运动时,进给缸应不动,此时 A、B、C 三点的压力均为 0.5 MPa。

当进给缸工作时,夹紧缸必须将工件夹紧,此时 B 点的压力为减压阀的调整压力。显然,减压阀的调整压力应大于、起码必须等于 0.5 MPa。

(2) 求各阀的额定压力。

系统的最高工作压力为 1.6 MPa,根据阀的压力系列,应选用额定压力为 2.5 MPa 系列的阀。

(3) 计算流量 q。

通过节流阀的流量 q_1 为

$$q_1 = v_1 A_1 = 3.5 \times 100 \times 10^{-3} \times 60 \text{ L/min} = 21 \text{ L/min}$$

夹紧缸运动时所需的流量,即通过减压阀的流量 q_2 为

$$q_2 = v_2 A_1 = 4.0 \times 100 \times 10^{-3} \times 60 \text{ L/min} = 24 \text{ L/min}$$

通过背压阀流回油箱的流量 q_3 为

$$q_3 = v_2 A_2 = 4.0 \times 50 \times 10^{-3} \times 60 \text{ L/min} = 12 \text{ L/min}$$

所选用的液压泵、溢流阀、减压阀及节流阀的额定流量应大于 q_2（即 24 L/min），根据液压元件产品样本，它们可选用额定流量为 25 L/min 的规格；背压阀的额定流量应大于 q_3（即 12 L/min），它可选用额定流量为 16 L/min 的规格。

本 章 小 结

液压阀根据其在液压传动系统中的功用，一般可分为方向控制阀、压力控制阀和流量控制阀三种。对于方向控制阀，主要掌握单向阀特别是液控单向阀的工作原理以及换向阀的中位机能；对于压力控制阀，主要掌握常用的溢流阀、减压阀和顺序阀这三种阀；对于流量控制阀，主要掌握节流阀和调速阀的工作原理以及应用。

溢流阀在节流调速系统中起定压溢流作用，在容积调速（如采用变量泵）系统中起限压安全作用。溢流阀的结构形式主要有两种：直动式溢流阀和先导式溢流阀。一般前者用于低压系统，后者用于中、高压系统。新型的直动式溢流阀具有自己的特点，可以适用于高压系统。

顺序阀在油路中相当于一个以油液压力作为信号来控制油路通断的液压开关。它与溢流阀的工作原理基本相同。原理上最大的区别是：顺序阀弹簧腔的泄漏油液要单独接回油箱，所以其调定压力与出口压力无关；而溢流阀的泄漏油液和出油口相连，这样溢流阀出油口的压力会反映到入口处，表现为溢流阀的调定压力为进、出油口的压力差。

减压阀（定值）是利用液流通过阀口缝隙所形成的节流降压作用（液阻）来获得较低的基本稳定的出油口压力的压力控制阀。它常用于某局部油路的压力需要低于系统主油路压力并且压力较稳定的场合。

溢流阀、减压阀和顺序阀的主要区别在其图形符号上也有所体现，要熟练掌握。压力继电器是一个信号转换器，它将压力信号转换为电信号，用于控制。

流量控制阀中，由于油液流动时，通过的流量与其液阻（表现为压力损失）有关，因此可用改变液阻（一般为改变通流面积）的办法来调节流量，这种方法称为节流调速。节流阀就是一个可变液阻，是节流调速中最基本的元件。调速阀是由减压阀（常称为定差减压阀）和节流阀以一定的方式串联组成的组合阀。其节流阀的进、出油口的压力差是由减压阀保证的且基本不变化，从而使调速阀的流量不受负载变化的影响。一般情况下，调速阀进、出油口的压力差应该大于某值（如低压系统采用的调速阀，其进、出油口的压力差应大于 5×10^5 Pa），调速阀才能正常工作。

溢流节流阀是溢流阀和节流阀以一定的方式组成的组合阀。节流阀的进、出油口的压力差为溢流阀弹簧的调定压力，这样同样保证了节流阀进、出油口的压力恒定，从而保证了通过溢流节流阀的流量不受外负载变化的影响。根据溢流节流阀的特点，溢流节流阀只能装在进油路上使用。

思 考 与 习 题

5.1　什么是换向阀的"位"和"通"？换向阀有哪几种控制方式？其职能符号如何表示？

5.2　何谓三位阀的中位机能？哪些中位机能具有能使液压泵卸荷的功能？

5.3　液控单向阀为什么要有内泄式和外泄式？什么情况下采用外泄式？

5.4　哪些阀在系统中可以作背压阀使用？单向阀作背压阀使用时，需采用什么措施？

5.5　溢流阀、顺序阀、减压阀各有什么作用？它们在原理和图形符号上有何异同？顺

序阀能否当溢流阀用? 顺序阀是稳压阀还是液控开关? 顺序阀工作时阀口是全开还是微开? 溢流阀和减压阀呢?

5.6 减压阀常用于夹紧回路中,当夹紧缸夹紧工件,无流量通过减压阀时,夹紧缸的工作压力是否还存在? 其大小如何?

5.7 现有三个压力阀,由于铭牌脱落,分不清哪个是溢流阀,哪个是减压阀,哪个是顺序阀,又不希望把阀拆开,如何根据其特点作出正确判断?

5.8 在图 5.71 所示的夹紧回路中,若溢流阀的调定压力为 5 MPa,减压阀的调定压力为 2.5 MPa,试分析下列情况:

(1) 活塞快速运动时,A、B 两点的压力各为多少? 减压阀阀芯处于什么状态?

(2) 工件夹紧后,A、B 两点的压力各为多少? 此时减压阀阀口有无流量通过? 为什么?

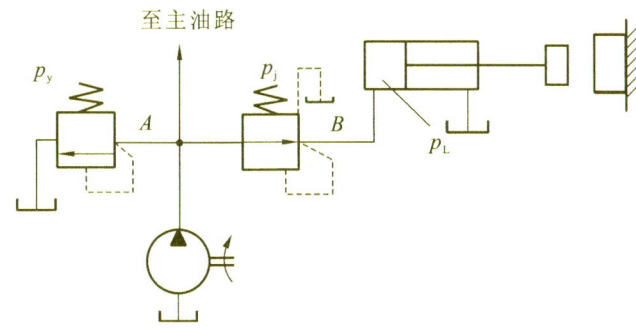

图 5.71 题 5.8 图

5.9 在图 5.72 所示的回路中,顺序阀的调定压力为 3 MPa,溢流阀的调定压力为 5 MPa,求在下列情况下,A、B 两点的压力各为多少?

(1) 液压缸运动时,负载压力 $p_L = 4$ MPa;

(2) 负载压力变为 1 MPa;

(3) 活塞运动到右端不动时。

5.10 在图 5.73 所示的回路中,顺序阀和溢流阀串联,其调定压力分别为 p_x 和 p_y,求:

(1) 当系统负载趋于无穷大时,液压泵出油口的压力 p_p 为多少?

(2) 若将两阀的位置互换,则液压泵出油口的压力 p_p 又为多少?

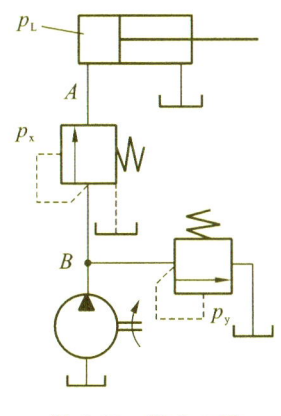

图 5.72 题 5.9 图

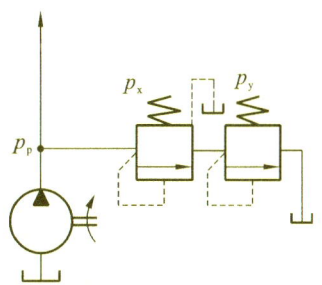

图 5.73 题 5.10 图

5.11 在图 5.74 所示的两个调压回路中,各溢流阀的调定压力分别为 $p_A = 4$ MPa,$p_B = 3$ MPa,$p_C = 2$ MPa。若系统的外负载趋于无穷大,则液压泵出油口的压力为多少?

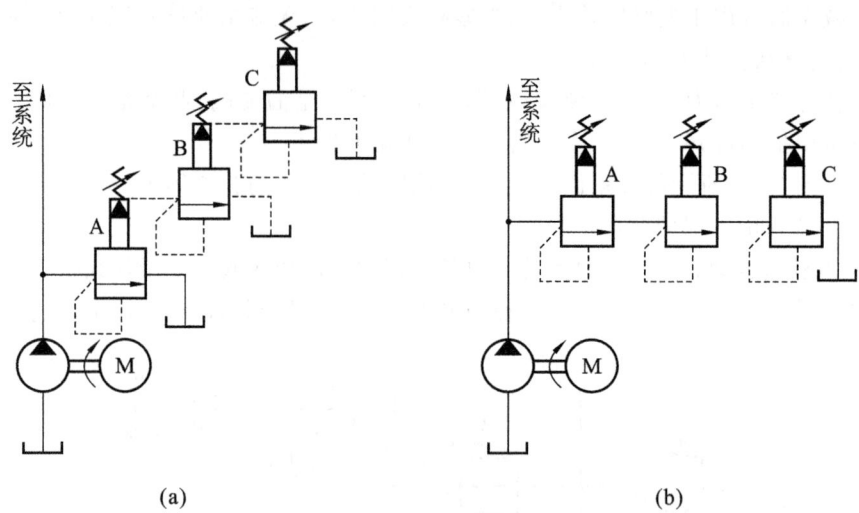

(a)   (b)

图 5.74 题 5.11 图

5.12 如图 5.75 所示,试确定在下列各种情况下系统的调定压力各为多少?
(1) 1YA、2YA 及 3YA 都断电;
(2) 2YA 通电,1YA 和 3YA 断电;
(3) 2YA 断电,1YA 和 3YA 通电。

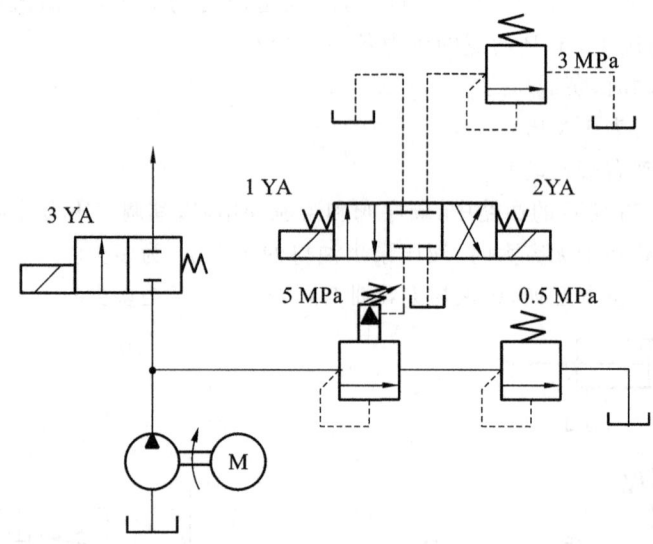

图 5.75 题 5.12 图

5.13 在图 5.76 所示的系统中,液压缸 I、II 的外负载 $F_1 = 20\ 000$ N,$F_2 = 30\ 000$ N,有效工作面积都是 $A = 50$ cm²,要求液压缸 II 先于液压缸 I 动作,问:
(1) 顺序阀和溢流阀的调定压力分别为多少?
(2) 不计管道阻力损失,液压缸 I 动作时,顺序阀进、出油口的压力分别为多少?
5.14 在图 5.77 所示的液压传动系统中,液压缸有效工作面积 $A_1 = A_2 = 100$ cm²,液

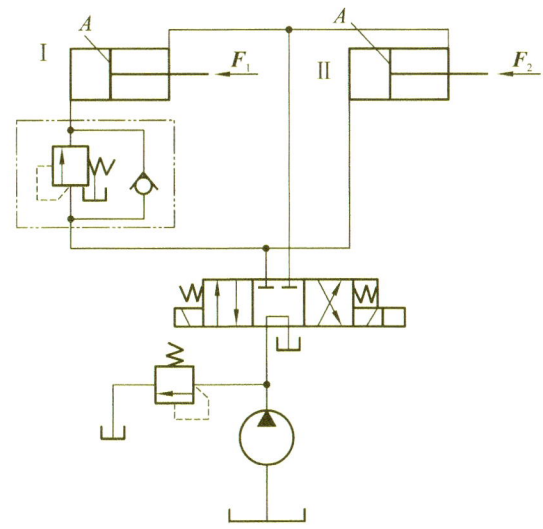

图 5.76　题 5.13 图

压缸 Ⅰ 负载 $F = 35\ 000$ N，液压缸 Ⅱ 运动时负载为零，不计摩擦阻力、惯性力和管路损失，溢流阀、顺序阀和减压阀的调定压力分别为 $p_y = 4$ MPa、$p_x = 3$ MPa、$p_j = 2$ MPa，求下面三种工况下 A、B 和 C 处的压力：

　　（1）液压泵起动后，两换向阀处于中位；

　　（2）电磁铁 1YA 通电，液压缸 Ⅰ 活塞移动时及活塞运动到终点时；

　　（3）电磁铁 1YA 断电，2YA 通电，液压缸 Ⅱ 活塞运动时及活塞碰到固定挡块时。

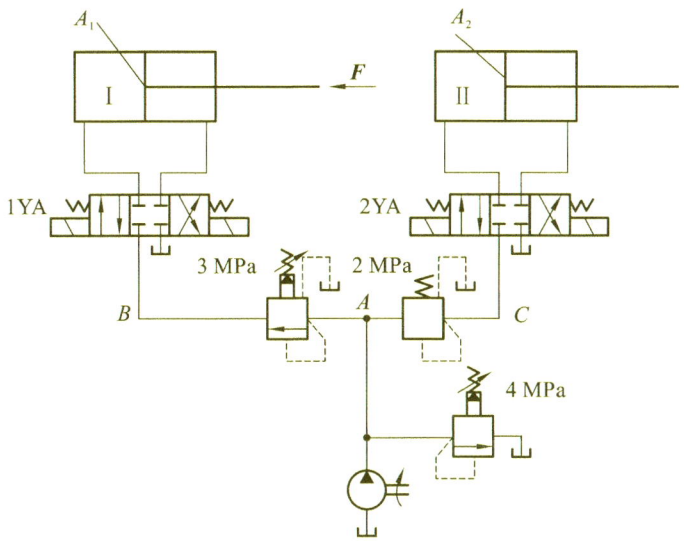

图 5.77　题 5.14 图

　　5.15　图 5.78 所示为两个结构相同、相互串联的液压缸，无杆腔面积 $A_1 = 100$ cm²，有杆腔面积 $A_2 = 80$ cm²，液压缸 1 输入压力 $p_1 = 1$ MPa，输入流量 $q_1 = 12$ L/min，不计损失和泄漏，求：

　　（1）两液压缸承受相同的负载（$F_1 = F_2$）时，该负载的数值及两液压缸的运动速度为多少？

(2) 液压缸 2 的输入压力 $p_2 = 0.5p_1$ 时,两液压缸各能承受多大的负载?

(3) 液压缸 1 不承受负载($F_1 = 0$)时,液压缸 2 能承受多大的负载?

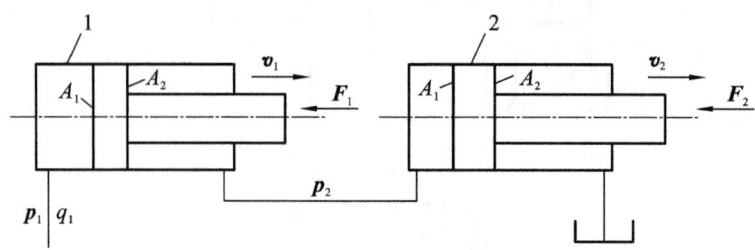

图 5.78 题 5.15 图

5.16 在图 5.79 所示的系统中,两个溢流阀串联,若已知每个溢流阀单独使用时的调定压力 $p_{y1} = 2$ MPa、$p_{y2} = 4$ MPa,溢流阀卸载的压力损失忽略不计,试判断二位二通电磁阀在不同工况下,A 点和 B 点的压力各为多少?

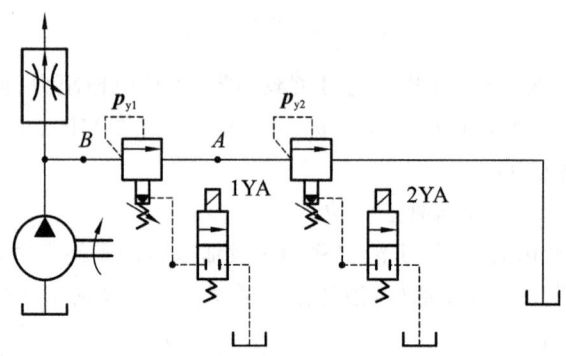

图 5.79 题 5.16 图

第 6 章
液压辅助元件

◀ **本章指南**

本章主要内容:液压辅助元件包括油管和管接头、密封件、过滤器、液压油箱、热交换器、蓄能器等,它们是液压传动系统不可缺少的部分。辅助元件对系统的工作稳定性、可靠性、寿命、噪声、温升甚至动态性能都有直接影响。液压油箱一般根据系统的要求自行设计,其他辅助元件都有标准化产品供选用。本章主要介绍这些液压辅助元件的结构、特点、应用等。

本章重点:掌握液压辅助元件的分类、工作原理及结构特点,掌握液压辅助元件在液压传动系统中的作用。

本章教学目的与要求:通过学习,掌握液压辅助元件的结构原理,熟知这些液压辅助元件的使用方法及适用场合。

◀ 6.1 油管和管接头 ▶

在液压传动系统中,液压油管和管接头的作用是连接液压元件,用以确保压力油的循环流动和能量传递。设计液压传动系统时,要根据工作压力、安装位置及与液压元件连接接口的尺寸选择合适的油管和管接头。既要合理配置液压装置结构,防止由于管径太大造成不必要的成本费用;又要适当选取管径尺寸,以防因管径太小导致管内液体流速过高,进而增大压力损失、降低系统效率,影响系统的正常工作。

6.1.1 油管的种类和选用

液压传动系统中使用的油管分为金属管(钢管、铜管)、橡胶软管、尼龙管和塑料管等几类,需按照液压元件的安装位置、系统的工作环境和工作压力正确选择合适的油管。现代液压传动系统为保证油管的使用寿命,常使用能承受高温高压,并具有较高耐油抗腐蚀性的钢管及橡胶软管,很少使用铜管、塑料管和尼龙管。

1. 金属管的选用

液压传动系统所使用的钢管常在装拆方便处作为压力管道,其承压能力与钢管壁厚有关。高、中压情况下通常采用 10 号或 15 号冷拔精密无缝钢管,其内壁光滑,通油能力好,且外径尺寸较精确,适宜于采用卡套式管接头连接;低压时通常选用普通无缝钢管,其连接方式采用焊接式管接头连接。无缝钢管装配时需按规定的弯曲半径使管路弯曲,否则会使管路产生不同的弯曲内应力,在油压的冲击下易造成管路损坏而漏油,其弯曲半径一般为钢管外径的 5~8 倍,外径大时取大值。

铜管分为紫铜管和黄铜管两种。紫铜管价高,常在中、低压液压传动系统中使用,可承受的压力一般不超过 6.5 MPa,其抗振能力较弱,且易使油液氧化,但性质柔软,装配时易弯曲成形。黄铜管装配时的弯曲成形不如紫铜管,但可承受较高压力(25 MPa)。现代液压传动系统已经很少使用铜管。

2. 橡胶软管的选用

耐油橡胶软管装接方便,适用于液压传动系统中两相对运动元件间的压力管道或弯曲形状复杂的地方。橡胶软管分为高压软管和低压软管两种:高压软管由耐油橡胶夹以钢丝编织网或钢丝缠绕层做成,钢丝层数越多,耐压越高,适用于中、高压液压传动系统。使用高压软管时,其弯曲半径一般取外径的 7~10 倍。低压软管由耐油橡胶夹以麻线或棉纱编织体制成,适用于回油管道。

3. 尼龙管的选用

尼龙管是一种乳白色半透明管,常用于中、低压系统中。其承压能力因材质而异,自 2.5 MPa 到 8 MPa 不等。尼龙管加热可以随意弯曲成形或扩口,冷却后又能定形不变,便于安装。尼龙管兼有铜管和橡胶软管的优点。

4. 塑料管的选用

塑料管质轻耐油，价格便宜，装配方便，但承压能力低，长期使用易变质老化，只适用于工作压力低于 0.5 MPa 的回油管、泄油管等。

6.1.2 管接头的种类和选用

管接头是油管与油管、油管与液压元件之间的可拆式连接件，它具有装拆方便、连接牢固、密封可靠、外形尺寸小、通油能力大、压力损失小、加工工艺性好等特点。

管接头与机体之间可采用螺纹、法兰等方式进行连接。管接头的种类可按与油管的连接方式分，也可按接头的通路数量和方向分。当前常采用的管接头形式主要有卡套式、焊接式、扩口式、扣压式等，每种形式的管接头又有直通、直角、三通等类型之分。此外，还有一些管接头可满足特殊油路。

1. 焊接式管接头

图 6.1 所示为焊接式管接头，它主要由接管 1、螺母 2 和接头体 4 组成。使用时将相连管子的一端与管接头的接管 1 焊接在一起，通过螺母 2 将接管 1 与接头体 4 压紧，再将接头体 4 与液压元件进行螺纹连接。该管接头的接管 1 与接头体 4 之间采用 O 形密封圈 3 密封。接头体 4 与液压元件间则采用金属垫圈或组合垫圈 5 实现端面密封。焊接式管接头制造工艺简单，连接可靠，缺点是装配时需焊接，因而必须采用厚壁钢管，且焊接工作量大。

2. 卡套式管接头

图 6.2 所示为卡套式管接头，它主要由卡套 2、螺母 3 和接头体 4 这三个零件组成。其中，接头体 4 尾部有一 24°的锥形孔，当旋紧螺母 3 时，卡套 2 被推进该锥孔并顺势变形，使卡套 2 与接头体 4 内锥面形成球面接触密封；而卡套 2 是一个在内圆端面带有尖锐内刃的金属环，其刃口的作用是装配时嵌入被连接的油管 1 外壁，在外壁上压出一个环形凹槽，从而起到连接和密封的作用。卡套式管接头具有结构简单、性能良好、质量轻、体积小、使用方便、不用焊接、钢管轴向尺寸要求不严等优点，且抗振性能好，工作压力可达 31.5 MPa，是目前应用最广泛的一种管接头形式。

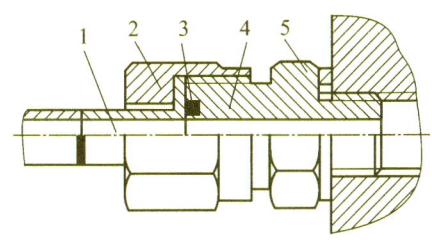

图 6.1 焊接式管接头

1—接管；2—螺母；3—O 形密封圈；
4—接头体；5—组合垫圈

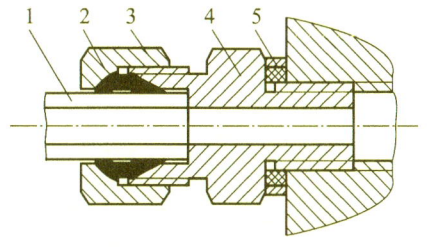

图 6.2 卡套式管接头

1—油管；2—卡套；3—螺母；
4—接头体；5—组合垫圈

3. 锥密封焊接式管接头

图 6.3 所示为锥密封焊接式管接头,它主要由接头体 2、螺母 4 和接管 5 组成。锥密封焊接式管接头除具有焊接式管接头的优点外,由于它的 O 形密封圈 3 装在接管 5 的 24°锥体上,因此密封可调节,且更可靠。锥密封焊接式管接头的工作压力为 34.5 MPa,工作温度为 -25~80 ℃。这种管接头的使用越来越广泛。

4. 扩口式管接头

图 6.4 所示是扩口式管接头。这种管接头结构简单,加工和使用方便,适用于壁厚不大于 1.5 mm 的钢管、铜管和尼龙管连接,其工作压力取决于管材的许用压力,一般为 3.5~16 MPa,多用于以油、气为介质的中、低压液压传动系统。扩口式管接头分为 A 型和 B 型两种结构形式,均由接头体 1、螺母 2 和油管 4 组成。不同的是,A 型扩口式管接头接头体的外锥面为 74°,而 B 型扩口式管接头接头体的外锥面为 90°。装配时将已冲成喇叭口的管子置于接头体的外锥面和管套(或 B 型螺母)的内锥孔之间,旋紧螺母,使管子的喇叭口紧压在接头体上,从而起到密封作用。

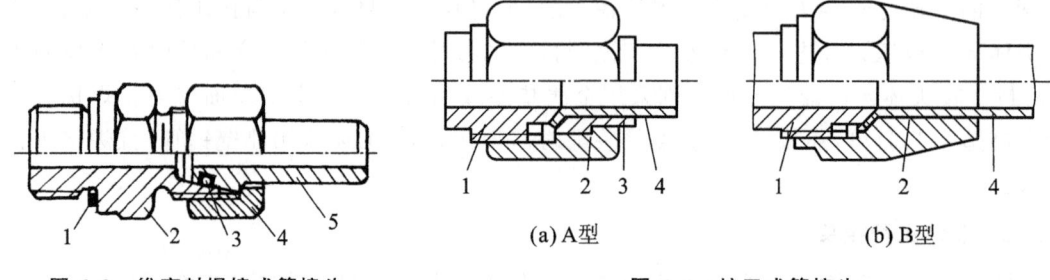

图 6.3　锥密封焊接式管接头

1—组合垫圈;2—接头体;

3—O 形密封圈;4—螺母;5—接管

(a) A型　　　(b) B型

图 6.4　扩口式管接头

1—接头体;2—螺母;3—管套;4—油管

5. 胶管总成

钢丝编织和钢丝缠绕胶管总成包括胶管和接头,有 A、B、C、D、E、J……型,其中 A、B 为标准型。A 型用于与焊接式管接头连接,B 型用于与卡套式管接头连接,C 型用于与扩口式管接头连接。图 6.5 所示是 A、B 型扣压式胶管总成。扣压式胶管接头主要由接头外套和接头芯组成。接头外套的内壁有环形切槽,接头芯的外壁呈圆柱形,上有径向切槽。当剥去胶管的外胶层,将其套入接头芯时,拧紧接头外套并在专用设备上扣压,以紧密连接。

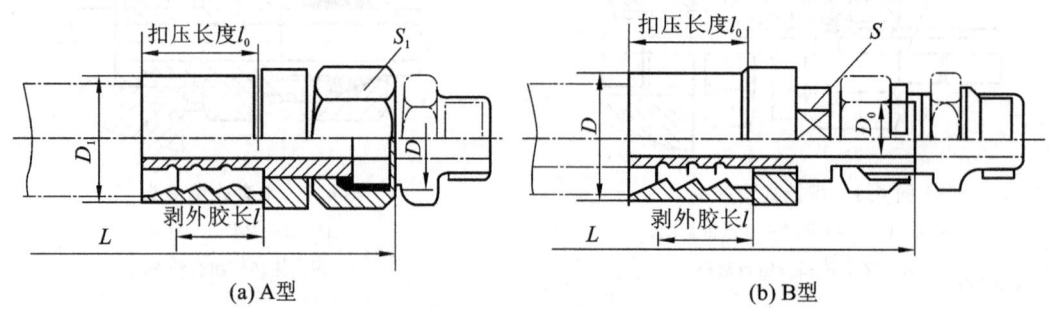

(a) A型　　　(b) B型

图 6.5　扣压式胶管总成

6. 快速接头

快速接头是一种不需要使用工具，就能够实现管路迅速连通或断开的接头。快速接头有两种结构形式：两端开闭式和两端开放式。图6.6所示为两端开闭式快速接头的结构图，图示各部件所处位置为油路接通时的位置。接头体2和10依靠被外套6压入槽底的钢球9连接起来，外套6内部的弹簧7被拉伸，此时在接头体2和10内部的两单向阀阀芯4互相挤压并压缩弹簧3，使得阀芯间接触紧密，油路接通；当需要断开油路时，可将外套6向左推，同时向外拉动接头体10，此时弹簧7复位，使外套6回位，两单向阀阀芯在各自弹簧的作用下外伸，直至顶在接头体2和10的阀座上面使油路关闭，则两边油管中的油液都不会流出。

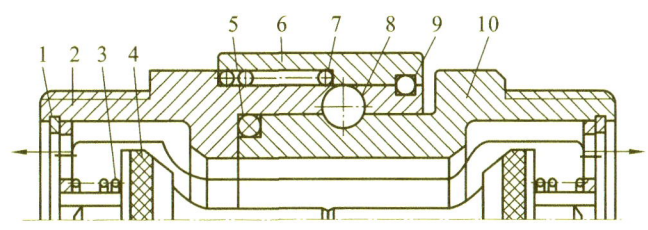

图6.6　两端开闭式快速接头的结构图
1—挡圈；2、10—接头体；3、7—弹簧；4—单向阀阀芯；5—O形密封圈；6—外套；8—钢球；9—弹簧圈

◀ 6.2　密　封　件 ▶

6.2.1　密封件的作用和分类

1. 密封件的作用

在液压传动系统中，为保证系统能够正常工作，常使用密封件来防止工作介质的泄漏，同时避免灰尘、金属屑等异物侵入液压传动系统。若液压传动系统存在泄漏，会造成系统容积效率降低，甚至未能达到工作压力的要求值，严重时会导致液压传动系统无法正常工作。外泄漏的油液将会污染环境，并造成工作介质的浪费；而异物侵入液压传动系统会加剧液压元件的磨损，或使液压元件堵塞、卡死甚至损坏，造成系统失灵。

按两密封耦合面有无相对运动，可把密封分为动密封和静密封两大类，相对静止的耦合面间的密封为静密封，常用的密封元件为O形、星形等密封圈；按工作原理，可把密封分为间隙密封和非间隙密封，前者必须保证一定的配合间隙，后者则是利用密封件的变形来完全消除两个配合面的间隙或使间隙控制在需要密封的液体能通过的最小间隙以下，最小间隙由工作介质的压力、黏度、工作温度、配合面相对运动速度等决定。

2. 密封件的要求

（1）密封的可靠性：在一定的压力、温度范围内具有良好的密封性能，确保当工作压力和温度变化时仍然不泄漏或少泄漏。

（2）密封的稳定性：密封件在使用过程中的摩擦阻力要尽量小，同时其摩擦系数应尽量稳定。

（3）工作寿命长：密封件应具有良好的耐腐蚀性、耐磨性，且抗老化性好，磨损后能在一定程度上自动补偿。

（4）其他要求：密封件应制造简单，使用方便，易装拆，成本低。

6.2.2 橡胶密封圈的种类和特点

橡胶密封圈有O形、Y形、V形、唇形及组合密封圈等数种。图6.7所示为O形密封圈。

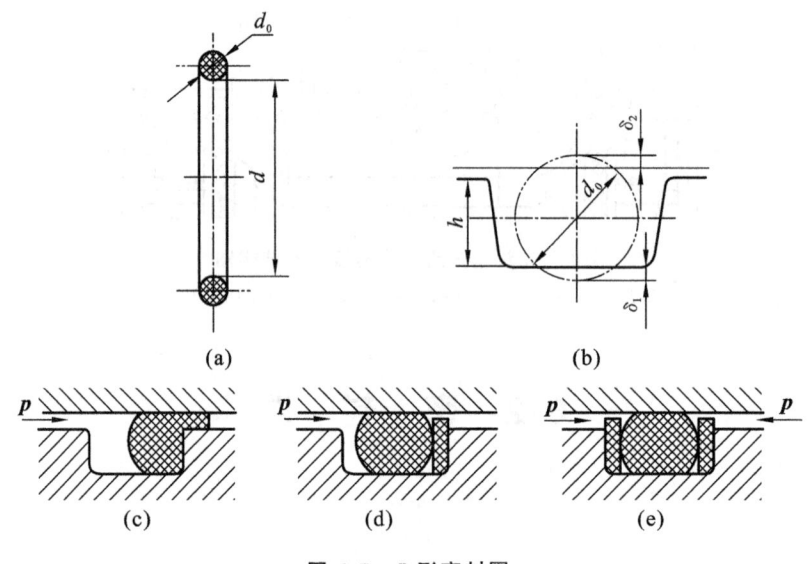

图 6.7 O 形密封圈

1. O 形密封圈

如图6.7(a)所示，O形密封圈一般用耐油橡胶制成，其横截面呈圆形。因O形密封圈具有结构简单，密封性能好，单圈即可对内、外径及端面起密封作用，且动摩擦阻力较小，对油液种类、压力和温度的适应性好等特点，故其在液压传动系统中广泛使用。O形密封圈可用于静密封和动密封，但用于动密封时O形密封圈的断面直径应大于静密封时的，以此来减少或避免运动给O形密封圈带来扭曲和变形；同时，用于动密封时，因起动摩擦阻力较大，O形密封圈磨损后无法自动补偿，故其使用寿命短。

O形密封圈的密封原理如图6.7(b)所示。O形密封圈装入沟槽后，其横截面受压变形，密封性能靠图中的 δ_1 和 δ_2，即O形密封圈装配后的预变形量来保证。预变形量的大小直接影响密封性能及O形密封圈的使用寿命，因此应适当选择。预变形量过小会导致无法密封而漏油，过大又会因摩擦阻力增加而加剧损坏，缩短O形密封圈的使用寿命。通常静密封时O形密封圈的预变形量取大一些，而动密封时O形密封圈的预变形量应取小一些。因此，安装密封圈沟槽的形状、尺寸和加工精度必须按《液压工程手册》给出的数据严格保证。O形密封圈一般适用于工作压力在10 MPa以下的元件。当压力过高时，可设置多道密封圈，并应该在密封槽内设置密封挡圈，以防止O形密封圈从密封槽的间隙中挤出，如图6.7(c)、

图 6.7(d)、图 6.7(e)所示。

2. Y 形密封圈

Y 形密封圈一般用聚氨酯橡胶和丁腈橡胶制成,其截面形状呈 Y 形,如图 6.8 所示。该种密封圈常用于往复运动的密封。Y 形密封圈的密封性能取决于它的唇边与密封面在油压的作用下接触压力的大小。安装时,需将唇口对着压力高的一侧。当油压低时,其密封性能靠密封圈的预压缩量提供;随着油压的升高,密封圈与密封面贴紧的程度增加,密封圈能自动补偿唇边磨损量,提高密封性能。Y 形密封圈在双向受力时要成对使用。这种密封圈摩擦力较小,起动阻力与停车时间的长短和油压大小关系不大,运动平稳,适用于高速(0.5 m/s)、高压(可达 32 MPa)的动密封。

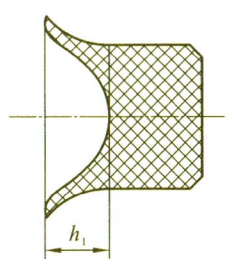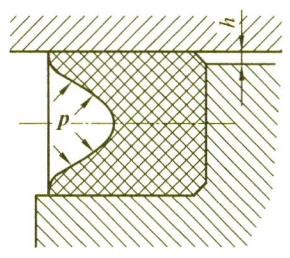

图 6.8　Y 形密封圈

图 6.9 所示是 Yx 形密封圈,它是一种截面的高宽比大于 2 的 Y 形密封圈,稳定性好,不易翻转。为防止密封圈被运动部件切伤,Yx 形密封圈的内、外密封唇被制成不等高形。Yx 形密封圈分为轴用、孔用两大类。图 6.9(a)所示为等高唇结构,图 6.9(b)所示为孔用结构,图 6.9(c)所示为轴用结构。与 Y 形密封圈相比,Yx 形密封圈结构紧凑,在密封性、耐油性、耐磨性等方面都比较优越,因而应用广泛。

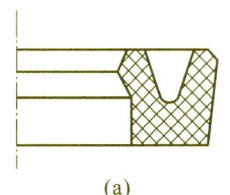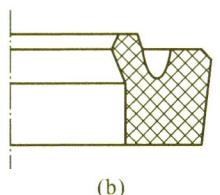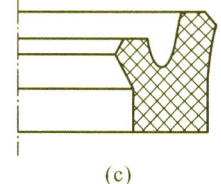

(a)　　　　　　　　　(b)　　　　　　　　　(c)

图 6.9　Yx 形密封圈

3. V 形密封圈

V 形密封圈由多层涂胶织物压制而成,其截面形状为 V 形,如图 6.10 所示。该密封圈的接触面较长,密封性能好,耐高压(可达 50 MPa),寿命长,但摩擦力较大。当压力小于 10 MPa 时,将形状不同的支承环、密封环、压环和三种密封件组合在一起使用,即可保证密封;当压力高于 10 MPa 时,可通过增加中间密封环的个数来保证密封效果。安装时,应使密封圈开口面向压力高的一侧。

4. 同轴组合密封装置

如图 6.11 所示,同轴组合密封装置由加了填充材料的改性聚四氟乙烯滑环 1 和充当弹

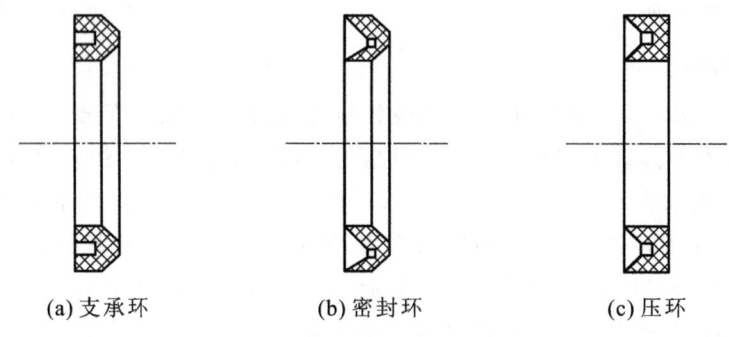

(a) 支承环　　　　　(b) 密封环　　　　　(c) 压环

图 6.10　V 形密封圈

性体的橡胶环 2(如 O 形密封圈、矩形密封圈或 X 形密封圈)组成,常用于往复运动的密封。因聚四氟乙烯的润滑性能良好,且橡胶环弹性强,使用时,将聚四氟乙烯滑环与运动件之一(如液压缸筒内壁)接触,可降低摩擦阻力;同时,将橡胶环同轴安装,与另一运动件(如活塞外壁)接触,施加压紧力,二者组合使用,取长补短,能产生良好的密封效果。

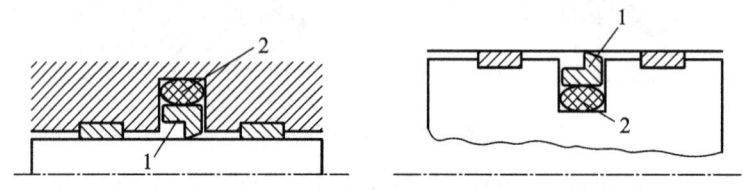

图 6.11　同轴组合密封装置
1—聚四氟乙烯滑环;2—橡胶环

6.2.3　密封垫圈

密封垫圈用于管接头与液压元件连接处的端面密封。

1. 组合密封垫圈

图 6.12 所示为组合密封垫圈的结构图。组合密封垫圈又称组合垫,是由金属环 1 和橡胶环 2 整体硫化而成的,其特点是使用方便、密封可靠,适用于压力在 100 MPa 以下、温度为 $-30 \sim 200$ ℃的两平整平面之间的静密封。

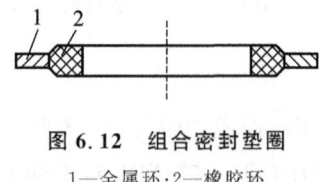

图 6.12　组合密封垫圈
1—金属环;2—橡胶环

2. 金属密封垫圈

金属密封垫圈是用纯铜或纯铝等硬度较低的材料制成的密封圈。它在紧固力的作用下产生变形,填充接触面的凹凸不平,从而实现密封。金属密封垫圈适合在高温下长期使用。

◀ 6.3 过 滤 器 ▶

6.3.1 油液的污染度等级和污染度等级的测定

液压传动系统的大多数故障是由于油液被污染而造成的。当液压传动系统的油液中混有杂质微粒时，会划伤零件表面，堵塞阀孔或引起滑阀卡死，导致零件的磨损加剧，缩短元件的使用寿命。油液污染越严重，液压传动系统的可靠性就越低，严重时会使液压传动系统无法正常工作，甚至会造成故障。

油液的污染程度可用污染度等级来评定。国际标准化组织制定了 ISO 4406:1999 标准——《液压传动 油液 固体颗粒污染 等级代号》，我国也制定了相应的国家标准 GB/T 14039—2002——《液压传动 油液 固体颗粒污染等级代号》。

固体颗粒污染等级以每毫升工作介质中存在不同尺寸的颗粒数目作为划分标准，其标号有两大类：一类颗粒尺寸大于 5 μm，一类颗粒尺寸大于 15 μm。工作介质中固体颗粒数与其标号的对应关系如表 6.1 所示。

表 6.1　工作介质中固体颗粒数与其标号的对应关系（GB/T 14039—2002）

1 mL 工作介质中固体颗粒数/个	标　号	1 mL 工作介质中固体颗粒数/个	标　号	1 mL 工作介质中固体颗粒数/个	标　号
>80 000~160 000	24	>160~320	15	>0.32~0.64	6
>40 000~80 000	23	>80~160	14	>0.16~0.32	5
>20 000~40 000	22	>40~80	13	>0.08~0.16	4
>10 000~20 000	21	>20~40	12	>0.04~0.08	3
>5 000~10 000	20	>10~20	11	>0.02~0.04	2
>2 500~5 000	19	>5~10	10	>0.01~0.02	1
>1 300~2 500	18	>2.5~5	9	>0.005~0.01	0
>640~1 300	17	>1.3~2.5	8	>0.002 5~0.005	00
>320~640	16	>0.64~1.3	7		

工作介质固体颗粒污染等级代号的确定方法如下：按显微镜颗粒计数法或自动颗粒计数法取得颗粒计数依据，依次写出两个标号并用斜线隔开，前者为第一个标号（颗粒尺寸大于 5 μm 的颗粒数），后者为第二个标号（颗粒尺寸大于 15 μm 的颗粒数）。例如代号 18/13 表示在 1 mL 的给定工作介质中，大于 5 μm 的颗粒有 1 300~2 500 个，大于 15 μm 的颗粒有 40~80 个（见表 6.1）。

测定油液污染度等级的方法很多，主要有人工计数法、计算机辅助计数法、自动颗粒计数法、光谱分析法、X 射线能谱或波谱分析法、铁谱分析法、颗粒浓度分析法等。

6.3.2　过滤器的过滤精度

为了保持油液清洁,不仅要尽可能地防止或减少油液污染,还需净化油液。在液压传动系统中,一般采用过滤器来滤除外部混入或系统工作中内部产生在油液中的固体杂质,以保持油液的清洁,延长液压元件的使用寿命,保证液压传动系统的工作可靠性。

过滤是从油液中分离非溶性固体微粒的过程。它是在压力差的作用下,迫使油液通过多孔介质(过滤介质),油液中的固体微粒被截留在过滤介质上,从而达到从油液中分离固体微粒的目的。液压传动系统使用的过滤器,按其采用的过滤材料,可分为表面型过滤器、深度型过滤器和磁性过滤器。表面型过滤器的过滤材料表面分布着大小相同、均匀的几何形通孔,油液通过时,以直接拦截的方式来滤除污物颗粒;深度型过滤器的过滤材料为多孔可透性材料,内部具有曲折迂回的通道,如滤纸、化纤、玻璃纤维等纤维毡制品都属于这类过滤材料。除用表面孔直接拦截颗粒污物外,还可以通过多孔可透性材料内曲折迂回的通道以吸附、死角沉淀、阻截等方式来滤除颗粒;磁性过滤器中设置有高磁能永久磁铁,以吸附、分离油液中对磁性敏感的金属颗粒,一般与深度型过滤器和表面型过滤器结合使用。

过滤器的主要性能参数有过滤精度、过滤效率、压降特性、纳垢容量,另外还有工作压力、工作温度等。这里主要介绍过滤精度,其他性能参数可参阅产品使用说明书。

过滤精度是指过滤器对各种不同尺寸的固体颗粒的滤除能力,通常用被过滤掉的杂质颗粒的公称尺寸(μm)直接来度量。在选用过滤器时,首要考虑过滤精度。过滤器按过滤精度可以分为粗过滤器、普通过滤器、精过滤器和特精过滤器四种,它们分别能滤去公称尺寸在 $100~\mu m$ 以上、$10\sim100~\mu m$、$5\sim10~\mu m$ 和 $5~\mu m$ 以下的杂质颗粒。

液压传动系统所要求的过滤精度应使杂质颗粒尺寸小于液压元件运动表面间的间隙或油膜厚度,以免卡住运动元件或加剧零件磨损,同时也应使杂质颗粒尺寸小于系统中节流孔和节流缝隙的最小开度,以免造成堵塞。液压传动系统的功用不同,液压传动系统的工作压力就不同,对油液的过滤精度要求也就不同。过滤精度推荐值如表 6.2 所示。

表 6.2　过滤精度推荐值

系统类别	润滑系统	传动系统			伺服系统
系统工作压力/MPa	$0\sim2.5$	<14	$14\sim32$	>32	21
过滤精度/μm	<100	$25\sim50$	<25	<10	<5
过滤器精度	粗	普通	普通	精	特精

6.3.3　过滤器的典型结构

液压传动系统中常用的过滤器,按滤芯形式分为网式、线隙式、纸芯式、烧结式、磁式等,按连接方式又可分为管式、板式、法兰式和进油口用四种。

1. 各种形式的过滤器及其特点

1) 网式过滤器

网式过滤器如图 6.13 所示,它由上盖 2、下盖 4 和几块不同形状的金属丝编织的方孔网或特种网组成。为使过滤器具有一定的机械强度,金属丝编织的方孔网或特种网包在四周都开有圆形窗口的金属或塑料圆筒芯架上。标准的网式过滤器的过滤精度只有 80 μm、100 μm、180 μm 三种,压力损失小于 0.01 MPa,最大流量可达 630 L/min。网式过滤器属于粗过滤器,一般安装在液压泵吸油路上,用来保护液压泵。网式过滤器具有结构简单、通油能力大、阻力小、易清洗等特点。

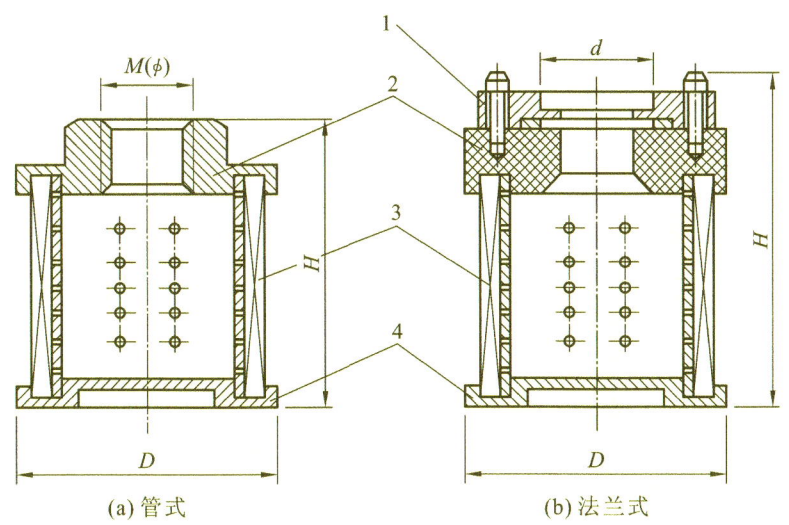

(a) 管式   (b) 法兰式

图 6.13 网式过滤器

1—法兰;2—上盖;3—滤网;4—下盖

2) 线隙式过滤器

线隙式过滤器如图 6.14 所示,它由端盖 1、壳体 2、芯架 3 和铜线或铝线 4 组成。该过滤器用铜线或铝线绕在带有孔眼的筒型芯架外部来组成滤芯,并装在壳体内部。过滤器工作时,油液从线间间隙和芯架槽孔 a 进入过滤器,再由孔道 b 流出。线隙式过滤器的特点是结构较简单,过滤精度较高,通油性能好;其缺点是不易清洗,滤芯材料强度较低。这种过滤器一般安装在回油路或液压泵的吸油口处,它有 30 μm、50 μm、80 μm 和100 μm 四种精度等级,额定流量下的压力损失为 0.02~0.15 MPa。这种过滤器有专用于液压泵吸油口处的 J 型线隙式过滤器,它仅由筒型芯架和绕在芯架外部的铜线或铝线组成。

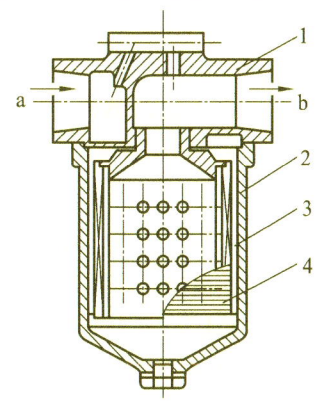

图 6.14 线隙式过滤器

1—端盖;2—壳体;3—芯架;4—铜线或铝线

3) 纸芯式过滤器

图 6.15 所示为纸芯式过滤器,其结构与线隙式过滤器的基本相同,只是其滤芯采用了纸芯。纸芯部分是把平纹或波纹的酚醛树脂或木浆微孔滤纸绕在带孔的用镀锡铁片做成的骨架上。为了增大过滤面积,滤纸呈折叠形状。这种过滤器有 5 μm、10 μm、20 μm 等规格,其压力损失为 0.01~0.12 MPa。纸芯式过滤器结构紧凑,过滤精度高,通流能力大,但纸芯

强度较低,易堵塞且无法清洗,需要定期更换,一般用于精过滤系统。

4)金属烧结式过滤器

金属烧结式过滤器有多种结构形状。图 6.16 所示是 SU 型结构,由端盖 1、壳体 2、滤芯 3 等组成。有些结构加有磁环,用来吸附油液中的铁质微粒,效果尤佳。滤芯通常由颗粒状青铜粉压制后烧结而成,它利用铜颗粒的微孔来过滤杂质。金属烧结式过滤器的过滤精度一般为 $10 \sim 100~\mu m$,压力损失为 $0.03 \sim 0.2$ MPa。金属烧结式过滤器的优点是滤芯能烧结成杯状、管状、板状等各种不同的形状,制造简单,强度大,性能稳定,抗腐蚀性好,过滤精度高,适用于精过滤;其缺点是铜颗粒易脱落,堵塞后不易清洗。

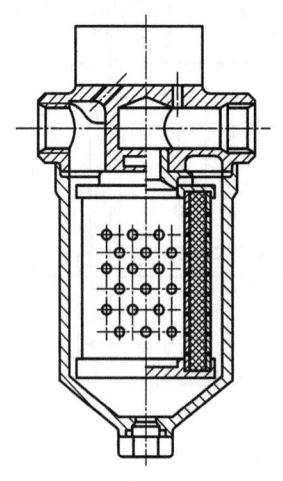

图 6.15 纸芯式过滤器

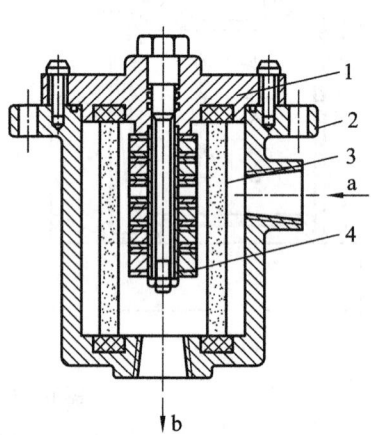

图 6.16 SU 型金属烧结式过滤器

1—端盖;2—壳体;3—滤芯;4—磁环

5)其他形式的过滤器

除了上述几种基本形式外,过滤器还有一些其他的形式。磁性过滤器是利用永久磁铁来吸附油液中的铁屑和带磁性的磨料,微孔塑料过滤器已推广应用。过滤器也可以做成复式的。例如,液压挖掘机的液压传动系统中的过滤器,在纸芯式过滤器的纸芯内安装一个圆柱形的永久磁铁,便于进行两种方式的过滤。还有 SX 型上置式吸油过滤器、SH 型上置式回油过滤器和 CX 型侧置式吸油过滤器,在液压油箱盖板或侧板上开相应的孔就可以直接安装它们,维护非常方便。

2. 过滤器上的堵塞指示装置和发讯装置

带有指示装置的过滤器能指示出滤芯堵塞的情况。当堵塞超过规定状态时,发讯装置便发出报警信号。报警方法是:通过电气装置发出灯光或音响信号或切断液压传动系统的电气控制回路,使系统停止工作。图 6.17 所示为滑阀式堵塞指示装置的工作原理,过滤器进、出油口的油液分别与滑阀左、右两腔连通,当滤芯通油能力良好时,滑阀两端压力差很小,滑阀在弹簧的作用下处于左端,指针指在刻度左端。随着滤芯的逐渐堵塞,滑阀两端压力差逐渐加大,指针将随滑

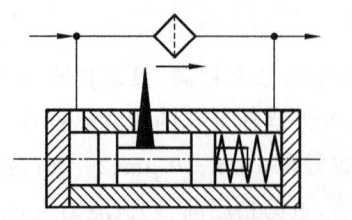

图 6.17 滑阀式堵塞指示装置的工作原理

阀逐渐右移,给出堵塞情况的指示。根据指示情况,就可确定是否应清洗或更换滤芯。堵塞指示装置还有磁力式、片簧式等形式。将指针更换为电气触点开关就是发讯装置。

6.3.4 过滤器的选用和安装

1. 过滤器的选用

选用过滤器时,应考虑以下几点:

(1) 过滤精度应满足系统设计要求;

(2) 具有足够大的通油能力,压力损失小,流量规格一般应为实际通过流量的 2 倍以上;

(3) 滤芯具有足够的强度,不因油液的作用而损坏;

(4) 滤芯抗腐蚀性好,能在规定的温度下长期工作;

(5) 滤芯的更换、清洗及维护方便。

2. 过滤器的安装位置

过滤器在液压传动系统中有下列几种安装方式。

1) 安装在液压泵的吸油管路上

如图 6.18(a)所示,过滤器安装在液压泵的吸油管路上,以保护液压泵。这种方式要求过滤器具有较大的通油能力和较小的压力损失,压力损失通常应不超过 0.01 MPa,否则将造成液压泵吸油不畅或引起空穴。常采用过滤精度较低的网式过滤器或线隙式过滤器。

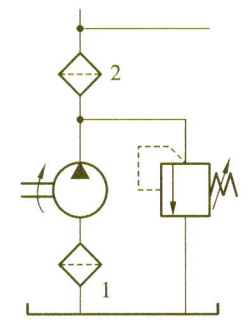 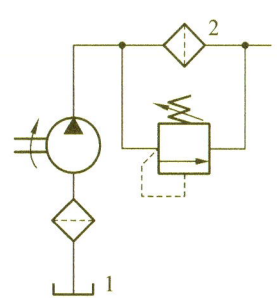

(a) 过滤器安装在吸油管路上　　　(b) 过滤器安装在压油管路上

图 6.18　过滤器安装在吸油、压油管路上

2) 安装在液压泵的压油管路上

如图 6.18(b)所示,过滤器安装在液压泵的压油管路上。这种方式可以保护除液压泵以外的全部元件。过滤器应能承受系统工作压力和冲击压力,压力损失应不超过 0.35 MPa。为避免过滤器堵塞,引起液压泵过载,或者击穿过滤器,过滤器必须放在安全阀之后或与一压力阀并联,此压力阀的开启压力应略低于过滤器的最大允许压力差。采用带指示装置的过滤器也是一种方法。

3) 安装在系统的回油管路上

如图 6.19 所示,过滤器安装在系统的回油管路上这种安装方式不能直接防止杂质进入液压泵及系统中的其他元件。

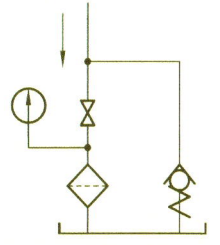

图 6.19　过滤器安装在系统的回油管路上

只能清除系统中的杂质,对系统起间接保护作用。由于回油管路上的压力低,故可采用低强度的过滤器,允许有稍高的过滤阻力。为避免过滤器堵塞而引起系统背压过高,应设置旁路阀。

4)安装在支油管路上

安装在液压泵的吸油、压油管路上或系统的回油管路上的过滤器都要通过液压泵的全部流量,所以过滤器的流量规格大,体积也较大。若把过滤器安装在经常只通过液压泵流量的 20%~30% 的支油管路上,这种方式称为局部过滤,如图 6.20 所示。局部过滤的方法有很多种,如节流过滤、溢流过滤等。局部过滤不会在主油路中造成压力损失,过滤器也不必承受系统工作压力。其主要缺点是不能完全保证液压元件的安全,仅能间接保护系统。

5)单独过滤

如图 6.21 所示,用一个专用的液压泵和过滤器组成一个独立于液压传动系统之外的过滤回路。该回路可以经常清除油液中的杂质,达到保护系统的目的,适用于大型机械设备的液压传动系统。

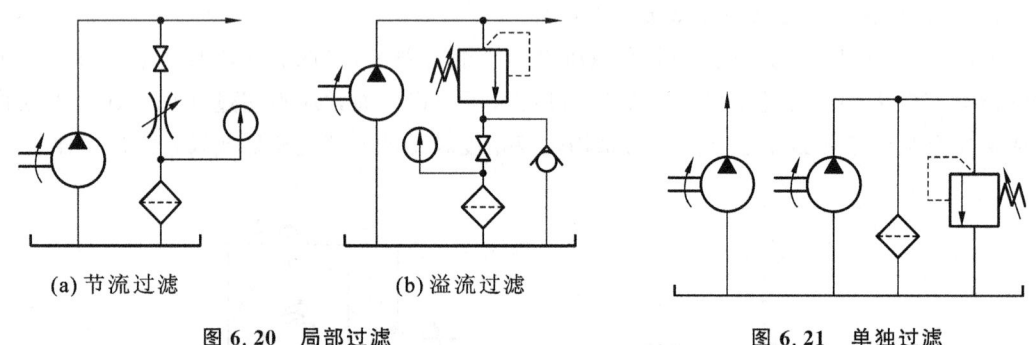

(a)节流过滤 (b)溢流过滤

图 6.20 局部过滤

图 6.21 单独过滤

对于一些重要元件,如伺服阀等,应在其前面单独安装过滤器来确保它们的性能。

◀ 6.4 热 交 换 器 ▶

6.4.1 液压传动系统的发热和散热

液压传动系统工作时,液压泵、液压马达和液压缸的容积损失和机械损失,液压控制装置及管路的压力损失,工作介质的黏性摩擦等会引起能量损失。系统损耗的能量全部转化为热能,且大部分被油液吸收,使系统工作介质温度升高。油温升高会降低油液的黏性和润滑性,增加泄漏。若油温过高(>80 ℃),易使油液变质污染,析出沥青状物,它们一旦进入液压元件的滑动表面和配合间隙中,就会引起种种故障,缩短液压元件的工作寿命,直接影响系统的正常工作。在高寒地区,工作环境温度过低(≤15 ℃),造成系统起动、吸油困难,产生空穴,影响系统的正常工作。

液压传动系统在适宜的工作温度下保持热平衡,不仅是系统所必需的,而且有利于提高系统的工作稳定性,减小机械设备的热变形,提高工作精度。为了使油温控制在最佳范围内,经常使用冷却器强制冷却,使用加热器预热。

液压传动系统中的热量一般可以通过热传导、热辐射、热对流三种基本方式自然散发,在一定温度下会自动达到热平衡。如果热平衡温度超过了液压传动系统允许的最高温度,或者对温度有特殊要求,则应安装冷却器,强制冷却;反之,如果环境温度太低,液压泵无法正常起动或有油温要求时,则应安装加热器,提高油温。

6.4.2 冷却器的结构及选用

冷却器有水冷式、风冷式和冷媒式三种。

1. 水冷式冷却器

最简单的水冷式冷却器是蛇形管冷却器,如图 6.22 所示,它安装在油箱中进行冷却。冷却水从管内流过时,将油液中的热量带走。这种冷却器制造简单,安装方便,但散热面积小,冷却效率低,故不常使用。

常见的多管式冷却器是一种强制对流式冷却器,其结构示意图如图 6.23 所示,它主要由外壳 1、挡板 2、铜管 3 和隔板 4 等部分组成。工作时,冷却水从管内流过,高压油自壳体内管间流过,中间隔板使油流折流,从而增加油液的循环路线长度,以强化热交换效果。一般可将油液流速控制在 $1\sim1.2$ m/s。水管通常采用壁厚为 $1\sim1.5$ mm 的黄铜管,该管不易生锈,且便于清洗。

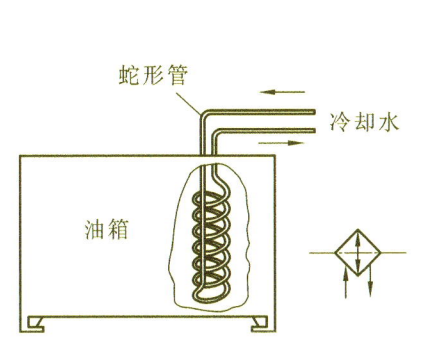

图 6.22 蛇形管冷却器

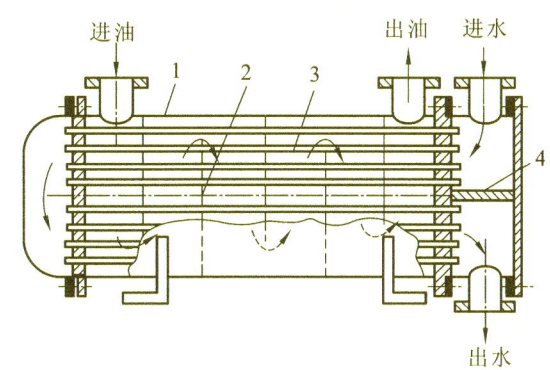

图 6.23 多管式冷却器

1—外壳;2—挡板;3—铜管;4—隔板

图 6.24 所示为波纹板式冷却器。它利用板片人字形波纹结构交错排列形成的接触点,使油液在流速不高的情况下形成紊流,从而提高散热效果。

2. 风冷式冷却器

风冷式冷却器适用于缺水或水源不便的设备。图 6.25 所示为板翅式冷却器。每两层通油板之间设置有波浪形的板翅散热片,油液从该散热片的盘管中通过,正面用风扇送风冷却。这种冷却器结构紧凑,散热面积大,散热效率高,适应性好,但易堵塞,难清洗。

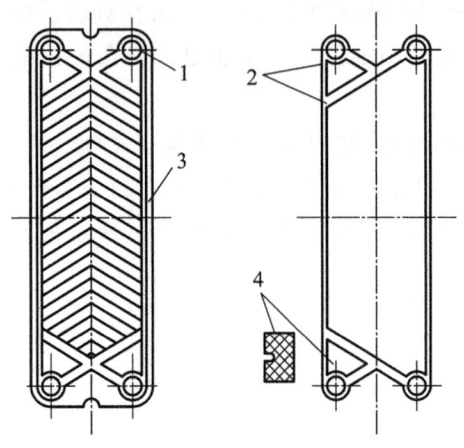

图 6.24 波纹板式冷却器

1—角孔；2—双道密封；3—密封槽；4—信号孔

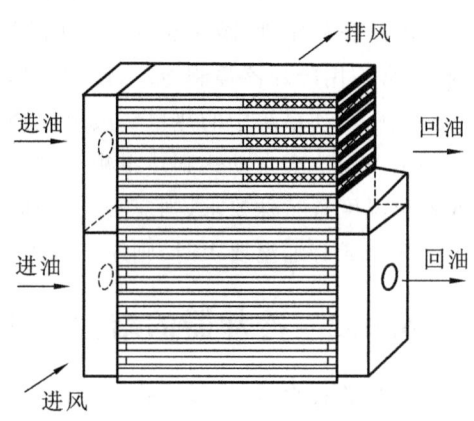

图 6.25 板翅式冷却器

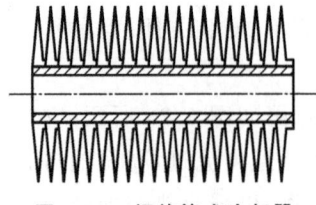

图 6.26 翅片管式冷却器

图 6.26 所示为翅片管式(圆管、椭圆管)冷却器,其圆管外壁嵌入大量的散热翅片,翅片一般用厚度为 $0.2 \sim 0.3$ mm 的铜片或铝片制成,散热面积是光管的 $8 \sim 10$ 倍,而且体积和质量相对减小。椭圆管因涡流区小,故空气流动性好,散热系数高。

3. 冷媒式冷却器

冷媒式冷却器是利用冷媒介质(如氟利昂)在压缩机内作绝热压缩,散热器散热,蒸发器吸热的原理,把热油的热量带走,使油液冷却。此种方式冷却效果最好,但价格昂贵,常用于精密机床等设备。

在选择冷却器时,一般根据系统的工作环境、技术要求、经济性、可靠性和寿命等方面的要求进行选择,以适应系统的工作要求。

冷却器一般安装在液压传动系统的主回油路上,冷却速度快,但系统回路有冲击压力时,要求冷却器能承受较高的压力;冷却器还可以安装在溢流阀的溢流管路上,这种安装方式的特点是溢流阀产生的热油温度高,直接冷却,同时也不受系统冲击压力的影响,单向阀可起保护作用,截止阀可在起动时使油液直接流回油箱;大型设备或发热较严重的液压传动系统通常都安装有单独的冷却设备,冷却器不受液压冲击的影响。

6.4.3 加热器的结构及选用

在严寒地区使用液压设备,开始工作时油温低,起动困难,效率也低,所以必须将油箱中的油液加热。对于要求在恒温下工作的液压实验装置、精密机床等液压设备,也必须在开始工作之前,把油温提高到一定值。加热的方法如下:

(1)用系统本身的液压泵加热,使全部油液通过溢流阀或安全阀回到油箱,将液压泵的驱动功率大部分转化为热量,使油液升温。

(2)用表面加热器加热。可以向蛇形管中通入蒸汽来加热,也可用电加热器加热。为了不使油液局部高温而导致烧焦,表面加热器的表面功率密度应不大于 3 W/cm^2。

在油箱中设置蛇形管,用通入热水或蒸汽来加热的方法比较麻烦,效果也较差。因此,一般都采用电加热器加热,如图 6.27 所示。这种加热器结构简单,可根据最高和最低使用油温实现自动控制。电加热器的加热部分必须全部侵入油液中,最好横向水平安装在油箱侧壁上,避免油面降低时电加热器表面露出油面。由于油液是热的不良导体,

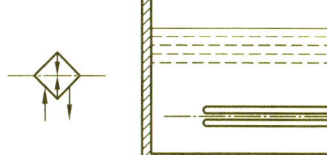

图 6.27　电加热器

所以应注意油液的对流。电加热器最好设置在油箱回油管一侧,以便加速热量的扩散,必要时可设置搅拌装置。单个电加热器的功率不宜太大,以免周围温度过高,使油液变质污染,必要时可多装几个小功率电加热器。

6.5　液压油箱

液压油箱的用途是储油、散热、沉淀油液中的杂质及逸出渗入油液中的空气。

液压油箱有总体式和分离式两种。总体式油箱是利用机械设备机体的空腔设计而成的,如利用机床床身、工程机械的机体作为油箱。分离式油箱是一个独立于机械设备之外的,或能与机械设备分离的油箱,这种油箱布置灵活,维修方便,能设计成通用的标准形式。

根据油箱液面是否与大气相通,油箱又可分为开式油箱和闭式油箱。闭式油箱内的液面不与大气接触。

1. 开式油箱

图 6.28 所示是一种分离式开式油箱的结构示意图。该油箱由油箱体 1 和两个侧盖 2 组成。箱体内装有若干隔板,将液压泵吸油口 11、过滤器 12 与回油口 7 分隔开来。隔板的作用是使回油受隔板阻挡后再进入吸油腔一侧,这样可以增大油液在油箱中的流程,增强散热效果,并使油液有足够长的时间去分离空气泡和沉淀杂质。油箱盖板上装有空气过滤器 6,底部装有排放污油的排污堵塞 3,安装液压泵和电动机的安装板 10 固定在油箱盖板上,油箱的一个侧板上装有液位计 5,卸下侧盖 2 和盖板便可清洗油箱内部和更换过滤器。箱底板 4 设计成倾斜的目的是便于放油和清洗。

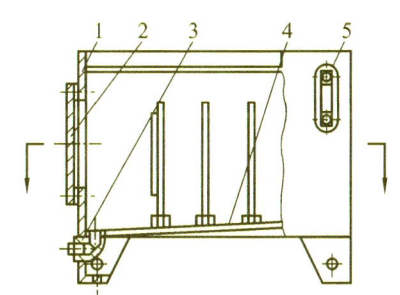
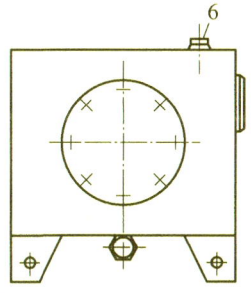
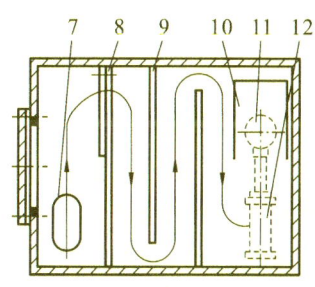

图 6.28　分离式开式油箱的结构示意图

1—油箱体;2—侧盖;3—排污堵塞;4—箱底板;5—液位计;6—空气过滤器;
7—回油口;8、9—隔板;10—安装板;11—液压泵吸油口;12—过滤器

2. 挠性隔离式油箱

图 6.29 所示是一种挠性隔离式油箱,常用在粉尘特别多的场合。大气压经气囊作用在液面上,气囊使油箱内油液液面与外界隔离。该油箱气囊的容积应比液压泵每分钟流量大25%以上。

3. 压力油箱

图 6.30 所示是一种压力油箱,其充气压力通常为 0.05～0.07 MPa。该压力油箱改善了液压泵的吸油条件,但要求系统回油管及泄油管能承受背压。

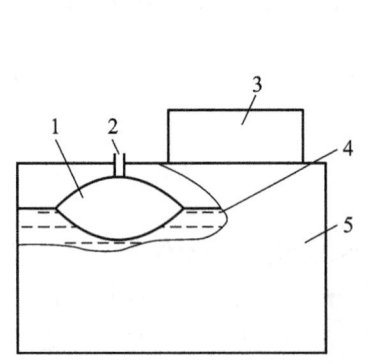

图 6.29 挠性隔离式油箱
1—气囊;2—气囊进、排气口;
3—液压装置;4—液面;5—油箱

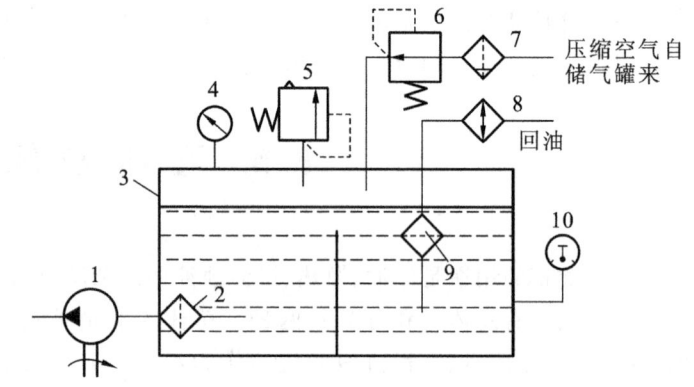

图 6.30 压力油箱
1—液压泵;2、9—过滤器;3—压力油箱;
4—电接点压力表;5—安全阀;6—减压阀;
7—分水滤清器;8—冷却器;10—电接点温度表

◀ 6.6 蓄 能 器 ▶

6.6.1 蓄能器的作用

蓄能器是储存和释放液体压力能的装置,它储存高压油,在需要的场合和时间使用。在液压传动系统中,蓄能器的主要用途如下。

1. 作辅助动力源

蓄能器最常见的用途是用作辅助动力源,用于短时间内液压传动系统工作循环所需流量变化较大的场合。在执行元件有间歇动作的液压传动系统中,当低速运动时,载荷需要的流量小于液压泵流量,液压泵多余的流量储存在蓄能器中;当载荷需要的流量大于液压泵流量时,油液从蓄能器中释放出来,以实现系统动作循环。这样,系统可采用小流量规格的液压泵,减少功率损耗,提高效率,降低成本。

2. 系统保压

对于执行元件长时间不动作而要保持恒定压力的系统,可用蓄能器释放储存的油液来补偿泄漏，从而使压力稳定。

3. 作应急动力源

停电或系统发生故障时，蓄能器能将一定流量提供给系统作为应急动力源，使执行元件能顺利完成必要动作，避免油路突然中断而造成机件损坏等事故。

4. 减少冲击压力和脉动压力

蓄能器还有缓冲作用，因此能减少冲击和脉动压力。如液压泵、液压缸突然起动或停止，液压阀突然关闭或换向，均会引起系统的振动和冲击，而蓄能器可吸收系统压力突变带来的冲击。

6.6.2 蓄能器的类型

蓄能器按储能方式分，主要有重力加载式、弹簧加载式和气体加载式三种类型。

1. 重力加载式蓄能器

如图 6.31 所示，重力加载式蓄能器利用重物的位置变化来储存、释放能量。当蓄能器充油时，油液推动柱塞上升，并带动重物移动，以一定压力存储起来；当蓄能器连接液压机时，油液通过重力排出蓄能器，促使液压机做功。这种蓄能器结构简单，压力稳定，最高工作压力可达 45 MPa，但其体积大而笨重，运动惯性大，反应不灵敏，易泄漏，摩擦损失大，因此常用于大型固定设备。

2. 弹簧加载式蓄能器

如图 6.32 所示，弹簧加载式蓄能器利用弹簧的压缩和伸长能来储存、释放能量，因此其压力和使用寿命取决于弹簧的弹力及寿命。弹簧加载式蓄能器结构简单，反应较灵敏，但容量小，弹簧易振动，因此不宜用于高压和循环频率较高的场合，一般在小容量或低压系统中作缓冲之用。

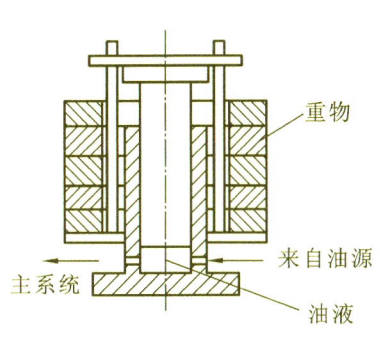

图 6.31 重力加载式蓄能器

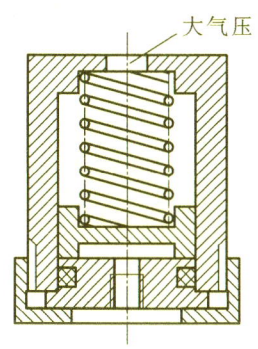

图 6.32 弹簧加载式蓄能器

3. 气体加载式蓄能器

气体加载式蓄能器的工作原理建立在波义耳定律的基础上，利用压缩气体（通常为氮气）储存能量。这种蓄能器有气瓶式、活塞式、气囊式等几种结构形式，如图 6.33 所示。

气瓶式蓄能器如图 6.33(a) 所示。这种蓄能器因气体 2 和油液 1 直接接触，故又称为气液直接接触式（非隔离式）蓄能器。它的特点是容量大、体积小、惯性小、反应灵敏，但气体易

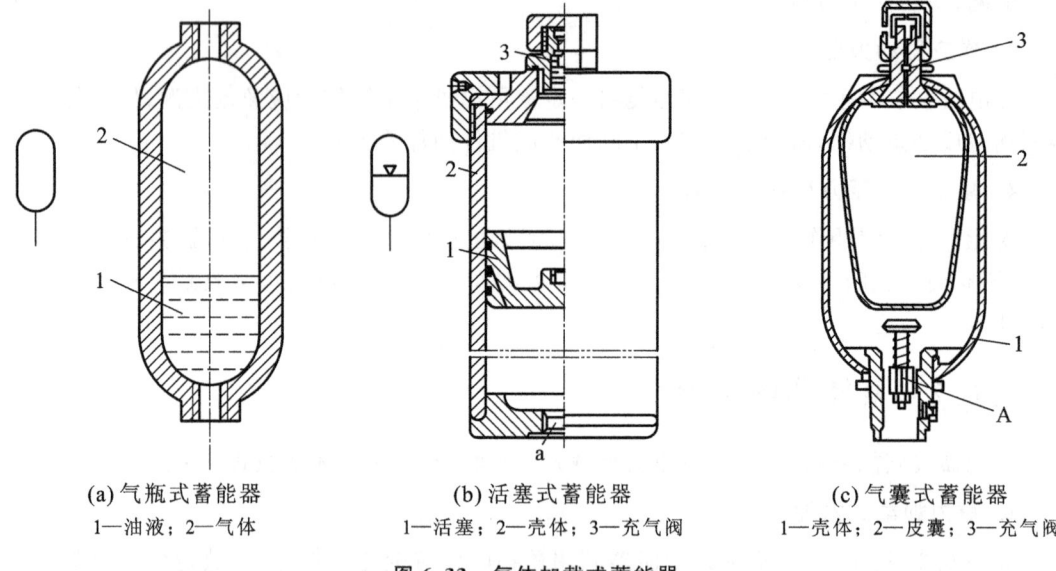

(a) 气瓶式蓄能器
1—油液；2—气体

(b) 活塞式蓄能器
1—活塞；2—壳体；3—充气阀

(c) 气囊式蓄能器
1—壳体；2—皮囊；3—充气阀

图 6.33　气体加载式蓄能器

混入（高压时溶于）油液中，使油液的可压缩性增大，影响系统工作平稳性，而且耗气量大，需经常补充，适用于中、低压大流量系统。

活塞式蓄能器如图 6.33(b) 所示。这种蓄能器的气体和油液由活塞 1 隔开，属于隔离式蓄能器。这种蓄能器结构简单，工作可靠，安装和维护方便，寿命长，主要用于大流量的液压传动系统；但因存在活塞移动的惯性和摩擦阻力，故反应不灵敏。另外，活塞与缸体间密封件若发生磨损后，会使蓄能器中的气液混合，影响系统的工作稳定性，因此对缸筒加工和活塞密封性能要求较高，一般用于储能或在中、高压系统中吸收脉动。

气囊式蓄能器如图 6.33(c) 所示。它由壳体 1、皮囊 2、充气阀 3 和进油阀 A 等部分组成。壳体 1 下端的进油阀是一个由弹簧加载的菌形提动阀，它的作用是防止油液全部排出时气囊挤出壳体 1 之外。壳体 1 内有一个用耐油橡胶制成的皮囊 2，一般有折合型和波纹型两种。皮囊 2 出油口处设置充气阀 3，充气阀 3 只在为皮囊 2 充气时打开，蓄能器工作时皆关闭。皮囊 2 内一般充入惰性气体（一般为氮气），气体和液体完全隔离开，且皮囊 2 惯性小，克服了活塞式蓄能器响应慢的缺点，是应用最为广泛的一种蓄能器，但其工艺性较差，只能在 $-20 \sim 70\ ℃$ 的温度范围内工作。

6.6.3　蓄能器的容量计算

根据要求合理选择蓄能器可有效提高其容积利用率，提高工作效率，而选取蓄能器的重要依据就是容量。这里以气囊式蓄能器为例，说明其容量的计算方法。

1. 蓄能器用于储存和释放能量时的容量计算

这种用途的蓄能器的容量 V_0 和皮囊充气压力 p_0，可根据蓄能器在工作中需输出的油液体积 ΔV、系统最高工作压力 p_1 及要求维持的最低工作压力 p_2 来确定。

在蓄能器的工作过程中，气体状态的变化规律符合理想气体状态方程，即

$$p_0 V_0^n = p_1 V_1^n = p_2 V_2^n = 常数 \tag{6.1}$$

式中：V_1 为系统最高工作压力 p_1 时对应的气体体积，m^3；V_2 为系统最低工作压力 p_2 时对应的气体体积，m^3；n 为多变指数，当蓄能器用于保持系统压力、补偿泄漏时，$n=1$，当蓄能器用来大量供油时，$n=1.4$。

当压力从 p_1 降到 p_2 时，蓄能器释放的油液体积就是气体体积的变化量 ΔV，即

$$\Delta V = V_2 - V_1$$

将上式代入式(6.1)中，可得

$$V_0 = \frac{\Delta V}{p_0^{1/n}[(1/p_2)^{1/n} - (1/p_1)^{1/n}]} \tag{6.2}$$

充气压力 p_0 在理论上可与 p_2 相等，但由于系统存在泄漏，为保证系统压力为 p_2 时，蓄能器还有补偿能力，所以 $p_0 < p_2$。根据经验，对于折合型气囊式蓄能器，取 $p_0 = (0.8 \sim 0.85)p_2$；对于波纹型气囊式蓄能器，取 $p_0 = (0.6 \sim 0.65)p_2$。

2. 蓄能器用于吸收冲击压力时的容量计算

在这种情况下，要进行准确计算比较困难，因为影响因素很多，如管路布置、液体流态、阻尼状况、泄漏量大小等。下面介绍一种近似的理论计算方法。

当液压传动系统中的换向阀突然关闭时，如果阀前管路中液体的质量为 m，流速为 v，其动能为 $mv^2/2$，这些动能由蓄能器吸收后转变为气体的压力能，于是蓄能器内的气体就从原充气状态下的压力 p_0 和体积 V_0 转变为缓冲状态下的最高容许压力 p_1 和其对应的体积 V_1。由于冲击是瞬时发生的，故可认为这个过程是绝热的，因此有

$$pV^{1.4} = p_0 V_0^{1.4} = p_1 V_1^{1.4} = 常数$$

根据热力学第一定律，可求得气体的压力能为

$$\int_{V_0}^{V_1} p\,\mathrm{d}V = \int_{V_0}^{V_1} \frac{p_0 V_0^{1.4}}{V^{1.4}}\,\mathrm{d}V = -\frac{p_0 V_0}{0.4}\left[\left(\frac{p_1}{p_0}\right)^{0.285} - 1\right]$$

由于液体的动能应与气体的压力能的绝对值相等，所以

$$\frac{1}{2}mv^2 = \frac{1}{2}\rho A l v^2 = \frac{p_0 V_0}{0.4}\left[\left(\frac{p_1}{p_0}\right)^{0.285} - 1\right]$$

故可以推得

$$V_0 = \frac{\rho A l v^2}{2}\left(\frac{0.4}{p_0}\right)\left[\frac{1}{(p_1/p_0)^{0.285} - 1}\right] \tag{6.3}$$

式中：A 为管道通流面积；l 为产生压力冲击波的管道长度；v 为管道关闭前液流速度；p_1 为系统允许的最大冲击压力；p_0 为蓄能器充气压力，一般取系统工作压力的 90%。

由于没有考虑液体的压缩性和管道弹性，所以按式(6.3)计算出的数值偏小，可适当增大。

6.6.4 蓄能器的安装

蓄能器在液压传动系统中的安装位置随其用途的不同而变化。蓄能器安装时应注意以下几点：

（1）气囊式蓄能器应使油口向下垂直安装，充气阀朝上。倾斜或卧式安装时，皮囊因受浮力而于壳体单边挤出，妨碍其正常伸缩运行，加快皮囊损坏，因此一般不采用。

（2）用于吸收冲击压力和脉动压力时，蓄能器要紧靠振源，应装在易发生冲击处。

（3）装在管路上的蓄能器，必须用支承板或支持架固定。

（4）蓄能器与管路系统之间应装设截止阀，此阀供充气、调整、检修或长期停机时使用；蓄能器与液压泵之间应安装单向阀，以免在液压泵停止工作时，蓄能器中的油液倒灌入液压泵内，流回油箱，发生事故。

本 章 小 结

液压辅助元件指的是液压传动系统中除了动力元件、执行元件和控制元件以外的部分，它是一个统称。液压辅助元件一般包括油管和管接头、密封件、过滤器、热交换器、液压油箱、蓄能器等，它们是液压传动系统不可缺少的部分。液压辅助元件对系统的工作稳定性、可靠性、寿命、噪声、温升甚至动态性能都有直接影响。本章主要介绍了这些液压辅助元件的结构、特点、应用等。在设计液压传动系统时，液压辅助元件主要通过《液压工程手册》选取。

思考与习题

6.1 在液压传动系统中常用的管接头有哪几类？

6.2 在液压传动系统中常用的密封装置有哪几类？各有什么特点？

6.3 简述过滤器的类型、特点，以及选用过滤器的主要原则。

6.4 油箱有哪些作用？其主要类型有哪些？

6.5 系统在什么情况下需要设置冷却器或加热器？

6.6 简述蓄能器的主要类型及其在系统中的作用。

6.7 某气囊式蓄能器用作动力源，容量为 3 L，充气压力 $p_0 = 3.2$ MPa，系统最高和最低工作压力分别为 7 MPa 和 4 MPa，试求蓄能器能够输出的油液体积。

6.8 比较各种密封装置的密封原理和结构特点，它们各用在什么场合较为合理。

第 7 章
液压基本回路

◀ **本章指南**

　　本章主要内容：本章讨论的是最常见的液压基本回路。所谓液压基本回路，就是由有关的液压元件组成，用来完成特定功能的典型油路。按其在液压传动系统中的功用，基本液压回路可分为：方向控制回路——控制执行元件运动方向的变换和锁停，压力控制回路——控制整个系统或局部油路的工作压力，速度控制回路——控制和调节执行元件的速度，多执行元件控制回路——控制多个执行元件相互间的动作。不论机械设备的液压传动系统如何复杂，它都是由一些液压基本回路组成的。熟悉和掌握这些液压基本回路的组成、工作原理及应用，是分析、设计和使用液压传动系统的重要基础。

　　本章重点：掌握方向控制回路、压力控制回路、速度控制回路、多执行元件控制回路四部分内容。

　　本章难点：理解调速回路的基本特性，掌握调速回路中节流调速回路、容积调速回路、容积节流调速回路的原理及特性，掌握顺序动作回路的三种控制方式。

　　本章教学目的与要求：通过本章的学习，熟悉液压基本回路的组成、工作原理及应用。根据功能需求的不同，完成液压基本回路的组装设计。为达到以上目的，在讲授过程中要突出该内容的概念性、实践性都很强的特点，注意课堂讲授和实验密切结合。在教学过程中，注意激发学生的学习兴趣，提倡学生主动思考问题，培养学生的自学能力。

◀ 7.1 方向控制回路 ▶

方向控制回路的作用是利用各种方向控制阀来控制液流的通断及变向,实现执行元件的起动、停止或改变运动方向。常用的方向控制回路有换向回路、锁紧回路和制动回路等。

7.1.1 换向回路

换向回路的作用是改变执行元件的运动方向。换向回路的设计需要液压传动系统具有换向可靠、灵敏、平稳,换向精度合适的特性。执行元件的换向过程一般包括执行元件的制动、停留和起动三个阶段。

1. 简单方向控制回路

采用普通的三位或二位换向阀均可使执行元件换向。在图 7.1 所示的双作用油缸换向回路中,由三位四通 O 型电磁换向阀控制油缸的换向。电磁铁 1YA 得电时,P—A、B—T 油口导通,油液推动油缸活塞向左运动;电磁铁 2YA 得电时,P—B、A—T 油口导通,油缸活塞向右运动;电磁换向阀在中位时,油缸活塞停止运动。在图 7.2 所示的双作用气缸换向回路中,由二位五通电磁换向阀控制气缸的换向。电磁铁 1YA 得电时,P—A 油口导通,气压力推动活塞向左运动;电磁铁 2YA 得电时,P—B 油口导通,活塞向右运动。

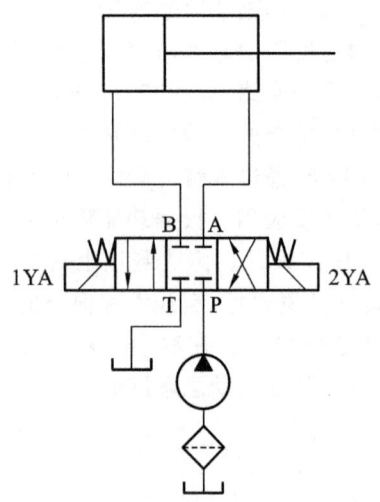

图 7.1 双作用油缸换向回路

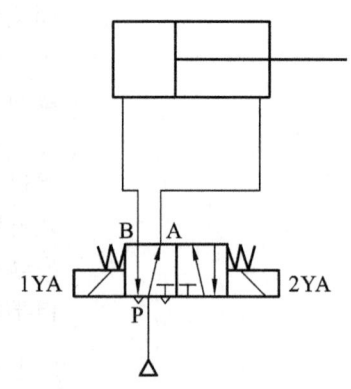

图 7.2 双作用气缸换向回路

三位换向阀除了能使执行元件朝正、反两个方向运动外,还有不同的中位滑阀机能,可使系统得到不同的性能。一般液压缸在换向过程中的制动和起动,由液压缸的缓冲装置来调节;液压马达在换向过程中的制动,则需要设置制动阀等。换向过程中停留时间的长短,取决于换向阀的切换时间,也可以通过电路来控制。

在闭式系统中,可采用双向变量泵控制液流的方向来实现执行元件的换向。如图 7.3 所示,液压缸 5 的活塞向右运动时,其进油流量大于排油流量,双向变量泵 1 的吸油侧流量不足,辅助泵 2 通过单向阀 3 来补充。改变双向变量泵 1 的供油方向,液压缸 5 的活塞向左运动,排油流量大于进油流量,双向变量泵 1 吸油侧多余的油液通过由液压缸 5 进油侧压力控制的二位四通换向阀 4 和背压阀 6 排回油箱。溢流阀 8 限定补油压力,使双向变量泵 1 吸油侧有一定的吸入压力。溢流阀 7 是防止系统过载的安全阀。这种回路适用于压力较高、流量较大的场合。

2. 复杂方向控制回路

当需要频繁、连续、自动地往复运动,并对换向过程有较多附加要求时,需采用复杂的连续换向回路。

对于换向要求高的主机(如各类磨床),若用手动换向阀,就不能实现自动往复运动。采用机动换向阀,利用工作台上的行程挡块推动连接在换向阀杆上的拨杆来实现自动换向。但工作台慢速运动时,若换向阀移至中间位置,工作台会因失去动力而

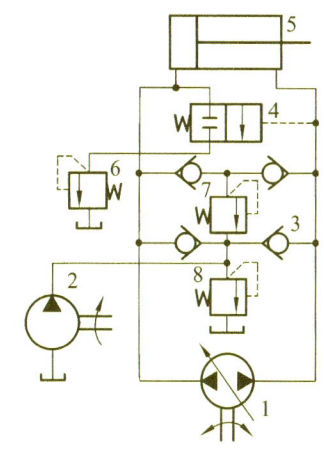

图 7.3　采用双向变量泵的换向回路

1—双向变量泵;2—辅助泵;3—单向阀;
4—二位四通换向阀;5—液压缸;
6—背压阀;7、8—溢流阀

停止运动,出现"换向死点",不能实现自动换向;当工作台高速运动时,又会因换向阀阀芯移动过快而引起换向冲击。若采用电磁换向阀由行程挡块推动行程开关发出换向信号,使电磁换向阀动作,推动换向,可避免"死点",但电磁换向阀动作一般较快,存在换向冲击,而且电磁换向阀还有换向频率不高、寿命低、易出故障等缺陷。为了解决上述矛盾,采用特殊设计的机动换向阀,以行程挡块推动机动先导阀,由它控制一个可调式液动换向阀来实现工作台的换向,这样既可避免"换向死点",又可消除换向冲击。这种换向回路按换向要求的不同,分为时间控制制动式和行程控制制动式。

1) 时间控制制动式连续换向回路

图 7.4 所示为时间控制制动式连续换向回路,这种回路中的主油路只受液动换向阀 3 控制。在图示的工作状态下,在换向过程中,当二位四通先导阀 2 在左端位置时,控制油路中的油液经单向阀 I_2 通向液动换向阀 3 右端,液动换向阀 3 左端的油液经节流阀 J_1 流回油箱,液动换向阀 3 的阀芯向左移动,阀芯上的制动锥面逐渐关小回油通道,液压缸活塞速度逐渐减慢,并在液动换向阀 3 的阀芯移过 l 距离后将通道关闭,使活塞停止运动。液动换向阀 3 的阀芯上的制动锥半锥角一般取 $\alpha=1.5°\sim3.5°$,在换向要求不高的情况下还可以取大一些。制动锥长度可根据试验确定,一般取 $l=3\sim12$ mm。当节流阀 J_1 和 J_2 的开口大小调定之后,液动换向阀 3 的阀芯移动距离 l 所需的时间(即活塞制动所经历的时间)也就确定了(不考虑油液黏度变化的影响)。因此,这种换向方式称为时间控制制动式。

时间控制制动式连续换向回路的主要优点是:其制动时间可根据主机部件运动速度的快慢、惯性的大小,通过节流阀 J_1 和 J_2 进行调节,以便控制换向冲击,提高工作效率;液动换向阀的中位机能采用 H 型,对减小冲击量和提高换向平稳性都有利。其主要缺点是:换向过程中的冲击量受运动部件的速度和其他一些因素的影响,换向精度不高。这种换向回路主要用于工作部件运动速度较快,要求换向平稳、无冲击,但换向精度要求不高的场合,如用于平面磨床、插床、拉床和刨床的液压传动系统中。

2) 行程控制制动式连续换向回路

图 7.5 所示为行程控制制动式连续换向回路,这种回路中的主油路除受液动换向阀 3

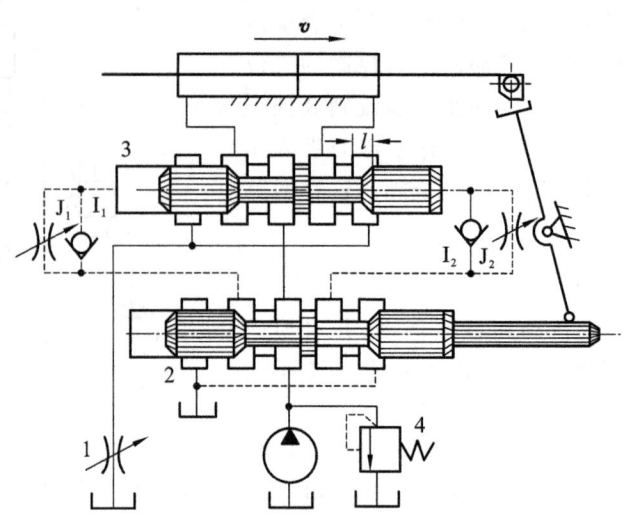

图 7.4　时间控制制动式连续换向回路

1—节流阀；2—二位四通先导阀；3—液动换向阀；4—溢流阀

的控制外，还受二位七通先导阀 2 的控制。当二位七通先导阀 2 在换向过程中向左移动时，二位七通先导阀 2 的阀芯的右制动锥将液压缸右腔的回油通道逐渐关小，使活塞速度逐渐减慢，对活塞进行预制动。当回油通道被关得很小（轴向开口量为 0.2～0.5 mm），活塞速度变得很慢时，液动换向阀 3 的控制油路才开始切换，液动换向阀 3 的阀芯向左移动，隔断主油路通道，致使活塞停止运动，并立即使它向相反的方向移动。不论运动部件原来的速度快慢如何，二位七通先导阀 2 总是要先移动一段固定的行程 l，将工作部件先进行预制动后，再由液动换向阀 3 来使它换向。因此，这种制动方式称为行程控制制动式。二位七通先导阀 2 的制动锥半锥角一般取 $\alpha=1.5°\sim3.5°$，长度 $l=5\sim12$ mm。合理选择制动锥半锥角，可使制动平稳（液动换向阀上没有必要采用较长的制动锥，一般制动锥长度只有 2 mm，半锥角较大，$\alpha=5°$）。

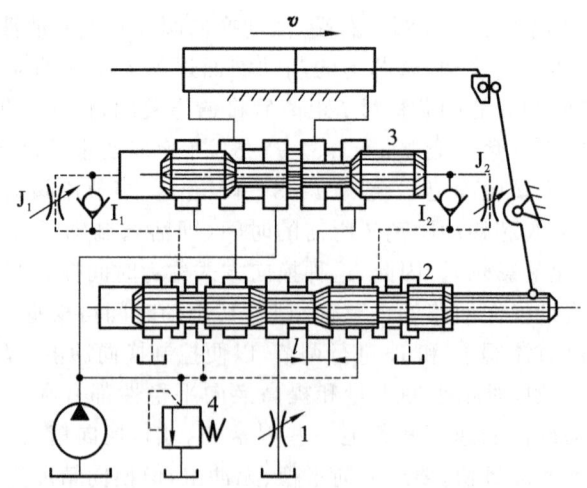

图 7.5　行程控制制动式连续换向回路

1—节流阀；2—二位七通先导阀；3—液动换向阀；4—溢流阀

行程控制制动式连续换向回路的换向精度较高,冲出量较小;但由于二位七通先导阀的制动行程恒定不变,制动时间的长短和换向冲击的大小受运动部件速度的影响。这种换向回路主要用在主机工作部件运动速度不快,但换向精度要求较高的场合,例如内、外圆磨床的液压传动系统中。

7.1.2　锁紧回路

锁紧回路的功能是通过切断执行元件的进、出油通道来使其停在任意位置,并防止执行元件停止运动后因外界因素而发生窜动。使液压缸锁紧的最简单的方法是利用三位换向阀的 O 型或 M 型中位机能来封闭液压缸的两腔,使活塞在行程范围内的任意位置停止。但由于滑阀的泄漏,液压缸不能长时间保持不动,所以锁紧精度不高。最常见的方法是采用液控单向阀来作为锁紧元件。

图 7.6 所示为由液控单向阀构成的锁紧回路。在液压缸 5 的无杆腔、有杆腔入口分别串接液控单向阀 4、6,使液压缸 5 不工作时,保证活塞在两个方向的任意位置上迅速、平稳、可靠且长时间地锁紧。其锁紧精度主要取决于液压缸 5 的泄漏。液控单向阀 4、6 的密封性能很好,这两个液控单向阀做成一体时,称为双向液压锁。

采用液控单向阀构成锁紧回路时,设计者必须注意电磁换向阀中位机能的选择。如图 7.6 所示,电磁换向阀采用 H 型机能,电磁换向阀处于中位时,能使两控制油口 K 直接连通油箱,液控单向阀立即关闭,活塞停止运动。如采用 O 型或 M 型中位机能,活塞运动途中电磁换向阀处于中位时,由于液控单向阀控制腔的油液被封住,液控单向阀不能立即关闭,直到控制腔的油液卸压后才能关闭,因而影响其锁紧精度。

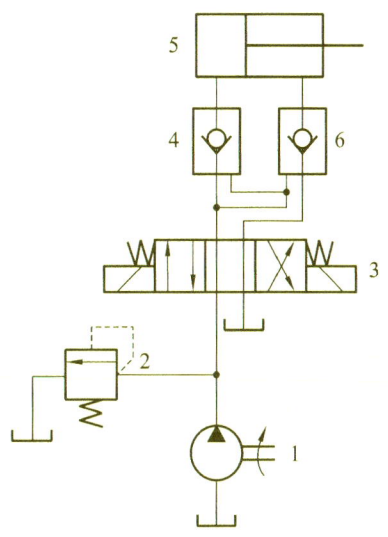

图 7.6　由液控单向阀构成的锁紧回路
1—液压泵;2—溢流阀;
3—三位四通 H 型电磁换向阀;
4、6—液控单向阀;5—液压缸

由液控单向阀构成的锁紧回路广泛应用于工程机械、起重运输机械等有较高锁紧要求的场合。

7.1.3　制动回路

在采用液压马达作为执行元件的工况下,利用制动器锁紧可解决因执行元件内泄漏而影响锁紧精度的问题,实现安全可靠的锁紧功能。为防止突然断电发生事故,制动器一般都采用弹簧上闸制动、液压松闸的结构。图 7.7 所示的采用制动器的制动回路有三种连接方式。

在图 7.7(a)中,制动液压缸 b 为单作用液压缸,它与起升液压马达 a 的进油路相连接。当系统有油液时,制动器松开;当系统无油液时,制动器在弹簧力的作用下上闸锁紧。起升回路需放在串联油路的末端,即起升液压马达 3 的回油直接通回油箱。若将该回路置于其他回路之前,则当其他回路工作而起升回路不工作时,起升液压马达 3 的制动器会被打开而容易发生事故。制动回路中的单向节流阀的作用是:制动时快速,松闸时滞后,以防止开始起升时,负载因松闸过快而造成负载先下滑再上升的现象。

在图 7.7(b)中,制动液压缸 b 为双作用液压缸,其两腔分别与起升液压马达 a 的进、出油路相连接。起升液压马达 a 在串联油路中的布置不受限制,因为只有在起升液压马达工作时,制动器才会松闸。

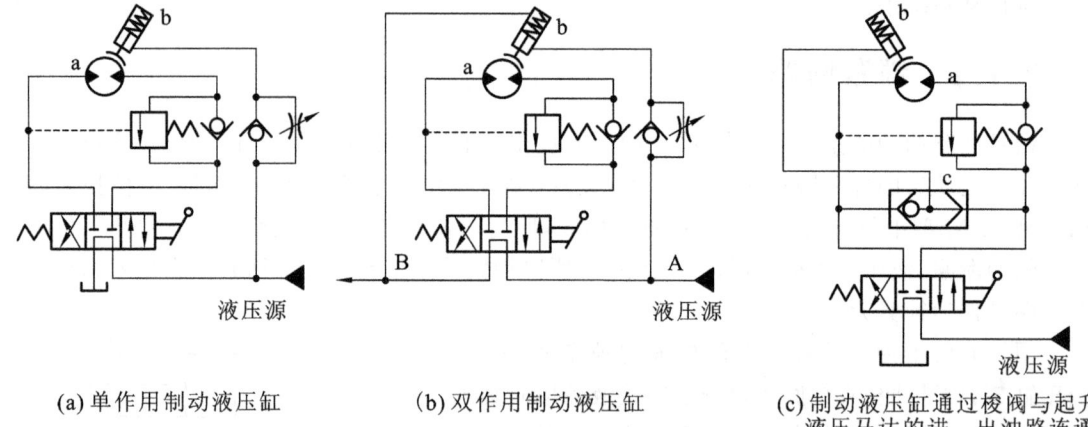

(a) 单作用制动液压缸　　　　(b) 双作用制动液压缸　　　　(c) 制动液压缸通过梭阀与起升液压马达的进、出油路连通

图 7.7　采用制动器的制动回路

在图 7.7(c)中,制动液压缸 a 通过梭阀 c 与起升液压马达 a 的进、出油路相连接。当起升液压马达 a 工作时,不论负载是起升或下降,油液都会经梭阀 c 与制动液压缸 a 相通,使制动器松闸。为了使起升液压马达 a 不工作时制动液压缸 a 中的油液与油箱相通而使制动器上闸锁紧,回路中的换向阀必须选用 H 型中位机能的换向阀。因此,必须在串联油路的末端设置制动回路。

◀ 7.2 压力控制回路 ▶

压力控制回路是利用压力控制阀来控制系统中液体的压力,以满足执行元件对力或转矩的要求。这类回路包括调压、减压、卸荷、保压、平衡、增压等回路。

7.2.1 调压回路

调压回路的功能在于调定或限制液压传动系统的最高工作压力,或者使执行元件在工作过程中的不同阶段实现多级压力变换。通常由溢流阀来实现该调压功能。

1. 单级调压回路

图 7.8 所示为单级调压回路,这是液压传动系统中最为常见的回路。调速阀调节进入液压缸的流量,定量泵提供的多余的油液经溢流阀流回油箱,溢流阀起溢流恒压作用,保持系统压力稳定,且不受负载变化的影响。系统的工作压力可由溢流阀调定。当取消系统中的调速阀时,系统压力随液压缸所受负载的变化而变化,溢流阀起安全阀

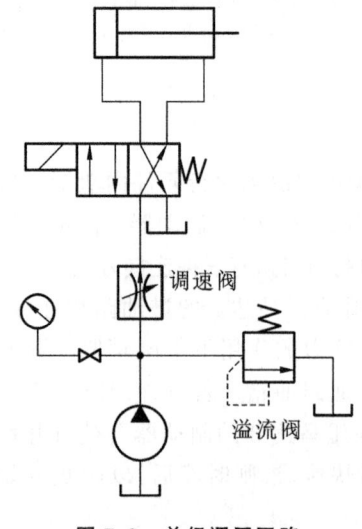

图 7.8　单级调压回路

作用,限定系统的最高工作压力。系统过载时,溢流阀作为安全阀开启,定量泵输出的油液经过安全阀流回油箱。

2. 多级调压回路

图 7.9 所示为二级调压回路。先导式溢流阀 1 的外控油口串接二位二通换向阀 2 和远程调压阀 3,构成二级调压回路。当先导式溢流阀和远程调压阀 3 的调定压力为 $p_3 < p_1$ 时,系统可通过二位二通换向阀 2 的左位和右位分别获得 p_3 和 p_1 两种压力。

如果在溢流阀的外控油口,通过多位换向阀的不同通油口,并联多个调压阀,即可构成多级调压回路。图 7.10 所示为三级调压回路。溢流阀 1 的遥控口通过三位四通换向阀 4 分别接具有不同调定压力的远程调压阀 2 和 3。当三位四通换向阀 4 处于左位时,压力由远程调压阀 2 调定;当三位四通换向阀 4 处于右位时,压力由远程调压阀 3 调定;当三位四通换向阀 4 处于中位时,由溢流阀 1 来调定系统的最高压力。远程调压阀 2 和 3 的调定压力必须小于溢流阀 1 的调定压力。

3. 无级调压回路

图 7.11 所示为无级调压回路。根据执行元件工作过程中的各个阶段的不同要求,可通过改变比例溢流阀的输入电流来实现无级调压。这种调压方式容易实现远距离控制和计算机控制,而且压力切换平稳。

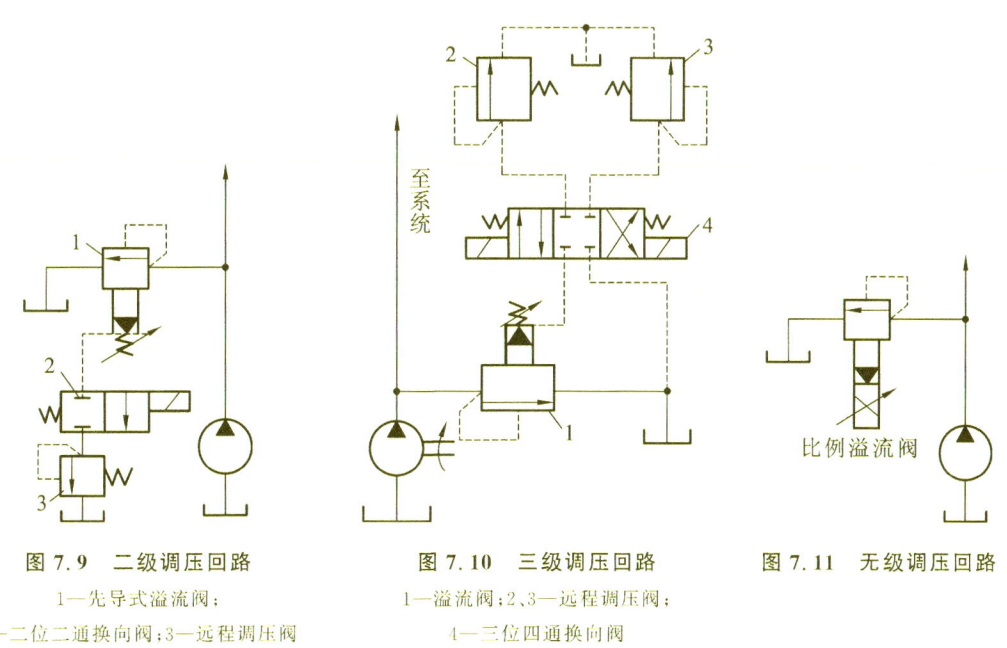

图 7.9　二级调压回路　　　　图 7.10　三级调压回路　　　图 7.11　无级调压回路
1—先导式溢流阀;　　　　　　1—溢流阀;2、3—远程调压阀;
2—二位二通换向阀;3—远程调压阀　　4—三位四通换向阀

7.2.2　减压回路

减压回路的作用是使液压传动系统中的某一部分油路或某个执行元件获得比系统压力低的稳定压力,例如机床的工件夹紧、导轨润滑及液压传动系统的控制油路常需要减压回路。

图 7.12 所示为液压传动系统中的减压回路。最常见的减压回路是在所需低压的支路上串接定值减压阀,如图 7.12(a)所示。回路中的单向阀 3 用于当主油路压力低于减压阀 2

的调定压力时,防止液压缸 4 的压力受其干扰,起短时保压作用。

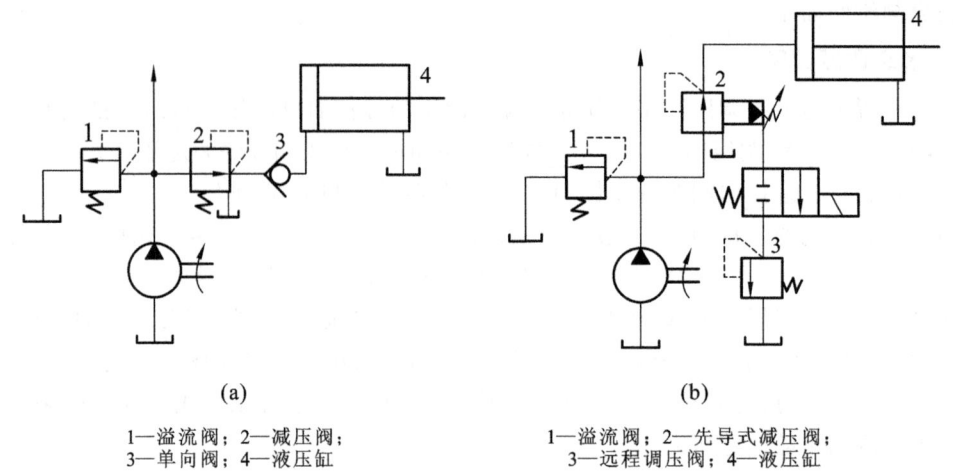

(a)	(b)
1—溢流阀;2—减压阀; 3—单向阀;4—液压缸	1—溢流阀;2—先导式减压阀; 3—远程调压阀;4—液压缸

图 7.12　减压回路

图 7.12(b)所示为二级减压回路。在先导式减压阀 2 的遥控口上接入远程调压阀 3,当二位二通换向阀处于图示位置时,液压缸 4 的压力由先导式减压阀 2 的调定压力决定;当二位二通换向阀处于右位时,液压缸 4 的压力由远程调压阀 3 的调定压力决定。远程调压阀 3 的调定压力必须低于先导式减压阀 2 的调定压力。液压泵的最大工作压力由溢流阀 1 调定。

为了保证减压回路的工作可靠性,减压阀的最低调定压力应大于 0.5 MPa,最高调定压力至少应比液压传动系统的调定压力小 0.5 MPa。由于减压阀工作时阀口存在压力损失以及泄漏口存在由泄漏造成的容积损失,故减压回路不宜用于压力降或流量较大的场合。

必须注意的是,负载在减压阀出油口处产生的压力应不低于减压阀的调定压力,否则减压阀不可能起到减压、减压后稳压的作用。

7.2.3　卸荷回路

卸荷回路是在液压传动系统的执行元件短时间不工作时,不频繁地启、停驱动液压泵的原动机,而使液压泵在很小的输出功率下运转的回路。所谓卸荷,就是指使液压泵在输出压力接近为零的状态下工作。因为液压泵的输出功率等于压力和流量的乘积,因此液压泵卸荷的方法有两种:一种是将液压泵的出油口直接接回油箱,使液压泵在零压或接近零压的条件下工作;另一种是使液压泵在零流量或接近零流量的条件下工作。前者称为压力卸荷,后者称为流量卸荷。流量卸荷仅适用于变量泵。

1. 采用换向阀的卸荷回路

如图 7.13 所示,当二位二通电磁换向阀 2 失电时,油液经二位二通电磁换向阀 2 流回油箱,液压泵 1 卸荷。

定量泵利用三位换向阀的 M 型、H 型、K 型中位机能,可构成卸荷回路。图 7.14 所示为采用电磁换向阀 M 型中位机能的卸荷回路。当执行元件停止工作时,电磁换向阀处于中位,液压泵与油箱连通,实现卸荷。这种卸荷回路的卸荷效果较好,一般用于液压泵流量小于 63 L/min 的系统。但选用的电磁换向阀的规格应与液压泵的额定流量相适应。

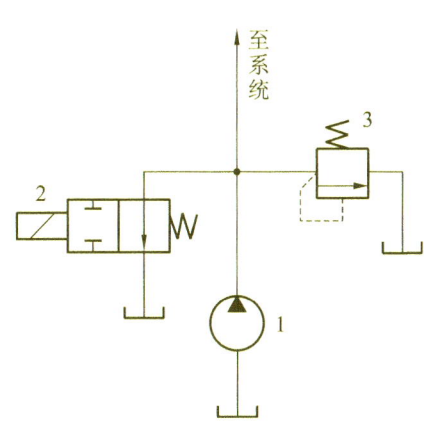

图 7.13　采用换向阀的卸荷回路

1—液压泵;2—二位二通电磁换向阀;3—溢流阀

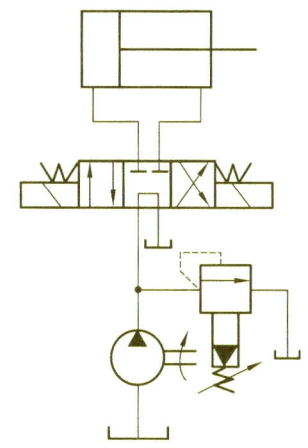

图 7.14　采用电磁换向阀 M 型
中位机能的卸荷回路

2. 采用先导式溢流阀的卸荷回路

图 7.15 所示为常用的采用先导式溢流阀的卸荷回路。图中,先导式溢流阀的外控口处接一个二位二通常闭型电磁换向阀(由二位四通换向阀封闭两个油口构成)。当电磁换向阀通电时,先导式溢流阀的外控口与油箱连通,即先导式溢流阀主阀上腔直通油箱,液压泵输出的油液将以很低的压力开启溢流阀的溢流口而流回油箱,从而实现卸荷。此时溢流阀处于全开状态(也可以采用二位二通常通型电磁换向阀来实现失电卸荷)。卸荷时的能量损失取决于溢流阀的卸荷压力。通过电磁换向阀的流量只是溢流阀控制油路中的流量,

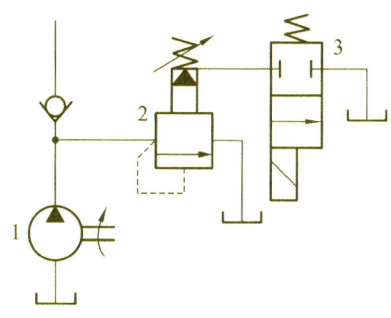

图 7.15　采用先导式溢流阀的卸荷回路

1—液压泵;2—先导式溢流阀;
3—二位二通电磁换向阀

故只需采用小流量阀来进行控制。因此,当停止卸荷,液压传动系统重新开始工作时,不会产生压力冲击现象。这种卸荷方式适用于高压、大流量的液压传动系统。由于电磁换向阀连接溢流阀的外控口后,溢流阀上腔的控制容积增大,导致溢流阀的动态性能下降,故易出现不稳定现象。为此,需要在电磁换向阀和溢流阀之间的连接油路上设置阻尼装置,以改善溢流阀的动态性能。选用这种卸荷回路时,可以直接选用电磁溢流阀。

7.2.4　保压回路

保压回路的作用是在执行元件工作循环中的某一阶段保持液压传动系统规定的压力。

1. 采用蓄能器的保压回路

图 7.16(a)所示为采用蓄能器的保压回路。液压传动系统工作时,三位四通电磁换向阀 6 的左位通电,主换向阀的左位接入液压传动系统中,液压泵 1 向蓄能器 5 和液压缸 7 的左腔供油,并推动活塞向右移动,压紧工件后进油路的压力升高。当进油路的压力升高到蓄能器 5 进油口的压力时,液压泵 1 向蓄能器 5 供油;当进油路的压力升高到压力继电器 4 的调定压力时,压力继电器 4 发出信号使二位二通电磁换向阀 3 通电,通过先导式溢流阀 2 使液

压泵 1 卸荷,单向阀 8 自动关闭,液压缸 7 则由蓄能器 5 保压。蓄能器 5 的压力不足时,压力继电器 4 复位,使液压泵 1 重新工作。保压时间的长短取决于蓄能器 5 的容量。调节压力继电器 4 的通断区间,即可调节液压缸 7 的压力的最大值和最小值。采用蓄能器的保压回路既能满足保压工作的需要,又能节省功率,减少系统发热。

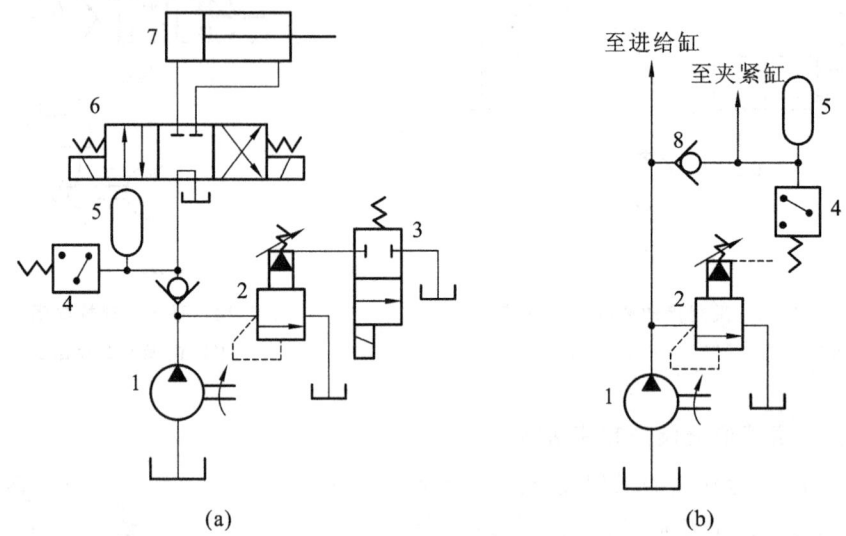

图 7.16　采用蓄能器的保压回路

1—液压泵;2—先导式溢流阀;3—二位二通电磁换向阀;4—压力继电器;

5—蓄能器;6—三位四通电磁换向阀;7—液压缸;8—单向阀

多缸系统一缸保压回路如图 7.16(b)所示。进给缸快进时,液压泵 1 的压力下降,但单向阀 8 关闭,从而将夹紧油路和进给油路隔开。蓄能器 5 用来给夹紧缸保压并补充泄漏;压力继电器 4 的作用是夹紧缸的压力达到预定值时发出信号,使进给缸动作。

2. 采用液压泵的保压回路

如图 7.17 所示,在回路中增设一台小流量高压补油泵 5,组成双泵供油系统。当液压缸加压完毕要求保压时,由压力继电器 4 发出信号,换向阀 2 处于中位,主泵 1 卸载,同时二位二通换向阀 8 处于左位,由高压补油泵 5 向封闭的保压系统的 a 点供油,以维持系统压力稳

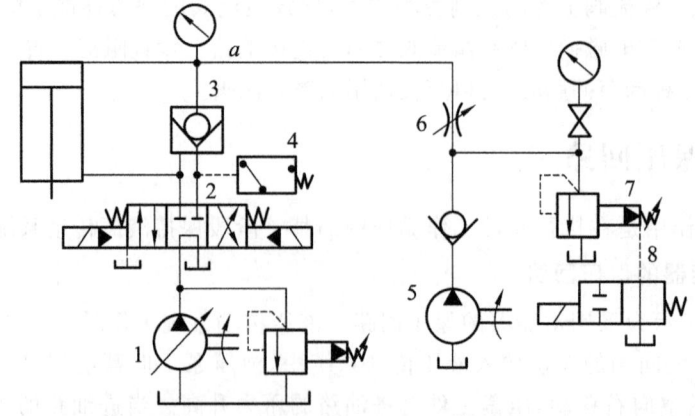

图 7.17　采用高压补油泵的保压回路

1—主泵;2—换向阀;3—液控单向阀;4—压力继电器;5—高压补油泵;6—节流阀;7—溢流阀;8—二位二通换向阀

定。由于高压补油泵 5 只需补偿系统的泄漏流量,故可选用小流量泵,此时功率损失小。压力稳定性取决于溢流阀 7 的稳压精度。

3. 采用液控单向阀的保压回路

图 7.18 所示为采用液控单向阀的保压回路。当电磁铁 1YA 通电时,换向阀右位接入回路,液压缸上腔压力升至电接触式压力表上触点调定的压力值时,上触点接通,电磁铁 1YA 断电,换向阀切换成中位,液压泵卸荷,液压缸由液控单向阀保压。当液压缸上腔压力下降至下触点调定的压力值时,压力表发出信号,使电磁铁 1YA 通电,换向阀的右位接入回路中,液压泵向液压缸上腔补油,使其压力上升,直至上触点调定的压力值。采用液控单向阀的保压回路用于保压精度要求不高的场合。

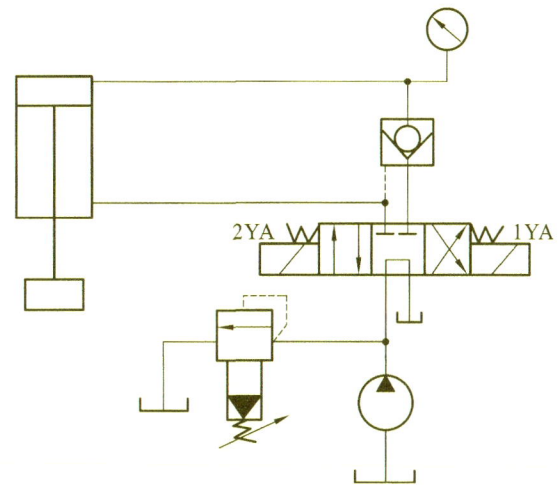

图 7.18 采用液控单向阀的保压回路

7.2.5 平衡回路

平衡回路的功能是使执行元件的回油路保持一定的背压,以平衡重力负载,使之不会因自重而自行下落。

1. 采用单向顺序阀的平衡回路

图 7.19(a)所示为采用单向顺序阀的平衡回路。调节顺序阀的开启压力,使液压缸向上的液压作用力稍大于垂直运动的活塞的重力,即可防止活塞因自重而下滑。活塞下行时,由于回油路上存在背压,可支撑重力负载,因此活塞运动平稳。当工作负载减小时,系统的功率损失将增大。由于顺序阀存在泄漏,液压缸不能长时间停留在某一位置上,因此活塞会缓慢下降。若在单向顺序阀和液压缸之间增设一个液控单向阀,由于液控单向阀的密封性很好,故可防止活塞因单向顺序阀的泄漏而下降。

2. 采用遥控平衡阀的平衡回路

图 7.19(b)所示为采用遥控平衡阀的平衡回路。在背压不太大的情况下,活塞因自重而加速下降,活塞上腔因供油不足而使得压力下降,导致平衡阀的控制压力下降,阀口的开口量减小,回油的背压相应地增大,起支撑和平衡重力负载的作用增强,从而使阀口的大小能自动适应不同负载对背压的要求,保证活塞下降速度的稳定性。当换向阀处于中位时,液

压泵卸荷,平衡阀遥控口的压力为零,阀口自动关闭。这种遥控平衡阀由于阀芯具有很好的密封性,故能起到长时间对活塞进行闭锁和定位的作用。这种遥控平衡阀又称为限速阀。

3. 采用液控单向阀的平衡回路

图7.19(c)所示为采用液控单向阀的平衡回路。由于液控单向阀是锥面密封的,泄漏流量小,故其闭锁性能好,活塞能够较长时间停止不动。回油路上串联单向节流阀,以保证活塞下行运动的平稳。

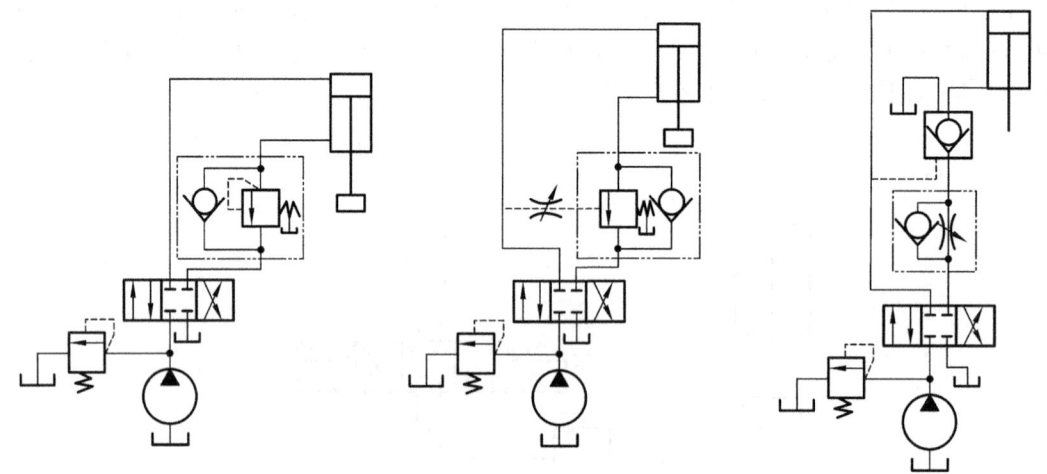

(a) 采用单向顺序阀的平衡回路　　(b) 采用遥控平衡阀的平衡回路　　(c) 采用液控单向阀的平衡回路

图7.19　平衡回路

如果回油路上没有节流阀,活塞下行时液控单向阀被进油路上的控制油打开,回油腔没有背压,运动部件因自动而加速下降,造成液压缸上腔供油不足而失压,液控单向阀因控制油路失压而关闭。液控单向阀关闭后,控制油路又建立起压力,该阀再次被打开。液控单向阀时开时闭,使活塞在向下运动过程中时走时停,从而导致系统产生振动和冲击。

必须指出的是,无论是平衡回路还是背压回路,在回油管路上都存在背压,故都需要提高供油压力。但这两种基本回路也有区别,主要表现在作用和背压大小上。背压回路主要用于提高进给系统的运动平稳性及加工精度,所具有的背压不大;平衡回路通常用来平衡立式液压缸运动部件的自重,以防止由于其下滑而发生事故,其背压应根据运动部件的重力而定。

7.2.6　增压回路

增压回路用来使液压传动系统中的某一支路获得比系统压力高且流量不大的油液供应。利用增压回路,液压传动系统可以采用压力较低的液压泵,甚至是通过压缩空气动力源来获得具有较高压力的油液。增压回路中实现油液压力放大的元件是增压器,其增压比为增压器大、小活塞的面积之比。

1. 采用单作用增压器的增压回路

采用单作用增压器的增压回路如图7.20(a)所示,它适用于单向作用力大、行程小、作业时间短的场合,如制动器、离合器等。当压力为 p_1 的油液进入增压器的大活塞腔时,小活塞腔即可得到压力为 p_2 的高压油液,增压的倍数等于增压器大、小活塞的工作面积之比。当二位四通电磁换向阀的右位接入液压传动系统中时,增压器的活塞返回,补油箱中的油液经单向阀补入小活塞腔。采用单作用增压器的增压回路只能间断增压。

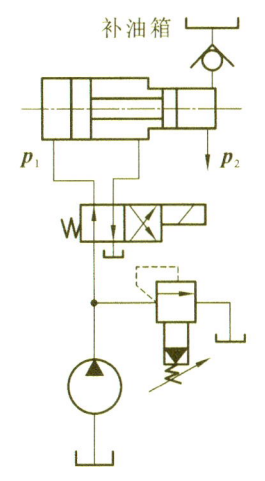
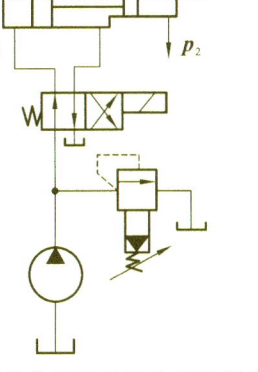
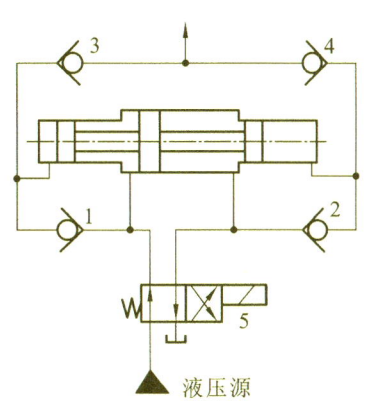

(a) 采用单作用增压器的增压回路　　(b) 采用双作用增压器的增压回路

图 7.20　增压回路

1、2、3、4—单向阀；5—换向阀

2. 采用双作用增压器的增压回路

采用双作用增压器的增压回路如图 7.20(b)所示,它能连续输出高压油液,适用于增压行程要求较长的场合。液压泵输出的油液经换向阀 5 的左位和单向阀 1 进入增压器左端的大、小活塞腔中,右端大活塞腔的回油流入油箱中,右端小活塞腔增压后的高压油液经单向阀 4 输出,此时单向阀 2、3 关闭;当增压缸的活塞移动到右端时,换向阀 5 通电换向,增压缸的活塞向左移动,左端小活塞腔输出的高压油液经单向阀 3 输出。这样,增压缸的活塞不断往复运动,增压器两端便交替输出高压油液,从而实现连续增压。

◀ 7.3　速度控制回路 ▶

在液压传动系统中,调速是为了满足执行元件对工作速度的要求,因此它是液压传动系统的核心问题。调速回路不仅影响着液压传动系统的工作性能,而且对其他基本回路的选择也起着决定性的作用,因此它在液压传动系统中占有极其重要的地位。

7.3.1　调速回路概述

1. 调速回路的基本原理

在液压传动系统中,执行元件主要是液压缸和液压马达。在不考虑油液的压缩性和元件的泄漏的情况下,液压缸的运动速度 v 取决于流入(或流出)液压缸的流量 q 及相应的有效工作面积 A,即

$$v = \frac{q}{A}$$

(7.1)

式中,q 为流入(或流出)液压缸的流量,A 为液压缸进油腔(或回油腔)的有效工作面积。

由式(7.1)可知,要调节液压缸的工作速度,可以改变流入(或流出)液压缸的流量 q,也可以改变液压缸的有效工作面积 A。对于确定的液压缸来说,改变其有效工作面积 A 是比较困难的。因此,通常用改变流入(或流出)液压缸的流量 q 来调节液压缸的速度。

液压马达的转速 n_M 由流入液压马达的流量 q 和液压马达的排量 V_M 决定,即

$$n_M = \frac{q}{V_M} \tag{7.2}$$

由式(7.2)可知,可以通过改变流入液压马达的流量,或改变液压马达的排量 V_M 来控制液压马达的转速。

为了改变流入执行元件的流量,可采用由定量泵和溢流阀构成的恒压源与流量控制阀的方法,也可以采用变量泵供油的方法。目前,液压传动系统主要采用以下三种调速方式。

(1)节流调速:采用定量泵供油,通过改变流量控制阀通流面积的大小来调节流入或流出执行元件的流量,从而实现调速,多余的流量由溢流阀溢流回油箱。

(2)容积调速:通过改变变量泵或变量马达的排量来实现调速。

(3)容积节流调速:综合利用流量阀及变量泵来共同调节执行元件的速度。

2. 调速回路的基本特性

调速回路的调速特性、机械特性及功率特性,实际上就是液压传动系统的静态特性,它们基本上决定了液压传动系统的性能、特点及用途。

1)调速特性

回路的调速特性用回路的调速范围来表征。所谓调速范围,是指执行元件在某负载下可能得到的最高工作速度与最低工作速度之比,即

$$R = \frac{v_{max}}{v_{min}} \tag{7.3}$$

各种调速回路的调速范围是不同的。人们希望能在较大的范围内调节执行元件的速度,在调速范围内能灵敏、平稳地实现无级调速。

2)机械特性

机械特性即为速度-负载特性,它是调速回路中执行元件的运动速度随负载变化的性能。一般地,执行元件的运动速度随负载的增大而降低。图7.21所示为某调速回路中执行元件的速度-负载特性曲线。速度受负载影响的程度常用速度刚度来描述。

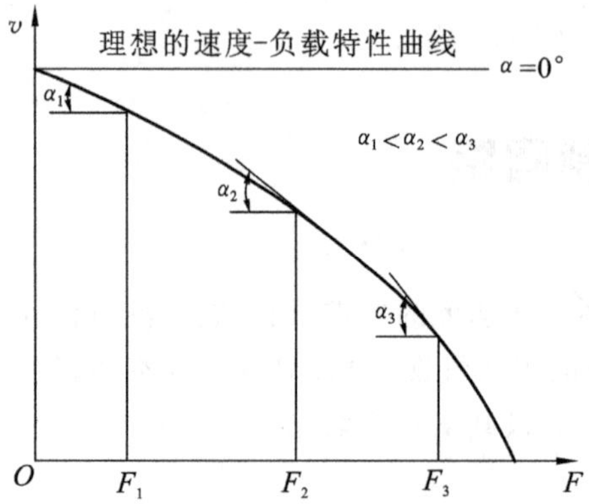

图7.21 速度-负载特性曲线

速度刚度的定义为负载对速度的变化率,即

$$k_v = -\frac{\partial F}{\partial v} = -\frac{1}{\tan\alpha} \tag{7.4}$$

速度刚度的物理意义是:负载变化时调速回路抵抗速度变化的能力,即引起单位速度变化时负载的变化量。由图7.21可知,速度刚度是速度-负载特性曲线上某点斜率的倒数。速度-负载特性曲线上某点的斜率越小,则速度刚度越大,即机械特性就越硬,执行元件的工作速度受负载变化的影响就越小,执行元件的运动平稳性越好。

3）功率特性

调速回路的功率特性包括回路的输入、输出功率、功率损失及回路效率。一般不考虑执行元件和管路中的功率损失,这样便于从理论上对各种调速回路进行比较。调速回路要求功率特性好,即能量损失小、效率高、油液发热少。

7.3.2 节流调速回路

节流调速回路是通过在液压回路上采用流量控制阀(节流阀或调速阀)来实现调速的一种回路。一般根据流量控制阀在回路中的位置的不同,可将节流调速回路分为进油节流调速回路、回油节流调速回路及旁路节流调速回路三种。

1. 进油节流调速回路

进油节流调速回路如图 7.22 所示。将节流阀串联在液压缸的进油路上,用定量泵供油,且在定量泵的出油口处并联一个溢流阀。定量泵输出的油液一部分经节流阀进入液压缸的工作腔内,推动活塞运动,而多余的油液则经溢流阀流回油箱。由于溢流阀处于溢流状态,因此定量泵出油口的压力保持恒定。调节节流阀的通流面积,即可调节通过节流阀的流量,从而调节液压缸的工作速度。

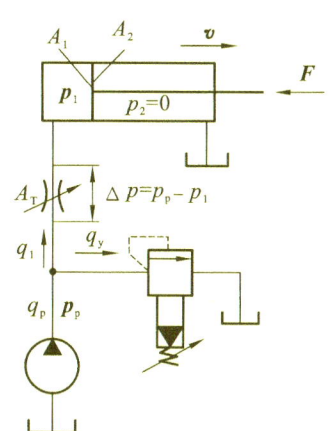

图 7.22 进油节流调速回路

1）速度-负载特性

进油节流调速回路的工作原理如下。

(1)液压缸要克服负载 F 而运动,其工作腔的油液必须具有一定的工作压力,即液压缸稳定工作时活塞的受力平衡方程为

$$p_1 A_1 = p_2 A_2 + F \qquad (7.5)$$

式中,F 为液压缸的负载,A_1、A_2 分别为液压缸无杆腔和有杆腔的有效工作面积,p_1、p_2 分别为液压缸无杆腔和有杆腔的压力。

当液压缸有杆腔直接连通油箱时,可设 $p_2 \approx 0$,故液压缸无杆腔的压力为

$$p_1 = \frac{F}{A_1} \qquad (7.6)$$

上式说明液压缸无杆腔的压力 p_1 取决于负载,它随负载的变化而变化。

(2)为了保证油液通过节流阀进入执行元件,节流阀上必须存在一个压力差 Δp,即定量泵出油口的压力 p_p 必须大于液压缸无杆腔的压力 p_1,即

$$p_p = p_1 + \Delta p$$

(3)调节通过节流阀的流量 q_1,即可调节液压缸的工作速度。定量泵多余的油液 q_y 必须经溢流阀流回油箱。必须指出的是,溢流阀的溢流作用是该回路能调速的必要充分条件。注意:如果溢流阀不能溢流,定量泵的流量 q_p 只能全部流入液压缸中,故不能实现调速功能。根据流量连续性方程,有

$$q_p = q_1 + q_y = 常数$$

由上式可知,流入液压缸的流量 q_1 越小,则液压缸的工作速度就越小,溢流量 q_y 就越大。

（4）溢流阀工作时为溢流状态，因此定量泵出油口的压力 p_p 保持恒定。

（5）经节流阀流入液压缸的流量 q_1 为

$$q_1 = KA_T\Delta p^m = KA_T\left(p_p - \frac{F}{A_1}\right)^m \tag{7.7}$$

式中：A_T 为节流阀的通流面积；Δp 为节流阀两端的压力差，$\Delta p = p_p - p_1$；K 为节流阀的流量系数，对于薄壁孔，$K = C_d\sqrt{2/\rho}$，对于细长孔，$K = d^2/(32\mu L)$，其中 C_d 为流量系数，ρ、μ 分别为液体密度和动力黏度，d、L 分别为细长孔的直径和长度；m 为节流指数，$0.5 < m < 1$，对于薄壁孔，$m = 0.5$，对于细长孔，$m = 1$。

由上式可知，调节节流阀的通流面积 A_T，即可调节通过节流阀的流量 q_1，从而调节液压缸的工作速度。

根据上述讨论可得，液压缸的运动速度为

$$v = \frac{q_1}{A_1} = \frac{KA_T}{A_1}\left(p_p - \frac{F}{A_1}\right)^m \tag{7.8}$$

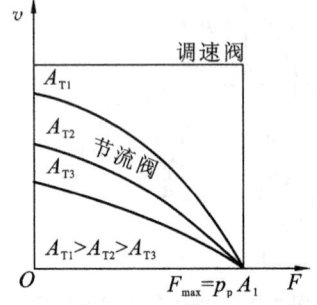

图 7.23 进油节流调速回路的速度-负载特性曲线

式（7.8）称为进油节流调速回路的速度-负载特性方程。由此式可知，液压缸的工作速度 v 是节流阀的通流面积 A_T 和液压缸的负载 F 的函数。当 A_T 不变时，活塞的运动速度 v 受负载 F 变化的影响；当负载 F 不变时，液压缸的运动速度 v 与节流阀的通流面积 A_T 成正比，调节 A_T 就可调节液压缸的速度。进油节流调速回路的调速范围比较大，最高速度比可达 100 左右。

根据进油节流调速回路在节流阀不同通流面积下的情况，可绘制出进油节流调速回路的速度-负载特性曲线，如图 7.23 所示。这组曲线表示液压缸运动速度随负载变化的规律，曲线越陡，说明负载变化对速度的影响越大，即速度刚度越差。从图中可以看出：当节流阀的通流面积 A_T 一定时，负载 F 大的区域曲线陡，速度刚度差，而负载 F 越小，则曲线越平缓，速度刚度越好；液压缸在相同负载的条件下工作时，节流阀的通流面积 A_T 越大，则速度刚度越小，即速度大时速度刚度差；速度-负载特性曲线交汇于横坐标轴上的一点，该点对应的 F 值为最大负载，这说明速度调节不会改变回路的最大承载能力 F_{max}。因最大负载时液压缸停止运动（$\Delta p = 0$，$v = 0$），式（7.8）可知，该回路的最大承载能力为 $F_{max} = p_p A_1$。

进油节流调速回路的速度刚度为

$$k_v = -\frac{\partial F}{\partial v} = \frac{A_1^{1+m}}{mKA_T(p_p A_1 - F)^{m-1}} = \frac{p_p A_1 - F}{vm} \tag{7.9}$$

由式（7.9）可知，提高液压传动系统的压力、增大液压缸的工作面积均可提高速度刚度。由式（7.9）还可知，小负载、低速时，速度刚度大，速度稳定性好。

2）功率特性

在进油节流调速回路中，定量泵的供油压力 p_p 由溢流阀确定，所以定量泵的输出功率，即进油节流调速回路的输入功率为一常数，即

$$P_p = p_p q_p \tag{7.10}$$

进油节流调速回路的输出功率，即液压缸输出的有效功率为

$$P_1 = Fv = F\frac{q_1}{A_1} = p_1 q_1 \tag{7.11}$$

进油节流调速回路的功率损失为

$$\begin{aligned}
\Delta P &= P_p - P_1 = p_p q_p - p_1 q_1 \\
&= p_p(q_1 + q_y) - (p_p - \Delta p)q_1 \\
&= p_p q_y + \Delta p q_1
\end{aligned} \tag{7.12}$$

进油节流调速回路的功率损失由溢流损失 $p_p q_y$ 和节流损失 $\Delta p q_1$ 两部分组成。溢流损失是在定量泵的输出压力 p_p 下,流量 q_y 流经溢流阀而产生的功率损失;节流损失是流量 q_1 在压力差 Δp 下流经节流阀而产生的功率损失。

进油节流调速回路的效率为

$$\eta_C = \frac{P_1}{P_p} = \frac{Fv}{p_p q_p} = \frac{p_1 q_1}{p_p q_p} \tag{7.13}$$

由于进油节流调速回路中存在溢流损失和节流损失这样两种功率损失,因此该回路的效率比较低,特别是在低速、轻载的场合,其效率更低。为了提高进油节流调速回路的效率,实际工作时应尽量使定量泵的流量 q_p 接近液压缸的流量 q_1。特别是当液压缸需要快速和慢速两种运动时,应采用双泵供油。

从功率利用率的角度分析,进油节流调速回路适用于轻载、低速、负载变化不大及对速度稳定性要求不高的小功率场合。

2. 回油节流调速回路

图 7.24 所示为回油节流调速回路。这种调速回路是将节流阀串接在液压缸的回油路上,定量泵的供油压力由溢流阀调定并基本保持恒定不变。回油节流调速回路的调节原理是:通过节流阀控制液压缸的回油量 q_2,从而实现速度的调节。

$$\frac{q_1}{A_1} = v = \frac{q_2}{A_2} \quad 或 \quad q_1 = \frac{A_1}{A_2}q_2 \tag{7.14}$$

由上式可知,通过节流阀调节流出液压缸的流量 q_2,即可调节流入液压缸的流量 q_1。定量泵多余的油液经溢流阀流回油箱。溢流阀处于溢流状态,定量泵出油口的压力 p_p 保持恒定,且 $p_1 = p_p$。

液压缸稳定工作时,活塞的受力平衡方程为

$$p_p A_1 = p_2 A_2 + F \tag{7.15}$$

由于节流阀两端存在压力差,因此在液压缸有杆腔中形成背压 p_2。由式(7.15)可知,负载 F 越小,背压 p_2 越大。当负载 $F=0$ 时,有

$$p_2 = \frac{A_1}{A_2}p_p \tag{7.16}$$

液压缸的运动速度,即速度-负载特性方程为

$$v = \frac{q_2}{A_2} = \frac{KA_T}{A_2}\left(p_p\frac{A_1}{A_2} - \frac{F}{A_2}\right)^m \tag{7.17}$$

式中,A_2 为液压缸有杆腔的有效工作面积,q_2 为通过节流阀的流量,其他符号意义与式(7.5)的相同。

比较式(7.8)和式(7.17)可以发现,回油节流

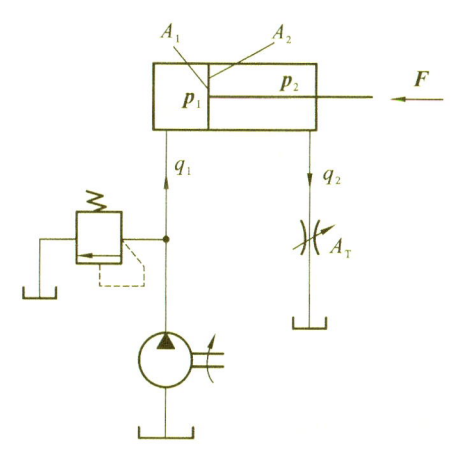

图 7.24　回油节流调速回路

调速回路的速度-负载特性与进油节流调速回路的速度-负载特性基本相同,若液压缸两腔的有效工作面积相同,则这两种调速回路的速度-负载特性就完全相同。因此,前面对进油节流调速回路的分析和结论都适用于回油节流调速回路。

虽然进油节流调速回路与回油节流调速回路的流量特性与功率特性基本相同,但它们在某些方面也有不同之处,主要为以下几点。

(1) 承受负负载的能力不同。回油节流调速回路的节流阀使液压缸的回油腔形成一定的背压($p_2 \neq 0$),因而能承受负负载(负负载是与活塞运动方向相同的负载),并提高了液压缸的速度平稳性;而进油节流调速回路则要在回油路上设置背压阀后,才能承受负负载,但是需要提高背压阀的调定压力,且功率损失大。

(2) 实现压力控制的难易程度不同。进油节流调速回路容易实现压力控制。当工作部件在行程终点碰到死挡铁后,液压缸无杆腔的压力会上升到液压泵的供油压力,利用这个压力变化可使并联于此处的压力继电器发出信号,实现对液压传动系统的动作控制。回油节流调速回路中的液压缸无杆腔的压力没有变化,因此难以实现压力控制。虽然工作部件碰到死挡铁后,液压缸有杆腔的压力下降为零,利用这个压力变化可使压力继电器失压复位,对液压传动系统的下步动作实现控制,但其可靠性差,一般不采用。

(3) 调速性能不同。若回路使用单杆缸,则无杆腔流入流量大于有杆腔流出流量。故在缸径、缸速相同的情况下,进油节流调速回路的节流阀阀口的开口量较大,低速时不易堵塞。因此,进油节流调速回路能获得更小的稳定速度。

(4) 停车后的起动性能不同。长期停车后,液压缸内的油液会流回油箱。当液压泵重新向液压缸供油时,在回油节流调速回路中,由于进油路上没有节流阀控制流量,因此活塞会出现前冲现象;而在进油节流调速回路中,活塞前冲很小,甚至没有前冲。

为了提高回路的综合性能,一般常采用进油节流调速回路,并在回油路上设置背压阀,使该回路兼有进油节流调速回路和回油节流调速回路的优点。

3. 旁路节流调速回路

旁路节流调速回路如图 7.25 所示,这种调速回路把节流阀接在与执行元件并联的旁油路上。定量泵输出的流量一部分通过节流阀溢流回油箱,一部分进入液压缸,使活塞获得一定的运动速度。通过调节节流阀的通流面积 A_T,就可调节进入液压缸的流量,从而实现调速。溢流阀作安全阀使用时,正常工作时关闭,过载时才打开,其调定压力为最大工作压力的 1.1~1.2 倍。在工作过程中,定量泵的压力随负载变化。设定量泵的理论流量为 q_t,定量泵的泄漏系数为 k_1,其他符号意义同前,则液压缸的运动速度为

$$v = \frac{q_1}{A_1} = \frac{q_t - k_1 \dfrac{F}{A_1} - KA_T \left(\dfrac{F}{A_1}\right)^m}{A_1} \tag{7.18}$$

按式(7.18)选取不同的 A_T 值,可作出一组速度-负载特性曲线,如图 7.25(b)所示。由该曲线可知,当节流阀的通流面积一定而负载增大时,速度下降较进油节流调速回路和回油节流调速回路更为严重,即速度-负载特性很软,速度稳定性很差;在重载、高速时,速度刚度较大,这与进油节流调速回路和回油节流调速回路恰好相反。旁路节流调速回路的最大承载能力随节流阀的通流面积 A_T 的增大而减小,即旁路节流调速回路的低速承载能力很差,调速范围较小。

旁路节流调速回路只有节流损失,而无溢流损失,泵压随负载的变化而变化,节流损失

和输入功率也随负载的变化而变化。因此,旁路节流调速回路比进油节流调速回路和回油节流调速回路的效率高。

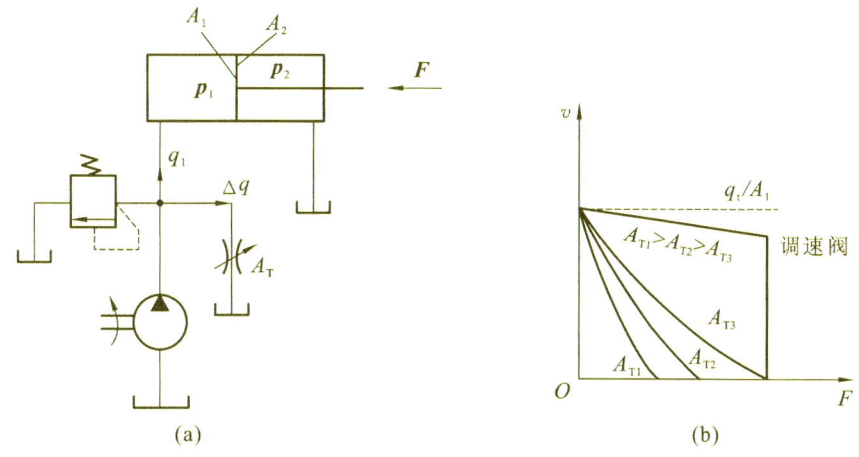

图 7.25　旁路节流调速回路

由于旁路节流调速回路的速度-负载特性很软,低速承载能力差,故其应用比进油节流调速回路和回油节流调速回路少,只用于高速、重载、对速度平稳性要求不高的较大功率的系统,如牛头刨床主运动系统、输送机械液压传动系统等。

7.3.3　容积调速回路

由于节流调速回路有节流损失和溢流损失,因此小功率系统适用节流调速回路。容积调速回路主要是通过改变变量泵或变量马达的排量来实现调速的,它没有节流损失和溢流损失,因此效率高,系统温升小,适用于大功率系统。

根据油液的循环方式,容积调速回路有开式回路和闭式回路两种。在开式回路中,液压泵从油箱中吸油,执行元件的回油直接流回油箱,油液能得到较好的冷却,便于沉淀杂质和析出气体,但油箱的体积大,空气和污染物侵入油液的机会增加,它们侵入油液后会影响系统的正常工作;在闭式回路中,执行元件的回油直接与液压泵的吸油腔连通,结构紧凑,只需较小的补油箱,空气和污染物不易混入油液中,但油液的散热条件差,为了补偿回路中的泄漏并进行换油冷却,需设置补油泵。

按照动力元件与执行元件的不同组合,容积调速回路可以分为由变量泵和定量执行元件组成的容积调速回路、由定量泵和变量马达组成的容积调速回路及由变量泵和变量马达组成的容积调速回路三种基本形式。

1. 由变量泵和定量执行元件组成的容积调速回路

由变量泵和定量执行元件组成的容积调速回路如图 7.26 所示。其中,图 7.26(a)所示为由变量泵和液压缸组成的开式回路,图 7.26(b)所示为由变量泵和定量马达组成的闭式回路。显然,调节变量泵的排量即可调节液压缸的运动速度和定量马达的转速。图中溢流阀 2 起安全阀的作用,用于防止系统过载;单向阀 3 用来防止停机时油液倒流入油箱和空气进入系统中。

这里重点讨论由变量泵和定量马达组成的容积调速回路。在图 7.26(b)中,为了补偿

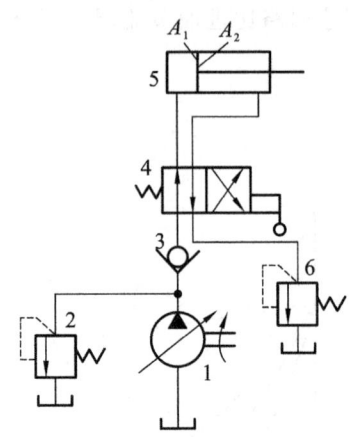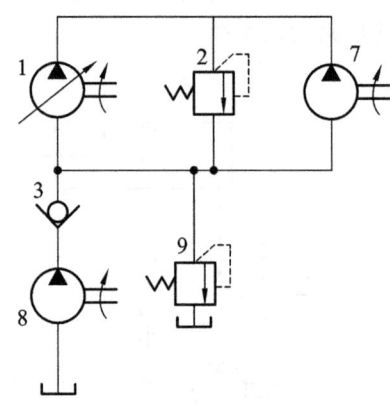

(a) 由变量泵和液压缸组成的开式回路   (b) 由变量泵和定量马达组成的闭式回路

图 7.26　由变量泵和定量执行元件组成的容积调速回路

1—变量泵；2、9—溢流阀；3—单向阀；4—换向阀；5—液压缸；6—背压阀；7—定量马达；8—补油液压泵

变量泵 1 和变量马达 7 的泄漏，增设了补油液压泵 8。补油液压泵 8 将冷油送入回路中，而回路中多余的热油从溢流阀 9 中溢出，进入油箱冷却。补油液压泵 8 的工作压力由溢流阀 9 来调节。补油液压泵 8 的流量为主泵的 10%～15%，工作压力为 0.5～1.4 MPa。

1) 速度-负载特性

在图 7.26(b)所示的回路中，引入变量泵和定量马达的泄漏系数，当不考虑管道的泄漏和压力损失时，可得此回路的速度-负载特性方程为

$$n_M = \frac{q_p}{V_M} = \frac{V_p n_p - k_1 p_p}{V_M} = \frac{V_p n_p - k_1 \dfrac{2\pi T_M}{V_M}}{V_M} \tag{7.19}$$

相应的速度刚度为

$$k_v = -\frac{\partial T_M}{\partial n_M} = \frac{V_M^2}{2\pi k_1} \tag{7.20}$$

式中：k_1 为变量泵和定量马达的泄漏系数之和；n_p 为变量泵的转速；p_p 为变量泵的工作压力，即定量马达的工作压力；V_p、V_M 分别为变量泵和定量马达的排量；n_M、T_M 分别为定量马达的输出转速和输出转矩。

由变量泵和定量马达组成的容积调速回路的速度-负载特性曲线如图 7.27(a)所示。由图可见，由于变量泵和定量马达有泄漏，因此定量马达的输出转速 n_M 会随负载 T_M 的增大而减小，即速度刚度受负载变化的影响。负载增大到某值时，定量马达停止运动（见图 7.27(a)中的 T'_M），这表明该回路在低速下的承载能力很差。因此在确定由变量泵和定量马达组成的容积调速回路的最小速度时，应将这一速度排除在调速范围之外。

2) 转速特性

在图 7.26(b)所示的由变量泵和定量马达组成的容积调速回路中，若采用容积效率和机械效率来表示变量泵和定量马达的损失和泄漏，则定量马达的输出转速 n_M 与变量泵的排量 V_p 之间的关系为

$$n_M = \frac{q_p}{V_M} = \frac{V_p}{V_M} n_p \eta_{pv} \eta_{Mv} \tag{7.21}$$

式中，η_{pv}、η_{Mv} 分别为变量泵和定量马达的容积效率。

定量马达的排量是定值，因此改变变量泵的排量，即可改变变量泵的输出流量，定量马达的转速也就随之改变。式（7.21）称为容积调速公式。该式表明，改变变量泵的排量 V_p，或改变定量马达的排量 V_M，或既改变变量泵的排量 V_p，又改变定量马达的排量 V_M，都可以调节定量马达的输出转速 n_M。

3）转矩特性

定量马达的输出转矩 T_M 与定量马达的排量 V_M 之间的关系为

$$T_M = \frac{\Delta p_M V_M}{2\pi} \eta_{Mm} \tag{7.22}$$

式中，Δp_M 为定量马达进、出油口的压力差，η_{Mm} 为定量马达的机械效率。

上式表明，定量马达的输出转矩 T_M 与变量泵的排量 V_p 无关，它不会因调速而发生变化。若系统负载的转矩恒定不变，则由变量泵和定量马达组成的容积调速回路的工作压力 p 恒定不变（即 Δp_M 不变），此时定量马达的输出转矩 T_M 恒定不变，故此回路又称为等转矩调速回路。

4）功率特性

定量马达的输出功率 P_M 与变量泵的排量 V_p 之间的关系为

$$P_M = 2\pi n_M T_M = \Delta p_M V_M n_M \tag{7.23}$$

或

$$P_M = \Delta p_M V_p n_p \eta_{pv} \eta_{Mv} \eta_{Mm} \tag{7.24}$$

上式表明，定量马达的输出功率 P_M 与定量马达的转速 n_M 成正比，也与变量泵的排量 V_p 成正比。

上述三个特性的曲线如图 7.27(b) 所示。必须指出的是，由于变量泵和定量马达存在泄漏，因此当 V_p 还未调到零时，n_M、T_M 及 P_M 都已为零。由变量泵和定量马达组成的容积调速回路的调速范围大，可持续实现无级调速，一般用于工程机械和汽车专用车中，在刨床、拉床等机床液压传动系统中可用来实现直线运动的主运动。

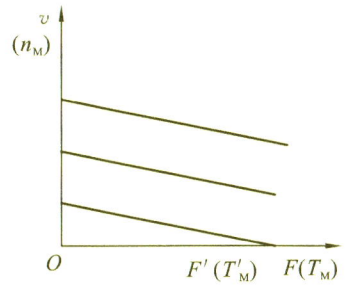

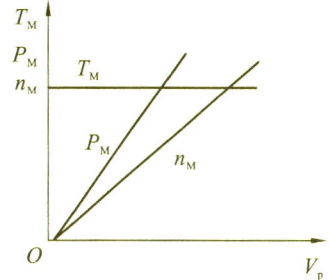

(a) 速度-负载特性曲线   (b) 调速回路的特性曲线

图 7.27 由变量泵和定量马达组成的容积调速回路的特性

2. 由定量泵和变量马达组成的容积调速回路

图 7.28 所示为由定量泵和变量马达组成的容积调速回路。在这种容积调速回路中，定量泵的排量 V_p 和转速 n_p 均为常数，其输出流量不变；补油泵 4、溢流阀 3、5 的作用与由变量泵和定量马达组成的容积调速回路中的相同。由定量泵和变量马达组成的容积调速回路通

过改变变量马达的排量 V_M 来改变变量马达的输出转速 n_M。当负载恒定时,该回路的工作压力 p 和变量马达的输出功率 P_M 都恒定不变,而变量马达的输出转矩 T_M 与变量马达的排量 V_M 成正比变化,变量马达的转速 n_M 与其排量 V_M 成反比(按双曲线规律)变化,其特性曲线如图 7.28(b)所示。由图可知,变量马达的输出功率 P_M 恒定不变,故由定量泵和变量马达组成的容积调速回路又称为恒功率调速回路。

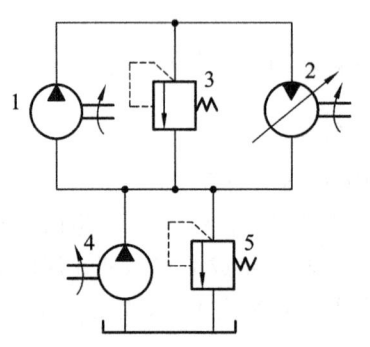
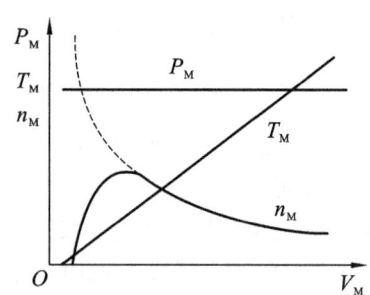

(a) 由定量泵和变量马达组成的容积调速回路图   (b) 调速回路的特性曲线

图 7.28   由定量泵和变量马达组成的容积调速回路

1—定量泵;2—变量马达;3、5—溢流阀;4—补油泵

当变量马达的排量 V_M 减小到一定程度,其输出转矩 T_M 不足以克服负载时,变量马达便停止转动,这样不仅不能在运转过程中使变量马达通过 $V_M=0$ 点的方法来实现平稳的反向,而且其调速范围也很小,因此由定量泵和变量马达组成的容积调速回路很少单独使用。

3. 由变量泵和变量马达组成的容积调速回路

图 7.29 所示为由双向变量泵和双向变量马达组成的容积调速回路。改变双向变量泵 1 的供油方向,即可使双向变量马达 2 正转或反转。在图 7.29(a)中,回路左侧的两个单向阀 6 和 8 用于使辅助泵 4 能双向补油,其补油压力由溢流阀 5 调定;右侧的两个单向阀 7 和 9 用于使安全阀 3 在双向变量马达 2 正、反转时都能起到过载保护的作用。

由双向变量泵和双向变量马达组成的容积调速回路实际上是由变量泵和定量马达组成的容积调速回路和由定量泵和变量马达组成的容积调速回路的组合。由于双向变量泵和双向变量马达的排量均可改变,故增大了该回路的调速范围,其特性曲线如图 7.29(b)所示。在工程中,一般都要求执行元件在起动时有较低的转速和较大的输出转矩,而在正常工作时有较高的转速和较小的输出转矩。因此,由双向变量泵和双向变量马达组成的容积调速回路在使用时,在低速段将双向变量马达的排量调到最大,使双向变量马达能够获得最大的输出转矩,然后通过调节双向变量泵的输出流量来调节双向变量马达的转速。随着双向变量马达转速的增大,双向变量马达的输出功率也随之增大,在此过程中,双向变量马达的转矩恒定不变,这一段是由变量泵和定量马达组成的容积调速回路的调速方式;在高速段使双向变量泵处于最大排量状态,然后通过调节双向变量马达的排量来调节双向变量马达的转速,随着双向变量马达转速的增大,双向变量马达的输出转矩随之减小,双向变量马达的输出功率则保持不变,这一段是由定量泵和变量马达组成的容积调速回路的调速方式。

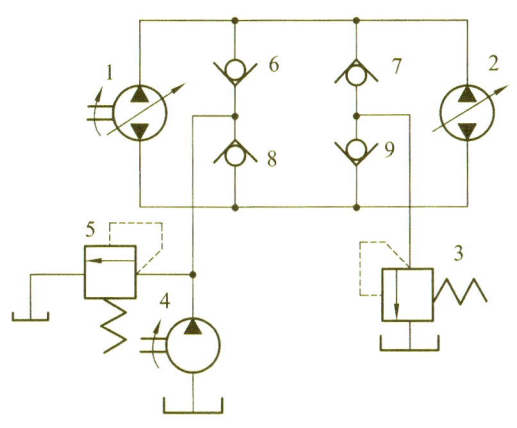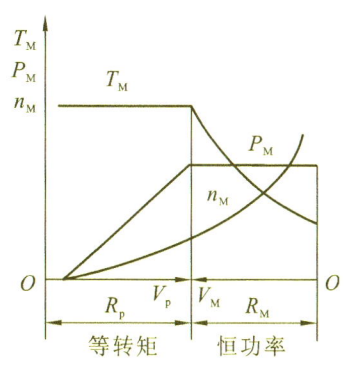

(a) 由双向变量泵和双向变量马达
组成的容积调速回路图

(b) 调速回路的特性曲线

图 7.29 由双向变量泵和双向变量马达组成的容积调速回路

1—双向变量泵;2—双向变量马达;3—安全阀;4—辅助泵;5—溢流阀;6,7,8,9—单向阀

7.3.4 容积节流调速回路

容积节流调速回路的工作原理是采用压力补偿变量泵供油,用流量控制阀调节流入或流出液压缸的流量,从而调节液压缸的运动速度,并使压力补偿变量泵的输出流量自动与液压缸所需的流量相适应。容积节流调速回路没有溢流损失,其效率较高,速度稳定性也比单纯的容积调速回路的速度稳定性好。常见的容积节流调速回路主要有以下两种。

1. 由限压式变量泵和调速阀组成的容积节流调速回路

由限压式变量泵和调速阀组成的容积节流调速回路如图 7.30 所示。在这种回路中,由限压式变量泵 1 供油。为了获得更低的稳定速度,一般将调速阀 2 安装在进油路上,回油路上安装背压阀 6。空载时,限压式变量泵 1 以最大流量向液压缸供油,使其快进;工作进给

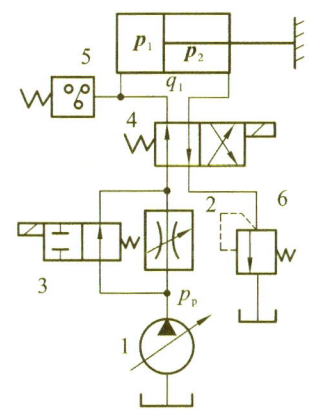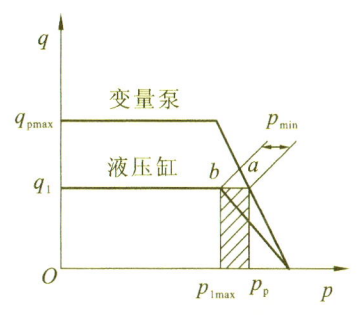

(a) 由限压式变量泵和调速阀组成
的容积节流调速回路图

(b) 调速回路的特性曲线

图 7.30 由限压式变量泵和调速阀组成的容积节流调速回路

1—限压式变量泵;2—调速阀;3、4—电磁换向阀;5—压力继电器;6—背压阀

（简称工进）时，电磁换向阀 3 通电，使其所在的油路断开，油液经调速阀 2 流入液压缸内；工进结束后，压力继电器 5 发出信号，使电磁换向阀 3 和 4 换向，调速阀 2 被短接，液压缸快退，油液经背压阀 6 返回油箱。调速阀 2 也可安装在回油路上，但对于单杆缸而言，为了获得更低的稳定速度，应将其安装在进油路上。

当回路处于工进阶段时，液压缸的运动速度由调速阀 2 中的节流阀的通流面积 A_T 来控制，限压式变量泵 1 的输出流量 q_p 和供油压力 p_p 自动保持为相应的恒定值。由于这种回路中限压式变量泵的供油压力基本恒定不变，因此又将该回路称为定压式容积节流调速回路。

图 7.30（b）所示为调速回路的特性曲线。由图可见，限压式变量泵的压力-流量特性曲线上的 a 点是限压式变量泵的工作点，此时限压式变量泵的供油压力为 p_p，流量为 q_1；调速阀在某一阀口开口量下的压力-流量特性曲线上的 b 点是调速阀（液压缸）的工作点，此时调速阀的压力为 p_1，流量为 q_1。当改变调速阀阀口的开口量，使调速阀的压力-流量特性曲线上下移动时，回路的工作状态便相应地发生变化。限压式变量泵的供油压力应调节为

$$p_p \geqslant p_1 + \Delta p_{Tmin} \tag{7.25}$$

式中，Δp_{Tmin} 是保证调速阀正常工作的最小压力差，一般应在 0.5 MPa 左右。系统的最大工作压力应为

$$p_{1max} \leqslant p_p - \Delta p_{Tmin} \tag{7.26}$$

一般地，限压式变量泵的压力-流量特性曲线在调定后是不会改变的。因此，当负载 F 变化，使得 p_1 发生变化时，调速阀的自动调节作用使调速阀内的节流阀上的压力差 Δp 保持不变，流过此节流阀的流量 q_1 也保持不变，从而使限压式变量泵的输出压力 p_p 和流量 q_p 也保持不变，回路就能保持在原工作状态下工作，速度稳定性好。

如果不考虑限压式变量泵、液压缸及管路的损失，则回路的效率为

$$\eta = \frac{\left(p_1 - p_2 \dfrac{A_2}{A_1}\right)q_1}{p_p q_1} = \frac{p_1 - p_2 \dfrac{A_2}{A_1}}{p_p} \tag{7.27}$$

如果背压 $p_2 = 0$，则

$$\eta = \frac{p_1}{p_p} = \frac{p_p - \Delta p_T}{p_p} = 1 - \frac{\Delta p_T}{p_p} \tag{7.28}$$

由上式可知，如果负载减小，则 p_1 减小，调速阀的压力差 Δp_T 增大，从而造成节流损失增大。低速时，限压式变量泵的供油流量较小，而对应的供油压力很大，导致泄漏增加，回路的效率严重下降。因此，由限压式变量泵和调速阀组成的容积节流调速回路不宜用于低速、变载且轻载的场合，而适用于负载变化不大的中、小功率场合，如组合机床的进给系统等。

2. 由差压式变量泵和节流阀组成的容积节流调速回路

由差压式变量泵和节流阀组成的容积节流调速回路采用差压式变量泵供油，用节流阀控制流入或流出液压缸的流量。调速回路中，节流阀安装在进油路上，其中阀 7 为背压阀，阀 9 为安全阀，如图 7.31 所示。差压式变量泵 3 配油盘上的吸、排油窗口对称于垂直轴，变量机构由定子两侧的控制缸 1、2 组成，节流阀 5 前的压力 p_p 反馈作用在控制缸 2 的有杆腔和控制缸 1 的柱塞上，节流阀 5 后的压力 p_1 反馈作用在控制缸 2 的无杆腔上。

控制缸 1 的柱塞的直径与控制缸 2 的活塞杆的直径相等，即节流阀 5 两端的压力差作用在差压式变量泵 3 定子两侧的作用面积相等。差压式变量泵 3 定子的移动（即偏心量的调节）通过控制缸 2 两腔的压力差与弹簧力 F_s 的平衡来实现。当控制缸 2 两腔的压力差增大时，偏心量减小，供油量也随之减小。当控制缸 2 两腔的压力差一定时，供油量也一定。调节节流阀 5 阀口的开口量，即可调节控制缸 2 两腔的压力差，从而可调节差压式变量泵 3 的偏心量，使其输出流量与通过节流阀 5 进入液压缸 6 的流量相适应。阻尼孔 8 用来增加差压式变量泵 3 的定子移动阻尼，改善其动态特性，避免定子发生振荡。

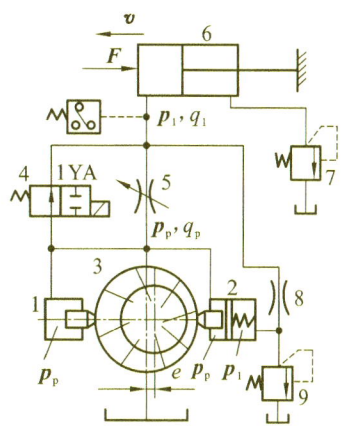

**图 7.31　由差压式变量泵和节流阀
组成的容积节流调速回路**

1、2—控制缸；3—差压式变量泵；
4—电磁换向阀；5—节流阀；6—液压缸；
7—背压阀；8—阻尼孔；9—安全阀

　　系统在图示位置时，差压式变量泵 3 排出的油液经电磁换向阀 4 进入液压缸 6 中，故 $p_p = p_1$。差压式变量泵 3 定子两侧的液压作用力相等，定子仅受弹簧力 F_s 的作用，从而使定子与转子间的偏心距 e 最大，差压式变量泵 3 的流量最大，液压缸 6 实现快进。快进结束，电磁铁 1YA 通电，电磁换向阀 4 关闭，差压式变量泵 3 中的油液经节流阀 5 进入液压缸 6 中，故 $p_p > p_1$。差压式变量泵 3 的定子右移，从而使定子与转子间的偏心距 e 减小，差压式变量泵 3 的流量就自动减小至与节流阀 5 调定的阀口开口量相适应为止，液压缸 6 实现慢进。

　　设控制缸 2 活塞右端的面积为 A，控制缸 1 的柱塞和控制缸 2 的活塞杆的面积为 A_1，则作用在差压式变量泵 3 的定子上的力的平衡方程为

$$p_p A_1 + p_p (A - A_1) = p_1 A + F_s \qquad (7.29)$$

则节流阀 5 前后的压力差为

$$\Delta p_T = p_p - p_1 = \frac{F_s}{A} \qquad (7.30)$$

　　由式(7.30)可知，节流阀 5 的工作压力差由作用在差压式变量泵 3 的柱塞上的弹簧力 F_s 决定。由于弹簧的刚度小，工作时的伸缩量也很小(不大于 e)，故弹簧力 F_s 基本保持恒定，因此节流阀 5 前后的压力差 Δp 基本上不随负载的变化而变化，所以通过节流阀 5 进入液压缸 6 的流量也近似为常数。

　　当负载 F 增大(或减小)时，液压缸 6 的工作压力 p_1 就增大(或减小)，差压式变量泵 3 的工作压力 p_p 也相应地增大(或减小)，故又将由差压式变量泵和节流阀组成的容积节流调速回路称为变压式容积节流调速回路。由于差压式变量泵的供油压力随负载的变化而变化，回路中又只有节流损失，而没有溢流损失，因此该回路的效率比由限压式变量泵和调速阀组成的容积节流调速回路的效率要高。由差压式变量泵和节流阀组成的容积节流调速回路适用于负载变化大、速度较低的中、小功率场合，如某些组合机床的进给系统。

7.3.5　三种调速回路的比较

　　三种调速回路的主要性能比较如表 7.1 所示。

表 7.1　三种调速回路的主要性能比较

回路类型 主要性能		节流调速回路				容积调速回路	容积节流调速回路	
		用节流阀调节		用调速阀调节			限压式	差压式
		进、回路	旁路	进、回路	旁路			
机械特性	速度稳定性	较差	差	好		较好	好	
	承载能力	较好	较差	好		较好	好	
调速特性(调速范围)		较大	小	较大		大	较大	
功率特性	效率	低	较高	低	较高	最高	较高	高
	发热	大	较小	大	较小	最小	较小	小
适用范围		小功率、轻载或低速的中、低压系统				大功率、重载、高速的中、高压系统	中、小功率的中压系统	

7.3.6　速度换接回路

速度换接回路的作用是使执行元件在一个工作循环中,从一种运动速度转换成另一种运动速度。速度换接回路有快速与慢速换接回路和慢速与慢速换接回路两种。速度换接回路应具有较高的换接平稳性和换接精度。

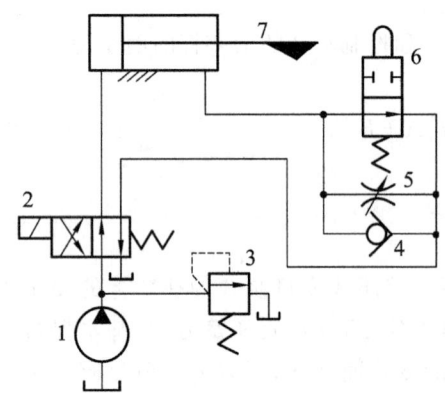

图 7.32　采用行程阀实现的速度换接回路
1—液压泵;2—电磁换向阀;3—溢流阀;
4—单向阀;5—节流阀;6—行程阀;7—液压缸

1. 快速与慢速换接回路

图 7.32 所示为采用行程阀实现的速度换接回路。该回路可使执行元件完成"快进—工进—快退—停止"这一自动工作循环。系统在图示位置时,电磁换向阀 2 处于右位,液压缸 7 快进,此时溢流阀 3 处于关闭状态。当活塞所连接的液压挡块压下行程阀 6 时,行程阀 6 的上位工作,液压缸 7 的右腔只能经过节流阀 5 回油,从而构成回油节流调速回路,活塞的运动转变为慢速工进,此时溢流阀 5 处于溢流恒压状态;当电磁换向阀 2 通电后处于左位时,油液经单向阀 4 进入液压缸 7 的右腔,液压缸 7 左腔的油液直接流回油箱,活塞快速退回。采用行程阀实现的速度换接回路的优点是快速与慢速的换接过程比较平稳,换接点的位置比较准确;其缺点是行程阀必须安装在机械设备上,管路连接较复杂。

若将行程阀改为电磁换向阀,则回路的安装比较方便,除了行程开关需安装在机械设备上外,其他液压元件可集中安装在液压站中,但该回路速度换接的平稳性以及换向精度较差。

2. 慢速与慢速换接回路

某些机床要求工作行程有两种进给速度,一般第一进给速度大于第二进给速度。为实现两种工作进给速度,常用两个调速阀串联或并联在油路中,用换向阀进行切换。

1) 两个调速阀并联的速度换接回路

图 7.33 所示为采用两个调速阀并联的速度换接回路。液压泵输出的油液经三位电磁换向阀 D 的左位、调速阀 A 及电磁换向阀 C 进入液压缸中,液压缸得到由调速阀 A 所控制的第一种工作速度。当需要第二种工作速度时,电磁换向阀 C 通电切换,使调速阀 B 接入回路中,油液经调速阀 B 和电磁换向阀 C 的右位进入液压缸中,此时活塞得到调速阀 B 所控制的第二种工作速度。在此回路中,调速阀 A、B 各自独立调节流量,互不影响,当一个调速阀工作时,另一个调速阀没有油液通过。没有工作的调速阀中的减压阀的阀口处于最大位置。电磁换向阀 C 换向时,由于减压阀瞬时来不及响应,因此调速阀中会瞬时通过过大的流量,造成执行元件出现突然前冲的现象,使得速度换接不平稳。

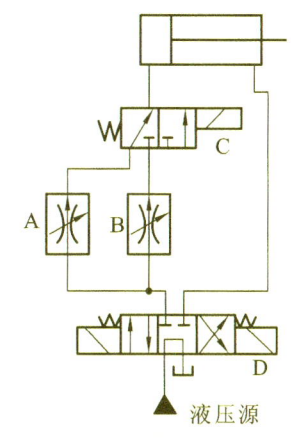

图 7.33 采用两个调速阀并联
的速度换接回路

2) 两个调速阀串联的速度换接回路

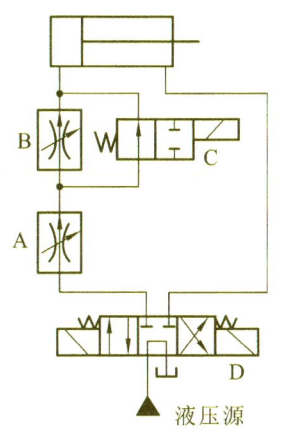

图 7.34 采用两个调速阀串联
的速度换接回路

图 7.34 所示为采用两个调速阀串联的速度换接回路。系统在图示位置时,油液经电磁换向阀 D、调速阀 A 和电磁换向阀 C 进入液压缸中,执行元件的运动速度由调速阀 A 控制。当电磁换向阀 C 通电切换时,调速阀 B 接入回路中。由于调速阀 B 阀口的开口量调得比调速阀 A 阀口的开口量小,因此油液经电磁换向阀 D、调速阀 A 及调速阀 B 进入液压缸中,执行元件的运动速度由调速阀 B 控制。采用两个调速阀串联的速度换接回路在调速阀 B 工作前,调速阀 A 一直处于工作状态,在速度换接的瞬间,它可以防止进入调速阀 B 的流量突然增加,所以该回路的速度换接比较平稳。但由于油液要经过两个调速阀,因此采用两个调速阀串联的速度换接回路的能量损失比采用两个调速阀并联的速度换接回路的能量损失大。

7.3.7　快速运动回路

快速运动回路的作用是使执行元件获得尽可能大的工作速度,以提高系统的工作效率。常见的快速运动回路有以下三种。

1. 采用液压缸差动连接的快速运动回路

如图 7.35 所示,当换向阀处于图示位置时,液压缸有杆腔的回油和液压泵输出的油液合在一起进入液压缸的无杆腔,使活塞快速向右运动。采用液压缸差动连接的快速运动回路结构简单,应用较多,但液压缸的速度增加得有限。差动连接与非差动连接的速度之比为 $v_1'/v_1 = A_1/(A_1 - A_2)$。采用液压缸差动连接的快速运动回路有时仍不能满足快速运动的要求,故常常需要和其他方式联合使用。在差动连接回路中,液压泵的流量和液压缸有杆腔

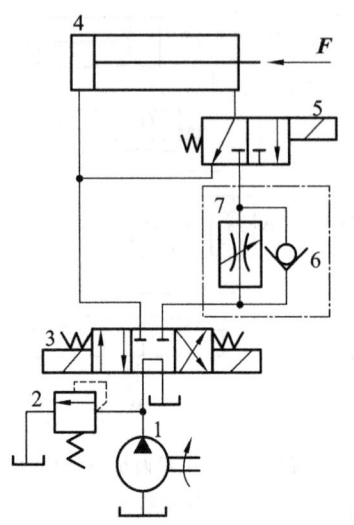

图 7.35 采用液压缸差动连接的快速运动回路

1—液压泵；2—溢流阀；3、5—电磁换向阀；

4—液压缸；6—单向阀；7—调速阀

排出的流量合在一起流过的阀和管路应按合成流量来选择其规格，否则会使压力损失过大，导致系统快速运动时液压泵的供油压力升高。

2. 采用蓄能器的快速运动回路

图 7.36 所示为采用蓄能器的快速运动回路。对于某些间歇工作且停留时间较长的液压设备，如冶金机械，以及某些存在快、慢两种工作速度的液压设备，如组合机床，常采用由蓄能器和定量泵组成的油源。其中，定量泵可选用较小的流量规格。在系统不需要流量或工作速度很低时，定量泵的全部流量或大部分流量进入蓄能器中储存待用；在系统工作或要求快速运动时，由定量泵和蓄能器同时向系统供油。

3. 采用双泵供油系统的快速运动回路

图 7.37 所示为采用双泵供油系统的快速运动回路。由低压大流量泵 1 和高压小流量泵 2 组成的双联泵向系统供油，外控顺序阀 3（卸荷阀）和溢流阀 5 分别设定双联泵供油和高压小流量泵 2 供油时系统的工作压力。系统的工作压力低于卸荷阀 3 的调定压力时，低压大流量泵 1 和高压小流量泵 2 同时向系统供油，活塞快速向右运动；当系统的工作压力达到或超过卸荷阀 3 的调定压力时，低压大流量泵 1 通过卸荷阀 3 卸荷，单向阀 4 自动关闭，此时只有高压小流量泵 2 向系统供油，活塞慢速向右运动。卸荷阀 3 的调定压力应高于活塞快速运动时系统的工作压力，而低于活塞慢速运动时的工作压力，至少应比溢流阀 5 的调定压力低 10%～20%。由于低压大流量泵 1 的卸荷减少了功率损耗，因此采用双泵供油系统的快速运动回路的效率较高。该快速运动回路常用于执行元件需快进或工进速度相差较大的场合。

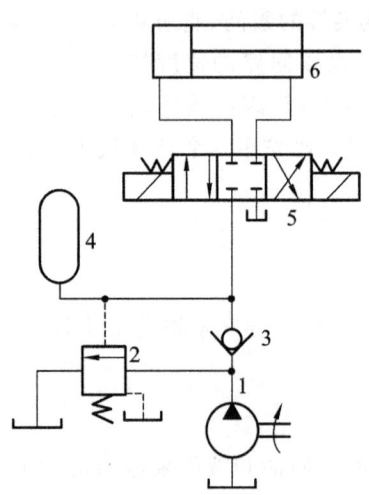

图 7.36 采用蓄能器的快速运动回路

1—定量泵；2—卸荷阀；3—单向阀；

4—蓄能器；5—电磁换向阀；6—液压缸

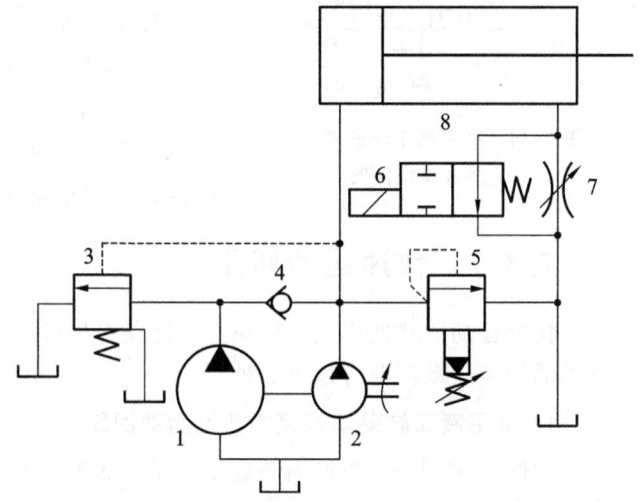

图 7.37 采用双泵供油系统的快速运动回路

1—低压大流量泵；2—高压小流量泵；

3—外控顺序阀（卸荷阀）；4—单向阀；5—溢流阀；

6—电磁换向阀；7—节流阀；8—液压缸

7.4 多执行元件控制回路

在液压传动系统中,用一个油源向多个执行元件(液压缸或液压马达)提供油液,并能按各执行元件之间的运动关系要求进行控制,完成规定动作顺序的回路,称为多执行元件控制回路。

7.4.1 顺序动作回路

顺序动作回路的作用是保证各执行元件严格地按照给定的动作顺序运动。顺序动作回路按控制方式的不同,可分为行程控制式顺序动作回路、压力控制式顺序动作回路和时间控制式顺序动作回路三种。

1. 行程控制式顺序动作回路

1) 采用行程阀的行程控制式顺序动作回路

如图 7.38 所示,A、B 两液压缸的活塞均在右端。当推动手柄,使手动换向阀 C 的左位工作时,液压缸 A 左行,完成动作①;当挡块压下行程阀 D 后,液压缸 B 左行,完成动作②;当手动换向阀 C 复位后,液压缸 A 先复位,完成动作③;随着挡块后移,行程阀 D 复位后,液压缸 B 退回,实现动作④,从而完成一个工作循环。

2) 采用行程开关的行程控制式顺序动作回路

如图 7.39 所示,当换向阀 C 通电换向时,液压缸 A 向左移动,完成动作①;当液压缸 A 触动行程开关 S_1,使换向阀 D 通电换向时,液压缸 B 向左移动,完成动作②;当液压缸 B 向左移动至触动行程开关 S_2,使换向阀 C 断电时,液压缸 A 返回,实现动作③;当液压缸 A 触动行程开关 S_3,使换向阀 D 断电时,液压缸 B 向右移动,完成动作④;当液压缸 B 触动行程开关 S_4 时,液压泵卸荷或引起其他动作,从而完成一个工作循环。

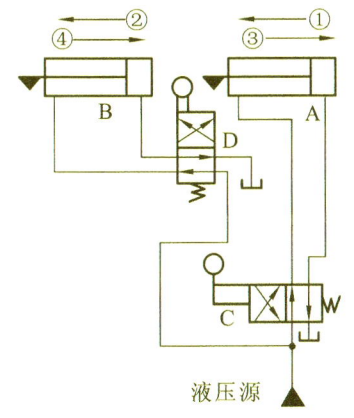

图 7.38 采用行程阀的行程控制式
顺序动作回路

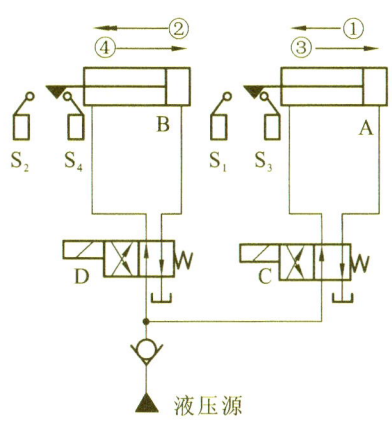

图 7.39 采用行程开关的行程控制式
顺序动作回路

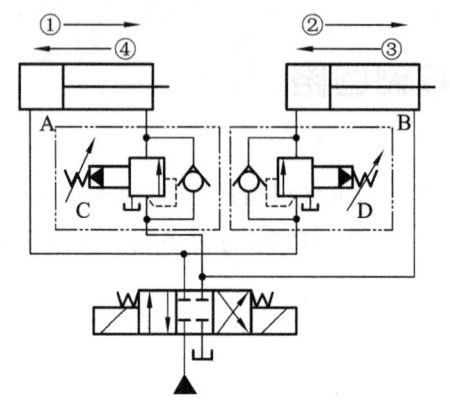

图 7.40　采用顺序阀的
压力控制式顺序动作回路

2. 压力控制式顺序动作回路

1）采用顺序阀的压力控制式顺序动作回路

如图 7.40 所示，液压缸 A 可看作夹紧液压缸，液压缸 B 可看作钻孔液压缸，它们按①→②→③→④的顺序动作。当三位换向阀切换到左位工作，且顺序阀 D 的调定压力大于液压缸 A 的最大前进工作压力时，油液先进入液压缸 A 的无杆腔，回油则经单向顺序阀 C 的单向阀和换向阀的左位流回油箱，液压缸 A 向右移动，实现动作①（夹紧工件）；当工件夹紧后，液压缸 A 的活塞不再移动，油液的压力升高，打开顺序阀 D，油液通过顺序阀 D 进入液压缸 B 的无杆腔中，回油直接流回油箱，液压缸 B

向右移动，实现动作②（进行钻孔）；当三位换向阀切换到右位工作，且顺序阀 C 的调定压力大于液压缸 B 的最大返回工作压力时，液压缸 A、B 按③和④的顺序返回，完成退刀和松开夹具的动作。

采用顺序阀的压力控制式顺序动作回路的可靠性主要取决于顺序阀的性能及其调定压力。为了保证液压缸的动作顺序可靠，顺序阀的调定压力应比先动作的液压缸的最大工作压力大 0.8～1 MPa，以避免系统的压力波动造成顺序阀产生误动作。

2）采用压力继电器的压力控制式顺序动作回路

图 7.41 所示为采用压力继电器的压力控制式顺序动作回路。当电磁铁 1YA 通电时，油液进入液压缸 A 的左腔中，实现运动①；液压缸 A 的活塞运动到预定位置，碰上死挡铁后，回路的压力升高，压力继电器 1DP 发出信号，控制电磁铁 3YA 通电，此时油液进入液压缸 B 的左腔中，实现运动②；液压缸 B 的活塞运动到预定位置时，控制电磁铁 3YA 断电，电磁铁 4YA 通电，油液进入液压缸 B 的右腔中，使液压缸 B 的活塞向左退回，实现运动③；当液压缸 B 的活塞到达终点后，回路的压力又升高，压力继电器 2DP 发出信号，使电磁铁 1YA 断电，电磁铁 2YA 通电，油液进入液压缸 A 的右腔中，推动液压缸 A 的活塞向左退回，实现运动④。这样就完成了①→②→③→④的动作循环。当液压缸 A 的活塞到达终点后，压下

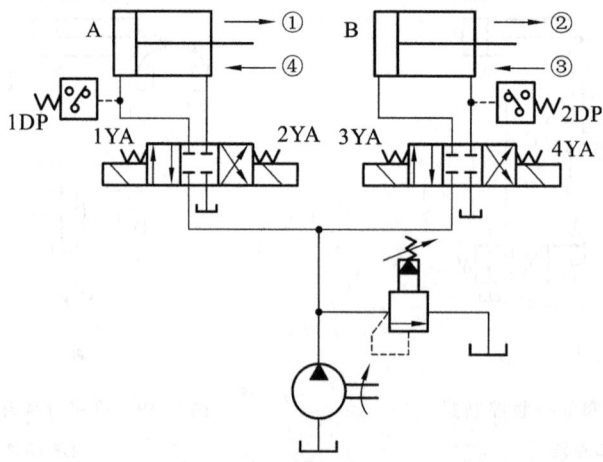

图 7.41　采用压力继电器的压力控制式顺序动作回路

行程开关,使电磁铁 2YA、4YA 断电,所有运动停止。在采用压力继电器的压力控制式顺序动作回路中,为了防止压力继电器误发信号,压力继电器的调定压力应比先动作的液压缸的最大工作压力大 0.3~0.5 MPa。为了避免压力继电器因失灵而造成动作失误,往往采用由压力继电器配合行程开关构成的"与门"控制电路。该控制电路要求压力达到调定值,同时行程要到达终点后才能进行下一个顺序动作。表 7.2 列出了图 7.11 所示的回路中各电磁铁顺序动作结果,其中"+"表示电磁铁通电,"—"表示电磁铁断电。

表 7.2　各电磁铁顺序动作结果

元件\动作	1YA	2YA	3YA	4YA	1DP	2DP
①	+	—	—	—	—	—
②	+	—	+	—	+	—
③	+	—	—	+	—	—
④	—	+	—	—	—	+
复位	—	—	—	—		

3.时间控制式顺序动作回路

时间控制式顺序动作回路是利用延时元件(如延时阀、时间继电器等),使多个液压缸按时间顺序先后动作的回路。

图 7.42 所示为采用延时阀的时间控制式顺序动作回路。当电磁换向阀 1 的电磁铁通电,左位接入回路时,液压缸 3 向右移动,实现动作①,同时油液进入延时阀 2 中的节流阀 B 中,推动液动阀 A 缓慢左移,延续一定时间后,接通油路 a、b,油液进入液压缸 4 中,实现动作②。通过调节节流阀 B 的阀口的开度,即可调节液压缸 3 和液压缸 4 先后动作的时间差。当电磁换向阀 1 的电磁铁断电时,油液同时进入液压缸 3 和液压缸 4 的右腔,使两缸反向,实现动作③。因为通过节流阀 B 的流量受负载和温度的影响,所以延时不准确。因此,采用延时阀的时间控制式顺序动作回路一般要与行程控制式顺序动作回路配合使用。

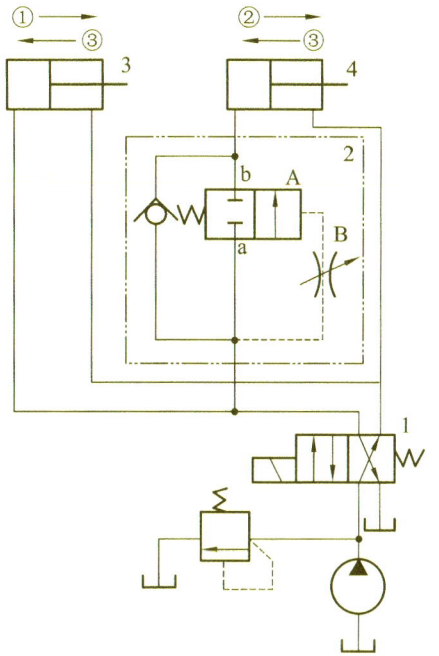

图 7.42　采用延时阀的时间控制式
顺序动作回路
1—电磁换向阀;2—延时阀;3、4—液压缸

7.4.2　同步回路

同步回路的作用是使系统中的多个执行元件克服负载、摩擦阻力、泄漏、制造质量和结构变形上的差异,从而保证其在运动上同步。同步运动分为速度同步和位置同步两种。速度同步是指各执行元件的运动速度相等,而位置同步是指各执行元件在运动过程中或停止

时的位移量相等。严格做到每瞬时速度同步,就能保证位置同步。实际应用中,同步回路大多采用速度同步的方式。

1. 采用流量控制阀的同步回路

1) 采用调速阀的同步回路

图 7.43 所示为采用调速阀的同步回路。液压缸 5、6 并联,调速阀 1、3 分别串联在液压缸 5、6 的回油路上(也可安装在进油路上)。调速阀 1、3 分别调节液压缸 5、6 的活塞的运动速度。由于调速阀具有当外负载变化时仍然能够保持流量稳定这一特点,因此只要调节两个调速阀阀口开口量的大小,就能使两个液压缸保持同步。换向阀 7 处于右位时,油液可通过单向阀 2、4 使液压缸 5、6 的活塞快速退回。采用调速阀的同步回路的优点是结构简单,易于实现多液压缸的同步,同步速度可以调节,而且调节好的速度不会因负载的变化而变化,但是这种同步回路只是单方向的速度同步,同步精度不理想,效率低,且调节比较麻烦。

2) 采用分流集流阀的同步回路

图 7.44 所示为采用分流集流阀的同步回路。这种同步回路较好地解决了同步效果不能调节或不易调节的问题。

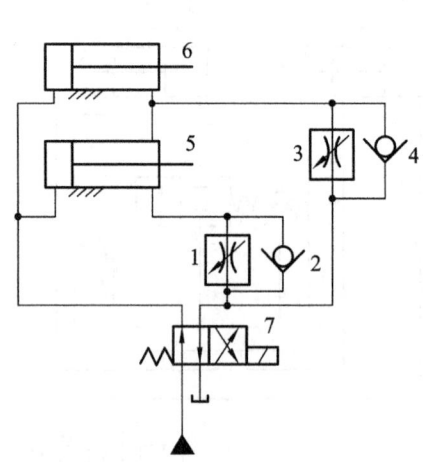

图 7.43　采用调速阀的同步回路

1、3—调速阀;2、4—单向阀;
5、6—液压缸;7—换向阀

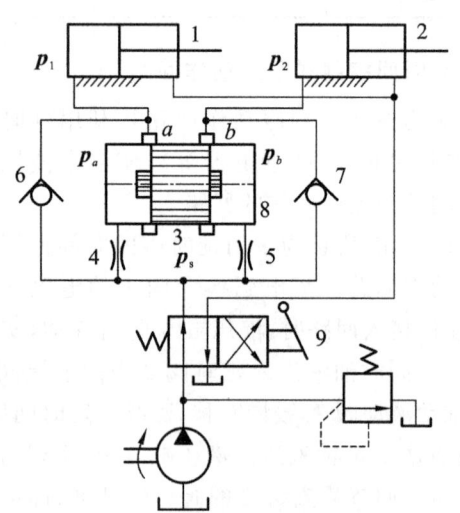

图 7.44　采用分流集流阀的同步回路

1、2—液压缸;3—平衡阀芯;4、5—固定节流器;
6、7—单向阀;8—分流阀;9—二位四通换向阀

在图 7.44 中,液压缸 1、2 的有效工作面积相等,分流阀 8 的阀口入口处有两个尺寸相同的固定节流器 4、5,分流阀 8 的阀口 a、b 分别与液压缸 1、2 的进油口连接,固定节流器 4、5 与油源连接,分流阀 8 的阀体内并联单向阀 6、7。分流阀 8 的阀口 a、b 是调节压力的可变节流口。

当二位四通换向阀 9 处于左位时,压力为 p_s 的油液经固定节流器 4、5,再经分流阀 8 上的两个可变节流口 a、b 进入液压缸 1、2 的无杆腔中,两液压缸的活塞向右运动。当作用在液压缸 1、2 上的负载相等时,分流阀 8 的平衡阀芯 3 处于某一平衡位置而静止不动,平衡阀芯 3 两端的压力相等,即 $p_a = p_b$,固定节流器 4、5 上的压力降保持相等,进入液压缸 1、2 的流量相等,因此液压缸 1、2 以相同的速度向右运动。如果液压缸 1 上的负载增大,则分流阀 8 左端的压力 p_a 增大,平衡阀芯 3 右移,可变节流口 a 增大,可变节流口 b 减小,压力 p_a 减小，压力 p_b 增大，直到达到一个新的平衡位置，即有 $p_a=p_b$，平衡阀芯 3 不再运动，此时固定节流器 4、5 上的压力降保持相等，液压缸 1、2 的速度仍然相等，保持速度同步。当二位四通换向阀 9 复位时，液压缸 1、2 的活塞反向运动，回油经单向阀 6、7 排回油箱。

分流集流阀只能实现速度同步。若某液压缸先到达行程终点，则可经分流集流阀内的节流孔窜油，使各液压缸都能到达行程终点，从而消除积累误差。采用分流集流阀的同步回路简单、经济，纠偏能力大，同步精度可达 1‰～3‰，但分流集流阀的压力损失大，效率低，不适用于低压系统，而且其流量范围较窄。当流量低于分流集流阀的公称流量时，分流集流阀的分流精度显著降低。

2. 采用同步液压缸和同步液压马达的容积式同步回路

将两相等容积的油液分配到尺寸相同的两执行元件中，以实现两执行元件的同步的回路，称为容积式同步回路。这种回路允许有较大的偏载。由于由偏载造成的压力差不影响流量的改变，而容积式同步回路只有因油液压缩和泄漏造成的微量偏差，因此该回路的同步精度高，系统的效率高。

图 7.45 所示为采用同步液压马达（分流器）的同步回路。两个等排量的双向液压马达 4 同轴刚性连接，作为配流装置（分流器），它们输出的相同流量的油液分别送入两个有效工作面积相等的液压缸 3、4 中，以实现两液压缸的同步运动。图中，与双向液压马达 4 并联的节流阀 5 用于修正同步误差。采用同步液压马达的同步回路常用于重载、大功率的同步系统。

图 7.46 所示为采用同步液压缸的同步回路。同步液压缸 3 由两个尺寸相同的双杆液压缸连接而成。当同步液压缸 3 的活塞左移时，油腔 a、b 中的油液使液压缸 1、2 的活塞同步上升。若液压缸 1 的活塞先到达行程终点，则油腔 a 中的余油经单向阀 4 和安全阀 5 流回油箱，油腔 b 中的油液继续流入液压缸 2 的下腔，使液压缸 2 的活塞到达行程终点。同理，若液压缸 2 的活塞先到达行程终点，也可使液压缸 1 的活塞相继到达行程终点。

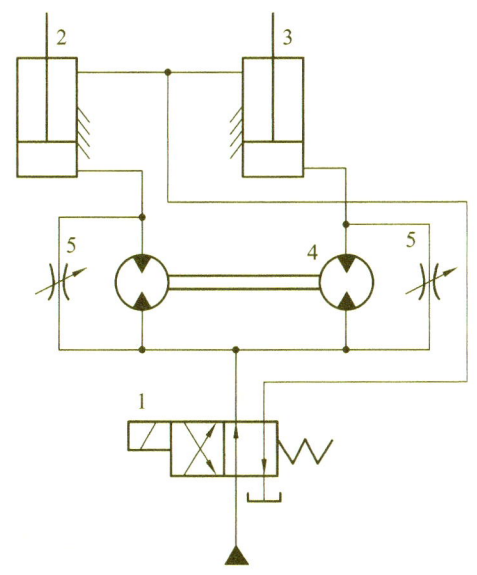

图 7.45　采用同步液压马达的同步回路

1—换向阀；2、3—液压缸；4—双向液压马达；5—节流阀

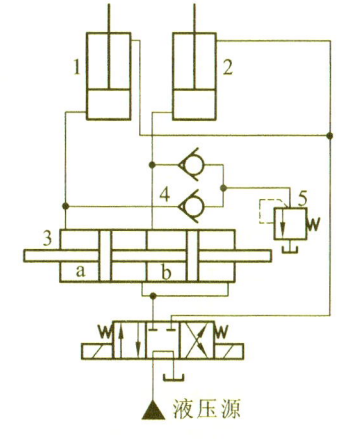

图 7.46　采用同步液压缸的同步回路

1、2—液压缸；3—同步液压缸；4—单向阀；5—安全阀

采用同步液压缸的同步回路的同步精度取决于液压缸的加工精度和密封性,一般可达到 1%～2%。由于同步液压缸一般不宜做得过大,因此这种回路仅适用于小容量的场合。

3. 采用串联液压缸的同步回路

如图 7.47 所示,液压缸 1 的有杆腔 A 的有效工作面积与液压缸 2 的无杆腔 B 的有效工作面积相等,因此从有杆腔 A 排出的油液进入无杆腔 B 中后,液压缸 1、2 的活塞便同步下降。由于执行元件的制造误差、内泄漏及气体混入等因素的影响,在活塞完成多次行程后,将使同步失调累积为显著位置上的差异。为此,该同步回路中应设置有补偿装置,使同步误差在活塞的每一次下行运动中都得到消除。补偿装置的补偿原理是:当三位四通换向阀 6 的右位工作时,液压缸 1、2 的活塞同时下行,若液压缸 1 的活塞先下行到行程终点,则触动行程开关 a,使电磁换向阀 5 的电磁铁 3YA 通电,电磁换向阀 5 处于右位,油液经电磁换向阀 5 和液控单向阀 3 向液压缸 2 的无杆腔 B 补油,推动液压缸 2 的活塞继续下行至行程终点;反之,若液压缸 2 的活塞先运动到行程终点,则触动行程开关 b,使电磁换向阀 4 的电磁铁 4YA 通电,电磁换向阀 4 处于上位,油液经电磁换向阀 4 打开液控单向阀 3,液压缸 1 有杆腔 A 中的油液经液控单向阀 3 及电磁换向阀 5 流回油箱,使液压缸 1 的活塞继续下行至行程终点,这样两液压缸活塞位置上的误差即被消除。采用串联液压缸的同步回路结构简单,效率高,但需要提高液压泵的供油压力,一般只适用于负载较小的液压传动系统。

4. 采用电液比例调速阀或电液伺服阀的同步回路

如图 7.48 所示,回路中使用一个普通调速阀 1 和一个电液比例调速阀 2(它们各自安装在由单向阀组成的桥式节流油路中),分别控制液压缸 3、4 的运动。当液压缸 3、4 的活塞出现位置误差时,检测装置就会发出信号,调节电液比例调速阀 2 的阀口的开度,从而实现液压缸 1、2 的同步运动。

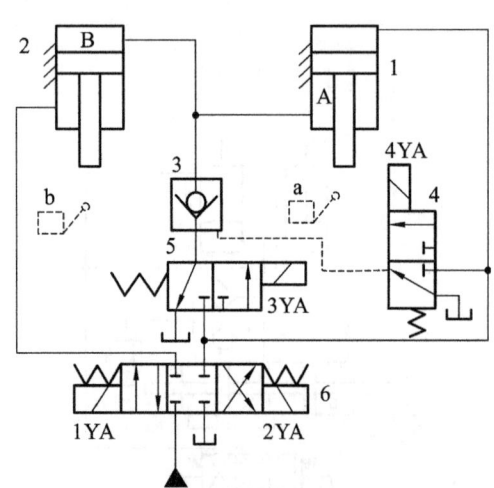

图 7.47　采用串联液压缸的同步回路

1、2—液压缸;3—液控单向阀;

4、5—电磁换向阀;6—三位四通换向阀

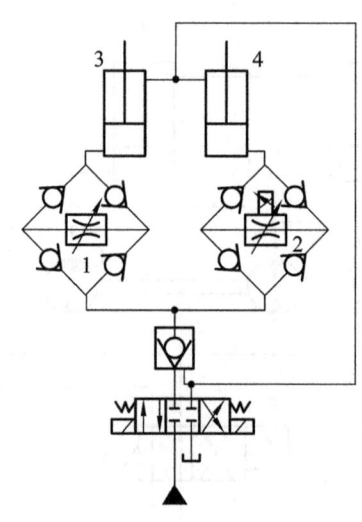

图 7.48　采用电液比例调速阀的同步回路

1—调速阀;2—电液比例调速阀;3、4—液压缸

如图 7.49 所示,电液伺服阀 6 根据两个位移传感器 3、4 的反馈信号持续不断地控制其阀口的开度,使通过电液伺服阀 6 的阀口的流量与通过换向阀 2 的阀口的流量相等,从而实现两液压缸的同步运动。采用电液伺服阀的同步回路可使两液压缸的活塞在任何时候的位置误差都不超过 0.05 mm,但因电液伺服阀必须通过与换向阀同样大的流量,因此电液伺服阀的规格尺寸大,价格昂贵。采用电液伺服阀的同步回路适用于两液压缸相距较远而同步精度要求很高的场合。

7.4.3 多缸互不干涉回路

多缸互不干涉回路的功能是使系统中的几个执行元件在完成各自工作循环时彼此互不影响。如图 7.50 所示,液压缸 11、12 要分别完成快速前进、工作进给及快速退回的自动工作循环。液压泵 1 为高压小流量泵,液压泵 2 为低压大流量泵,它们的压力分别由溢流阀 3、4 调节(调定压力 $p_{y3} > p_{y4}$)。系统开始工作时,电磁换向阀 9、10 的电磁铁 1YA、2YA 同时通电,液

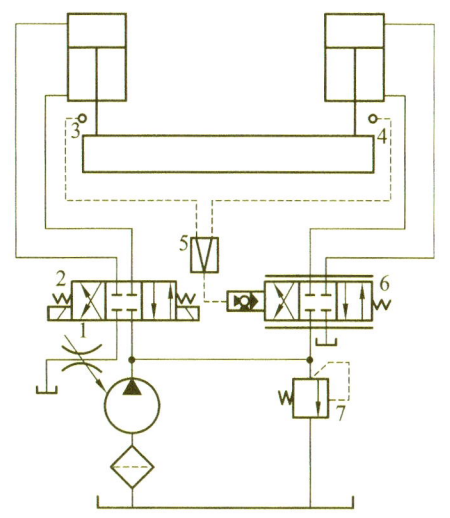

图 7.49 采用电液伺服阀的同步回路

1—节流阀;2—换向阀;3、4—位移传感器;
5—伺服放大器;6—电液伺服阀;7—溢流阀

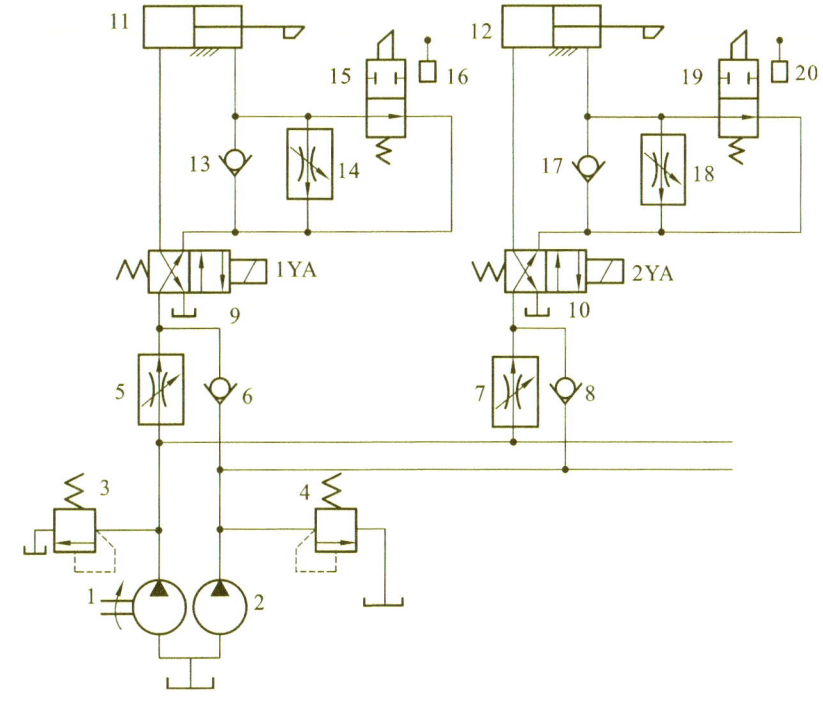

图 7.50 采用双泵供油的多缸互不干涉回路

1、2—液压泵;3、4—溢流阀;5、7、14、18—调速阀;6、8、13、17—单向阀;
9、10—电磁换向阀;11、12—液压缸;15、19—行程阀;16、20—行程开关

压泵 2 输出的油液经单向阀 6、8 进入液压缸 11、12 的左腔中,使两液压缸的活塞快速向右运动。此时如果某一液压缸(例如液压缸 11)的活塞先到达要求位置,其挡铁压下行程阀 15,液压缸 11 右腔中的工作压力增大,单向阀 6 关闭,液压泵 1 提供的油液经调速阀 5 流入液压缸 11 中,液压缸 11 的运动速度下降,其运动转换为工作进给,液压缸 12 仍可以继续快速前进。当液压缸 11、12 的运动都转换为工作进给后,液压泵 2 卸荷(图中未表示卸荷方式),仅有液压泵 1 向液压缸 11、12 供油。如果某一液压缸(例如液压缸 11)先完成工作进给,其挡铁压下行程开关 16,使电磁换向阀 9 的电磁铁 1YA 断电,此时液压泵 2 输出的油液可经单向阀 6、电磁换向阀 9 及单向阀 13 进入液压缸 11 的右腔中,使其活塞快速向左退回(双泵供油),液压缸 12 仍单独由液压泵 1 供油而继续进行工作进给,不受液压缸 11 运动的影响。

在这个回路中,调速阀 5、7 调节的流量大于调速阀 14、18 调节的流量,这样两液压缸工作进给的速度分别由调速阀 14、18 决定。实际上,这种回路由于快速运动和慢速运动各由一个液压泵分别供油,所以能够达到两液压缸的快、慢速运动互不干扰。

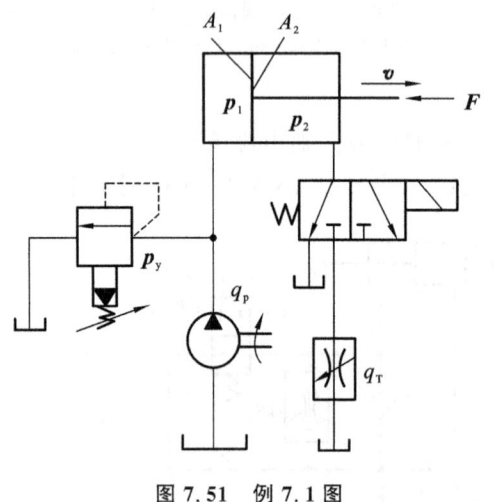

图 7.51 例 7.1 图

例 7.1 如图 7.51 所示,已知 $A_1 = 20$ cm^2,$A_2 = 10$ cm$_2$,$F = 5$ kN,液压泵的流量 $q_p = 16$ L/min,节流阀的流量 $q_T = 0.5$ L/min,溢流阀的调定压力 $p_y = 5$ MPa。不计管路损失,回答下列问题:

(1)当电磁换向阀的电磁铁断电时,液压缸的活塞处于运动状态,试问 p_1、p_2、v 及溢流量 Δq 为多少?

(2)当电磁换向阀的电磁铁通电时,液压缸的活塞处于运动状态,试问 p_1、p_2、v 及溢流量 Δq 又为多少?

解 本题考查回油节流调速回路原理、溢流阀在不同工况下的工作状态。

(1)当电磁换向阀的电磁铁断电时,由于回油路直接与油箱连通,活塞处于快速运动状态,溢流阀处于关闭状态,溢流量 $\Delta q_y = 0$,故液压缸有杆腔的工作压力 $p_2 = 0$,无杆腔的工作压力由负载决定,即

$$p_1 = \frac{F}{A_1} = \frac{5 \times 10^3}{20 \times 10^{-4}} \text{ Pa} = 2.5 \times 10^6 \text{ Pa} = 2.5 \text{ MPa}$$

$$v = \frac{q_p}{A_1} = \frac{16 \times 10^3}{20} \text{ cm/min} = 800 \text{ cm/min} = 8 \text{ m/min}$$

(2)当电磁换向阀的电磁铁通电时,构成回油节流调速回路,于是有

$$p_1 = p_y = 5 \text{ MPa}$$

$$p_2 = \frac{p_1 A_1 - F}{A_2} = \frac{5 \times 10^6 \times 20 \times 10^{-4} - 5 \times 10^3}{10 \times 10^{-4}} \text{ Pa} = 5 \text{ MPa}$$

$$v = \frac{q_T}{A_2} = \frac{0.5 \times 10^3}{10} \text{ cm/min} = 0.5 \text{ m/min}$$

$$\Delta q = q_p - q_1 = q_p - A_1 v = (16 - 20 \times 10^{-2} \times 0.5 \times 10) \ \text{L/min} = 15 \ \text{L/min}$$

例 7.2 如图 7.52 所示，A、B 两液压缸有杆腔的有效工作面积和无杆腔的有效工作面积分别相等，负载 $F_A > F_B$。若不考虑泄漏和摩擦等因素，试问：

（1）A、B 两液压缸如何动作？

（2）A、B 两液压缸的运动速度是否相等？

（3）若节流阀阀口的开度为最大值，压力降为零，A、B 两液压缸又将如何动作？其运动速度有何变化？

（4）若将节流阀换成调速阀，则 A、B 两液压缸的运动速度是否相等？

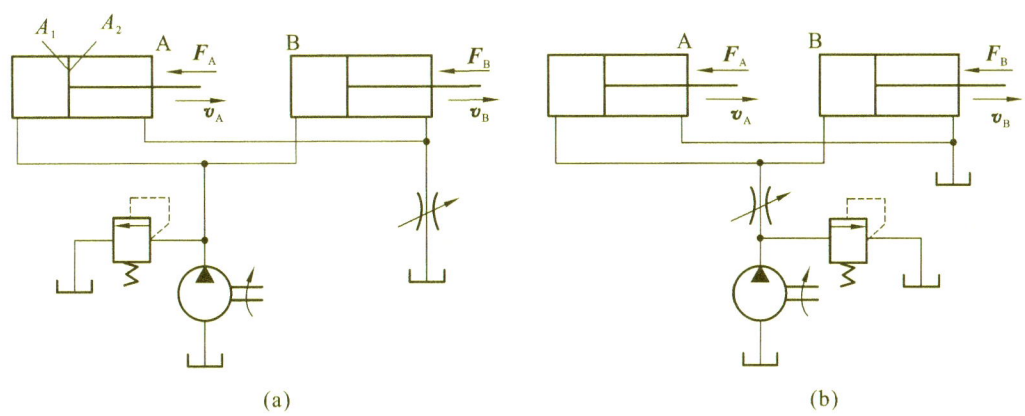

图 7.52 例 7.2 图

解 本题考查压力形成的概念和节流调速原理。

（1）对于图 7.52(a)、图 7.52(b) 中的回路，均是液压缸 B 的活塞先动。液压缸 B 的活塞运动到行程终点后，液压缸 A 的活塞开始运动，理由如下。

图 7.52(a) 所示为 A、B 两液压缸的回油节流调速回路。液压缸进油腔，即无杆腔的工作压力始终保持为溢流阀的调定压力 p_y，有杆腔的工作压力则随负载变化。

根据液压缸的受力平衡方程，有

$$p_y A_1 = F_A + \Delta p_A A_2, \quad p_y A_1 = F_B + \Delta p_B A_2$$

由于 $F_A > F_B$，因此 $\Delta p_B > \Delta p_A$，即负载小的液压缸的活塞运动产生的背压高，这个背压（即 Δp_B）又加在液压缸 A 的有杆腔上，这样使得液压缸 A 的受力平衡方程变为

$$p_y A_1 < F_A + \Delta p_B A_2$$

因此液压缸 A 的活塞不能运动，而液压缸 B 的活塞先动。当液压缸 B 的活塞运动至行程终点后，背压 Δp_B 减小到 Δp_A 时，液压缸 A 的活塞才能运动。

图 7.52(b) 所示为 A、B 两液压缸的进油节流调速回路，负载的大小决定了液压缸无杆腔的工作压力，则液压缸 A 无杆腔的工作压力为

$$p_A = \frac{F_A}{A_1}$$

液压缸 B 无杆腔的工作压力为

$$p_B = \frac{F_B}{A_1}$$

由于 $F_A > F_B$，因此 $p_A > p_B$，工作压力达到 p_B 即可推动液压缸 B 的活塞克服负载运动，此时压力不可能继续增大。正是由于这种原因，液压缸 B 的活塞先动，待它到达行程终点而停止运动后，工作压力增大到 p_A，液压缸 A 的活塞才能运动。

（2）通过节流阀的流量受节流阀进、出油口压力差的影响。因为 $\Delta p_B > \Delta p_A$，所以液压缸 B 的活塞运动时，通过节流阀的流量大，液压缸 B 的活塞的运动速度大。

更详细地，可用流量连续性方程来说明。根据流量连续性方程可得，液压缸 B 的活塞的运动速度为

$$v_B = \frac{q_{TB}}{A_2} = \frac{KA_T \Delta p_B^{0.5}}{A_2}$$

液压缸 A 的活塞的运动速度为

$$v_A = \frac{q_{TA}}{A_2} = \frac{KA_T \Delta p_A^{0.5}}{A_2}$$

由于 $\Delta p_B > \Delta p_A$，因此 $v_B > v_A$。

也可以用节流调速回路的速度-负载特性来进行分析。

（3）当节流阀阀口的开度为最大值，压力降为零时，该回路不再是节流调速回路。由于 $F_A > F_B$，液压缸 B 所需的压力小于液压缸 A 所需的压力，因此液压缸 B 的活塞先动。当液压缸 B 的活塞运动到行程终点，压力增大到液压缸 A 所需的压力时，液压缸 A 的活塞开始运动。由于采用的液压泵为定量泵，液压缸 A、B 无杆腔的有效工作面积 A_1 相等，因此两液压缸的活塞的运动速度相等。

（4）将节流阀换成调速阀时，因调速阀中的定差减压阀具有压力补偿作用，当负载变化时仍能使输出的流量稳定，所以两液压缸的活塞的运动速度相等。

思考与习题

7.1　简述节流调速、容积调速及容积节流调速的特点。

7.2　如何用行程阀来实现两种不同速度的换接？

7.3　快速运动回路有哪几种？各有什么特点？

7.4　在什么情况下需要使用保压回路？请举例。

7.5　在回油节流调速回路中的液压缸的回油路上，采用减压阀在前、节流阀在后的相互串联的方法，能否起到调速阀稳定速度的作用？如果将它们安装在液压缸的进油路或旁油路上，液压缸的运动速度能否稳定？

7.6　图 7.53 所示的回路可以实现快进→慢进→快退→卸荷的工作循环，试列出各电磁铁的动作顺序表。

7.7　在图 7.54 所示的液压传动系统中，已知活塞的直径 $D = 100$ mm，活塞杆的直径 $d = 70$ mm，活塞及负载的总重量 $F = 1\,600$ N，提升时要求活塞在 0.1 s 时间内达到稳定速度 $v = 6$ m/min，下降时活塞不会超速下落。若不计损失，试说明：

（1）阀 A、B、C、D 在系统中各起什么作用？

（2）阀 A、B、D 的调定压力各为多少？

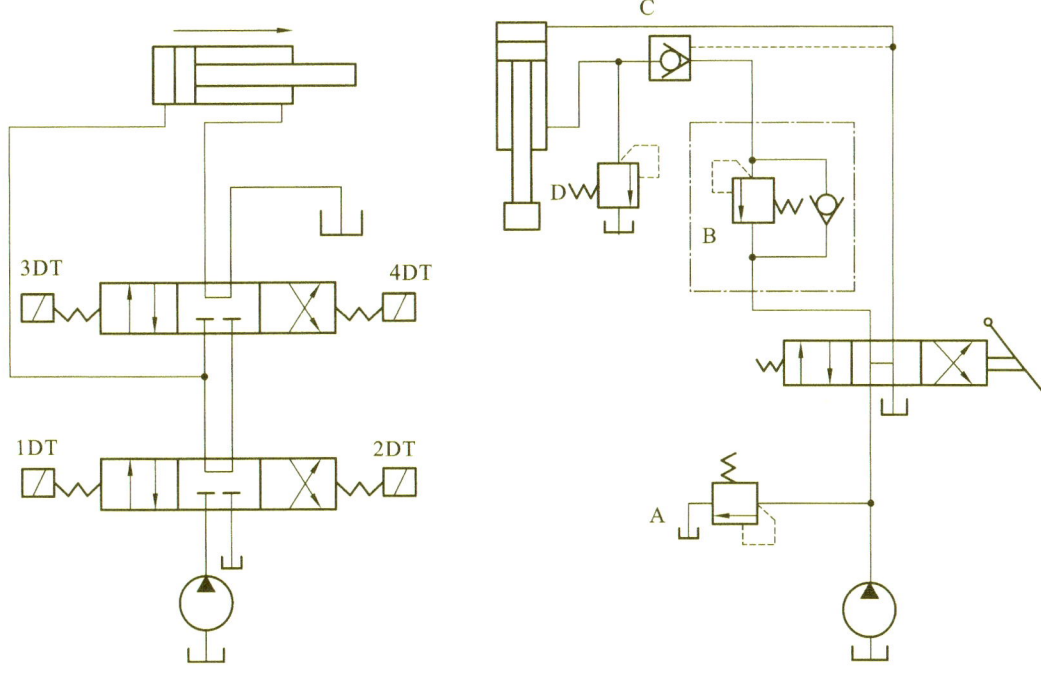

图 7.53　题 7.6 图　　　　　　　　图 7.54　题 7.7 图

7.8　在图 7.55 所示的回路中,已知活塞运动时的负载 $F=1.2$ kN,活塞面积 $A=15\times 10^{-4}$ m²,溢流阀的调定压力 $p_p=4.5$ MPa,两个减压阀的调定压力分别为 $P_{j1}=3.5$ MPa 和 $P_{j2}=2$ MPa,如油液流过减压阀及管路时的损失忽略不计,试确定活塞运动时和停在终端位置时 A、B、C 三点的压力值。

7.9　在图 7.56 所示的采用调速阀的节流调速回路中,已知 $q_p=25$ L/min,$A_1=100\times 10^{-4}$ m²,$A_2=50\times 10^{-4}$ m²,F 由零增至 30 000 N 时活塞向右移动速度基本无变化,$v=0.2$ m/min。若调速阀要求的最小压力差为 0.5 MPa,试求:

(1) 不计调压偏差时溢流阀的调定压力 p_y 为多少? 液压泵的工作压力为多少?

(2) 液压缸可能达到的最高工作压力是多少?

(3) 回路的最高效率为多少?

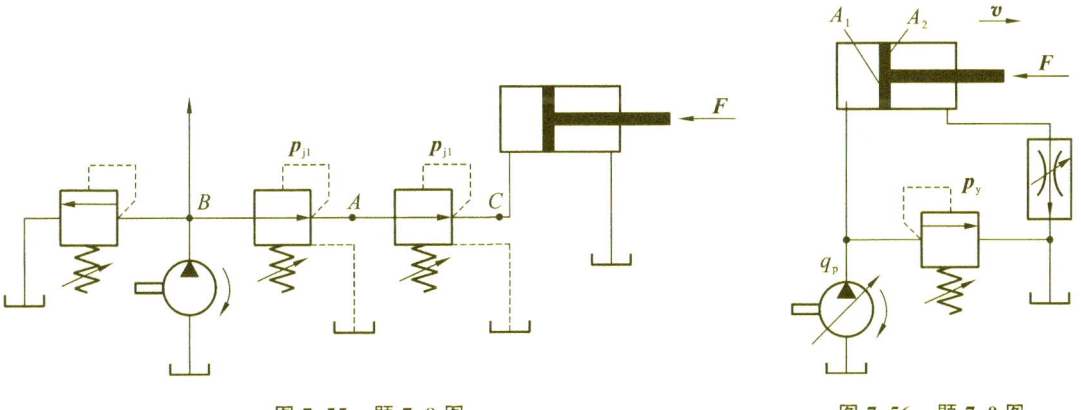

图 7.55　题 7.8 图　　　　　　　　图 7.56　题 7.9 图

7.10 读懂图 7.57 所示的回路,指出该回路属于哪一种基本回路,简要说明液压缸活塞的动作原理,并列出电磁铁的动作顺序表(包括行程阀)。

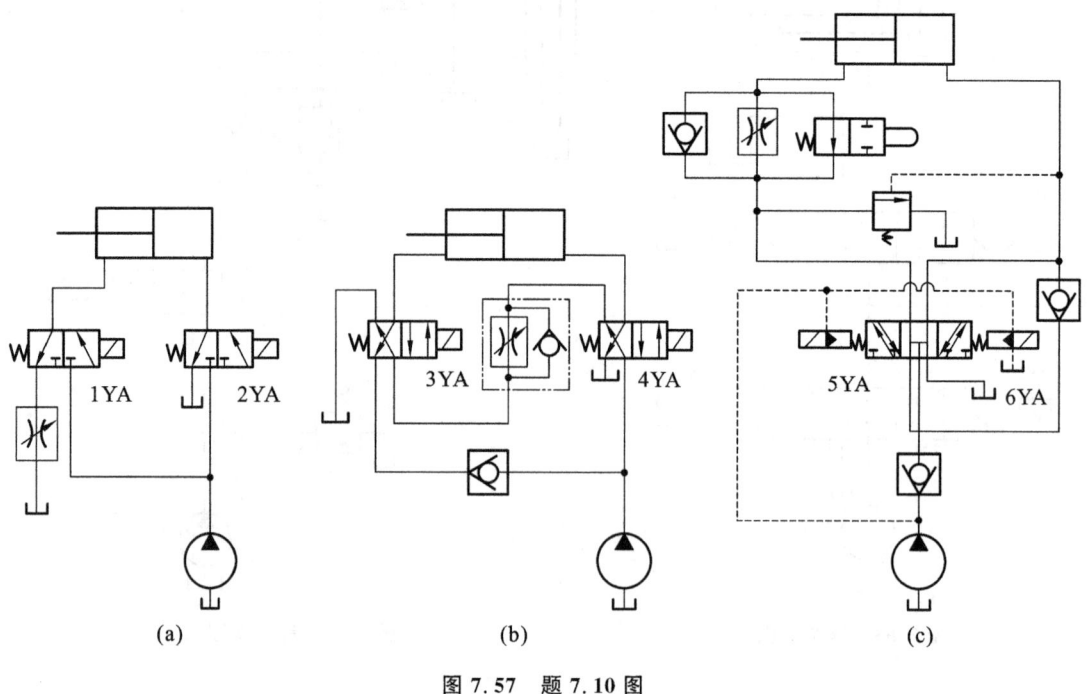

图 7.57 题 7.10 图

7.11 试分析图 7.58 所示的液压传动系统包含哪些基本回路,并填写电磁铁动作顺序表。

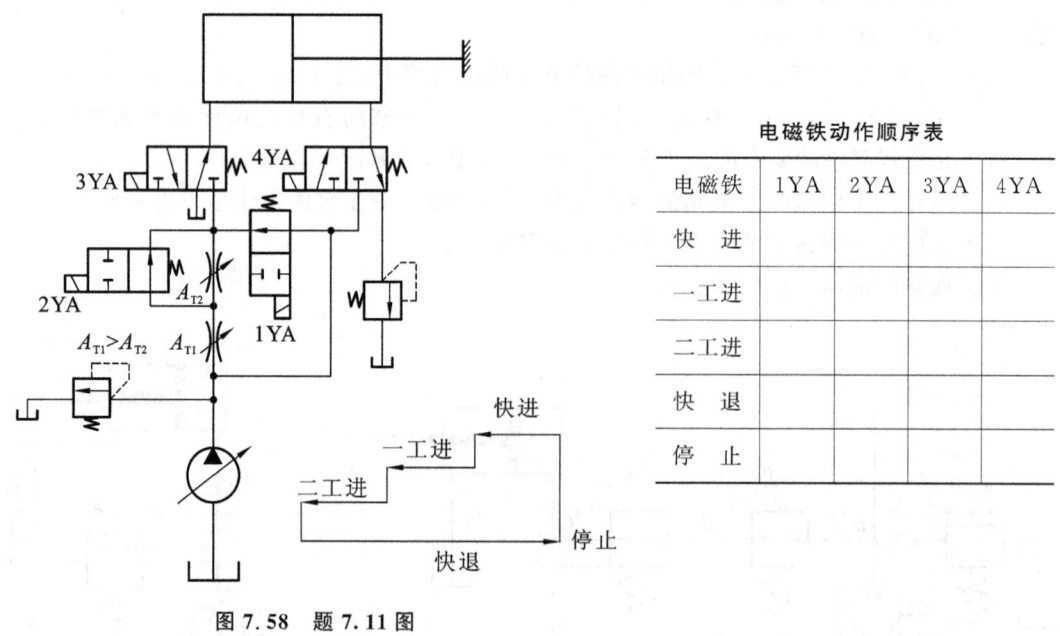

图 7.58 题 7.11 图

电磁铁动作顺序表

电磁铁	1YA	2YA	3YA	4YA
快　进				
一工进				
二工进				
快　退				
停　止				

第 8 章
典型液压传动系统

◀ **本章指南**

本章主要内容:介绍几个不同工程领域的典型液压传动系统,分析这些液压传动系统的工作原理和特点。主要介绍组合机床动力滑台液压传动系统、液压机液压传动系统、数控加工中心液压传动系统、SZ-250A 型塑料注射成型机液压传动系统、QY20B 型汽车起重机液压传动系统、M1432B 型万能外圆磨床液压传动系统、干式扫路车液压传动系统、装卸堆码机液压传动系统八个典型液压传动系统实例。

本章重点:掌握液压传动系统的分析方法和主要分析内容。

本章难点:分析液压传动系统在各种工况下的油路情况和系统的基本回路组成,掌握压力控制阀调定压力的确定依据及调压关系。

本章教学目的与要求:通过对这些典型液压传动系统的学习和分析,进一步加深对各种液压元件和基本回路综合应用的认识,并掌握液压传动系统的分析方法,为液压传动系统的设计、调整、使用、维护打下基础,同时注重培养获取信息、独立思考、自主学习、团队协作的能力。

对液压传动系统的分析都必须从其主机的工作特点、动作循环和性能要求出发,这样才能正确分析、了解系统的组成、液压元件的作用和各部分之间的相互联系。要掌握液压传动系统的分析方法和分析内容。液压传动系统的分析要点是:系统实现的动作循环、各液压元件在系统中的作用和组成系统的基本回路。液压传动系统的分析内容主要有:系统的性能和特点、各工况下系统的油路情况。

一般地,复杂的液压传动系统的分析步骤是:

(1) 了解设备的动作循环对液压传动系统的动作要求;

(2) 了解液压传动系统的组成元件,并以各个执行元件为核心将系统分为若干子系统;

(3) 分析子系统含有哪些基本回路,根据执行元件动作循环读懂子系统;

(4) 分析子系统之间的联系以及执行元件间实现互锁、同步、防干扰等要求的方法;

(5) 总结归纳液压传动系统的特点,加深理解。

◀ 8.1 组合机床动力滑台液压传动系统 ▶

动力滑台是组合机床上用来实现进给运动的一种通用部件,它配上动力箱和多轴箱后可以对工件进行各类孔的钻、镗、铰加工等工序。动力滑台用液压缸驱动,在电气和机械装置的配合下可以实现一定的工作循环。

8.1.1 YT4543 型动力滑台液压传动系统的工作原理

YT4543 型动力滑台的工作进给速度范围为 $6.6 \sim 660$ mm/min,最大快进速度为 7 300 mm/min,最大推力为 45 kN。YT4543 型动力滑台液压传动系统的原理图如图 8.1 所示,其电磁铁动作顺序如表 8.1 所示。该系统采用限压式变量叶片泵供油,电液换向阀换向,行程阀实现快、慢速度转换,串联调速阀实现两种工作进给速度的转换,其最高工作压力不大于 6.3 MPa。YT4543 型动力滑台液压传动系统的工作循环是由固定在移动工作台侧面上的挡块直接压下行程阀来进行换位或压下行程开关来控制电磁换向阀的通、断电顺序而实现的。

表 8.1 电磁铁动作顺序表

动作名称	电磁铁、压力继电器				
	1YA	2YA	3YA	PS	行程阀 7
快进(差动)	+	−	−	−	下位工作
一工进	+	−	−	−	上位工作
二工进	+	−	+	−	上位工作
止挡块停留	+	−	−	+	上位工作
快退	−	+	−	−	上位→下位
原位停止	−	−	−	−	下位

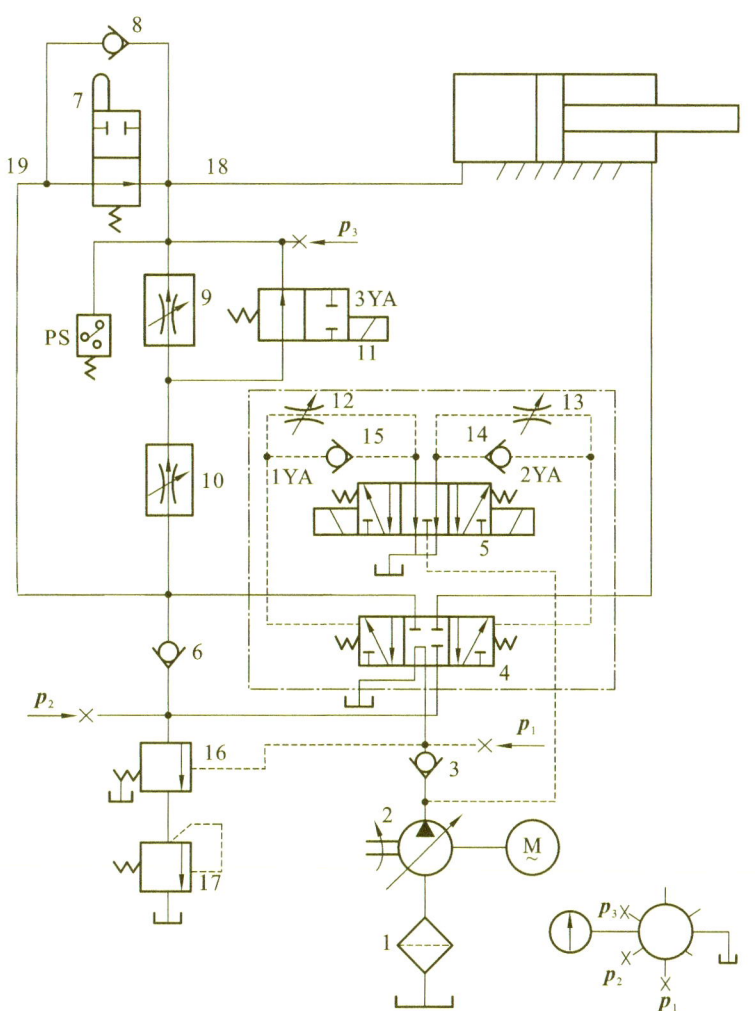

图 8.1　YT4543 型动力滑台液压传动系统的原理图

1—过滤器；2—限压式变量泵；3、6、8—单向阀；4—液动换向阀；5—先导式电磁换向阀；7—行程阀；9、10—调速阀；
11—电磁阀；12、13—节流装置；14、15—单向阀；16—液控顺序阀；17—背压阀；18、19—管道；PS—压力继电器

由图 8.1 和表 8.1 可知，YT4543 型动力滑台液压传动系统可实现的典型工作循环是快进→一工进→二工进→止挡块停留→快退→原位停止，其工作情况分析如下。

1. 快速进给

按下起动按钮，电磁铁 1YA 通电，先导式电磁换向阀 5 的左位接入系统中，限压式变量泵 2 输出的油液经先导式电磁换向阀 5 进入液动换向阀 4 的左侧，使液动换向阀 4 切换至左位，液动换向阀 1 右侧的油液经先导型电磁换向阀 5 流回油箱。此时主油路的情况是：

进油路：限压式变量泵 2→单向阀 3→液动换向阀 4 左位→行程阀 7→液压缸左腔（无杆腔）。

回油路：液压缸右腔→液动换向阀 4 左位→单向阀 6→行程阀 7→液压缸左腔（无杆腔），此时形成差动回路。

由于快速进给时动力滑台液压缸的负载小，系统的压力小，因此液控顺序阀 16 关闭，液压缸为差动连接。因为限压式变量泵 2 在低压下输出的流量大，所以动力滑台的运动为快速进给。

2. 第一次工作进给

当动力滑台快进到预定位置时,动力滑台上的液压挡块压下行程阀 7,使油路 18、19 断开,即切断快进油路。此时先导式电磁换向阀 5 的电磁铁 1YA 继续通电,其控制油路不变,液动换向阀 4 仍是左位接入系统,电磁阀 11 的电磁铁 3YA 处于断电状态,这时主油路必须经过调速阀 10,使阀前的系统压力增大,液控顺序阀 16 打开,单向阀 6 关闭,液压缸右腔的油液经液动换向阀 4、液控顺序阀 16 及背压阀 17 流回油箱,此时主油路的情况是:

进油路:限压式变量泵 2→单向阀 3→液动换向阀 4 左位→调速阀 10→电磁阀 11 左位→液压缸左腔。

回油路:液压缸右腔→液动换向阀 4 左位→液控顺序阀 16→背压阀 17→油箱。

因工作进给压力增大,故限压式变量泵 2 的流量会自动减少,以便与调速阀 10 的开口相适应,动力滑台作第一次工作进给。

3. 第二次工作进给

一工进结束时,电气挡块压下电气行程开关,使电磁阀 11 的电磁铁 3YA 通电,电磁阀 11 的右位接入系统,油路断开,此时必须通过调速阀 9、10 实现动力滑台的第二次工作进给。动力滑台的进给速度由调速阀 9 调定,而调速阀 9 调定的工作进给速度应小于调速阀 10 调定的工作进给速度。此时主油路的情况是:

进油路:限压式变量泵 2→单向阀 3→液动换向阀 4 左位→调速阀 10→调速阀 9→液压缸左腔。

回油路:与一工进时的回油路相同。

4. 止挡块停留

动力滑台第二次工作进给结束而碰到止挡块时,动力滑台不再前进,系统压力进一步增大,一方面使限压式变量泵 2 保压卸荷,另一方面使压力继电器 PS 动作而发出信号,接通控制电路中的延时继电器。调整延时继电器即可调整希望停留的时间。

5. 快速退回

停留时间到时后,延时继电器会发出使动力滑台快速退回的信号,先导式电磁换向阀 5 的电磁铁 1YA 和电磁阀 11 的电磁铁 3YA 断电,先导式电磁换向阀 5 的电磁铁 2YA 通电,先导式电磁换向阀 5 的右位接入系统,使液动换向阀 4 的右位接入主油路。此时主油路的情况是:

进油路:限压式变量泵 2→单向阀 3→液动换向阀 4 右位→液压缸右腔。

回油路:液压缸左腔→单向阀 8→液动换向阀 4→油箱。

此时系统压力较小,限压式变量泵 2 的输出流量大,动力滑台的运动为快速退回。

6. 原位停止

当动力滑台快速退回到原始位置时,原位电气挡块压下原位行程开关,使先导式电磁换向阀 5 的电磁铁 2YA 断电,先导式电磁换向阀 5 和液动换向阀 4 都处于中位状态,液压缸失去动力来源,动力滑台停止运动。此时限压式变量泵 2 输出的油液经单向阀 3 和液控换向阀 4 流回油箱,液压泵卸荷。

由上述分析可知,液控顺序阀 16 在动力滑台快进时必须关闭,而在动力滑台工进时必须打开。因此,液控顺序阀 16 的调定压力应低于动力滑台工进时的系统压力,而高于动力滑台快进时的系统压力。

系统中有 3、6、8 三个单向阀,其中单向阀 3 除了有保护限压式变量泵 2 免受液压冲击的作用外,其主要作用是在系统卸荷时使电液换向阀的控制油路有一定的控制压力,确保实现换向动作;单向阀 6 的作用是在动力滑台工进时隔离进油路和回油路;单向阀 8 的作用则是确保实现快退。

8.1.2 YT4543 型动力滑台液压传动系统的特点

由上述分析可知,YT4543 型动力滑台液压传动系统主要由下列基本回路组成:

(1) 由限压式变量泵、调速阀、背压阀组成的容积节流调速回路;

(2) 采用单杆液压缸差动连接的快速运动回路;

(3) 采用电液换向阀(由液动换向阀 4 和先导式电磁换向阀 5 组成)的换向回路;

(4) 由行程阀和电磁阀组成的速度换接回路;

(5) 采用串联调速阀的二次进给回路;

(6) 采用三位换向阀 M 型中位机能的卸荷回路。

上述基本回路决定了 YT4543 型动力滑台液压传动系统的主要性能。该系统具有以下特点。

(1) 采用限压式变量泵和调速阀组成容积节流调速回路,并在回油路上设置背压阀,使动力滑台能获得稳定的低速运动、较好的速度刚性和较大的工作速度调节范围。

(2) 采用限压式变量泵和单杆液压缸差动连接的快速运动回路,动力滑台快进时能量利用比较合理,动力滑台工进时只输出与调速阀相适应的流量;止挡块停留时,限压式变量泵只输出补偿系统内泄漏所需要的流量,且限压式变量泵处于流量卸荷状态,系统无溢流损失,效率高。

(3) 采用行程阀和顺序阀实现动力滑台快进与工进的速度切换,动作平稳可靠,无冲击,速度换接的位置精度高。

(4) 在动力滑台第二次工作进给结束时,采用止挡块停留,动力滑台的停留位置精度高,适用于镗端面、镗阶梯孔、锪孔及锪端面等工序。

(5) 采用串联调速阀的二次进给速度换接方式,速度转换时的前冲量较小,并且有利于利用压力继电器发出信号进行停留时间控制或快速退回控制。

8.2 液压机液压传动系统

液压机是锻压、冲压、冷挤、翻边、拉深、校直、弯曲、粉末冶金、成型等压力加工工艺中广泛应用的机械设备。液压机的类型有很多,其中以四柱式液压机最为典型,其应用也最为广泛。这里简略介绍 YB32-200 型液压机液压传动系统的工作原理。该液压机主缸的最大压制力为 2 000 kN,在其四个导柱之间安装有上、下两个液压缸,上液压缸(主缸)驱动上滑块,实现"快速下行→慢速加压→保压延时→释压换向→快速返回→原位停止"的典型动作循环;下液压缸(顶出缸)驱动下滑块,实现"向上顶出→停留→向下返回→原位停止"的动作循环。图 8.2 所示为 YB32-200 型液压机的动作循环图。

8.2.1 YB32-200 型液压机液压传动系统的工作原理

图 8.3 所示为 YB32-200 型液压机的液压传动系统图,表 8.2 所示为 YB32-200 型液压机液压传动系统的动作循环表。

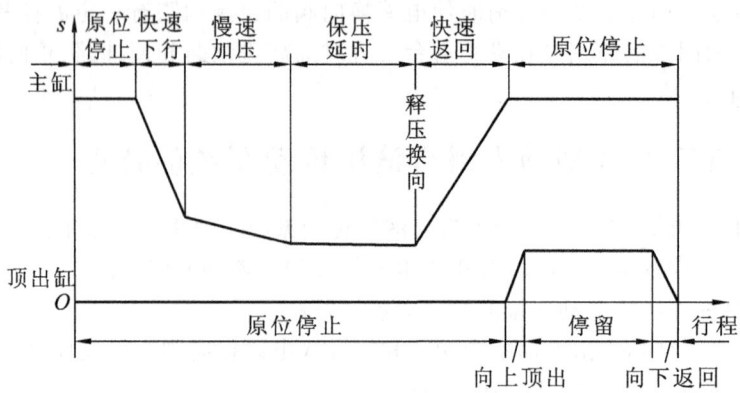

图 8.2　YB32-200 型液压机的动作循环图

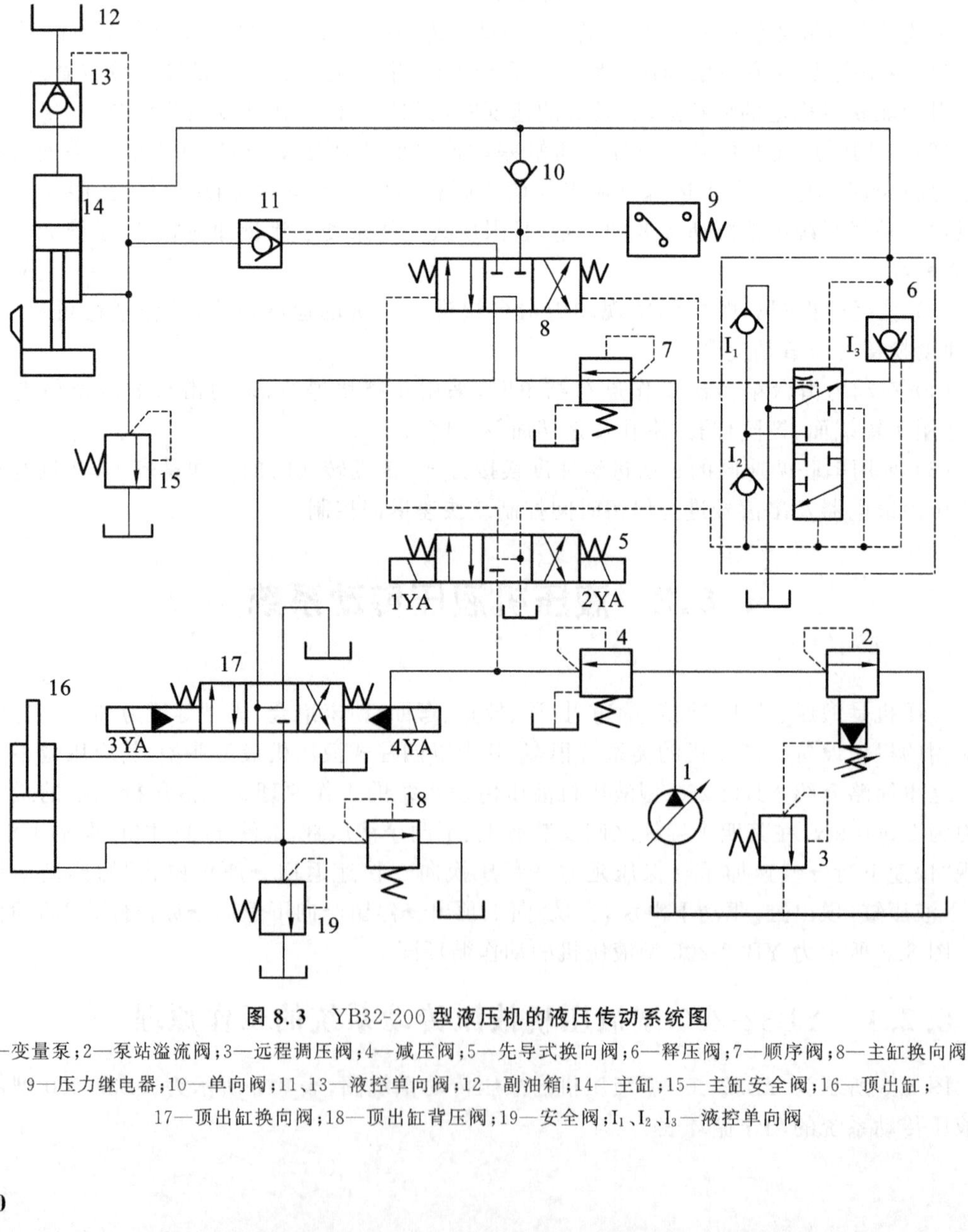

图 8.3　YB32-200 型液压机的液压传动系统图

1—变量泵；2—泵站溢流阀；3—远程调压阀；4—减压阀；5—先导式换向阀；6—释压阀；7—顺序阀；8—主缸换向阀；
9—压力继电器；10—单向阀；11、13—液控单向阀；12—副油箱；14—主缸；15—主缸安全阀；16—顶出缸；
17—顶出缸换向阀；18—顶出缸背压阀；19—安全阀；I_1、I_2、I_3—液控单向阀

表 8.2 YB32-200 型液压机液压传动系统的动作循环表

动作名称		信号来源	液压元件工作状态			
			先导式换向阀5	主缸换向阀8	顶出缸换向阀17	释压阀6
上滑块	快速下行	电磁铁1YA通电	左位	左位	中位	上位
	慢速加压	上滑块接触工件				
	保压延时	压力继电器使电磁铁1YA断电	中位	中位		
	释压换向		右位			
	快速返回	时间继电器使电磁铁2YA通电		右位		下位
	原位停止	行程开关使电磁铁2YA断电				
下滑块	向上顶出	电磁铁4YA通电	中位	中位	右位	上位
	停留	下活塞触及缸盖				
	向下返回	电磁铁4YA断电、电磁铁3YA通电			左位	
	原位停止	电磁铁3YA断电			中位	

1. 液压机上滑块液压传动系统的工作原理

1) 快速下行

电磁铁1YA通电时,先导式换向阀5和主缸换向阀8的左位接入系统,液控单向阀11打开,主缸14快速下行。此时系统的油路情况是:

进油路:变量泵1→顺序阀7→主缸换向阀8左位→单向阀10→主缸14上腔。

回油路:主缸14下腔→液控单向阀11→主缸换向阀8左位→顶出缸换向阀17中位→油箱。

上滑块在重力的作用下迅速下降。由于变量泵1的流量较小,因此液压机顶部的副油箱12中的油液经液控单向阀13(又称为补油阀)流入主缸14的上腔中。

2) 慢速加压

从上滑块接触工件时开始,主缸14上腔的压力增大,液控单向阀13关闭,加压速度便由变量泵1的流量来决定,此时系统的油路情况与快速下行时的相同。

3) 保压延时

当系统中的压力增大到压力继电器9的调定压力时,压力继电器9发出电信号,控制电磁铁1YA断电,先导式换向阀5和主缸换向阀8都处于中位,主缸14的上、下腔封闭,系统进入保压状态。保压时间由电气控制系统中的时间继电器(图中未画出)控制。保压时除了变量泵1在较低压力下卸荷外,系统中并没有油液流动。变量泵1卸荷的油路情况是:变量泵1→顺序阀7→主缸换向阀8中位→顶出缸换向阀17中位→油箱。

4) 快速返回

时间继电器延时到时后,电磁铁2YA通电,先导式换向阀5的右位接入系统,释压阀6使主缸换向阀8的右位也接入系统(下面说明)。此时液控单向阀13打开,主缸14快速返

回,系统的油路情况是:

进油路:变量泵1→顺序阀7→主缸换向阀8右位→液控单向阀11→主缸14下腔。

回油路:主缸14上腔→液控单向阀13→副油箱12。

当副油箱12中的液面超过预定位置时,多余油液由溢流管流回主油箱(图中未画出)。

5)原位停止

当上滑块上升至行程终点,挡块压下原位行程开关时,电磁铁2YA断电,先导式换向阀5和主缸换向阀8都处于中位。此时上滑块停止不动,变量泵1在较低压力下卸荷。

系统中的释压阀6是为了防止上滑块从保压状态向快速返回状态转换得过快而在系统中产生压力冲击,导致上滑块动作不平稳而设置的,它的主要作用是使主缸14的上腔释压,油液能够通入主缸14的下腔,其工作原理如下。在保压阶段,释压阀6的上位接入系统。当电磁铁2YA通电,先导式换向阀5的右位接入系统时,操纵油路中的油液虽流入释压阀6阀芯的下端,但由于其上端的高压未释放,因此阀芯静止不动。由于液控单向阀I₃是可以在控制压力低于其主油路压力的情况下打开的,因此油路情况是:主缸14上腔→液控单向阀I₃→释压阀6上位→油箱。

于是主缸14上腔的油压便被卸除,释压阀6向上移动,其下位接入系统。释压阀6一方面切断主缸14上腔通向油箱的通道,另一方面使操纵油路中的油液流入主缸换向阀8阀芯的右端,使该阀的右位接入系统,以实现上滑块的快速返回。由图8.3可见,主缸换向阀8由左位切换到中位时,其阀芯右端由油箱经单向阀I₁补油;由右位切换到中位时,其阀芯右端的油液经单向阀I₂流回油箱。

2. 液压机下滑块液压传动系统的工作原理

1)向上顶出

电磁铁4YA通电,此时系统的油路情况是:

进油路:变量泵1→顺序阀7→主缸换向阀8中位→顶出缸换向阀17右位→顶出缸16下腔。

回油路:顶出缸16上腔→顶出缸换向阀17右位→油箱。

下滑块上移至顶出缸16的活塞碰上缸盖时,下滑块便停在该位置上。

2)向下返回

电磁铁4YA断电,电磁铁3YA通电,此时系统的油路情况是:

进油路:变量泵1→顺序阀7→主缸换向阀8中位→顶出缸换向阀17左位→顶出缸16上腔。

回油路:顶出缸16下腔→顶出缸换向阀17左位→油箱。

3)原位停止

电磁铁3YA、4YA都断电,顶出缸换向阀17处于中位。

8.2.2 YB32-200型液压机液压传动系统的特点

(1)系统由一个高压轴向柱塞式变量泵供油,系统的压力由远程调压阀3调定。

(2)系统中的顺序阀7规定了变量泵必须在2.5 MPa的压力下卸荷,从而确保控制油路具有 2 MPa 左右的控制压力。

（3）系统采用了专用的 QF-1 型释压阀来实现上滑块快速返回时主缸换向阀的换向，确保液压机动作平稳，不会在换向时产生液压冲击和噪声。

（4）系统利用管道和油液的弹性变形来实现保压，方法简单，但对液控单向阀和液压缸等元件的密封性能要求高。

（5）系统中主缸和顶出缸的动作协调是通过两个换向阀互锁来保证的。一个液压缸必须在另一个液压缸静止不动时才能动作。但是在拉深操作中，为了实现"压边"这个工序，主缸的活塞必须推着顶出缸的活塞移动，此时主缸下腔的油液流入顶出缸的上腔中，而顶出缸下腔的油液则经过顶出缸溢流阀流回油箱，这样两液压缸才能同时工作，不存在动作不协调的问题。

（6）系统中的两个液压缸各设置有一个安全阀进行过载保护。

8.3 数控加工中心液压传动系统

数控加工中心是机械、电气、液压、气动技术一体化的高效自动化机床，它可在一次装夹中完成铣、钻、扩、镗、锪、铰、螺纹加工、测量等多种工序及轮廓加工。在大多数数控加工中心中，液压传动系统主要用于实现下列功能：①刀库、机械手自动进行刀具交换及选刀动作；②加工中心主轴箱、刀库、机械手的平衡；③加工中心主轴箱的齿轮拨叉变速；④主轴松、夹刀动作；⑤交换工作台的松开、夹紧及其自动保护；⑥丝杆等的液压过载保护等。

下面以卧式镗铣加工中心为例，简要介绍加工中心的液压传动系统。

图 8.4 所示为卧式镗铣加工中心液压传动系统的原理图。

1. 液压传动系统泵站起动时序

接通机床电源，起动电机 1，变量叶片泵 2 运转，调节单向节流阀 3，构成容积节流调速回路。溢流阀 4 起安全阀的作用，手动阀 5 起卸荷的作用。调节变量叶片泵 2，使其输出压力达到 7 MPa，并将安全阀 4 的工作压力调至 8 MPa。回油过滤器的过滤精度为 $10\ \mu m$。过滤器两端的压力差超过 0.3MPa 时系统报警，此时应更换滤芯。

2. 液压平衡装置调整

卧式镗铣加工中心的主轴、垂直拖板、变速箱、主电机等连成一体，由 Y 轴滚珠丝杠通过伺服电机带动而上下移动。为了保证零件的加工精度，减小 Y 轴滚珠丝杠的轴向受力，整个垂直运动部分的重量需采用平衡法加以处理。平衡回路有很多种，卧式镗铣加工中心液压传动系统采用平衡阀和液压缸来平衡重量。

平衡阀 7、安全阀 8、手动卸荷阀 9、平衡缸 10 组成平衡装置，蓄油器 11 起吸收液压冲击的作用。调节平衡阀 7，使平衡缸 10 处于最佳工作状态。平衡缸 10 是否处于最佳工作状态可通过测量伺服电机电流的大小来判断。

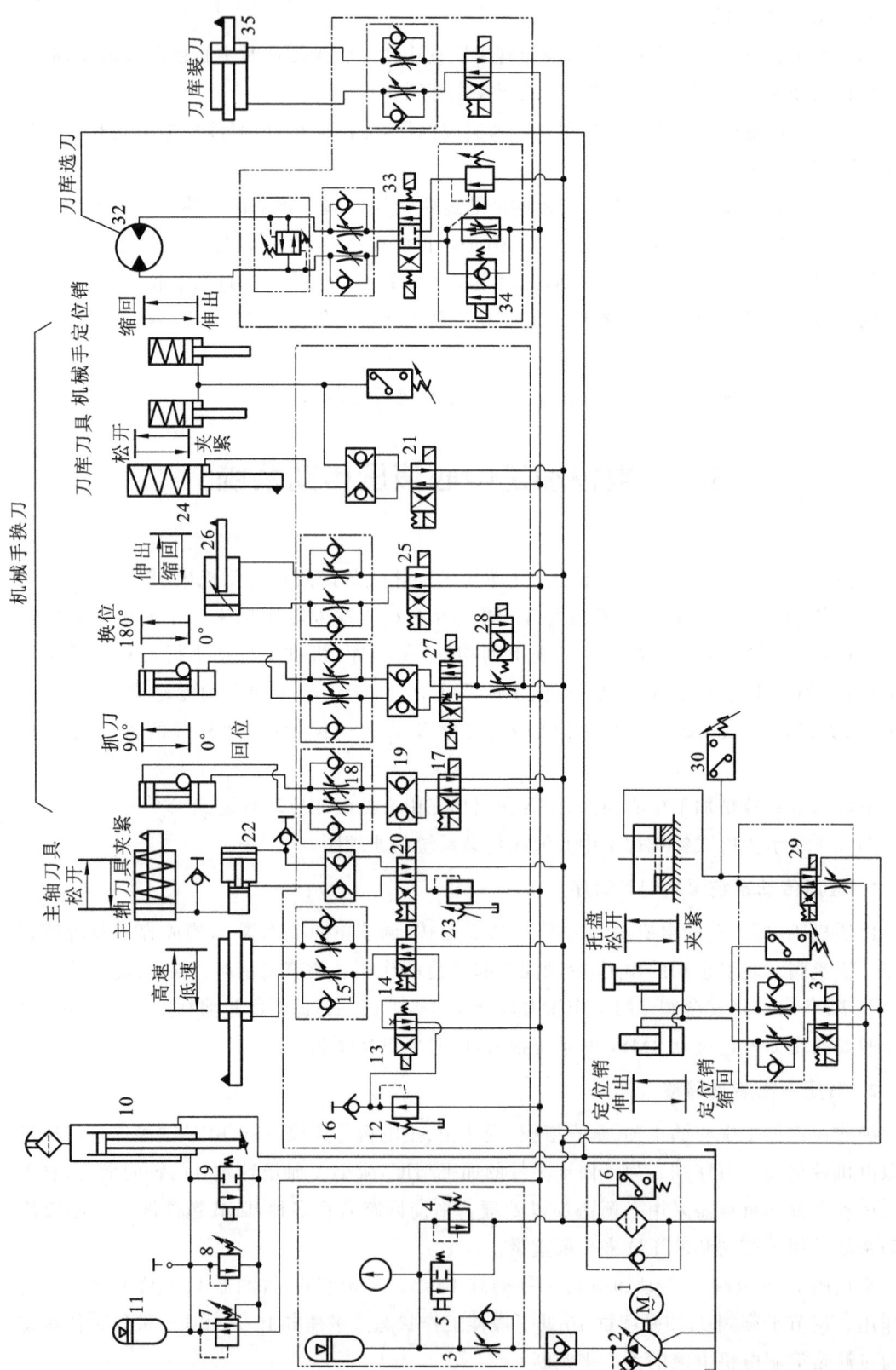

图 8.4 卧式镗铣加工中心液压传动系统的原理图

3. 主轴变速

当主轴变速箱需要换挡变速时,主轴处于低转速状态。调节减压阀 12 至所需的压力(由测压接头 16 测得),通过减压阀 12、换向阀 13 及换向阀 14 完成高速向低速的换挡;直接由系统的压力经换向阀 13、14 完成低速向高速的换挡。换挡液压缸的速度由双单向节流阀 15 调节。

4. 换刀时序

卧式镗铣加工中心在加工零件的过程中,前道工序完成后需换刀,此时主轴应返回机床 Y 轴、Z 轴设定的换刀点坐标,主轴处于准停状态,所需的刀具在刀库上已预选到位。

1)机械手抓刀

当系统接收到换刀的准备信号后,电磁阀 17 处于左位,齿轮齿条组合液压缸的活塞上移,机械手同时抓住安装在主轴锥孔中的刀具和刀库上预选的刀具。双单向节流阀 18 控制抓刀、回位速度,Z2S 型双液控单向阀 19 保证系统失压时位置不变。

2)刀具松开和定位

抓刀动作完成后,无触点开关发出信号,控制电磁阀 20 处于左位,电磁阀 21 处于右位,通过增压缸 22 使主轴锥孔中的刀具松开,松开压力由减压阀 23 调节。同时,油缸 24 的活塞上移,松开刀库上的刀具;机械手上的两定位销在弹簧力的作用下伸出,卡住机械手上的刀具。

3)机械手伸出

主轴、刀库上的刀具松开后,无触点开关发出信号,控制电磁阀 25 处于右位,机械手由液压缸 26 推动而伸出,使刀具从主轴锥孔中和刀库链节上拔出。液压缸 26 设置有缓冲装置,以防止其在行程终点时发生撞击,引起噪声,影响精度。

4)机械手换刀

机械手伸出后,无触点开关发出信号,控制电磁阀 27 换位,推动齿轮齿条组合液压缸的活塞移动,使机械手旋转 180°。转位速度由双单向节流阀调节,并根据刀具重量,由换向阀 28 确定两种转位速度。

5)机械手缩回

机械手旋转 180° 后,无触点开关发出信号,控制电磁阀 25 换位,使机械手缩回,刀具进入主轴锥孔中和刀库链节上。

6)刀具夹紧和松销

此时电磁阀 20、21 换位,主轴锥孔中和刀库链节上的刀具夹紧,机械手上的定位销缩回。

7)机械手回位

刀具夹紧信号发出后,电磁阀 17 换位,机械手旋转 90°,回到起始位置。至此,整个换刀动作结束,主轴起动,进入零件加工状态。

5. NC 旋转工作台液压动作

1)NC 工作台夹紧

零件连续旋转而进入固定位置加工时,电磁阀 29 处于左位,工作台夹紧,压力继电器 30 发出夹紧信号。

2)托盘交换

当交换工件时,电磁阀 31 处于右位,定位销缩回,同时托盘松开,由交换工作台交换工件。工件交换结束后,电磁阀 31 换位,托盘夹紧,定位销伸出定位,即进入加工状态。

3）刀库选刀、装刀

在零件的加工过程中，刀库需将下道工序所需的刀具预选到位。首先判断所需的刀具所在刀库的位置，然后确定液压马达 32 的旋转方向，从而使电磁阀 33 换位。液压马达控制单元 34 控制液压马达 32 的起动、中间状态及到位旋转速度，刀具到位由旋转编码器组成的闭环系统控制，液压缸 35 用于刀库装刀位置上、下装卸刀具。

◀ 8.4 SZ-250A 型塑料注射成型机液压传动系统 ▶

塑料注射成型机简称注塑机，它是将颗粒的塑料加热熔化到流动状态后，快速高压注入模腔并保压一定时间，经冷却后成型为塑料制品的一种成型设备。

8.4.1 SZ-250A 型塑料注射成型机液压传动系统的工作原理

SZ-250A 型塑料注射成型机属于中小型注塑机，其每次最大注射容量为 250 mL。该注塑机要求其液压传动系统完成的主要动作有：合模和开模、注射座整体前移和后退、注射、保压及顶出等。根据塑料注射成型工艺，注塑机的工作循环如图 8.5 所示。

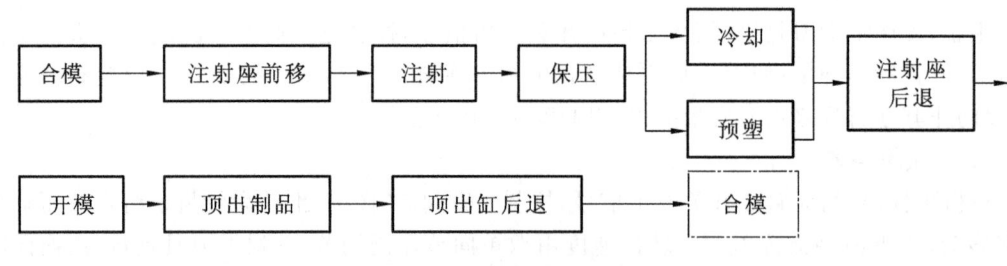

图 8.5 注塑机的工作循环

图 8.6 所示为 SZ-250A 型塑料注射成型机液压传动系统的原理图，表 8.3 为 SZ-250A 型塑料注射成型机动作循环及电磁铁动作顺序表。SZ-250A 型塑料注射成型机液压传动系统的工作原理如下。

1. 合模

合模过程按"慢—快—慢"的速度进行。合模时首先应将安全门关上，如图 8.6 所示，此时行程阀 V_4 恢复常位，油液可以流入液动换向阀 V_2 的阀芯右腔。

1）慢速合模

小流量泵 2 的工作压力由高压溢流阀 V_{20} 调节。电磁铁 3YA 通电，液动换向阀 V_2 处于右位。由于电磁铁 1YA 断电，大流量泵 1 通过溢流阀 V_1 卸荷，小流量泵 2 的油液经液动换向阀 V_2 流入合模缸左腔，从而推动活塞带动连杆进行慢速合模。合模缸右腔的油液经单向节流阀 V_3、液动换向阀 V_2 及冷却器流回油箱。（系统所有回油都接冷却器）

2）快速合模

电磁铁 1YA、2YA 及 3YA 通电，大流量泵 1 不再卸荷，其输出的油液通过单向阀 V_{21} 与小流量泵 2 输出的油液汇合，共同向合模缸供油，实现快速合模，此时大流量泵 1 的工作压力由溢流阀 V_1 调节。

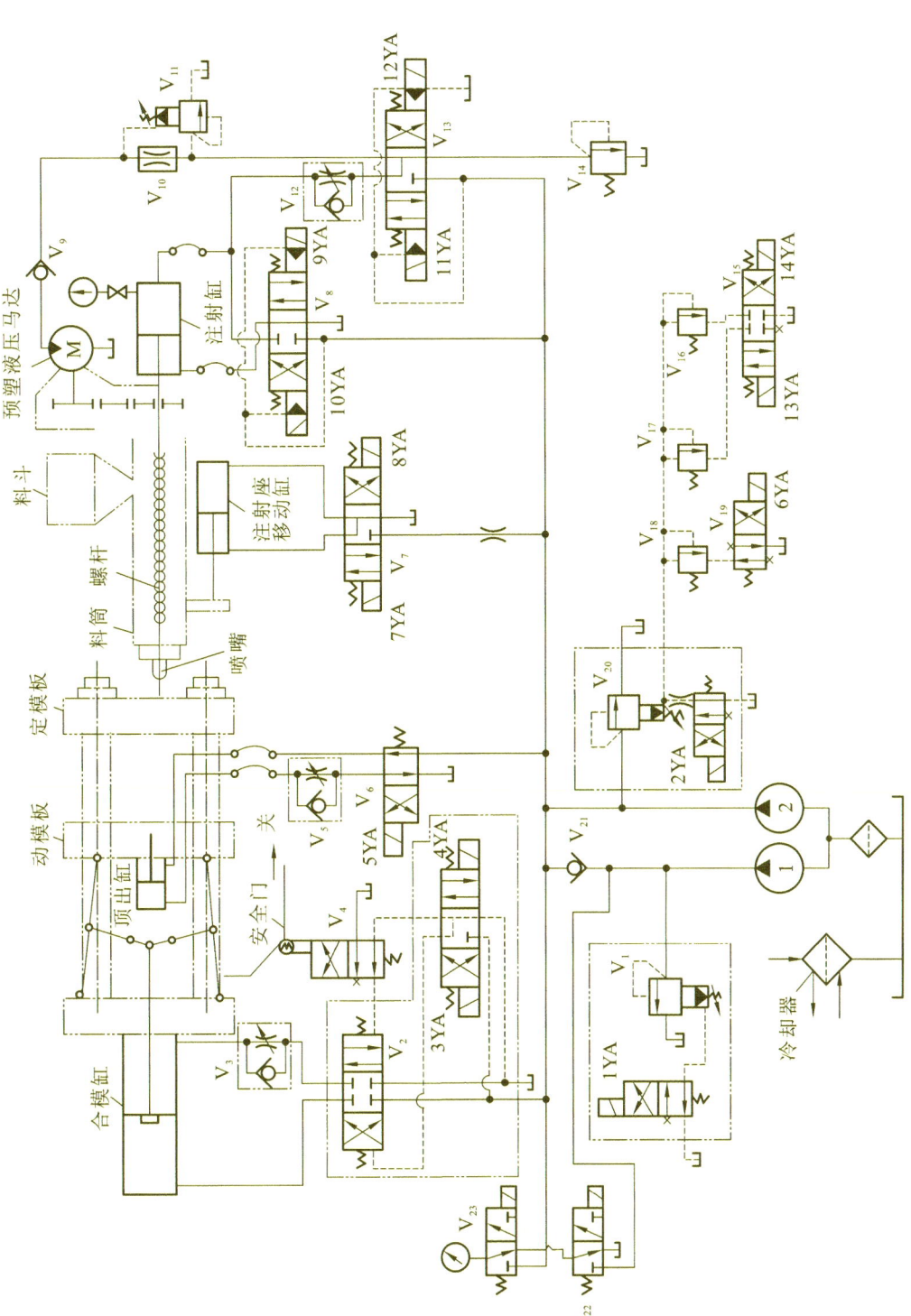

图 8.6　SZ－250A 型塑料注射成型机液压传动系统的原理图

表 8.3　SZ-250A 型塑料注射成型机动作循环及电磁铁动作顺序表

电磁铁 / 动作循环		1YA	2YA	3YA	4YA	5YA	6YA	7YA	8YA	9YA	10YA	11YA	12YA	13YA	14YA
合模	慢速	−	+	+	−	−	−	−	−	−	−	−	−	−	−
	快速	+	+	+	−	−	−	−	−	−	−	−	−	−	−
	慢速	−	+	+	−	−	−	−	−	−	−	−	−	−	−
	低压	−	+	+	−	−	−	−	−	−	−	−	−	+	−
	高压	−	+	+	−	−	−	−	−	−	−	−	−	−	−
注射座前移		−	+	−	−	−	−	−	+	−	−	−	−	−	−
注射	慢速	−	+	−	−	−	+	−	−	−	−	+	−	−	−
	快速	+	+	−	−	−	+	−	+	+	−	−	−	−	−
保压		−	+	−	−	−	−	−	−	−	−	+	−	−	+
预塑		+	+	−	−	−	−	−	+	−	−	−	+	−	−
防流涎		−	+	−	−	−	−	−	+	−	+	−	−	−	−
注射座后退		−	+	−	−	−	−	+	−	−	−	−	−	−	−
开模	慢速	−	+	−	−	+	−	−	−	−	−	−	−	−	−
	快速	+	+	−	+	−	−	−	−	−	−	−	−	−	−
	慢速	−	+	−	−	+	−	−	−	−	−	−	−	−	−
顶出	前进	−	+	−	−	+	−	−	−	−	−	−	−	−	−
	后退	−	+	−	−	−	−	−	−	−	−	−	−	−	−
（螺杆前进）		−	+	−	−	−	−	−	−	−	−	+	−	−	−
（螺杆后退）		−	+	−	−	−	−	−	−	−	−	+	−	−	−

3）低压合模

电磁铁 2YA、3YA 及 13YA 通电，小流量泵 2 的工作压力由高压溢流阀 V_{20} 的低压远程调压阀 V_{16} 控制。由于是低压合模，因此液压缸的推力较小，即使在两个模板间有硬质异物，继续进行合模动作也不会损坏模具表面。

4）高压合模

电磁铁 2YA 和 3YA 通电，系统的工作压力由高压溢流阀 V_{20} 控制，大流量泵 1 卸荷，小流量泵 2 的高压油液用来进行高压合模，模具闭合并使连杆产生弹性变形，牢固地锁紧模具。

2. 注射座前移

电磁铁 2YA 和 8YA 通电，大流量泵 1 卸荷，小流量泵 2 输出的油液经电磁换向阀 V_7 流入注射座移动缸的右腔中，推动注射座整体向前移动，注射座移动缸左腔中的油液则经电磁换向阀 V_7 和冷却器流回油箱。

3. 注射

1）慢速注射

电磁铁 1YA、2YA、6YA、8YA 及 11YA 通电，大流量泵 1 和小流量泵 2 输出的油液经电液换向阀 V_{13} 和单向节流阀 V_{12} 流入注射缸的右腔中，使注射缸的活塞推动注射头螺杆进行慢速注射，注射速度由单向节流阀 V_{12} 调节，注射缸左腔中的油液经电液换向阀 V_8 的中位流回油箱。

2）快速注射

电磁铁 1YA、2YA、6YA、8YA、9YA 及 11YA 通电，大流量泵 1 和小流量泵 2 输出的油液经电液换向阀 V_8 流入注射缸的右腔中，使注射缸的活塞快速运动，注射缸左腔中的回油经电液换向阀 V_8 流回油箱。快、慢注射时系统的工作压力均由远程调压阀 V_{18} 调节。

4. 保压

电磁铁 2YA、8YA、11YA 及 14YA 通电。由于保压时只需要极少量的油液，因此大流量泵 1 卸荷，仅由小流量泵 2 单独供油，多余的油液经高压溢流阀 V_{20} 溢流回油箱。保压压力由远程调压阀 V_{17} 调节。

5. 预塑

电磁铁 1YA、2YA、8YA 及 12YA 通电，大流量泵 1 和小流量泵 2 输出的油液经电液换向阀 V_{13}、节流阀 V_{10} 及单向阀 V_9 流入预塑液压马达中。预塑液压马达通过齿轮减速机构使螺杆旋转，从而使料斗中的塑料颗粒进入料筒中，并被转动着的螺杆带至前端进行加热。注射缸右腔的油液在螺杆反推力的作用下，经单向节流阀 V_{12}、电液换向阀 V_{13} 及背压阀 V_{14} 流回油箱，其背压力由背压阀 V_{14} 控制。同时，注射缸左腔产生局部真空，油箱的油液在大气压力的作用下，经电液换向阀 V_8 的中位而被吸入注射缸左腔中。预塑液压马达的旋转速度可由节流阀 V_{10} 调节。由于差压式溢流阀（由节流阀 V_{10} 和溢流阀 V_{11} 组成）的控制，节流阀 V_{10} 两端的压力差保持恒定，因此预塑液压马达可得到稳定的转速。

6. 防流涎

电磁铁 2YA、8YA 及 10YA 通电，大流量泵 1 卸荷，小流量泵 2 输出的油液经电磁换向阀 V_7 使注射座前移，喷嘴与模具保持接触，同时油液经电液换向阀 V_8 流入注射缸左腔中，强制使螺杆后退，以防止喷嘴端部流涎。

7. 注射座后退

电磁铁 2YA 和 7YA 通电，大流量泵 1 卸荷，小流量泵 2 输出的油液经电磁换向阀 V_7 使注射座移动缸后退。

8. 开模

1）慢速开模

电磁铁 2YA 和 4YA 通电，大流量泵 1 卸荷，小流量泵 2 输出的油液经液动换向阀 V_2 和单向节流阀 V_3 流入合模缸右腔中，而合模缸左腔中的油液则经液动换向阀 V_2 流回油箱。

2）快速开模

电磁铁 1YA、2YA 及 4YA 通电，大流量泵 1 和小流量泵 2 输出的油液同时经液动换向

阀 V_2 和单向节流阀 V_3 流入合模缸右腔中,使开模速度提高。

9. 顶出

1)顶出缸前进

电磁铁 2YA 和 5YA 通电,大流量泵 1 卸荷,小流量泵 2 输出的油液经电磁换向阀 V_6 和单向节流阀 V_5 流入顶出缸左腔中,从而推动顶出杆顶出制品,其速度可由单向节流阀 V_5 调节,顶出缸右腔中的油液则经电磁换向阀 V_6 流回油箱。

2)顶出缸后退

电磁铁 2YA 通电,小流量泵 2 输出的油液经电磁换向阀 V_6 的右位使顶出缸后退。

10. 螺杆前进和后退

为了拆卸和清洗螺杆,有时需要使螺杆后退,此时电磁铁 2YA 和 10YA 通电,小流量泵 2 输出的油液经电液换向阀 V_8 使注射缸携带螺杆后退。当电磁铁 10YA 断电,电磁铁 11YA 通电时,注射缸携带螺杆前进。

注塑机液压传动系统中的执行元件的数量较多,因此注塑机液压传动系统是一种速度和压力均变化的系统。该系统在完成自动循环时主要依靠行程开关,而速度和压力的变化主要通过电磁换向阀切换不同调压阀来实现。近年来,开始采用比例阀来改变速度和压力,这样可使系统中的执行元件的数量减少。

8.4.2 SZ-250A 型塑料注射成型机液压传动系统的特点

(1)系统采用液压-机械组合式合模机构,合模缸通过具有增力和自锁作用的五连杆机构来进行合模和开模,这样可使合模缸的压力相应减小,且合模平稳、可靠。最后的合模是依靠合模缸的高压,使连杆机构产生弹性变形来保证所需的合模力的,并能把模具牢固的锁紧,这样可确保熔融的塑料以 40~150 MPa 的高压注入模腔时,模具闭合严密,不会产生塑料制品的溢边现象。

(2)系统采用双泵供油回路来实现执行元件的快速运动,这样可缩短空行程的时间,提高生产率。合模机构在合模与开模的过程中可按慢速—快速—慢速的顺序变化,工作平稳而不损坏模具和制品。

(3)系统采用了节流调速回路和多级调压回路,这样可保证在塑料制品的几何形状、品种、模具浇注系统不相同的情况下压力和速度是可调的。采用节流调速回路可保证注射速度的稳定。为了保证注射座喷嘴与模具浇口紧密接触,注射时注射座移动缸右腔要一直与油液连通,从而使注射座移动缸的活塞具有足够的推力。

(4)注射动作完成后,注射缸仍通高压油保压,这样可使塑料充满容腔而获得精确的形状。同时,在塑料制品冷却收缩的过程中,熔融塑料需不断补充,以防止浇料不足而出现残次品。

(5)注塑机安全门未关闭时,行程阀切断了电液换向阀的控制油路,合模缸不通油液,合模缸不能合模,保证了操作安全。

SZ-250A 型塑料注射成型机液压传动系统所使用的执行元件较多,能量利用不够合理,系统的发热较大。近年来,多采用比例阀和变量泵来改进该注塑机液压传动系统。若采用比例压力阀和比例流量阀,则系统所使用的执行元件的数量可大为减少;若用变量泵来代替定量泵和流量阀,则可提高系统的效率,减少发热;若采用微型计算机控制其工作循环,则可优化其注塑工艺。

◀ 8.5 汽车起重机液压传动系统 ▶

汽车起重机是将起重机安装在汽车底盘上的一种起重运输设备,它主要由起升、回转、变幅、伸缩及支腿等工作机构组成,这些工作机构动作的完成由液压传动系统来实现。对于汽车起重机的液压传动系统,一般要求其输出力大,动作平稳,耐冲击,操作灵活、方便、可靠、安全。

8.5.1 QY20B 型汽车起重机液压传动系统的工作原理

QY20B 型汽车起重机为动臂式全回转液压汽车起重机,图 8.7 所示为该汽车起重机的外观结构示意图。图中 1 为伸缩吊臂,它为三节套箱式结构,由安装在其中的伸缩液压缸及钢丝绳来实现同步伸缩,用以改变吊臂的长度;2 为吊臂变幅缸,它的伸缩可实现伸缩吊臂 1 的俯仰;4 为起升机构,它由斜轴式柱塞马达驱动主、副两个卷扬机的卷筒,通过钢丝绳和起吊钩使重物升降,主、副卷扬机可以单独作业或同时作业,也可实现自由下放,它们由液压控制的常闭式制动器及常开式离合器来控制;5、7 分别为后、前液压支腿,四个液压支腿用于起重作业时承受整车负载,使轮胎不接触地面而变成刚性支承;6 为回转机构,由 ZBD40 型轴向柱塞马达驱动,它可使伸缩吊臂 1、操作室 3、起升机构 4 回转 360°。

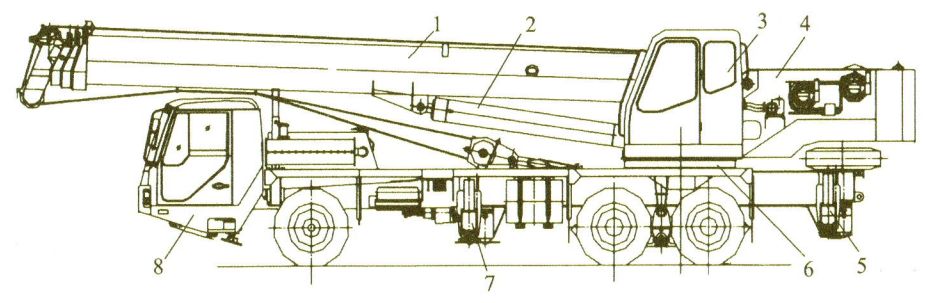

图 8.7 QY20B 型汽车起重机的外观结构示意图

1—伸缩吊臂;2—吊臂变幅缸;3—操作室;4—起升机构;5—后液压支腿;6—回转机构;7—前液压支腿;8—载重汽车

图 8.8 所示为 QY20B 型汽车起重机液压传动系统的原理图。整个液压传动系统由三联齿轮泵 1 供油,通过控制阀控制支腿收放、吊臂变幅、吊臂伸缩、起升、回转等动作。三联齿轮泵 1 中的液压泵 1.1 向支腿、回转回路及离合器液压缸供油;液压泵 1.2 向起升回路供油;液压泵 1.3 向变幅回路、伸缩臂回路供油,或与液压泵 1.2 合流,实现快速起升与下降。下面简单介绍各执行机构的工作原理。

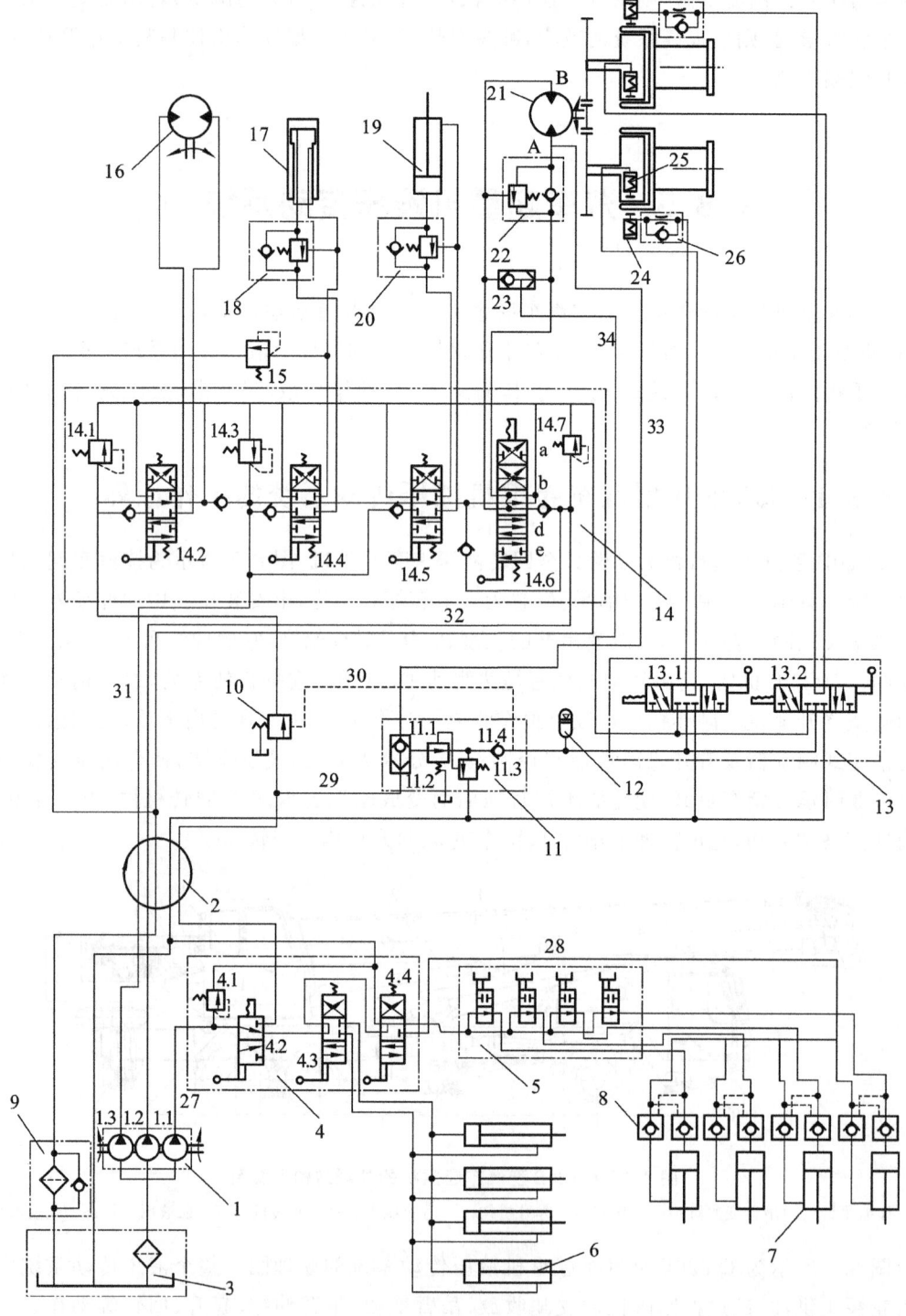

图 8.8　QY20B 型汽车起重机液压传动系统的原理图

1—三联齿轮泵;2—中心回转接头;3—油箱;4—支腿控制阀;5—转阀;6—支腿水平液压缸;7—支腿垂直液压缸;

8—液压锁;9—回油过滤器;10—液控顺序阀;11—组合阀;12—蓄能器;13—操纵阀;14—多路换向阀;

15—溢流阀;16—回转马达;17—伸缩臂液压缸;18、20、22—平衡阀;19—变幅液压缸;21—起升马达;

23—梭阀;24—制动器液压缸;25—离合器液压缸;26—单向阻尼阀;27~34—管道

1. 支腿收放回路

由于汽车轮胎的支承能力有限,在汽车起重机进行起重作业时必须放下支腿,使车轮架空,形成一个刚性的工作基础平台,汽车行驶时则必须收起支腿。汽车前后各有两条支腿,每一条支腿均配有一个支腿水平液压缸 6 和一个支腿垂直液压缸 7。垂直液压缸 7 配有双向液压锁 8,用来保证支腿可靠地锁住,防止在起重作业过程中发生"软腿"现象(由液压缸上腔的油路泄漏引起)或行车过程中液压支腿自行下落(由液压缸下腔的油路泄漏引起)。

支腿控制阀 4 由溢流阀 4.1、选择阀 4.2、水平液压缸换向阀 4.3、垂直液压缸换向阀 4.4 组成。溢流阀 4.1 控制液压泵 1.1 和支腿的最大工作压力,其调定压力为 16 MPa。

当选择阀 4.2 处于上位时,液压泵 1.1 输出的油液经选择阀 4.2 的上位、换向阀 4.3 流入支腿水平液压缸 6 中。操纵水平液压缸换向阀 4.3 可以控制四个并联的水平液压缸的伸缩。

当垂直液压缸换向阀 4.4 处于上位时,油液经转阀 5、液压锁 8 分别流入四个支腿垂直液压缸 7 的无杆腔中,此时支腿伸出;当垂直液压缸换向阀 4.4 处于下位时,油液经液压锁 8 分别流入四个支腿垂直液压缸 7 的有杆腔中,此时支腿缩回。

水平液压缸换向阀 4.3 和垂直液压缸换向阀 4.4 是串联结构。放支腿时,支腿水平液压缸 6 伸出后,支腿垂直液压缸 7 才能向下动作;收支腿时,支腿垂直液压缸 7 向上运动后,支腿水平液压缸 6 才能缩回。

转阀 5 为四个并联的两位开关阀。当需要单独调节某一个支腿垂直液压缸的伸出长度时,将相应的两位开关阀置于连通位置,其余三个两位开关阀关闭,再扳动垂直液压缸换向阀 4.4 即可。

支腿垂直液压缸 7 上的液压锁 8 的作用是保证支腿在起重负载时不会缩回;在车辆行驶或停放时支腿也不会在重力的作用下自动伸落;在油管破裂或液压泵发生故障时,液压缸的活塞杆不会突然缩回;防止因"软腿"发生翻车事故。

2. 回转回路

回转机构可以使吊臂在任意方位起吊。QY20B 型汽车起重机采用 ZBD40 型轴向柱塞马达,其回转速度为 1～3 r/min。由于惯性小,回转机构一般不安装缓冲装置。

当选择阀 4.2 处于下位时,液压泵 1.1 输出的油液经管道 27、选择阀 4.2 的下位、中心回转接头 2 流入上车部分。回转回路中的液控顺序阀 10 的调压范围为 5～9 MPa。当控制压力小于 5 MPa 时,液控顺序阀 10 关闭,油液经管道 29、组合阀 11(由梭阀 11.1、减压阀 11.2、单向阀 11.4 组成)流入蓄能器 12 中。当蓄能器 12 的压力达到 9 MPa 时,液控顺序阀 10 打开,液压泵 1.1 输出的油液经换向阀 14.2 流入回转马达 16 中。

换向阀 14.2 为三位六通换向阀。当换向阀 14.2 处于中位时,液压泵 1.1 的油液经回油管和回油过滤器 9 流回油箱;当换向阀 14.2 处于上位或下位时,油液驱动回转马达 16 回转。溢流阀 14.1 起过载保护的作用,其调定压力为 17.5 MPa。

3. 吊臂伸缩回路

液压泵 1.3 输出的油液经中心回转接头 2 流入伸缩臂换向阀 14.4 中。在伸缩臂换向阀 14.4 与伸缩臂液压缸 17 之间安装有平衡阀 18,可提高收缩运动的可靠性。

当伸缩臂换向阀 14.4 处于下位时,油液经平衡阀 18 中的单向阀流入伸缩臂液压缸 17 的无杆腔中,此时吊臂伸出;当伸缩臂换向阀 14.4 处于上位时,油液流入伸缩臂液压缸 17 的有杆腔中,同时油液经控制油路将平衡阀 18 的主阀芯推开,伸缩臂液压缸 17 的无杆腔流入回油,此时吊臂缩回。如果吊臂在负负荷的作用下以超过供油速度的速度缩回时,伸缩臂液压缸 17 无杆腔的压力减小,控制油管中的压力相应减小,平衡阀 18 主阀芯的开度减小,伸缩臂液压缸 17 的缩回速度被控制。平衡阀 18 的另一个作用是当平衡阀 18 与伸缩臂换向阀 14.4 之间的管路破裂或油泵机组发生故障时,防止伸缩臂液压缸 17 在负载的作用下突然缩回。伸缩臂伸出时的最大工作压力由溢流阀 15 限定为 17 MPa。

4. 变幅回路

吊臂变幅机构用于改变作业高度,它要求能带载变幅,动作平稳。QY20B 型汽车起重机采用两个液压缸并联,提高了吊臂变幅机构的承载能力。

变幅回路的要求和油路与吊臂伸缩回路的相同。变幅回路也由液压泵 1.3 供油,与吊臂伸缩回路并联,两者可单独动作,也可同时动作。变幅液压缸 19 和三位六通换向阀 14.5 之间安装有平衡阀 20。三位六通换向阀 14.5 控制变幅液压缸 19 的伸缩,实现吊臂的俯仰。平衡阀 20 的作用与吊臂伸缩回路中的平衡阀 18 的作用相同。变幅回路的最大工作压力由溢流阀 14.3 限定为 20 MPa。

5. 起升回路

起升回路中的换向阀 14.6 为五位六通换向阀,操纵此阀可得到快、慢两挡起升或下降速度。当换向阀 14.6 处于 a 位时,液压泵 1.2 输出的油液经中心回转接头 2、换向阀 14.6 的 a 位、平衡阀 22 的单向阀流入起升马达 21 的油口 A 中,使重物起升;当换向阀 14.6 处于 e 位时,液压泵 1.2 输出的油液流入起升马达 21 的油口 B 中,同时控制油液推开平衡阀 22 的主阀芯,使重物限速下降;当换向阀 14.6 处于 b 位时,液压泵 1.2 与液压泵 1.3 输出的油液合流流入起升马达 21 的油口 A 中,使重物快速起升;当换向阀 14.6 处于 d 位时,液压泵 1.2 与液压泵 1.3 输出的油液合流流入起升马达 21 的油口 B 中,使重物快速下降。

起升回路中的平衡阀 22 的作用是:当重物下降时,重物的自重变成超越负载而使起升马达 21 增速旋转,一旦起升马达 21 的油口 B 的压力低于油口 A 的压力时,起升马达 21 将呈现泵工况,此时平衡阀 22 的阀口开度减小,起升马达 21 的转速受到限制,从而防止负载超速下降;另外,当平衡阀 22 与换向阀 14.6 之间的管道破裂时,可防止负载突然下落。起升回路的最大工作压力由溢流阀 14.7 限定为 21 MPa。

操纵阀 13 用来控制主、副起升卷扬机的制动器液压缸 24 和离合器液压缸 25。离合器液压缸 25 的油液由蓄能器 12 供给。如前所述,在回转回路中,液压泵 1.1 输出的油液在供给回转机构前,先向蓄能器 12 充油蓄能。为了保证离合器的结合绝对可靠,蓄能器 12 还利用起升回路管道 33 中的压力蓄能。当管道 33 中的压力较大时,组合阀 11 中的减压阀 11.2 保证供给蓄能器 12 的压力在 9.5 MPa 左右;溢流阀 11.3 起安全保护的作用,其调定压力为 10.5 MPa;单向阀 11.4 可防止蓄能器 12 中的油液倒流。

开启常闭式制动器的油液由起升回路经梭阀 23、管道 34 供给。当换向阀 13.1、13.2 处于中位时,制动器液压缸 24、离合器液压缸 25 都与回油路连通,制动器处于抱闸制动状态,而离合器脱开;当换向阀 13.1、13.2 处于右位时,蓄能器 12 的油液流入离合器液压缸 25 中,使离合器结合,同时一部分油液经管道 34 流入制动器液压缸 24 中,使制动器张开,卷扬机的卷筒旋转,重物起升或下降;当换向阀 13.1、13.2 处于左位时,在制动器松闸的同时,离合器也脱开,此时重物可以实现自由下放,工作效率得到了提高。

单向阻尼阀 26 可使制动器延时张开、迅速闭紧,以避免卷筒起动或停止时产生溜车下滑现象。

8.5.2 QY20B 型汽车起重机液压传动系统的特点

（1）重物下降以及吊臂收缩和变幅时，负载的方向与液压力的方向相同，此时执行元件会失控，为此，在其回油路上必须设置平衡阀。

（2）因作业工况的随机性较大，且动作频繁，所以大多采用手动弹簧复位的多路换向阀来控制各动作。换向阀常用 M 型中位机能。当换向阀处于中位时，各执行元件的进油路均被切断，液压泵出油口与油箱连通，以使液压泵卸荷，减少功率损失。

◀ 8.6 M1432B 型万能外圆磨床液压传动系统 ▶

外圆磨床主要用来磨削圆柱形、阶梯形及锥形外圆表面，当使用附加装置时，还可以磨削圆柱孔和圆锥孔。外圆磨床液压传动系统完成的动作有：工作台的往复运动和抖动、砂轮架的间歇进给运动和快速进退、工作台手动和机动的互锁、尾架顶尖的松开。在这些动作中，要求最高的是工作台的往复运动，其性能要求如下。

（1）一般要求能在 0.05～6 m/min 的范围内进行无级调速。高精度外圆磨床在修整砂轮时，要求其最低稳定速度为 10～30 mm/min。

（2）自动换向。要求换向频繁，换向过程平稳、无冲击，制动和反向起动迅速。

（3）换向精度高。磨削阶梯轴和盲孔时，工作台应有准确的换向点。一般来说，在相同的速度下，换向点的变化量（称为同速换向精度）应小于 0.02 mm；在不同的速度下，换向点的变化量（称为异速换向精度）应小于 0.2 mm。

（4）端点停留。磨削外圆时，砂轮一般不超出工件。为了避免工件两端由于磨削时间较短而使尺寸偏大，要求工作台在换向点作短暂停留，停留时间在 0～5 s 范围内。

（5）抖动。切入磨削或加工工件的长度略大于砂轮的宽度时，为了改善工件表面的粗糙度，工作台需作短行程频繁的往复运动。这种磨削运动称为抖动。抖动的行程为 1～3 mm，频率为 100～150 次每分钟。

在上述几项要求中，除了调速这一项要求外，其余四项要求都和工作台的换向有关，因此工作台的换向问题是外圆磨床的核心问题。由于这些要求很难用标准液压换向阀来实现，因此往往需要用专门设计制造的操纵箱来实现这些要求。

8.6.1 M1432B 型万能外圆磨床液压传动系统的工作原理

M1432B 型万能外圆磨床的最大磨削直径为 320 mm，最大磨削长度有 750 mm、1 000 mm、1 500 mm 三种规格，磨削精度可达 1～2 级，表面粗糙度可达 0.1～0.4 μm。M1432B 型万能外圆磨床液压传动系统的原理图如图 8.9 所示，该液压传动系统主要由工作台往复运动回路、砂轮架快速进退回路、砂轮架进给回路及润滑回路等四个部分组成。

1. 工作台的往复运动

工作台的往复运动由 Z 型行程控制式液压操纵箱（HYY21/4P-25T）控制。其中，机动换向阀 E 是液动换向阀 A 的先导阀。

1）工作台运动的实现

如图 8.9 所示，开停阀 C 处于"开"的位置，先导阀 E 及液动换向阀 A 的阀芯处于左端位置，此时手摇机构松开，工作台向左运动。手摇机构松开的油路为：滤油器 XU1→齿轮泵 B→单向阀 I→油路 1→液动换向阀 A→开停阀 C_4→油路 10→液压缸 G_5。

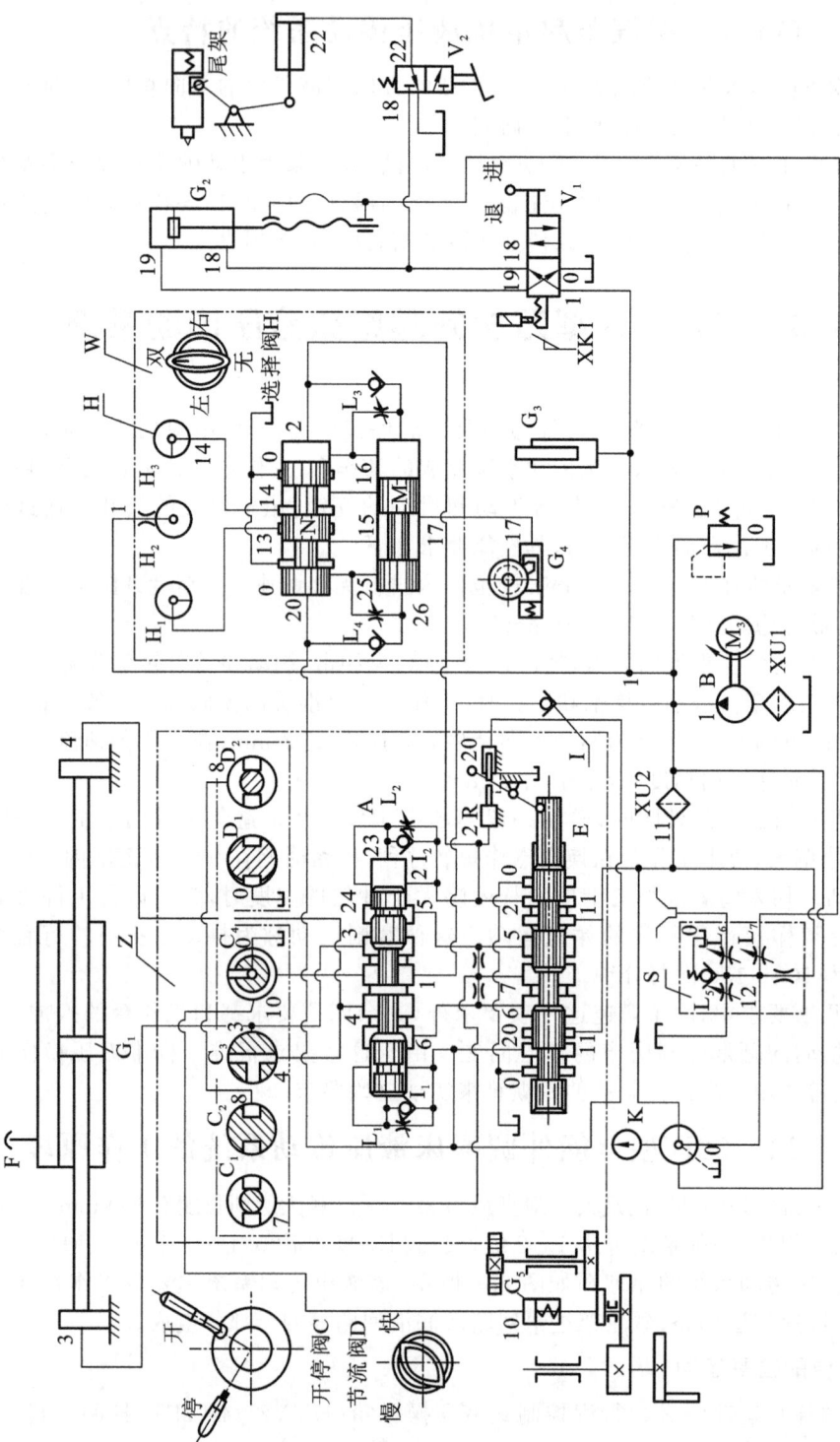

图 8.9　M1432B型万能外圆磨床液压传动系统的原理图

工作台向左运动的主油路是:

进油路:滤油器 XU1→齿轮泵 B→单向阀 I→油路 1→液动换向阀 A→油路 3→液压缸 G_1 左腔。

回油路:液压缸 G_1 右腔→油路 4→液动换向阀 A→油路 6→先导阀 E→油路 7→开停阀 C_1→开停阀 C_2→油路 8→节流阀 D_2→节流阀 D_1→油路 0→油箱。

若先导阀 E 的阀芯处于右端位置,则工作台向右运动。

2) 工作台的换向过程

在外圆磨床或万能外圆磨床上常需要磨削带台肩的轴和阶梯轴,有时在万能外圆磨床上还需磨不通孔,因此对其工作台的换向精度要求很高。该磨床在换向时采用了行程制动换向回路。如图 8.10(a)所示,当工作台向左运动到调定位置时,固定在工作台右端的挡铁推动先导阀 E 的换向拨杆向左摆动,使先导阀 E 的阀芯移动到右端,切换控制油路。此时,控制油路是:

进油路:滤油器 XU1→齿轮泵 B→精密滤油器 XU2→油路 11→先导阀 E→油路 20→单向阀 I_1→液动换向阀 A 阀芯左端。

为了保证工作台具有良好的换向性能,回油路设计有三种不同的通道,从而使液动换向阀 A 的阀芯能够产生三种连续运动:第一次快跳、慢移及第二次快跳。这样,工作台就相应地经历了迅速制动、端点停留及迅速反向起动三个阶段。

(1) 工作台迅速制动时控制油路的回油路为:液动换向阀 A 阀芯右端→油路 2→先导阀 E→油路 0→油箱。

由于控制油路的回油路上无节流元件,因此液动换向阀 A 的阀芯快速右移,即产生第一次快跳。此时液压缸 G_1 通过油路 3、4 使其两腔互通油液,工作台停止运动。

(2) 工作台端点停留时控制油路的回油路为:液动换向阀 A 阀芯右端→节流阀 L_2→油路 2→先导阀 E→油路 0→油箱。

液动换向阀 A 快跳到右端而遮住油路 2 的油口时,回油只能通过节流阀 L_2 开始慢移,如图 8.10(a)所示。调节节流阀 L_2,即可控制液动换向阀 A 的换向速度,从而控制工作台的端点停留时间。在工作台在端点停留这一阶段中,液动换向阀 A 的阀芯慢速移动,液压缸 G_1 的左、右两腔通过油路 3、4 继续互通油液,工作台仍停止运动。至图 8.10(b)所示的时刻,工作台的端点停留阶段即将结束。

(3) 工作台迅速反向起动时控制油路的回油路为:液动换向阀 A 阀芯右端→油路 23→油路 24→油路 2→先导阀 E→油路 0→油箱。

液动换向阀 A 的阀芯从图 8.10(b)所示的位置继续右移,液动换向阀 A 阀芯右端的沉割槽使油路 24 与油路 2 连通,此时液动换向阀 A 右端的回油路畅通,液动换向阀 A 的阀芯在左端控制油液的作用下快跳到右端终点,这就是液动换向阀 A 阀芯的第二次快跳。液动换向阀 A 使主油路迅速切换,工作台迅速反向起动,如图 8.10(c)所示。

液动换向阀 A 移动到右端后的主油路是:

进油路:滤油器 XU1→齿轮泵 B→单向阀 I→油路 1→液动换向阀 A→油路 4→液压缸 G_1 右腔。

回油路:液压缸 G_1 左腔→油路 3→液动换向阀 A→油路 5→先导阀 E→油路 7→开停阀

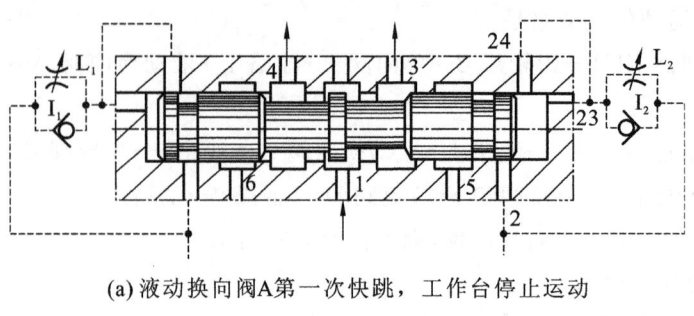

(a) 液动换向阀A第一次快跳，工作台停止运动

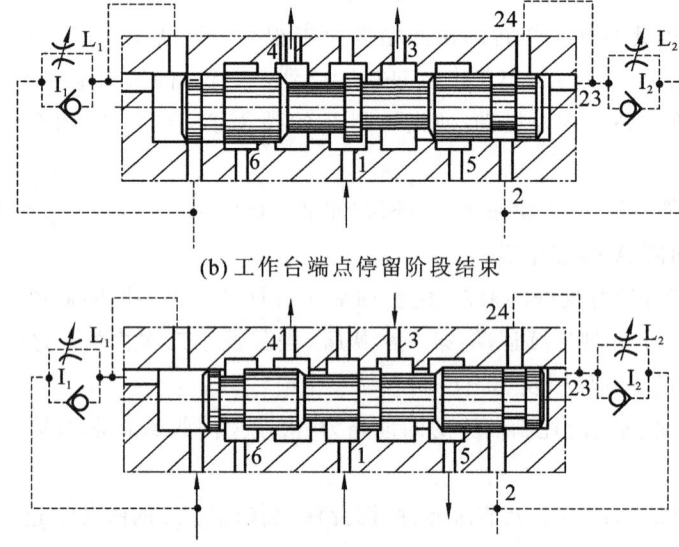

(b) 工作台端点停留阶段结束

(c) 液动换向阀A第二次快跳，工作台反向启动

图8.10 工作台换向过程中液动换向阀 A 所处的位置

C_1→开停阀 C_2→油路 8→节流阀 D_2→节流阀 D_1→油路 0→油箱。

工作台的右端换向与工作台的左端换向相似。

工作台返回前的端点停留时间可通过调节节流阀 L_1、L_2 来实现。旋转节流阀 D，即可调节节流口通流面积的大小，从而可对工作台的往复运动进行无级调速。M1432B 型万能外圆磨床液压传动系统采用了回油节流调速回路，使液压缸的回油腔产生背压，因此工作台的运动比较平稳。

2. 工作台的抖动

当将工作台上的两个挡铁间的距离调整得很近时，换向拨杆会被夹住。磨床起动后，换向拨杆和先导阀在抖动阀的作用下进行左、右快跳，换向阀阀芯同时也作左、右快跳(此时节流阀 L_1、L_2 的阀口应调至最大)，使工作台液压缸 G_1 两腔的油液迅速交替变换，工作台便可作短距离的往复运动，即抖动。

3. 工作台位置的手动调整

根据加工工件的磨削部位，往往需要调整磨床工作台往返行程的大小及换向点的位置，此时需要通过手摇机构来使工作台移动。将开停阀 C 置于"停"的位置，主油路 7、8 被切断，主油路 3、4 连通，液压缸 G_1 两端互通油液，工作台停止运动。同时，手摇机构通道 10 与油

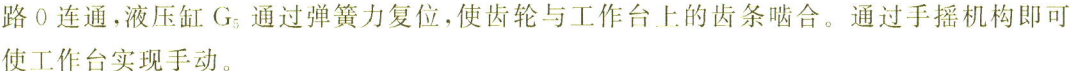

路 0 连通,液压缸 G_5 通过弹簧力复位,使齿轮与工作台上的齿条啮合。通过手摇机构即可使工作台实现手动。

4. 砂轮架的快速进退

装卸工件和测量工件尺寸时要求砂轮架快速后退,而磨削时要求砂轮架快速移近工件,以节省辅助时间。砂轮架的快速进退由快动阀 V_1 控制快动油缸 G_2 来实现。图 8.9 所示的状态为砂轮架的快退。当扳动快动阀 V_1 使该阀的右位接入系统时,砂轮架快速前进,此时的油路是:

进油路:油路 1→快动阀 V_1→油路 19→液压缸 G_2 后腔。

回油路:液压缸 G_2 前腔→油路 18→快动阀 V_1→油路 0→油箱。

当砂轮架前进时,行程开关 XK_1 闭合,砂轮架电机及冷却泵电机接通,使砂轮旋转及提供冷却液;当砂轮架快退时,行程开关 XK_1 断开,砂轮主轴和冷却泵停止转动。

为了使砂轮架在快速进退时不产生冲击和提高快进的重复精度,在液压缸 G_2 两端设置缓冲装置,同时设置闸缸 G_3,以消除丝杠和螺母之间的间隙。

5. 砂轮架的周期进给

M1432B 型万能外圆磨床的自动周期进给由进给操纵箱 W(M1432B-56/1)实现。该操纵箱包含选择阀 H、进给阀 M 及进刀阀 N。选择阀 H 有四个不同的位置,即双向进给、左端进给、两端无进给及右端进给,它可以根据磨削工件的工艺要求来选择,其工作原理如下。

1) 双向进给

如图 8.9 所示,进给操纵箱 W 中的选择阀 H 处于"双向进给"位置。当工作台的右挡铁撞上杠杆而推动先导阀 E 换向后,辅助油液经油路 11、20 推动进刀阀 N 的阀芯右移,同时油液经油路 1、13、15、17 流入进给液压缸 G_4 的右端,从而推动其活塞向左移动。通过柱塞上的棘爪拨动棘轮转动,再通过齿轮、丝杠、螺母使砂轮架作一次微进给。

当进刀阀 N 的阀芯移动一段距离后,辅助油液经油路 20、25、节流阀 L_1 及油路 26 推动进给阀 M 的阀芯(阀芯的移动速度可通过节流阀 L_1 调节)右移,使进给液压缸 G_4 有足够的通油时间;当进给阀 M 的阀芯移动一段距离后,辅助油液经油路 20、25 推动进给阀 M 的阀芯快速右移,使油路 15、17 切断,而油路 17、16、0 与油箱连通,此时进给液压缸 G_4 在弹簧力的作用下使其活塞复位,为下次进给作好准备。

反之,当工作台的左挡铁撞上杠杆而推动先导阀 E 换向后,辅助油液经油路 11、2 推动进刀阀 N 的阀芯左移,同时油液经油路 1、选择阀 H、油路 14、进刀阀 N、油路 16、进给阀 M 及油路 17,推动进给液压缸 G_4 的活塞左移,此时进给液压缸 G_4 的进给原理同上。

2) 右端进给

将选择阀 H 从"双向进给"位置沿顺时针方向旋转 90°,使其处于"右端进给"位置,此时选择阀 H 只连通油路 1 和油路 13。当工作台的右挡铁撞上杠杆而推动先导阀 E 换向后,辅助油液经油路 11、20 推动进刀阀 N 的阀芯右移,同时油液经油路 1、13、15、17 进入进给液压缸 G_4 的右腔,此时进给液压缸 G_4 的进给原理同双向进给的右端进给时进给液压缸 G_4 的进给原理。当工作台的左挡铁撞上杠杆而推动先导阀 E 换向后,辅助油液经油路 11、2 推动进刀阀 N 的阀芯左移,此时由于油路 1 与油路 14 不连通,故不能实现工作台左端换向时砂轮架的进给。

3）左端进给

将选择阀 H 从"双向进给"位置沿逆时针方向旋转 90°,使其处于"左端进给"位置,此时选择阀 H 只连通油路 1 和油路 14,砂轮架的进给原理同右端进给时砂轮架的进给原理,这时仅实现砂轮架在工件左端的进给。

4）两端无进给

选择阀 H 处于"无进给"位置时,油路 13、14 均与油路 1 断开,所以进刀阀 N 及进给阀 M 虽然也随着先导阀 E 的换向作相应的换向移动,但由于选择阀 H 将油路 1 与油路 13、14 均切断,油液不能进入进给液压缸 G_4 中,故无进给动作。

6. 尾架顶尖的自动松开

尾架顶尖的自动松开由脚踏式尾架阀 V_2 操纵,由尾架液压缸实现。当砂轮架处于图 8.9 所示的快退位置时,若欲进行装卸工作,则脚踏尾架阀 V_2,使油液经油路 1、18、22 流入尾架液压缸中,通过铰链机构压缩弹簧,使尾架顶尖右移退出;不踏尾架阀 V_2 时,尾架阀 V_2 靠弹簧复位,尾架液压缸中的贮油经油路 22、0 流回油箱,尾架顶尖靠弹簧力复位,顶住工件。当砂轮架处于"快进"位置时,若误踏了尾架阀 V_2,此时并不能使油液流入尾架液压缸中,这是因为尾架液压缸通过油道 22、油道 18、快动阀 V_1 及油道 0 与油箱连通,这样就实现了"在磨削时若误踏了尾架阀,工件也不会松落"的联锁作用。

7. 机床的润滑

导轨润滑油的油路为:

$$油路 1 \rightarrow 精密滤油器 \ XU2 \rightarrow 润滑油稳定器 \ S \rightarrow \begin{cases} 节流阀 \ L_5 \rightarrow 平导轨 \\ 节流阀 \ L_6 \rightarrow 工作台三角导轨 \\ 节流阀 \ L_7 \rightarrow 丝杆、螺母副等 \end{cases}$$

为了不致因润滑油过多而使工作台浮升过高,M1432B 型万能外圆磨床采用工作台开槽卸荷的润滑形式。

8.6.2　M1432B 型万能外圆磨床液压传动系统的特点

（1）系统采用了活塞杆固定式双杆液压缸,这样不仅保证了工作台在左、右两个方向的运动速度相等,而且减小了机床的占地面积。

（2）系统采用了 HYY21/4P-25T 型行程控制式液压操纵箱,这样使得该磨床结构紧凑,操纵方便,换向精度和换向平稳性都较高。此外,这种操纵箱设置有抖动阀,还能使工作台高频抖动,有利于提高切入磨削时的加工质量。

（3）系统采用了回油节流调速方式,使液压缸回油腔中有背压,工作台的工作稳定性好,有助于加速工作台的制动,并能有效防止空气渗入系统中。

（4）尾架顶尖利用弹簧力顶紧工件,由油液顶出。系统设计有尾架顶尖退出与砂轮架进给互锁,这样可防止发生事故。

（5）工作台的液压驱动和手动操纵互锁。

8.7　干式扫路车液压传动系统

　　扫路车作为环卫设备之一，是一种集路面清扫、垃圾回收和运输为一体的新型高效清扫设备，可广泛用于公路干线、市政，以及机场、城市住宅区、公园等的道路。干式扫路车就是一种新型道路扫路车，它不用刷子、不喷水、全部气流作业，靠的是空气动力学原理。清扫道路时，扫刷需要旋转、升降，灰斗需完成旋转、升降等动作，这些主要由液压传动系统来实现。

　　干式扫路车由驾驶室、扫刷、灰斗、风机及吸尘机组成。图8.11所示为干式扫路车的结构示意图。

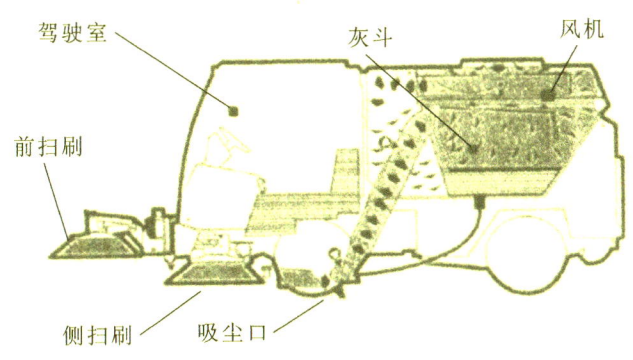

图 8.11　干式扫路车的结构示意图

　　当干式扫路车清扫路面时，扫刷要完成旋转及升降动作；完成清扫动作后，灰斗需要完成旋转、升降动作，将垃圾倒出。干式扫路车的液压控制系统的原理图如图8.12所示。该原理图给出了干式扫路车的液压传动系统中的执行机构及其主要控制回路。执行机构包括A、B、C三部分，A、B部分控制扫刷完成旋转和升降动作，C部分控制灰斗完成旋转和升降动作。

1. 扫刷旋转和升降

　　电磁铁1YA通电，电磁铁2YA至6YA都断电时，油液经二位三通电磁换向阀14上位进入油缸a上腔，活塞下降，同时油液经二位四通电磁换向阀3下位进入液压马达A，使液压马达A旋转。

　　当电磁铁2YA通电，电磁铁1YA、3YA至6YA都断电时，油液经二位三通电磁换向阀9上位进入油缸a下腔，活塞缩回，同时停止向液压马达A供油，使液压马达A停转。

　　当电磁铁3YA通电，电磁铁1YA、2YA、4YA至6YA都断电时，油液经二位三通电磁换向阀13上位进入油缸b上腔，活塞下降，同时油液经二位四通电磁换向阀2下位进入液压马达B，使液压马达B旋转。

2. 灰斗旋转和升降

　　当电磁铁4YA通电，电磁铁1YA至3YA、5YA、6YA都断电时，油液经二位三通电磁换向阀10上位进入油缸b下腔，活塞缩回，同时停止向液压马达B供油，使液压马达B停转。

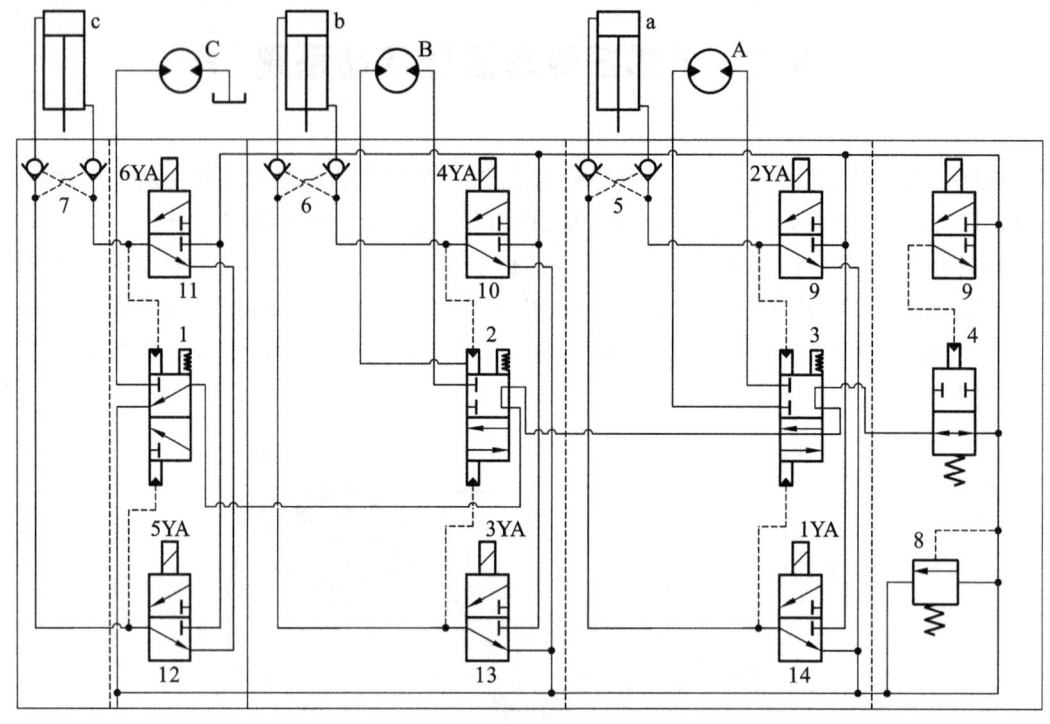

图 8.12　干式扫路车的液压传动系统的原理图

1、9、10、11、12、13、14—二位三通电磁换向阀；2、3—二位四通电磁换向阀；4—二位二通电磁换向阀；

5、6、7—单向阀组；8—背压阀；a、b、c—油缸；A、B、C—液压马达

　　当电磁铁 5YA 通电，电磁铁 1YA 至 4YA、6YA 都断电时，油液经二位三通电磁换向阀 12 上位进入油缸 c 上腔，活塞下降，同时油液经二位三通电磁换向阀 1 下位进入液压马达 C，使液压马达 C 旋转。

　　当电磁铁 6YA 通电，电磁铁 1YA 至 5YA 都断电时，油液经二位三通电磁换向阀 11 上位进入油缸 c 下腔，活塞缩回，同时停止向液压马达 C 供油，使液压马达 C 停转。

　　整个工作过程中电磁铁动作顺序如表 8.4 所示。

表 8.4　干式扫路车液压传动系统电磁铁动作顺序表

电磁铁 \\ 动作循环	1YA	2YA	3YA	4YA	5YA	6YA	油缸	液压马达
1	+	−	−	−	−	−	a 下降	A 转
2	−	+	−	−	−	−	a 上升	A 停
3	−	−	+	−	−	−	b 下降	B 转
4	−	−	−	+	−	−	b 上升	B 停
5	−	−	−	−	+	−	c 下降	C 转
6	−	−	−	−	−	+	c 上升	C 停

◀ 8.8 装卸堆码机液压传动系统 ▶

装卸堆码机是一种常见的仓储机械,在现代化的仓库里可利用它实现纺织品、油桶、木箱等货物的装卸、堆码的机械化作业,从而把装卸工人从传统的人背肩扛的繁重劳动中解放出来;而且装卸堆码机采用液压驱动的机械手,比常用的叉车更方便、灵活,码垛高度及深度都较叉车的高。装卸堆码机液压传动系统常采用蓄电池供电、直流电动机驱动的工作方式,在仓库内工作时没有污染,应用广泛。

8.8.1 装卸堆码机液压传动系统的工作原理

装卸堆码机主要由两大部分,即液压马达驱动的行走底盘部分和一个六自由度的圆柱坐标式机械手组成。机械手可以完成升降、俯仰、臂伸缩、回转、手腕偏转和手指夹紧等动作。图 8.13 所示为装卸堆码机液压传动系统的原理图。该系统由一台定量泵供油,构成一个单泵供油的并联开式系统。

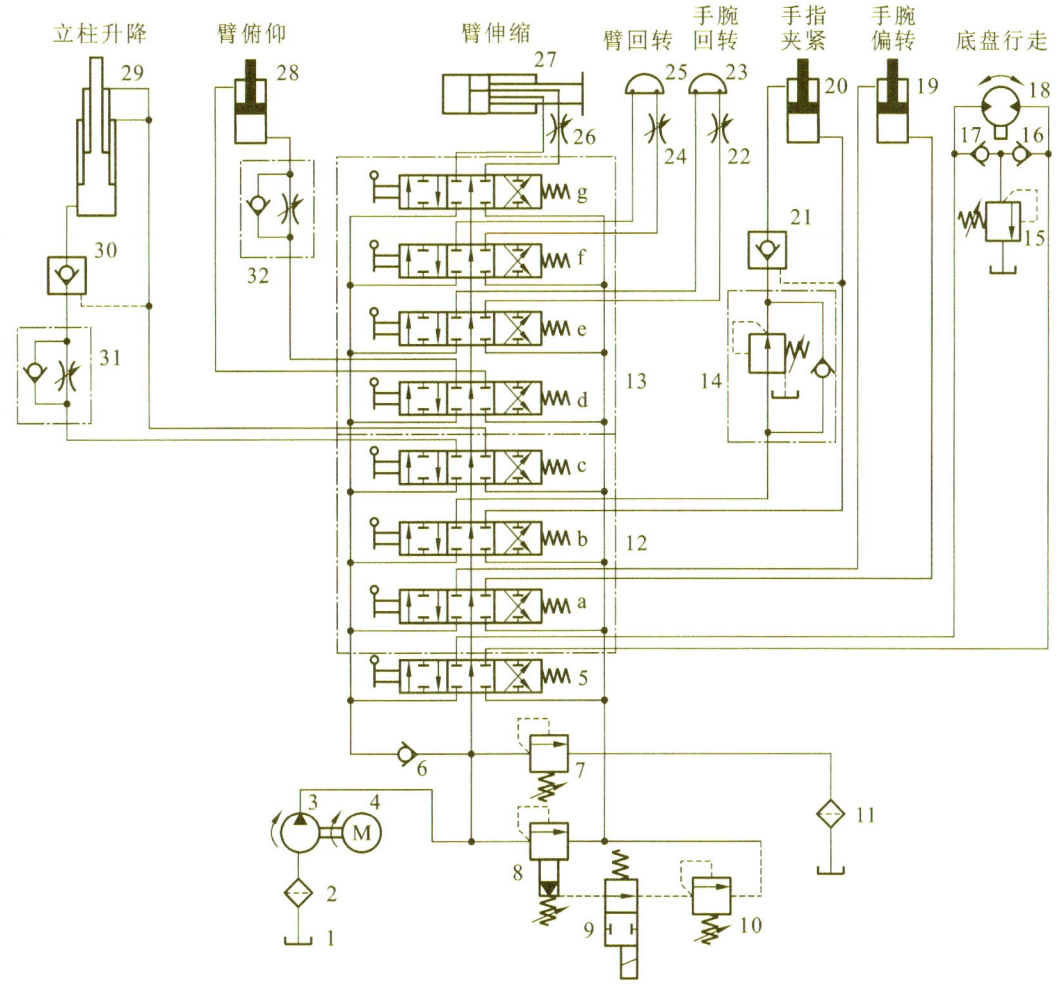

图 8.13 装卸堆码机液压传动系统的原理图

1. 底盘行走

直流电动机 4 带动液压泵 3 转动,当脚踏换向阀 5 的左位接入系统时,液压马达 18 开始工作,驱动底盘行走,此时系统的油路情况为:

进油路:液压泵 3→单向阀 6→脚踏换向阀 5 左位→液压马达 18 左腔。

回油路:液压马达 18 右腔→脚踏换向阀 5 左位→过滤器 11→油箱。

单向阀 17 和安全阀 15 用以防止液压马达 18 过载。在底盘行走困难时,可按增力按钮,使二位二通换向阀 9 工作,溢流阀 8 的远程控制口堵死,由溢流阀 8 调压,使系统压力升高,以便行走机构行走顺利。底盘后退时的情况可以此类推,即脚踏换向阀 5 的右位接入系统。

2. 立柱升降

液压马达 18 驱动行走机构运行到预定位置时,脚踏换向阀 5 复位,此时操纵多路换向阀 12 中的阀 c 的手动操纵杆,使阀 c 的左位接入系统,此时系统的油路情况为:

进油路:液压泵 3→单向阀 6→多路换向阀 12 中的阀 c 左位→单向节流阀 31→液控单向阀 30→伸缩缸 29 下腔。

回油路:伸缩缸 29 上腔→多路换向阀 12 中的阀 c 左位→过滤器 11→油箱。

立柱升降采用了伸缩缸驱动,主要是为了降低伸缩缸在非工作状态时的高度,使它伸出时有较高的高度,而缩回时体积又比较紧凑。当升降到所需的高度时,多路换向阀 12 中的阀 c 复位,此时液控单向阀 30 锁紧。当多路换向阀 12 中的阀 f 由操纵杆操纵至右位接入系统时,立柱下降,此时系统的油路情况为:

进油路:液压泵 3→单向阀 6→多路换向阀 12 中的阀 c 右位→伸缩缸 29 上腔。

回油路:伸缩缸 29 下腔→液控单向阀 30→单向节流阀 31→多路换向阀 12 中的阀 c 右位→过滤器 11→油箱。

系统中的单向节流阀 31 可以控制立柱下降速度,提高其稳定性。

3. 臂回转

臂回转由手臂回转缸来实现。当多路换向阀 13 中的阀 f 的左位接入系统时,手臂回转缸带动机械手手臂转动,转动速度可由节流阀 24 调节。

4. 手指夹紧

手指夹紧缸负责夹紧货物的动作。手指的夹紧、松开由多路换向阀控制,夹紧力的大小可用单向减压阀 14 来调节。不同的货物要求不同的夹紧力,可根据需要调整。为使货物被夹紧后能保持一定的时间,特意在回路中设置了液控单向阀 21。

其余动作,如手臂俯仰、伸缩等在此不一一叙述。

8.8.2　装卸堆码机液压传动系统的特点

(1) 系统采用了并联式多路换向阀,使该系统操作集中、方便和直观,同时系统的体积和质量也较小。

(2) 系统采用了二级调压回路,在不同的工况下,可使用不同的压力,减小了系统的功耗。

(3) 在需要保持压力的地方都设置了液控单向阀,工作可靠,确保安全;换向阀均采用手动式操纵,动作可靠,且操作方便。

(4) 按不同的工作要求,在系统中配置了多种类型的液压执行元件,如双作用活塞式液压缸(缸体固定式与活塞杆固定式两种)、双作用伸缩式液压缸、液压马达和摆动式液压马达等。

思考与习题

8.1　组合机床的液压传动系统包括哪几种典型回路? 并说明图 8.1 中的单向阀 3、6 的作用。

8.2　分析 YB32-200 型液压机液压传动系统的特点,并说明主缸快速下行、保压及快速返回时管路中油液的流向,以及释压阀的工作原理。

8.3　图 8.14 所示为某专用机床液压传动系统的原理图。该系统有定位、夹紧油缸和主工作油缸两个液压缸,它们的工作循环为:定位、夹紧→快进→一工进→二工进→快退→松开、拔销→原位停止、泵卸荷。试回答下列问题:

(1)根据工作循环绘制电磁铁动作顺序表,用符号"+"表示电磁铁通电,符号"−"表示电磁铁断电;

(2)说明阀 a、b、c 在系统中所起的作用;

(3)减压阀、溢流阀的调压依据是什么?

(4)阀 A 和阀 B 的通流面积哪个应该大一些? 为什么?

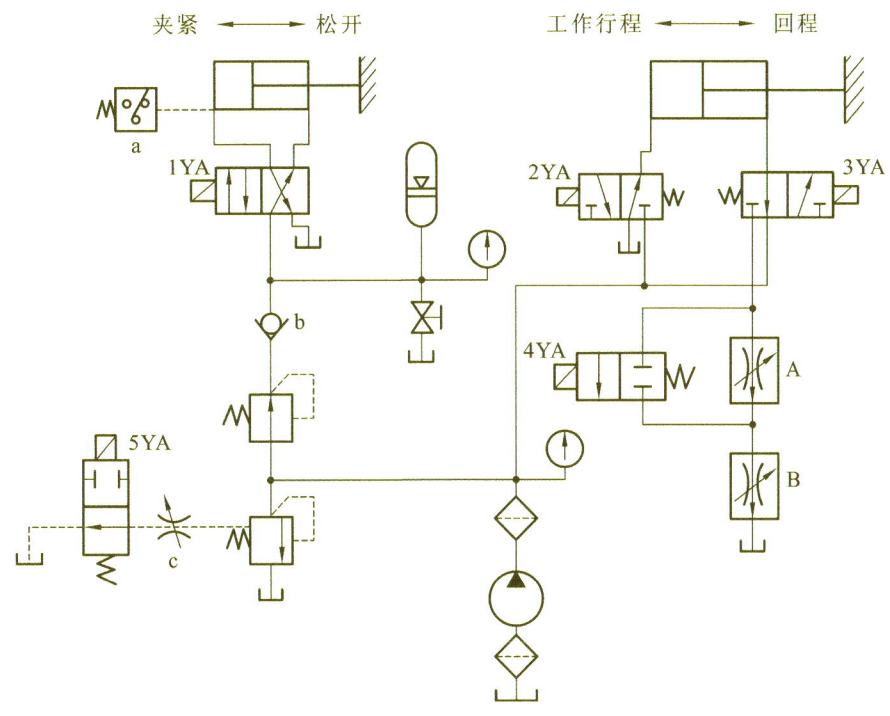

图 8.14　题 8.3 图

8.4　图 8.15 所示为某组合机床液压传动系统的原理图。该系统有定位油缸、夹紧油缸及主工作油缸三个液压缸,它们的工作循环为:定位→夹紧→快进→工进→快退→松开、拔销→原位停止、泵卸荷。试回答下列问题:

(1)根据工作循环绘制电磁铁动作顺序表,用符号"+"表示电磁铁通电,符号"−"表示电磁铁断电;

(2)说明阀 a、b、c 在系统中所起的作用;

(3)液控顺序阀和溢流阀的调压依据是什么?

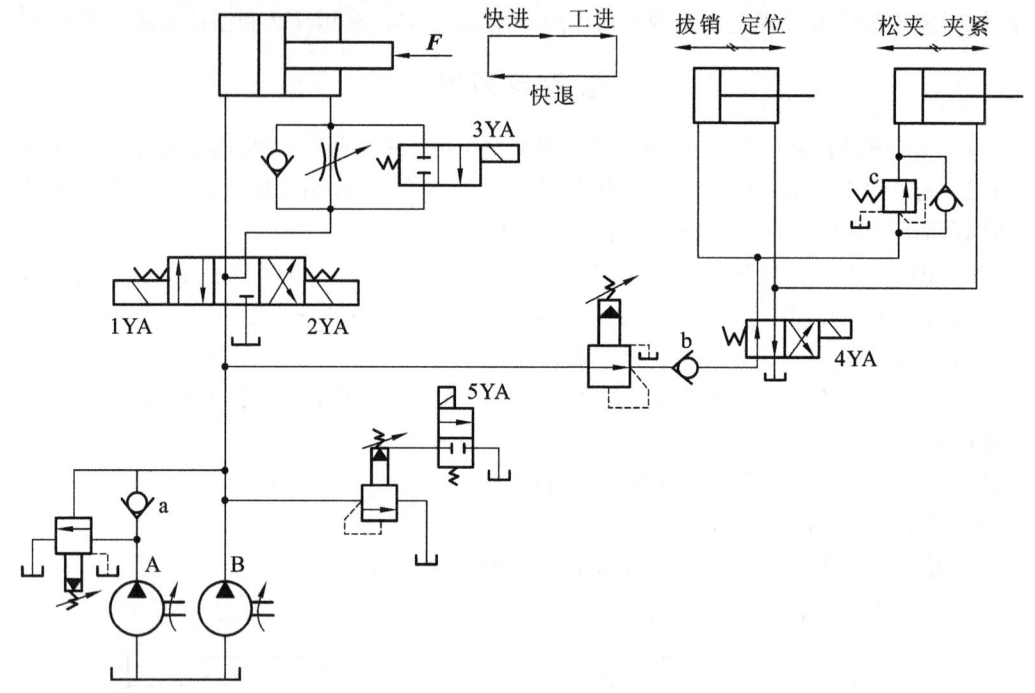

图 8.15　题 8.4 图

8.5　图 8.16 所示为某液压传动系统的原理图,该系统可实现"快进→一工进→二工进→快退→停止"的工作循环,试回答下列问题:

(1) 试绘制电磁铁动作顺序表;

(2) 该系统由哪些基本回路组成?

(3) 写出一工进时的进油路和回油路。

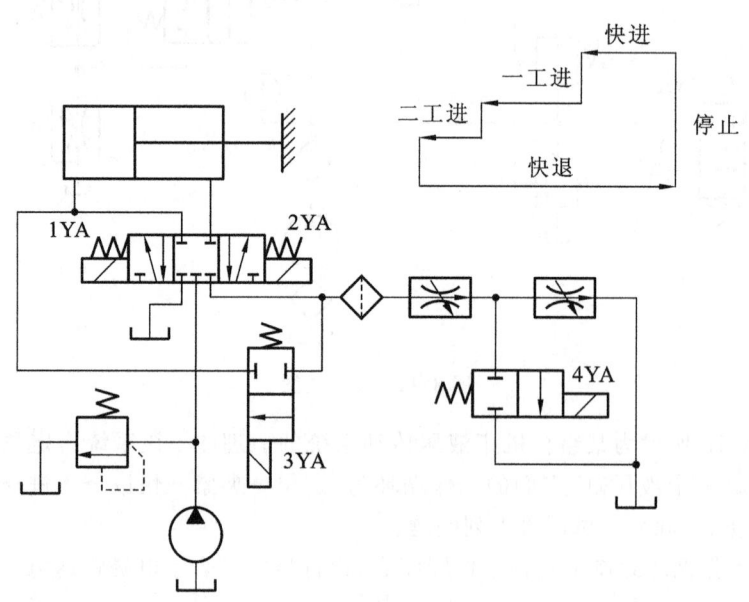

图 8.16　题 8.5 图

8.6　根据图 8.17 所示的液压传动系统,完成图示的工作循环,并回答下列问题:

（1）试绘制电磁铁和压力继电器的动作顺序表。

（2）阀 2 的名称是_____,其作用是_____;阀 3 的作用是_____

_____。

（3）系统快进时,由于形成了_____,故液压缸的移动速度_____。一工进时,____阀关闭,油液直接流回油箱;二工进时,_____阀打开,形成了_____回路。

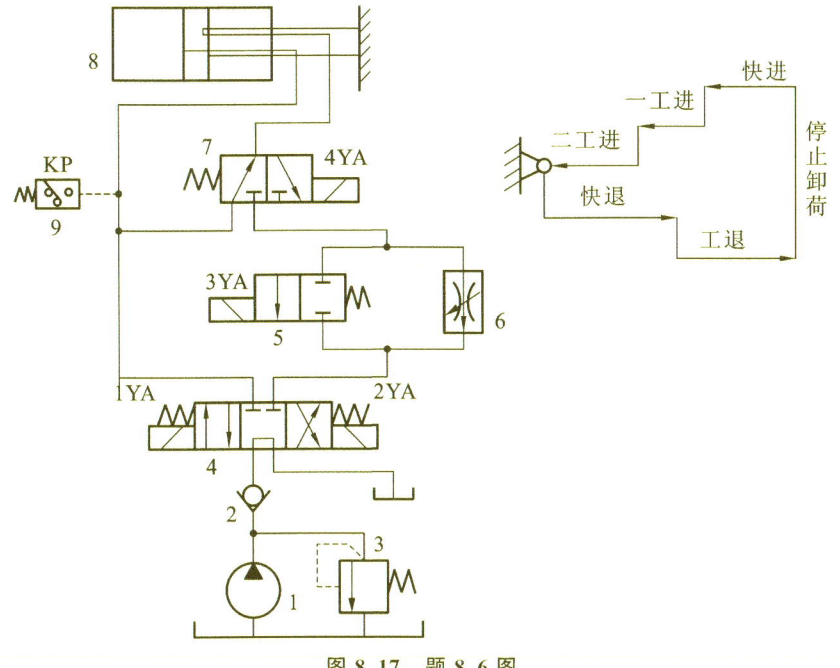

图 8.17 题 8.6 图

8.7 利用图 8.18 所示的液压元件,试用管路连接使其能够组成实现"快进→工进→快退→停止"工作循环的液压传动系统。

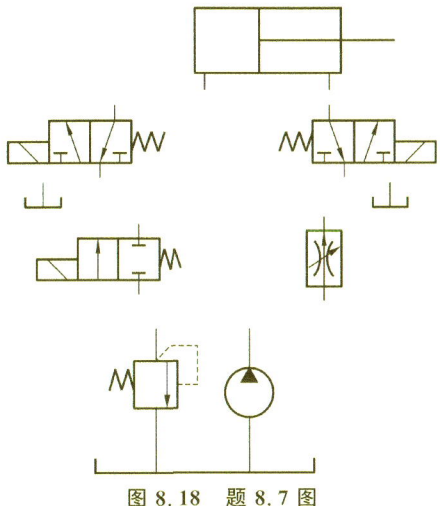

图 8.18 题 8.7 图

8.8 SZ-250A 型塑料注射成型机的液压传动系统由哪些基本回路组成?

第 9 章
液压传动系统的设计

◀ **本章指南**

本章主要内容:介绍液压传动系统的设计步骤。本章按照明确设计要求及分析工况—确定主要参数—进行系统方案论证—拟定液压传动系统原理图—理论计算—选择液压元件—验算系统主要技术性能—设计液压装置—编制液压传动系统技术文件的步骤一一阐述。液压传动系统的设计步骤并没有严格的顺序,各步骤之间往往要相互穿插进行。

本章重点:掌握液压传动系统的设计步骤和各环节的设计内容。

本章难点:完成液压传动系统的设计,论证对比出结构完整,技术先进、合理,性能优良的液压传动系统;对液压传动系统的性能进行验算,以判断其设计质量。

本章教学目的与要求:通过对本章理论知识的学习和实例的分析,掌握液压传动系统的设计步骤和内容,学会独立设计完整的液压传动系统,注重信息的获取、全面的方案论证、理论联系实际的设计思想。

液压传动系统是机械设备的动力传动系统，因此它的设计是主机设计的一部分，必须与主机的总体设计同时进行。一般在分析主机的工作循环、性能要求等的基础上，经过认真分析、比较，在确定全部或局部采用液压传动方案之后，才会提出液压传动系统的设计任务。液压传动系统的设计必须采用现代设计思想，从实际出发，注重调查研究，吸收国内外先进设计经验，在满足工作性能要求、工作可靠的前提下，力求使系统结构简单、成本低、效率高、操作、维护方便、使用寿命长。

9.1 明确设计要求和工况分析

9.1.1 明确设计要求

设计要求是进行工程设计的主要依据。设计前，必须把主机对液压传动系统的设计要求和与设计相关的情况了解清楚，一般要明确下列问题。

（1）明确设备功用：主机的用途、总体布局与结构、主要技术参数与性能要求、工艺流程或工作循环、作业环境与条件等。

（2）明确系统控制的动作流程：液压传动系统应完成哪些动作，各个动作的工作循环及循环时间；执行机构的行程、负载大小及性质、运动形式及速度快慢；各个动作的顺序要求及互锁关系，各个动作的同步要求及同步精度；液压传动系统的工作性能要求，如运动平稳性、调速范围、定位精度、转换精度、自动化程度、效率与温升、振动与噪声、安全性与可靠性等。

（3）明确工作环境：液压传动系统的工作温度及其变化范围、湿度大小、风沙与粉尘情况、防火与防爆要求，安装空间的大小、外廓尺寸与质量限制等。

（4）明确经济性与成本等方面的要求。

只有明确了液压传动系统的设计要求及工作环境，才能使所设计的液压传动系统不仅满足性能要求，而且具有较高的可靠性、良好的空间布局及造型。

9.1.2 工况分析

工况分析的目的是明确在工作循环中执行元件的负载和运动的变化规律，它包括运动分析和负载分析。

1. 运动分析

所谓运动分析，就是研究工作机构根据工艺要求应以什么样的运动规律完成工作循环、运动速度的大小、加速度是恒定的还是变化的、行程的大小及循环时间的长短等。为此，必须确定执行元件的类型，并绘制位移-时间循环图或速度-时间循环图。

执行元件的类型可按表9.1进行选择。

表 9.1 执行元件的类型

名　称	特　点	应 用 场 合
双杆活塞缸	双向输出力、输出速度相同,杆受力状态相同	双向工作的往复运动
单杆活塞缸	双向输出力、输出速度不同,杆受力状态不同。差动连接时可实现快速运动	往复不对称的直线运动
柱塞缸	结构简单	长行程、单向工作
摆动缸	单叶片缸的转角小于 300°,双叶片缸的转角小于 150°	往复摆动运动
齿轮、叶片马达	结构简单、体积小、惯性小	高速、小转矩的回转运动
轴向柱塞马达	运动平稳、转矩大、转速范围宽	大转矩的回转运动
径向柱塞马达	结构复杂、转矩大、转速低	低速、大转矩的回转运动

2. 负载分析

所谓负载分析,就是通过计算确定各执行元件负载的大小和方向,并分析各执行元件在运动过程中的振动、冲击及过载能力等情况。

作用在执行元件上的负载有约束性负载和动力性负载两类。

约束性负载的特征是其方向与执行元件的运动方向永远相反,对执行元件起阻止作用,而不会起驱动作用。例如,库仑固体摩擦阻力、黏性摩擦阻力等都是约束性负载。

动力性负载的特征是其方向与执行元件的运动方向无关,其数值由外界规律决定。执行元件承受动力性负载时可能会出现两种情况:一种情况是动力性负载的方向与执行元件的运动方向相反,该动力性负载起阻止执行元件运动的作用,称为阻力负载(正负载);另一种情况是动力性负载的方向与执行元件的运动方向一致,该动力性负载称为超越负载(负负载)。超越负载变成驱动执行元件的驱动力,执行元件要维持匀速运动,则执行元件中的流体要产生阻力功,形成足够的阻力来平衡超越负载产生的驱动力,这就要求液压传动系统应具有平衡和制动的功能。重力是一种动力性负载,当重力的方向与执行元件的运动方向相反时,重力是阻力负载;当重力的方向与执行元件的运动方向相同时,重力是超越负载。对于负载变化规律比较复杂的液压传动系统,必须画出负载循环图。对于具有不同工作目的的液压传动系统,负载分析的着重点不同。例如,对于工程机械的作业机构,负载分析的着重点为重力在各个位置上的情况,负载图以位置为变量;对于机床工作台,负载分析的着重点为负载与各工序的时间关系。

1) 液压缸的负载计算

一般来说,液压缸承受的动力性负载有工作负载 F_w、惯性负载 F_m、重力负载 F_g,约束性负载有摩擦阻力 F_f、背压负载 F_b、液压缸自身的密封阻力 F_{sf},则作用在液压缸上的外负载为

$$F = \pm F_w \pm F_m \pm F_f \pm F_g \pm F_b \pm F_{sf} \qquad (9.1)$$

(1) 工作负载 F_w。工作负载与主机的工作性质有关,它可能是定值,也可能是变量。一般工作负载是时间的函数,即 $F_w = f(t)$,它需要根据具体情况而定。

(2) 惯性负载 F_m。惯性负载是工作部件在加速起动或减速制动过程中产生的惯性力,其值可根据牛顿第二定律求得,即

$$F_m = ma = m\frac{\Delta v}{\Delta t} \tag{9.2}$$

式中：m 为运动部件的总质量；a 为工作部件的加速度；Δv 为 Δt 时间内工作部件速度的变化量；Δt 为工作部件的起动或制动时间，一般机械系统取 $0.1 \sim 0.5$ s，行走机械系统取 $0.5 \sim 1.5$ s，机床运动系统取 $0.25 \sim 0.5$ s，机床进给系统取 $0.05 \sim 0.2$ s，工作部件较轻或运动速度较小时取较小值。

（3）重力负载 F_g。当工作部件垂直或倾斜放置时，其重力也是一种负载；当工作部件水平放置时，$F_g = 0$。

（4）摩擦阻力 F_f。摩擦阻力是指液压缸驱动工作部件所需克服的导轨摩擦阻力，其值与导轨的形状、安放位置和工作部件的运动状态有关。

对于平导轨，有

$$F_f = \mu(mg + F_N) \tag{9.3}$$

对于 V 形导轨，有

$$F_f = \frac{\mu(mg + F_N)}{\sin(\alpha/2)} \tag{9.4}$$

式中：F_N 为作用在导轨上的垂直载荷；α 为 V 形导轨的夹角，通常取 $\alpha = 90°$；μ 为导轨摩擦系数，其值可查阅相关《液压设计手册》。

（5）背压负载 F_b。液压缸运动时还必须克服回油路压力形成的背压阻力 F_b，其值为

$$F_b = p_b A_2 \tag{9.5}$$

式中：A_2 为液压缸回油腔的有效工作面积；p_b 为液压缸的背压，在液压缸结构参数尚未确定之前，一般按经验数据估算一个数值。

系统背压的一般经验数据为：对于中、低压系统或轻载节流调速系统，取 $p_b = 0.2 \sim 0.5$ MPa；对于回油路有调速阀或背压阀的系统，取 $p_b = 0.5 \sim 1.5$ MPa；对于采用补油泵补油的闭式系统，取 $p_b = 1.0 \sim 1.5$ MPa；对于采用多路阀的复杂的中、高压工程机械系统，取 $p_b = 1.2 \sim 3.0$ MPa。

（6）液压缸自身的密封阻力 F_{sf}。液压缸工作时还必须克服其内部密封装置产生的摩擦阻力 F_{sf}，其值与密封装置的类型、油液的工作压力及液压缸的制造质量有关，其计算比较烦琐，一般将它计入液压缸的机械效率 η_m 中进行考虑，通常取 $\eta_m = 0.90 \sim 0.97$。

2）液压缸运动循环各阶段的负载计算

液压缸的运动分为起动、加速、恒速运动、减速制动等阶段，不同阶段的负载计算是不同的。液压缸运动循环各阶段的负载计算如下。

起动时

$$F = (F_f \pm F_g)/\eta_m \tag{9.6}$$

加速时

$$F = (F_m + F_f \pm F_g + F_b)/\eta_m \tag{9.7}$$

恒速运动时

$$F = (\pm F_w + F_f \pm F_g + F_b)/\eta_m \tag{9.8}$$

减速制动时

$$F = (\pm F_w - F_m + F_f \pm F_g + F_b)/\eta_m \tag{9.9}$$

3. 工作负载图

对于复杂的液压传动系统，若有若干个执行元件同时或分别完成不同的工作循环，则需要按上述各阶段的负载计算公式计算总负载力，并根据上述各阶段的总负载力和各阶段所经历的工作时间 t（或位移 s），按相同的坐标绘制液压缸的负载时间（$F\text{-}t$）图或负载位移（$F\text{-}s$）图。图 9.1 所示为某机床主液压缸的速度图和负载图。

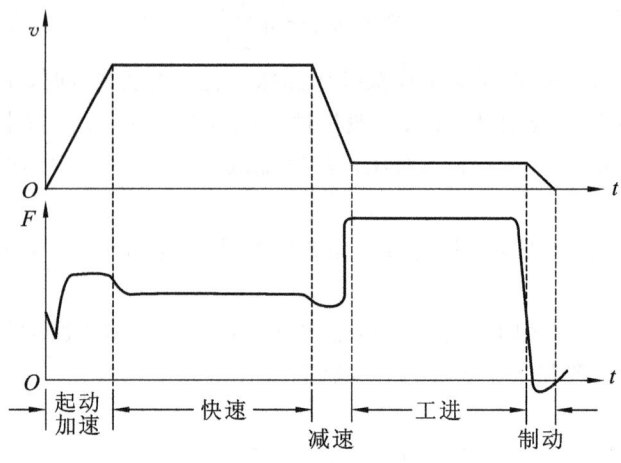

图 9.1　某机床主液压缸的速度图和负载图

最大负载值是初步确定执行元件的工作压力和结构尺寸的依据。

液压马达的负载力矩分析与液压缸的负载分析相同,只需将上述负载力的计算变换为负载力矩的计算即可。

◀ 9.2　执行元件主要参数的确定 ▶

执行元件的工作压力和流量是液压传动系统最主要的两个参数,这两个参数是计算和选择执行元件、辅件及原动机的规格型号的依据。要确定执行元件的工作压力和流量,首先必须根据各执行元件的负载图选定系统的工作压力,再根据系统的工作压力确定液压缸的有效工作面积 A 或液压马达的排量 V_M,最后根据位移-时间循环图(或速度-时间循环图)确定其流量。

9.2.1　液压传动系统工作压力的初选

根据执行元件的负载图可以确定液压传动系统的最大载荷点,在充分考虑液压传动系统所需的流量、效率及性能要求等因素后,可参照表9.2或表9.3选取液压传动系统的工作压力。

工作压力是确定执行元件结构参数的主要依据,它的大小影响执行元件的尺寸和成本,甚至是整个液压传动系统的性能。在液压传动系统的功率一定时,一般选用较高的工作压力,这样可使执行元件和液压传动系统的结构紧凑、质量轻、经济性好。但是,若工作压力选得过高,则会提高对执行元件的强度、刚度、密封及制造精度的要求,这样不但不能达到预期的经济效果,反而会降低执行元件的容积效率,增加系统的发热,降低执行元件的寿命和系统的可靠性;反之,若工作压力选得过低,则会增大执行元件及整个液压传动系统的尺寸,使其结构变得庞大。所以,应根据实际情况选取适当的工作压力。

表 9.2　按负载选择液压传动系统的工作压力

负载/kN	<5	5~10	10~20	20~30	30~50	>50
系统压力/MPa	0.8~1	1.6~2	2.5~3	3~4	4~5	5~7

表 9.3　按主机类型选择液压传动系统的工作压力

设备类型	机　床					农业机械、汽车工业机械、小型工程机械及辅助机械	工程机械、重型机械、锻压设备、液压支架	船用系统
	磨床	组合机床、牛头刨床、插床、齿轮加工机床	车床、铣床、镗床	珩磨机床	拉床、龙门刨床			
压力/MPa	<2.5	<6.3	2.5~6.3		<10	10~16	16~32	14~25

9.2.2　执行元件主要结构参数的确定

前面初步选定的工作压力可以认为就是执行元件的输入压力 p_1,然后再初步选定执行元件的回油压力(背压)p_2,这样就可以确定执行元件的参数。液压缸的主要结构参数缸径 D、活塞杆径 d 和液压马达的排量 V_M 的计算详见第 3 章和第 4 章。注意:计算所得的数值应圆整为标准值。

9.2.3　执行元件流量的确定

液压缸(或液压马达)所需的最大流量 q_{max} 根据其实际有效工作面积 A(或液压马达的排量 V_M)及所要求的最大速度 v_{max}(或液压马达所要求的最高转速 n_{max})来计算,即

$$q_{max}=Av_{max}/\eta_v (或 q_{max}=V_M n_{max}/\eta_v) \tag{9.10}$$

式中,η_v 为执行元件的容积效率。

当单杆液压缸作差动连接时,其实际有效工作面积 $A=A_1-A_2$。

液压缸所需的最小流量 q_{min} 按其实际有效工作面积 A 和所要求的最小速度 v_{min} 来计算,即

$$q_{min}=Av_{min}/\eta_v \tag{9.11}$$

上式求得的液压缸的最小流量应该等于或大于流量控制阀或变量泵的最小稳定流量。同样地,液压马达的最小流量按其排量和所要求的最低转速来计算。

9.2.4　执行元件工况图的拟定

工况图包括压力图、流量图及功率图。压力图、流量图是执行元件在运动循环各阶段的压力与时间或压力与位移、流量与时间或流量与位移的关系图,功率图则是根据压力 p 与流量 q 计算出的各阶段所需的功率与时间或位移的关系图。当系统中有多个同时工作的执行元件时,必须把这些执行元件的流量图按系统总的动作循环组合成总流量图。图 9.2 所示为某液压缸的工况图。

工况图是选择液压泵、液压控制阀和计算电动机功率等的依据。利用工况图可验算各工作阶段所确定的参数的合理性。例如,当多个执行元件按各工作阶段的流量或功率叠加,其最大流量或功率重合而使流量或功率分布很不均衡时,可在整机设计要求允许的条件下,适当调整有关执行元件的动作时间或速度,尽量避开或减小流量、功率的最大值,以提高整个系统的效率。

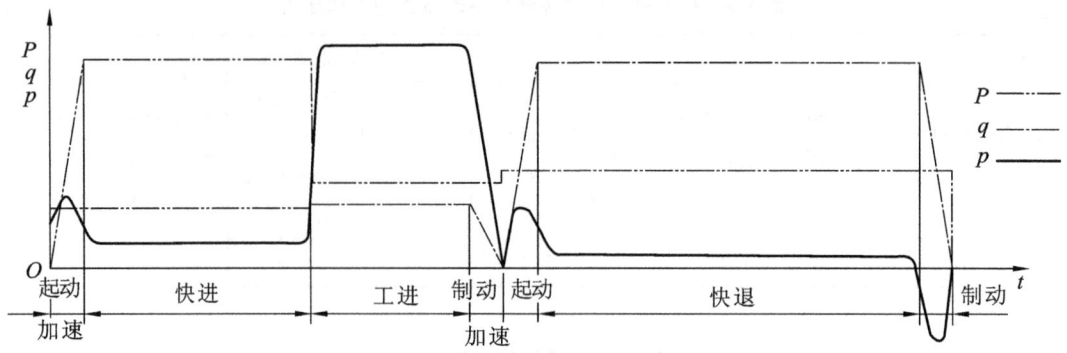

图 9.2　某液压缸的工况图

◀ 9.3　液压传动系统原理图的拟定 ▶

拟定液压传动系统原理图是液压传动系统设计中最重要的一步,它是从工作原理和结构组成上来具体体现设计任务中的各项要求,不需要精确计算和选择元件规格,只需要选择功能合适的元件和原理合理的基本回路组合成系统。

液压传动系统原理图一般的拟定方法是选择一种与本系统类似的成熟系统作为基础,对它进行适应性调整或改进,使其成为具有继承性的新系统。如果没有合适的相似系统进行借鉴,可参阅设计手册和参考书中有关的基本回路加以综合完善,构成自己设计的液压传动系统原理图。用这种方法拟定液压传动系统原理图时,包括确定液压传动系统类型、选择液压基本回路及组成液压传动系统三方面的内容。

1. 确定液压传动系统类型

液压传动系统有开式液压传动系统和闭式液压传动系统两种类型。液压传动系统类型的选择主要取决于液压传动系统的调速方式和散热要求。一般地,采用节流调速和容积节流调速的液压传动系统、有较大空间放置油箱且不需要另设散热装置的液压传动系统、要求结构尽可能简单的液压传动系统等宜采用开式液压传动系统;采用容积调速的液压传动系统、对工作稳定性和效率有较高要求的液压传动系统、行走机械上的液压传动系统等宜采用闭式液压传动系统。

2. 选择液压基本回路

液压基本回路是决定主机动作和性能的基础,是组成液压传动系统的骨架。要根据液压传动系统所需完成的任务和工作机械对液压传动系统的设计要求来选择液压基本回路。

在拟定液压传动系统原理图时,应根据各类主机的工作特点和性能要求,先确定对主机的主要性能起决定性作用的主要回路,然后再考虑其他辅助回路。例如,对于机床液压传动系统,调速和速度换接回路是其主要回路;对于液压机液压传动系统,调压回路是其主要回路;有垂直运动部件的液压传动系统要考虑平衡回路;有多个执行元件的液压传动系统要考虑顺序动作、同步或回路隔离;有空载运行要求的液压传动系统要考虑卸荷回路等。

选择液压基本回路时,首先要抓住各类机器的液压传动系统的主要矛盾,如对变速、稳速要求严格的主机,速度的调节、换接及稳定是液压传动系统设计的核心。

对速度无严格要求,但对输出力、力矩或功率调节有主要要求的机器,功率的调节和分配是液压传动系统设计的核心。

压力控制方式的选择主要取决于液压传动系统的调速方式。节流调速时,多采用调压回路;容积调速或容积节流调速时,多采用限压回路。卸荷回路的选择主要由液压传动系统的功率损失、温升、流量与压力的瞬时变化等因素决定。

3. 组成液压传动系统

选定液压基本回路后,配以辅助回路,如锁紧回路、平衡回路、缓冲回路、控制油路、润滑油路、测压油路等,就可以组成一个完整的液压传动系统。

组成液压传动系统时应特别注意以下几点:①防止回路间发生相互干扰;②系统应力求简单,并将作用相同或相近的回路合并,避免存在多余的回路;③系统要安全可靠,要有安全、联锁等回路,力求控制油路可靠;④组成系统的液压元件要尽量少,并尽量采用标准元件;⑤组成系统时还要考虑节省能源、提高效率、减少发热、防止液压冲击等问题;⑥测压点分布应合理。

对可靠性要求较高而又不允许在工作中停机的系统,应采用冗余设计的方法,即在液压传动系统中设置一些备用的液压元件和回路,以替换故障的液压元件和回路,保证液压传动系统持续、可靠地运转。

最重要的是,实现给定任务的液压传动系统的设计有多种多样的方案,因此必须进行方案论证,对多个方案从结构、技术、成本、操作、维护等方面进行反复对比,最后组成一个结构完整、技术先进、合理、性能优良的液压传动系统。

◀ 9.4 液压元件的计算和选择 ▶

液压元件的计算是指计算液压元件在工作中承受的压力和通过的流量,以便选择液压元件的规格、型号。此外,还要计算原动机的功率和油箱的容量。选择液压元件时,应尽量选用标准元件。

9.4.1 液压泵的确定与驱动功率的计算

根据液压传动系统的工作压力和流量,以及液压传动系统对液压泵的性能要求来确定液压泵。液压泵选定后,就可以计算液压泵所需的驱动功率,并根据此功率和液压泵所需的转速选择相应的电动机。

1. 确定液压泵的最大工作压力和流量

液压泵的最大工作压力 p_p 按下式计算

$$p_p \geqslant p_{1\max} + \sum \Delta p \tag{9.12}$$

式中:$p_{1\max}$ 为执行元件的最大工作压力,根据压力图($p-t$)选取最大值;$\sum \Delta p$ 为液压泵出口到执行元件入口之间的所有沿程压力损失和局部压力损失之和,初算时按经验数据选取,当管路简单,管中流速不大时,取 $\sum \Delta p = 0.2 \sim 0.5$ MPa,当管路复杂,管中流速较大或有调速元件时,取 $\sum \Delta p = 0.5 \sim 1.5$ MPa。

液压泵的流量 q_p 按下式计算

$$q_p = K(\sum q)_{max} \tag{9.13}$$

式中:K 为考虑系统泄漏和溢流阀保持最小溢流量的系数,一般取 $K = 1.1 \sim 1.3$,大流量时取较小值,小流量时取较大值;$(\sum q)_{max}$ 为同时工作的执行元件的最大总流量,根据流量图 $(q\text{-}t)$ 选取最大值。

选择液压泵时,可以参考《液压元件手册》,根据液压泵的最大工作压力 p_p 选择液压泵的类型,根据液压泵的流量 q_p 选择液压泵的规格。选择液压泵的额定压力时,应考虑动态过程和制造质量等因素,要使液压泵有一定的压力储备。一般液压泵的额定工作压力应比其最大工作压力高 $20\% \sim 60\%$,而液压泵的额定流量则应与系统所需的最大流量相适应。

2. 确定电动机的功率

液压泵在额定压力和额定流量下工作时,其驱动电动机的功率可查阅《液压元件手册》,此外,也可根据具体工况计算。电动机的转速应与液压泵的转速匹配。

在工作循环中,当液压泵的工作压力和功率变化较小时,液压泵所需的驱动功率为

$$P_p = p_p q_p / \eta_p \tag{9.14}$$

式中:η_p 为液压泵的总效率,对于齿轮泵,$\eta_p = 0.6 \sim 0.8$,对于叶片泵,$\eta_p = 0.7 \sim 0.8$,对于柱塞泵,$\eta_p = 0.8 \sim 0.85$,具体数值可参阅产品样本。

限压式变量叶片泵的驱动功率,可按液压泵的实际流量-压力特性曲线拐点处的功率来计算。

在工作循环过程中,当液压泵的工作压力和功率变化较大时,应分别计算出工作循环中各个阶段液压泵所需的驱动功率,然后求其均方根值,即可得到液压泵所需的驱动功率,即

$$P_p = \sqrt{\frac{P_1^2 t_1 + P_2^2 t_2 + \cdots + P_n^2 t_n}{t_1 + t_2 + \cdots + t_n}} \tag{9.15}$$

式中:$P_1, P_2, \cdots, P_n$ 为一个工作循环中各个阶段液压泵所需的驱动功率,W;$t_1, t_2, \cdots, t_n$ 为一个工作循环中各个阶段液压泵的工作时间,s。

在选择电动机时,应将求得的平均功率值与各个阶段的最大功率值进行比较,若电动机的超载量在允许范围内(一般允许短时超载 25%),则按平均功率选择电动机,否则应按最大功率选择电动机。

9.4.2 液压控制阀的选择

阀类元件的规格应根据阀所在回路的最大工作压力和通过该阀的最大流量从产品样本中选择。选用阀类元件时,应考虑其结构形式、特性、压力等级、连接方式、集成方式及操纵方式等。

选择压力控制阀时,应考虑压力控制阀的压力调节范围、流量变化范围、所要求的压力灵敏度和平稳性等。特别是溢流阀的额定流量,必须满足液压泵最大流量的要求。

选择流量控制阀时,应考虑流量控制阀的流量调节范围,流量-压力特性,最小稳定流

量,压力补偿要求或温度补偿要求,对油液过滤精度的要求,阀进、出油口压力差的大小及阀内泄漏流量的大小等。

选择方向控制阀时,应考虑方向控制阀的换向频率、响应时间、操纵方式、滑阀机能、阀口压力损失及阀内泄漏流量的大小等。对于单杆液压缸系统,若无杆腔的有效工作面积为有杆腔的有效工作面积的几倍,当有杆腔进油时,回油流量为进油流量的几倍,此时应以几倍的流量来选择方向控制阀。

通过各类阀的实际流量不应超过其额定值的 20%。

9.4.3　液压辅助元件的计算与选择

1. 确定管道尺寸

管道的尺寸取决于需要通过的最大流量和管道允许的流速。

1) 管道内油液的推荐流速

对于液压泵吸油管道,管道内油液的流速一般取 1 m/s 以下;对于系统压力管道,管道内油液的流速一般取 3～6 m/s,压力高、管道短、黏度小时,管道内油液的流速取较大值;对于系统回油管道,管道内油液的流速一般取 1.5～2.6 m/s。

2) 管道内径的计算

管道内径的计算公式为

$$d \geqslant \sqrt{\frac{4q}{\pi v}} \tag{9.16}$$

式中:d 为管道内径;q 为通过管道的油液流量;v 为管道内油液的流速,按推荐流速选取。

3) 管道壁厚的计算

管道壁厚的计算公式为

$$\delta \geqslant \frac{pd}{2[\sigma]} \tag{9.17}$$

式中:δ 为管道的壁厚;d 为管道的内径;p 为管道的工作压力;$[\sigma]$ 为管道材料的许用应力,对于钢管,$[\sigma] = \dfrac{\sigma_b}{n}$,其中 σ_b 为抗拉强度,n 为安全系数,当 $p = 7$～17.5 MPa 时,取 $n = 6$,当 $p > 17.5$ MPa 时,取 $n = 4$,对于铜管,取 $[\sigma] \leqslant 25$ MPa。

计算出管道的内径和壁厚后,应按标准选取相应规格的管道。

在实际设计中,管道的尺寸通常根据选定的液压元件油口的大小以及管接头的尺寸来确定。

2. 确定油箱容量

液压传动系统的散热主要依靠油箱。油箱容量大,则散热快,但占地面积大;油箱容量小,则油温较高。初始设计时,油箱容量可按下列经验公式确定

$$V = \alpha q_V \tag{9.18}$$

式中:q_V 为液压泵每分钟排出的油液体积;α 为经验系数,对于低压系统,取 $\alpha = 2$～4,对于中压系统,取 $\alpha = 5$～7,对于高压系统,取 $\alpha = 6$～12,对于行走机械,取 $\alpha = 1$～2。

液压传动系统设计完成后,应按散热或温升要求验算油箱容量。

过滤器、蓄能器及冷却器的选择可参阅《液压设计手册》。

9.5 液压传动系统的性能验算

液压传动系统设计完成后,需要对它的技术性能进行验算,以判断其设计质量。液压传动系统的性能验算主要是计算液压传动系统的压力损失、调定压力、泄漏流量、效率、温升、运动平稳性等。这里只介绍液压传动系统的压力损失和温升的验算,其他验算可参阅《液压设计手册》。

9.5.1 液压传动系统压力损失验算

选定了液压元件的规格以及管道、过滤器等辅助元件,确定了它们的安装方式,绘制出液压传动系统图后,就可以对液压传动系统的总压力损失进行验算。液压传动系统的总压力损失包括管道的沿程压力损失、局部压力损失及各种液压控制阀的局部压力损失。液压传动系统的总压力损失的计算见第2章。

验算压力损失的目的之一是正确确定液压传动系统的调定压力,即液压传动系统溢流阀的调定压力,以便于指导液压传动系统的调试。当液压传动系统执行元件的工作压力已确定时,液压传动系统的调定压力可根据管路中的压力损失进行计算。各种阀的局部压力损失可查阅产品样本。

液压泵应有一定的压力储备量。如果计算出的液压传动系统的调定压力大于液压泵额定压力的75%,则应该重新选择液压元件的规格和管道的尺寸,以减小压力损失,或者另选额定压力较高的液压泵。

9.5.2 液压传动系统发热和温升验算

液压传动系统中各种能量损失都转化为热量,使油温升高。液压传动系统连续工作一段时间后,当液压传动系统所产生的热量与散发到空气中的热量平衡时,液压传动系统的油温不再升高,此时的油温应不超过允许值。油温超过允许值时,必须采取适当的冷却措施或修改液压传动系统的设计。

1. 液压传动系统的发热功率

液压传动系统发热的原因主要是液压泵和执行元件的功率损失、管道的压力损失及溢流阀的溢流损失。管道的发热较少,且与它自身的散热基本平衡,故可忽略不计。

1)液压泵的损失功率

液压泵的损失功率可按下列公式计算

$$\Delta P_{\mathrm{p}} = \frac{1}{T} \sum_{i=1}^{n} P_{\mathrm{p}i}(1 - \eta_{\mathrm{p}i}) t_i \tag{9.19}$$

式中,$P_{\mathrm{p}i}$ 为各液压泵的输入功率,$\eta_{\mathrm{p}i}$ 为各液压泵的总效率,t_i 为各液压泵的工作时间,T 为工作周期,n 为液压泵的数量。

2)执行元件的损失功率

执行元件的损失功率可按下列公式计算

$$\Delta P_2 = \frac{1}{T} \sum_{j=1}^{m} P_{2j}(1-\eta_{2j})t_j \qquad (9.20)$$

式中，P_{2j} 为各执行元件的输入功率，η_{2j} 为各执行元件的总效率，t_j 为各执行元件的工作时间，m 为执行元件的数量。

3）溢流阀的损失功率

溢流阀的损失功率可按下列公式计算

$$\Delta P_y = \sum_{i=1}^{k} p_{yi} q_{yi} \qquad (9.21)$$

式中，p_{yi} 为各溢流阀的调定压力，q_{yi} 为各溢流阀的溢流量，k 为溢流阀的数量。

4）节流损失功率

节流损失功率可按下列公式计算

$$\Delta P_j = \sum_{i=1}^{k} \Delta p_{ji} q_{ji} \qquad (9.22)$$

式中，Δp_{ji} 为各流量阀进、出油口压力差，q_{ji} 为通过各流量阀的流量，k 为流量阀的数量。

5）液压传动系统的发热功率

液压传动系统的发热功率可按下列公式计算

$$\Delta P = \Delta P_p + \Delta P_2 + \Delta P_y + \Delta P_j \qquad (9.23)$$

液压传动系统的发热功率也可用下列公式进行估算

$$\Delta P = P_i - P_o \quad 或 \quad \Delta P = P_i(1-\eta) \qquad (9.24)$$

式中：P_i 为各液压泵输入的总功率；P_o 为各执行元件输出的总功率；η 为液压传动系统的效率，包括液压泵的效率、回路效率及执行元件的效率。

2. 液压传动系统的散热功率

液压传动系统中产生的热量由液压传动系统中的各散热面散发到空气中去，其中油箱是最主要的散热面。当只考虑油箱的散热时，液压传动系统的散热功率为

$$P_c = KA\Delta T \qquad (9.25)$$

式中：ΔT 为油温与环境温度之差，℃；A 为油箱散热面积，m^2；K 为油箱散热系数，$W/(m^2 \cdot ℃)$，其值按表 9.4 选取。

表 9.4　油箱散热系数 K 值

散热条件	通风条件较差	通风条件良好	用风扇冷却	循环水强制冷却
散热系数/$[W/(m^2 \cdot ℃)]$	8~9	15~17	23	110~175

3. 液压传动系统的温升计算

当液压传动系统的发热功率 ΔP 与油箱的散热功率 P_c 相等时，液压传动系统处于热平衡状态，此时液压传动系统的温升为

$$\Delta T = \frac{\Delta P}{KA} \qquad (9.26)$$

按上式计算出的温升不应超过允许温升值。一般，对于机床液压传动系统，取 $\Delta T \leqslant 25$ ℃。低、中压系统正常工作时的油温为 30~55 ℃，最高油温不允许超过 70 ℃；高压系统正常工作时的油温为 50~80 ℃，最高油温不允许超过 90 ℃，可取 $\Delta T \leqslant 35$ ℃。

9.6 绘制正式工作图、编制技术文件

液压传动系统装配图是液压传动系统的安装施工图，一般包括正式的液压传动系统原理图、液压站装配图（包括油箱装配图、液压泵机架装配图、集成块装配图等）、液压装置总体结构图、管路布置图及各种非标准元件的零件图等。在管路布置图中应画出各油管的走向、固定装置的结构及各种管接头的形式、规格等。

9.6.1 液压传动系统原理图的绘制要求

液压传动系统原理图的绘制要求如下。

（1）液压传动系统原理图应按液压传动系统不工作时的状态画出。

（2）所有液压元件均按国家标准图形符号绘制。

（3）明细栏中应标明液压元件的名称、规格、型号及调节值。

（4）在执行元件的上方应绘出动作循环示意图。对于复杂的系统，按各执行元件的动作程序绘制动作循环图和电磁铁、压力继电器、行程开关的动作顺序表。

9.6.2 液压装置的结构设计

液压传动系统原理图确定后，可根据所选择的液压元件、辅助元件进行液压装置设计。此时，必须对液压装置的总体结构形式、液压元件的配置形式进行选择。

1. 液压装置的结构形式

通常，液压装置可以设计成集中式结构和分散式结构两种形式。集中式结构是将液压传动系统的动力源、控制阀组等独立设置于主机之外，组成液压泵站，其优点是安装维修方便，油源的振动、发热不会影响主机，缺点是占地面积较大；分散式结构是将液压传动系统的动力源、控制阀组等分别安装在设备的适当位置，其优点是结构紧凑、占地面积小，缺点是安装、维修困难，系统的振动、发热对主机性能有一定的影响。

2. 液压控制阀的配置形式

液压控制阀可以采用板式配置和集成式配置两种形式。板式配置是将板式元件及其底板固定在连接底板上，用油管连接成液压传动系统，如图9.3所示。

集成式配置主要有集成块式配置和叠加阀式配置两种形式。集成块式配置是用标准回路集成块或自行设计的典型回路集成块组合成各种液压传动系统。集成块是一块通用化的六面体，其四周除了一面用于安装通向执行元件的管接头外，其余三面均

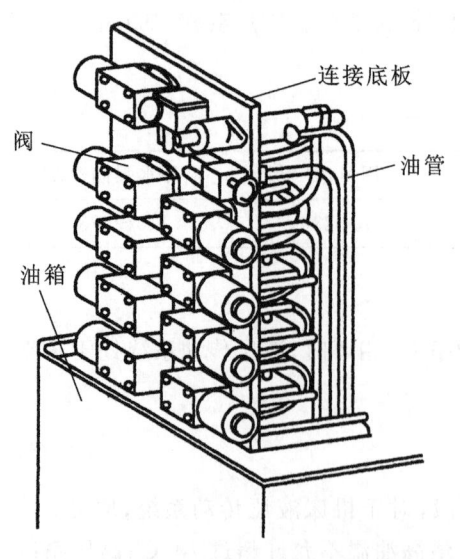

图 9.3 板式配置的外观图

（图中标注：连接底板、阀、油管、油箱）

用于安装阀类元件,集成块内由钻孔形成油路。通常,一个集成块就是一个典型基本回路。一个液压传动系统往往由几个集成块组成。集成块的上、下两面作为集成块与集成块之间的接合面,各集成块与顶盖、底板一起用长螺栓叠装起来,即组成整个液压传动系统。总进油口开在底板上,通过集成块的公共孔道直接与顶盖连通。

叠加阀式配置是用叠加阀叠加成各种液压回路和液压传动系统。叠加阀与一般的管式、板式标准元件相比,其工作原理没有多大差别,但具体结构却不相同。叠加阀是自成系列的新型元件,每个叠加阀既起控制阀的作用,又起通道的作用。因此,叠加阀式配置不需要另外的连接块,只需用长螺栓直接将各叠加阀叠装在底板上,即可组成所需的液压传动系统。

集成式配置的优点是结构紧凑、体积小、节省管件、可标准化、便于设计与制造、更改设计方便、油路压力损失小、泄漏小、工作可靠性高,因此得到了广泛应用。图 9.4 所示为集成式配置的外观图。

除此以外,还有管式连接,这种连接形式多用于工程机械等,在此不再赘述。

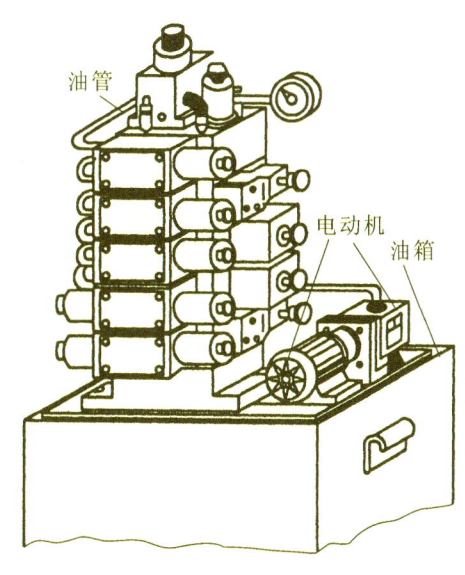

图 9.4 集成式配置的外观图

9.6.3 技术文件的编制

液压传动系统的技术文件主要包括:设计任务书,设计计算说明书,液压设备操作使用说明书(其中应有液压传动系统原理图),零部件目录表,标准件、通用件及外购件总表等。

◀ 9.7 液压传动系统设计计算举例 1 ▶

本节介绍某工厂汽缸加工自动线上的一台卧式单面多轴钻孔组合机床液压传动系统设计实例。

已知卧式单面多轴钻孔组合机床的主轴箱上有 16 根主轴,可加工 14 个 $\phi 13.9$ mm 的孔和 2 个 $\phi 8.5$ mm 的孔,刀具为高速钢钻头,工件材料是硬度为 240 HB 的铸铁件,机床工作部件的总重量 $G = 9\,810$ N,快进、快退速度为 $v_1 = v_3 = 7$ m/min,快进行程长度 $l_1 = 100$ mm,工进行程长度 $l_2 = 50$ mm,往复运动的加速、减速时间不超过 0.2 s,液压动力滑台采用平导轨,其静摩擦系数 $f_s = 0.2$,动摩擦系数 $f_d = 0.1$。要求设计出该组合机床动力滑台液压传动系统,以实现"快进→工进→快退→原位停止"的工作循环。下面是该组合机床动力滑台液压传动系统的具体设计过程,仅供参考。

9.7.1 负载分析

1. 工作负载

由切削原理可知,高速钢钻头钻孔时的轴向切削力 F_t 与钻头直径 D、每转进给量 s 及铸件硬度 HB 之间的经验计算式为

$$F_t = 25.5 D s^{0.8} (HB)^{0.6} \tag{9.27}$$

根据组合机床的加工特点,钻孔时的主轴转速 n 和每转进给量 s 可选用下列数值:

对于 $\phi 13.9$ mm 的孔来说,$n_1 = 360$ r/min,$s_1 = 0.147$ mm/r;

对于 $\phi 8.5$ mm 的孔来说,$n_2 = 550$ r/min,$s_2 = 0.096$ mm/r。

根据式(9.27)可得,高速钢钻头钻孔时的轴向切削力为

$$\begin{aligned} F_t &= (14 \times 25.5 \times 13.9 \times 0.147^{0.8} \times 240^{0.6} + 2 \times 25.5 \times 8.5 \times 0.096^{0.8} \times 240^{0.6}) \text{ N} \\ &= 30\,468 \text{ N} \end{aligned}$$

2. 惯性负载

高速钢钻头钻孔时所受的惯性力为

$$F_m = \frac{G}{g} \frac{\Delta v}{\Delta t} = \frac{9\,810 \times 7}{9.81 \times 60 \times 0.2} \text{ N} = 583 \text{ N}$$

3. 阻力负载

高速钢钻头钻孔时所受的静摩擦阻力为

$$F_{fs} = f_s G = 0.2 \times 9\,810 \text{ N} = 1\,962 \text{ N}$$

高速钢钻头钻孔时所受的动摩擦阻力为

$$F_{fd} = f_d G = 0.1 \times 9\,810 \text{ N} = 981 \text{ N}$$

液压缸的机械效率取 $\eta_m = 0.9$,由此得出液压缸在各工作阶段的负载,如表 9.5 所示。

表 9.5　液压缸在各工作阶段的负载值

工　　况	负载组成	负载值 F/N	推力 $\dfrac{F}{\eta_m}/\text{N}$
起　动	$F = F_{fs}$	1 962	2 180
加　速	$F = F_{fd} + F_m$	1 564	1 738
快　进	$F = F_{fd}$	981	1 090
工　进	$F = F_{fd} + F_t$	31 449	34 943
快　退	$F = F_{fd}$	981	1 090

4. 负载图和速度图的绘制

已知快进行程长度 $l_1 = 100$ mm,工进行程长度 $l_2 = 50$ mm,快退行程长度 $l_3 = l_1 + l_2 = 150$ mm。负载图按上述计算数值绘制,如图 9.5(a)所示;速度图按已知数值 $v_1 = v_3 = 7$ m/min 和工进速度 v_2 绘制,如图 9.5(b)所示,其中速度 v_2 由主轴转速及每转进给量求出,即 $v_2 = n_1 s_1 = n_2 s_2 \approx 0.053$ m/min。

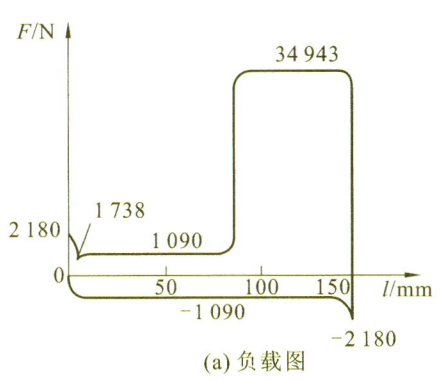
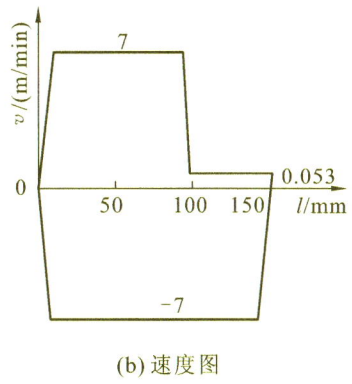

(a) 负载图　　　　　　　　　(b) 速度图

图 9.5　组合机床动力滑台液压缸的负载图和速度图

9.7.2　液压缸主要参数的确定

由表 9.2 及表 9.3 可知,组合机床动力滑台液压传动系统在最大负载约为 35 000 N 时宜取 $p_1 = 4$ MPa。

鉴于动力滑台要求快进、快退速度相等,因此液压缸可选用单杆式液压缸,并在快进时作差动连接。在这种情况下,液压缸无杆腔的有效工作面积 A_1 应取为有杆腔的有效工作面积 A_2 的两倍,即活塞杆的直径 d 与缸筒的直径 D 的关系为 $d = 0.707D$。

在钻孔时,液压缸回油路上必须具有背压 p_2,以防止孔被钻通时滑台突然前冲。根据经验,取 $p_2 = 0.8$ MPa。快进时液压缸虽作差动连接,但由于油管中存在压力差 Δp,因此液压缸有杆腔中的压力必须大于无杆腔中的压力,估算时可取 $\Delta p \approx 0.5$ MPa;快退时回油腔中存在背压,此时 p_2 可按 0.5 MPa 估算。

由工进时的推力计算出液压缸的面积。工进时的推力为

$$\frac{F}{\eta_m} = A_1 p_1 - A_2 p_2 = A_1 p_1 - \frac{A_1}{2} p_2$$

故有

$$A_1 = \left(\frac{F}{\eta_m}\right) \Big/ \left(p_1 - \frac{p_2}{2}\right) = 34\ 943 \Big/ \left[\left(4 - \frac{0.8}{2}\right) \times 10^6\right]\ \mathrm{m^2} = 0.009\ 7\ \mathrm{m^2}$$

$$D = \sqrt{4A_1/\pi} = \sqrt{4 \times 0.009\ 7/\pi}\ \mathrm{m} = 0.111\ 2\ \mathrm{m}$$

$$d = 0.707D = 0.707 \times 0.111\ 2\ \mathrm{m} = 0.078\ 6\ \mathrm{m}$$

按国家标准 GB/T 2348—1993 将上述计算出的直径圆整成标准值,即 $D = 110$ mm,$d = 80$ mm,由此可得液压缸有杆腔和无杆腔的有效工作面积为

$$A_1 = \pi D^2/4 = (\pi \times 110^2 \times 10^{-6}/4)\ \mathrm{m^2} = 9.503 \times 10^{-3}\ \mathrm{m^2},$$

$$A_2 = \pi(D^2 - d^2)/4 = \left[\pi \times (110^2 - 80^2) \times 10^{-6}/4\right]\ \mathrm{m^2} = 4.477 \times 10^{-3}\ \mathrm{m^2}$$

经验算,活塞杆的强度和稳定性均符合要求。

根据上述 D 和 d 的值,可估算出液压缸在各工作阶段中的压力、流量及功率,如表 9.6 所示,并根据该表绘制出工况图,如图 9.6 所示。

表 9.6　液压缸在各工作阶段中的压力、流量及功率值

工　况		负载 F/N	回油腔压力 p_2/MPa	进油腔压力 p_1/MPa	输入流量 $q/(L/min)$	输入功率 P/kW	计　算　式
快进 （差动）	起动	2 180	$p_2=0$	0.434	—	—	$p_1=\dfrac{F+A_2\Delta p}{A_1-A_2}$
	回速	1 738	$p_2=p_1+\Delta p$	0.791	—	—	$q=(A_1-A_2)v_1$
	恒速	1 090	（$\Delta p=0.5$ MPa）	0.662	35.19	0.39	$P=p_1q_1$
工进		34 943	0.8	4.054	0.5	0.034	$p_1=\dfrac{F+p_2A_2}{A_1}$ $q=A_1v_2$ $P=p_1q$
快退	起动	2 180	$p_2=0$	0.487	—	—	$p_1=\dfrac{F+p_2A_1}{A_2}$
	加速	1 738	0.5	1.45	—	—	$q=A_2v_2$
	恒速	1 090		1.305	31.34	0.68	$P=p_1q$

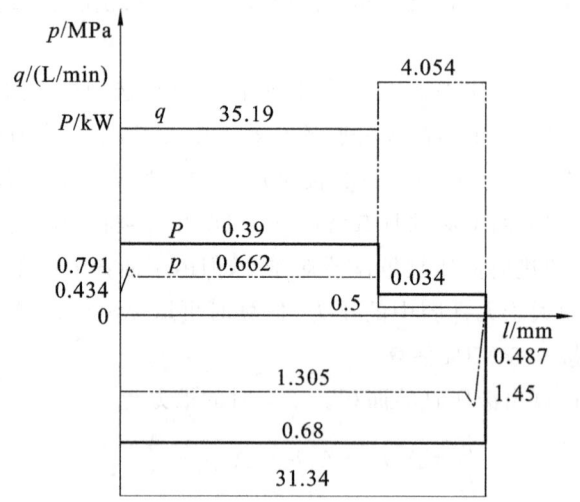

图 9.6　组合机床动力滑台液压缸的工况图

9.7.3　液压传动系统图的拟定

1. 液压回路的选择

首先选择调速回路。由图 9.6 可知，该组合机床动力滑台液压传动系统的功率小，动力滑台工进速度低，工作负载变化小，因此该组合机床动力滑台液压传动系统可采用进油节流调速的方式。为了解决进油节流调速回路在孔钻通时滑台突然前冲的现象，回油路上要设置背压阀。

由于该组合机床动力滑台液压传动系统采用了进油节流调速的方式，因此系统中油液的循环必然是开式的。

从该组合机床动力滑台液压缸的工况图中可以清楚地看到，在这个液压传动系统的工作循环内，液压缸要求油源交替地提供低压大流量和高压小流量的油液，最大流量与最小流量之比约为 70，而快进、快退所需的时间比工进所需的时间少得多。因此，从提高系统效率、

节省能量的角度来看,采用单个定量泵作为油源显然是不合理的,宜采用双泵供油回路,或者采用限压式变量泵加调速阀组成的容积节流调速回路。这里决定采用双泵供油回路,如图 9.7(a)所示。

其次选择快速运动和换向回路。系统采用节流调速回路后,不管采用什么油源形式,都必须有单独的油路直接通向液压缸的两腔,以实现快速运动。在该组合机床动力滑台液压传动系统中,单杆液压缸作差动连接,而且当滑台由工进转为快退时,回路中通过的流量很大:进油路中通过的流量为 31.34 L/min,回油路中通过的流量为 66.50 L/min[31.34×(95/44.77) L/min=66.50 L/min]。为了保证换向平稳,应选择采用电液换向阀的换向回路,如图 9.7(b)所示。

由于该换向回路要实现液压缸的差动连接,因此回路中的电液换向阀必须是五通的。

然后选择速度换接回路。由图 9.6 中的 $q\text{-}l$ 曲线可知,当滑台由快进转为工进时,输入液压缸的流量由 35.19 L/min 减小为 0.5 L/min,滑台的速度变化较大,因此宜选用行程阀来控制速度的换接,以减小液压冲击,如图 9.7(c)所示。

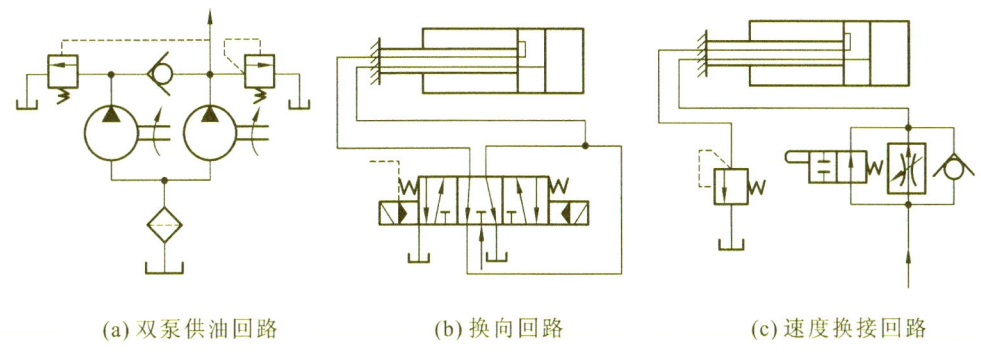

(a) 双泵供油回路　　　　(b) 换向回路　　　　(c) 速度换接回路

图 9.7　液压回路的选择

最后考虑压力控制回路。该组合机床动力滑台液压传动系统的调压问题已在油源中解决;卸荷问题若采用中位机能为 H 型的三位换向阀来实现,就不需要再设置专用的元件或油路。

2. 液压回路的综合

将上述选择的各种回路组合画在一起,就可以得到图 9.8 所示的未设置虚线圆框内的元件时的液压传动系统原理图。将此图仔细检查一遍可以发现,该液压传动系统原理图在工作中还存在问题,必须进行如下的修改和整理。

(1) 为了解决滑台工进时进油路、回油路相互接通而无法建立压力的问题,必须在换向回路中串接一个单向阀 a,将滑台工进时的进油路、回油路隔断。

(2) 为了解决滑台快进时回油路接通油箱而无法实现液压缸差动连接的问题,必须在回油路上串接一个液控顺序阀 b,以阻止油液在滑台快进阶段返回油箱。

(3) 为了解决机床停止工作时系统中的油液流回油箱,导致空气进入系统,影响滑台运动平稳性的问题,另外考虑到电液换向阀 2 的起动问题,必须在电液换向阀 2 的出油口处增设一个单向阀 c,在双联叶片泵 1 卸荷时,使电液换向阀 2 的控制油路中保持一个满足换向要求的压力。

(4) 为了便于系统自动发出快速退回信号,在调速阀 4 的输出端需增设一个压力继电器 d。

(5) 如果将顺序阀 b 和背压阀 8 的位置对调一下,就可以将顺序阀 b 与油源处的卸荷阀 7 合并。

经过修改、整理后的液压传动系统原理图如图 9.9 所示。

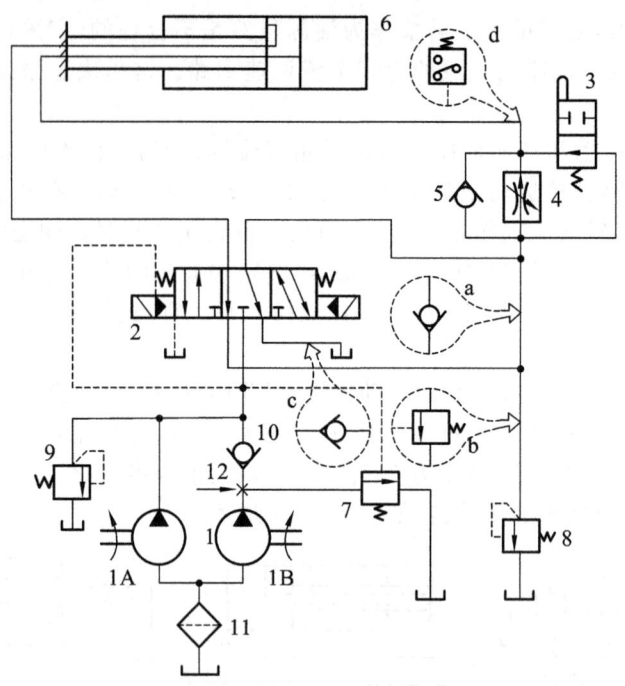

图 9.8　液压传动系统原理图

1—双联叶片泵(1A—小流量泵,1B—大流量泵);2—电液换向阀;3—行程阀;4—调速阀;5、10—单向阀;6—液压缸;
7—卸荷阀;8—背压阀;9—溢流阀;11—过滤器;12—压力表开关;a,c—单向阀;b—顺序阀;d—压力继电器

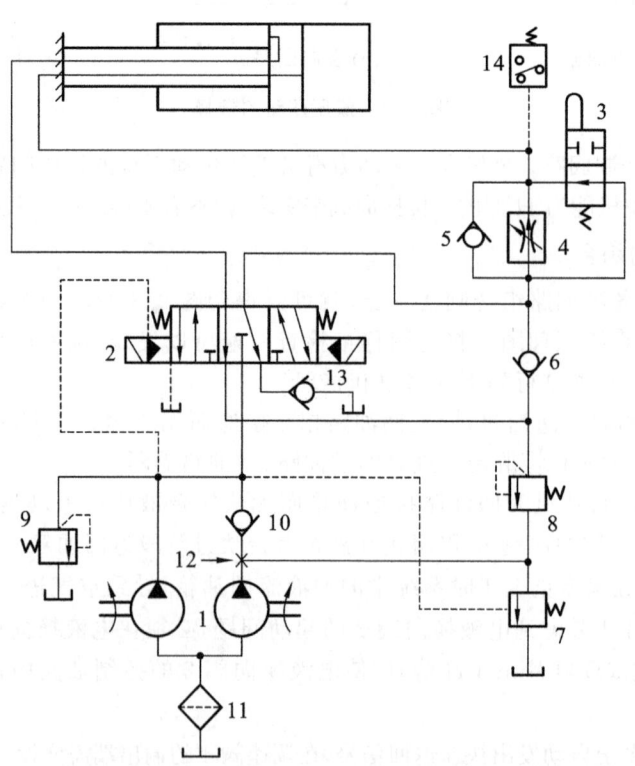

图 9.9　修改、整理后的液压传动系统原理图

1—双联叶片泵;2—电液换向阀;3—行程阀;4—调速阀;5、6、10、13—单向阀;7—顺序阀;
8—背压阀;9—溢流阀;11—过滤器;12—压力表开关;14—压力继电器

9.7.4　液压元件的选择

1. 液压泵

液压缸在整个工作循环中的最大工作压力为 4.054 MPa,若取进油路上的压力损失为 0.8 MPa,压力继电器的调定压力比系统的最大工作压力大 0.5 MPa,则小流量泵的最大工作压力为

$$p_{p1}=(4.054+0.8+0.5)\ \text{MPa}=5.354\ \text{MPa}$$

大流量泵是在液压缸快速运动时才向液压缸输油的。由图 9.5 可知,快退时液压缸中的工作压力比快进时的大,若取进油路上的压力损失为 0.5 MPa,则大流量泵的最大工作压力为

$$p_{p2}=(1.305+0.5)\ \text{MPa}=1.805\ \text{MPa}$$

两个液压泵应向液压缸提供的最大流量为 35.19 L/min(见图 9.5)。若回路中的泄漏按液压缸输入流量的 10% 计算,则两个液压泵的总流量为

$$q_p=1.1\times35.19\ \text{L/min}=38.71\ \text{L/min}$$

由于溢流阀的最小稳定溢流量为 3 L/min,而工进时流入液压缸的流量为 0.5 L/min,因此小流量泵的流量规格最小应为 3.5 L/min。

根据以上压力和流量的数值查阅液压泵产品目录,最后选取 PV2R12 型双联叶片泵。

液压缸在快退时的输入功率最大,这相当于液压泵的输出压力为 1.805 MPa、流量为 40 L/min 时的情况。若取双联叶片泵的总效率 $\eta_p=0.75$,则双联叶片泵驱动电动机的功率为

$$P=\frac{p_pq_p}{\eta_p}=\frac{1.805\times10^6\times40\times10^{-3}}{0.75\times60\times10^3}\ \text{kW}=1.6\ \text{kW}$$

根据上述功率计算值查阅电动机产品目录,最后选取 Y100L1-4 型电动机,其额定功率为 2.2 kW,满载时的转速为 1 430 r/min。

2. 阀类元件及辅助元件

根据该组合机床动力滑台液压传动系统的工作压力和通过各个阀类元件和辅助元件的实际流量,可选取这些元件的型号及规格。表 9.7 所示为选出的一种方案。

表 9.7　元件的型号及规格

序号	元件名称	流量	型　号	规　格	生产厂家
1	双联叶片泵	—	PV2R12	14 MPa, 36 L/min 和 6 L/min	阜新液压件厂
2	三位五通电液换向阀	75	35DY3Y-E10B	16 MPa,通径 10 mm	上海高行液压件总厂
3	行程阀	84	AXQF-E10B	16 MPa,通径 10 mm	上海高行液压件总厂
4	调速阀	<1			
5	单向阀	75			
6	单向阀	44	AF3-En10B		
7	顺序阀	35	XF3-E10B		
8	背压阀	<1	YF3-E10B		
9	溢流阀	35	AF3-E10B		
10	单向阀	35	AF3-En10B		

序号	元 件 名 称	流量	型 号	规 格	生 产 厂 家
11	过滤器	40	YYL-105-10	21 MPa,90 L/min	中国航空工业第一一六厂
12	压力表开关	—	KF3-E3B	16 MPa,3 测点	
13	单向阀	75	AF3-Ea20B	16 MPa,通径 20 mm	上海高行液压件总厂
14	压力继电器	—	PF-B8C	14 MPa,通径 8 mm	榆次液压有限公司

3. 油管

各元件间的连接管道的规格一般按元件接口处的尺寸选取。液压缸的进、出油管的尺寸按输入、排出的最大流量计算。由于液压泵选定后,液压缸在各工作阶段的输入、排出流量已与原定数值不同,因此要重新计算。重新计算后的液压缸在各工作阶段的输入、排出流量如表 9.8 所示。

表 9.8　液压缸在各工作阶段的输入、排出流量

	快　　进	工　　进	快　　退
输入流量 /(L/min)	$q_1=(A_1q_p)/(A_1-A_2)$ $=(95\times42)/(95-44.77)$ $=79.43$	$q_1=0.5$	$q_1=q_p=42$
排出流量 /(L/min)	$q_2=(A_2q_1)/A_1$ $=(44.77\times79.43)/95$ $=37.43$	$q_2=(A_2q_1)/A_1$ $=(0.5\times44.77)/95$ $=0.24$	$q_2=(A_1q_1)/A_2$ $=(42\times95)/44.77$ $=89.12$
运动速度 /(m/min)	$v_1=q_p/(A_1-A_2)$ $=(42\times10)/(95-44.77)$ $=8.36$	$v_2=q_1/A_1$ $=(0.5\times10)/95$ $=0.053$	$v_3=q_1/A_2$ $=(42\times10)/44.77$ $=9.38$

根据表 9.8 中的数值,当油液在油管中的流速取为 3 m/s 时,与液压缸无杆腔和有杆腔相连的油管的内径分别为

$$d_1=2\sqrt{(79.43\times10^6)/(\pi\times3\times10^3\times60)}\ \text{mm}=23.7\ \text{mm}$$

$$d_2=2\sqrt{(42\times10^6)/(\pi\times3\times10^3\times60)}\ \text{mm}=17.2\ \text{mm}$$

因此,这两根油管按标准 JB 827—66 选用内径为 20 mm、外径为 28 mm 的无缝钢管。

4. 油箱

估算油箱容积时,取 $K=6$,求得油箱容积为 $V=6\times40\ \text{L}=240\ \text{L}$,按标准 JB/T 7938—2010 取最接近的标准值,即 $V=250\ \text{L}$。

9.7.5　液压传动系统的性能验算

由于该组合机床动力滑台液压传动系统的具体管路布置尚未确定,因此整个回路的压

力损失无法估算，这里只对油液温升进行验算。

工进时液压缸的负载 $F=31\,449$ N（见表 9.5），工进速度 $v_2=0.053$ m/min（见表 9.8），则液压缸的有效功率为

$$P_o=p_2q_2=Fv_2=\frac{31\,449\times0.053}{60\times10^3}\text{ kW}=0.03\text{ kW}$$

此时大流量泵通过顺序阀 7 卸荷（见图 9.9），设卸荷压力为 0.3 MPa，小流量泵在高压下供油，因此两液压泵的总输入功率为

$$P_i=\frac{p_{p1}q_{p1}+p_{p2}q_{p2}}{\eta_p}=\frac{0.3\times10^6\times36\times10^{-3}+4.978\times10^6\times6\times10^{-3}}{0.75\times60\times10^3}\text{ kW}=0.904\text{ kW}$$

其中 η_p 为两液压泵的总效率，且 $\eta_p=0.75$。由此可得，该系统的发热量为

$$\Delta P=P_i-P_o=(0.904-0.03)\text{ kW}=0.874\text{ kW}$$

求油液温升近似值。当通风良好时，取散热系数 $K=16$ W/(m²·℃)，250 L 油箱的散热面积 $A=2.465$ m²，根据式（9.26）可得，油液温升为

$$\Delta T=\frac{\Delta P}{KA}=\frac{0.874\times10^3}{16\times2.465}\text{ ℃}=22\text{ ℃}$$

因此温升没有超出允许范围，该组合机床动力滑台液压传动系统不需要设置冷却器。

9.8 液压传动系统设计计算举例 2

本节以一台上料机的液压传动系统的设计为例，要求驱动它的液压传动系统完成"快速上升→慢速上升→停留→快速下降"的工作循环，其结构示意图如图 9.10 所示。垂直上升工件 1 的自重为 5 000 N，滑台 2 的自重为 1 000 N，快速上升行程为 350 mm，速度要求不低于 45 mm/s，慢速上升行程为 100 mm，其最小速度为 8 mm/s，快速下降行程为 450 mm，速度要求不低于 55 mm/s，滑台采用 V 形导轨，其导轨面的夹角为 90°，滑台与导轨的最大间隙为 2 mm，起动加速和减速时间均为 0.5 s，液压缸的机械效率（考虑密封阻力）为 0.91。

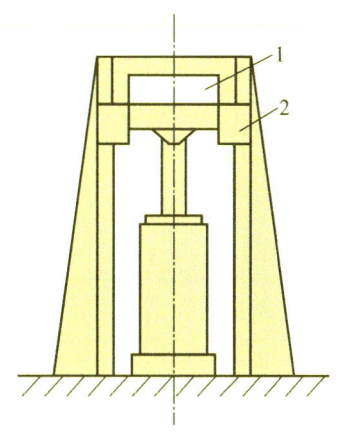

图 9.10 上料机的结构示意图
1—工件；2—滑台

9.8.1 工况分析

1. 负载分析

1）工作负载

$$F_L=F_G=(5\,000+1\,000)\text{ N}=6\,000\text{ N}$$

2）摩擦阻力负载

$$F_f=\frac{fF_N}{\sin\dfrac{\alpha}{2}}$$

由于工件为垂直起升,所以垂直作用于导轨的载荷可由其间隙和结构尺寸求得,即 $F_N=120$ N,取 $f_s=0.2,f_d=0.1$,则有

静摩擦阻力负载

$$F_{fs}=(0.2\times120/\sin45°)\ N=33.94\ N$$

动摩擦阻力负载

$$F_{fd}=(0.1\times120/\sin45°)\ N=16.97\ N$$

3)惯性负载

加速

$$F_{a1}=\frac{G}{g}\frac{\Delta v_1}{\Delta t}=\frac{6\ 000}{9.81}\times\frac{0.045}{0.5}\ N=55.05\ N$$

减速

$$F_{a2}=\frac{G}{g}\frac{\Delta v_2}{\Delta t}=\frac{6\ 000}{9.81}\times\frac{0.045-0.008}{0.5}\ N=45.26\ N$$

制动

$$F_{a3}=\frac{G}{g}\frac{\Delta v_3}{\Delta t}=\frac{6\ 000}{9.81}\times\frac{0.008}{0.5}\ N=9.79\ N$$

反向加速

$$F_{a4}=\frac{G}{g}\frac{\Delta v_4}{\Delta t}=\frac{6\ 000}{9.81}\times\frac{0.055}{0.5}\ N=67.28\ N$$

反向制动

$$F_{a5}=F_{a4}=67.28\ N$$

根据以上计算,考虑到液压缸为垂直安放,其自重较大,为了防止其因自重而自行下滑,系统中应设置平衡回路。因此,在对快速向下运动的负载进行分析时,就不考虑滑台2的自重。液压缸各阶段的负载如表9.9所示($\eta_m=0.91$)。

表9.9　液压缸各阶段的负载

工　况	计　算　公　式	总负载 F/N	液压缸推力$\frac{F}{\eta_m}$/N
起动	$F=F_{fs}+F_L$	6 033.94	6 630.70
加速	$F=F_L+F_{fd}+F_{a1}$	6 072.02	6 672.55
快上	$F=F_L+F_{fd}$	6 016.97	6 612.05
减速	$F=F_L+F_{fd}-F_{a2}$	5 971.71	6 562.32
慢上	$F=F_L+F_{fd}$	6 016.97	6 612.05
制动	$F=F_L+F_{fd}-F_{a3}$	6 007.18	6 601.30
反向加速	$F=F_{fd}+F_{a4}$	84.25	92.58
快下	$F=F_{fd}$	16.97	18.65
制动	$F=F_{fd}-F_{a5}$	−50.31	−55.29

2. 负载图和速度图的绘制

按照前面的负载分析结果及已知的速度要求、行程限制等,绘制出液压缸的负载图及速度图,如图9.11所示。

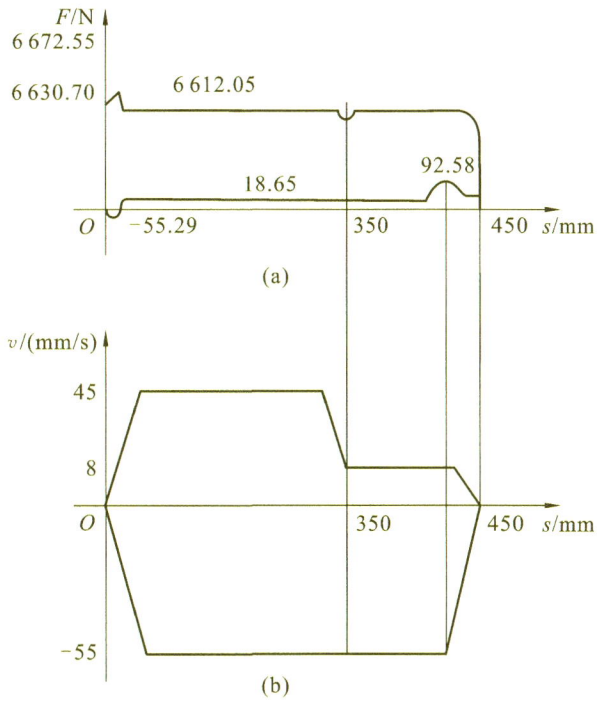

图 9.11　液压缸的负载图及速度图

9.8.2　液压缸主要参数的确定

1. 初选液压缸的工作压力

根据分析，此设备的负载不大，按类型属于机床类，所以初选液压缸的工作压力为 2.0 MPa。

2. 计算液压缸的尺寸

$$A = \frac{F}{p} = 6\ 672.55 \times \frac{1}{20 \times 10^5}\ \text{m}^2 = 33.36 \times 10^{-1}\ \text{m}^2$$

$$D = \sqrt{\frac{4A}{\pi}} = \sqrt{\frac{4 \times 33.36 \times 10^{-4}}{3.141\ 59}}\ \text{m}$$

$$= 6.52 \times 10^{-2}\ \text{m}$$

按标准取 $D = 63$ mm。

根据快上和快下的速度比值来确定活塞杆的直径，即

$$\frac{D^2}{D^2 - d^2} = \frac{55}{45}$$

解得

$$d = 26.86\ \text{mm}$$

按标准取 $d = 25$ mm，则液压缸的有效工作面积为

无杆腔面积 $A_1 = \frac{1}{4}\pi D^2 = \frac{\pi}{4} \times 6.3^2 \text{ cm}^2 = 31.17 \text{ cm}^2$

有杆腔面积 $A_2 = \frac{1}{4}\pi(D^2 - d^2) = \frac{\pi}{4} \times (6.3^2 - 2.5^2) \text{ cm}^2 = 26.26 \text{ cm}^2$

由此可得出快上、慢上和快下时的压力分别为 1.93 MPa、1.93 MPa 和 0.006 5 MPa。

3. 校核活塞杆的稳定性

因为活塞杆总的行程为 450 mm，而活塞杆直径为 25 mm，$l/d = 450/25 = 18 > 10$，需进行稳定性校核。由材料力学中的有关公式，根据该液压缸一端支承、一端铰接，取末端系数 $\psi_2 = 2$，活塞杆材料用普通碳钢，则材料强度试验值 $f = 4.9 \times 10^8$ Pa，系数 $\alpha = 1/5\,000$，柔性系数 $\psi_1 = 85$，$r_k = \sqrt{\frac{J}{A}} = \frac{d}{4} = 6.25$ mm，因为 $\frac{l}{r_k} = 72 < \psi_1\sqrt{\psi_2} = 85\sqrt{2} = 120$，所以有临界载荷 F_k，即

$$F_k = \frac{fA}{1 + \frac{\alpha}{\psi_2}\left(\frac{l}{r_k}\right)^2} = \frac{4.9 \times 10^8 \times \frac{\pi}{4} \times 25^2 \times 10^{-6}}{1 + \frac{1}{2 \times 5\,000} \times \left(\frac{450}{6.25}\right)^2} \text{ N} = 158\,408.84 \text{ N}$$

当取安全系数 $n_k = 4$ 时，有

$$\frac{F_k}{n_k} = \frac{158\,408.84}{4} \text{ N} = 39\,602.21 \text{ N} > 6\,672.55 \text{ N}$$

所以满足稳定性要求。

4. 计算液压缸的最大流量

$q_{快上} = A_1 v_{快上} = 31.17 \times 10^{-4} \times 45 \times 10^{-3} \text{ m}^3/\text{s} = 140.27 \times 10^{-6} \text{ m}^3/\text{s} = 8.42 \text{ L/min}$

$q_{慢上} = A_1 v_{慢上} = 31.17 \times 10^{-4} \times 8 \times 10^{-3} \text{ m}^3/\text{s} = 24.94 \times 10^{-6} \text{ m}^3/\text{s} = 1.50 \text{ L/min}$

$q_{快下} = A_2 v_{快下} = 26.26 \times 10^{-4} \times 55 \times 10^{-3} \text{ m}^3/\text{s} = 144.43 \times 10^{-6} \text{ m}^3/\text{s} = 8.67 \text{ L/min}$

5. 绘制工况图

工作循环中各个阶段液压缸的压力、流量和功率如表 9.10 所示。

表 9.10 工作循环中各个阶段液压缸的压力、流量和功率

工 况	压力 p/MPa	流量 q/(L/min)	功率 P/W
快上	1.93	8.42	270.72
慢上	1.93	1.50	48.13
快下	0.006 5	8.67	0.94

由表 9.10 可绘制出液压缸的工况图，如图 9.12 所示。

9.8.3 液压传动系统原理图的拟定

液压传动系统原理图的拟定主要应考虑以下几个方面的问题。

（1）供油方式。由工况图可知，该系统在快上和快下时所需的流量较大，且比较接近，在慢上时所需的流量较小。因此，从提高系统效率、节省能源的角度考虑，采用单个定量泵的供油方式显然是不合适的，宜选用双联式定量叶片泵作为油源。

（2）调速回路。由工况图可知,该系统在慢速时速度需要调节,考虑到系统功率小,滑台运动速度低,工作负载变化小,所以采用调速阀的回油节流调速回路。

（3）速度换接回路。由于快上和慢上之间速度需要换接,但对换接的位置要求不高,所以采用由行程开关发出信号控制二位二通电磁阀来实现速度换接的方法。

（4）平衡及锁紧。为了在上端停留时防止重物下落和在停留期间内保持重物的位置,特在液压缸的下腔（无杆腔）进油路上设置了液控单向阀;另外,为了克服滑台自重在快下过程中的影响,设置了一单向背压阀。

本液压传动系统的换向采用 Y 型中位机能的三位四通电磁换向阀。图 9.13 所示为拟定的液压传动系统原理图,图 9.14 所示为采用叠加式液压阀的该液压传动系统的原理图。

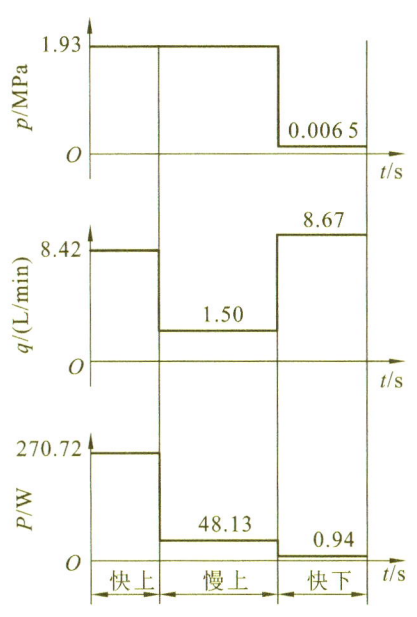

图 9.12　液压缸的工况图

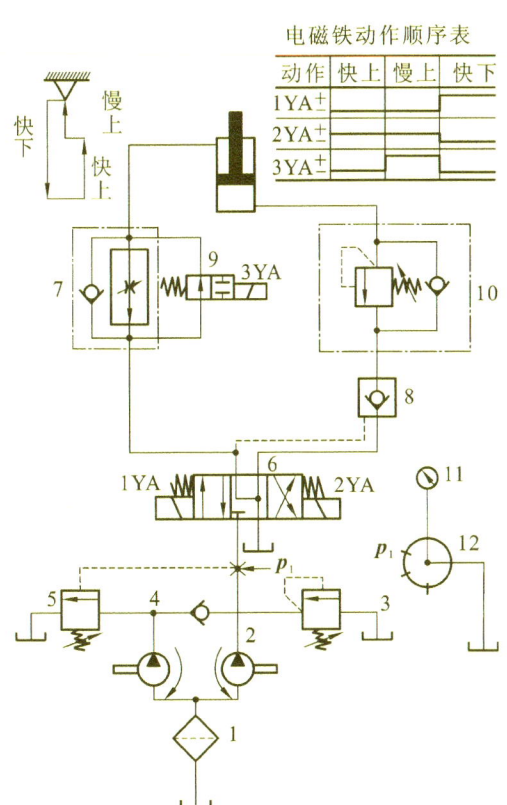

图 9.13　拟定的液压传动系统原理图

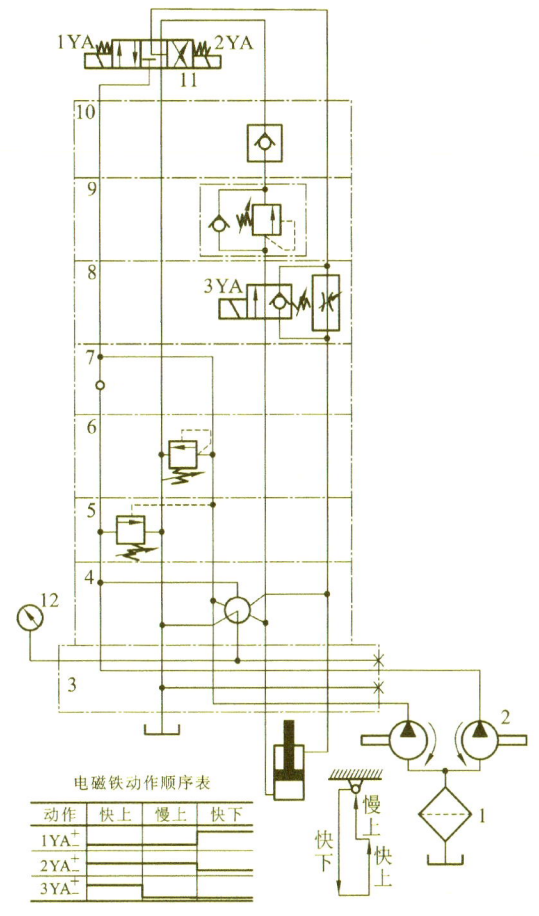

图 9.14　采用叠加式液压阀的该液压传动系统的原理图

9.8.4 液压元件的选择

1. 确定液压泵的型号及电动机的功率

液压缸在整个工作循环中的最大工作压力为 1.93 MPa。由于该系统比较简单，所以取其压力损失 $\sum \Delta p = 0.4$ MPa，则液压泵的工作压力为

$$p_p = p + \sum \Delta p = (1.93 + 0.4) \text{ MPa} = 2.33 \text{ MPa}$$

两个液压泵同时向系统供油时，若回路中的泄漏按 10% 计算，则两个液压泵总的流量应为 $q_p = 1.1 \times 8.67$ L/min $= 9.537$ L/min，由于溢流阀的最小稳定流量为 3 L/min，而工进时液压缸所需流量为 1.5 L/min，所以高压泵输出的流量不得少于 4.5 L/min。

根据以上压力和流量的数值查产品目录，选用 YB1-6.3/6.3 型双联叶片泵，其额定压力为 6.3 MPa，容积效率 $\eta_{pv} = 0.85$，总效率 $\eta_p = 0.75$，所以驱动该泵的电动机的功率可由泵的工作压力(2.33 MPa)和输出流量(当电动机转速为 910 r/min 时) $q_p = 2 \times 6.3 \times 910 \times 0.85 \times 10^{-3}$ L/min $= 9.75$ L/min 求出，即

$$P_p = \frac{p_p q_p}{\eta_p} = \frac{2.33 \times 10^6 \times 9.75 \times 10^{-3}}{60 \times 0.75} \text{ W} = 504.83 \text{ W}$$

查电动机产品目录，拟选用电动机的型号为 Y90S-6，功率为 750 W，额定转速为 910 r/min。

2. 选择阀类元件及辅助元件

根据系统的工作压力和通过各个阀类元件和辅助元件的流量，可选出这些元件的型号及规格，如表 9.11(国内新开发的，接口尺寸为国际标准的 GE 系列)和表 9.12(国内开发的，接口尺寸为国际标准推广使用的叠加阀系列)所示。

表 9.11 液压元件的型号及规格(GE 系列)

序　号	名　　称	通过流量 q_{max}/(L/min)	型号及规格
1	过滤器	11.47	XLX-06-80
2	双联叶片泵	9.75	YB1-6.3/6.3
3	单向阀	4.875	AF3-Ea10B
4	外控顺序阀	4.875	XF3-10B
5	溢流阀	3.375	YF3-10B
6	三位四通电磁换向阀	9.75	34EF3Y-E10B
7	单向顺序阀	11.57	AXF3-10B
8	液控单向阀	11.57	YAF3-Ea10B
9	二位二通电磁换向阀	8.21	22EF3-E10B
10	单向调速阀	9.75	AQF3-E10B
11	压力表	—	Y-100T
12	压力表开关	—	KF3-E3B
13	电动机	—	Y90S-6

表 9.12 液压元件的型号及规格(叠加阀系列)

序 号	名 称	通过流量 q_{max}/(L/min)	型号及规格
1	过滤器	11.47	XLX-06-80
2	双联叶片泵	9.75	YB1-6.3/6.3
3	底板块	9.75	EDKA-10
4	压力表开关	—	4K-F10D-1
5	外控顺序阀	4.875	XY-F10D-P/O(P_1)-1
6	溢流阀	3.375	Y_1-F10D-P/O-1
7	单向阀	4.875	A-F10D-P/PP_1
8	电动单向调速阀	9.75	QAE-F6/10D-AU
9	单向顺序阀	11.57	XA-Fa10D-B
10	液控单向阀	11.57	AY-F10D-B(A)
11	三位四通电磁换向阀	9.75	34EY-H10BT
12	压力表	—	Y-100T
13	电动机	—	Y90S-6

(1)油管。油管内径一般可参照所接元件的接口尺寸确定,也可按管路中允许的流速进行计算。在本例中,出油口采用内径为 8 mm、外径为 10 mm 的纯铜管。

(2)油箱。油箱体积 $V=(5\sim7)q_p$,即 $V=70$ L。

9.8.5 液压传动系统的性能验算

1. 压力损失及调定压力的确定

根据计算,慢上时管道内油液的流动速度约为 0.50 m/s,通过的流量为 1.5 L/min,数值较小,主要压力损失为调速阀两端的压降,此时功率损失最大;而在快下时,滑台及活塞组件的自重由背压阀平衡,系统的工作压力很低,所以不必验算。因而必须以快进为依据来计算卸荷阀和溢流阀的调定压力。由于供油流量的变化,快上时液压缸的速度为

$$v_1=\frac{q_p}{A_1}=\frac{9.75\times10^{-3}}{60\times31.17\times10^{-4}}\ \text{m/s}=0.052\ \text{m/s}=52\ \text{mm/s}$$

此时油液在进油管中的流速为

$$v=\frac{q_p}{A}=\frac{9.75\times10^{-3}}{\frac{\pi}{4}\times8^2\times10^{-6}\times60}\ \text{m/s}=3.23\ \text{m/s}$$

(1)沿程压力损失。首先要判别管中的流态。设系统采用 N32 液压油,室温为 20 ℃时,$\nu=1.0\times10^{-1}\ \text{m}^2/\text{s}$,所以有 $Re=vd/\nu=3.23\times8\times10^{-3}/(1.0\times10^{-1})=258.4<320$,管中液流为层流,则阻力损失系数 $\lambda=75/Re=75/258.4=0.29$。若取进、回油管长度均为 2 m,油液的密度 $\rho=890\ \text{kg/m}^3$,则进油路上的沿程压力损失为

$$\Delta p_{\lambda 1} = \lambda \frac{l}{d} \frac{\rho}{2} v^2 = 0.29 \times \frac{2}{8 \times 10^{-3}} \times \frac{890}{2} \times 3.23^2 \ \text{Pa}$$
$$= 3.37 \times 10^5 \ \text{Pa} = 0.337 \ \text{MPa}$$

（2）局部压力损失。局部压力损失包括管道安装和管接头的压力损失和通过液压阀的局部压力损失。前者视管道具体安装结构而定，一般取沿程压力损失的 10%；而后者则与通过阀的流量大小有关。若阀的额定流量和额定压力损失分别为 q_n 和 Δp_n，则当通过阀的流量为 q 时，阀的压力损失 Δp_v 为

$$\Delta p_v = \Delta p_n \left(\frac{q}{q_n} \right)^2$$

因为 GE 系列 10 mm 通径的阀的额定流量为 63 L/min，叠加阀系列 10 mm 通径的阀的额定流量为 40 L/min，而在本例中通过每一个阀的最大流量仅为 9.75 L/min，所以通过整个阀的压力损失很小，且可以忽略不计。

同理，快上时回油路上的流量为

$$q_2 = \frac{q_1 A_2}{A_1} = \frac{9.75 \times 26.26}{31.17} \ \text{L/min} = 8.21 \ \text{L/min}$$

则回油路油管中的流速为

$$v = \frac{q_2}{A} = \frac{8.21 \times 10^{-3}}{60 \times \frac{\pi}{4} \times 8^2 \times 10^{-6}} \ \text{m/s} = 2.72 \ \text{m/s}$$

由此可计算出 $Re = vd/\nu = 2.72 \times 8 \times 10^{-3}/(1.0 \times 10^{-4}) = 217.6$（层流），$\lambda = 75/Re = 0.345$，所以回油路上的沿程压力损失为

$$\Delta p_{\lambda 2} = \lambda \frac{l}{d} \frac{\rho}{2} v^2 = 0.345 \times \frac{2}{8 \times 10^{-3}} \times \frac{890}{2} \times 2.72^2 \ \text{Pa} = 2.84 \times 10^5 \ \text{Pa} = 0.284 \ \text{MPa}$$

（3）总的压力损失。由上面的计算结果可求出总的压力损失为

$$\sum \Delta p = \Delta p_1 + \frac{A_2}{A_1} \Delta p_2 = \left[(0.337 + 0.033 \ 7) + \frac{26.26}{31.17} \times (0.284 + 0.028 \ 4) \right] \ \text{MPa} = 0.634 \ \text{MPa}$$

原设 $\sum \Delta p = 0.4 \ \text{MPa}$，这与计算结果略有差异，应用计算出的结果来确定系统中阀的调定压力值。

（4）阀的调定压力值。双联泵系统中卸荷阀的调定压力值应该满足快进的要求，以保证双泵同时向系统供油，因而卸荷阀的调定压力值应略大于快进时泵的供油压力，即

$$p_p = \frac{F}{A_1} + \sum \Delta p = (1.93 + 0.634) \ \text{MPa} = 2.564 \ \text{MPa}$$

所以卸荷阀的调定压力应取 2.6 MPa 为宜。

溢流阀的调定压力应比卸荷阀的调定压力大 0.3～0.5 MPa，所以取溢流阀的调定压力为 3.0 MPa。背压阀的调定压力以平衡滑台自重为根据，即

$$p_背 \geqslant \frac{1 \ 000}{31.17 \times 10^{-4}} \ \text{Pa} = 3.2 \times 10^5 \ \text{Pa} = 0.32 \ \text{MPa}$$

取 $p_背 = 0.4 \ \text{MPa}$。

2. 系统的发热与温升

根据以上计算结果可知，快上时电动机的输入功率 $P_p = p_p q_p / \eta_p = 2.6 \times 10^6 \times 9.75 \times 10^{-3}/(60 \times 0.75) \ \text{W} = 563.33 \ \text{W}$；慢上时电动机的输入功率 $P_{pl} = p_{pl} q_p / \eta_p = 3.0 \times 10^6 \times$

4.875×10^{-3}/(60×0.75) W＝325 W；而快上时的有效功率 P_1＝1.93×10^6×9.75×10^{-3}/60 W＝313.63 W；慢上时的有效功率为 48.13 W。所以慢上时的功率损失为 276.87 W，略大于快上时的功率损失 249.7 W。现以较大值来校核其热平衡，求出发热温升。

设油箱的三个边长在 1:1:1 至 1:2:3 范围内，则散热面积为 $A=0.065\sqrt[3]{V^2}=0.065\times\sqrt[3]{70^2}$ m^2＝1.104 m^2，假设通风良好，取 $h=15\times10^{-3}$ kW/(m^2 · ℃)，所以油液的温升为

$$\Delta t=\frac{H}{hA}=\frac{0.276\ 87}{15\times10^{-3}\times1.104}\ ℃=16.72\ ℃$$

室温为 20 ℃，热平衡温度为 36.72 ℃＜65 ℃，没有超出允许范围。

思考与习题

9.1　液压传动系统的设计步骤有哪些？设计时要进行哪些计算？

9.2　如何拟定液压传动系统原理图？

9.3　设计一台板料折弯机的液压传动系统，要求完成的动作循环为快进→工进→快退→停止，且要求动作平稳。根据实测可知，板料折弯机的最大推力为 15 kN，快进、快退速度为 3 m/min，工作进给速度为 1.5 m/min，快进行程为 0.1 m，工进行程为 0.15 m。

9.4　一台专用铣床的铣头的驱动电动机功率为 7.5 kW，铣刀的直径为 120 mm，转速为 350 r/min，工作行程为 400 mm，快进、快退速度为 6 m/min，工进速度为 60～1 000 m/min，加、减速时间为 0.05 s。已知工作台水平放置，导轨摩擦系数为 0.1，运动部件的总重量为 4 000 N，试设计该铣床的液压传动系统。

9.5　设计一卧式单面多轴钻孔组合机床动力滑台的液压传动系统，动力滑台的工作循环是快进→工进→快退→停止。液压传动系统的主要参数与性能要求如下：轴向切削力为 21 000 N，移动部件总重力为 10 000 N，快进行程为 100 mm，快进与快退速度均为 4.2 m/min，工进行程为 20 mm，工进速度为 0.05 m/min，加速、减速时间为 0.2 s，利用平导轨（静摩擦因数为 0.2，动摩擦因数为 0.1），动力滑台可以随时在中途停止运动。

第 10 章
气压传动

◀ **本章指南**

本章主要内容：讲述气压传动的特点，气源装置、辅助元件、气动执行元件、气动控制元件及气动基本回路的组成、工作原理和结构特点，利用气压传动系统实例具体阐述气动基本回路的分析方法和实际应用。

本章重点：掌握组成气压传动系统的气源装置、控制元件、执行元件和辅助元件四个部分。

本章难点：熟悉气动逻辑元件，理解常用的气动基本回路的工作原理和结构特点。

本章教学目的与要求：通过本章的学习，熟悉气压传动的基础知识及气动基本回路的功能、组成和应用；掌握各种气动元件工作原理、结构特点，熟悉其应用；能看懂典型的气压传动系统图，独立分析典型的气压传动系统并了解气压传动新技术。为达到以上目的，从高等教育的特点出发，在讲授过程中突出该内容的概念性、实践性都很强的特点，注意课堂讲授和实验密切结合；在教学过程中，注意激发学生的学习兴趣，提倡学生主动思考问题，培养学生的自学能力。

气压传动与液压传动最大的不同之处在于气压传动的工作介质是压缩空气。本章主要介绍气压传动的特点、气源装置、辅助元件、气动执行元件、气动控制元件及气动基本回路的组成、工作原理和结构特点,利用气压传动系统实例具体阐述气动基本回路的分析方法和实际应用。与液压传动不同的是,气压传动的控制元件不仅包括普通的气动控制阀,还包括用于完成一定逻辑功能的气动逻辑元件等。

◀ 10.1 气压传动概述 ▶

气压传动是以空气压缩机为动力源,以压缩空气为工作介质,进行能量和信号传递的一门技术,是实现生产自动化的有效技术之一。气压传动的工作原理是利用空气压缩机把电动机或其他原动机输出的机械能转换为空气的压力能,然后在控制元件的作用下,通过执行元件把压力能转换为直线运动或回转运动形式的机械能,从而完成各种动作,并对外做功。

10.1.1 气压传动技术的特点

气压传动技术被广泛应用于机械、电子、轻工、纺织、食品、医药、包装、冶金、石化、航空、交通运输等各个工业部门,组合机床、加工中心、气动机械手、生产自动线、自动检测和实验装置等已大量涌现,气压传动技术在提高生产效率、自动化程度、产品质量、工作可靠性和实现特殊工艺等方面显示出极大的优越性。气压传动与机械传动、电气传动、液压传动相比有以下特点。

1. 优点

(1) 气压传动装置结构简单、轻便,易于安装、维护,压力等级低,使用安全。

(2) 工作介质是在地表随处可取的空气,取之不尽、用之不竭;在大多数场合,排气无须处理,可直接进入大气,不污染环境。

(3) 空气的特性受温度影响小,在高温下能可靠地工作,不会发生燃烧或爆炸,且温度变化时,对空气黏度的影响极小,故不会影响传动性能。

(4) 空气的黏度很小(约为液压油的万分之一),所以流动阻力小,在管道中流动的压力损失较小,所以便于集中供应和远距离输送。

(5) 易于得到直线往复运动,并具有相当的功率,速度变化范围广,既可实现高速驱动,也可实现低速驱动;一般气缸的平均速度为 50～500 mm/s,最低可达到 0.5～1 mm/s,用于高压传动时最高可达 1 000 mm/s。

(6) 利用空气的可压缩性,可储存能量,实现集中供气;可在短时间内释放能量,以得到间歇运动中的高速响应和大冲击力;可实现缓冲,对冲击负载和过负载有较强的适应能力,气动装置在一定条件下有自我保护能力。

(7) 工作环境适应性好,特别是在易燃、易爆、多灰尘、强磁、辐射、振动等恶劣环境中,比液压、电子、电气传动和控制优越。

2. 缺点

(1) 由于空气的可压缩性较大,因此气动装置的动作稳定性较差,外载变化时,对工作速度的影响较大。

(2) 由于工作压力低,气动装置的输出力或力矩受到限制,在结构尺寸相同的情况下,气压传动比液压传动输出的力要小得多,气压传动装置输出的力不宜大于 10 kN。

(3) 气动装置中的信号传递速度比光、电控制速度慢,所以不宜用于信号传递速度要求十分高的复杂线路中,同时实现生产过程的遥控也比较困难,但对于一般的机械设备,气动装置中的信号传递速度是能满足工作要求的。

(4) 噪声较大,尤其是在超音速排气时要加消声器。

气压传动与其他传动的性能比较如表 10.1 所示。

表 10.1 气压传动与其他传动的性能比较

传动方式		操作力	动作快慢	环境要求	构造	负载变化影响	操作距离	无级调速	工作寿命	维护	价格
气压传动		中等	较快	适应性好	简单	较大	中距离	较好	长	一般	便宜
液压传动		最大	较慢	不怕振动	复杂	有一些	短距离	良好	一般	要求高	稍贵
电传动	电气	中等	快	要求高	稍复杂	几乎没有	远距离	良好	较短	要求较高	稍贵
	电子	最小	最快	要求特高	最复杂	没有	远距离	良好	短	要求更高	最贵
机械传动		较大	一般	一般	一般	没有	短距离	较困难	一般	简单	一般

10.1.2 气压传动系统的组成

典型的气压传动系统由气源装置、控制元件、执行元件和辅助元件四个部分组成,如图 10.1 所示。

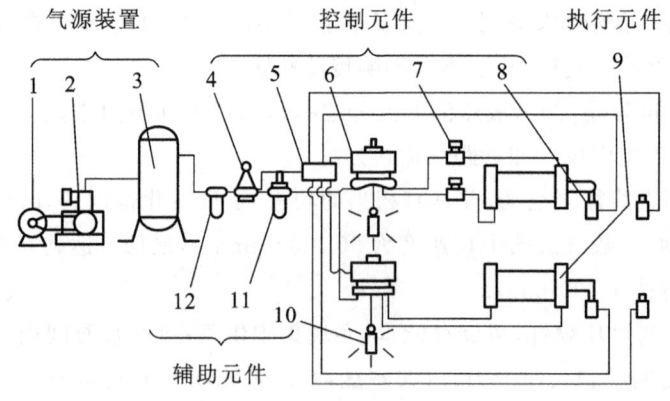

图 10.1 气压传动系统的组成

1—电动机;2—空气压缩机;3—气罐;4—压力控制阀;5—逻辑元件;6—方向控制阀;
7—流量控制阀;8—行程阀;9—气缸;10—消声器;11—油雾器;12—分水滤气器

（1）气源装置：获得压缩空气的装置，其主体部分是空气压缩机，它将原动机供给的机械能转变为气体的压力能。使用气动设备较多的厂矿常将气源装置集中于压气站（俗称空压站）内，由压气站统一向各用气点分配压缩空气。

（2）控制元件：用来控制压缩空气的压力、流量和流动方向的元件，以便使执行机构完成预定的工作循环，它包括各种压力阀、流量阀、方向阀、射流元件、逻辑元件、传感器等。

（3）执行元件：将气体的压力能转换成机械能的一种能量转换装置，它包括实现直线往复运动的气缸和实现连续回转运动或摆动的气动马达或摆动马达等。

（4）辅助元件：保证压缩空气的净化、元件的润滑、元件间的连接及消声等所必需的元件，它包括空气过滤器、油雾器、管接头及消声器等。

10.1.3　气压传动技术的应用和发展

目前气压传动技术已广泛应用于国民经济的各个部门，而且应用范围越来越广，下面介绍气压传动技术的应用。

（1）因气压传动技术高速、高可靠性和特别适合于应用在洁净卫生场合的特点，所以其在包装业中占主导地位。气动元件的灵活性（即对不同产品的快速调节能力）已日益为人们所需要。气压传动技术是适应这种快速变化的最理想的技术。气缸期望的位置可以直接反馈到包装设备主控制器中，这样包装设备对塑料袋封口所用的时间就可以比以前短。

（2）绝大多数具有管道生产流程的各生产部门都可以采用气压传动技术，如有色金属冶炼工业。在冶炼工业中，温度高、灰尘多的场合往往不宜采用电机驱动或液压传动，采用气压传动就比较安全可靠。高炉炉门的启闭常由气压传动完成。

（3）在轻工业中，电气控制和气动控制应用相似，功能大致相同。凡输出力要求不大、动作平稳性或控制精度要求不太高的场合，均可以采用气压传动，成本比电气控制要低得多。对黏稠液体（如牙膏、化妆品、油漆、油墨等）进行自动计量灌装时采用气压传动，不仅能提高工效、减轻劳动强度，而且因有些液体具有易挥发性和易燃性，采用气压传动比较安全。对于食品工业、制药工业、卷烟工业等领域，气压传动由于其无污染性而具有更大的优势，有广泛的应用前景。

（4）在军事工业中，气压传动也得到广泛应用。因电子装置在没有冷却的条件下很难在 300 ℃以上的高温条件下工作，故现代飞机、火箭、导弹、鱼雷等自动装置大多是气压传动的，因为以压缩空气作为动力能源，其体积小、重量轻，甚至比具有相同能量的电池体积还小、还轻，且不怕电子干扰。

10.2　气源装置及气动辅助元件

气源装置是气压传动系统中为系统提供满足一定质量要求的压缩空气的装置，它是气压传动系统的重要组成部分。由空气压缩机产生的压缩空气，必须经过降温、净化、减压、稳压等一系列处理后，才能供给控制元件和执行元件使用。气动辅助元件是元件连接和提高系统可靠性、使用寿命以及改善工作环境等所必需的。

10.2.1 气源装置

1. 气源的要求

由空气压缩机排出的压缩空气虽然可以满足气压传动系统工作时的压力和流量要求，但其温度高达 140～180 ℃，这时空气压缩机气缸中的润滑油也部分成为气态，这样油分、水分及灰尘便形成混合的胶体微尘，与杂质混在压缩空气中一同排出。如果将此压缩空气直接输送给气动装置使用，将会造成下列不良后果：

（1）混在压缩空气中的油蒸气可能聚集在贮气罐、管道、气压传动系统的容器中形成易燃物，有引起爆炸的危险；另一方面，润滑油被汽化后，会形成一种有机酸，对金属设备、气动装置有腐蚀作用，影响设备的寿命。

（2）混在压缩空气中的杂质能沉积在管道和气动元件的通道内，减小了通道面积，增加了管道阻力。特别是对内径只有 0.2～0.5 mm 的某些气动元件会造成阻塞，使压力信号不能正确传递，整个气压传动系统不能稳定工作，甚至失灵。

（3）压缩空气中含有的饱和水分，在一定的条件下会凝结成水，并聚集在个别管道中。在寒冷的冬季，凝结的水会使管道及附件结冰而损坏，影响气动装置的正常工作。

（4）压缩空气中的灰尘等杂质，对气压传动系统中作往复运动或转动的气动元件（如气缸、气动马达、气动换向阀等）的运动副会产生研磨作用，使这些元件因漏气而降低效率，影响它们的使用寿命。

因此气源装置必须设置一些除油、除水、除尘，并使压缩空气干燥，提高压缩空气质量，进行气源净化处理的辅助设备。

2. 气源装置的组成

压缩空气站的设备一般包括产生压缩空气的空气压缩机和使气源净化的辅助设备。图 10.2 所示是一般压缩空气站设备净化流程图。

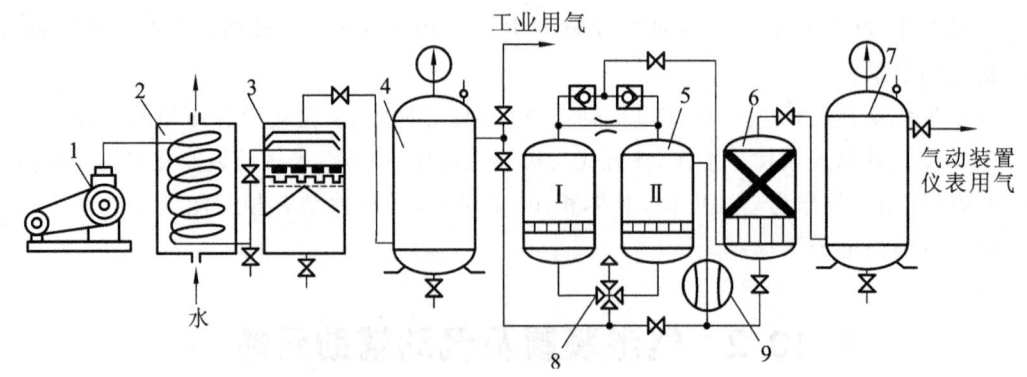

图 10.2 一般压缩空气站设备净化流程图

1—空气压缩机；2—后冷却器；3—油水分离器；4、7—储气罐；5—干燥器；6—空气过滤器；8—四通阀；9—加热器

在图 10.2 中，1 为空气压缩机，用以产生压缩空气，一般由电动机带动，其吸气口装有空气过滤器，以减少进入空气压缩机的杂质；2 为后冷却器，用以降温冷却压缩空气，使汽化的水、油凝结；3 为油水分离器，用以分离并排出降温冷却的水滴、油滴、杂质等；4、7 为储气罐，

用以储存压缩空气,稳定压缩空气的压力,并除去部分油分和水分;5 为干燥器,用以进一步吸收或排除压缩空气中的水分和油分,使之成为干燥空气;6 为空气过滤器,用以进一步过滤压缩空气中的灰尘、杂质颗粒。储气罐 4 输出的压缩空气可用于一般要求的气压传动系统,储气罐 7 输出的压缩空气可用于要求较高的气压传动系统(如气动仪表及射流元件组成的控制回路等)。即将经过一次净化处理的压缩空气再送入干燥器 5,进一步除去气体中的残留水分和油。在净化系统中干燥器Ⅰ和Ⅱ交替使用,其中闲置的一个利用加热器 9 吹入的热空气进行再生,以备接替使用。四通阀 8 用于转换两个干燥器的工作状态,空气过滤器 6 的作用是进一步清除压缩空气中的杂质颗粒和油气。经过处理的气体进入储气罐 7,可供给气动设备和仪表使用。

3. 压缩空气发生装置

1) 空气压缩机的分类

空气压缩机是一种压缩空气发生装置,它是将机械能转化成气体的压力能的能量转换装置,其种类很多,如按工作原理可分为容积型压缩机和速度型压缩机。容积型压缩机的工作原理是压缩气体的体积,使单位体积内气体分子的密度增大,以提高压缩空气的压力,速度型压缩机的工作原理是提高气体分子的运动速度,然后使气体的动能转化为压力能,以提高压缩空气的压力。

2) 空气压缩机的工作原理

气压传动系统中最常用的空气压缩机是往复活塞式,其工作原理是通过曲柄连杆机构使活塞作往复运动而实现吸、压气,并达到提高气体压力的目的。往复活塞式空气压缩机的原理图如图 10.3 所示。当活塞 3 向右运动时,气缸 2 内活塞左腔的压力低于大气压力,吸气阀 8 被打开,空气在大气压力的作用下进入气缸 2 内,这个过程称为吸气过程;当活塞向左运动时,吸气阀 8 在缸内压缩气体的作用下而关闭,缸内气体被压缩,这个过程称为压缩过程;当气缸 2 内的空气压力增大到略高于输气管内压力时,排气阀 1 被打开,压缩空气进入输气管道,这个过程称为排气过程。活塞 3 的往复运动是由电动机带动曲柄转动,通过连杆、滑块、活塞杆转化为直线往复运动而产生的。图中只表示了一个活塞一个缸的空气压缩机,大多数空气压缩机是多缸多活塞的组合。

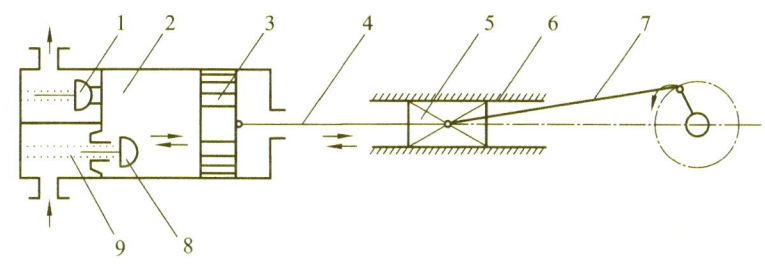

图 10.3　往复活塞式空气压缩机的原理图
1—排气阀;2—气缸;3—活塞;4—活塞杆;5—滑块;6—滑道;7—曲柄连杆;8—吸气阀;9—弹簧

3) 空气压缩机的选用原则

选用空气压缩机的根据是气压传动系统所需的工作压力和流量这两个参数。按排气压力的不同,排气压力为 0.2 MPa 的,为低压空气压缩机;排气压力为 1.0 MPa 的,为中压空气压缩机;排气压力为 10 MPa 的,为高压空气压缩机;排气压力为 100 MPa 的,为超高压空气压缩机。低压空气压缩机为单级式,中压、高压和超高压空气压缩机为多级式,级数最多可达 8 级。目前国外已制成压力达 343 MPa 的聚乙烯用的超高压空气压缩机。

输出流量的选择,要根据整个气压传动系统对压缩空气的需要再加一定的备用余量,作为选择空气压缩机流量的依据。空气压缩机铭牌上的流量是自由空气流量。

4. 压缩空气净化、储存设备

压缩空气净化装置一般包括:空气过滤器、后冷却器、油水分离器、储气罐、干燥器等。

1) 过滤器

空气的过滤是气压传动系统中的重要环节。空气中所含的杂质和灰尘,若进入机体和系统中,将加剧相对滑动件的磨损,加速润滑油的老化,降低密封性能,使排气温度升高,功率损耗增加,从而使压缩空气的质量大为降低。所以在空气进入空气压缩机之前,必须经过空气过滤器,以滤去其中所含的灰尘和杂质。空气过滤器的工作原理是根据固体物质和空气分子的质量和大小的不同,利用惯性、阻隔和吸附的方法将灰尘和杂质与空气分离。

一般空气过滤器基本上由壳体和滤芯所组成,按滤芯所采用的材料的不同可分为纸质、织物(麻布、绒布、毛毡)、陶瓷、泡沫塑料和金属(金属网、金属屑)等过滤器。空气压缩机中普遍采用纸质过滤器和金属过滤器。这种过滤器通常又称为一次过滤器,其滤灰效率为 50%~70%。在空气压缩机的输出端(即气源装置)使用的过滤器为二次过滤器(滤灰效率为 70%~90%)和高效过滤器(滤灰效率大于 99%)。图 10.4 所示为普通空气过滤器(二次过滤器)

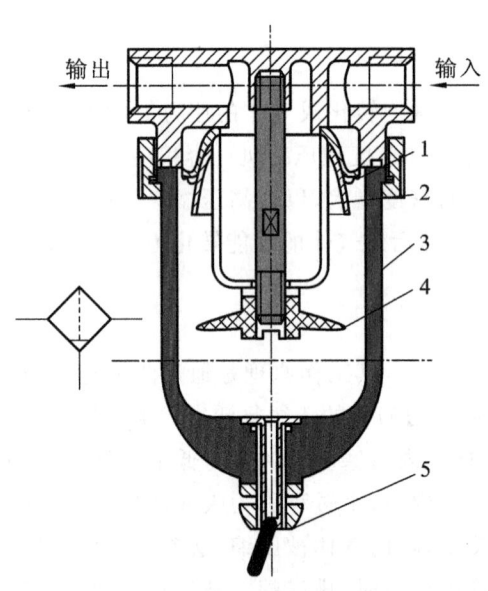

图 10.4 普通空气过滤器的结构图
1—旋风叶子;2—滤芯;
3—存水杯;4—挡水板;
5—手动排水阀

的结构图,其工作原理是:压缩空气从输入口进入后,被引入旋风叶子 1 中,旋风叶子 1 上有许多成一定角度的缺口,迫使空气沿切线方向产生强烈旋转。这样夹杂在空气中的较大水滴、油滴和灰尘等便依靠自身的惯性与存水杯 3 的内壁碰撞,并从空气中分离出来而沉到杯底,而微粒灰尘和雾状水汽则由滤芯 2 滤除。为防止气体旋转而将存水杯 3 中积存的污水卷起,在滤芯 2 下部设有挡水板 4。此外,存水杯 3 中的污水应通过手动排水阀 5 及时排放。在某些人工排水不方便的场合,可采用自动排水式空气过滤器。

2) 后冷却器

后冷却器安装在空气压缩机出口处的管道上。它的作用是将空气压缩机排出的压缩空气的温度由 140~170 ℃降至 40~50 ℃,这样就可使压缩空气中的油雾和水汽迅速达到饱和,使其大部分析出并凝结成油滴和水滴,以便经油水分离器排出。后冷却器的结构形式有蛇形管式、列管式、散热片式、管套式,冷却方式有水冷和气冷两种。蛇形管式后冷却器和列管式后冷却器的结构图如图 10.5 所示。

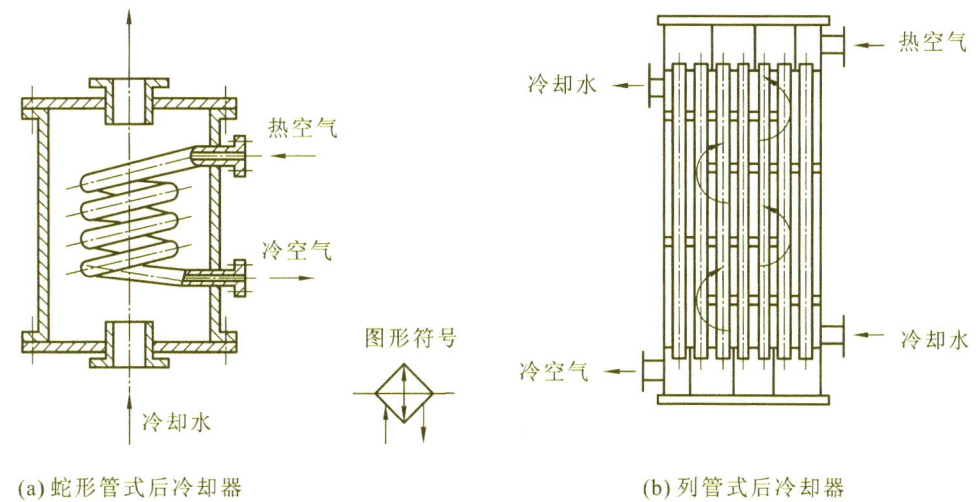

(a) 蛇形管式后冷却器　　　　　　　　(b) 列管式后冷却器

图 10.5　蛇形管式后冷却器和列管式后冷却器的结构图

3）油水分离器

油水分离器安装在后冷却器的出口管道上，它的作用是分离并排出压缩空气中凝聚的油分、水分和灰尘杂质等，使压缩空气得到初步净化。图 10.6 所示是油水分离器的结构示意图。压缩空气由入口进入油水分离器壳体后，气流先受到隔板阻挡而被撞击折回向下（见图中箭头所示流向），之后又上升，产生环形回转，这样凝聚在压缩空气中的油滴、水滴等杂质受惯性力的作用而分离析出，沉降于壳体底部，由放水阀定期排出。

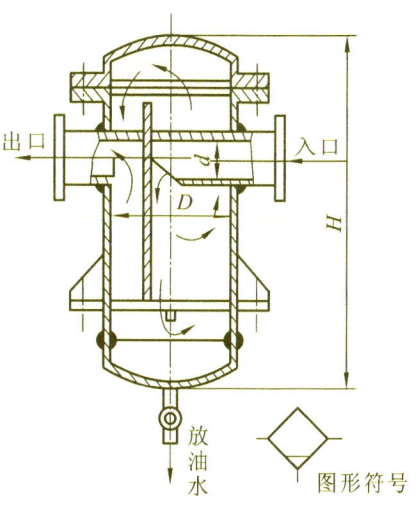

图 10.6　油水分离器的结构示意图

4）储气罐

储气罐的主要作用是储存一定数量的压缩空气，以备发生故障或临时需要应急使用；消除由于空气压缩机断续排气而对系统引起的压力脉动，保证输出气流的连续性和平稳性；进一步分离压缩空气中的油、水等杂质。储气罐一般采用焊接结构。

5）干燥器

经过后冷却器、油水分离器和储气罐后得到初步净化的压缩空气，已满足一般气压传动的需要。但压缩空气中仍含有一定量的油、水以及少量的粉尘。如果用于精密的气动装置、气动仪表等，上述压缩空气还必须进行干燥处理。压缩空气的干燥主要采用吸附、离心、机械降水及冷却等方法。

吸附法是利用具有吸附性的吸附剂（如硅胶、铝胶或分子筛等）来吸附压缩空气中含有的水分而使其干燥；冷却法是利用制冷设备使空气冷却到一定的露点温度，析出空气中超过

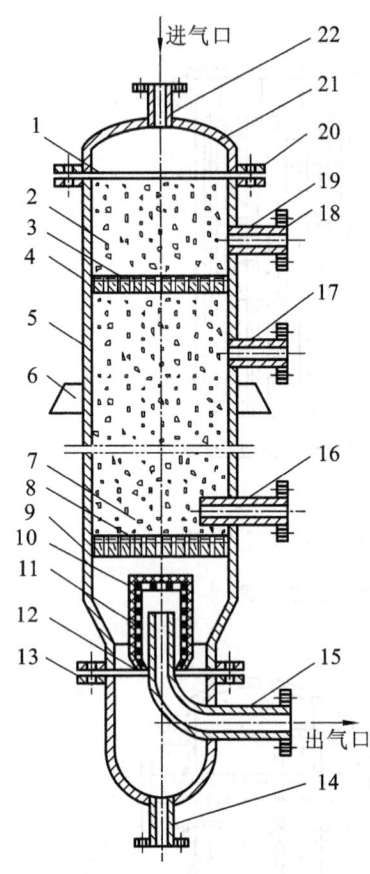

图 10.7　吸附式干燥器的结构图

1、12—密封座；2、7—吸附剂层；

3、8、11—钢丝过滤网；4—上栅板；

5—筒体；6—支承板；9—下栅板；

10—毛毡；13、18、20—法兰；

14—排水管；15—干燥空气输出管；

16—再生空气进气管；

17、19—再生空气排气管；

21—顶盖；22—湿空气进气管

饱和水蒸气部分的多余水分，从而达到所需的干燥度。吸附法是干燥处理方法中应用最为普遍的一种方法。吸附式干燥器的结构图如图 10.7 所示，它的外壳呈筒形，其中分层设置栅板、吸附剂、过滤网等。湿空气从湿空气进气管 22 进入干燥器，通过吸附剂层 2、钢丝过滤网 3、上栅板 4 后，因其中的水分被吸附剂吸收而变得很干燥；然后再经过钢丝过滤网 8、下栅板 9 和钢丝过滤网 11，干燥、洁净的压缩空气便从干燥空气输出管 15 排出。

10.2.2　辅助元件

分水滤气器、减压阀和油雾器一起称为气动三大件，气动三大件依次无管化连接而成的组件称为三联件。气动三大件是多数气动设备中必不可少的气源装置。大多数情况下，气动三大件组合使用，其安装次序依进气方向为分水滤气器、减压阀、油雾器。气动三大件应安装在进气设备的近处。

压缩空气经过气动三大件的最后处理后，进入各气动元件及气压传动系统。因此，气动三大件是气压传动系统所使用的压缩空气质量的最后保证，其组成及规格需由气压传动系统具体的用气要求确定，可以少于三件，只用一件或两件，也可多于三件。

1. 分水滤气器

分水滤气器能除去压缩空气中的冷凝水、固态杂质和油滴，用于空气精过滤。分水滤气器的结构图如图 10.8 所示。其工作原理如下：当压缩空气从输入口进入后，由导流叶片 1 引入滤杯中，导流叶片 1 使空气沿切线方向旋转，形成旋转气流，夹杂在气体中的较大水滴、油滴和杂质被甩到滤杯的内壁上，并沿杯壁流到底部；然后空气通过中间的滤芯 2，部分灰尘、雾状水被滤芯 2 拦截而滤去，洁净的空气便从输出口输出。挡水板 4 用于防止气体漩涡，将杯中积存的污水卷起而破坏过滤作用。为保证分水滤气器正常工作，必须及时将存水杯 3 中的污水通过手动排水阀 5 放掉。在某些人工排水不方便的场合，可采用自动排水式分水滤气器。

2. 油雾器

油雾器是一种特殊的注油装置。它以空气为动力，使润滑油雾化后，注入空气流中，并随空气进入需要润滑的部件，达到润滑的目的。

油雾器的工作原理如图 10.9 所示。假设气流通过文氏管后压力降为 p_2，当输入压力 p_1 和 p_2 的压力差 Δp 大于把油液吸到输出口所需压力 $\rho g h$ 时，油液被吸入，在输出口形成油雾，并随压缩空气输送出去。若已知输入压力为 p_1，通过文氏管后压力降为 p_2，而 $\Delta p =$

p_1-p_2,但因油液的黏性阻力是阻止油液向上运动的力,因此实际需要的压力差要大于 pgh。黏度较大的油液所需的压力差 Δp 就较大。相反,黏度较小的油液所需的压力差 Δp 就小一些,但是黏度较小的油液即使雾化也容易沉积在管道上,很难到达所期望的润滑点。因此,在气动装置中要正确选择润滑油的牌号。

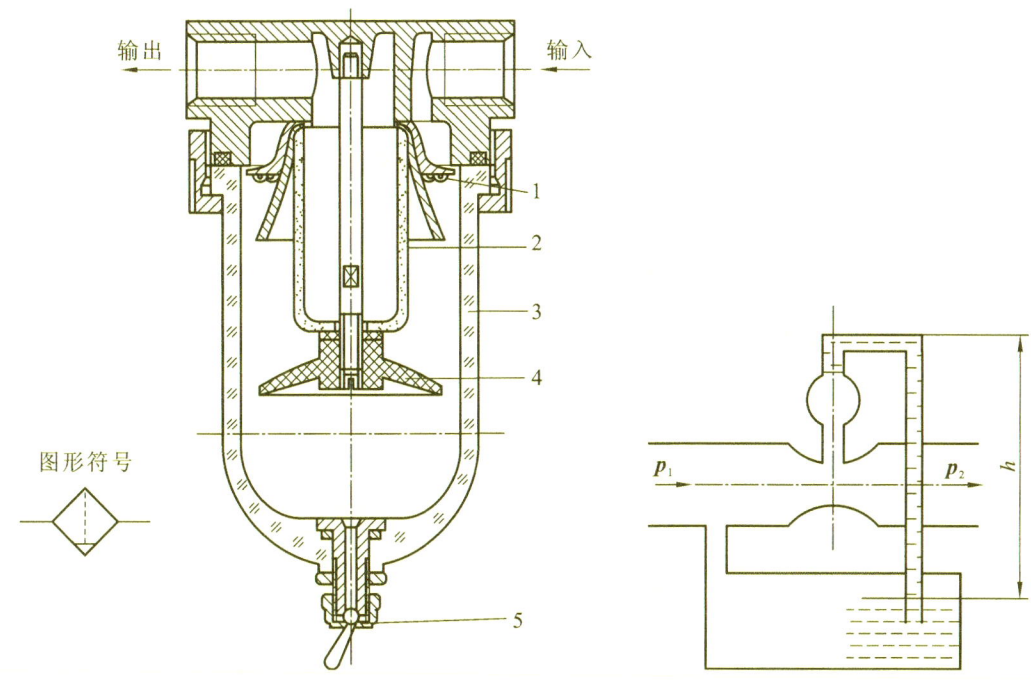

图 10.8　分水滤气器的结构图
1—导流叶片;2—滤芯;3—存水杯;
4—挡水板;5—手动排水阀

图 10.9　油雾器的工作原理

图 10.10 所示是普通油雾器(也称一次油雾器)的结构简图。当压缩空气由输入口进入后,通过喷嘴 1 下端的小孔进入阀座 4 的腔室内,在截止阀的钢球 2 的上、下表面形成压力差,由于泄漏和弹簧 3 的作用,钢球 2 处于中间位置,压缩空气进入存油杯 5 的上腔使油面受压,油液经吸油管 6 将单向阀 7 的钢球顶起,钢球上部管道有一个方形小孔,钢球不能将上部管道封死,油液不断流入视油器 9 内,再滴入喷嘴 1 中,被主管道中的气流从上面的小孔引射出来,雾化后从输出口输出。节流阀 8 可以调节流量,使滴油量在每分钟 0～120 滴内变化。

二次油雾器能使油滴在雾化器内进行两次雾化,使油雾粒度更小、更均匀,输送距离更远。二次雾化粒径可达 5 μm。

油雾器的选择主要是根据气压传动系统所需额定流量及油雾粒径大小来进行。所需油雾粒径在 50 μm 左右,选用一次油雾器;若所需油雾粒径很小,可选用二次油雾器。油雾器一般应配置在分水滤气器和减压阀之后、用气设备之前较近处。

3. 消声器

在气压传动系统之中,气缸、气阀等元件工作时,排气速度较高,气体体积急剧膨胀,会产生刺耳的噪声。噪声的强弱随排气的速度、排量和空气通道的形状而变化。排气的速度

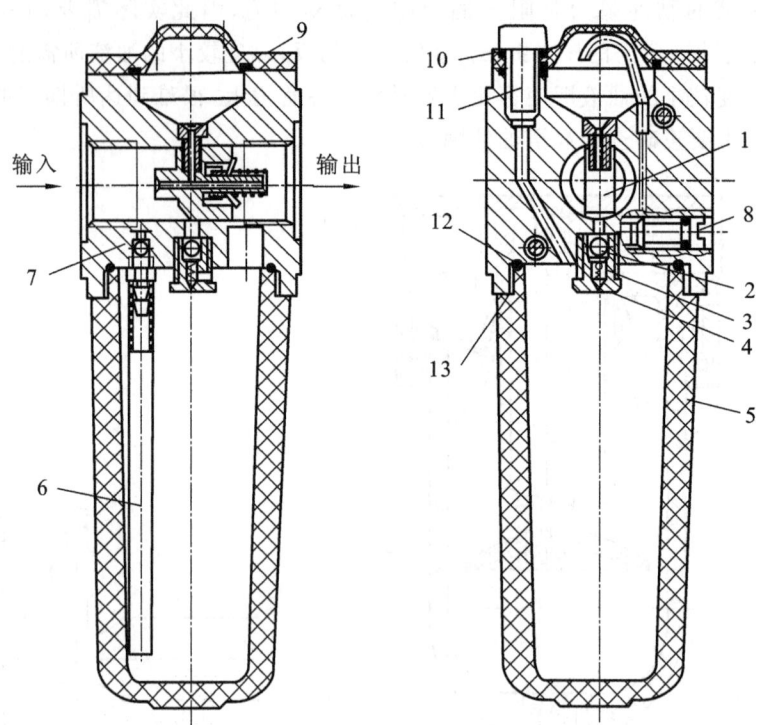

图 10.10   普通油雾器的结构简图

1—喷嘴;2—钢球;3—弹簧;4—阀座;5—存油杯;6—吸油管;7—单向阀;

8—节流阀;9—视油器;10、12—密封垫圈;11—油塞;13—螺母、螺钉

和功率越大,噪声就越大,一般可达 100～120 dB。为了降低噪声,可以在排气口装消声器。

消声器就是通过阻尼或增加排气面积来降低排气速度和功率,从而降低噪声的。根据消声原理的不同,消声器可分为三种类型:阻性消声器、抗性消声器和阻抗复合式消声器。常用的是阻性消声器。

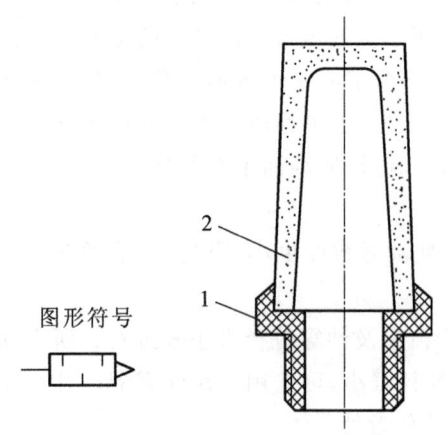

图形符号

图 10.11   阻性消声器的结构简图

1—连接螺丝;2—消声罩

图 10.11 所示是阻性消声器的结构简图。这种消声器主要依靠吸音材料消声。消声罩 2 为多孔的吸音材料,一般用聚苯乙烯或铜珠烧结而成。当消声器的通径小于 20 mm 时,多用聚苯乙烯作为消音材料制成消声罩;当消声器的通径大于 20 mm 时,消声罩多用铜珠烧结,以增加强度。阻性消声器的消声原理是:当有压缩气体通过消声罩时,气流受到阻力,声能量被部分吸收而转化为热能,从而降低了噪声强度。

阻性消声器结构简单,具有良好的消除中、高频噪声的性能。在气压传动系统中,排气噪声主要是中、高频噪声,尤其是高频噪声,所以采用这种消声器是合适的。

4. 真空元件

气压传动系统中的大多数气动元件,包括气源发生装置、执行元件、控制元件以及各种辅助元件,都是在高于大气压力的气压作用下工作的,用这些元件组成的气压传动系统称为正压系统;另外有一类元件可在低于大气压力的气压作用下工作,这类元件组成的气压传动系统称为负压系统(或称真空系统)。

1) 真空系统的组成

真空系统一般由真空发生器(真空压力源)、吸盘(执行元件)、真空阀(控制元件,有手动阀、机控阀、气控阀及电磁阀)及辅助元件(管件接头、空气过滤器和消音器等)组成。有些元件在正压系统和负压系统中是通用的,如管件接头、空气过滤器、消声器及部分控制元件。

图 10.12 所示为典型的真空回路。实际上,由真空发生器构成的真空回路,往往是正压系统的一部分,同时组成一个完整的气压传动系统。如在气动机械装置中,图 10.12 所示的吸盘真空回路仅是其气动控制系统的一部分,吸盘是机械手的抓取机构,随着机械手臂而运动。

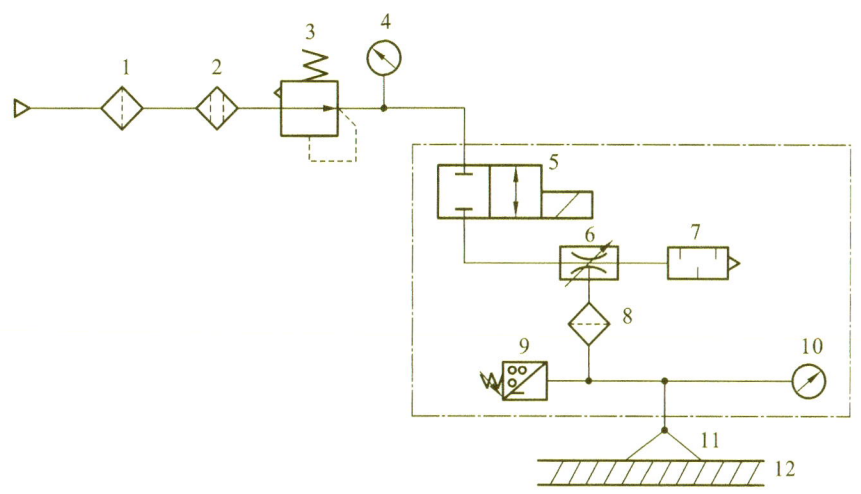

图 10.12 典型的真空回路

1—空气过滤器;2—精过滤器;3—减压阀;4—压力表;5—电磁阀;6—真空发生器;
7—消声器;8—真空过滤器;9—真空压力开关;10—真空压力表;11—吸盘;12—工件

以真空发生器为核心构成的真空系统适合于任何具有光滑表面的工件,特别是非金属制品且不适合夹紧的工件,如易碎的玻璃制品,柔软而薄的纸张、塑料及各种电子精密零件。真空系统已广泛用于轻工、食品、印刷、医疗、塑料制品以及自动搬运和机械手等各种机械,如玻璃的搬运、装箱,机械手抓取工件,印刷机械中的纸张检测、运输,真空包装机械中包装纸的吸附、送标、贴标,包装袋的开启,精密零件的输送,塑料制品的成型,电子产品的加工、运输、装配等各种工序作业。

2) 真空发生器

用真空发生器产生负压的特点有:结构简单、体积小、使用寿命长;产生的真空度可达 88 kPa,抽吸流量不大,但可控可调,稳定可靠;瞬时开关特性好,无残余负压;同一输出口可使用负压或交替使用正、负压。

图 10.13 所示为真空发生器的工作原理图。真空发生器由喷嘴、接收室、混合室和扩散室组成。压缩空气通过收缩的喷嘴射出的一束流体的流动称为射流。射流能卷吸周围的静

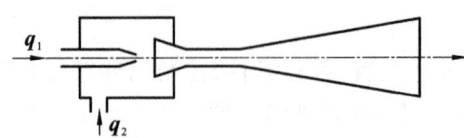

图 10.13　真空发生器的工作原理图

止流体和它一起向前流动,这称为射流的卷吸作用。而自由射流在接收室内的流动,将限制射流与外界的接触,但从喷嘴流出的主射流还是要卷吸一部分周围的流体向前运动,于是在射流的周围形成一个低压区,接收室内的流体便被吸进来,与主射流混合后,经接收室另一端流出。这种利用一束高速流体将另一束流体(静止或低速流)吸进来,相互混合后一起流出的现象称为引射。当喷嘴两端的压力差达到一定值时,气流以声速或亚声速流动,于是在喷嘴出口处,即接收室内可获得一定负压。

10.2.3　管路系统设计

1. 供气管道

(1)压缩空气站内气源管道:包括空气压缩机的排气口至后冷却器、油水分离器、储气罐、干燥器等设备的压缩空气管道。

(2)厂区压缩空气管道:包括从压缩空气站至各用气车间的压缩空气输送管道。

(3)用气车间压缩空气管道:包括从车间入口到气动设备和气动装置的压缩空气输送管道。

2. 供气管道的设计原则

1)从供气的压力和流量考虑

若工厂中的气动设备对压缩空气源的压力有多种要求,则气源系统管道必须按满足最高压力要求来设计。若仅采用同一个管道系统供气,对于供气压力要求较低者,可通过减压阀来实现。由供气的最大流量和允许压缩空气在管道内流动的最大压力损失决定气源供气系统管道的管径大小。为避免压缩空气在管道内流动时有较大的压力损失,压缩空气在管道中的流速一般应小于 25 m/s。当管道内气体的体积流量为 q,管道中允许的流速为 v 时,管道的内径为

$$d=\sqrt{\frac{4q}{3\ 600\pi v}} \tag{10.1}$$

由式(10.1)求得管道的内径 d 后,再结合流量(或流速)验算空气通过某段管道的压力损失是否在允许范围内。一般对于较大的空气压缩站,在厂区范围内,从管道的起点到终点,压缩空气的压力降不能超过气源初始压力的 8%;在车间范围内,不能超过供气压力的 5%。若超过了,可适当增大管道的内径。

2)从供气的质量要求考虑

当气动装置对供气质量(水、油含量及干燥程度等)有不同要求时,如果用一个气源管道供气,则必须考虑其中对气源供气质量要求较高的气动装置,采取就地设置小型干燥过滤装置或空气过滤器的方法来解决。也可通过技术、经济方面的全面比较,设置两套气源管道供气系统。

3)从供气的可靠性、经济性考虑

(1)单树枝状管网供气系统。

如图 10.14 所示,这种供气系统简单,经济性好,适合于间断供气的工厂采用。但该系

统中的阀门等附件容易损坏,尤其是开关频繁的阀门更易损坏。解决方法是将两个开关频繁的阀门串联起来,其中一个用于经常动作,另一个在一般情况下总开启,当经常动作的阀门需要更换检修时,这个阀门才关闭,使之与系统切断,不致影响整个系统工作。

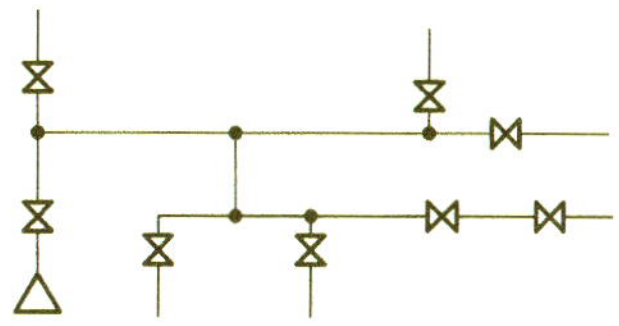

（2）环状管网供气系统。

图 10.14　单树枝状管网供气系统

如图 10.15 所示,这种系统的供气可靠性比单树枝状管网供气系统的要高,而且压力较稳定,末端压力损失较小,当支管上有一个阀门损坏需要检修时,可将环形管道上两侧的阀门关闭,以保证更换、维修支管上的阀门时整个系统能正常工作,但此系统成本较高。

（3）双树枝状管网供气系统。

如图 10.16 所示,这种供气系统能保证对所有的用户不间断供气,正常状态下两套管网供气系统同时工作。当其中任何一个管道附件损坏时,可关闭其所在的那套系统进行检修,而另一套系统照常工作。双树枝状管网供气系统实际上有一套备用系统,相当于两套单树枝状管网供气系统,适用于有不允许停止供气等特殊要求的用户。

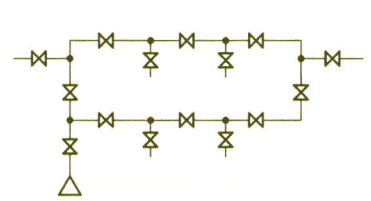

图 10.15　环状管网供气系统

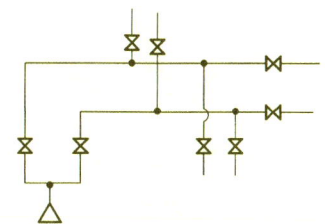

图 10.16　双树枝状管网供气系统

◀ 10.3　气动执行元件 ▶

气动执行元件是将压缩空气的压力能转换为机械能的装置,它包括气缸和气动马达。气缸用于直线往复运动或摆动,气动马达用于实现连续回转运动。

10.3.1　气动马达

气动马达是气动执行元件的一种,它的作用相当于电动机或液压马达,即输出力矩,拖动机构作旋转运动。最常见的气动马达是活塞式气动马达和叶片式气动马达。叶片式气动马达制造简单,结构紧凑,但低速运动转矩小,低速性能不好,适用于中、低功率的机械,目前在矿山及风动工具中应用普遍;活塞式气动马达在低速情况下有较大的输出功率,它的低速性能好,适宜于载荷较大和要求低速转矩的机械,如起重机、绞车、绞盘、拉管机等。

1. 气动马达的工作原理

图 10.17 所示是叶片式气动马达的工作原理图。叶片式气动马达的主要结构和工作原理与叶片式液压马达的相似,主要包括一个径向装有 3～10 个叶片的转子,转子偏心安装在

定子内,转子两侧有前后盖板(图中未画出)。当压缩空气从 A 口进入后分为两路:一路进入叶片底部槽中,使叶片从径向沟槽伸出;另一路进入定子腔,转子周围径向分布的叶片由于偏心,伸出的长度不同而使其受力不一样,从而产生旋转力矩,叶片带动转子作逆时针旋转。定子内有半圆形的切沟,可提供压缩空气及排出废气。废气从排气口 C 排出,而定子腔内残留气体则从 B 口排出。如果需要改变气动马达的旋转方向,只需改变进、排气口即可。

2. 气动马达的特性曲线

图 10.18 所示是在一定的工作压力下作出的叶片式气动马达的特性曲线。由图可知,气动马达具有软特性的特点。当外加转矩 T 等于零时,即为空转,此时转速达到最大值 n_{max},输出功率等于零;当外加转矩等于气动马达的最大转矩 T_{max} 时,气动马达停止转动,此时输出功率等于零;当外加转矩等于最大转矩的一半时,气动马达的转速也为最大转速的 $1/2$,此时气动马达的输出功率 P 最大,用 P_{max} 表示。

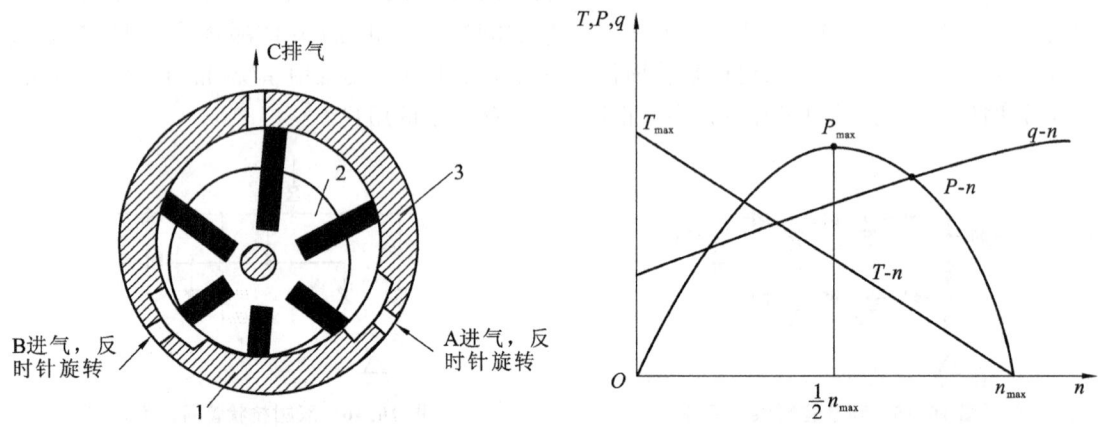

图 10.17　叶片式气动马达的工作原理图
1—叶片;2—转子;3—定子

图 10.18　叶片式气动马达的特性曲线

由于气动马达具有一些比较突出的优点,在某些场合它比电动机和液压马达更适用。气动马达的优点如下。

(1)具有防爆性能,工作安全。由于气动马达的工作介质(空气)本身的特性和结构设计上的考虑,气动马达能够在工作中不产生火花,故可以在易燃易爆场所工作,同时不受高温和振动的影响,并能用于空气极潮湿的环境而无漏电危险。

(2)气动马达的软特性使之能长时间满载工作而温升较小,且有过载保护的性能。

(3)可以无级调速。控制进气流量,就能调节气动马达的转速和功率。气动马达的额定转速为每分钟几十转到几十万转。

(4)具有较高的起动力矩,可以直接带动负载运动。

(5)与电动机相比,气动马达的单位功率尺寸小,重量轻,适于安装在位置狭小的场合及手工工具上。但气动马达具有输出功率小、耗气量大、效率低、噪声大和易产生振动等缺点。

10.3.2　气缸

气缸按结构形式分为两大类:活塞式和膜片式。其中,活塞式又分为单活塞式和双活塞式,而单活塞式又分为有活塞杆和无活塞杆两种。除了几种特殊气缸外,普通气缸的种类及结构形式与液压缸的基本相同。目前常用的标准气缸的结构和参数都已系列化、标准化、通用化,如 QGA 系列为无缓冲普通气缸,QGB 系列为有缓冲普通气缸。其他几种较为典型的特殊气缸有气液阻尼缸、薄膜式气缸和冲击式气缸等。

1. 气缸的基本构造(以单杆双作用气缸为例)

气缸的构造多种多样,但使用最多的是单杆双作用气缸。下面就以单杆双作用气缸为例,说明气缸的基本构造。

图 10.19 所示为单杆双作用气缸,它由缸筒、端盖、活塞、活塞杆和密封件等组成。缸筒内径的大小代表了气缸输出力的大小,活塞要在缸筒内作平稳的往复滑动,缸筒内表面的粗糙度 Ra 应达到 $0.8\ \mu m$。对于钢管缸筒,其内表面还应镀硬铬,以减小摩擦阻力和磨损,并能防止锈蚀。缸筒材质除了使用高碳钢管外,还可使用高强度铝合金和黄铜,小型气缸有时用不锈钢。带磁性环或在腐蚀环境中使用的气缸,其缸筒应使用不锈钢、铝合金或黄铜等材质。

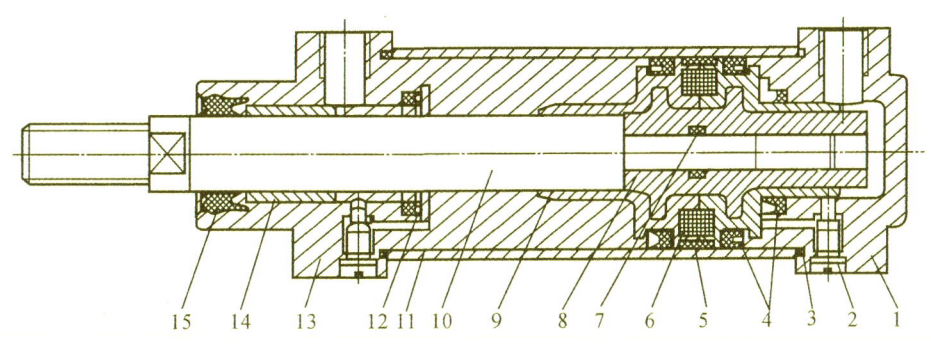

图 10.19　单杆双作用气缸

1—后端盖;2—缓冲节流;3、7—密封圈;4—活塞密封圈;5—导向环;6—磁性环;8—活塞;
9—缓冲柱塞;10—活塞杆;11—缸筒;12—缓冲密封圈;13—前端盖;14—导向套;15—防尘组合密封圈

端盖上设有进、排气通口,有的还在端盖内设有缓冲机构。前端盖设有防尘组合密封圈,以防止从活塞杆处向外漏气和防止外部灰尘混入缸内。前端盖设有导向套,以提高气缸的导向精度,承受活塞杆上的少量径向载荷,减小活塞杆伸出时的下弯量,延长气缸的使用寿命。导向套通常使用烧结含油合金、铅青铜铸件。端盖常采用可锻铸铁,现在为了减轻质量并防锈,常使用铝合金压铸,有的微型气缸使用黄铜材料。

活塞是气缸中的受力零件。为了防止活塞左、右两腔相互窜气,因此设有活塞密封圈。活塞上的耐磨环可提高气缸的导向性。耐磨环常使用聚氨酯、聚四氟乙烯、夹布合成树脂等材料。活塞的材质常采用铝合金和铸铁,有的小型气缸的活塞用黄铜制成。

活塞杆是气缸中最重要的受力零件,通常使用高碳钢,其表面经镀硬铬处理;或使用不锈钢,以防腐蚀,并能提高密封圈的耐磨性。

2. 气缸的工作特性

1)气缸的速度

气缸活塞的运动速度在运动过程中是变化的,通常所说的气缸速度是指气缸活塞的平均速度。如普通气缸的速度范围为 $50\sim500\ mm/s$,指的就是气缸活塞在全行程范围内的平均速度。目前普通气缸的最低速度为 $5\ mm/s$,最高速度可达 $17\ m/s$。

2）气缸的理论输出力

气缸的理论输出力的计算公式和液压缸的相同。

3）气缸的效率和负载率

气缸未加载时实际所能输出的力，受气缸活塞和缸筒之间的摩擦力、活塞杆与前缸盖之间的摩擦力的影响。摩擦力影响程度用气缸效率 η 表示。η 与气缸缸径 D 和工作压力 p 有关。缸径增大，工作压力提高，气缸效率 η 增加。一般气缸效率为 0.7～0.95。

与液压缸不同，要精确地确定气缸的实际输出力是很困难的。于是，在研究气缸性能和确定气缸缸径时，常用到负载率 β。气缸负载率的计算公式为

$$\beta＝（气缸的实际负载 F/气缸的理论输出力 F_0）\times100\%。$$

气缸的实际负载（轴向负载）由工况决定。若确定了气缸负载率 β，则由定义就可确定气缸的理论输出力 F_0，从而可以计算气缸的缸径。气缸负载率 β 的选取与气缸的负载性质及气缸的运动速度有关，详见表 10.2。

表 10.2　气缸的运动状态与负载率

静负载	惯性负载的运动速度 v		
	<100 mm/s	100～500 mm/s	>500 mm/s
$\beta=0$	$\beta\leqslant0.65$	$\beta\leqslant0.5$	$\beta=0.3$

由此可以计算气缸的缸径，再按标准进行圆整。估算时可取活塞杆直径 $d=0.3D$。

4）气缸的耗气量

气缸的耗气量是指气缸在往复运动时所消耗的压缩空气量。耗气量的大小与气缸的性能无关，但它是选择空气压缩机的重要依据。

最大耗气量 q_{max} 是指气缸活塞完成所有行程所需的自由空气耗气量，有

$$q_{max}=\frac{As(p+p_0)}{t\eta_v p_a} \tag{10.2}$$

式中：A 为气缸的有效工作面积；s 为气缸行程；t 为气缸活塞完成一次行程所需时间；p 为工作压力；p_a 为大气压力；η_v 为气缸容积效率，一般取 $\eta_v=0.9～0.95$。

3. 其他常用气缸简介

1）气液阻尼缸

普通气缸工作时，由于气体的压缩性，当外部载荷变化较大时，会产生"爬行"或"自走"现象，使气缸的工作不稳定。为了使气缸运动平稳，普遍采用气液阻尼缸。

气液阻尼缸由气缸和油缸组合而成，它的工作原理如图 10.20 所示。它是以压缩空气为能源，并利用油液的不可压缩性和控制油液排量来获得活塞的平稳运动和调节活塞的运动速度的。它将油缸和气缸串联成一个整体，两个活塞固定在一根活塞杆上。当气

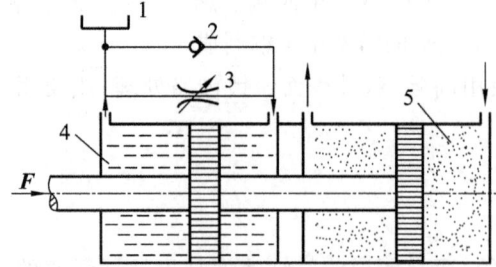

图 10.20　气液阻尼缸的工作原理图

1—油杯；2—单向阀；3—节流阀；4—油液；5—气体

缸右端供气时,气缸克服外负载并带动油缸同时向左运动,此时油缸左腔排油,单向阀关闭,油液只能经节流阀缓慢流入油缸右腔,对整个活塞的运动起阻尼作用。调节节流阀的阀口大小就能达到调节活塞运动速度的目的。当压缩空气经换向阀从气缸左腔进入时,油缸右腔排油,此时因单向阀开启,活塞能快速返回到原来位置。

这种气液阻尼缸的结构一般是将双活塞杆缸作为油缸,因为这样可使油缸两腔的排油量相等,此时油箱内的油液只需用来补充因油缸泄漏而减少的油量,一般用油杯就行了。

2)薄膜式气缸

薄膜式气缸是一种利用压缩空气通过膜片推动活塞杆作往复直线运动的气缸。它由缸体、膜片、膜盘和活塞杆等主要零件组成,其功能类似于活塞式气缸。它分为单作用式和双作用式两种,如图10.21所示。

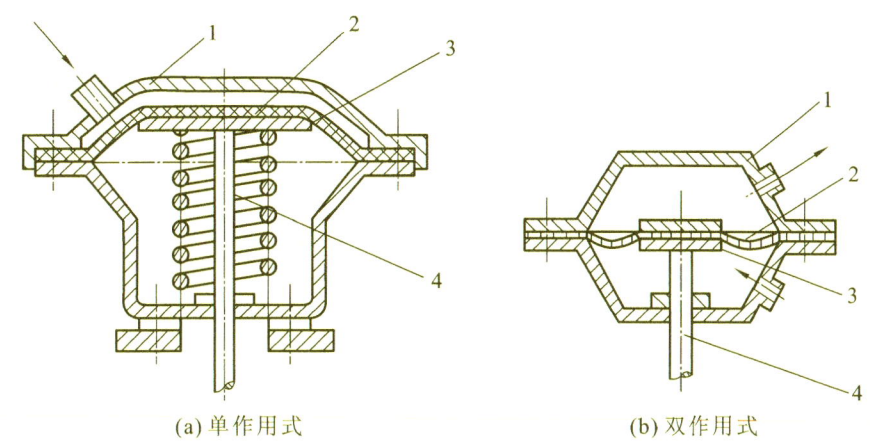

(a)单作用式　　　　　　　(b)双作用式

图10.21　薄膜式气缸的结构简图
1—缸体;2—膜片;3—膜盘;4—活塞杆

薄膜式气缸的膜片可以做成盘形膜片和平膜片两种形式。膜片材料为夹织物橡胶、钢片或磷青铜片。常用的是夹织物橡胶,橡胶的厚度为5～6 mm,有时也可为1～3 mm。金属式膜片只用于行程较短的薄膜式气缸中。

薄膜式气缸和活塞式气缸相比较,具有结构简单、紧凑、制造容易、成本低、维修方便、寿命长、泄漏小、效率高等优点。但是膜片的变形量有限,故其行程短(一般不超过40 mm),且气缸活塞杆上的输出力随着行程的增大而减小。

3)冲击气缸

冲击气缸是一种体积小、结构简单、易于制造、耗气功率小,但能产生相当大的冲击力的一种特殊气缸。与普通气缸相比,冲击气缸的结构特点是增加了一个具有一定容积的蓄能腔和喷嘴。它的工作原理如图10.22所示。

冲击气缸的整个工作过程可简单地分为三个阶段。

第一阶段如图10.22(a)所示。压缩空气由孔A输入冲击气缸的下腔,蓄气缸经孔B排气,活塞上升并用密封垫封住喷嘴,中盖和活塞间的环形空间经排气孔与大气相通。

第二阶段如图10.22(b)所示。压缩空气改由孔B输入蓄气缸中,冲击气缸下腔经孔A排气。由于活塞上端气压作用在面积较小的喷嘴上,而活塞下端受力面积较大,一般设计成喷嘴面积的9倍,冲击气缸下腔的压力虽因排气而下降,但此时活塞下端向上的作用力仍然大于活塞上端向下的作用力。

第三阶段如图10.22(c)所示。蓄气缸的压力继续增大,冲击气缸下腔的压力继续降低,当蓄气缸内的压力高于活塞下腔压力的9倍时,活塞开始向下移动,活塞一旦离开喷嘴,蓄气缸内的高压气体迅速充入到活塞与中盖间的空间,使活塞上端受力面积突然增加9倍,于是活塞将以极大的加速度向下运动,气体的压力能转换成活塞的动能。当冲程达到一定值时,将获得最大冲击速度和能量,利用这个能量对工件进行冲击做功,可产生很大的冲击力。

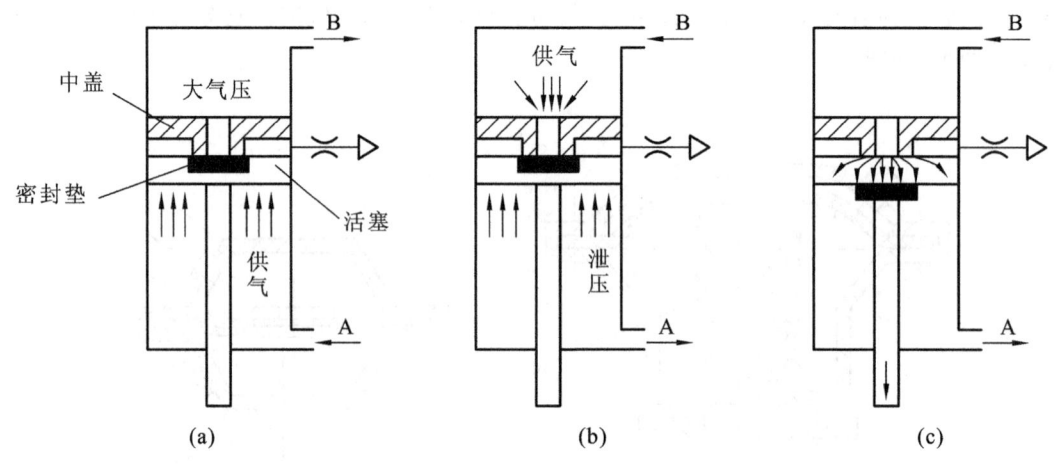

图 10.22　冲击气缸的工作原理图

气缸根据作用在活塞上的方向、结构特征、功能及安装方式来分类。常用气缸的分类、简图及其特点如表10.3所示。

表 10.3　常用气缸的分类、简图及其特点

类　别	名　称	简　图	特　点
单向作用气缸	柱塞式气缸		压缩空气使活塞向一个方向运动(外力复位),输出力小,主要用于小直径气缸
	活塞式气缸(外力复位)		压缩空气只使活塞向一个方向运动,靠外力或重力复位,可节省压缩空气
	活塞式气缸(弹簧复位)		压缩空气只使活塞向一个方向运动,靠弹簧复位,结构简单,耗气量小,弹簧起背压缓冲作用,用于行程较小、对推力和速度要求不高的场合

类 别	名 称	简 图	特 点
双向作用气缸	无缓冲气缸（普通气缸）	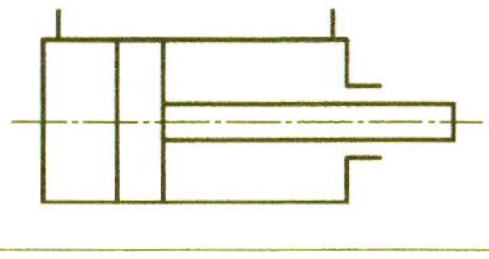	利用压缩空气使活塞向两个方向运动,活塞行程可根据需要选定,是气缸中最普通的一种,应用广泛
	双活塞杆气缸		活塞左、右运动速度和行程均相等,通常活塞杆固定,缸体运动,适合于长行程
	回转气缸	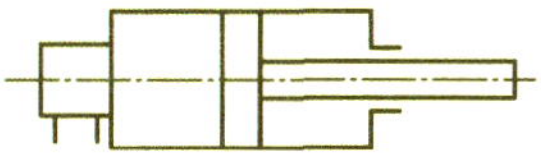	进、排气导管和气缸本体可相对转动,可用于车床的气动回转夹具
	缓冲气缸（不可调）	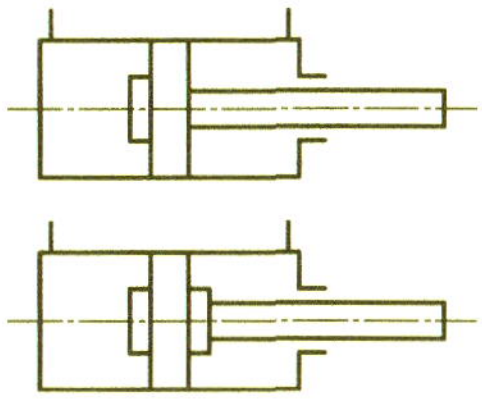	活塞运动到接近行程终点时减速制动,减速值不可调整。上图为一端缓冲,下图为两端缓冲
	缓冲气缸（可调）	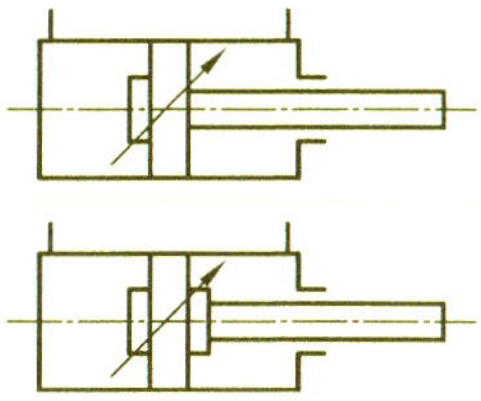	活塞运动到接近行程终点时减速制动,减速值可根据需要调整
	差动气缸	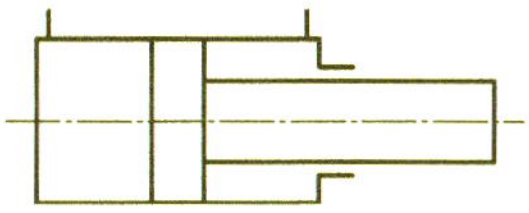	气缸活塞两端有效工作面积差较大,利用压力差使活塞作往复运动(活塞杆侧始终供气)。活塞杆伸出时,因有背压,运动较为平稳,其推力和速度均较小
双向作用气缸	双活塞气缸	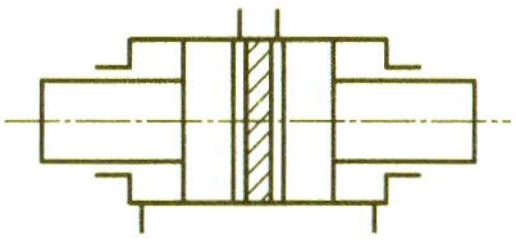	两个活塞可以同时向相反方向运动
	多位气缸	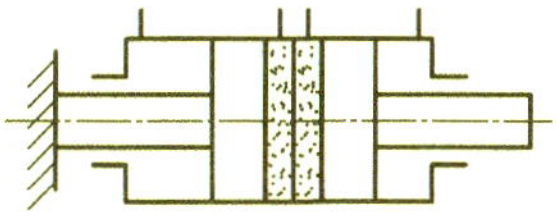	活塞杆沿行程长度有四个位置,当气缸的任一空腹与气源相通时,活塞杆到达四个位置中的一个
	串联式气缸	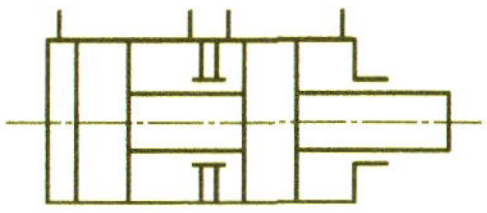	两个活塞串联在一起,当活塞直径相同时,活塞杆的输出力可增大一倍

类　别	名　称	简　图	特　点
双向作用气缸	冲击气缸	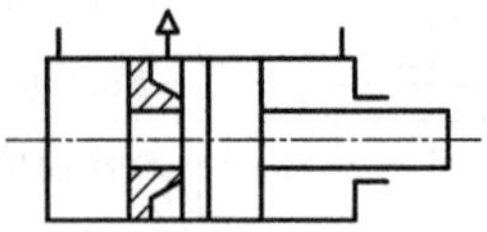	利用突然大量供气和快速排气相结合的方法,得到活塞杆的冲击运动,用于冲孔、切断、锻造等
	膜片气缸	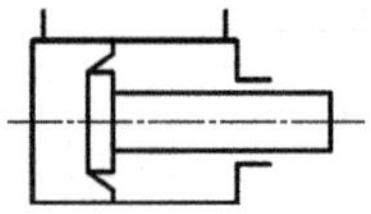	密封性好,加工简单,但运动件行程小
组合气缸	增压气缸	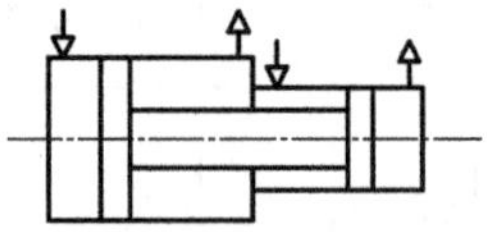	两端活塞面积不等,利用压力与面积的乘积不变的原理,使小活塞侧输出压力增大
	气液增压缸	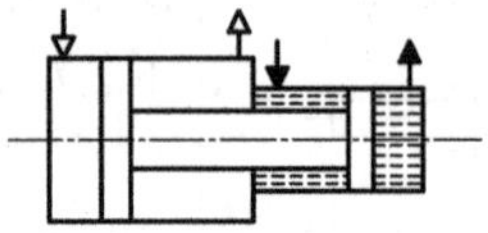	根据液体不可压缩和力的平衡原理,利用两个活塞的面积不等,由压缩空气驱动大活塞,使小活塞侧输出高压液体
	气液阻尼缸	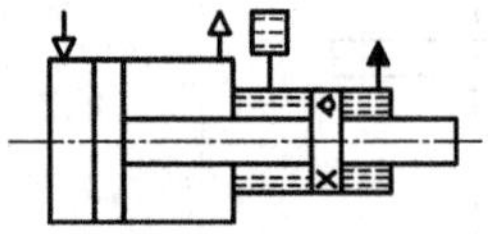	利用液体不可压缩的性能和液体排量易于控制的优点,获得活塞杆的稳速运动
	齿轮齿条式气缸	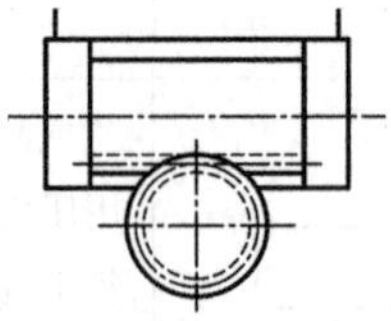	利用齿轮齿条传动,将活塞杆的直线往复运动变为输出轴的旋转运动,并输出力矩
	步进气缸	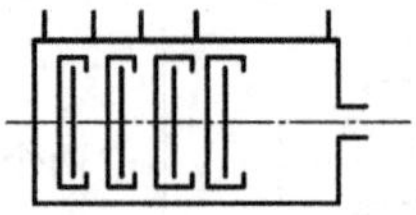	将若干个活塞轴向依次装在一起,各个活塞的行程由小到大,按几何级数增加,可根据行程要求,使若干个活塞同时向前运动
	摆动式气缸(单叶片式)		直接利用压缩空气的能量,使输出轴产生旋转运动,旋转角小于360°
	摆动式气缸(双叶片式)	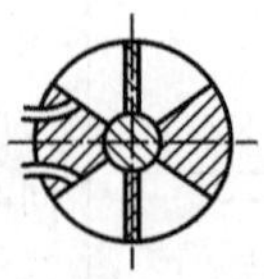	直接利用压缩空气的能量,使输出轴产生旋转运动(但旋转角小于180°),并输出力矩

10.4 气动控制元件

在气压传动系统中,气动控制元件是控制和调节压缩空气的压力、流量和方向的各种控制阀,其作用是保证气动执行元件(如气缸、气动马达等)按设计的程序正常地工作。

10.4.1 方向控制阀

方向控制阀是气压传动系统中通过改变压缩空气的流动方向和气流的通断来控制执行元件的起动、停止及运动方向的气动元件。

可根据方向控制阀的功能、控制方式、结构形式、阀内气体的流动方向及密封形式等,将方向控制阀进行分类,如表 10.4 所示。

表 10.4 方向控制阀的分类

分 类 方 式	形 式
按阀内气体的流动方向	单向阀、换向阀
按阀芯的结构形式	截止阀、滑阀
按阀的密封形式	硬质密封、软质密封
按阀的工作位数及通路数	二位三通、二位五通、三位五通等
按阀的控制方式	气压控制、电磁控制、机械控制、手动控制

下面介绍几种典型的方向控制阀。

1. 气压控制换向阀

气压控制换向阀是以压缩空气为动力来切换气阀、使气路换向或通断的阀类。气压控制换向阀的用途很广,多用于组成全气阀控制的气压传动系统,或易燃、易爆以及高净化的场合。

1) 单气控加压式换向阀

图 10.23 所示为单气控加压式换向阀的工作原理图。图 10.23(a)所示是气控口 K 没有控制信号时阀的状态(即常态),此时阀芯 1 在弹簧 2 的作用下处于上端位置,使 A 口与 O

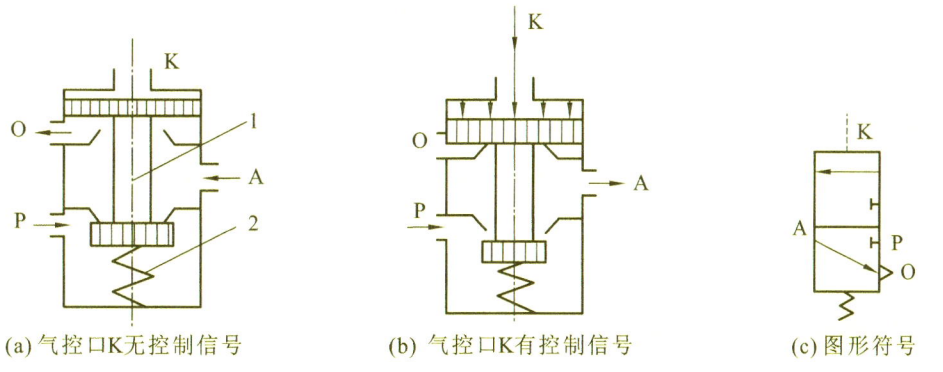

(a)气控口K无控制信号   (b)气控口K有控制信号   (c)图形符号

图 10.23 单气控加压式换向阀的工作原理图

1—阀芯;2—弹簧

口相通,O 口排气。图 10.23(b)所示是气控口 K 有控制信号时阀的状态(即动力阀状态),由于气压力的作用,阀芯 1 压缩弹簧 2 下移,使 A 口与 O 口断开,P 口与 A 口接通,A 口有气体输出。

图 10.24 所示为二位三通单气控截止式换向阀的结构图。这种阀结构简单、紧凑,密封可靠,换向行程短,但换向力大。若将该阀的气控接头换成电磁头(即电磁先导阀),该阀可变为先导式电磁换向阀。

2)双气控加压式换向阀

图 10.25 所示为双气控滑阀式换向阀的工作原理图。图 10.25(a)所示为气控口 K_2 有控制信号时阀的状态,此时阀停在左边,其通路状态是 P 口与 A 口、B 口与 O_2 口相通;图 10.25(b)所示为气控口 K_1 有控制信号时阀的状态,此时气控口 K_2 没有控制信号,阀芯换位,其通路状态变为 P 口与 B 口、A 口与 O_1 口相通。双气控滑阀式换向阀具有记忆功能,即气控信号消失后,阀仍能保持在有信号时的工作状态。

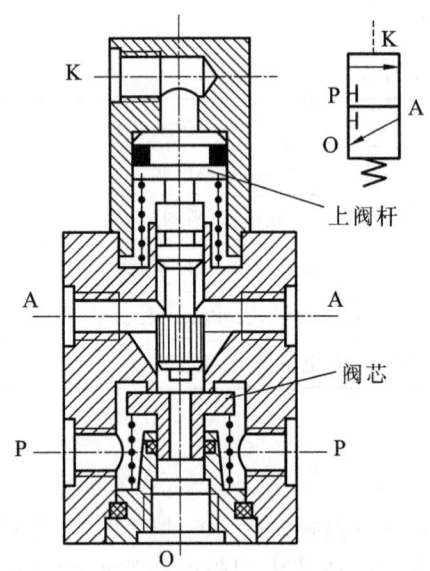

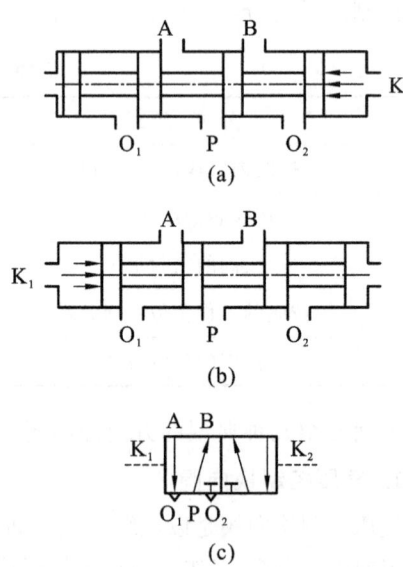

图 10.24 二位三通单气控截止式换向阀的结构图　　图 10.25 双气控滑阀式换向阀的工作原理图

3)差动控制换向阀

差动控制是利用控制气压作用在阀芯两端不同面积上所产生的压力差来使阀换向的一种控制方式。

图 10.26 所示为二位五通差压控制换向阀的结构原理图。阀的右腔始终与进气口 P 相通。当气控口 K 没有进气信号时,控制活塞 13 上的气压力将推动阀芯 9 左移,此时阀的通路状态为 P 口与 A 口、B 口与 O 口相通,A 口进气,B 口排气;当气控口 K 有气控信号时,由于控制活塞 3 的端面积大于控制活塞 13 的端面积,作用在控制活塞 3 上的气压力将克服控制活塞 13 上的气压力及摩擦力,推动阀芯 9 右移,气路换向,此时阀的通路状态为 P 口与 B 口、A 口与 O 口相通,B 口进气,A 口排气。当气控信号消失时,阀芯 9 借右腔内的气压作用复位。采用气压复位可提高阀的可靠性。

2. 电磁控制换向阀

电磁控制换向阀利用电磁力的作用来实现阀的切换,以控制气体的流动方向。常用的

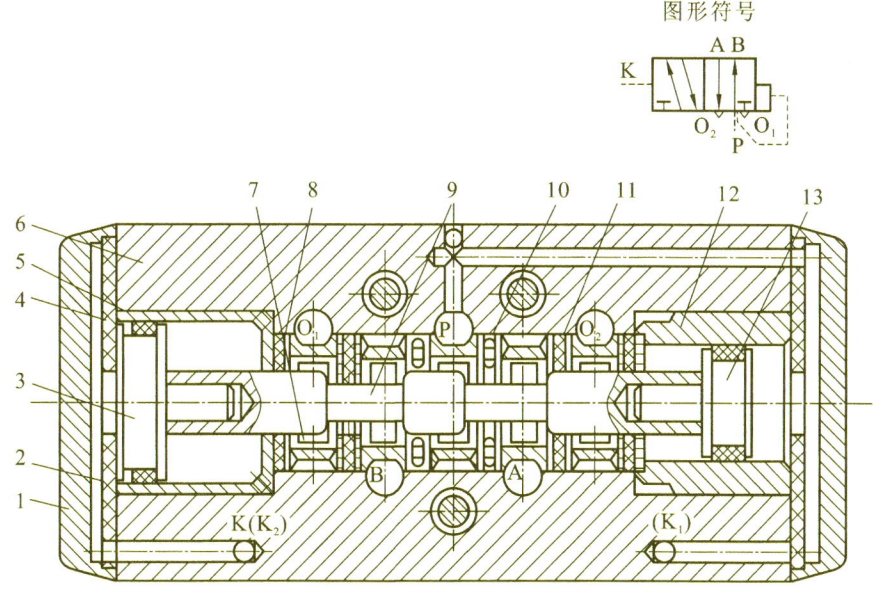

图 10.26 二位五通差压控制换向阀的结构原理图

1—端盖；2—缓冲垫片；3、13—控制活塞；4、10、11—密封垫圈；5、12—衬套；6—阀体；7—隔套；8—挡片；9—阀芯

电磁控制换向阀有直动式和先导式两种。

1）直动式电磁控制换向阀

图 10.27 所示为直动式单电控电磁控制换向阀的工作原理图。该阀只有一个电磁铁。图 10.27(a) 所示为常态状态，即激励线圈不通电，此时阀在复位弹簧的作用下处于上端位置，其通路状态为 A 口与 T 口相通，A 口排气。当激励线圈通电时，电磁铁 1 推动阀芯向下移动，气路换向，此时阀的通路状态为 P 口与 A 口相通，A 口进气，如图 10.27(b) 所示。

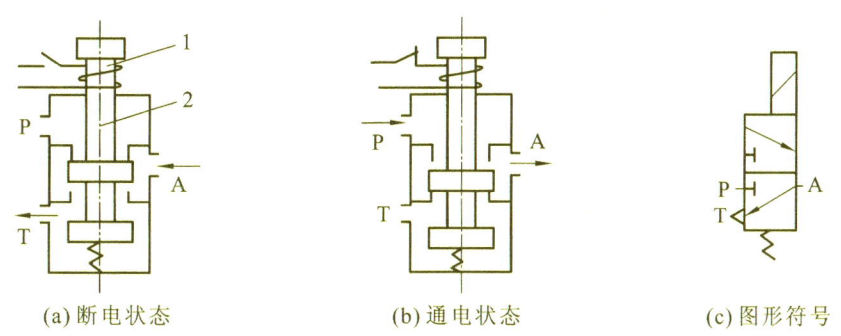

(a) 断电状态   (b) 通电状态   (c) 图形符号

图 10.27 直动式单电控电磁控制换向阀的工作原理图

1、2—电磁铁

图 10.28 所示为直动式双电控电磁控制换向阀的工作原理图。该阀有两个电磁铁。当线圈 1 通电、线圈 2 断电时，如图 10.28(a) 所示，阀芯 3 被推向右端，此时阀的通路状态是 P 口与 A 口、B 口与 O_2 口相通，A 口进气，B 口排气。当线圈 1 断电时，阀芯 3 仍处于原有状态，即该阀具有记忆性。当线圈 2 通电、线圈 1 断电时，如图 10.28(b) 所示，阀芯 3 被推向左端，此时阀的通路状态是 P 口与 B 口、A 口与 O_1 口相通，B 口进气，A 口排气。若线圈 2 断电，气流通路仍保持原状态。

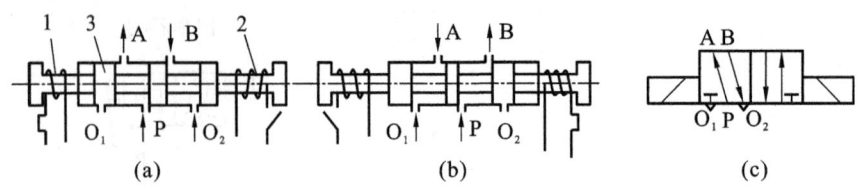

图 10.28 直动式双电控电磁控制换向阀原理图
1、2—线圈；3—阀芯

2）先导式电磁控制换向阀

直动式电磁控制换向阀是由电磁铁直接推动阀芯移动的。当阀通径较大时，用直动式结构所需的电磁铁体积和电力消耗都必然增大，为克服此缺点，可采用先导式结构。

先导式电磁控制换向阀首先由电磁铁控制气路产生先导压力，再由先导压力推动主阀芯使其换向。

图 10.29 所示为先导式双电控电磁控制换向阀的工作原理图。当电磁先导阀 1 的线圈通电，而电磁先导阀 2 的线圈断电时，如图 10.29(a)所示，由于主阀 3 的 K_1 腔进气，K_2 腔排气，主阀芯向右移动，此时 P 口与 A 口、B 与 O_2 口相通，A 口进气，B 口排气；当电磁先导阀 2 的线圈通电，而电磁先导阀 1 的线圈断电时，如图 10.29(b)所示，主阀 3 的 K_2 腔进气，K_1 腔排气，主阀芯向左移动，此时 P 口与 B 口、A 口与 O_1 口相通，B 口进气，A 口排气。先导式双电控电磁控制换向阀具有记忆功能，即通电换向，断电保持原状态。为保证主阀正常工作，两个电磁阀不能同时通电，电路中要考虑互锁。

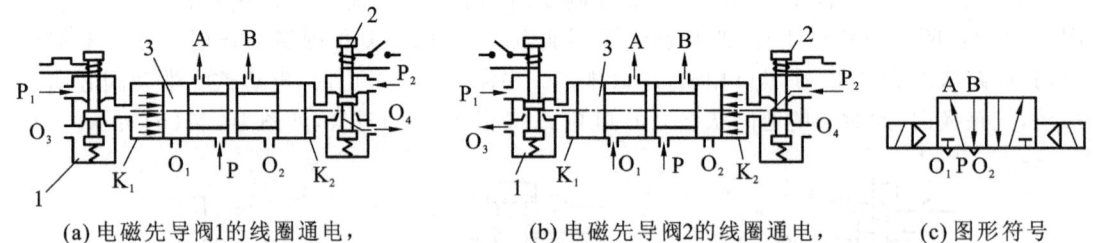

(a) 电磁先导阀1的线圈通电，
电磁先导阀2的线圈断电

(b) 电磁先导阀2的线圈通电，
电磁先导阀1的线圈断电

(c) 图形符号

图 10.29 先导式双电控电磁控制换向阀的工作原理图
1、2—电磁先导阀；3—主阀

先导式电磁控制换向阀便于实现电、气联合控制，所以应用广泛。

3. 梭阀

梭阀相当于两个单向阀组合而成的阀。图 10.30 所示为梭阀的工作原理图。

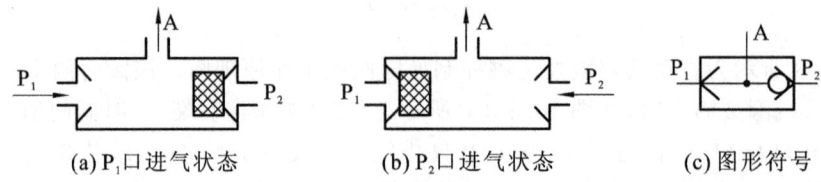

(a) P_1 口进气状态

(b) P_2 口进气状态

(c) 图形符号

图 10.30 梭阀的工作原理图

梭阀有两个进气口 P_1 和 P_2、一个工作口 A，阀芯在两个方向上起单向阀的作用。P_1 口和 P₂ 口都可与 A 口相通。当 P₁ 口进气时，阀芯右移，封住 P₂ 口，使 P₁ 口与 A 口相通，A 口进气，如图 10.30(a)所示；反之，当 P₂ 口进气时，阀芯左移，封住 P₁ 口，使 P₂ 口与 A 口相通，A 口也进气。若 P₁ 口与 P₂ 口都进气时，阀芯就可能停在任意一边，这主要根据压力加入的先后顺序和压力的大小而定。若 P₁ 口输入气体的压力与 P₂ 口输入气体的压力不等，则高压口的通道打开，低压口的通道则被封闭，高压气流从 A 口输出。

梭阀的应用很广，多用于手动与自动控制的并联回路中。

4. 机械控制换向阀

机械控制换向阀又称行程阀，多用于行程程序控制，作为信号阀使用，常依靠凸轮、挡块或其他机械外力推动阀芯，使阀换向。

5. 时间控制换向阀

时间控制换向阀是使气流通过气阻(如小孔、缝隙等)节流后通入气容(储气空间)中，经一定的时间，使气容内建立起一定的压力后，再使阀芯换向的阀类。在不允许使用时间继电器(电控制)的场合(如易燃、易爆、粉尘大等)，采用时间控制换向阀就显出其优越性。

6. 人力控制换向阀

人力控制换向阀分为手动换向阀及脚踏换向阀两种。手动换向阀的主体部分与气控阀的类似，其操纵方式有多种形式，如按钮式、旋钮式、锁式及推拉式等。

10.4.2　压力控制阀

气压传动系统不同于液压传动系统，一般每一个液压传动系统都自带液压源(液压泵)，而在气压传动系统中，一般来说，由空气压缩机先将空气压缩，然后将其储存在储气罐内，再经管路输送给各个气动装置使用。储气罐的空气压力往往比各台设备实际所需要的压力高一些，同时其压力波动也较大。因此，需要用减压阀(调压阀)将系统压力减到每台装置所需的压力，并使减压后的压力稳定在所需压力值上。

有些气动回路需要依靠回路中压力的变化来控制两个执行元件的顺序动作，此时所用的阀就是顺序阀。顺序阀与单向阀的组合称为单向顺序阀。

所有的气动回路或储气罐为了安全起见，当压力超过许用压力时，需要实现自动向外排气，这种压力控制阀叫作安全阀(溢流阀)。

1. 减压阀(调压阀)

图 10.31 所示是 QTY 型直动式减压阀的结构图及图形符号。该阀的工作原理是：当阀处于工作状态时，调节手柄 1，调压弹簧 2、3 及膜片 5，通过阀杆使阀芯 8 下移，进气口 10 被打开，气流从左端输入，经阀口节流减压后从右端输出。输出气流的一部分从阻尼管 7 进入膜片气室 6，在膜片 5 的下方产生一个向上的推力，这个推力总是试图把阀口开口关小，使其输出压力下降。当作用于膜片 5 上的推力与弹簧力相平衡后，减压阀的输出压力便保持一定。

当输入压力发生波动时，如输入压力瞬时升高，输出压力也随之升高，作用于膜片 5 上的气体推力也随之增大，破坏了原来的力的平衡，使膜片 5 向上移动，有少量气体经溢流孔 12、排气孔 11 排出。在膜片 5 上移的同时，因复位弹簧 9 的作用，输出压力下降，直到达到新的平衡为止。重新平衡后的输出压力又基本上恢复至原值。反之，如输出压力瞬时下降，

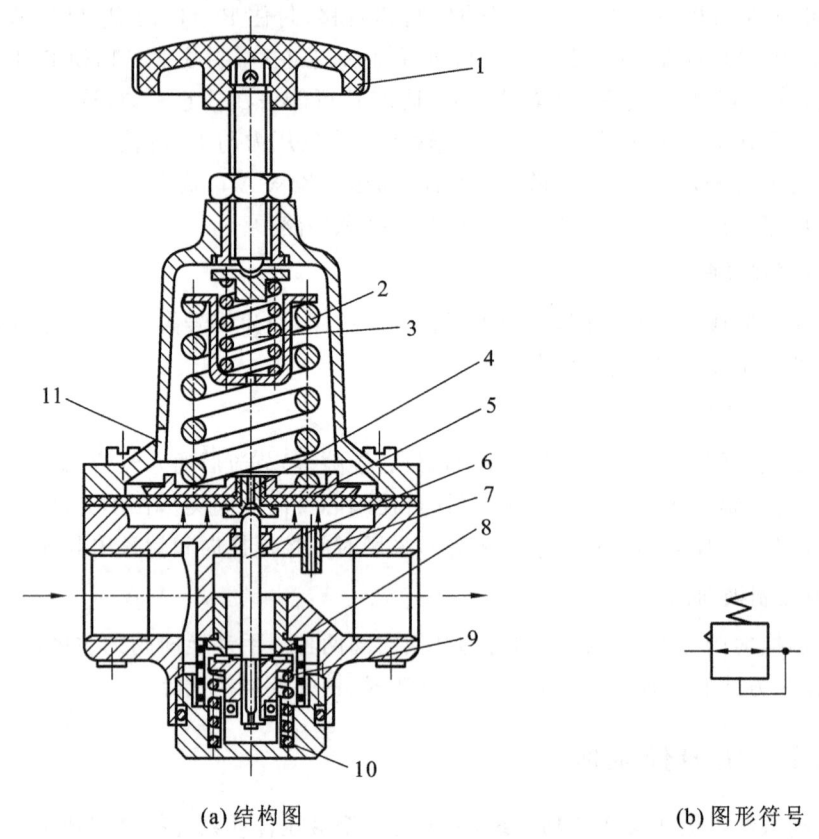

(a) 结构图   (b) 图形符号

图 10.31　QTY 型直动式减压阀的结构图及图形符号

1—手柄;2、3—调压弹簧;4—溢流阀座;5—膜片;6—膜片气室;7—阻尼管;
8—阀芯;9—复位弹簧;10—进气口;11—排气孔

则膜片 5 下移,进气口开度增大,节流作用减小,输出压力又基本上回升至原值。

调节手柄 1,使调压弹簧 2、3 恢复自由状态,输出压力降至零,阀芯 8 在复位弹簧 9 的作用下关闭进气口 10,这样减压阀便处于截止状态,无气流输出。

QTY 型直动式减压阀的调压范围为 0.05～0.63 MPa。为限制气体流过减压阀所造成的压力损失,规定气体通过阀内通道的流速在 15～25 m/s 范围内。

安装减压阀时,要按气流的方向和减压阀上所示的箭头方向,依照分水滤气器→减压阀→油雾器的安装次序进行安装。调压时应由低向高调,直至规定的调压值为止。阀不用时应把手柄放松,以免膜片经常受压而变形。

2. 顺序阀

顺序阀是依靠气路中压力的作用来控制执行元件按顺序动作的压力控制阀,如图 10.32 所示,它根据弹簧的预压缩量来控制其开启压力。当输入压力达到或超过开启压力时,弹簧被顶开,于是 P 口到 A 口连通;反之,A 口无输出。

顺序阀一般很少单独使用,往往与单向阀配合,构成单向顺序阀。图 10.33 所示为单向顺序阀的工作原理图及图形符号。当压缩空气由左端进入阀腔后,作用于活塞 3 上的气压力超过压缩弹簧 2 的作用力时,活塞被顶起,压缩空气从 P 口经 A 口输出,如图 10.33(a)所示,此时单向阀 4 在压力差及弹簧力的作用下处于关闭状态。反向流动时,输入口变成排气

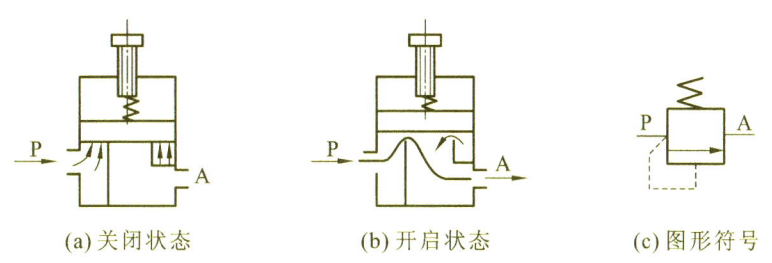

(a) 关闭状态　　　　(b) 开启状态　　　　(c) 图形符号

图 10.32　顺序阀的工作原理图及图形符号

口，输出口压力将顶开单向阀 4，从 O 口排气，如图 10.33(b)所示。

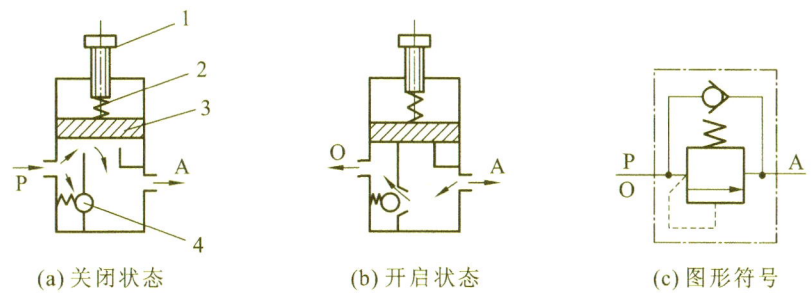

(a) 关闭状态　　　　(b) 开启状态　　　　(c) 图形符号

图 10.33　单向顺序阀的工作原理图及图形符号

1—手柄；2—弹簧；3—活塞；4—单向阀

调节手柄就可改变单向顺序阀的开启压力，以便在不同的开启压力下控制执行元件的顺序动作。

3. 安全阀

当储气罐或回路中的压力超过某调定值时，要用安全阀向外放气，安全阀在系统中起过载保护作用。

图 10.34 所示是安全阀的工作原理图及图形符号。当系统中的气体压力在调定范围内时，作用在活塞 3 上的压力小于弹簧 2 的作用力，活塞 3 处于关闭状态，如图 10.34(a)所示。当系统压力升高，作用在活塞 3 上的压力大于弹簧的作用力时，活塞 3 向上移动，阀门开启排气，如图 10.34(b)所示。直到系统压力降到调定范围以下，活塞又重新关闭。开启压力的大小与弹簧的预压缩量有关。

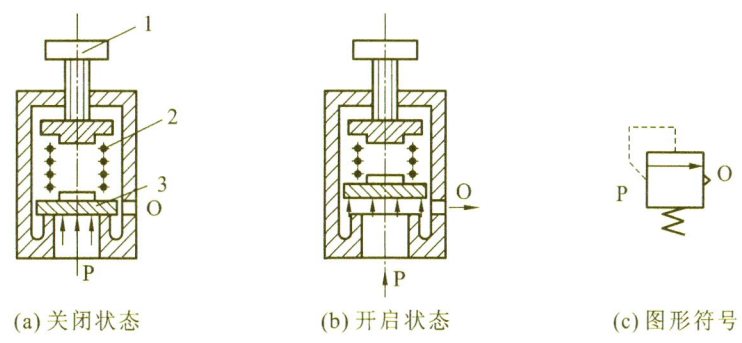

(a) 关闭状态　　　　(b) 开启状态　　　　(c) 图形符号

图 10.34　安全阀的工作原理图及图形符号

1—手柄；2—弹簧；3—活塞

10.4.3　流量控制阀

在气压传动系统中,有时需要控制气缸的运动速度,有时需要控制换向阀的切换时间和气动信号的传递速度,这些都需要通过调节压缩空气的流量来实现。流量控制阀就是通过改变阀的通流截面面积来实现流量控制的元件。流量控制阀包括节流阀、单向节流阀、排气节流阀和快速排气阀等。

1. 节流阀

图 10.35 所示为圆柱斜切型节流阀的结构图及图形符号。压缩空气由 P 口进入,经过节流阀后,由 A 口流出。旋转螺杆 1,就可改变阀芯 3 节流口的开度,这样就调节了压缩空气的流量。由于这种节流阀的结构简单、体积小,故其使用范围较广。

2. 单向节流阀

单向节流阀是由单向阀和节流阀并联而成的组合式流量控制阀,如图 10.36 所示。当压缩空气沿着一个方向,例如 P→A 方向流动时,气流只能经节流阀口流出。当气流反方向流动(由 A→P)时,单向阀阀芯被打开,气流不需经过节流阀节流。单向节流阀常用于气缸的调速和延时回路。

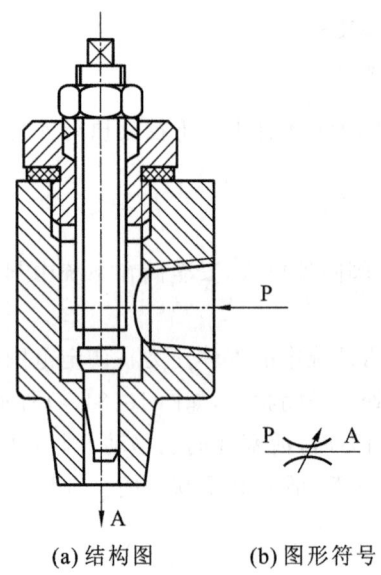

(a) 结构图　　(b) 图形符号

图 10.35　圆柱斜切型节流阀的结构图及图形符号

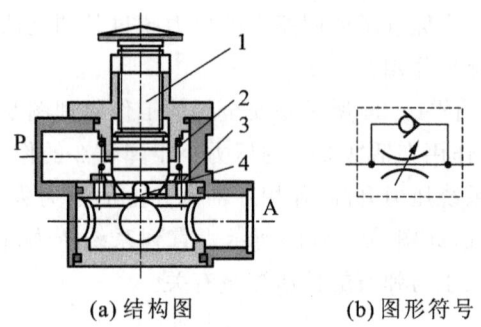

(a) 结构图　　(b) 图形符号

图 10.36　单向节流阀的结构图及图形符号

1—调节杆;2—弹簧;3—单向阀;4—节流口

3. 排气节流阀

排气节流阀是装在执行元件的排气口处,调节进入大气中气体流量的一种控制阀。它不仅能调节执行元件的运动速度,还常带有消声器件,所以能起到降低排气噪声的作用。

图 10.37 所示为排气节流阀的工作原理图。其工作原理和节流阀的类似,靠调节节流口 1 处的通流面积来调节排气流量,由消声套 2 来减小排气噪声。

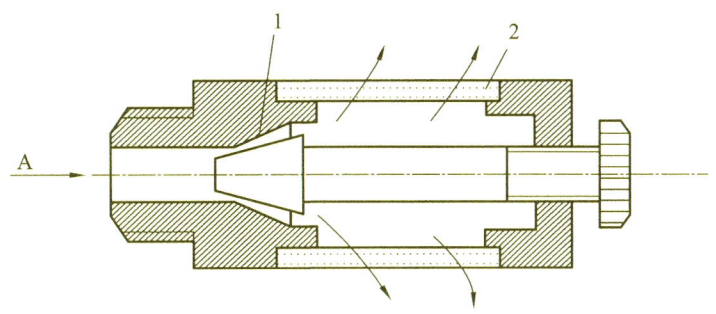

图 10.37 排气节流阀的工作原理图

1—节流口;2—消声套

4. 快速排气阀

图 10.38 所示为快速排气阀的工作原理图及图形符号。压缩空气从进气口 P 进入,并将密封活塞迅速向上推,阀口 2 开启,同时排气口 O 关闭,使进气口 P 和工作口 A 相通,如图 10.36(a)所示。当 P 口没有压缩空气进入时,在 A 口和 P 口压力差的作用下,密封活塞迅速下降,P 口关闭,A 口与 O 口连通,如图 10.36(b)所示。

快速排气阀常安装在换向阀和气缸之间。图 10.39 所示为快速排气阀应用回路,它使气缸的排气不用通过换向阀,从而加速了气缸往复运动的速度,缩短了工作周期。

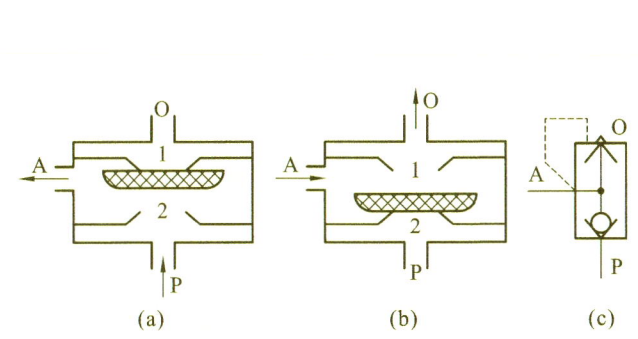

图 10.38 快速排气阀的工作原理图及图形符号

1—排气口;2—阀口

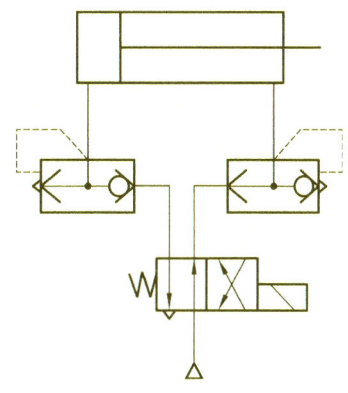

图 10.39 快速排气阀应用回路

10.4.4 气动逻辑元件

气动逻辑元件是一种以压缩空气为工作介质,通过元件内部可动部件的动作来改变气流流动的方向,从而实现一定逻辑功能的流体控制元件。气动逻辑元件的种类很多,按工作压力分为高压、低压、微压三种;按结构形式分类,主要包括截止式、膜片式、滑阀式和球阀式等几种类型。下面仅对高压截止式逻辑元件做简要介绍。

1. 气动逻辑元件的特点

(1) 元件孔径较大,抗污染能力较强,对气源的净化程度要求较低。

(2) 元件在完成切换动作后,能切断气源和排气孔之间的通道,因此无用功耗的气量较低。

(3) 负载能力强,可带动多个同类型元件。

(4) 在组成系统时,元件间的连接方便,调试简单。

(5) 适应能力较强,可在各种恶劣环境下工作。

(6) 响应时间一般为几毫秒至十几毫秒,响应速度较慢,不宜组成运算很复杂的系统。

2. 高压截止式逻辑元件

1）"是门"和"与门"元件

图 10.40 所示为"是门"元件及"与门"元件的结构图。图中 P 为气源口,A 为信号输入口,S 为信号输出口。当 A 口无信号时,阀芯 2 在弹簧及气源压力的作用下上移,关闭阀口,封住 P→S 通路,S 口无输出;当 A 口有信号时,膜片在输入信号的作用下推动阀芯 2 下移,封住 S 口与排气孔的通道,同时接通 P→S 通路,S 口有输出。即元件的输入和输出始终保持相同状态。

当气源口 P 改为信号口 B 时,则成"与门"元件,即只有当 A 口和 B 口同时输入信号时,S 口才有输出,否则 S 口无输出。

2）"或门"元件

图 10.41 所示为"或门"元件的结构图。当只有 A 口有信号输入时,阀片 a 被推动下移,打开上阀口,接通 A→S 通路,S 口有输出。类似地,当只有 B 口有信号输入时,B→S 通路接通,S 口也有输出。显然,当 A、B 口均有信号输入时,S 口定有输出。

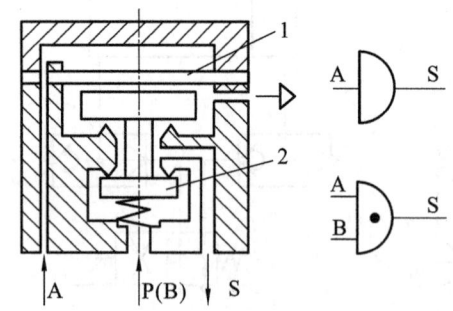

图 10.40 "是门"元件及"与门"元件的结构图

1—膜片;2—阀芯

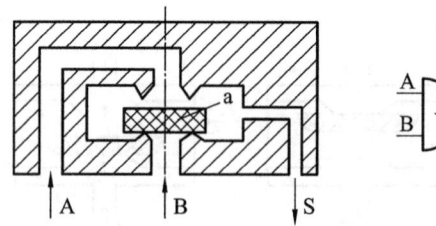

图 10.41 "或门"元件的结构图

3）"非门"及"禁门"元件

图 10.42 所示为"非门"及"禁门"元件的结构图。图中 A 为信号输入口,S 为信号输出口,P 为气源口。当 A 口无信号输入时,膜片 2 在气源压力的作用下上移,下阀口开启,上阀口关闭,P→S 通路接通,S 口有输出;当 A 口有信号输入时,膜片 2 在输入信号的作用下推动阀芯 3 及膜片 2 下移,上阀口开启,下阀口关闭,S 口无输出。显然此时为"非门"元件。若将气源口 P 改为信号口 B,则该元件就成为"禁门"元件。在 A、B 口均有信号输入时,膜片 2 及阀芯 3 在 A 口输入信号的作用下封住 B 口,S 口无输出;当 A 口无信号输入,而 B 口有信号输入时,S 口就有输出,即 A 口输入信号起"禁止"作用。

4）"或非"元件

图 10.43 所示为"或非"元件的结构图。P 为气源口,S 为输出口,A、B、C 为三个信号输入口。当三个输入口均无信号输入时,阀芯在气源压力的作用下上移,下阀口开启,P→S 通

路接通,S 口有输出;当三个输入口只要有一个输入口有信号输入时,都会使阀芯下移而关闭阀口,截断 P→S 通路,S 口无输出。

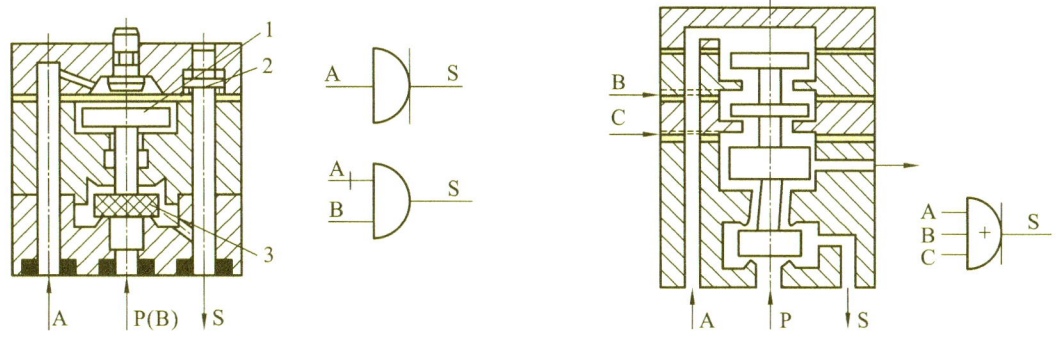

图 10.42　"非门"及"禁门"元件的结构图
1—活塞;2—膜片;3—阀芯

图 10.43　"或非"元件的结构图

"或非"元件是一种多功能逻辑元件,用它可以组成"与门""或门""非门""双稳"等逻辑元件。

5)"双稳"元件

记忆元件分为单输出和双输出两种。双输出记忆元件称为双稳元件,单输出记忆元件称为单记忆元件。下面介绍双稳元件。

图 10.44 所示为双稳元件的结构图。当 A 口有控制信号输入时,阀芯带动滑块右移,接通 P→S_1 通路,S_1 口有输出,而 S_2 口与排气孔 O 相通,无输出。此时双稳元件处于"1"状态,在 B 口的输入信号到来之前,A 口的信号虽然消失,但阀芯仍保持在右端位置。当 B 口有输入信号时,P→S_2 通路接通,S_2 口有输出,S_1→O 通路接通,此时双稳元件处于"0"状态,B 口的信号消失后,A 口的信号未到来前,双稳元件一直保持此状态。

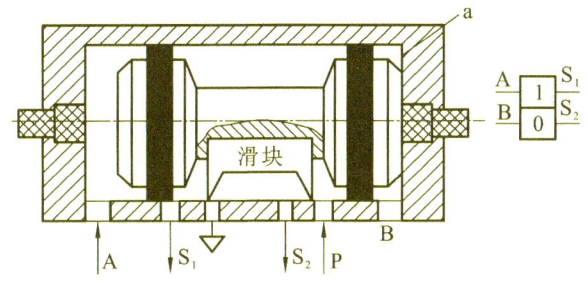

图 10.44　双稳元件的结构图

3. 气动逻辑元件的应用

每个气动逻辑元件都对应于一个最基本的气动逻辑单元,气动逻辑控制系统的每个气动逻辑符号可以用对应的气动逻辑元件来实现。气动逻辑元件设计有标准的机械和气信号接口,元件更换方便,组成气动逻辑系统简单,易于维护。

但气动逻辑元件的输出功率有限,一般用于组成气动逻辑控制系统中的信号控制部分,或推动小功率执行元件。如果执行元件的功率较大,则需要在气动逻辑元件的输出信号后接大功率的气控滑阀作为执行元件的主控阀。

◀ 10.5 气动基本回路 ▶

气压传动系统和液压传动系统一样,同样是由不同功能的基本回路所组成的。熟悉常用的气动基本回路是分析和设计气压传动系统的基础。本节主要讲述气动基本回路的工作原理和结构特点。

10.5.1 换向控制回路

1. 单作用气缸换向控制回路

图 10.45(a)所示为二位三通阀换向控制回路,电磁铁通电时靠气压使活塞杆伸出,电磁铁断电时靠弹簧作用使活塞杆缩回。

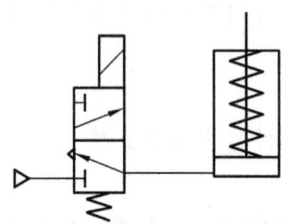 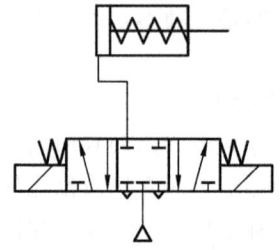

(a)二位三通阀换向控制回路　　　　(b)三位五通阀换向控制回路

图 10.45　单作用气缸换向控制回路

图 10.45(b)所示为三位五通阀换向控制回路。该阀具有自动对中功能,可使气缸停在任意位置,但定位精度不高,定位时间不长。

2. 双作用气缸换向控制回路

图 10.46 所示为二位五通阀换向控制回路,换向阀处于右位时,气缸活塞杆伸出,换向阀处于左位时,气缸活塞杆缩回;图 10.47 所示为三位五通阀换向控制回路,该回路有中停功能,但定位精度不高。

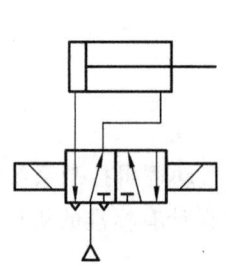 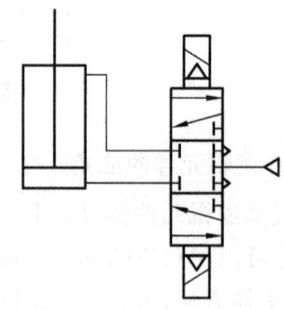

图 10.46　二位五通阀换向控制回路　　　　**图 10.47　三位五通阀换向控制回路**

10.5.2　压力控制回路

1. 气源压力控制回路

图 10.48 所示的气源压力控制回路用于控制气源系统中储气罐的压力,使之不超过调定的最高压力值和不低于调定的最低压力值。常用外控溢流阀或电接点压力表来控制空气压缩机的转、停,使储气罐内的压力保持在规定的范围内。采用外控溢流阀的回路结构简单,工作可靠,但气量浪费大;采用电接点压力表的回路对电动机及控制要求较高,常用于对小型空压机的控制。

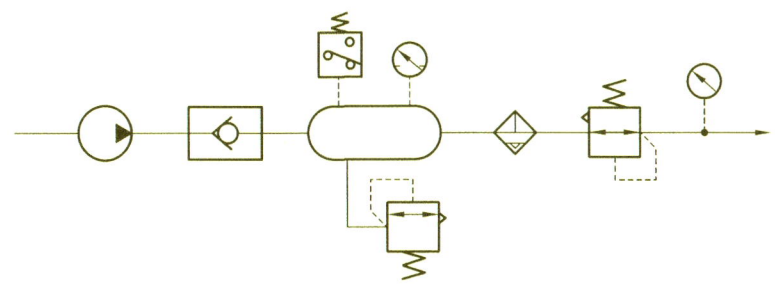

图 10.48　气源压力控制回路

2. 工作压力控制回路

为使气压传动系统得到稳定的工作压力,可采用图 10.49(a)所示的基本回路。从压缩空气站输出的压缩空气,经分水滤气器、减压阀、油雾器后供给气动设备使用。调节溢流式减压阀能得到气动设备所需要的工作压力。

如回路中需要多种不同的工作压力,可采用图 10.49(b)所示的回路。

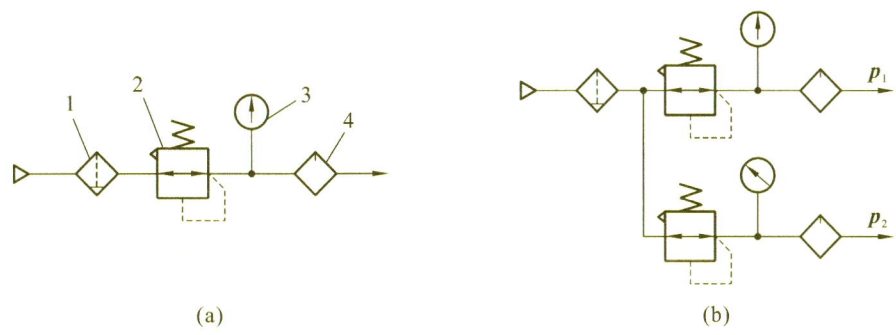

(a)　　　　　　　　　　　　　　　　　　(b)

图 10.49　工作压力控制回路

1—分水滤气器;2—减压阀;3—压力表;4—油雾器

3. 高低压转换回路

在气压传动系统中有时需要实现高、低压切换,可采用图 10.50 所示的利用换向阀和减压阀来实现高、低压转化输出的回路。

4. 过载保护回路

图 10.51 所示为一过载保护回路。当活塞右行遇到障碍或其他原因使气缸过载时,气

缸左腔压力升高,当超过预定值时,顺序阀3打开,换向阀4换向,气控阀1、2同时复位,气缸返回,以保护设备安全。

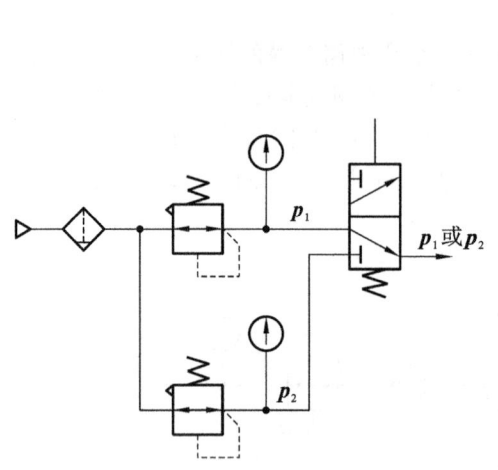

图 10.50　高低压转换回路

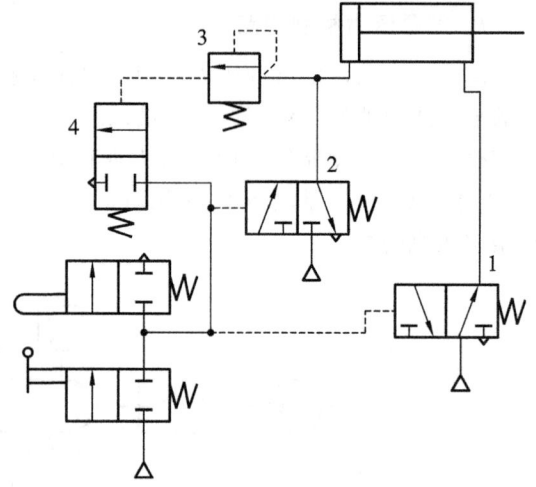

图 10.51　过载保护回路 1

1、2—气控阀;3—顺序阀;4—换向阀

5. 增压回路

一般的气压传动系统的工作压力比较低,但在有些场合,由于气缸尺寸的限制而得不到应有的输出力,或局部需要使用高压的场合,可使用增压回路。图 10.52 所示是采用增压缸的增压回路。

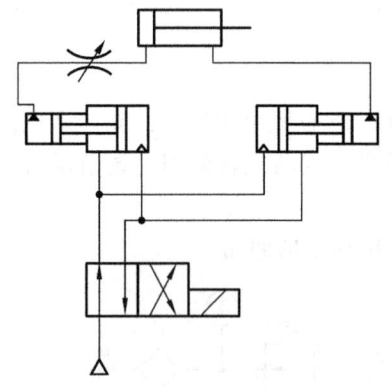

图 10.52　增压回路

10.5.3　速度控制回路

因气压传动系统使用的功率不大,故其调速方法主要是节流调速。

1. 单作用气缸速度控制回路

图 10.53 所示为单作用气缸速度控制回路。图 10.53(a)中,由两个单向阀分别控制活塞杆的升降速度;图 10.53(b)中,活塞杆上升时可调速,活塞杆下降时通过快速排气阀排气,使活塞杆快速返回。

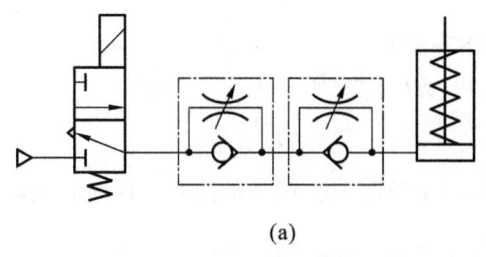
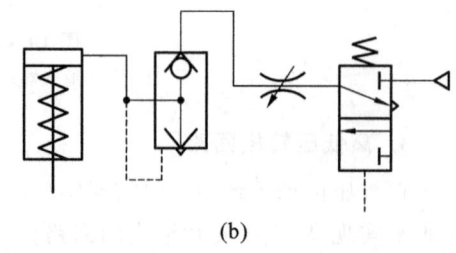

(a)　　　　　　　　　　　　　　　　　(b)

图 10.53　单作用气缸速度控制回路

2. 排气节流阀速度控制回路

图 10.54 所示是排气节流阀速度控制回路。该回路通过两个排气节流阀来控制气缸伸缩的速度,从而形成一种双作用气缸速度控制回路,实现双向节流调速。

3. 速度换接回路

图 10.55 所示为速度换接回路。该回路利用两个二位二通阀与单向节流阀并联,当挡块压下行程开关时发出电信号,使二位二通阀换向,改变排气通路,从而使气缸速度改变。

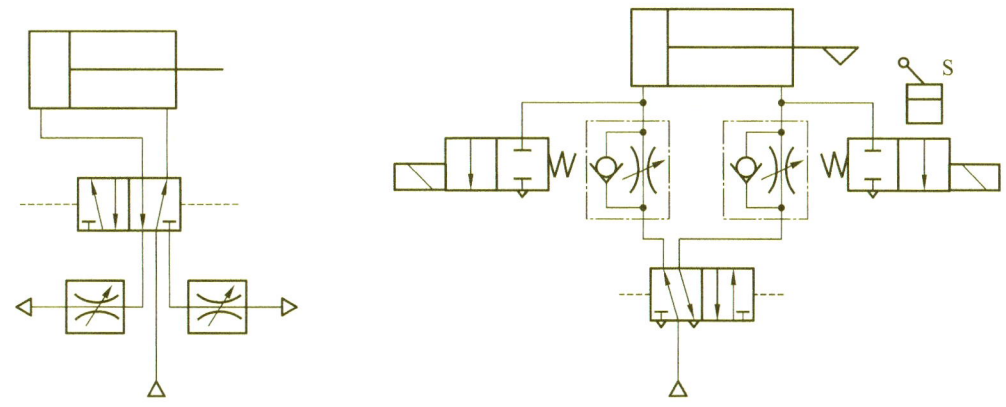

图 10.54　排气节流阀速度控制回路　　　　　图 10.55　速度换接回路

4. 缓冲回路

由于气动执行元件动作速度较快,当活塞惯性力较大时,可采用图 10.56 所示的缓冲回路。当活塞向右运动时,气缸右腔的气体经二位二通阀排气,直到活塞运动接近末端,压下机动换向阀,气体经节流阀排气,活塞低速运动到终点。

5. 气液联动速度控制回路

由于气体的可压缩性,气缸运动速度不稳定,定位精度也不高。因此,在气动调速及定位精度不能满足要求的情况下,可采用气液联动速度控制回路。

图 10.57 所示为气液缸调速回路。该回路通过调节两个单向节流阀,利用油液不可压缩的特点,实现两个方向的无级调速。

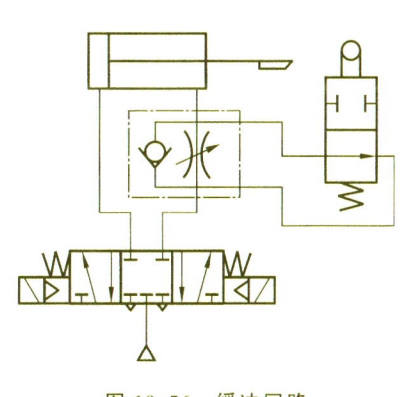
　　　　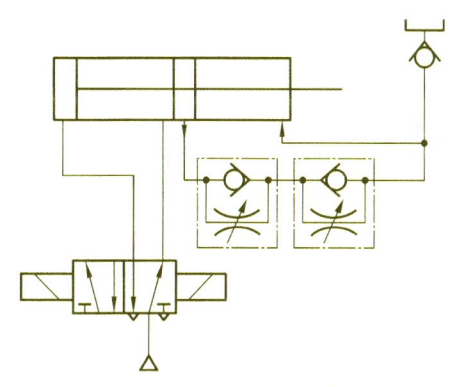

图 10.56　缓冲回路　　　　　　　　图 10.57　气液缸调速回路

图 10.58 所示为气液缸变速回路。该回路通过行程阀来调节气缸的运动速度。当活塞杆右行到挡块碰到机动换向后开始作慢速运动。改变挡块的安装位置即可改变活塞杆开始变速的位置。

10.5.4　其他基本回路

1. 同步控制回路

图 10.59 所示为简单的同步控制回路,采用刚性零件把 A、B 两个气缸的活塞杆连接起来。

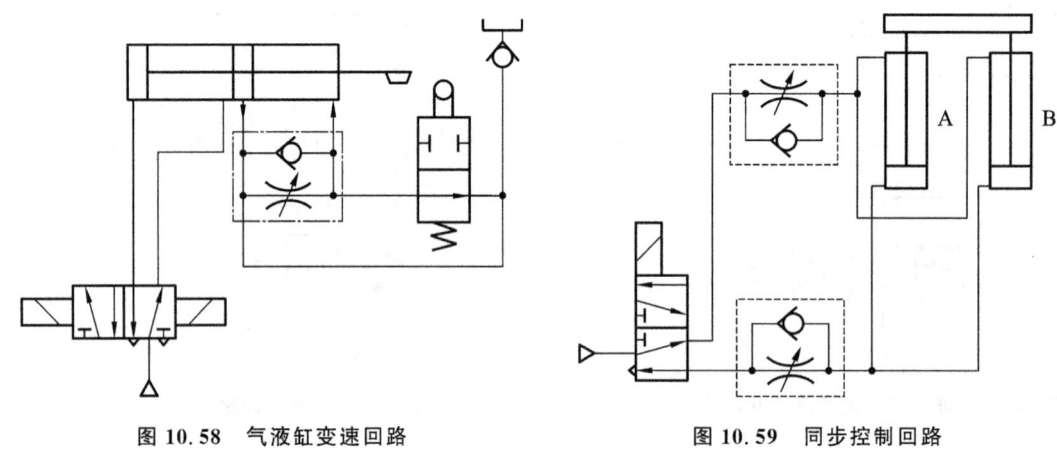

图 10.58　气液缸变速回路　　　　　图 10.59　同步控制回路

2. 位置控制回路

图 10.60 所示为采用串联气缸的位置控制回路。气缸由多个气缸串联而成。当换向阀1通电时,左侧气缸的活塞就推动中侧及右侧气缸的活塞右行,到达左侧气缸活塞的行程终点。

图 10.61 所示为三位五通阀控制的能在任意位置停止的回路。

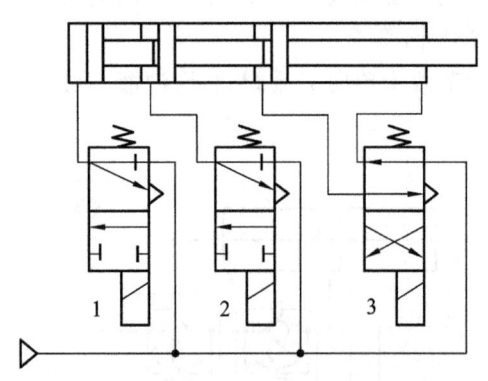

图 10.60　采用串联气缸的位置控制回路
1、2、3—换向阀

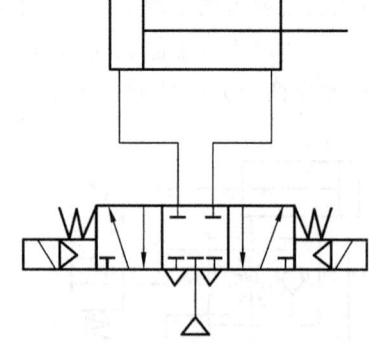

图 10.61　三位五通阀控制的能在任意位置停止的回路

3. 顺序动作回路

顺序动作回路是指在气动回路中,各个气缸按一定程序完成各自的动作。单气缸有单往复动作、二次往复动作、连续往复动作,双气缸及多气缸有单往复顺序动作及多往复顺序动作。

4. 计数回路

计数回路可以组成二进制计数器。在图 10.62(a)所示的回路中,按下手动换向阀 1,则气信号经气控换向阀 2 至气控换向阀 4 的左位或右位控制端,使气缸推出或退回。当按下手动换向阀 1 时,气信号经气控换向阀 2 至气控换向阀 4 的左端,使气控换向阀 4 切换至左位,同时使气控换向阀 5 切断气路,此时气缸向外伸出;当手动换向阀 1 复位后,原通入气控换向阀 4 左端的气信号经手动换向阀 1 排空,气控换向阀 5 复位,于是气缸无杆腔的气信号经气控换向阀 5 至气控换向阀 2 的左端,使气控换向阀 2 切换至左位,等待手动换向阀 1 的下一次信号输入;当手动换向阀 1 第二次按下后,气信号经气控换向阀 2 的左端至气控换向阀 4 的右端,使气控换向阀 4 切换至右位,气缸退回,同时气控换向阀 3 将气路切断;待手动换向阀 1 复位后,气控换向阀 4 右端的气信号经气控换向阀 2、手动换向阀 1 排空,气控换向阀 3 复位并将气信号导至气控换向阀 2 左端,使其切换至右位,又等待手动换向阀 1 的下一次信号输入。因此,第 1,3,5,…(奇数)次按手动换向阀 1,则气缸伸出;第 2,4,6,…(偶数)次按手动换向阀 1,则气缸退回。

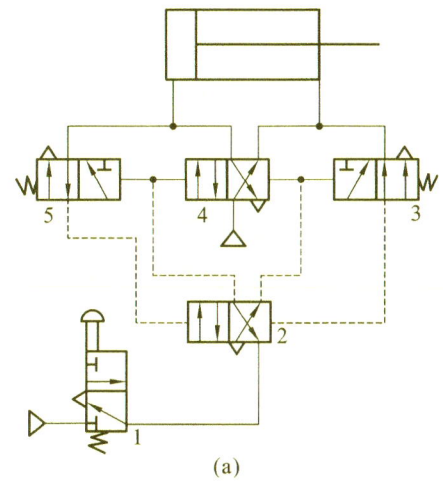
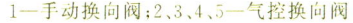
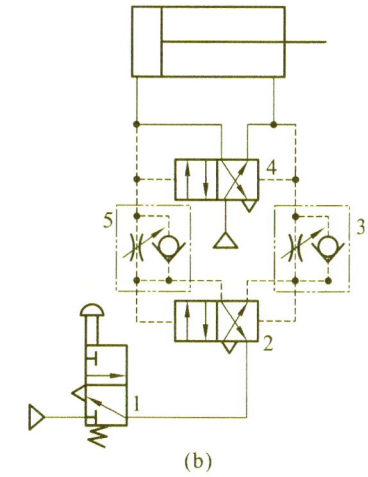

(a)	(b)
1—手动换向阀;2、3、4、5—气控换向阀	1—手动换向阀;2、4—气控换向阀;3、5—单向节流阀

图 10.62　计数回路

图 10.62(b)所示的回路的计数原理与图 10.62(a)所示的回路的计数原理类似,不同的是按手动换向阀 1 的时间不能太长,只要能使气控换向阀 4 切换就放开,否则气信号将经单向节流阀 5 或 3 通至气控换向阀 2 的左端或右端,使气控换向阀 2 换位,气缸反行,导致气缸来回振荡。

5. 延时回路

图 10.63 所示为延时回路。图 10.63(a)所示是延时输出回路。当控制信号切换气控换向阀 4 后,压缩空气经单向节流阀 3 向气容 2 充气。当充气压力经延时升高至使气控换向阀 1 换位时,气控换向阀 1 才有输出。在图 10.63(b)中,按下手动换向阀 8,则气缸在伸出行程中压下行程阀 5 后,压缩空气经单向节流阀 3 到气容 6 延时后才将换向阀 7 切换,气缸退回。

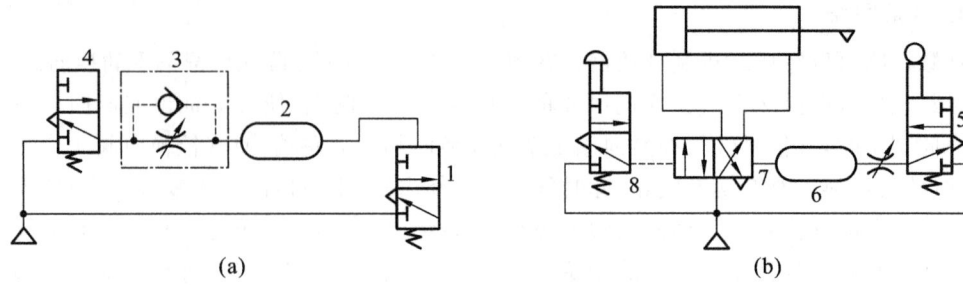

图 10.63 延时回路

1、4—气控换向阀;2、6—气容;3—单向节流阀;5—行程阀;7—换向阀;8—手动换向阀

6. 互锁回路

图 10.64 所示为互锁回路。在该回路中,四通阀的换向受三个串联的机动三通阀的控制,只有三个机动三通阀都接通,主控阀才能实现换向。

7. 过载保护回路

图 10.65 所示为过载保护回路。在活塞伸出的过程中,若遇到障碍 6,气缸无杆腔压力升高,溢流阀 3 打开,使换向阀 2 换向,气控换向阀 4 随即复位,活塞立即退回;反之,若无障碍 6,活塞向前运动压下机控二位二通阀 5,活塞即刻返回。

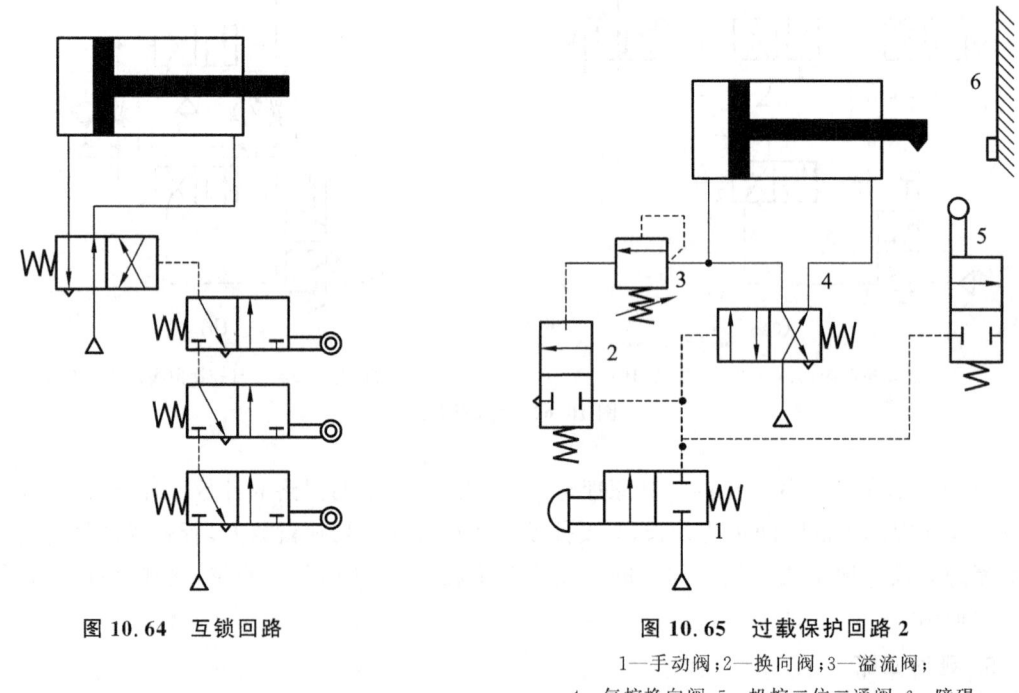

图 10.64 互锁回路

图 10.65 过载保护回路 2

1—手动阀;2—换向阀;3—溢流阀;

4—气控换向阀;5—机控二位二通阀;6—障碍

◀ 10.6 气压传动系统实例 ▶

气压传动技术是实现工业生产自动化和半自动化的方式之一,其应用遍及国民经济生

产的各个领域。

10.6.1　气液动力滑台气压传动系统

气液动力滑台是采用气-液阻尼缸作为执行元件,在机械设备中实现进给运动的部件。图 10.66 所示为气液动力滑台气压传动系统的工作原理图。该系统可完成两种工作循环,分别介绍如下。

1. 快进—工进—快退—停止

当图 10.66 中的手动阀 1 处于图示状态时,可以实现快进—工进—快退—停止的动作循环,动作原理如下。

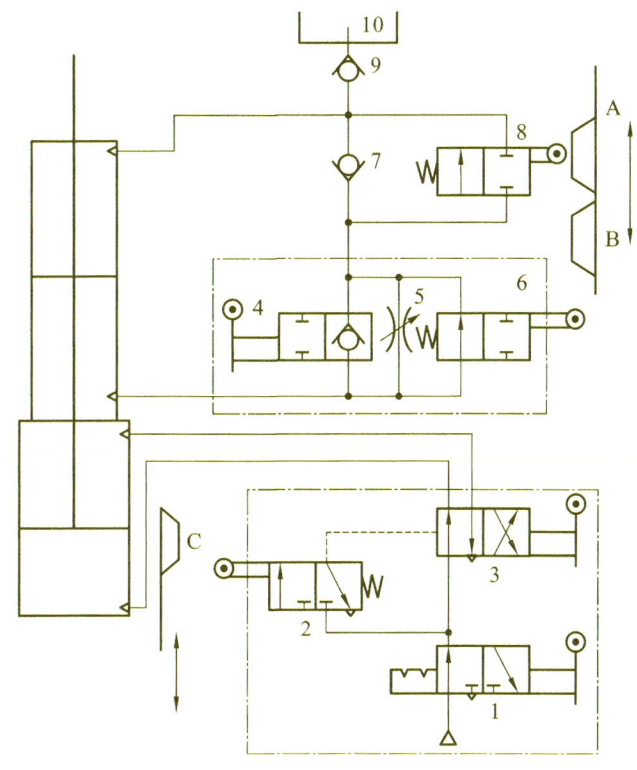

图 10.66　气-液动力滑台气压传动系统的工作原理图

1、3—手动阀;2、4、6、8—行程阀;5—节流阀;7、9—单向阀;10—补油箱

当手动阀 3 切换到右位时,发出进刀信号,在气压的作用下气缸中的活塞开始向下运动,液压缸中的活塞下腔的油液经行程阀 6 的左位和单向阀 7 进入液压缸活塞的上腔,实现快进;当快进刀活塞杆上的挡铁 B 切换行程阀 6(右位)后,油液只经节流阀 5 进入活塞上腔,调节节流阀 5 阀口的开度,即可调节气-液阻尼缸的运动速度,所以活塞开始工进;工进到挡铁 C 使行程阀 2 复位时,手动阀 3 切换到左位,气缸活塞向上运动,液压缸活塞上腔的油液经行程阀 8 的左位和单向阀 7 进入液压缸下腔,实现快退;当快退到挡铁 A 切换行程阀 8 后,油液通道被切断,活塞停止运动。

2. 快进—工进—慢退—快退—停止

当手动阀 3 处于左位时,可实现快进—工进—慢退—快退—停止的动作循环。其中快进—工进的动作原理与上述相同。当工进至挡铁 C 将行程阀 2 切换至左位时,手动阀 3 切换至左位,气缸活塞开始向上运动,这时液压缸上腔的油液经行程阀 8 的左位和节流阀 5 进入活塞下腔,活塞实现慢退(反向进给);慢退到挡铁 B 离开行程阀 6 的顶杆而使其复位后,液压缸活塞上腔的油液就经行程阀 6 的左位进入活塞下腔,活塞开始快退;快退到挡铁 A 切换行程阀 8 而使油路切断时,活塞停止运动。

10.6.2　走纸张力气压传动系统

胶印轮转机为大型高速印刷机械,走纸速度达 2~10 m/s。要求在印刷过程中纸张的张力必须基本恒定,遇到紧急情况时能迅速制动,重新运转时又能平稳起动。

气动张力控制系统不仅能使机器在高速运行时,在卷筒纸张力不断变化的情况下进行稳定的控制,并且能在紧急情况下做到及时刹车而又不使纸张拉断,重新运行时又能使纸张张力达到原设定值。

图 10.67 所示为胶印轮转机气动张力控制系统的原理图。系统正常运行时,走纸张力由张力调整减压阀 5 调定,通过开印控制电磁阀 4 和气控阀 1 来控制负载气缸 6,负载气缸 6 输出的力通过十字架 7 与走纸张力比较后达到平衡。当走纸张力或负载气缸 6 内的气压发生变化时,浮动辊 10 将产生摆动,使产生的气压变化信号通过张力传感器 9 输出给压力放大器 17 进行压力放大,再通过气控阀 2 到流量放大器 15 进行流量放大,张力控制气缸 14 调整张力,使压紧铜带 13 对卷筒纸 12 的压紧力改变,从而改变走纸张力,使浮动辊 10 复位。

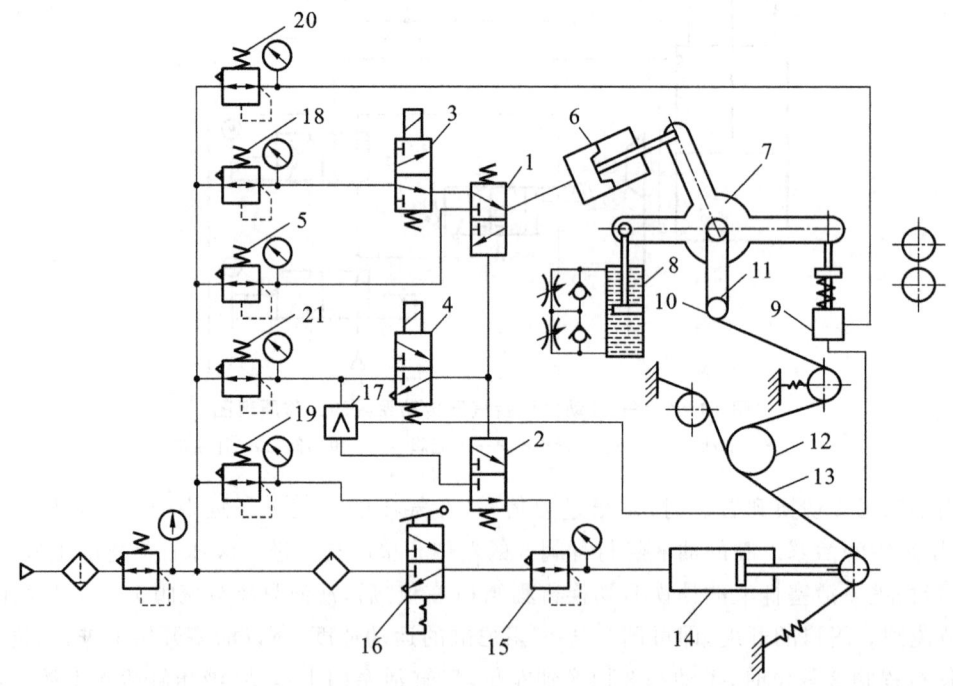

图 10.67　胶印轮转机气动张力控制系统的原理图

1、2—气控阀;3—停机控制电磁阀;4—开印控制电磁阀;5—张力调整减压阀;6—负载气缸;7—十字架;8—张力传感器;
9—负载;10—浮动辊;11—印刷走纸;12—卷筒纸;13—压紧铜带;14—张力控制气缸;15—流量放大器;16—手拉阀;
17—压力放大器;18—停机时负载气缸控制压力调整阀;19—停机时张力控制气缸控制压力调整阀;
20—张力传感器气源压力调整减压阀;21—放大器及气控阀工作压力调整减压阀

机器需要停止时,开印控制电磁阀 4、停机控制电磁阀 3 同时打开,气控阀 1、2 同时换向,负载气缸 6 和张力控制气缸 14 内的压力通过停机时负载气缸控制压力调整阀 18 和停机时张力控制气缸控制压力调整阀 19 的调节而急剧上升到设定值,压紧铜带 13 的拉力剧增,使高速转动的卷筒纸 12 在几秒内得到制动。

10.6.3 气动计量系统

1. 概述

在工业生产中,经常要对传送带上连续供给的粒状物料进行计量,并按一定质量分装。图 10.68 所示为一套气动计量装置,当计量箱中的物料质量达到设定值时,要求暂停传送带上物料的供给,然后把计量好的物料卸到包装箱中。当计量箱返回到图示位置时,物料再次落入计量箱中,开始下一次计量。

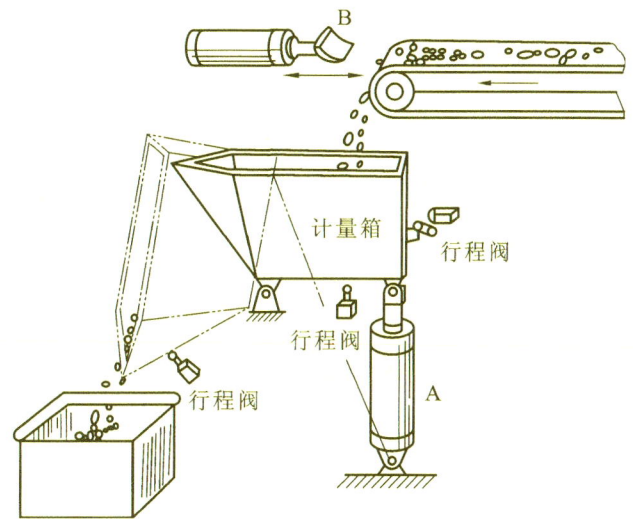

图 10.68　气动计量装置

气动计量装置的动作原理如下:气动计量装置停止工作一段时间后,因泄漏气缸活塞会在计量箱重力的作用下缩回,因此首先要做好计量准备工作,使计量箱达到预定位置;随着物料落入计量箱中,计量箱的质量不断增加,气缸 A 慢慢被压缩;计量的质量达到设定值时,气缸 B 的活塞伸出,暂停物料的供给;气缸 A 换接高压气源后活塞伸出,把物料卸掉;经过一段时间的延时后,气缸 A 的活塞缩回,为下次计量做好准备。

2. 气动控制系统

1) 气动控制系统的组成

气动计量装置的气动控制系统回路图如图 10.69 所示。

2) 气动控制系统的动作原理

气动计量装置起动时,手动换向阀 14 切换至左位,高压气体经减压阀 1 调节后使计量缸 A 的活塞伸出。当计量箱上的凸块通过行程阀 12 的位置时,手动换向阀 14 切换到右位,计量缸 A 以排气节流阀 17 所调节的速度下降。当计量箱侧面的凸块切换行程阀 12 后,行

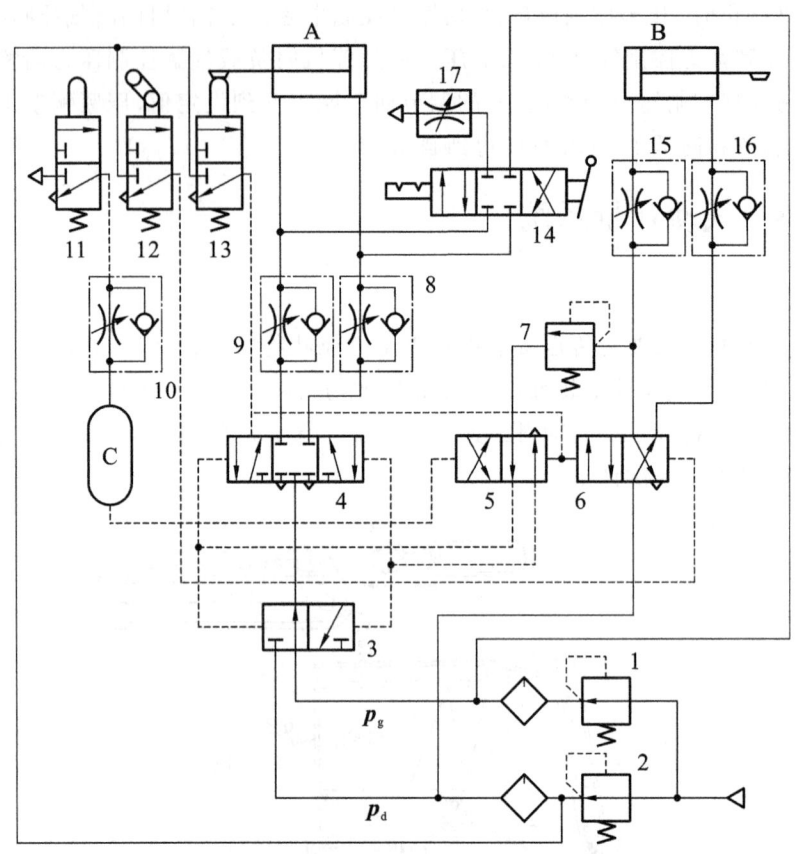

图 10.69　气动计量装置的气动控制系统回路图

1、2—减压阀；3—高低压切换阀；4—主控换向阀；5、6—气控换向阀；7—顺序阀；8、9、10、15、16—单向节流阀；

11、12、13—行程阀；14—手动换向阀；17—排气节流阀；A—计量缸；B—止动缸；C—气容

程阀 12 发出的信号使气控换向阀 6 切换至图 10.69 所示的位置，使止动缸 B 的活塞缩回。然后把手动换向阀 14 切换至中位，计量准备工作结束。

随着物料落入计量箱中，计量箱的质量逐渐增加，此时计量缸 A 的主控换向阀 4 处于中位，缸内气体被封闭而进行等温压缩，计量缸 A 的活塞慢慢缩回。当计量箱的质量达到设定值时，行程阀 13 被切换，发出气压信号，使气控换向阀 6 切换至左位，止动缸 B 的活塞伸出，暂停物料的供给，气控换向阀 5 切换至图 10.69 所示的位置。止动缸 B 的活塞伸至行程终点后无杆腔压力升高，顺序阀 7 打开，主控换向阀 4 和高低压切换阀 3 被切换，高压气体进入计量缸 A 中，使计量缸 A 的活塞外伸，将物料倒入包装箱中。当计量缸 A 行至终点时，行程阀 11 动作，由单向节流阀 10 和气容 C 组成的延时回路延时后，气控换向阀 5 被切换，主控换向阀 4 和高低压切换阀 3 换向，计量缸 A 的活塞缩回。行程阀 12 动作，使气控换向阀 6 切换，止动缸 B 的活塞缩回，物料再次落入计量箱中。

思考与习题

10.1　简述气压传动系统的组成及特点。

10.2　油水分离器的作用是什么？为什么它能将油和水分开？

10.3　油雾器的作用是什么？试简述其工作原理。

10.4　简述常见气缸的类型、功能和用途。

10.5　简述冲击气缸的工作过程及工作原理。

10.6　选择气缸时应注意哪些要素？

10.7　气压传动系统对压缩空气有哪些质量要求？主要依靠哪些设备保证气压传动系统的压缩空气质量？简述这些设备的工作原理。

10.8　气动方向控制阀有哪些类型？各自具有什么功能？

10.9　减压阀是如何实现减压调压的？

10.10　常用的气动逻辑元件有哪些？各自具有什么功能？

10.11　气动三联件包括哪几个元件？它们的连接次序如何？为什么？

10.12　简述常见的气动压力控制回路及其用途。

10.13　试说明排气节流阀的工作原理、主要特点及用途。

10.14　画出采用气液阻尼缸的速度控制回路原理图，并说明该回路的特点。

10.15　图 10.70 所示为两种常用的保护回路，试为这两种回路命名，说明回路中用到的控制元件的名称，并指出这两种保护回路之间的区别。

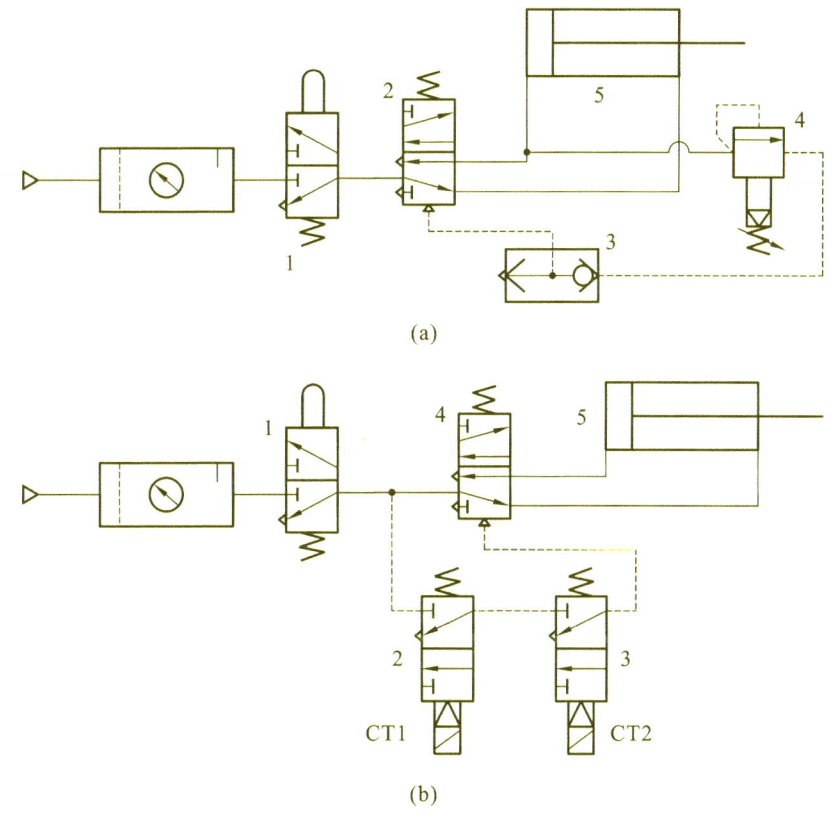

图 10.70　题 10.15 图

10.16　图 10.71 所示为两种常用的同步回路，试为这两种同步回路命名，并指出这两种同步回路之间的区别。

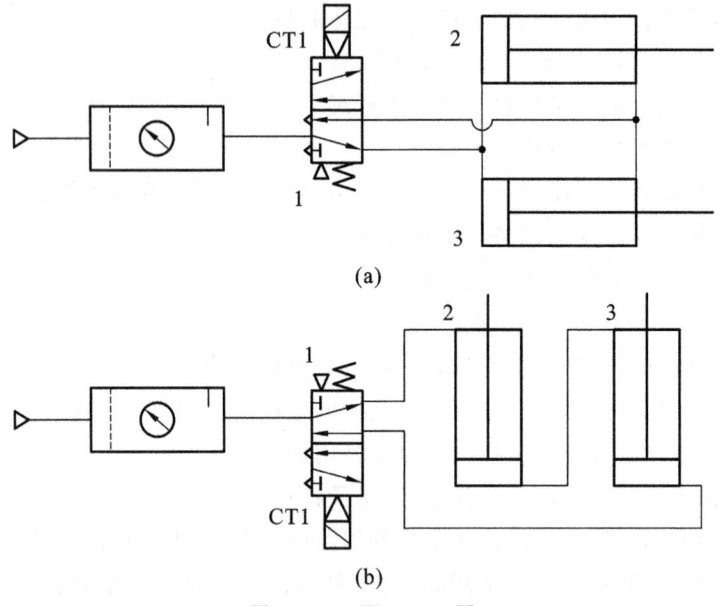

图 10.71　题 10.16 图

1—气控换向阀；2、3—气缸

10.17　图 10.72 所示为逻辑与门回路、逻辑或门回路、逻辑非门回路、逻辑与非门回路、逻辑与或门回路,试分析各回路的工作原理,指出其不同点,并将名称与图正确对应。

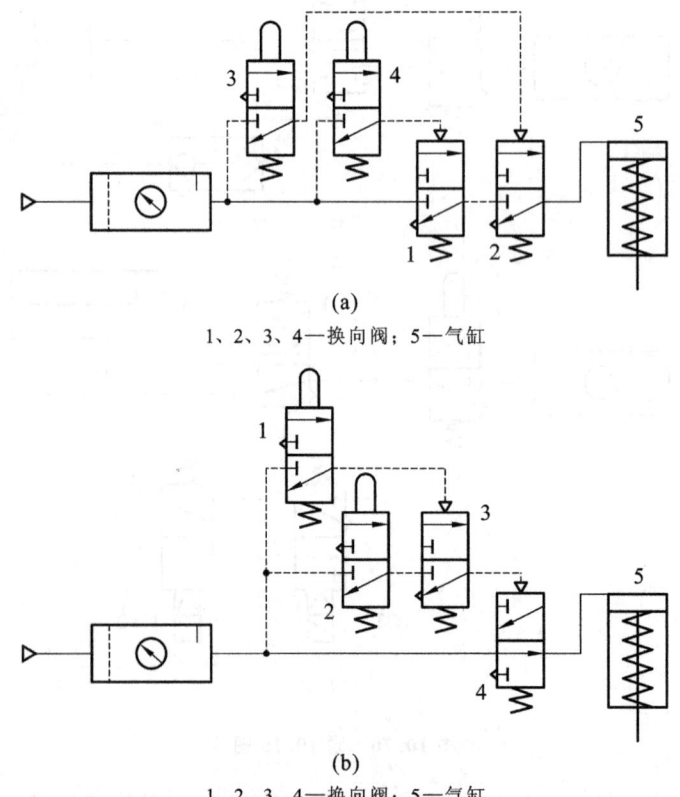

(a)

1、2、3、4—换向阀；5—气缸

(b)

1、2、3、4—换向阀；5—气缸

图 10.72　题 10.17 图

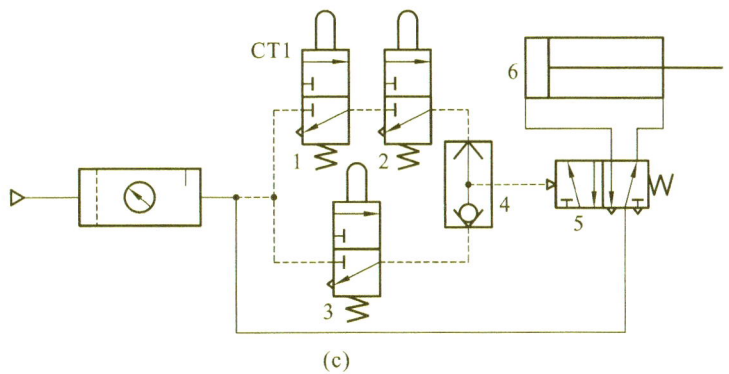

(c)

1、2、3—换向阀；4—逻辑换向阀；5—气控换向阀；6—气缸

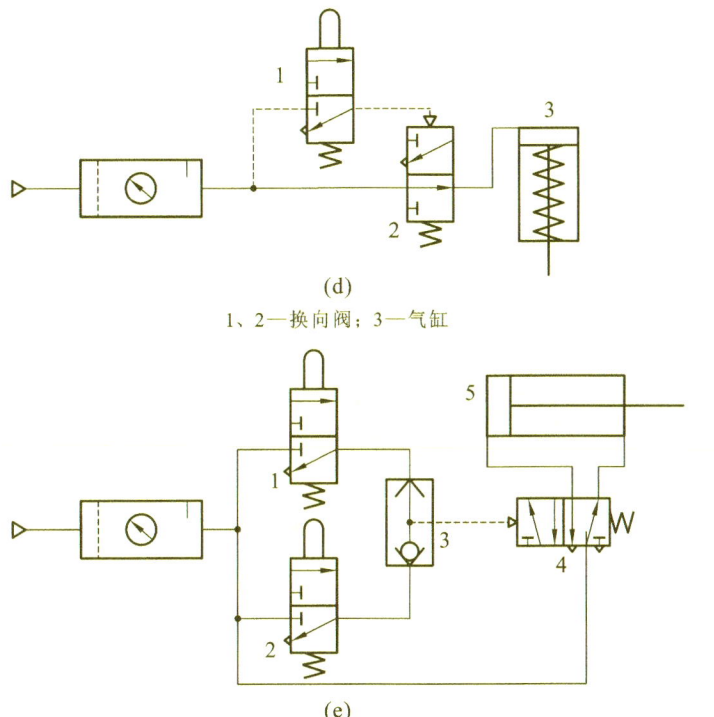

(d)

1、2—换向阀；3—气缸

(e)

1、2—换向阀；3—逻辑换向阀；4—气控换向阀；5—气缸

续图 10.72

10.18 拉门自动开闭系统原理图如图 10.73 所示，试回答下列问题：

(1) 说明气控延时阀在系统中所起的作用；

(2) 分析系统的工作原理；

(3) 根据原理图选择气动元件，搭建回路。

10.19 在自动生产设备和生产线上，可根据各种自动化设备的工作需要，广泛应用能按照设定的控制程序进行顺序动作的机械手。专用设备上采用的气动机械手的结构示意图如图 10.74 所示，它由四个气缸组成，可在三个坐标内进行工作。图中：A 为夹紧缸，其活塞杆退回时可以夹紧工件；B 为长臂伸缩缸；C 为立柱升降缸；D 为立柱回转缸，该气缸有两个活塞，分别安装在带齿条的活塞杆两端，通过齿条的往复运动带动立柱上的齿轮作旋转运动，从而实现立柱的回转。根据图 10.75 所示的气动机械手的控制回路，分析其气动控制系统。

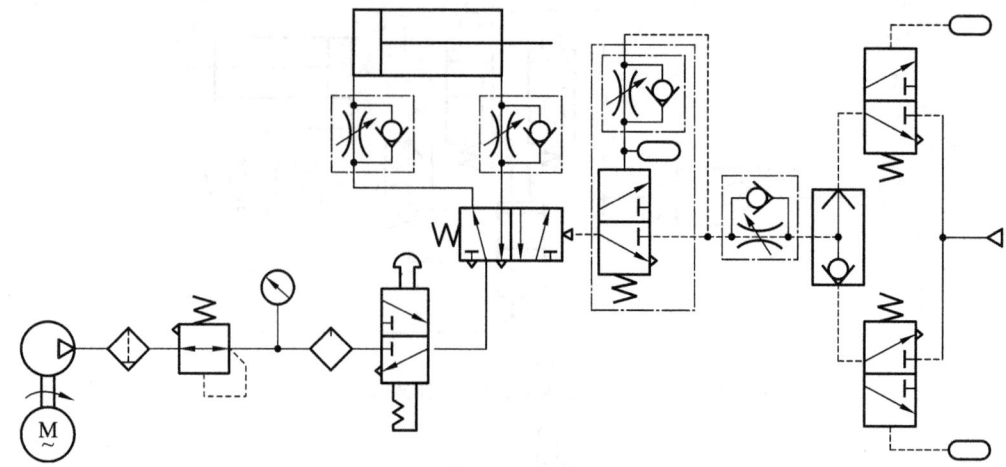

图 10.73　题 10.18 图

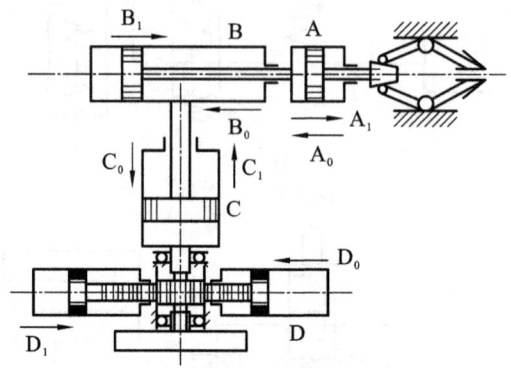

图 10.74　题 10.19 图 1

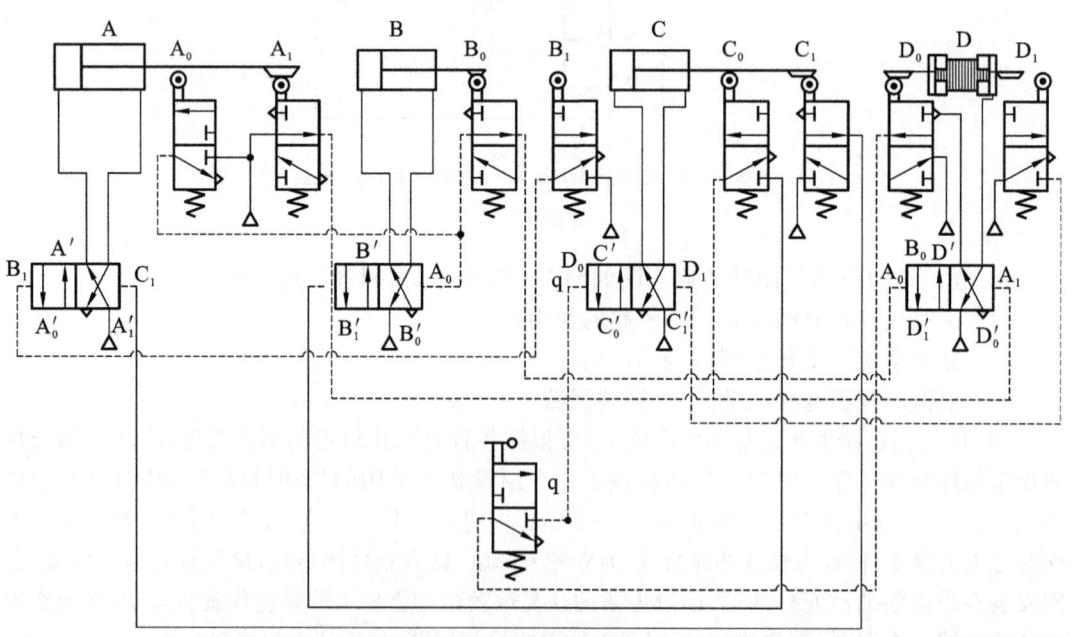

图 10.75　题 10.19 图 2

10.20 图 10.76 所示为汽车车门安全操作系统原理图，当车门在关闭过程中遇到障碍时，车门能再次自动开启，起到安全保护作用。试分析该回路的工作原理。

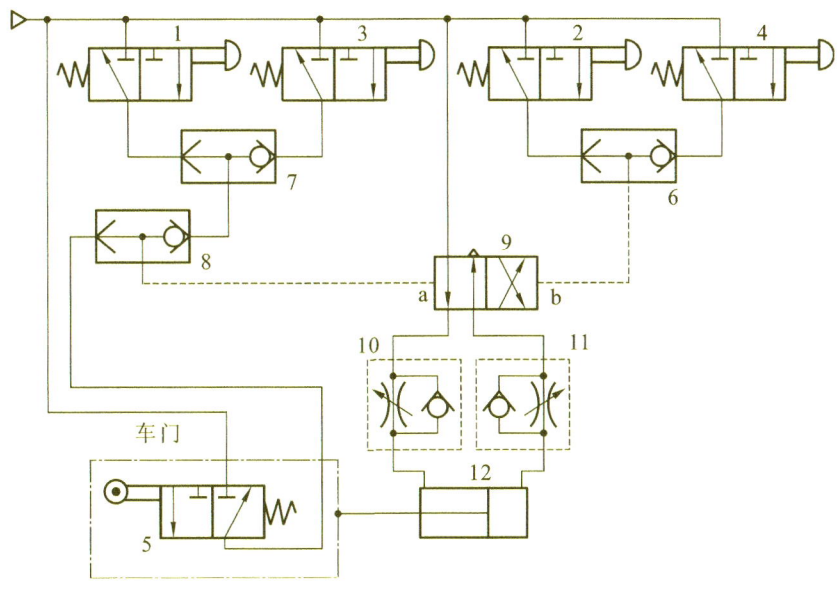

图 10.76 题 10.20 图

1、2、3、4—按钮换向阀；5—机动换向阀；6、7、8—梭阀；9—气控换向阀；10、11—单向节流阀；12—气缸

附录　液压与气压传动图形符号

附表 1　基本符号、管路及连接

名　称	符　号	名　称	符　号
工作管路		管端连接于油箱底部	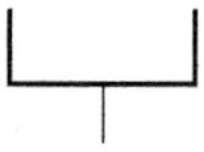
控制管路		密闭式油箱	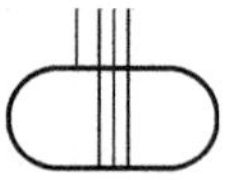
连接管路	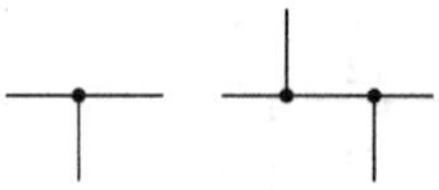	直接排气	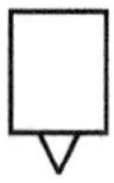
交叉管路		带连接措施的排气口	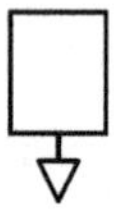
柔性管路		带单向阀的快换接头	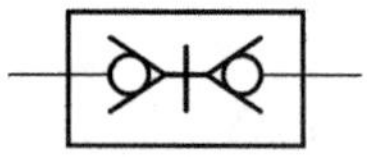
组合元件框线		不带单向阀的快换接头	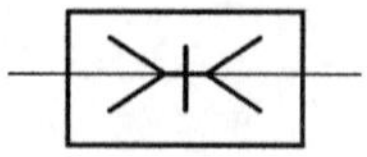
管口在液面以上的油箱	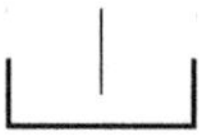	单通路旋转接头	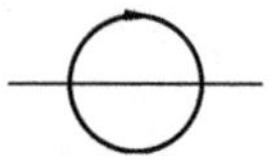
管口在液面以下的油箱		三通路旋转接头	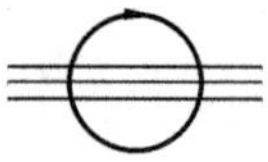

附表 2　控制机构及控制方法

名　称	符　号	名　称	符　号
按钮式人力控制	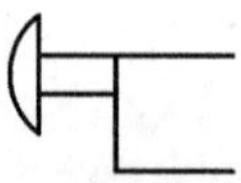	双作用电磁铁	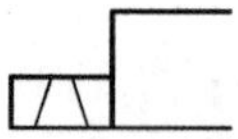

名　称	符　号	名　称	符　号
手柄式 人力控制		比例电磁铁	
踏板式 人力控制		加压或 泄压控制	
顶杆式 机械控制		内部压 力控制	
弹簧式 机械控制		外部压 力控制	
滚轮式 机械控制		液压先 导控制	
单作用 电磁铁		电磁-液压 先导控制	
气压先 导控制		电磁-气压 先导控制	

附表 3　液压泵、液压(气动)马达和液压(气)缸

名　称	符　号	名　称	符　号
单向定量 液压泵		单向变量 液压泵	
双向定量 液压泵		双向变量 液压泵	

名　称	符　号	名　称	符　号
单向定量马达		摆动马达	
双向定量马达		单作用弹簧复位缸	详细符号　简化符号
单向变量马达		单作用伸缩缸	
双向变量马达		双作用单活塞杆缸	详细符号　简化符号
定量液压泵-马达		双作用双活塞杆缸	详细符号　简化符号
变量液压泵-马达			
液压源		双向缓冲缸（可调）	详细符号　简化符号
压力补偿变量泵			
单向缓冲液压(气)缸(可调)	详细符号　简化符号	双作用伸缩缸	

附表 4　控制元件

名　称	符　号	名　称	符　号
直动式溢流阀		先导式减压阀	
先导式溢流阀		直动式顺序阀	
先导式比例电磁溢流阀		先导式顺序阀	
直动式减压阀		卸荷阀	
双向溢流阀		溢流减压阀	
不可调节流阀		旁通式调速阀	详细符号　简化符号
可调节流阀	详细符号　简化符号	单向阀	详细符号　简化符号

续表

名　称	符　号		名　称	符　号	
调速阀	详细符号	简化符号	液控单向阀		弹簧可以省略
温度补偿调速阀	详细符号	简化符号	液压锁		
带消声器的节流阀			快速排气阀		
二位二通换向阀			二位五通换向阀		
二位三通换向阀			三位四通换向阀		
二位四通换向阀			三位五通换向阀		

附表 5　辅助元件

名　称	符　号	名　称	符　号
过滤器		蓄能器（一般符号）	
磁芯过滤器		蓄能器（气体隔离式）	
带污染指示器的过滤器		压力计	
冷却器		液面计	
加热器		温度计	
流量计		电动机	M
压力继电器	详细符号　简化符号	原动机	M （电动机除外）
压力指示器		行程开关	详细符号　简化符号
分水排水器		空气干燥器	
		油雾器	

名　称	符　号	名　称	符　号
空气过滤器		气源调节装置	
		消声器	
除油器		气-液转换器	
		气压源	

参 考 文 献

[1] 雷天觉. 新编液压工程手册[M]. 北京:北京理工大学出版社,1998.

[2] 容一鸣,陈传艳. 液压传动[M]. 北京:化学工业出版社,2009.

[3] 成大先. 机械设计图册(第 4、5 卷)[M]. 北京:化学工业出版社,2000.

[4] 左健民. 液压与气压传动[M]. 5 版. 北京:机械工业出版社,2016.

[5] 林建亚,何存兴. 液压元件[M]. 北京:机械工业出版社,1988.

[6] 郑家林. 轻工业气压传动[M]. 北京:轻工业出版社,1989.

[7] 王守城,容一鸣. 液压传动. [M]. 2 版. 北京:北京大学出版社,2013.

[8] 左健民. 模糊参数自适应控制技术在液压调速系统中的应用研究[J]. 机床与液压,1998(2):
9-11.

[9] 孟繁华,李天贵. 气动技术在自动化中的应用[M]. 北京:国防工业出版社,1988.

[10] 李寿刚. 液压传动[M]. 北京:北京理工大学出版社,1994.

[11] 卢光贤. 机床液压传动与控制[M]. 修订版. 西安:西北工业大学出版社,1993.

[12] 郑家林. 气动机械手[J]. 液压气动与密封,1983(4):51-56.

[13] 王守城,段俊勇. 液压元件及选用[M]. 北京:化学工业出版社,2007.

[14] 陆元章. 现代机械设备设计手册(第 2 卷)机电系统与控制[M]. 北京:机械工业出版社,
1996.

[15] 王庭树,余从晞. 液压及气动技术[M]. 北京:国防工业出版社,1988.

[16] 梁洪洁,宋爱民. 液压与气压传动案例教程[M]. 2 版. 西安:西安电子科技大学出版
社,2015.

[17] Imre Kröell Dulay. Fundamentals of hydraulic power transmission[M]. Elsevier,1988.

[18] Z. J. Lansky. Industrial pneumatic control[M]. Marcel Dekker Inc. ,1986.

[19] 王守城,段俊勇. 液压系统 PLC 控制实例精解[M]. 北京:中国电力出版社,2011.

[20] 路甬祥. 液压气动技术手册[M]. 北京:机械工业出版社,2003.

[21] 王积伟,章宏甲,黄谊. 液压与气压传动[M]. 2 版. 北京:机械工业出版社,2005.

[22] 李慕洁. 液压传动与气压传动[M]. 北京:机械工业出版社,1980.

[23] 俞乐新,王孝华. 密封件对液压气动元件质量的影响[J]. 液压气动与密封,1995(1):
60-61.

[24] 方昌林. 液压、气压传动与控制[M]. 北京:机械工业出版社,2000.

[25] 许福玲,陈尧明. 液压与气压传动[M]. 北京:机械工业出版社,2004.

[26] 李壮云. 液压、气动与液力工程手册[M]. 北京:电子工业出版社,2008.

[27] 陈尧明,许福玲. 液压与气压传动学习指导与习题集[M]. 北京:机械工业出版社,2005.

[28] 许毅,李文峰. 液压与气压传动技术[M]. 北京:国防工业出版社,2011.